国家出版基金项目
NATIONAL PUBLICATION FOUNDATION

大飞机出版工程

总主编　顾诵芬

运输类飞机的空气动力设计

Aerodynamic Design of Transport Aircraft

【荷兰】 艾德·奥波特 著

顾诵芬 吴兴世 杨新军 译

基于艾德·奥波特经罗纳尔德·斯林格兰德增订的原始讲稿

原书版面设计制作

德比尔·J·W·雷森克

托比尔·范登博格

贾斯汀·H·孔宁

上海交通大学出版社
SHANGHAI JIAO TONG UNIVERSITY PRESS

内 容 提 要

本书在原福克飞机公司气动部门负责人为荷兰代尔夫特理工大学航空航天工程学院编写的教材基础上修订增补,旨在为现代高亚声速民用运输类飞机的部件和全机空气动力设计提供指南。

全书共 45 章,涵盖基本原理和各种理论方法,深入浅出地阐明复杂气动现象的机理,提供丰富的飞机型号风洞实验及飞行试验数据支持,介绍了适航规章对运输类飞机气动设计的重大影响。本书面向民用飞机研制实践编撰,内容丰富,并有确切的信息来源。

本书可供从事飞机研制的航空工程技术人员参考,也适用于飞机设计和空气动力学专业的高年级大学生和研究生。

（运输类飞机的空气动力设计）

© E. Obert

This translation of *Aerodynamic Design of Transport Aircraft* is published by arrangement with IOS Press under the imprint Delft University Press in Amsterdam, the Netherlands.

上海市版权局著作权合同登记章图字:09-2010-087

图书在版编目(CIP)数据

运输类飞机的空气动力设计/(荷)奥波特(Obert, E.)著;
顾诵芬,吴兴世,杨新军译.—上海:上海交通大学出版社,
2010

（大飞机出版工程）

ISBN 978-7-313-06864-4

Ⅰ.①运⋯ Ⅱ.①奥⋯②顾⋯③吴⋯④杨⋯
Ⅲ.①运输机-空气动力学 Ⅳ.①V271.2

中国版本图书馆 CIP 数据核字(2010)第 195657 号

运输类飞机的空气动力设计

[荷兰] 艾德·奥波特 著

顾诵芬 吴兴世 杨新军 译

上海交通大学 出版社出版发行

（上海市番禺路 951 号 邮政编码 200030）

电话:64071208 出版人:韩建民

常熟市华通印刷有限公司印刷 全国新华书店经销

开本:787mm×1092mm 1/16 印张:36.75 字数:729 千字

2010 年 12 月第 1 版 2010 年 12 月第 1 次印刷

ISBN 978-7-313-06864-4/V 定价:168.00 元

大飞机出版工程

丛书编委会

总　序

　　国务院在 2007 年 2 月底批准了大型飞机研制重大科技专项正式立项,得到全国上下各方面的关注。"大型飞机"工程项目作为创新型国家的标志工程重新燃起我们国家和人民共同承载着"航空报国梦"的巨大热情。对于所有从事航空事业的工作者,这是历史赋予的使命和挑战。

　　1903 年 12 月 17 日,美国莱特兄弟制作的世界第一架有动力、可操纵、重于空气的载人飞行器试飞成功,标志着人类飞行的梦想变成了现实。飞机作为 20 世纪最重大的科技成果之一,是人类科技创新能力与工业化生产形式相结合的产物,也是现代科学技术的集大成者。军事和民生对飞机的需求促进了飞机迅速而不间断的发展,应用和体现了当代科学技术的最新成果;而航空领域的持续探索和不断创新,为诸多学科的发展和相关技术的突破提供了强劲动力。航空工业已经成为知识密集、技术密集、高附加值、低消耗的产业。

　　从大型飞机工程项目开始论证到确定为《国家中长期科学和技术发展规划纲要》的十六个重大专项之一,直至立项通过,不仅使全国上下重视起我国自主航空事业,而且使我们的人民、政府理解了我国航空事业半个世纪发展的艰辛和成绩。大型飞机重大专项正式立项和启动使我们的民用航空进入新纪元。经过 50 多年的风雨历程,当今中国的航空工业已经步入了科学、理性的发展轨道。大型客机项目其产业链长、辐射面宽、对国家综合实力带动性强,在国民经济发展和科学技术进步中发挥着重要作用,我国的航空工业迎来了新的发展机遇。

　　大型飞机的研制承载着中国几代航空人的梦想,在 2016 年造出与波音 737 和空客 A320 改进型一样先进的"国产大飞机"已经成为每个航空人心中奋斗的目标。然而,大型飞机覆盖了机械、电子、材料、冶金、仪器仪表、化工等几乎所有工业门类,集成了数学、空气动力学、材料学、人机工程学、自动控制学等多种学科,是一个复杂的科技创新系统。为了迎接新形势下理论、技术和工程等方面的严峻挑战,迫切需要引入、借鉴国外的优秀出版物和数据资料,总结、巩固我们的经验和成果,编著一套以"大飞机"为主题的丛书,借以推动服务"大型飞机"作为推动服务整个航空科学的切入点,同时对于促进我国航空事业的发展和加快航空紧缺人才的培养,具有十分重要的现实意义和深远的历史意义。

2008 年 5 月,中国商用飞机有限公司成立之初,上海交通大学出版社就开始酝酿"大飞机出版工程",这是一项非常适合"大飞机"研制工作时宜的事业。新中国第一位飞机设计宗师——徐舜寿同志在领导我们研制中国第一架喷气式歼击教练机——歼教 1 时,亲自撰写了《飞机性能捷算法》,及时编译了第一部《英汉航空工程名词字典》,翻译出版了《飞机构造学》《飞机强度学》,从理论上保证了我们飞机研制工作。我本人作为航空事业发展 50 年的见证人,欣然接受了上海交通大学出版社的邀请担任该丛书的主编,希望为我国的"大型飞机"研制发展出一份力。出版社同时也邀请了王礼恒院士、金德琨研究员、吴光辉总设计师、陈迎春副总设计师等航空领域专家撰写专著、精选书目,承担翻译、审校等工作,以确保这套"大飞机"丛书具有高品质和重大的社会价值,为我国的大飞机研制以及学科发展提供参考和智力支持。

编著这套丛书,一是总结整理 50 多年来航空科学技术的重要成果及宝贵经验;二是优化航空专业技术教材体系,为飞机设计技术人员培养提供一套系统、全面的教科书,满足人才培养对教材的迫切需求;三是为大飞机研制提供有力的技术保障;四是将许多专家、教授、学者广博的学识见解和丰富的实践经验总结继承下来,旨在从系统性、完整性和实用性角度出发,把丰富的实践经验进一步理论化、科学化,形成具有我国特色的"大飞机"理论与实践相结合的知识体系。

"大飞机"丛书主要涵盖了总体气动、航空发动机、结构强度、航电、制造等专业方向,知识领域覆盖我国国产大飞机的关键技术。图书类别分为译著、专著、教材、工具书等几个模块;其内容既包括领域内专家们最先进的理论方法和技术成果,也包括来自飞机设计第一线的理论和实践成果。如：2009 年出版的荷兰原福克飞机公司总师撰写的 *Aerodynamic Design of Transport Aircraft*（《运输类飞机的空气动力设计》），由美国堪萨斯大学 2008 年出版的 *Aircraft Propulsion*（《飞机推进》）等国外最新科技的结晶；国内《民用飞机总体设计》等总体阐述之作和《涡量动力学》、《民用飞机气动设计》等专业细分的著作；也有《民机设计 5 000 问》、《英汉航空双向词典》等工具类图书。

　　该套图书得到国家出版基金资助，体现了国家对"大型飞机项目"以及"大飞机出版工程"这套丛书的高度重视。这套丛书承担着记载与弘扬科技成就、积累和传播科技知识的使命，凝结了国内外航空领域专业人士的智慧和成果，具有较强的系统性、完整性、实用性和技术前瞻性，既可作为实际工作指导用书，亦可作为相关专业人员的学习参考用书。期望这套丛书能够有益于航空领域里人才的培养，有益于航空工业的发展，有益于大飞机的成功研制。同时，希望能为大飞机工程吸引更多的读者来关心航空、支持航空和热爱航空，并投身于中国航空事业做出一点贡献。

2009 年 12 月 15 日

谨以此书纪念罗纳德·斯林格兰德博士和汉斯·维腾堡教授。维腾堡教授鼓励作者加入福克公司并随后担任代尔夫特理工大学航空航天工程学院的兼职教授。

艾德·奥波特

原 版 前 言

作者早在受聘为代尔夫特理工大学航空航天工程学院兼职教授时，就萌发了写这本书的冲动。当时，作者的主要工作是主持福克飞机公司的气动、性能和初步设计部门。

这本书经过了长期的酝酿。最初是 1987 年的一系列讲稿，主要是一些图示材料辅以极少量英文注释。课程名为"气动设计和飞机运行"。1996 年福克公司破产之后，学院担心公众对航空工程兴趣大减，这门课程停开，作者与学院的关系也就结束了。

两年后，重新评估形势，公众对航空工程仍然很感兴趣，所以这门课程又恢复了。该课程更名为"运输类飞机的空气动力设计"，由作者以前在福克公司的同事罗纳德·斯林格兰德主讲。罗纳德主要使用作者的讲稿，但采取对他的讲课录像的新办法。三名学生助理：德比尔·雷森克、托比尔·范登博格和贾斯汀·孔宁承担了将用英语讲解的课程录像整理成文稿的艰巨任务。他们完成得非常好。2007 年夏天，这项工作取得长足进展，保证完成的初版新讲稿可及时供秋季新学年使用。

2007 年 10 月罗纳德·斯林格兰德在轻型飞机空中相撞事故中不幸遇难。作为弥补措施，作者应邀继续完成这门课程，并校订新讲稿。

学院决定不受这些不幸事件的影响，讲稿还是要作为教科书出版。这就要求重新考虑书中的内容。首先需要更新，因为原书稿基本上是 20 年前的内容。其次，如果本书用于比航空航天学院更大的范围，所使用的语言要规范化。作者承担了这些任务，取得了目前的成果。但是如果没有作者的上述三位助教的不懈努力和奉献，版面设计和全貌就不会这么出色。

　　本书主要是描述性的。假定读者熟悉空气动力学、飞机稳定性和操纵性以及性能分析的基本知识。如果需要了解详细的气动设计过程、相关的计算机程序和详尽的量化性能分析，读者应再查找其他文献资料。书中的插图和示例取自许多文献，已在插图标题和书末参考文献栏目注明。所介绍的部分数据或许已经过时，但出于其历史价值，还是予以保留。

　　部分插图没有注明来源。在遍及全世界、成百上千的用户都使用某些飞机型号的时代，很难设想制造商数据能限定在预想的小范围内。性能工程师手册、飞行模拟器手册、销售宣传材料等分发给了各种对象。现代制造项目需要合作伙伴、承包商、供应商等等互相保持有广泛数据交换的密切接触。制造商的销售代表和用户的机队采购部门代表之间具有正式的和非正式的联系。正如在军界和政治情报界一样，敏感信息被局限在一个外部世界不了解的封闭圈子里，但是对其最感兴趣的竞争对手方面常常也知晓这些信息。尽管本书中部分信息没有交代出处，读者可以放心，它们有根有据。

　　作者的好友和过去的同事卡尔·P·斯托克斯校阅了本书，他后来供职于英国 BAE 系统公司沃顿分部。为了加快推出本书，作者只吸取了他纠正语言方面重大笔误的意见。如仍有英语文字使用不当或提供信息有误之处，作者负全部责任。

　　最后，作者感谢荷兰国家航空航天实验室 NLR 的布莱姆·爱森纳（现已退休），他推导了第 10 章介绍的当地静压和当地马赫数之间的关系，还要感谢尼克·沃格特（过去供职福克飞机公司，现就职波音公司）检查和订正了作者在第 24 章中表述的关于现代计算流体动力学方法应用的观点。

艾德·奥波特

目　　录

符 号 表

符号	物理量	单位
a	声速	m/s 或者 ft/s
A、A_w	机翼展弦比	—
A_h	水平尾翼展弦比	—
A_v	垂直尾翼展弦比	—
A_∞	无穷远处入口流管横截面积	m^2 或者 ft^2
A_E、A_e	喷管面积	m^2 或者 ft^2
A_{HL}	进口面积	m^2 或者 ft^2
A_{TH}	喉道面积	m^2 或者 ft^2
b, b_w	机翼翼展	m 或者 ft(英尺，1 ft $= 3.048 \times 10^{-1}$ m)
c	弦长	m 或者 ft
$\bar{c}$	平均气动弦长	m 或者 ft
c_d	翼型剖面阻力系数，$c_d = D/\left(\frac{1}{2}\rho V^2 c\right)$	—
c_r	方向舵弦长	m 或者 ft
c_v	垂直尾翼弦长	m 或者 ft
C_D	阻力系数，$C_D = D/\left(\frac{1}{2}\rho V^2 S\right)$	—
C_D	排放系数(质量流量系数)	—
C_{D_i}	诱导阻力系数，$C_{D_i} = D_i/\left(\frac{1}{2}\rho V^2 S\right)$	—
C_{D_0}	零升阻力系数，$C_{D_0} = D_0/\left(\frac{1}{2}\rho V^2 S\right)$	—

$C_{D\text{p}}$	翼型阻力系数	—
$C_{D_{\text{trim}}}$	配平阻力系数	—
$C_{D_{\text{Pmin}}}$	最小型阻系数	—
c_{f}	平均摩擦系数[①]，$c_{\text{f}} = $ 摩擦力 $/\left(\dfrac{1}{2}\rho V^2 l\right)$	—
$\bar{c}_{\text{f}}$，C_{F}	等效平板摩擦阻力系数	
c_l	翼剖面升力系数，$c_l = L/\left(\dfrac{1}{2}\rho V^2 c\right)$	—
$c_{l_{\max}}$	翼剖面最大升力系数	—
$C_{h_{\text{a}}}$	副翼铰链力矩系数	—
$C_{h_{\text{r}}}$	方向舵铰链力矩系数	—
$C_{h_{\text{e}}}$	升降舵铰链力矩系数	—
C_l	滚转力矩系数	—
C_L	升力系数，$C_L = L/\left(\dfrac{1}{2}\rho V^2 S\right)$	—
$C_{L_{\text{app}}}$	着陆进场升力系数	—
$C_{L_{\text{h}}}$	水平尾翼升力系数，$C_{L_{\text{h}}} = L_{\text{h}}/\left(\dfrac{1}{2}\rho V^2 S_{\text{h}}\right)$	—
$C_{L_{\text{v}}}$	垂直尾翼升力系数，$C_{L_{\text{v}}} = L_{\text{v}}/\left(\dfrac{1}{2}\rho V^2 S_{\text{v}}\right)$	—
$C_{L_{\max}}$	最大升力系数	—
$C_{L_{\text{T}-0}}$	无尾升力系数	—
$C_{L_{\text{trim}}}$	配平升力系数	—
$C_{L,\alpha}$	升力线斜率	$\dfrac{1}{(°)}$ 或者 $\dfrac{1}{\text{rad}}$
ΔC_L	由于襟翼偏转带来的升力系数变化	—
$(\Delta C_L)_{\alpha=0}$	$\alpha = 0$ 时由于襟翼偏转带来的升力系数变化	—
C_m	俯仰力矩系数，$C_m = M/\left(\dfrac{1}{2}\rho V^2 S \bar{c}\right)$	—
C_{m_0}	飞机的无尾零升俯仰力矩系数	—
$C_{m_{\text{T}-0}}$	无尾俯仰力矩系数	—
$C_{m_{30}}$	力矩参考点位于 $0.30\,\bar{c}$ 时的俯仰力矩系数	—

---

① 此处指翼型或二元平板的摩擦系数，译者注。

c_n	剖面法向力系数	—
C_n	偏航力矩系数，$C_n = N/\left(\frac{1}{2}\rho V^2 S b\right)$	—
C_p，c_p	压强系数，$c_p = (p - p_0)/\left(\frac{1}{2}\rho V_0^2\right)$	—
$c_{p_{\text{crit}}}$，c_p^*	$M_{\text{loc}} = 1.0$ 时的压强系数	—
$c_{p_{\min}}$	最小压强系数	—
$c_{p_{\text{TE}}}$	后缘压强系数	—
C_T	比油耗	$\text{kg} \cdot \text{h}^{-1}\text{kgf}^{-1}$ 或者 $\text{lb} \cdot \text{h}^{-1}\text{lbf}^{-1}$
C_T	螺旋桨总拉力系数，$C_T = T/\left(\frac{1}{2}\rho V^2 S_w\right)$	—
C_T	推力系数，$C_T =$ 实际总推力/理想总推力	—
C_V	速度系数	—
c. g.	重心	—
D	阻力	N，kgf 或者 lbf，1 kgf = 9.81 N
D_i	诱导阻力	N，kgf 或者 lbf，1 lbf = 4.448 N
D_0	零升阻力	N，kgf 或者 lbf
D_{prop}	螺旋桨直径	m 或者 ft
D_{HL}	进气道进口直径	m 或者 ft
D_{TH}	进气道喉道直径	m 或者 ft
e	"奥斯瓦尔德"效率系数	—
F	总推力	N，kgf 或者 lbf
F_e	升降舵杆力	N，kgf 或者 lbf
g	重力加速度	m/s^2 或者 ft/s^2
h	高度	m 或者 ft
i_h	平尾（水平安定面）安装角	(°) 或者 rad
J	螺旋桨进距比，$J = V/(nD_{\text{prop}})$，其中 $n =$ 每分钟的转数	—
k，k_s	分布的或者等效砂粒粗糙度的颗粒尺寸	mm 或者 in（英寸，1 in = 2.54 cm）

K	形状因子	—
L	升力	N，kg 或者 lb
L，l	长度	m 或者 ft
L_h	平尾升力	N，kg 或者 lb
l_h	平尾力臂	m 或者 ft
L_v	垂直尾翼升力（侧力）	N，kg 或者 lb
m	质量	kg 或者 lb
$\dot{m}$，W_A	质量流量	kg/s 或者 lb/s
M	俯仰力矩	Nm，kgf·m 或者 lbf·ft
M	马赫数	—
M_0，M_∞	自由流马赫数	—
M_L，M_{loc}	当地马赫数	—
M_{MO}	最大使用马赫数	—
M_D	设计俯冲马赫数	—
M_{SBO}	抖振发生时激波前方的当地马赫数	—
n	法向过载	—
N	偏航力矩	Nm，kgf·m 或者 lbf·ft
p	滚转速率	(°)/s 或者 rad/s
p	静压	N/m²，kgf/m² 或者 lbf/ft²
p_0，p_∞	自由流静压	N/m²，kgf/m² 或者 lbf/ft²
p_t，p_T	总压	N/m²，kgf/m² 或者 lbf/ft²
p_{T_∞}	自由流总压	N/m²，kgf/m² 或者 lbf/ft²
p_{T_2}	压气机端面处的总压	N/m²，kgf/m² 或者 lbf/ft²
q	动压，$q = \frac{1}{2}\rho V^2$	N/m²，kgf/m² 或者 lbf/ft²
q_0	自由流动压	N/m²，kgf/m² 或者 lbf/ft²
q_h	平尾处的平均动压	N/m²，kgf/m² 或者 lbf/ft²
r	偏航速率	(°)/s 或者 rad/s
r	曲率半径	m 或者 ft
R	普适气体常数	—
R	航程	km 或者 n mile
Re，R	雷诺数	—

Δs	空气质点单元面积	m^2 或者 ft^2
S	覆盖距离	km 或者 n mile
S, S_w	机翼面积	m^2 或者 ft^2
S_h	平尾面积	m^2 或者 ft^2
S_v	垂直尾翼面积	m^2 或者 ft^2
S_{wet}	浸润面积	m^2 或者 ft^2
t	翼型剖面厚度	m 或者 ft
T	温度	℃
T	推力	N，kgf 或者 lbf
T_C	单个螺旋桨拉力系数	—

$$T_C = T / \left(\frac{1}{2}\rho V^2 \ \frac{\pi}{4} D_{prop}^2 \right)$$

T_T	总温	℃
u	边界层中的气流流动速度	m/s 或者 ft/s
U	边界层边缘处的气流流动速度	m/s 或者 ft/s
V	空速，流动速度	m/s 或者 ft/s
V_0	自由流速度	m/s 或者 ft/s
V_1	发动机失效起飞决断速度	m/s 或者 kn(节，1 kn = 1.852 km/h = 0.514 m/s)
V_2	单发失效初始爬升速度	m/s 或者 kn
V_e	排气速度	m/s 或者 ft/s
$\overline{V}_h$	平尾容量系数，$\overline{V}_h = S_h L_h / (S_w \bar{c})$	—
V_{app}	进场速度	m/s 或者 kn
V_D	设计俯冲速度	m/s 或者 kn
V_{LO}	离地速度	m/s 或者 kn
V_{MC}	最小操纵速度	m/s 或者 kn
V_{MO}	最大使用速度	m/s 或者 kn
V_{MU}	最小离地速度	m/s 或者 kn
V_S	失速速度	m/s 或者 kn
W	重量	N，kgf 或者 lbf
X, x	沿 X 轴到原点的距离	m 或者 ft
$x_{a.c.}$	气动中心位置	m 或者 ft

$x_{c.g.}$	重心位置	m 或者 ft
$x_{n.p.}$	中性点位置	m 或者 ft
Y, y	沿 Y 轴到原点的距离	m 或者 ft
Z, z	沿 Z 轴到原点的距离	m 或者 ft
α	迎角	(°)或者 rad
α_0	无尾飞机零升力迎角	(°)或者 rad
α_h	平尾平均迎角	(°)或者 rad
α_v	垂直尾翼平均迎角	(°)或者 rad
$\alpha_{C_{L=0}}$	零升力迎角	(°)或者 rad
α_R	相对于基准线的迎角,常常采用机身中线作为基准线	(°)或者 rad
β	侧滑角	(°)或者 rad
β	桨叶角	(°)或者 rad
γ	飞行航迹角	(°)或者 rad
γ	比热比	—
δ	大气压比,$\delta = p/p_0$	—
δ_a	副翼偏度	(°)或者 rad
δ_e	升降舵偏度	(°)或者 rad
δ_f	襟翼偏度	(°)或者 rad
δ_r	方向舵偏度	(°)或者 rad
δ_s	前缘缝翼偏度	(°)或者 rad
δ_{sa}	副翼扰流板偏度	(°)或者 rad
δ_{sp}	扰流板偏度	(°)或者 rad
δ^*	边界层位移厚度	m 或者 ft
ε	下洗角	(°)或者 rad
ε_0	$\alpha = 0$ 时的下洗角	(°)或者 rad
λ	尖削比	(°)
Λ	后掠角	(°)或者 rad
ν	运动黏度	m^2/s 或者 ft^2/s
μ	(跑道和轮胎之间摩擦)摩擦系数	—
ρ	空气密度	kg/m^3,kgs^2/m^4 或者 lbs^2/ft^4

σ	大气密度比 $\sigma = \rho/\rho_0$	—
θ	大气静温比，$\theta = T/T_0$	—
θ	扩散段偏角	(°)或者 rad
θ	动量厚度	m 或者 ft
η	沿翼展方向的机翼相对站位，$\eta = y/(b/2)$	—
φ	机翼后掠角(英国标识)	(°)或者 rad
ω	角速度	(°)/s 或者 rad/s

第 *1* 部分

绪　　论

1　引　　言

20 世纪,人们在气动设计过程中开发了三种设计方法。1960 年代初之前,只有两种方法可用:经验方法和相当初步的数学解析方法。自 1960 年代起,人们开发了第三种方法:计算流体动力学方法,它可以看做是早期两类方法的一种组合。本章将简要讨论这三种方法及其发展历史。

1) 经验方法

经验方法基于理论、试验或者这两者的结合,由本质上是各种图表和公式汇编的手册组成。它们建立了飞机几何外形基本参数与所需的飞机特性(诸如作用在部件上的各种力等)之间的关系。然而,这些书籍并没有洞察问题的物理本质方面的内容。

这是气动设计最古老的方法,在大约 1940 年之前,它一直是仅有的一种实用工具。时至今日,人们也仍然在使用它,因其在初步设计阶段使用非常方便。例如,在进行初步定尺寸权衡研究时,它能马上提供获取飞机设计特性所需要的几何外形参数。它还是确定尺寸、进行性能及操纵性和稳定性分析的标准工具。

这种图表和公式汇编的例子有 ESDU 航空航天工程数据库和美国空军的DATCOM。

2) 解析方法

这些方法实际上与第一种方法相反:通过深入研究物理本质,换句话讲,通过压强分布来获得详细几何外形的气动特性。

在 20 世纪前 25 年里,流动物理现象数学模型化在飞机的总体设计中实际上没有发挥任何作用。尽管普朗特(Prandtl)在第一次世界大战之前,就已经系统地提出了他的升力线理论和边界层理论,但是直到 20 世纪 20 年代末期,实际气动设计几乎完全依靠经验来完成。其原因有两个方面:一是这些理论设计工具实质上还相当初步,二是由于缺少合适的计算设备应用起来繁复缓慢。

30 年代后期,美国国家航空咨询委员会(NACA)的西奥道森(Theodorsen)在历史上首次使用理论方法,建立了适合于实际应用的翼型系列。他在研究中使用了保角映射理论,成果就是著名的 NACA 6 系列翼型。在设计这些翼型时,忽略了边界层。因而,大量的翼型必须要在风洞中进行实验,以得到实用和可靠的设计数据。

整个 1930 年代和 1940 年代,其他国家的研究所和大型飞机制造企业很快采用这种翼型设计方法,NACA(美国)、RAE(英国)、DVL 和 AVA(德国)等研究机构获得了大量同时基于风洞实验和设计计算的系统的设计数据。

这种数据集的一个最著名例子就是艾伯特(Abbott)和冯·多英霍夫(von Doenhoff)所著的《翼型理论》。其他例子还有美国空军的 DATCOM 和英国皇家航空研究院 RAE(现在为 ESDU)Data Sheets,以及很多 NACA 报告和英国的"报告与备忘录"R&M。

3) 现代方法——计算流体动力学 CFD

随着计算机技术的发展进步,涌现出了越来越多的、强大的数值计算方法可供飞机设计师使用。这些数值计算方法被称为计算流体动力学。该方法可以使飞机设计师借助流体动力学,直接确定需要的详细气动外形,以获得飞机(或其某个主要部件)预期的性能和相关的压强分布。

道格拉斯公司的海斯(Hess)和史密斯(Smith)提出最初的亚声速面元法,纽约大学的伽拉贝迪安(Garabedian)、考恩(Korn)、保尔(Bauer)和詹姆森(Jameson)完成跨声速流动的计算机程序,奠定了这种设计方法的基础。

近年来,各种 CFD 方法取得了巨大进步。如今它们是除了初步设计阶段之外各飞机设计阶段最重要的气动设计工具。从计算不可压缩二元流动到求解全纳维-斯托克斯(Navier-Stockes)方程(以下简称 N-S 方程),有众多复杂程度不同的计算机程序可供使用。

数值计算方法的出现,是气动设计已经更加依赖于理论方法的明显例证。这种方法的巨大优势在于,对基本流动机理理解越深,对以往经验的依赖就越少,而最终设计可以优化为比过去更接近特定设计要求。

尽管有了如此进展,每一种新设计还需要进行大量的风洞实验。这是由于 CFD 有不可避免的缺点:很难、甚至不可能足够准确地预测边界层或者分离流效应。如果飞机设计师对这些缺点不甚了了,可能会"瞎"用软件,得出完全错误的结果,最终在后续设计或者试飞过程中发现有悖初衷,非常令人失望。

2 固定翼飞机的分类

在考量最适合特定项目气动设计的方法前,需要初步了解对固定翼飞机的基本分类。表 2-1 对此作了说明,给出不同类型的固定翼飞机及其功能。

表 2-1 固定翼飞机分类

			类 型	功 能
民用飞机	A		私人	训练,业余飞行,空中特技
	B		运输	盈利客运,公务飞行
	C		专业	农林作业
军用飞机	D		"运输"类	货物、人员运输 巡逻
	E		"战斗机"类	空中优势 截击 对地攻击/侦察 训练
		E1	空军	
		E2	海军	
	F		"轰炸机"类	轰炸任务

设计一架飞机面临的巨大挑战之一,就是要在飞机性能和能力与其复杂性及由此而来包括采购、使用在内的成本之间寻求平衡。

例如,设计用于训练和旅行的轻型飞机时,主要要求是:

(1) 采购和使用成本低。

(2) 坚固耐用。

(3) 可靠。

换句话说,简单就是最主要的要求。这就意味着在设计时,外形尽量少用双曲面,机翼和尾翼也不必尖削。这样的飞机采用"手册"方法就可以设计得很好。

不过对于高端的、有 4~6 座的单发飞机,情况就已有所不同。同样,需要经常乘坐自己的飞机跨越北美洛矶山脉(Rocky Mountains),进行远程飞行的私人飞机业主或者商人,或许需要增压客舱。这就意味着机身不再有带平板机身侧壁,机翼机身简易连接的简单外形。

　　在民用运输类飞机上,设计师必须考虑,例如在机翼上下蒙皮、尾翼扭力盒或发动机挂架上采用双曲面,从而增加制造成本是否值得。除了必须在短时间内完成装卸载外,军用运输机基本上与民用运输类飞机有同样的要求。

　　军用前线飞机强调的几乎全是性能。由此而来高昂的成本,因为国家防务预算有限,通常使得飞机的采购数量有限。这些飞机一般外形都非常复杂。

　　表2-2给出了各类飞机大致的成本。表2-3总结了上述飞机设计要求示例。

表2-2　各类飞机采购费举例

类　　型	采购费	类　　型	采购费
私人飞机	50 000 美元起	特技飞机(Extra 300)	150 000 美元
运输机	每座 200 000 美元起	军用飞机	
Extra 400	500 000 美元	F16	≈2 千万美元
湾流Ⅳ	1500 万美元	F14/F15	≈6 千万美元
福克 F100	2000 万美元	帕纳维亚　旋风	≈9 千万美元
空客 A380	2.85 亿美元	B2	≈5 亿美元[①]

表2-3　各类飞机的主要设计要求

私人飞机	"穷人"/飞行俱乐部 以成本为主
	"富人"/商人 成本/性能
公务机	在成本、舒适性和性能之间寻求平衡
农林飞机	高度专业化,在成本和收益之间(也可能偏重成本)有良好的平衡
飞行特技飞机	高度专业化,以性能(机动性)为主,通常非常昂贵
民用运输类飞机	可能成本高,但在给定的票价体制下,收益更高
军用飞机 (非运输机类)	可能成本高,以军事作战能力和战备完好性为主
	大多数军用飞机除了武器搭载要求之外,对于机动性("格斗")和稳定性("瞄准平台")两者都有很高的要求

---

①　根据互联网上的美国空军手册数据,应为20亿美元,译者注

3 运输类飞机的设计
要求和设计目标

本章将详细讨论运输类飞机的设计要求和设计目标。

运输类飞机的设计总目标是**将商载 A 飞越距离 B，在 C 类机场之间以最小成本（即以最优速度 D）完成运输。**

实现这一目标的关键参数是：

（1）发动机特性。

（2）升阻比、最大升力系数 $C_{L_{\max}}$、抖振边界。

（3）重量。

需要强调的是，在设计早期足够准确地估算重量和气动特性，的确是一门艺术，而且极其重要，非常关键：它决定了设计方案的初始质量。

适航规章要求飞机**安全**，即它的飞行操纵特性（稳定性和操纵性）必须令人满意。

飞机还应该可靠，即：

（1）系统（例如导航设备）必须满足需要。

（2）系统应可靠并具有足够的冗余度（不能放行项目最少）。

在民用航空运输方面，设计一个飞机系列已经成为一种标准的程序。其实现途径可分为两种。

第一种途径，从项目一开始就几乎同时研制飞机的多个型别。这些不同型别的飞机具有不同的起飞重量、机身长度等。采用这种途径的例子有波音 787 系列（787 - 3，787 - 8 及 787 - 9）和空客 A350XWB 系列（A350 - 800，A350 - 900，A350 - 1000）。

第二种途径，在第一轮飞机研制结束时（或其后），研制飞机的发展型。这些发展型通常改动较大，相关费用可观。采用这种途径的实例是空客 A340 - 500/600，投资 25 亿美元。

表 3 - 1 中给出了民用运输类飞机和军用运输机其他一些设计目标和设计约束。

表 3 - 1　运输类飞机的设计目标和设计约束

事　项	民用飞机	军用飞机
主要设计准则	经济性和安全性	任务完成度和生存性
性能	最大经济巡航速度	足够的航程和反应速度
	机翼设计中非设计点损失最小	总任务完成度
机场环境	中长距跑道	短中距跑道
	铺设好的跑道	各类路面的跑道
	高水平的空管和辅助着陆设施	通常简易的空管设施等
	有足够的地面机动和停机空间	有限可用空间
系统复杂性和机械设计	低维护成本——经济性问题	低维护成本——可用性问题
	低系统成本	可接受的系统成本
	安全性和可靠性	可靠性和生存性
	长使用寿命	损伤容限
政府法规和社区认可	必须能通过适航审定(FAA 等) ● 面向安全性	军用标准 ● 性能和安全性 ● 面向可靠性
	强制性低噪声	可取的低噪声 ● 和平时期睦邻 ● 战时降低可探测性

来源：AIAA Paper No. 77 - 1795

4 飞机设计过程

飞机设计过程可以分为五大基本单元：

(1) 技术要求。

(2) 初步设计。

(3) 气动外形。

(4) 飞行操纵特性。

(5) 填充"空壳"。

1) 技术要求

制订技术要求需要搞清：

(1) 市场及其使用要求(网络、交通流量等,现役飞机的数量、型号及其状况)

(2) 经济形势(对经济增长有何预测？谁有钱？关税结构如何？存在哪些产生附加收入的新机会？)

需要具备对性能计算空气动力学、可实现的发动机性能以及有关重量各个方面的知识和洞察力。

波音 747 研制过程显示了重量有多么重要。最初的设想是飞机以最大起飞重量 550000 lb(1 lb＝0.454 kg)能够运送 350 名乘客到达 5100 n mile(海里)距离之外,研制过程中的重量增加具有"滚雪球效应",某些部件重量的些许增加,导致总重进一步增加并如此周而复始。首架适航取证飞机的最大起飞重量为 710000 lb,比最初设想增加了 29%。

通常,在预测中长期经济和社会发展时,需要有远见卓识。注意从初始项目定义到首架飞机交付之间的时间间隔有 5～7 年,之后飞机具有 30 年以上的使用寿命。航空运输业对于经济形势非常敏感,在经济萧条期,航空运输业也可能崩溃。

错误的技术要求举例：

(1) 达索公司的水星(Mercure)飞机：飞机没有按市场需求的最大航程设计,达索公司选择了将水星飞机按各航空公司需要航程的平均值设计。这一航程只有最大航程的四分之一,致使该设计方案不能灵活适应航线变化,最终在经济上失败。

图 4-1　达索公司的水星飞机

来源：Andrew Hunt

(2) VFW 614：这种飞机对进入市场时的目标市场而言，技术上过于复杂，用户在经济上不可承受。由此得到的教训是采用(新)技术未必有利，尤其是深受政治因素影响时。

图 4-2　VFW 614 飞机

来源：J. de Groot

(3) F-28 Mk6000：福克公司 F-28 Mk6000 为用于短跑道和中低海拔的机场设计。它要求在 $1.2V_S$(V_S 为失速速度)时升力系数 C_L 值大，但是高诱导阻力加上前缘缝翼附加的阻力，使起飞时升阻比较低。这就导致在较高海拔的机场使用时，所安装的发动机推力显得不足。

图 4-3 F-28 Mk. 6000 飞机

来源：G. Helmer

2）初步设计（定尺寸权衡研究）

确定一套良好的技术要求之后，可以进入飞机设计过程的下一单元——初步设计。初步设计在寻求下列方面的平衡时，占首要地位：

（1）要求的容积。

（2）重量分布。

（3）主要尺寸。

（4）发动机性能。

由于飞机的主要性能特性都根据"质点力学"确定，肯定具有头等重要性的是主要尺寸、重量和气动力间比较简单的关系必须极其准确。因而，必须不断更新经验数据库。此外上述关系的成立还有一个隐含的前提，就是设计师能成功实现符合最新水准的设计方案（例如不得发生任何程度的气流分离或者跨声速气动干扰）。

首先，初步设计系统而确切地表述了各专业人员在飞机详细设计阶段必须满足的要求。它不只是填写公式，重要的是这些公式中各个系数的实际数字。赋予零升阻力系数 C_{D_0} 或者机翼重量特定值，意味着设计专家必须达到这一水平的阻力或者机翼重量。在初步设计中，这些数字还没有实现，它们作为最低目标给出。

初步设计确定的目标常常过于乐观。更改设计方案代价巨大，必须作出赔偿，同时客户还会流失。

一名飞机设计师应对"什么是可以实现的"找到感觉。对方方面面都略知皮毛是不够的，设计师必须在（几乎）每个方面都具备详尽的知识。初步设计必须切合实际，不能过于乐观，因为后者会导致令人失望的设计方案，同时不能太保守，因为会让竞争对手有一个更好的设计方案。初步设计人员至少对于重量、阻力和性能还谈不上设计，只是预测。

最后，如果确定了高标准而又切合实际的要求，就可以进行下一阶段的设计工作。

3）气动外形

一旦确定了所要求的飞机基本特性，也就确定了详细的气动外形，它既包含所需的容积，也形成了所需的气动特性。气动外形通过下列途径获得：

（1）理论（包括 CFD 在内的计算空气动力学）。

（2）风洞实验。

（3）从经验数据库（手册）中选取数据。

最近 30 年里，大部分进步集中在计算流体动力学（CFD）领域。借助 CFD 可以计算任意速度下复杂外形上任意点的压强。有两类 CFD 方法：

第一类是直接理论分析方法。利用这些方法可以计算出给定气动外形的气动特性。外形可以采用试凑法或者现在越来越常用的优化方法进行优化。

第二类是我们最需要的，但是更难解的逆向求解方法。利用这些方法，可以根据所要求的特性计算出确定的外形。

风洞试验费用昂贵，所以要尽可能少进行。由于理论计算不能很好地反映出真实情况，尤其是在飞行包线边界处，所以还是有必要进行风洞试验。

经验方法的例子有：DATCOM、ESDU、艾伯特和冯·多英霍夫方法。

4）飞行操纵特性

气动设计的主要目的是寻求优化升阻特性满足性能要求的外形。而要满足飞行操纵特性要求，首先要关注水平尾翼、垂直尾翼和操纵面。对于这些部件的尺寸，根据性能要求尾翼和操纵面应尽可能小，而根据飞行操纵要求操纵面应足够大，相互存在矛盾。所以需要在性能和飞行操纵特性之间达成一种平衡。

通常在满足飞行操纵要求的边界内对性能进行优化。飞行操纵特性没有优化，它们是边界约束条件。

图 4-4 显示了平尾面积与机翼面积之比 S_h/S 和重心弦向位置 $(x/c)_{c.g.}$ 之间关系的示意图。左侧边界是操纵性边界，右侧边界是稳定性边界。

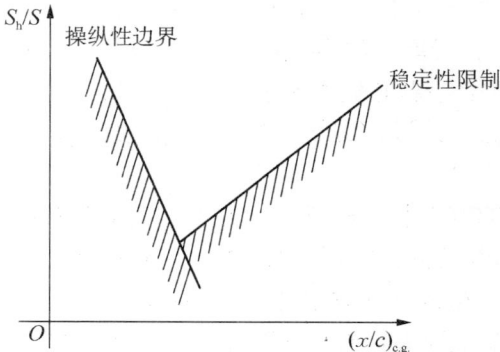

图 4-4 操纵性和稳定性限制

简言之，作为一般原则，设计师必须：

（1）优化性能。

（2）取得满意的飞行操纵特性。

战斗机和空中特技飞机的情况有所不同。对于这些飞机来讲，操纵性比飞机作为一个质点的性能更重要。

以 F-18"大黄蜂（Hornet）"的平尾为例，它的操纵面比稳定性所要求的大，此举为了提高操纵性。飞机作机动时操纵面的偏转较小，以减小尾翼型阻,从而提高升阻比。

另一个例子是 F-16 战斗机的平尾,原先按有足够的稳定性设计,但是在作大动态机动时飞机机动性不够。在进行大动态机动或者"急转"时,平尾失速。为了解决这一问题,加大了平尾面积,如图 4-5 所示。

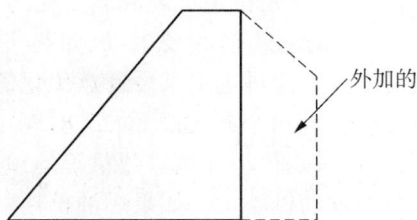

图 4-5　F-16 飞机的水平尾翼

5) 填充"空壳"

一旦气动外形确定下来,接下来围绕以下几方面进行详细设计:

(1) 客舱和驾驶舱布置。

(2) 所有的飞机系统。

(3) 飞机结构。

这是将之前飞机设计过程取得的比较抽象的结果转化为硬件的一步。飞机设计最后的这一部分工作量最大。以 1995 年的福克公司为例,有 15 人从事飞机初步设计,45 人进行气动设计,而其余工程工作占用了超过 940 人。

显然,这一步和飞行操纵特性阶段之间在很大程度上存在交叉。

图 4-6 给出了初步设计过程的方块图。由用户(左上)和制造商(右上)共同制定要求。用户确定有关运输能力的要求,制造商确定能够实现的要求。

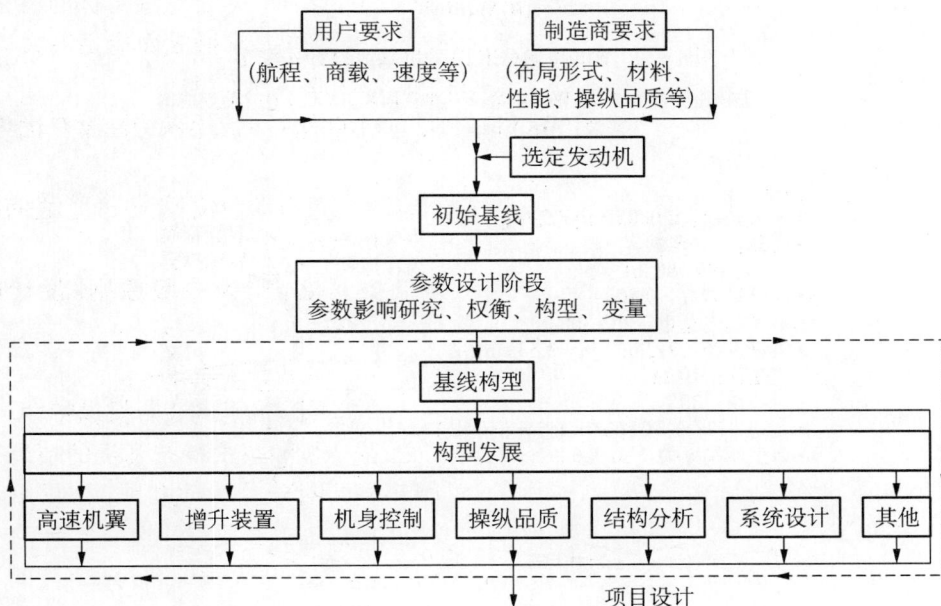

图 4-6　初步设计过程

来源:AGARD LS-37, paper No. 6

图 4-7 是推重比随翼载变化的示意图。这种图表用于确定飞机设计方案的设计点。对设计有各种要求,例如起飞场长(TOFL)、发动机停车高度(EOA)和进场速度。可以通过选定某设计点优化的参数有最小轮挡油耗(MBF)、最小直接使用成本(DOC)和最小起飞总重(TOGW)。设计点选在何处取决于对燃油价格、通货膨胀、飞机采购价格和销售数量等的预期。在这个示意图中,MBF 越低将导致采用的机翼和发动机越大。如果燃油价格上涨,设计点将移向 MBF 区域。在这种情况下,设计点选为在给定的起飞场长下使 DOC 最小。波音公司从 1979 年开始进行这项

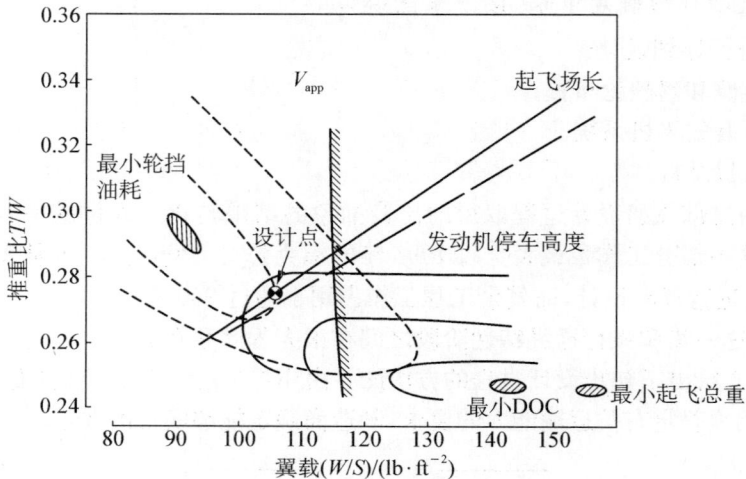

图 4-7 节能技术(EET)飞机基线设计选择图

V_{app}—进场速度;T—推力;W—重量;S—机翼面积;DOC—直接使用成本
来源:AIAA paper No. 79-1795

条件:
- 无风航程: 2 000 n mile(海里)
- 商载: 196名乘客
            (40 180 lb)
- 巡航马赫数: 0.80
- 最大起飞总重: 273 300 lb
- 机身直径: 212 in(1 in = 2.54 cm)
- 展弦比: 10.24
- 后掠角: 30°
- 发动机(2台): CF6-50C(按比例缩放)
- 海平面静推力: 36 930 lb

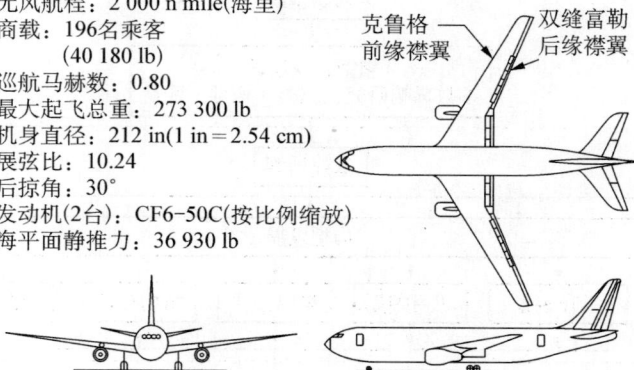

图 4-8 基 线 飞 机

来源:AIAA paper No. 79-1795

研究,时值第二次石油危机之后,预测石油价格将会从每 gal(加仑)0.60 美元上涨到 2.00 美元。由于当时这种预测没有变成现实,该设计方案省油但是费钱。

飞机的典型任务阶段为:起飞、爬升、巡航、下降和着陆。可以使用布雷盖(Breguet)公式估算巡航阶段的性能:

$$R = K\ \frac{V}{SFC}\ \frac{L}{D}\ln\frac{W_1}{W_2} \tag{4-1}$$

式中,$\dfrac{V}{SFC}\dfrac{L}{D}=$ 航程因子;$\dfrac{L}{D}=$ 升阻比;K 为常数;SFC 为比油耗;R 为航程;V 为飞行速度;W_1 和 W_2 分别为飞机在该阶段起点和终点的重量。

为了增大航程,可以提高飞行速度。但是当今的飞机不能以非常高的速度飞行:典型的最大空速为 0.85 马赫。如果以更高的速度飞行,则要付出昂贵的代价,因为此时燃油消耗激增,还必须采用大后掠机翼,飞机更重又使得航程减小。能影响航程的可变参数是升阻比。升阻比是翼展 b 和浸润面积 S_{wet} 的函数。图 4-9 给出了 13 种现有飞机在升阻比最大时的巡航效率[①]。注意图中 A_{wet} 表示浸润面积。

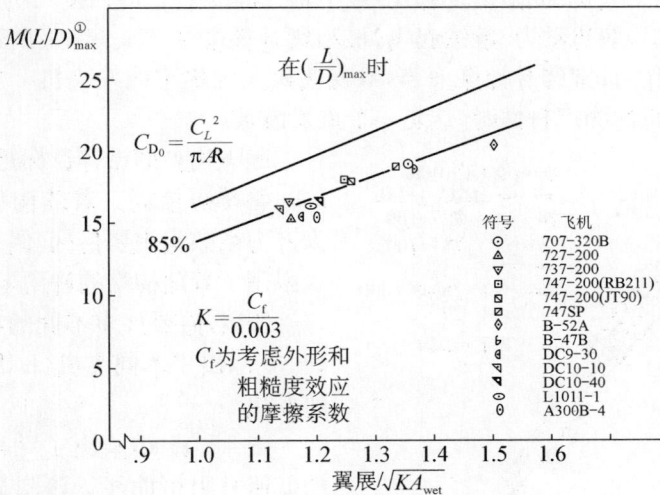

图 4-9 在最大升阻比 $(L/D)_{max}$ 时的巡航效率 $M(L/D)_{max}$

M—马赫数;L—升力;D—阻力;C_{D_0}—零升阻力系数;C_L—升力系数;

$A\!R$—展弦比;K—常数;A_{wet}—浸润面积

来源:AGARD Report No.712,Paper No.6

注意:仅当机翼面积不变时,展弦比才是决定性的参数。

否则,应使用翼展载荷 $\dfrac{W}{b^2}$:

---

① 原文有误,已改正。——译者注

$$\frac{D_i}{W} = \frac{C_{Di}}{C_L} = \frac{C_L}{\pi Ae} = \frac{WS}{\pi q Sb^2 e} = \frac{1}{\pi qe}\frac{W}{b^2} \qquad (4-2)$$

式中，W 为重量；b 为机翼翼展；D_i 为诱导阻力；C_{Di} 诱导阻力系数；C_L 为升力系数；A 为机翼展弦比；S 为机翼面积；q 为动压；e 为"奥斯瓦尔德"效率系数

关于该图的推导将在第 40 章详细讨论。从图中可以看到 B-52 飞机的巡航效率最高，大致处于空客 A340 和波音 777 的设计方案若也标在同一曲线图中的位置。

对民用运输类飞机起飞和着陆的适航审定要求，基本上与起飞时从静止加速到 $1.2V_S$ 和着陆时从 $1.3V_S$ 刹车减速到静止的安全性有关。

1）起飞

对于民用运输类飞机的一个要求，就是在地面滑跑过程中的关键时刻，如果单发失效，飞机必须能够继续起飞。在这种情况下，必须满足爬升要求。因此，飞机上必须至少安装两台发动机。

在单发失效后，双发飞机必须能够依靠一台发动机，或 50% 的装机动力继续起飞。对这种构型所要求的最小爬升梯度为 2.4%。类似地，三发飞机必须能够依靠两台发动机（67% 装机动力）继续起飞，最小爬升梯度 2.7%；四发飞机必须能够依靠三台发动机（75% 装机动力）继续起飞，最小爬升梯度 3.2%。综上所述可以得出结论，就（全发工作）日常爬升性能而言，双发飞机大大优于四发飞机。从适航审定角度考虑某一飞机的噪声特性时，这是一个重要因素。

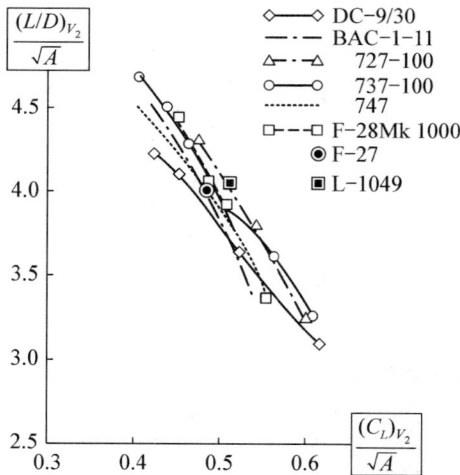

图 4-10 通用起飞状态

$(L/D)_{V_2}$—起飞安全速度 V_2 时的升阻比；$(C_L)_{V_2}$—起飞安全速度 V_2 时的升力系数；A—机翼展弦比

来源：E. Torenbeek, Synthesis of Aircraft Design

起飞构型的设计目标是 $(C_L)_{V_2}$ 和 $(L/D)_{V_2}$ 都尽可能高。着陆构型以取得高最大升力系数为主要目标，但是现代噪声要求限制了着陆构型的许用阻力水平。

所以，需要许多不同的襟翼偏度。图 4-10 示出了不同飞机 $(L/D)_{V_2}$ 随 $(C_L)_{V_2}$ 的变化。

图 4-11 中给出了一种运输类飞机的低速升阻极曲线。该图显示了随着襟翼偏度的增加，升阻极曲线向右上方移动，即随着最大升力增加，阻力也增加。

起飞的主要参数有起飞升力系数 $C_{L_{TO}}$、阻力系数和推重比，后者使飞机加速，并决定了爬升梯度。正如巡航性能一样，爬升性能受翼展的影响很大。图 4-12、图 4-13 和图 4-14 给出了有关起飞地面滑跑和初始爬升阶段的更多信息。

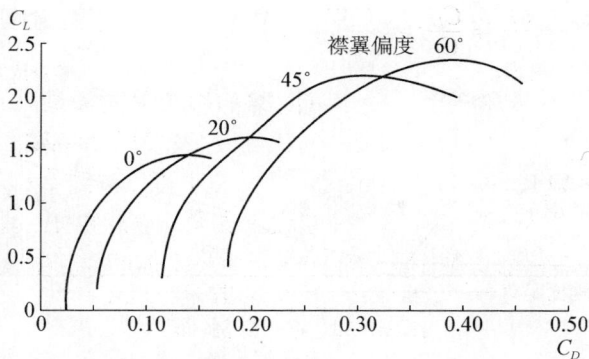

图 4-11　一种运输类飞机的低速极曲线

C_L—升力系数；　C_D—阻力系数

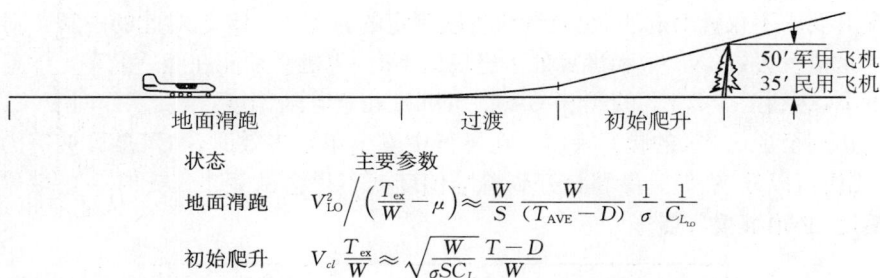

状态　　　　　　　主要参数

地面滑跑　　$V_{LO}^2 \Big/ \Big(\dfrac{T_{ex}}{W} - \mu\Big) \approx \dfrac{W}{S} \dfrac{W}{(T_{AVE} - D)} \dfrac{1}{\sigma} \dfrac{1}{C_{L_{LO}}}$

初始爬升　　$V_{cl} \dfrac{T_{ex}}{W} \approx \sqrt{\dfrac{W}{\sigma S C_L}} \dfrac{T - D}{W}$

图 4-12　起飞剖面和主要参数

V_{LO}—腾空速度；T_{ex}—剩余推力；T_{AVE}—平均推力；D—阻力；μ—摩擦系数（跑道和轮胎之间摩擦）；σ—大气密度；S—机翼面积；W—飞机重量；$C_{L_{LO}}$—腾空时的升力系数；C_L—升力系数；T—推力；V_{cl}—爬升速度

来源：AGARD LS-37，Paper No. 6

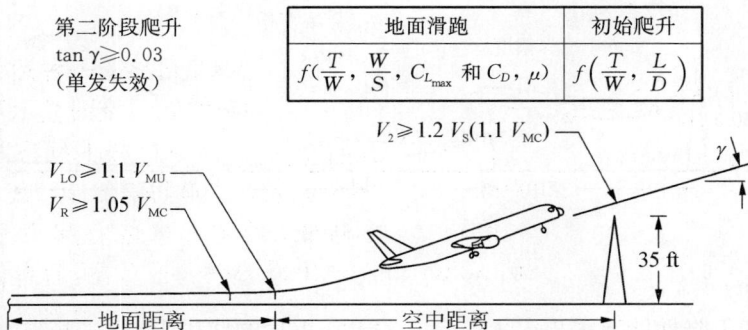

第二阶段爬升

$\tan \gamma \geqslant 0.03$

（单发失效）

地面滑跑	初始爬升
$f\Big(\dfrac{T}{W}, \dfrac{W}{S}, C_{L_{max}}$ 和 $C_D, \mu\Big)$	$f\Big(\dfrac{T}{W}, \dfrac{L}{D}\Big)$

$V_2 \geqslant 1.2\, V_S (1.1\, V_{MC})$

$V_{LO} \geqslant 1.1\, V_{MU}$

$V_R \geqslant 1.05\, V_{MC}$

35 ft

图 4-13　起 飞 剖 面

γ—飞行航迹角；V_{MU}—全发工作最小离地速度；V_{MC}—按单发失效确定的空中最小操纵速度；V_S—失速速度；V_R—抬头速度；$C_{L_{max}}$—最大升力系数

来源：AGARD CP-365，Paper No. 9

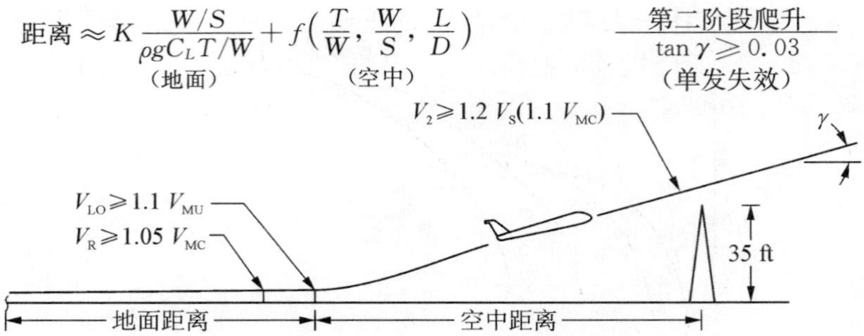

$$\text{距离} \approx K \underbrace{\frac{W/S}{\rho g C_L T/W}}_{\text{(地面)}} + \underbrace{f\left(\frac{T}{W}, \frac{W}{S}, \frac{L}{D}\right)}_{\text{(空中)}} \qquad \underbrace{\begin{array}{c}\text{第二阶段爬升}\\ \tan\gamma \geqslant 0.03 \\ \text{(单发失效)}\end{array}}$$

$V_2 \geqslant 1.2\,V_s(1.1\,V_{MC})$

$V_{LO} \geqslant 1.1\,V_{MU}$

$V_R \geqslant 1.05\,V_{MC}$

35 ft

地面距离　　　　空中距离

图 4 - 14　起 飞 剖 面

K 为常数

来源：AGARD LS - 43，Paper No. 7

2）着陆

爬升要求不仅针对起飞，也是针对着陆制定的。图 4 - 15 是对此的图解。对进场的要求是单发失效($N-1$)和襟翼处于进场偏度时，飞机必须能在经适航审定的最小进场速度下，达到至少 2.7% 的爬升梯度。当襟翼处于着陆偏度，全发工作时复飞，飞机必须能达到至少 3.2% 的爬升梯度。在飞行中发生单发失效时，如果襟翼被选为进场偏度，飞机可以复飞，但是襟翼打开到着陆偏度就不得尝试复飞。此时一旦襟翼选为着陆偏度，必须继续着陆。

进场	地面滑跑	复飞
$f(C_{L_{max}}, W/S$ 和 $L/D)$	$f(C_{L_{max}}, W/S$ 和 $C_D, \mu, T_{REV})$	$f\left(\dfrac{T}{W}, \dfrac{L}{D}\right)$

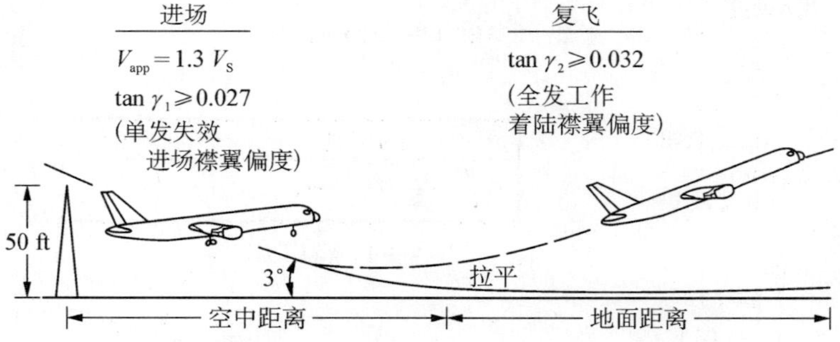

进场

$V_{app} = 1.3\,V_s$

$\tan\gamma_1 \geqslant 0.027$

（单发失效
进场襟翼偏度）

复飞

$\tan\gamma_2 \geqslant 0.032$

（全发工作
着陆襟翼偏度）

50 ft

3°　　　拉平

空中距离　　　　地面距离

图 4 - 15　着 陆 剖 面

来源：AGARD CP - 365，Paper No. 9

爬升和下降性能要求规定了对起飞和着陆重量的使用限制，这些限制取决于重量、高度、温度（WAT 限制）和障碍物。限制因素的例子有山脉、高塔、建筑物（如香港）、机场标高（机场主跑道中线上最高点的海拔高度，如拉巴斯 La Paz：14 000 ft）、发动机性能等。所以尽量拓展使用灵活性是一个重要设计目标。这就是诸如波音 737 和麦道公司的 MD - 80 飞机都有较大的经适航审定的襟翼偏度范围的原因。

为了说明精确估计一架飞机气动系数的重要性,图4-16和4-17展示了升力系数对重量和起飞、着陆场长的影响。对于一定的襟翼偏度,重量随场长变化曲线受 WAT(重量、高度、温度)限制。爬升梯度是推重比和升阻比的函数。

$$\tan \gamma = \frac{T}{W} - \frac{D}{L} \qquad (4-3)$$

式中,T/W 为推重比;L/D 为升阻比;γ 为飞行航迹角。

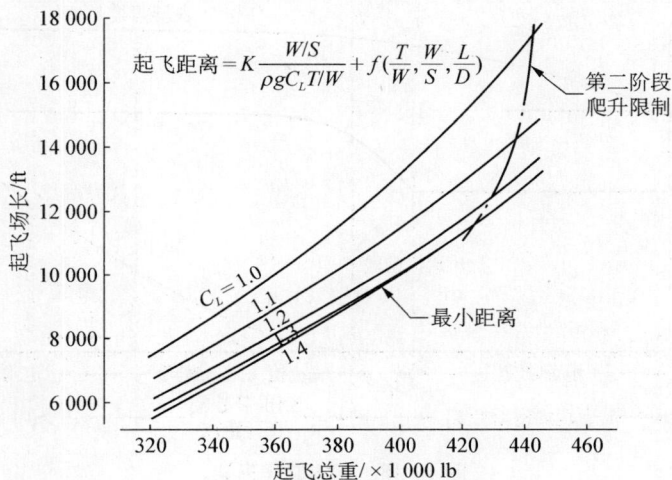

图4-16 起飞性能

来源:AGARD LS-43

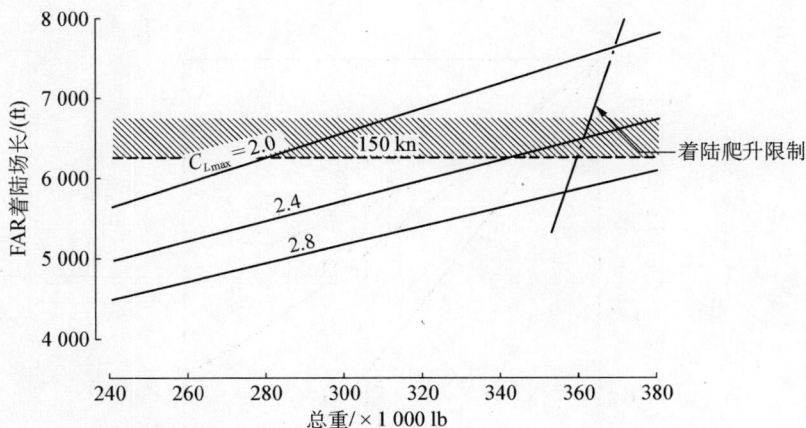

图4-17 着陆性能

来源:AGARD LS-43

假设某架飞机设计为初始爬升升力系数$C_L = 1.2$,而可用的起飞场长为10000ft,则其最大起飞重量$MTOW = 400000$lb。如果为了解决该机失速问题,将升力系数降至

$C_L = 1.1$，则将导致最大起飞重量 $MTOW = 380000\text{lb}$，降低了大约 5%。这看起来似乎不多，但是一架像波音 767 这样的飞机，在最大起飞重量中，空机重量所占份额为 50%，燃油重量占 35%，商载只占 15%。由于起飞重量减小，商载重量将减至占原先起飞重量的 10%，从而使收益减小 30%。这对于用户来说是不可接受的，并使得飞机在这种特定使用条件下的经济性不再具有吸引力。

图 4-18～图 4-26 给出了一些更多的信息，对于估算起飞和着陆性能非常有用。

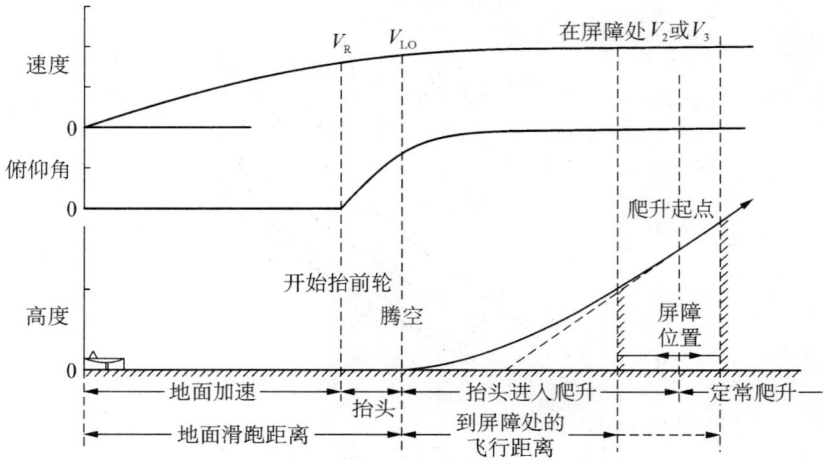

图 4-18　基本起飞框架

V_R—抬头速度；V_2—安全起飞速度；V_{LO}—腾空速度；
来源：AGARD LS-56，Paper No. 2

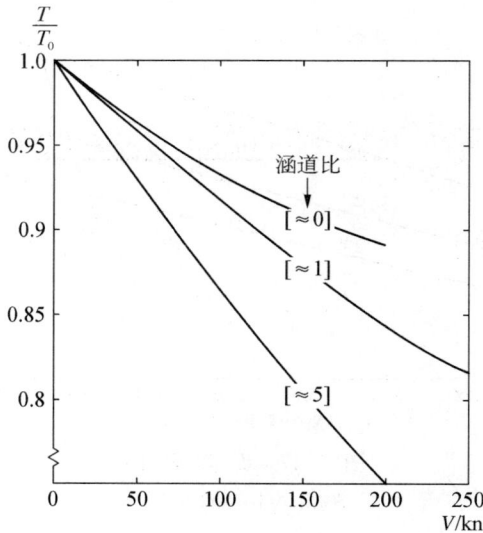

图 4-19　发动机随速度的推力衰减

T—推力；T_0—静推力；V—空速
来源：AGARD LS-56，Paper No. 2

$$\frac{W}{S} \cdot \frac{W}{T_0} \cdot \frac{1}{C_{L_{\max}}} \cdot \frac{1}{\sigma} \Big/ (\text{lbf/ft}^2)$$

常规运输机
(至 10 m 高屏障)

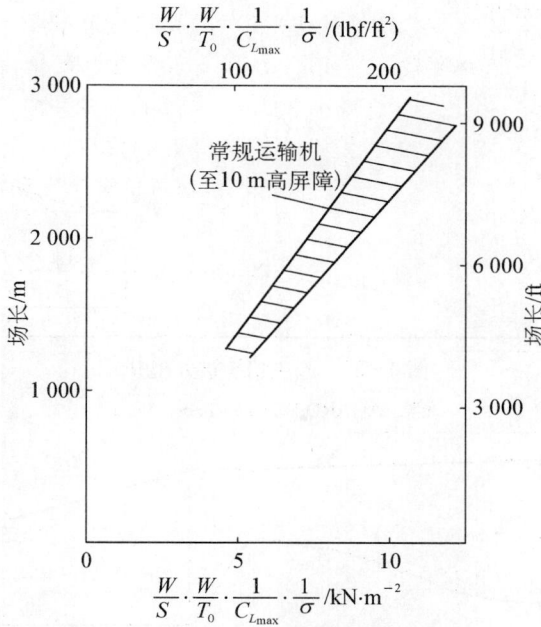

图 4 - 20　起飞至屏障的距离

W—重量；S—机翼面积；T_0—静推力；$C_{L_{\max}}$—最大升力系数；σ—大气密度比
来源：AGARD LS - 56，Paper No. 2

起飞地面滑跑

简单平移能量方程

$$T \cdot S_G = \frac{1}{2}(W/g) \cdot V_{LO}^2$$

离地时的重量-升力平衡

$$W = L \equiv \frac{1}{2}\rho C_{L,LO} V_{LO}^2 S$$

即　$S_G = (W/S) \cdot (W/T) \cdot (1/C_{L,LO}) \cdot (1/g\rho)$

图 4 - 21　起飞地面滑跑

T—推力；S_G—地面滑跑距离；W—重量；L—升力；$C_{L,LO}$—腾空时的升力系数；V_{LO}—腾空速度；S—机翼面积；ρ—空气密度；g—重力加速度
来源：AGARD LS - 56，Paper No. 2

起飞抬头进入爬升

定常爬升近似
$$S_G = h_s / (\tan \gamma_c)$$
$$\approx h_s / \gamma_c$$

圆弧近似
$$S_G = 2h_s / (\tan \gamma_c)$$
$$\approx 2h_s / \gamma_c$$

$$\sin \gamma_c = (T - D)/W$$
$$\gamma_c \approx (T/W) - (D/L)$$

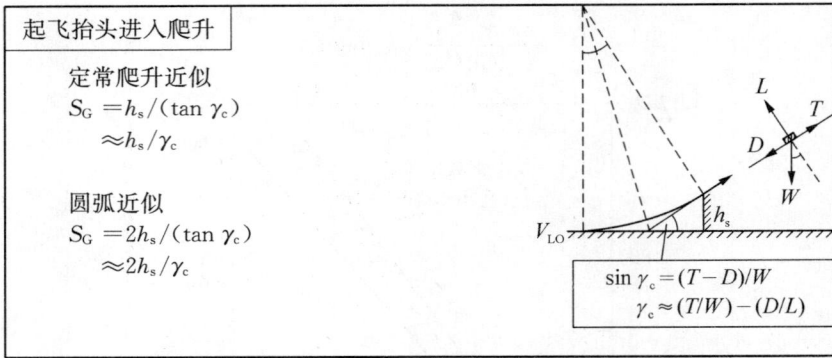

图 4-22 起飞抬头进入爬升

来源：AGARD LS-56，Paper No. 2

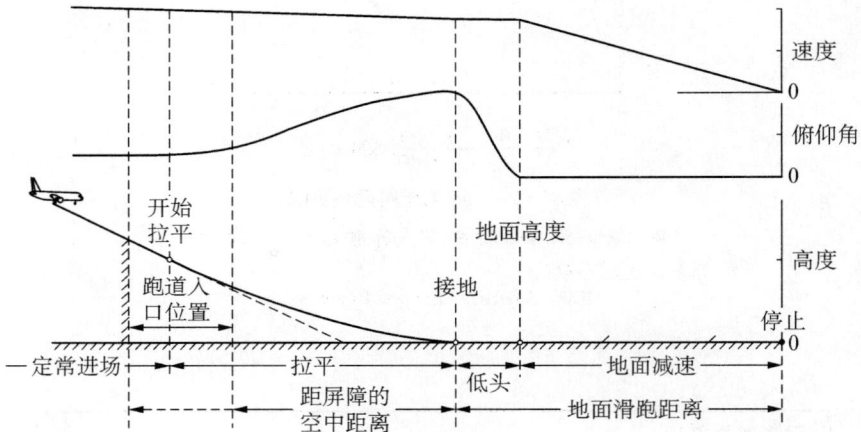

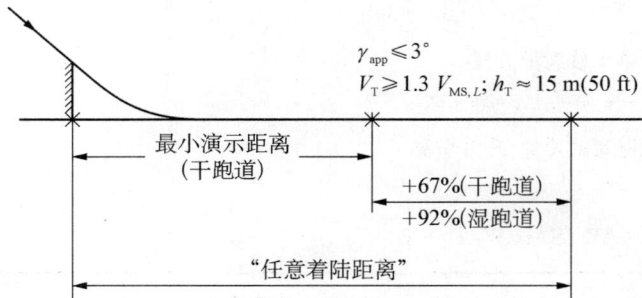

图 4-23 基本着陆框架

来源：AGARD LS-56，Paper No. 2

$$\gamma_{app} \leqslant 3°$$
$$V_T \geqslant 1.3\, V_{MS,L}\,;\ h_T \approx 15\ \text{m}(50\ \text{ft})$$

最小演示距离
（干跑道）

+67%（干跑道）
+92%（湿跑道）

"任意着陆距离"

图 4-24 着 陆 距 离

γ_{app}—进场时的飞行航迹角；V_T—安全着陆速度；h_T—着陆的安全高度；$V_{MS,L}$—失速速度 V_S 和全发工作着陆进场期间的最小操纵速度 V_{MCL} 两者之中的大者

来源：AGARD LS-56，Paper No. 2

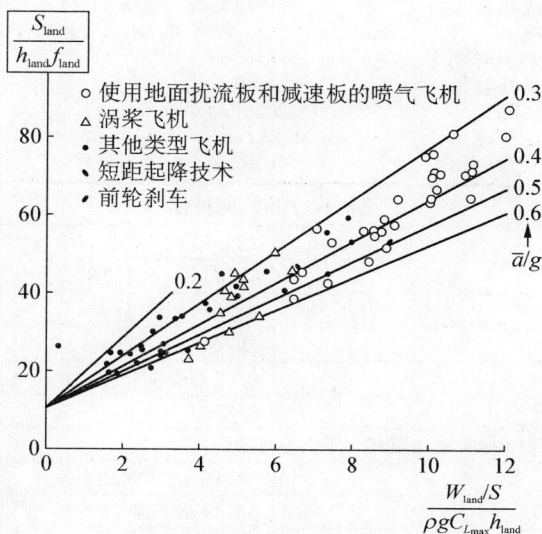

图 4-25　未乘修正因子的着陆距离（适航审定着陆
距离）的统计相关性

W_{land}—着陆重量；S—机翼面积；S_{land}—着陆距离；f_{land}—
修正因子；$\bar{a}$—平均减速度。

来源：E. Torenbeek

假设总的平均减速度为 d

即　　$$S_{Ldg} \approx \frac{1}{2}d^{-1}V_A^2 = \frac{1}{2}d^{-1}(KV_{S,lg})^2$$

$$= d^{-1}K^2 \cdot (W/S) \cdot \frac{1}{q}C_{L_{max}}$$

式中系数的典型值　　$K \approx 1.3$

典型的　　　$d \approx 0.40g$

图 4-26　基本运动学关系①

$V_{S,lg}$—着陆状态的 lg 失速速度；S_{Ldg}—着陆地面滑跑距离

来源：AGARD LS-56, Paper No.2

　　图 4-27 是一组设计要求与据此制定的设计方案相应性能特性的实例。图
4-28 和 4-29 解释了设计飞机的迭代程序。

---

① 原图公式有误，已改正，译注

任务要求

- 无风航程　　　　　　　＝3704 km(2000 n mile)
- 商载　　　　　　　　　＝196 名乘客,18225 kg(40180 lb)
- 初始巡航高度　　　　　≥10668 m(35000 ft)
- 巡航马赫数　　　　　　＝0.80
- 起飞场长　　　　　　　≤2290 m(7500 ft)
- 进场速度　　　　　　　≤231.5 km/h(125 kn)
- 备份余油　　　　　　　＝1967 ATA 国内规则

飞机尺寸和几何特性	
机翼面积	235.51 m²(2535.0 ft²)
机翼翼展	49.11 m(161.12 ft)
平均气动弦长	5.23 m(17.15 ft)
展弦比	10.24
四分之一弦长后掠角	0.52 rad(30°)
尖削比	0.3158
t/c,机翼、机身交界面弦长(SOB)/翼梢*	15%/10.3%
平尾面积	51.65 m²(556.0 ft²)
垂直尾翼面积	36.14 m²(389.0 ft²)
机身长度	47.55 m(1156.0 ft)
机身直径	5.39 m(17.67 ft)
发动机	2 台放大的 CF6-50C
涵道比	4.4
海平面静推力(未装机)	164.27 kN(36930 lbf)
飞机性能	
起飞总重	120719 kg(266140 lb)
使用空重	76861 kg(169450 lb)
轮挡油耗	19051 kg(42000 lb)
备份余油	6827 kg(15050 lb)
着陆任务重量	101913 kg(224680 lb)
推重比	2.726 N/kg(0.278 lbf/lb)
翼载	512.67 kg/m²(105.0 lb/ft²)
初始巡航高度	11113 m(35460 ft)
平均巡航高度	11723 m(38460 ft)
航程因子	22909 km(12370 n mile)
升阻比	18.2
比油耗	0.069 kg/h/N(0.674 lb/h/lbf)
$C_{D_{p\min}}$	0.01791
FAR 起飞场长,海平面,29℃(84℉)	2290 m(7500 ft)
$(C_L)_{V_t}$	1.506
$V_{APP}(1.3V_S)$	62 m/s(120 kn)
C_{LAPP}	1.81

图 4-27　确定了尺寸后的节能技术(EET)飞机(型号 768-785B)性能和使用特性

* 基于总弦长

来源:AIAA Paper No. 79-1795

技术要求(商载、航程、速度)

运输能力   发动机   初步设计

起降性能

客户需求
客舱布置
载货能力   详细技术要求   说明书
机场适应性

气动力

重量   计算   性能

详细重量分解   详细气动力   详细的性能

客户需求
客舱布置
载货能力   型号规范
机场适应性

详细设计

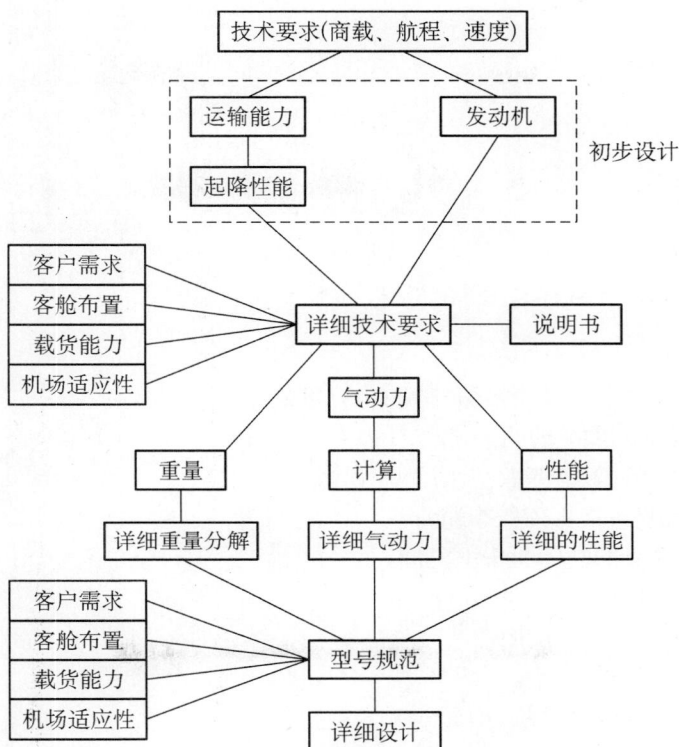

图 4-28 设 计 过 程

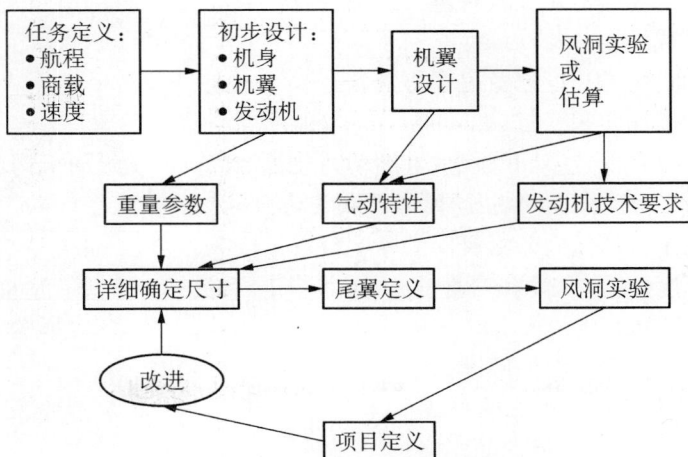

任务定义: 初步设计: 机翼   风洞实验
●航程   ●机身   设计   或
●商载   ●机翼   估算
●速度   ●发动机

重量参数   气动特性   发动机技术要求

详细确定尺寸   尾翼定义   风洞实验

改进

项目定义

图 4-29 飞机设计迭代

来源:AGARD R-712,Paper No. 6

5 几何形状

飞机的几何形状由 4 个要素来定义,分别是:

1) 与下列方面相关的内部几何形状

(1) 所需容积,需要考虑:

- 货舱容积(包括头顶行李箱)。
- 座椅尺寸、伸腿空间、头上空间。
- 机上娱乐设施。

(2) 形状,即容积的实用性:

- 非圆柱形的前后机身。
- 机身后部倾斜的地板,例如空客 A300。
- 下货舱,尤其是对于容纳集装箱。

(3) 到达可用空间的途径,这一点对于实现快速装卸即短周转时间非常重要。

根据上面三项就能定义各种重要的部件,例如确定:

- 机身横截面。
- 客舱和货舱的长度以及内部布置。
- 所需的燃油容积。
- 所需的设备安装空间(航电、辅助动力装置、起落架、操纵面机构等)。

2) 与结构方面(强度和刚度)的考虑相关的内部几何形状

- 机翼和尾翼的扭力盒沿展向的厚度分布。
- 襟翼厚度(DC-8 没有襟翼整流罩,DC-10 和波音 747 具有适应复杂襟翼运动的整流罩)。
- 发动机支架和挂架的厚度。

3) 从气动考虑的外部几何形状

(确定获得所需表面流速的厚度)。

4) 与可生产性和成本控制相关的外部几何形状

一个经典的例子就是尽可能避免采用双曲表面。然而,这在很大程度上取决于所采用的材料:复合材料就非常适合于制成双曲面形状,但却不能很好地实现转折。

6　外　形　设　计

　　飞机外形的设计应该达到**优化飞机性能、取得满意的飞行操纵特性、同时满足内部几何形状**和**可生产性方面**相关的要求。

　　不同的飞行阶段以及不同的适航标准和飞行品质要求条款,对基本设计参数的要求彼此矛盾,它涉及翼载、最大升力系数 $C_{L_{max}}$ 随升阻比 L/D 的变化关系和重量。

　　事实上,飞机设计总是要在彼此冲突的要求之间取得折中。在本章中,我们将进一步讨论取决于气动设计要求和设计目标的外形设计。

　　直到大约 1940 年,飞机部件的几何形状和气动特性之间的关系主要根据试验数据(风洞和飞行试验)确定。众所周知的例子是 NACA 4 位数和 5 位数系列翼型以及 NACA 发动机整流罩型面。

　　设计师的经验也在这里发挥作用,一些设计具有鲜明的特征——例如德·哈维兰(De Havilland)公司的"黄蜂蛾(Hornets Mother)"和维克斯(Vickers)公司的"子爵(Viscount)"型飞机上的垂直尾翼。图 6-1 就是黄蜂蛾飞机尾翼的照片。

图 6-1　德·哈维兰公司的黄蜂蛾飞机

来源：Mick Bajcar

　　1940 年之后,那些拥有"计算实力"的大型研究机构和飞机制造企业完成了(有限的)理论分析,其重点在翼型方面,于是产生了例如 NACA6 系列这样的层流翼型。

随着喷气发动机问世，飞机飞行速度接近声速，于是又返回到风洞实验，因为当时的计算机程序还不能处理跨声速（亚声速和超声速混合）流动。但是，人们有限地运用理论来决定实验过程的下一步。

"尖峰"翼型（由皮尔西（Pearcey）等人开发）在 1960 年代得到广泛应用，就是那个时代研究成果的一个好例子。

今天，主要的气动设计工具就是各种设计和分析用的计算机程序，它们合起来称为计算流体动力学（CFD）。对于设计飞行状态——巡航，这些方法能够很好地解决问题。它们也能精确地计算初始爬升阶段（增升装置打开）的气动特性。

在分离流情况下，CFD 还是不能得到足够精确的计算结果。然而正是在这一领域里，设计师们希望得到精确的计算结果，因其决定了设计方案的限制条件。这些所谓的"非设计"状态包括低速失速（对于场域性能很重要）、抖振边界和处于最大使用马赫数 M_{MO} 和设计俯冲马赫数 M_D（对于巡航性能很重要的两个参数）之间的飞行状态。

因此，目前气动设计方面至关重要的问题是：

何为恰当的设计（或目标）压强分布？

或者，换句话说，应该在设计飞行条件下获得怎样的压强分布才能满足所有的设计要求？

为了尽可能地推迟流动分离和减小阻力，**气动设计的总目标**应该是：

- 对于不必产生合力的部件，当地表面速度应最小。
- 对于需其产生合力的部件（例如机翼或方向舵），相关飞行条件下的压强分布应该优化，使边界层中和激波后的动量损失最小。
- 最后，对于必须容许当地流动方向有较大变化的部件（例如尾翼和发动机进气道），必须找到能够应对这种变化的前缘形状和设计压强分布。

7 在附着流条件下计算已知形状物体的速度和压强分布

速度和压强分布计算有两个目标：

(1) 如有可能,在整架飞机上都有优化的压强分布;

(2) 确定飞机的整体特性,包括稳定性和操纵性导数,例如 $C_L - \alpha$, $C_L - C_m$, $C_{L,\beta}$, $C_m - \delta_e$ 等。

尽管一般而言,计及边界层效应后,准确度得到提高,但忽略边界层和机翼、尾翼翼面的厚度效应并使用相对粗糙的面元法,可迅速得到惊人的好结果。

采用位流理论(使用源、汇、偶极子和涡),进行了最简单的速度和压强分布计算。不过应该记住位流本身不能产生升力。这个问题由施加所谓库塔-儒科夫斯基边界条件来解决。

库塔-儒科夫斯基条件是一种经验边界条件,并且不唯一,对于每一种情况都要具体选择。从物理上讲,库塔-儒科夫斯基条件依靠的是物体后缘的边界层流动,所以为了在涉及升力和需要详细了解压强分布时正确选定库塔-儒科夫斯基条件,必须在计算中计及边界层。

为了在计算中考虑边界层效应,使用了位移厚度 δ^* 概念。图 7-1 示出了边界层定义。

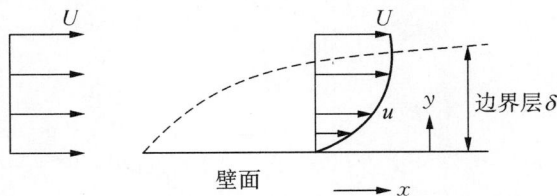

图 7-1 边界层定义

由质量守恒定律,可以得到以下关系：

$$\delta^* \cdot U \cdot \rho = \rho \int_{y=0}^{y=\infty} (U-u)\mathrm{d}y \qquad (7-1)$$

其中，u 和 U 分别为边界层中气流的流动速度和边界层边缘处气流的流动速度，ρ 为空气密度。

典型的 $\delta^* = \dfrac{1}{6}\delta$。（$\delta$ 为边界层厚度）

与边界层相关的另一个重要物理量是动量厚度 θ，尤其在涉及阻力计算和流动分离时。

由动量守恒定律，得到以下关系：

$$\theta \cdot U \cdot \rho \cdot U = \rho \int_{y=0}^{y=\infty} u(U-u)\mathrm{d}y \tag{7-2}$$

边界层分析中最后一个重要参数是形状因子 H。它综合了位移厚度和动量厚度，其定义为：

$$H = \frac{\theta}{\delta^*} \tag{7-3}$$

δ^* 和 θ 两者都高度依赖边界层中速度分布的形状，形状因子 H 就更是如此（因此取名）。湍流边界层中的速度分布形状已由实验确定。

最后，在确定了位移厚度时，在真实物体上叠加位移厚度得到当量物体，可分析当量物体获得详细的压强分布。

库塔-儒科夫斯基条件也是在当量物体基础上确定的。

8 边界层理论的局限性

本章将简要说明与边界层理论的特点相关的各种问题。

1900 年代初,普朗特开创了层流边界层理论。时至今日,它已发展成为成熟的理论。

然而,湍流边界层的情形却大不相同。人们基于实验数据,曾经建立过很多模型,在很大程度上依赖边界层速度型和平板(无压力梯度)阻力随雷诺数的变化,尽管研究了多年,湍流模型尚未达到适于分析具有大压强梯度流动的可接受的准确度。

很多情况下,至少在二元流动中,人们能相当不错地分析处理翼型后缘处的湍流分离,但是还要做很多工作才能称得上完全把问题搞清楚。

另一方面,分析前缘及其附近发生的流动分离尚不够准确,难以用于设计。"设计"完全基于经验数据。对于边界层转捩,包括转捩气泡情况也是如此。

激波和边界层之间的相互干扰可用解析方法分析,但是只限于名义上的弱激波。实际上,直至边界层分离都可获得过得去的二元结果。分离本身根据相当简单的经验判据来确定。

直到大约 20 世纪 70 年代末,在设计实践中,大多数情况下只有位流理论与二元或者轴对称边界层理论得到应用。采用欧拉和时均 N-S 程序的计算多半是在实验室环境下进行的。

如今,即使是一些小公司也买得起用得起这些程序。例如,巴西飞机制造企业 Embraer 就在设计它的喷气支线飞机时使用过 N-S 程序。

9　分离流的计算

目前分离流计算有两种用途。

第一种用途是分析设计具有大后掠前缘的机翼。这种机翼形成前缘涡，产生了附加升力，然而，代价是同时还产生了附加阻力。这类机翼主要用于军用飞机——尤其是战斗机上，因为这些飞机拥有强大的推力，足以克服附加阻力，并且能够很好地利用附加升力。

用于这类计算，欧拉程序能够给出很好的结果。

第二种用途是预测二元翼型（包括带偏转的前缘缝翼和/或襟翼的翼型）的最大升力系数 $C_{L_{\max}}$。这种应用始于将全位流理论和边界层理论结合起来。人们期待未来使用欧拉程序（即计及有旋流动效应）和 N‐S 程序能够带来进步。然而时至今日，预测最大升力，仍需依靠经验数据。

第 *2* 部分

压 强 分 布

10　表面速度和压强系数之间的关系

　　本章将根据已知的理论推导 ΔV 和 c_p 之间的关系。首先，对于小扰动不可压缩流，由伯努利定律：

$$p_t = p_0 + \frac{1}{2}\rho V_0^2 = \text{constant} \qquad (10\text{-}1)$$

得到：

$$p_t = p_{\text{loc}} + \frac{1}{2}\rho V_{\text{loc}}^2$$

或者

$$p_t = p_{\text{loc}} + \frac{1}{2}\rho\,(V_0 + \Delta V)^2$$

或者

$$p_t = p_{\text{loc}} + \frac{1}{2}\rho V_0^2 + \rho V_0 \Delta V + \frac{1}{2}\rho\,(\Delta V)^2$$

最后一项可以忽略，因为这里只考虑小扰动。改写最后这个公式，得到：

$$p_t = p_{\text{loc}} + \frac{1}{2}\rho V_0^2\Big(1 + 2\,\frac{\Delta V}{V_0}\Big) \qquad (10\text{-}2)$$

由于式(10-1)必须与式(10-2)等价，由此可得：

$$p_0 + \frac{1}{2}\rho V_0^2 = p_{\text{loc}} + \frac{1}{2}\rho V_0^2\Big(1 + 2\,\frac{\Delta V}{V_0}\Big) \qquad (10\text{-}3)$$

根据定义,压强系数

$$c_p = \frac{p_{\text{loc}} - p_0}{\frac{1}{2}\rho V_0^2} \qquad (10-4)$$

综合式(10-3)和式(10-4),得到所需的关系:

$$p_{\text{loc}} - p_0 = -\frac{1}{2}\rho V_0^2 \frac{2\Delta V}{V_0} \qquad (10-5)$$

和

$$c_p = -\frac{2\Delta V}{V_0} \qquad (10-6)$$

计及压缩性效应时,压强系数和表面速度之间的关系变得更复杂。图 10-1 显示了根据卡门-钱公式获得的压强系数、自由流马赫数和当地马赫数之间的关系。在这个图中,注意 c_p 显示应读作负 c_p。

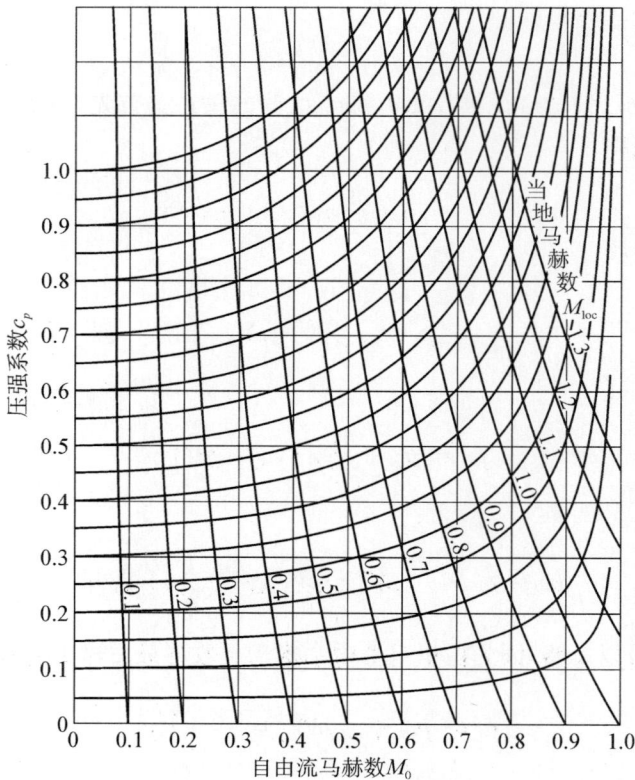

图 10-1　根据卡门-钱(Kármán - Tsien)公式,当地压强系数
和当地马赫数随自由流马赫数的变化

来源：Abbott & Von Doenhoff, Theory of Wing Sections

　　以下是如何使用图 10-1 的一个示例。研究某翼型,其上某一点当 $M_0 = 0.6$ 时, $c_p = 0.32$。这个翼型的临界马赫数,如忽略压缩性效应,可以在横轴上查到,为 0.84。如考虑压缩性效应,则沿着 $c_p = 0.32$ 曲线,寻求它与 M_{loc} 为 1.0 的交点,那么,根据该点,查得临界马赫数为 0.77。

　　当地马赫数 M_{loc} 和静压系数 c_p 之间的关系是自由流马赫数 M 的函数,包括当地马赫数大于 1 时。

　　下面介绍的关系严格讲只对等熵流成立。

　　这意味着计及了压缩性效应,但没有计及激波引起的熵增。实际应用表明,这个关系用于分析跨声速翼型绕流效果非常好。

　　如上所述,静压系数定义为:

$$c_p = \frac{p_{loc} - p_0}{\frac{1}{2}\rho V_0^2} = \frac{p - p_0}{q_0}$$

其中, p 为当地静压; p_0 为自由流静压; p_{loc} 为当地静压; q_0 为自由流动压; V_0 为未受扰自由流速度; ρ 为空气密度。

　　根据等熵关系:

$$p_t = p\left(1 + \frac{\gamma - 1}{2}M_{loc}^2\right)^{\frac{\gamma}{\gamma-1}} = p_0\left(1 + \frac{\gamma - 1}{2}M^2\right)^{\frac{\gamma}{\gamma-1}} \qquad (10-7)$$

其中, p_t 为总压, γ 为比热比。

　　式(10-7)给出 p 和 p_0 之间的关系。

　　借助气体定律 $p = \rho RT$ 和声速方程 $a^2 = \gamma RT$,自由流动压 q_0 可以写为

$$q_0 = \frac{1}{2}\rho_0 V_0^2 = \frac{1}{2}\rho_0 \gamma RTM^2 = \frac{1}{2}p_0 \gamma M^2 \qquad (10-8)$$

其中, ρ_0 为自由流空气密度, V_0 为自由流速度, T 为静温, R 为普适气体常数, M 为马赫数。

　　综合以上各式,经过一些推演,得到以下关系:

$$M_{loc}^2 = \frac{2}{\gamma - 1}\left[\frac{1 + \frac{\gamma - 1}{2}M^2}{\left(1 + \frac{1}{2}\gamma M^2 c_p\right)^{\frac{\gamma-1}{\gamma}}} - 1\right] \qquad (10-9)$$

　　如上所述,对于亚声速翼型绕流分析,这个关系的适用范围可扩大到当地马赫数 M_{loc} 为 1.4～1.5。

11 几何形状和压强分布之间的关系

任何封闭物体在定常流中的压强分布通常都具有以下特征：

(1) 有一个驻点(非压缩流中 $c_p = 1$)处于或靠近前缘或头部。

(2) 有一个驻点处于或靠近后缘或尾部。

(3) 在上表面和/或下表面上的一点，或者物体周边的一条线上，表面速度达到最大值(而静压系数 c_p 达到最小值)

注意后者仅适用于具有最大正表面速度的压强分布。在升力面上，下表面的压强分布常常呈现最小正 c_p 值，表明存在最小负表面速度。

远离驻点区域的表面曲率和压强系数之间存在直接的关系：曲率越大(更凸)，(正)表面速度就越大，(负)c_p 值越大。图 11-1 中对此给出了详细的解释。

因此，如需压强系数局部发生变化，那么要 c_p 更负或少正的话，必须增加曲率(更凸或者少凹)，要 c_p 向正方向变化的话，应减小曲率。

注意如果将"鼓包"或"下陷"融入原始几何形状，局部地改变形状，总是会在"鼓包"或"下陷"前后发生与鼓包或下陷本身相反的曲

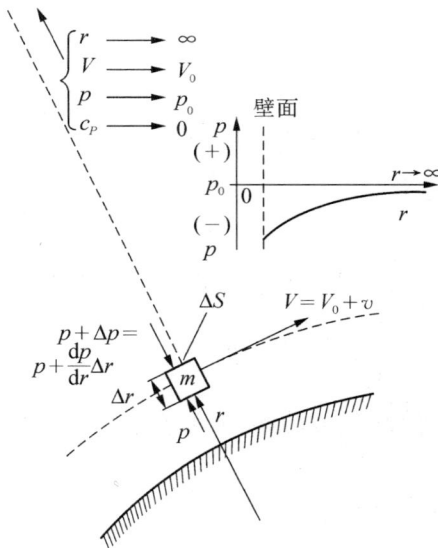

在流体质点上的向心力

$$K = (p + \Delta p - p)\Delta S = \frac{m(\text{质量})V^2}{r} = \Delta p \cdot \Delta S$$

$$\frac{\mathrm{d}p}{\mathrm{d}r} \text{为正} \longrightarrow p < p_0 \longrightarrow V > V_0$$

$$c_p \text{为负}$$

图 11-1 当地速度和当地曲率之间的关系

r—曲率半径；m—质量；V—空速；p—静压；c_p—压强系数；ΔS—流体微元的法向面积

率变化,见图 11 - 2。

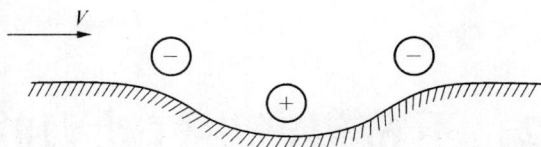

图 11 - 2 几何形状和压强系数之间的关系

设计中与几何形状和压强分布之间的关系相关的主要问题可归纳为:

(1) 给定所需的气动特性求解应有的压强分布、相关几何形状和空间。

(2) 给定所需的形状和空间,获得为了产生最有利的压强分布,所要求的最小改动。

这些问题的答案见第 6 章。

12　不希望产生气动力的
部件上的压强分布

气流流经物体在该物体表面上产生压强分布。局部凸起的曲率使压强减小，局部凹陷的曲率使压强增加。

图 12-1 和图 12-2 对此进行了说明。图 12-1 中的虚线显示没有环形凸起时的计算压强分布。注意在局部凸起曲率半径很小处出现很大的吸力峰，在凹陷曲率半径很小处，局部压强增加很大。

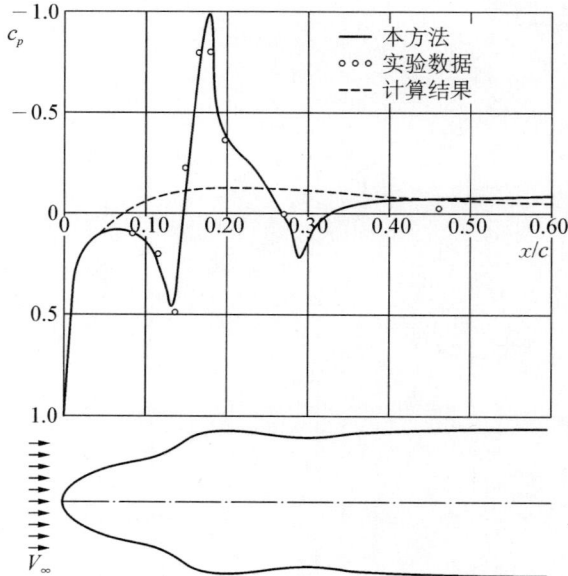

图 12-1　在具有环形凸起的扁长椭球上的计算和实验压强分布比较

来源：Canadian Aeronautics and Space Journal, Feb. 1970

在没有轴向曲率的部分，例如在图 12-3 中物体的圆柱段上，压强系数趋于零。

图 12-4 显示了局部凸起曲率越大，表面速度越高（靠近椭圆体的前端和后端，抛物旋成体中间附近）。

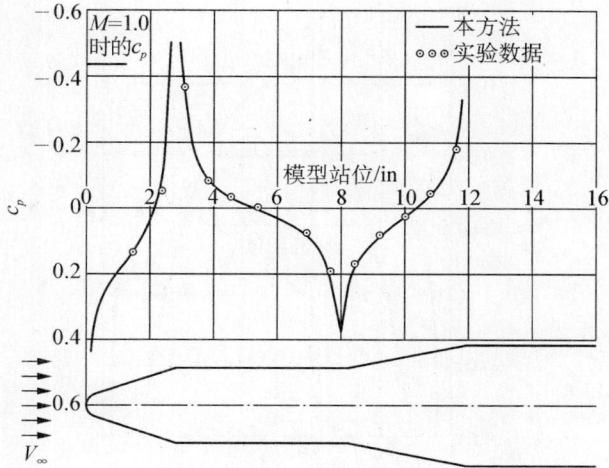

图 12 - 2 空中弩箭(Skybolt)型导弹在自由流马赫数为 0.8
时的计算和实验压强分布比较

来源：Canadian Aeronautics and Space Journal，Feb. 1970

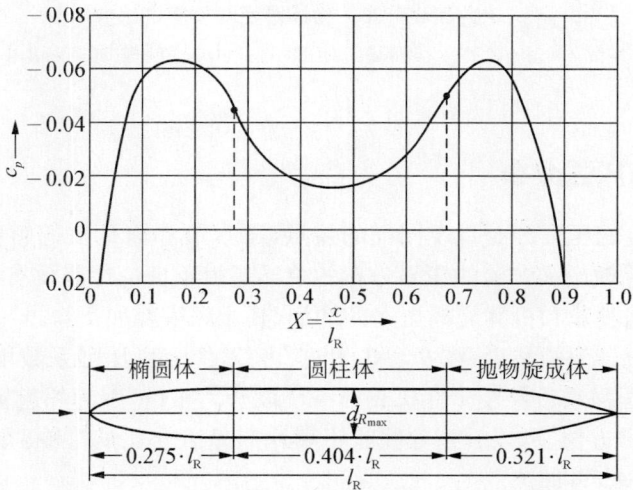

图 12 - 3 具有圆柱形中段的旋成体上的压强分布。直径与
长度之比为 0.09

来源：Schlichting und Truckenbrodt：Aerodynamik des Flugzeuges Band Ⅱ，9.2

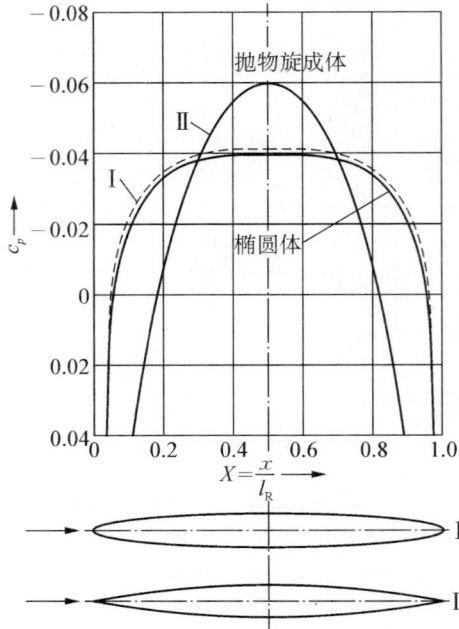

图 12 - 4 非压缩轴向流中旋成体(抛物旋成体和椭圆体)
上的压强分布。物体厚度与长度之比为 0.1

来源：Schlichting und Truckenbrodt：Aerodynamik des Flugzeuges Band II，9.2

飞机部件上的压强分布

　　飞机机身上的压强分布呈现同样的特点，与本节和前几页的解释相吻合，见图
12 - 5。尾部位置理论和实验的压强分布的差异是由于理论计算没有考虑垂直尾翼。
值得注意的是驾驶舱和机翼之间压强的增加，其原因解释如下：

　　由于该段机身为圆柱形，在 $\theta = 0°$ 和90°方位的表面，压强系数增大趋于零。在
$\theta = 180°$ 方位，压强系数甚至于在机翼前一小段变为正值，因为邻近机翼前缘的驻点
区域。在 $\theta = 0°$ 方位，可以看到驾驶舱轮廓外形显著变化的影响：在这些位置流动
急剧地加速、减速、再加速。

　　图 12 - 6 显示了用风洞实验和数值计算方法所得压强分布的比较。显然，所采
用的数值计算方法对于分析驾驶舱顶部很大的当地速度还不够完善，此处实验和计
算结果相差很大。

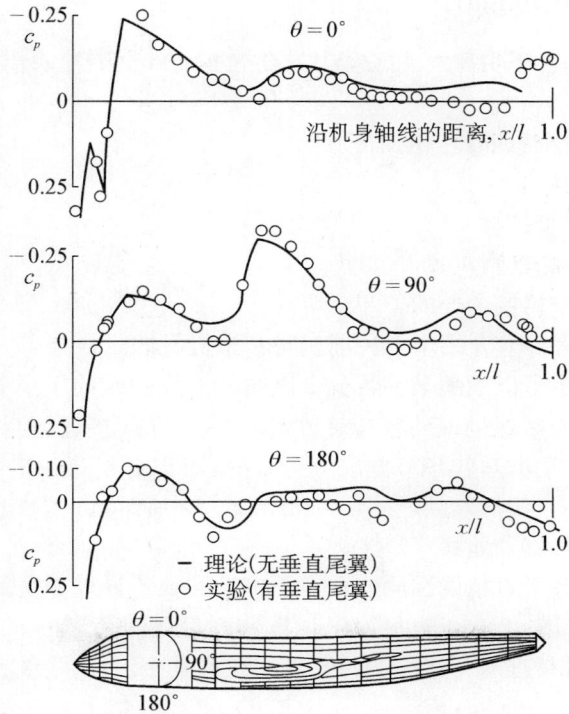

图 12-5 波音 747 飞机机身压强分布比较

来源：AIAA Paper No. 72-188

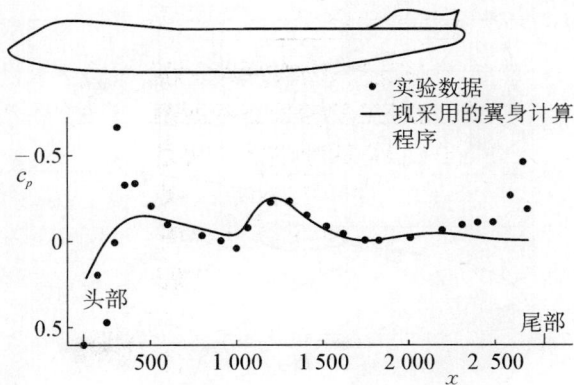

图 12-6 $M_\infty = 0.84$ 和 $\alpha = 2.8°$ 时，下单翼运输机布局上零纵的压强分布

来源：AIAA Paper No. 72-188

不要求产生气动力的部件

很多的飞机部件不希望产生气动力。在这些部件上当地表面速度应该尽量小。这样的部件有：

- 包括驾驶舱座舱罩在内的前机身
- 中段和后段机身
- 发动机支架和挂架
- 巡航飞行中的垂直尾翼
- 平尾-垂直尾翼接合处的整流罩等

图 12 - 7 到 12 - 16 介绍了各种前机身和中机身的压强分布。

图 12 - 10 显示了以当地马赫数分布表达的沿驾驶舱的压强分布。由于形状凸起，驾驶舱风挡上方区域呈现当地马赫数增加，直至速度接近超声速区。

使用计算流体动力学(CFD)方法进行计算，可以分析当地表面速度，并加以改进使表面速度最小。例如驾驶舱外形，如图 12 - 12 所示，可作修改以减小超声速流动区域，降低阻力和驾驶舱噪声。

图 12 - 13 解释了对精确预测当地表面速度的数值计算方法的需求。当地表面速度已接近声速。图 12 - 14 也显示了计算和测量压强分布的差异，说明需要正确的计算方法。这对具有超声速流动的区域尤其重要，因为这些地方对阻力的影响非常大。

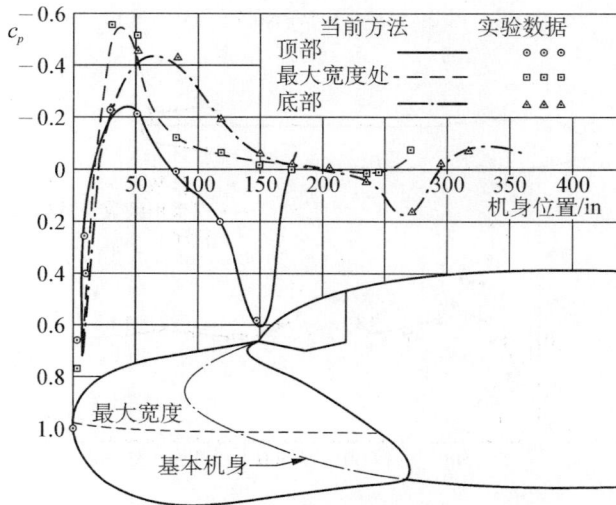

图 12 - 7 具有大型雷达罩的 C - 135 机身在零迎角时的计算
和实验压强分布比较

来源：Canadian Aeronautics and Space Journal，Feb. 1970

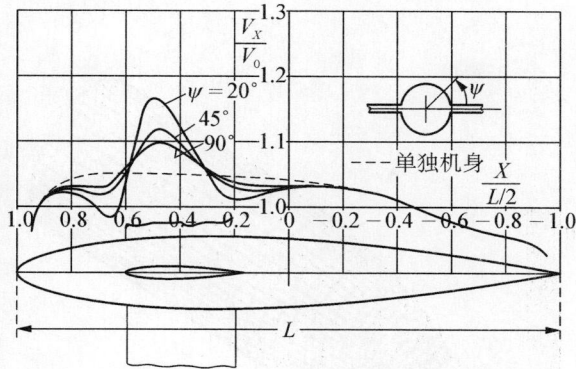

图 12 - 8　某翼身组合体上体的速度分布

来源：RAE Report No. Aero 2219, 1947

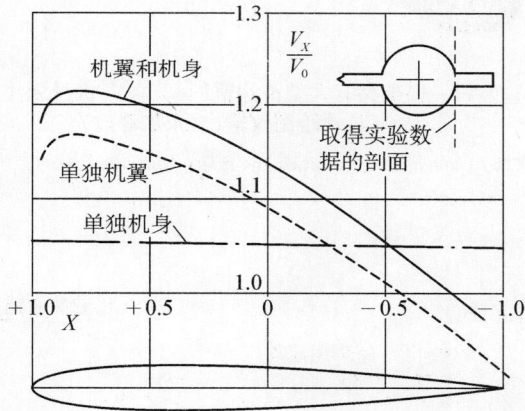

图 12 - 9　某翼身组合体翼根处的速度分布，$t/c = 0.1$

来源：RAE Report No. Aero 2219, 1947

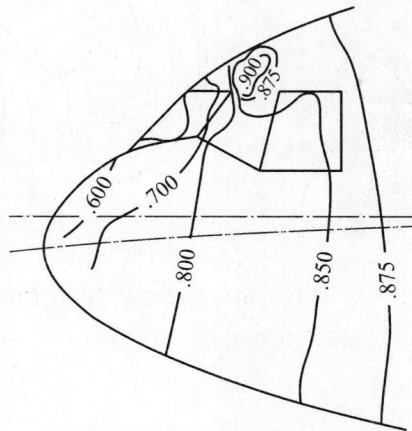

图 12 - 10　麦道公司 DC - 10 飞机机身头部
的马赫数分布，$M = 0.85$

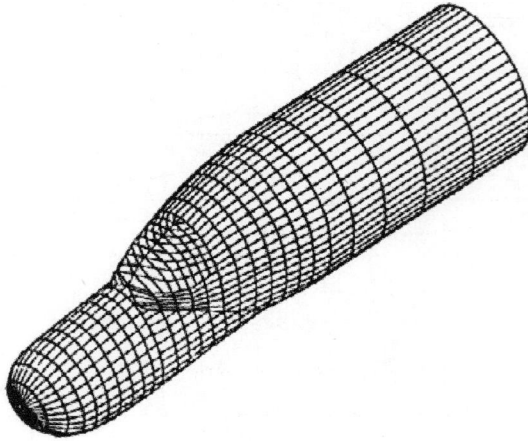

图 12 - 11　模拟具有大型雷达罩的 C - 135 机身采用的
面元（自动绘图仪输出，未加修改）

来源：Canadian Aeronautics and Space Journal，Feb. 1970

驾驶舱平板风挡　　　　　　　　　　驾驶舱曲面风挡

● ⋮⋮⋮ 超声速流动
● $M_\infty = 0.83$
● $\alpha = 0°$

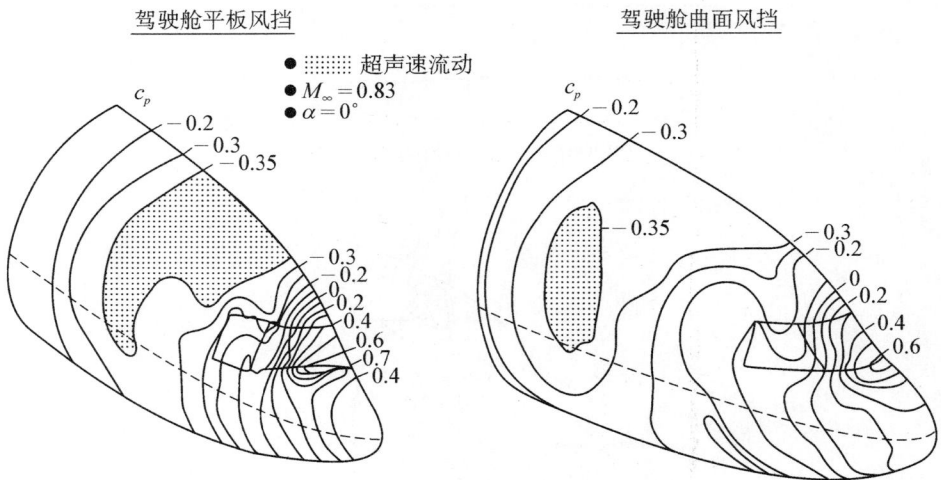

图 12 - 12　波音公司对驾驶舱基于位流的评估

来源：AGARD LS - 67，Paper 4

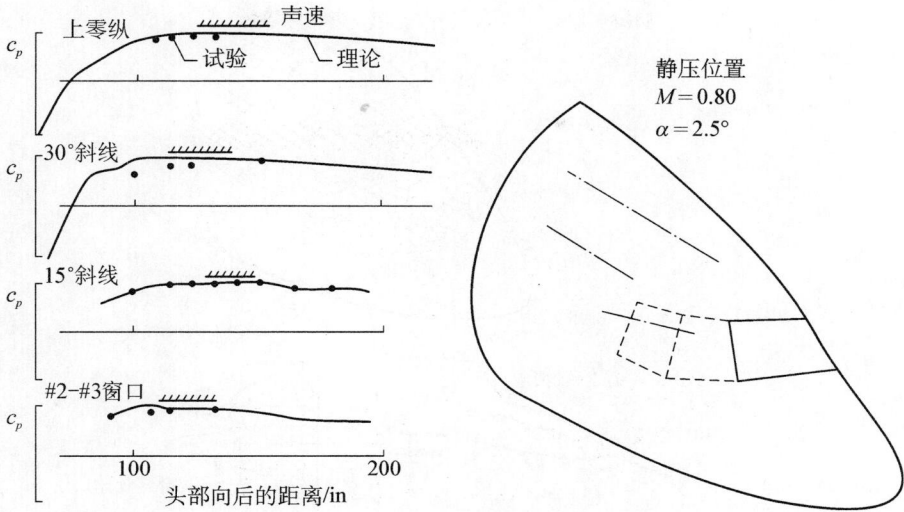

图 12 - 13 驾驶舱的分析和试验结果对比

来源：ICAS 1982 Paper 5.7.2

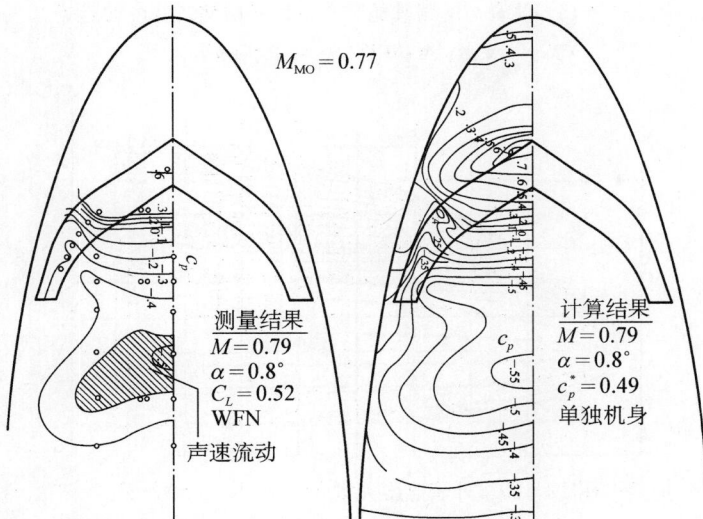

图 12 - 14 驾驶舱等压线图的试验和计算结果比较

来源：Fokker Report L - 29 - 135

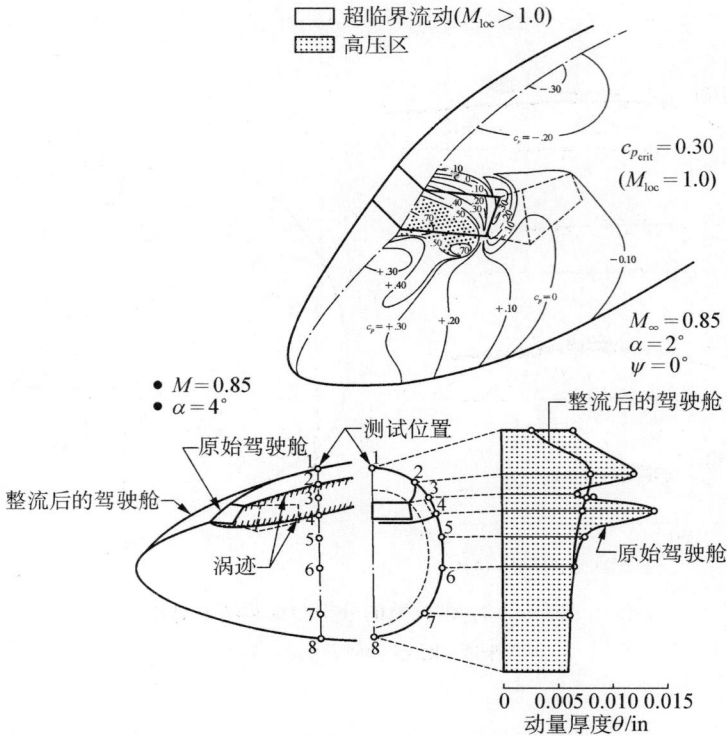

图 12 - 15　波音 737 驾驶舱整流对边界层动量厚度的影响

来源：AGARD LS - 67 Paper 4

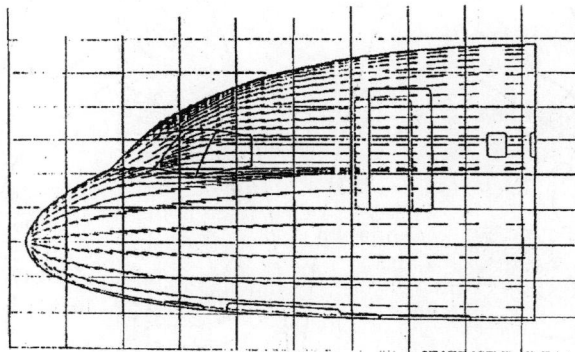

图 12 - 16　外流速度矢量 $M = 0.80, \alpha = 2.5°$

来源：AIAA 83 - 2060

　　除了减少具有局部超声速流动的剖面之外，在设计阶段还要控制动量厚度。基本连续的动量厚度分布要比剧烈变化的产生的阻力小。图 12 - 15 对此作了说明。

　　使用 CFD 进行计算，可以为改进飞机阻力特性做更多工作。图 12 - 16 给出了波音 757 飞机前机身的外流速度矢量。波音公司能够预测这些矢量，它的设计师们才可以在舱门上方沿气流流动方向设计一个防雨装置(雨水导流器)。如果这个导流器与当地气流流动方向不一致,那么流动可能分离,并增加阻力。图12-17给出了这类雨水导流装置的例子。

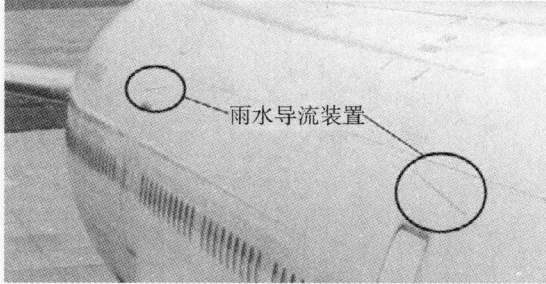

图12-17 波音777飞机上的雨水导流装置照片

来源:Justin Koning

将机翼和机身加在一起进行研究时,各个部件的表面速度叠加。在CFD尚未普遍应用前,这种效应称为干扰效应。例如,机翼上的升力,由于机身的存在而增加,见图12-18(剖面1)。图12-19、图12-20和图12-21对此效应作了更多说明。图12-20给出了用于计算这架飞机压强分布的面元分布。

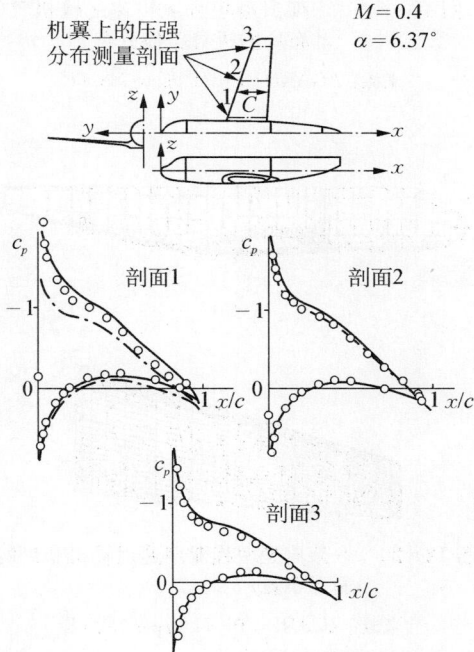

图12-18 一架典型短程亚声速运输机布局的机
翼压强分布

来源:AGARD CP-71 Paper No.11

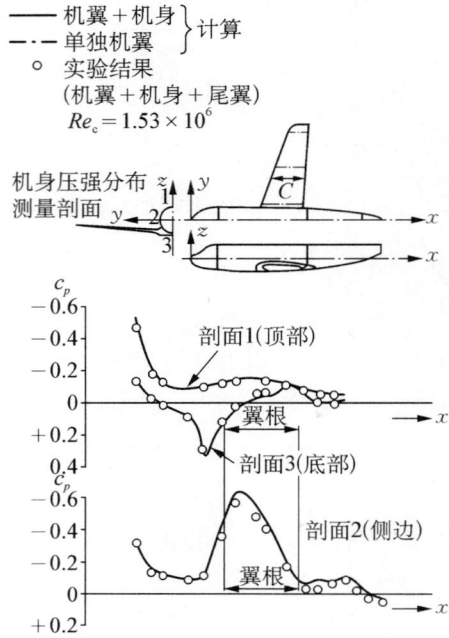

图 12-19 一架典型短程亚声速运输机气
动布局的机身压强分布

来源：AGARD CP-71 Paper No.11

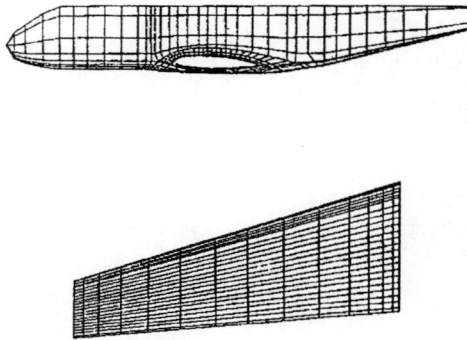

图 12-20 一架典型短程亚声速运输机布局的
面元布置

来源：AGARD CP-71 Paper No.11

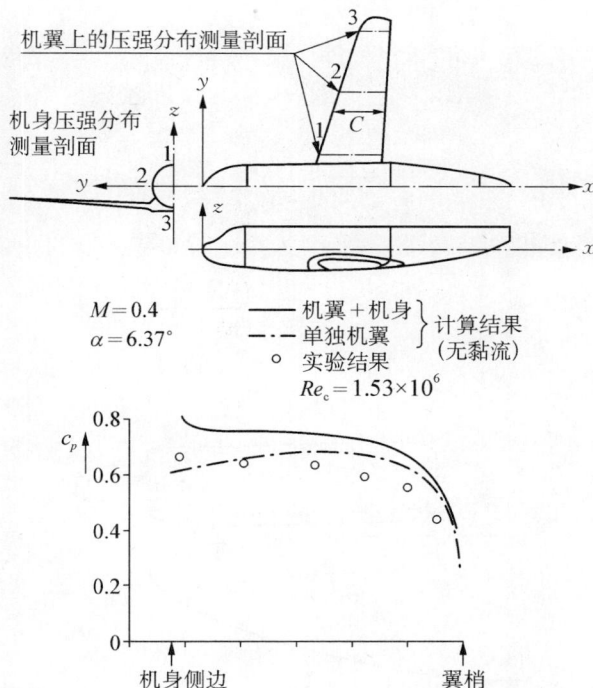

图 12-21 一架典型短程亚声速运输机布局的沿翼展
方向的升力分布

来源：AGARD CP-71 Paper No. 11

机身表面速度与机翼表面速度叠加之后，改变了沿翼展方向的当地升力系数分布。由于存在机身，机翼的升力增加。实验数据和计算结果之间存在明显差异，这是由于计算针对无黏流，而在实验中却涉及黏性流动。

当比较计算结果和实验数据时，同时计及厚度效应和黏性效应可减小呈现的差异。如果只考虑这两者中的某一个，那么升力计算结果将与实验结果不一致。

图 12-18 和图 12-19 介绍了机翼安装到机身上时表面速度叠加的另一个例子。表面速度不利的相加产生了干扰阻力。因此在设计过程中，要追求使各部件有合理干扰，以产生有利的表面速度叠加的外形。这意味着如果一个部件具有负的压强系数，相交部件应位于压强系数 c_p 为小的负值甚至正值的位置上。

这一目标可以通过局部修形来达到，但在某些情况下，这样做也许还不够。例如在平尾-垂直尾翼相交处，可能需要如同图波列夫(Tupolev)图 154 飞机上那样一个"细腰"物体，见图 12-22。

图 12-23～图 12-25 介绍了道格拉斯公司有关 DC-10 飞机的一些设计改进结果。研究目的是减小机身和机身后端中央发动机短舱间的压强系数峰值。原始布局出现了超声速流动和由激波产生的相关阻力。最终布局显著减缓了这一问题。

图 12-22 图 154 飞机

来源：Biel Gomila

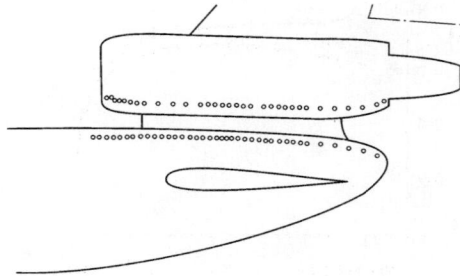

图 12-23 麦道公司 DC-10 飞机上的压强测量位置

来源：AIAA Paper No. 69-830

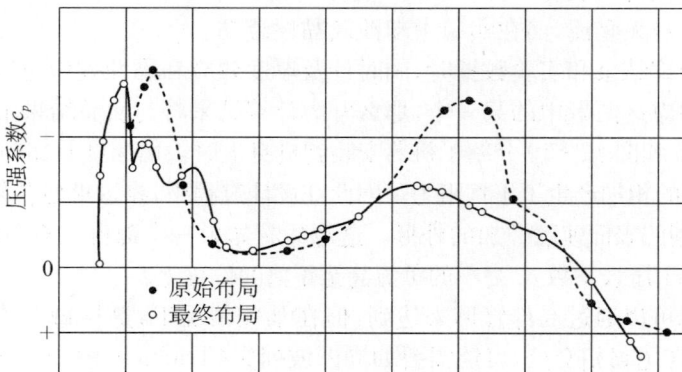

短舱中心线后45°

$M = 0.85$

图 12-24 麦道公司 DC-10 飞机上后短舱的压强分布

来源：AIAA Paper No. 69-830

$M = 0.85$

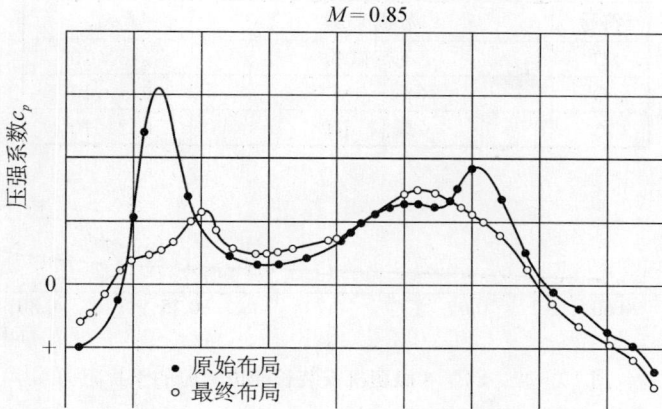

图 12-25　麦道公司 DC-10 飞机机身后端的压强分布

来源：AIAA Paper No. 69-830

图 12-26～图 12-28，对道格拉斯公司 DC-8 飞机飞行试验期间发现的高得料想不到的阻力进行了分析。这个高阻力现象发生在巡航马赫数下，而在风洞实验中未曾出现（见图 12-27）。这是由于在机翼和发动机短舱之间的不利狭道流动，在飞行中呈现了比风洞实验中更强的超声速流和激波。图 12-26 显示在风洞实验中，最大当地马赫数 $M_{loc} = 1.16$，而在飞行试验中显示最大马赫数 $M_{loc} = 1.28$。在直到 50 系列的 DC-8 飞机上，通过修改机翼前缘将阻力减至可接受的水平。

$M_0 = 0.80, C_L \sim 0.35$

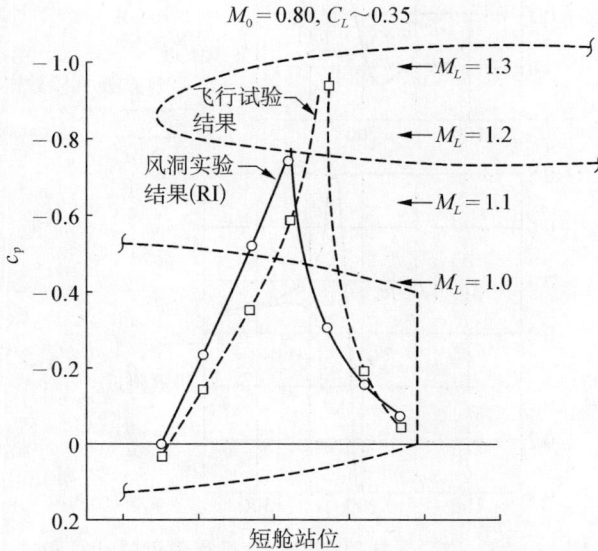

图 12-26　DC-8 原型机安装长涵道短舱的风洞和飞行试验压强分布对比

来源：Douglas Paper No. 7026

符号	数据来源	Re_{MAC}
□	飞行试验	46×10^6
○	风洞－AMES	6.4×10^6
△	风洞－RI	6.2×10^6

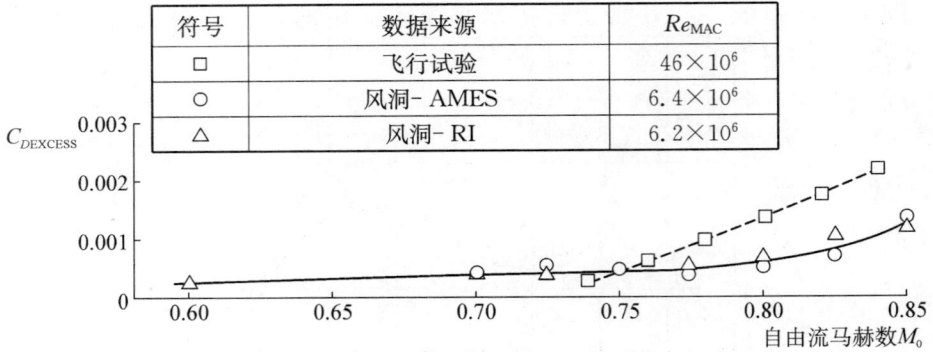

图 12-27　DC-8 原型机安装长涵道短舱的干扰阻力

来源：Douglas Paper No. 7026

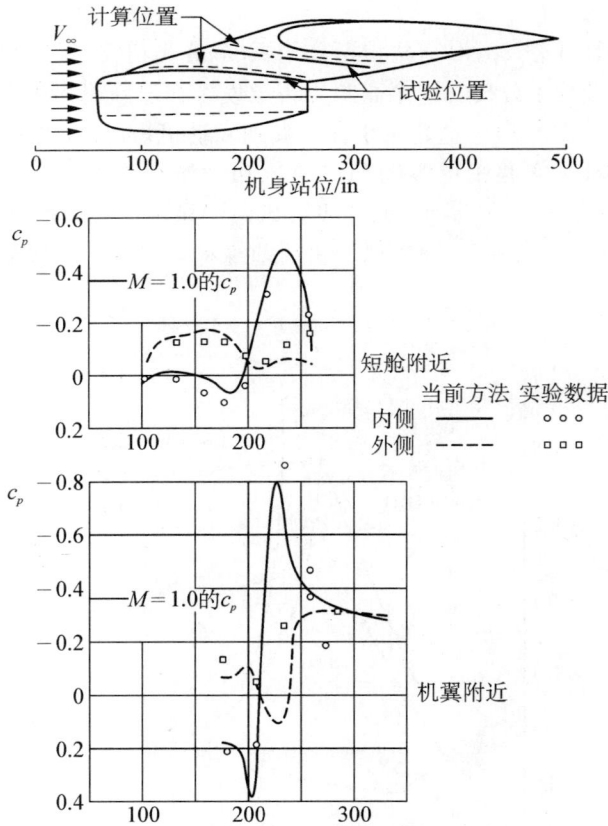

图 12-28　DC-8 挂架在短舱和机翼附近的计算和试
　　　　　验压强分布对比，在自由流中 $M=0.825$，
　　　　　零升力状态

来源：Canadian Aeronautics and Space Journal，Feb. 1970

DC-8不是唯一一开始始阻力水平令人失望的第一代喷气运输类飞机。Convair 990飞机也经历了一个牵涉范围很广的减阻项目。

图12-29～图12-33介绍了康维尔(Convair)公司为了减小阻力而进行的大量改型研究的一些数据,以及它们对降小阻力系数的效果,见图12-33。注意,一个阻力单位为$\Delta C_D = 0.0001$。

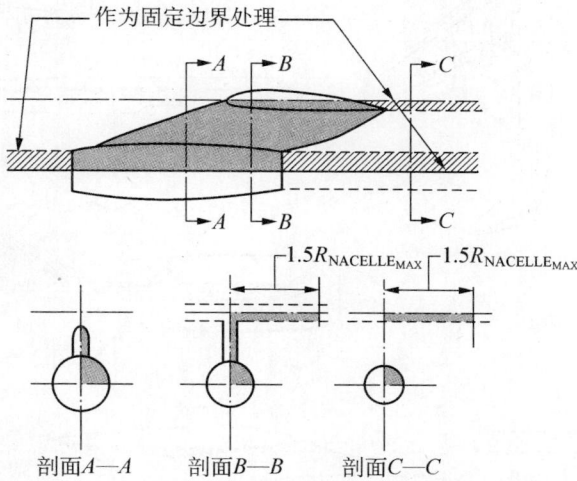

图12-29　用于每一个短舱的每一侧的初始面积分布边界

来源:Journal of Aircraft,Jan-Feb. 1964

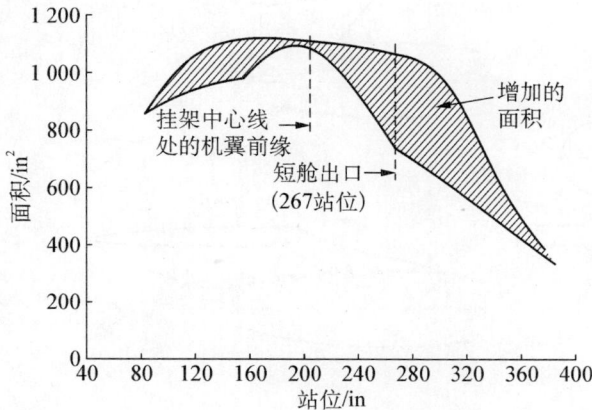

图12-30　所需修改面积分布方案图解说明

$1\,in = 2.54\,cm, 1\,in^2 = 6.45 \times 10^{-4}\,m^2$

来源:Journal of Aircraft,Jan-Feb. 1964

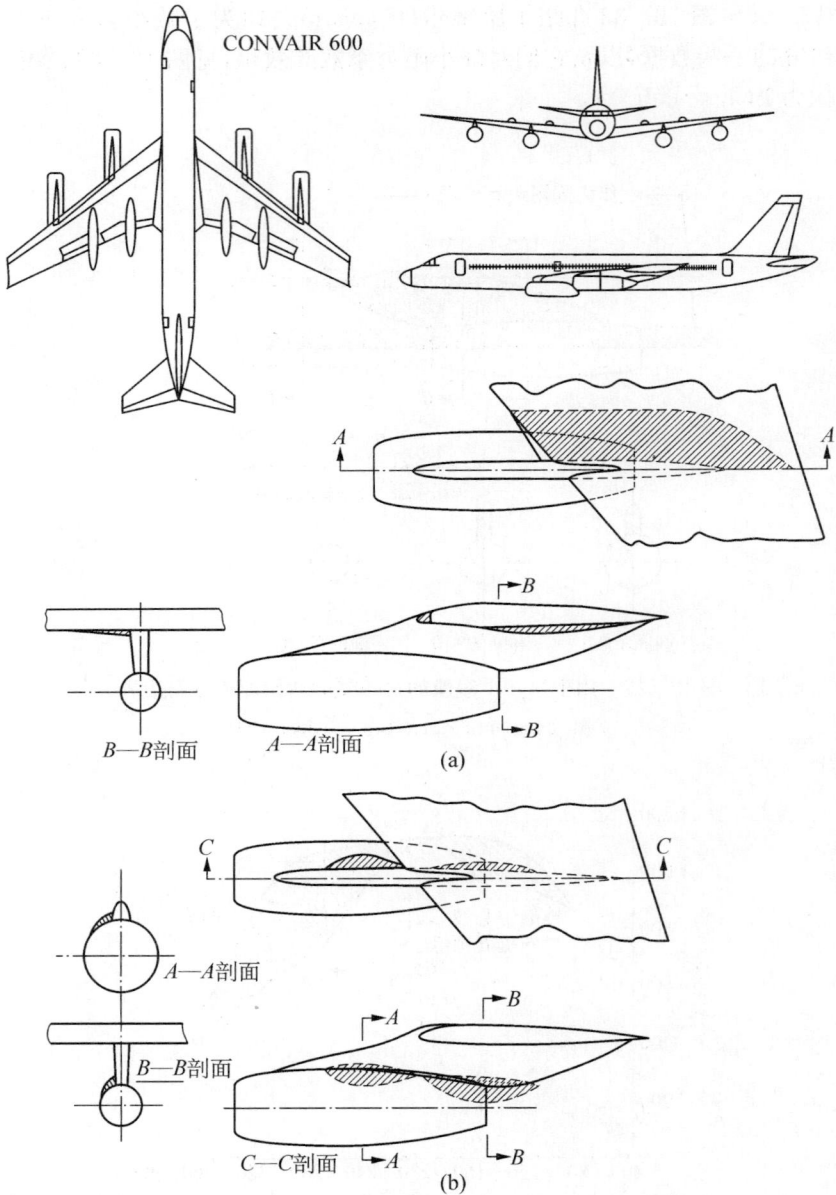

CONVAIR 600

A—A剖面 B—B剖面

(a)

A—A剖面 B—B剖面 C—C剖面

(b)

图 12-31　机翼前缘和下翼面整流罩方案(a)，短舱整流罩方案(b)

来源：Journal of Aircraft，Jan-Feb. 1964

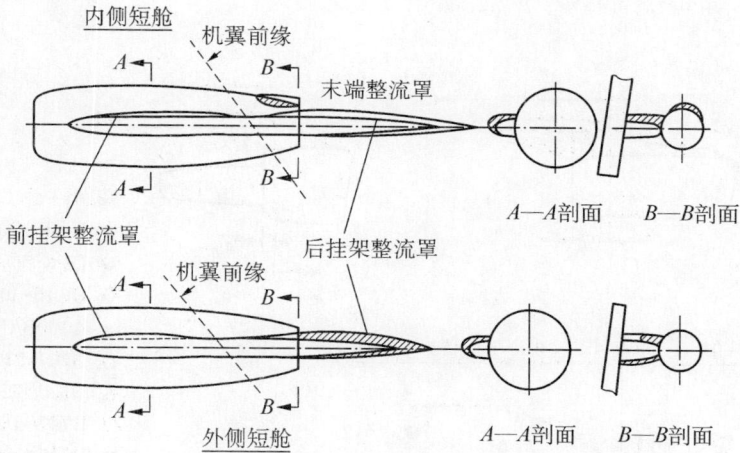

图 12-32　最有效的布局改进图解说明

来源：Journal of Aircraft，Jan - Feb. 1964

1 面积分布修改方案 A(初始构型)
2 面积分布修改方案 B, C, D
3 面积分布修改方案 E
4 面积分布修改方案 F
5 面积分布修改方案 H

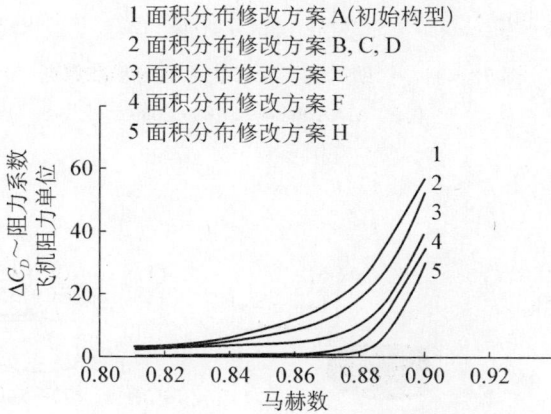

图 12-33　改进面积分布的效果

来源：Journal of Aircraft，Jan - Feb. 1964

　　机翼、挂架及发动机短舱的整合带来了最大限度减小干扰阻力的现实挑战。短舱必须设置在离机翼有一定距离(沿纵向和垂直方向)的位置上，如图 12-34 所示。这个关系基于风洞试验的历史数据。

　　使用 CFD 技术，才有可能使短舱更靠近机翼，甚至达到过去认为不能接受的位置，如图 12-35 所示。

　　为了降低在产飞机的阻力，大多数飞机制造企业都会不断进行气动品质的一些小改进。当某天项目研发新产品时，可观的减阻也就实现了。加长波音 747 飞机的上层客舱，根据跨声速面积律改进了横截面面积分布。这样做提高了阻力急增马赫数，如图 12-36 和图 12-37 所示。

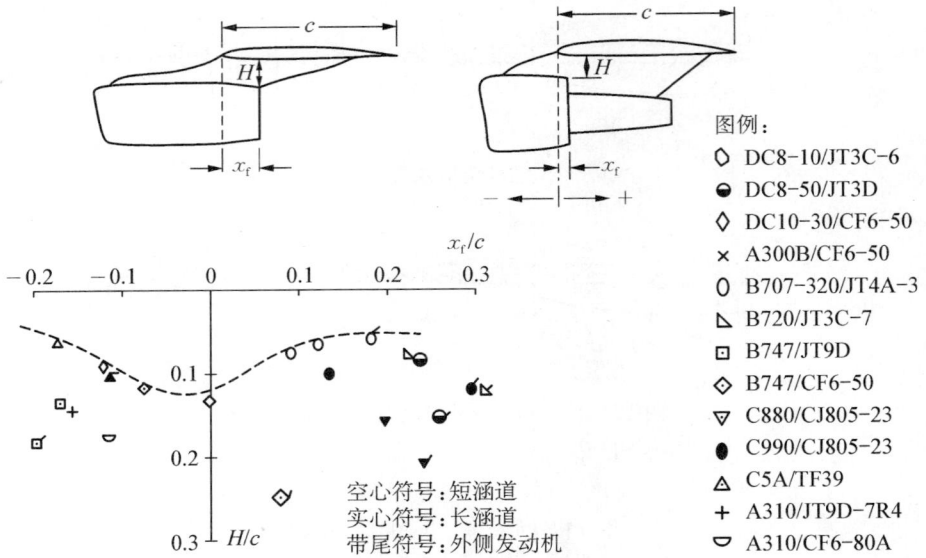

图例：
- ◔ DC8-10/JT3C-6
- ◑ DC8-50/JT3D
- ◇ DC10-30/CF6-50
- × A300B/CF6-50
- ◐ B707-320/JT4A-3
- ◹ B720/JT3C-7
- ⊡ B747/JT9D
- ◇ B747/CF6-50
- ▽ C880/CJ805-23
- ● C990/CJ805-23
- △ C5A/TF39
- + A310/JT9D-7R4
- ▽ A310/CF6-80A

空心符号：短涵道
实心符号：长涵道
带尾符号：外侧发动机

图 12-34　借助风洞实验方法得到的基准数据

来源：AIAA Paper No. 83-2060

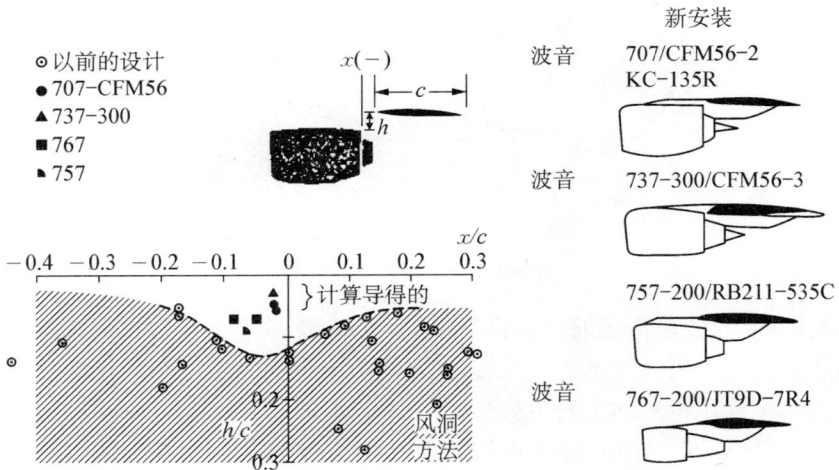

○ 以前的设计
● 707-CFM56
▲ 737-300
■ 767
◤ 757

新安装

波音　707/CFM56-2
　　　KC-135R

波音　737-300/CFM56-3

波音　757-200/RB211-535C

波音　767-200/JT9D-7R4

图 12-35　通过计算导得的近距耦合短舱位置

来源：AIAA Paper No. 83-2060

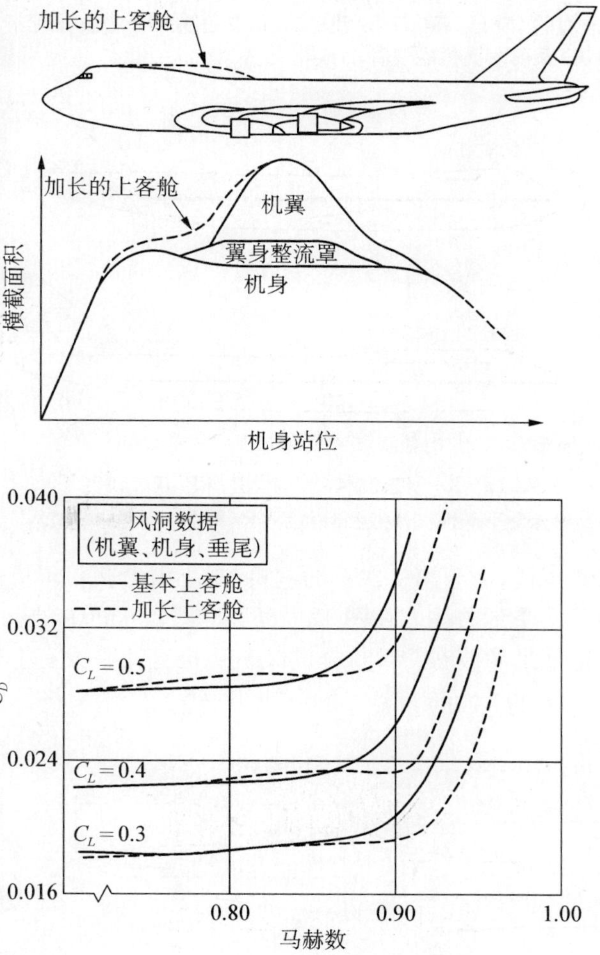
加长的上客舱
加长的上客舱
机翼
翼身整流罩
机身
横截面积
机身站位
0.040
0.032
0.024
0.016
风洞数据
(机翼、机身、垂尾)
基本上客舱
加长上客舱
$C_L=0.5$
$C_L=0.4$
$C_L=0.3$
C_D
0.80
0.90
1.00
马赫数

图 12-36 波音 747 加长上客舱，遵循亚声速面积律

来源：Aeronautics and Astronautics, Dec. 1973

瑞士航空公司(Swissair)订购了改进的747飞机型号

西雅图—瑞士航空公司作为波音最新改进的747型号启动用户订购了五架加长了上层客舱,并采用改进的发动机的这种宽体运输机(AWST Apr. 28, p. 24)。

瑞士航空公司订购的747飞机,上层客舱加长了280 in(1 in = 2.54 cm),以承载56名经济舱乘客,而该区域可容纳多至69名乘客。所订购的飞机安装了普惠公司54750 lb推力的JT9D-7R4G-2型发动机,它是用于一些波音新型767运输机的更省油的JT9D系列发动机的变种。

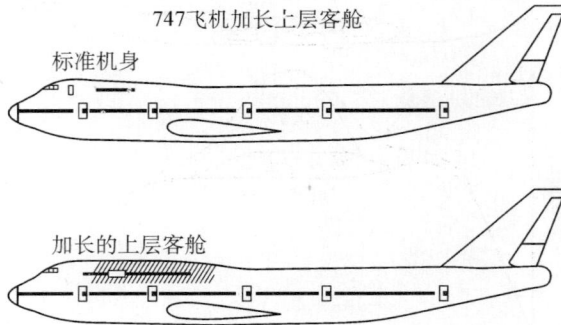

图 12-37 波音 747-200(上)和 747-300(下)

来源:Aviation Week & Space Technology, June 16, 1980

在20世纪70年代,由于第一次石油危机,减小阻力获得了新的推动力。

后机身阻力再次受到关注。在图12-38和图12-39中,显示了后机身上翘对于阻力的影响。这就是像波音767这样的飞机后机身几乎没有上翘的原因。(见图12-40和图12-41)。

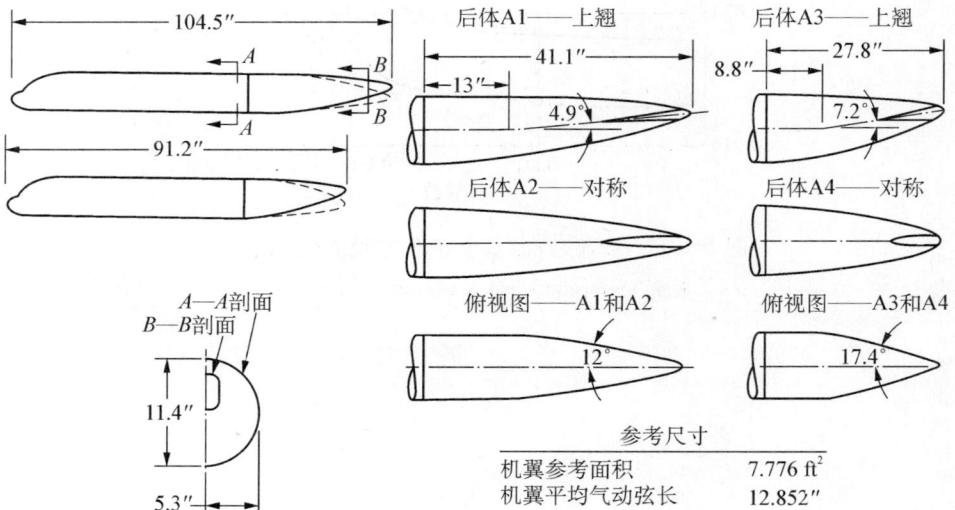

图 12-38 模型几何参数和参考尺寸

来源:AIAA Paper No. 84-0614

C_D　　阻力系数,基于自由流动压和模型参考面积 $7.776\,\mathrm{ft}^2$

C_{D_P}　　型阻系数

C_{D_V}　　涡阻系数

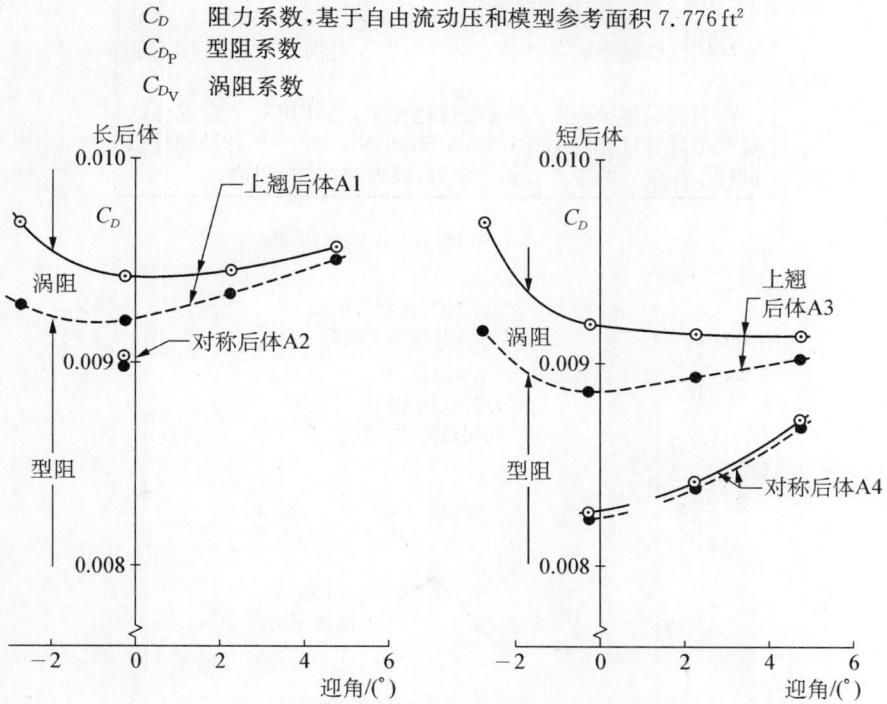

图 12-39　通过尾迹测量得到的型阻和涡阻

来源：AIAA Paper No. 84-0614

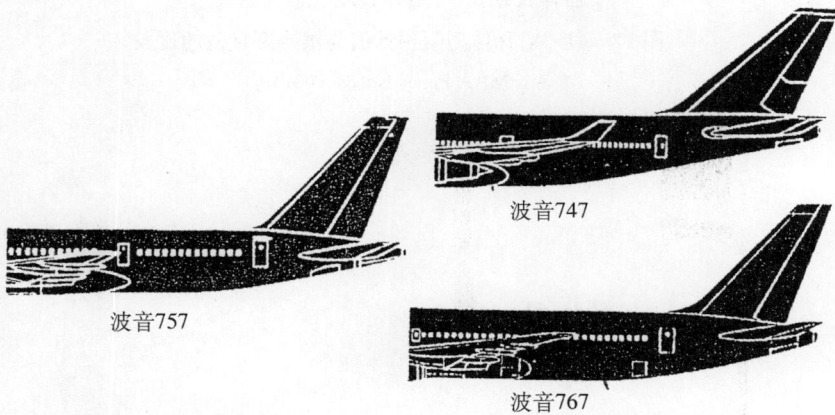

图 12-40　波音 747,757 和 767 飞机的后机身形状

来源：AIAA Paper No. 84-0614

阻力测量值与预计值的比较

下图显示了后体长度对整个机身阻力测量值和预计值的影响。这些结果的条件是 $\alpha = -0.25°$，此时机身型阻接近最小值。

对称后体 A2 和 A4 的尾迹巡测值，与使用基于旋成体附着流边界层计算的 ESDU Data Sheet No. 78019 所作的预计值进行了比较。两者符合得非常好，误差约在 2% 以内。

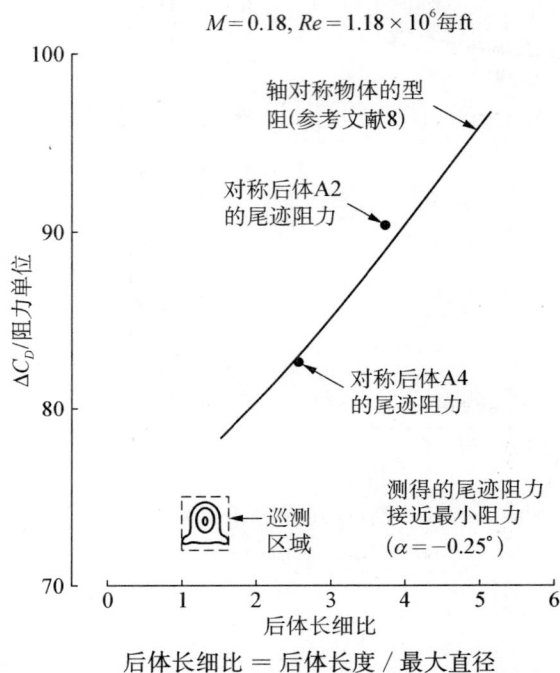

$$M = 0.18, Re = 1.18 \times 10^{6} 每 ft$$

轴对称物体的型阻(参考文献8)

对称后体A2的尾迹阻力

对称后体A4的尾迹阻力

巡测区域

测得的尾迹阻力接近最小阻力 $(\alpha = -0.25°)$

$\Delta C_D /$ 阻力单位

后体长细比

后体长细比 = 后体长度 / 最大直径

图 12-41　对称体型阻预计值与尾迹测量值的比较

来源：AIAA Paper No. 84-0614

13 需要产生气动力的部件上的压强分布

需要下列部件产生气动力：

- 机翼
- 水平安定面（水平尾翼）
- 垂直安定面（垂直尾翼）
- 操纵面（升降舵、副翼、方向舵、扰流板、减速板）。

升力产生面应具备下列特性，而重量、浸润面积和内部容积可被接受

（1）升力线斜率（C_L 对 α）尽可能大。

（2）最大升力系数 $C_{L_{max}}$ 尽可能高。

（3）阻力尽可能小。

（4）发生流动分离的迎角尽可能大。

对于不同的升力面，以上几点的重要性在顺序上会有所不同（例如：对于垂直尾翼，$C_{L_{max}}$ 优先级最低，而机翼就不一样）。

14 机翼上的压强分布

本章给出了设计用于跨声速飞行条件的机翼(本书致力于探讨这类飞机)压强分布的一些总体设计考虑。

在定义机翼形状时,必须考虑下列气动参数:

1) 在巡航飞行中

(1) C_L。

(2) C_D。

(3) 阻力爬升。

2) 在巡航飞行状态的边界附近

(1) 抖振边界。

(2) 最大抖振进入边界。

(3) 抖振发生后的稳定性和操纵性(俯仰和滚转两者)。

(4) M_{MO} 和 M_D 之间的余量。

(5) M_{MO} 和 M_D 之间的稳定性和操纵性。

3) 在低速时

(1) 所有飞机构型的 $C_{L_{max}}$。

(2) 所有飞机构型在整个重心范围内的失速特性(俯仰和滚转两者)。

(3) 在单发失效初始爬升速度 V_2 的升阻比 $(L/D)_{V2}$。

4) 出于结构和配平阻力的原因

(1) 剖面零升俯仰力矩沿翼展的分布(C_{m0} 随 C_l 的变化或在巡航条件下 C_m 随 C_l 的变化)。

(2) 无尾飞机 C_{m0} 或在 $C_{L_{cruise}}$ 的 C_m。

确定机翼设计的主要特征参数有:

(1) M_{design} 和 $C_{L_{design}}$ (后者取决于翼载 W/S 和巡航高度)。

(2) 展弦比 A、后掠角 Λ 和外翼的基本翼型。

定义这些特征参数对于外翼非常重要,由于为追求最小诱导阻力,展向升力分布 ($c_l \times$ 弦长沿机翼翼展的变化) 必须为椭圆形。因此,在一个尖削的机翼上,$c_{l_{max}}$ 出现在 $60\%\sim70\%$ 半翼展处。对此处翼型的设计要求是最严格的(见第 23 章)。

第 3 部分

翼　　型

15　翼型的压强分布

翼型的压强分布诸项特性如下：

> （1）驻点在前缘或靠近前缘（$c_p \geqslant 1$）。
>
> （2）最大表面速度（$c_{p_{\min}}$）的大小和所在位置。
>
> （3）$c_{p_{\min}}$ 与 $M_{\mathrm{loc}} = 1$ 时的压强系数（c_p^* 或者 $c_{p_{\mathrm{crit}}}$）之比。
>
> （4）在 $c_p = c_{p_{\min}}$ 点后，即在再压缩区的压强梯度。
>
> （5）后缘压强。在无黏流中，$c_{p_{\mathrm{TE}}} \geqslant 1$（是个驻点）。后缘压强系数 $c_{p_{\mathrm{TE}}}$ 的值
> 在 0.1～0.3 之间，在真实附着流中取决于雷诺数，当后缘发生流动分离
> 时，$c_{p_{\mathrm{TE}}} < 0$。在后一种情况下，往往存在一个 c_p 不变的区域。

为了能确定一个翼型上**压强分布**的总体特性，必须考虑边界层特性，即位移厚度 δ^*、动量厚度 θ 以及当地摩擦系数 c_{f}。

为说明上述特性，图 15-1～图 15-8 分别给出了不同条件下 NACA 0006 翼型和 NACA 0018 翼型的**压强分布**和边界层特性。这些示例表明了改变翼型特点（翼型厚度、迎角和雷诺数）对压强分布的影响。

图 15-1～图 15-4 给出了 NACA 0006 翼型（对称翼型，最大厚度为 6％弦长）的**压强分布**，而图 15-5～图 15-8 则为 NACA 0018 翼型（对称、最大相对厚度 t/c 为 18％）的压强分布。其中，图 15-1、图 15-2、图 15-5 和图 15-6 中列举的数据相应于雷诺数 2×10^6，而图 15-3、图 15-4、图 15-7、图 15-8 中的数据对应的雷诺数为 20×10^6。每一页显示了迎角 $\alpha = 0°$ 和 $\alpha = 6°$ 两种情况的**压强分布**。

所示的压强分布都是低马赫数条件下的计算结果。

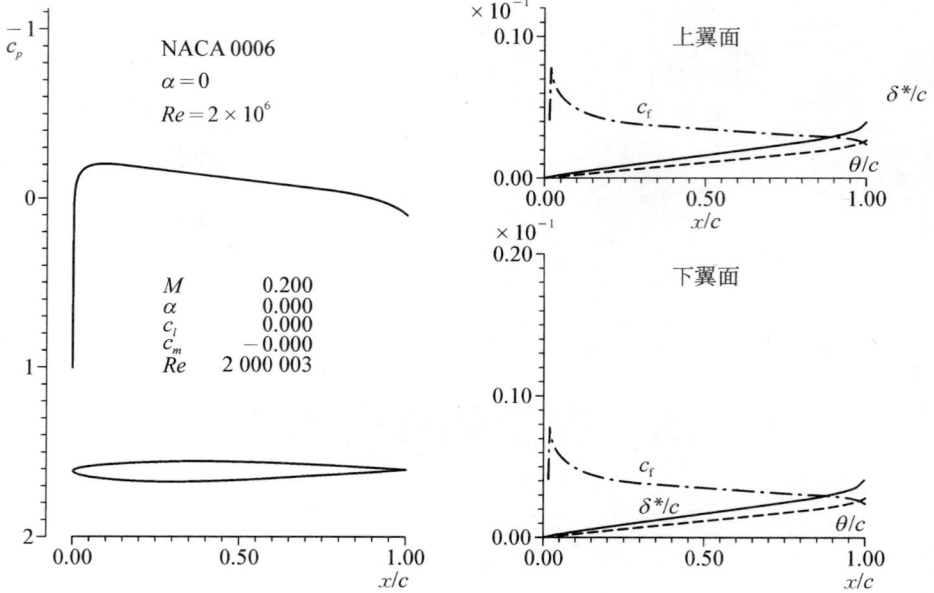

图 15-1　$\alpha = 0°$、$Re = 2 \times 10^6$，NACA 0006 翼型的压强分布

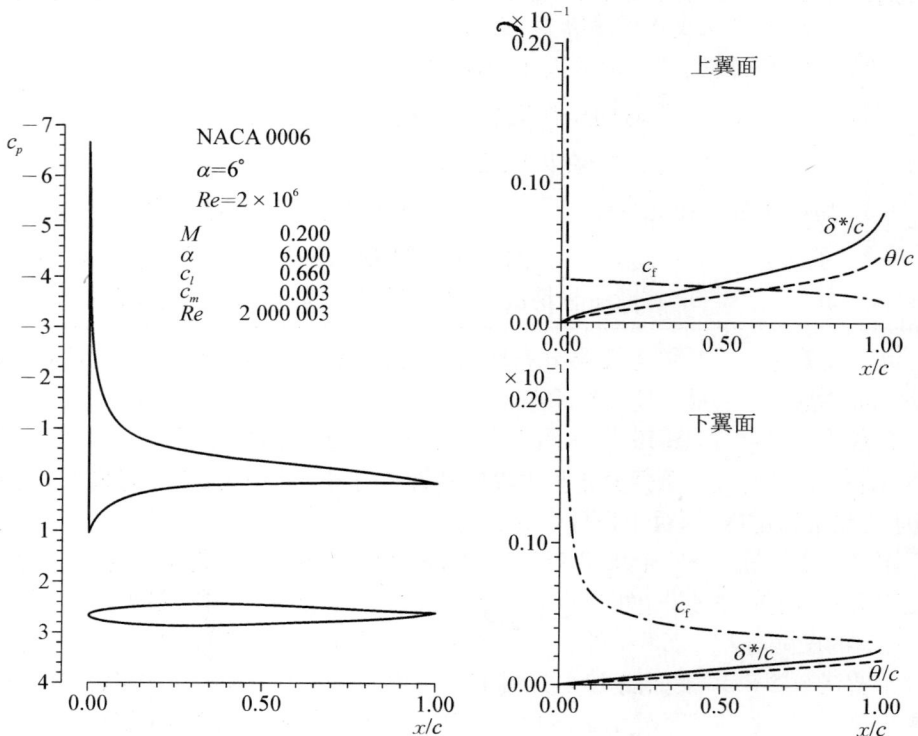

图 15-2　$\alpha = 6°$、$Re = 2 \times 10^6$，NACA 0006 翼型的压强分布

NACA 0006

$\alpha = 0$

$Re = 20 \times 10^6$

M	0.200
α	0.000
c_l	-0.000
c_m	0.000
Re	20 000 007

上翼面

下翼面

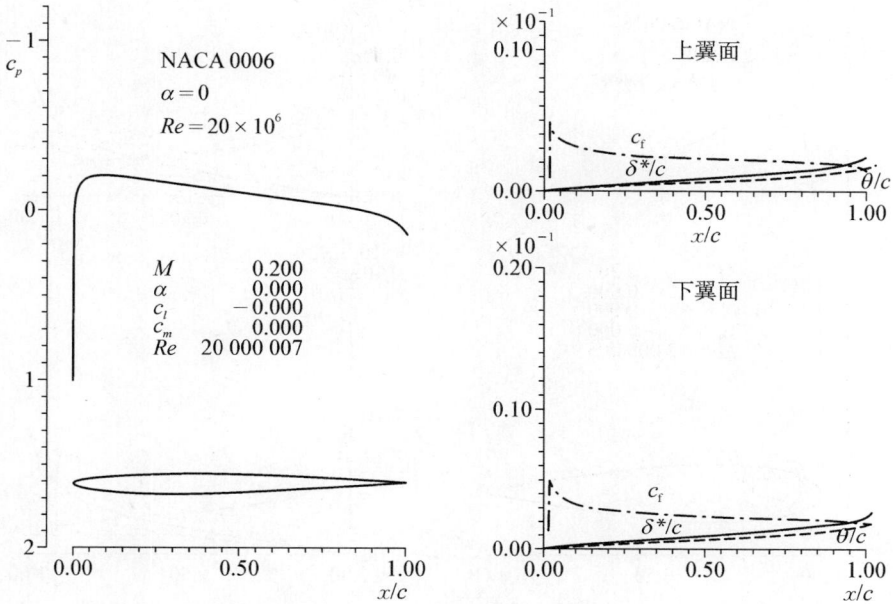

图 15-3 $\alpha = 0°$、$Re = 20 \times 10^6$，NACA 0006 翼型的压强分布

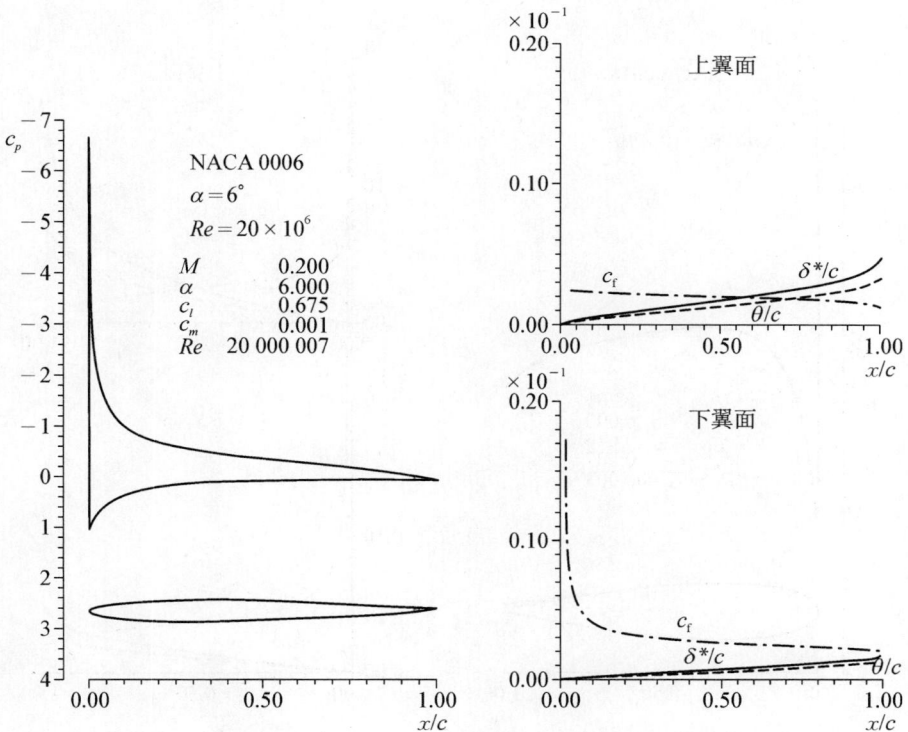

NACA 0006

$\alpha = 6°$

$Re = 20 \times 10^6$

M	0.200
α	6.000
c_i	0.675
c_m	0.001
Re	20 000 007

上翼面

下翼面

图 15-4 $\alpha = 6°$、$Re = 20 \times 10^6$，NACA 0006 翼型的压力分布

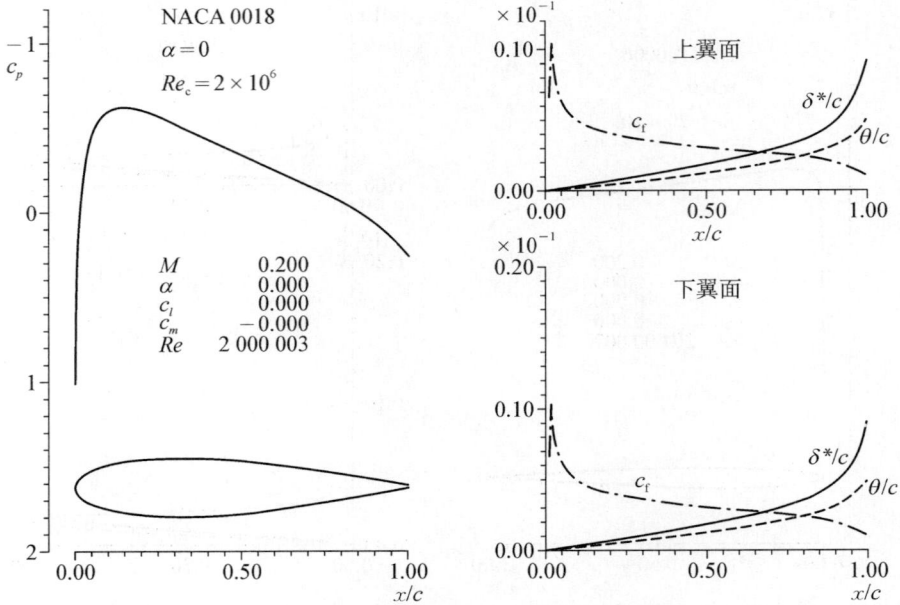

图 15 - 5　$\alpha = 0°$、$Re = 2 \times 10^6$，NACA 0018 翼型的压强分布

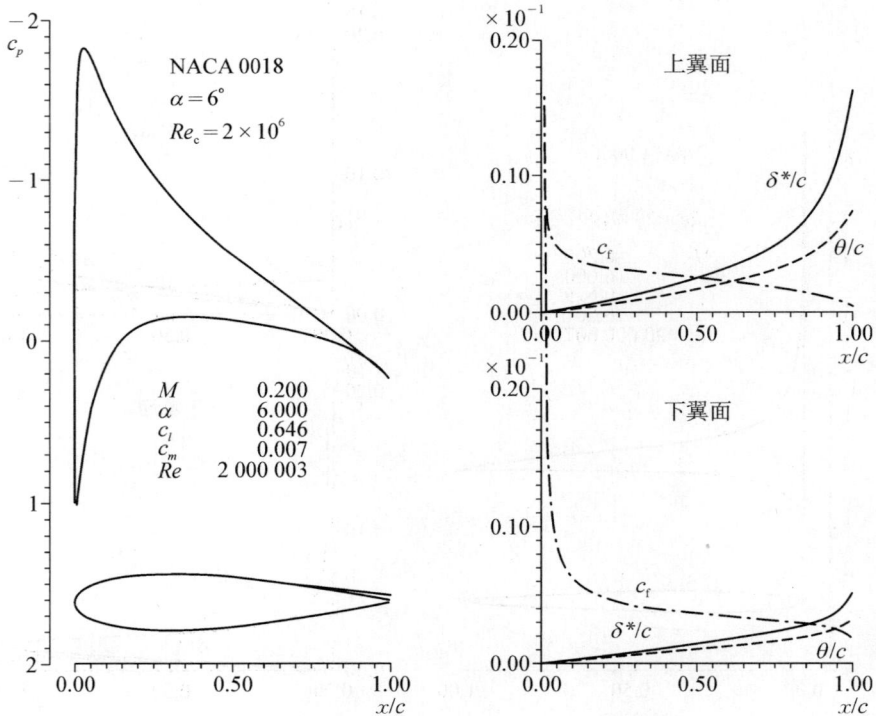

图 15 - 6　$\alpha = 6°$、$Re = 2 \times 10^6$，NACA 0018 翼型的压力分布

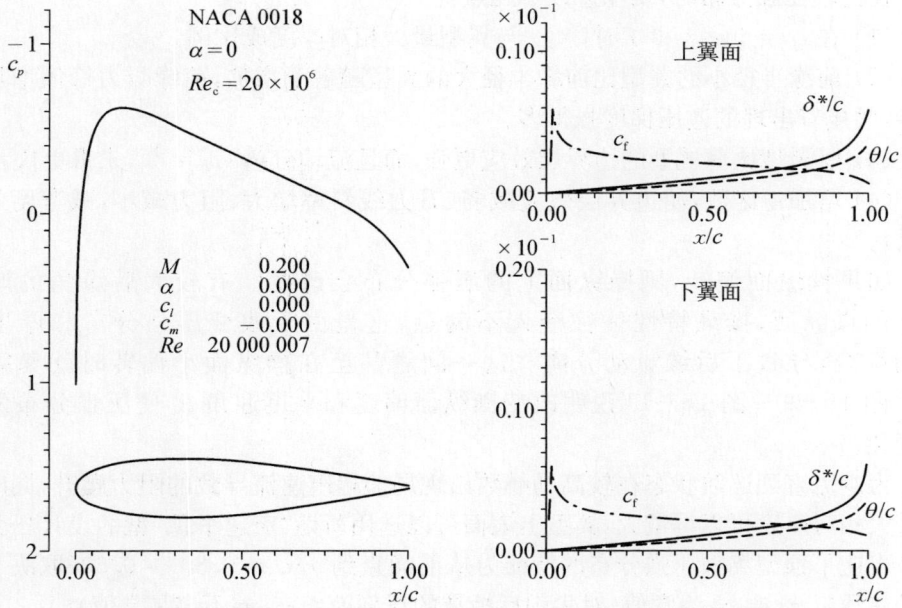

图 15 - 7 $\alpha = 0°$、$Re = 20 \times 10^6$，NACA 0018 翼型的压力分布

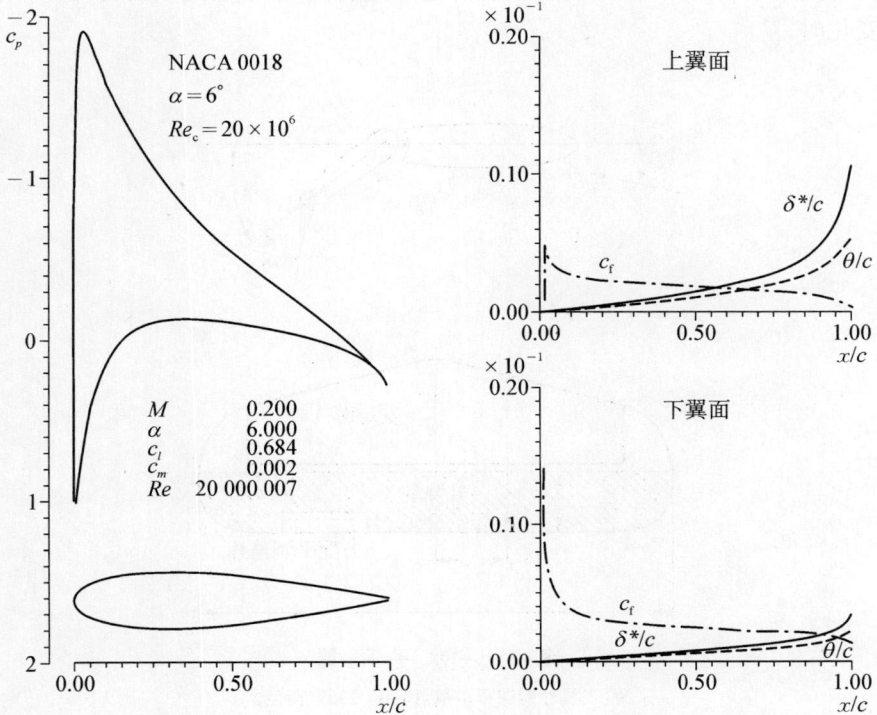

图 15 - 8 $\alpha = 6°$、$Re = 20 \times 10^6$，NACA 0018 翼型的压强分布

在比较**压强分布**时,要注意以下几点:

(1) 在 $c_l = 0(\alpha = 0°)$ 时,$c_{p_{\min}}$ 与翼型最大相对厚度成比例。

(2) 前缘半径小的翼型比前缘半径大的翼型随着 α 增加,前缘吸力峰值增加快得多,紧接着出现的逆压梯度强得多。

(3) 厚翼型比薄翼型的边界层效应更强,而且流动分离($c_f = 0$)来得更快。

(4) 增加雷诺数,使边界层效应减弱(升力线斜率增大、阻力减小,减弯度效应降低)。

如果操纵面偏转,则操纵面上的压强分布会改变。有较大后缘角的厚翼型上的操纵面,操纵特性往往令人不满意,这是由于改变压强分布和厚度效应的综合,导致了后缘流动分离。这一问题甚至在操纵面小偏转时就暴露出来。图 15-9~图 15-11 说明改变操纵面偏度和平尾迎角 α_h 使压强分布发生的变化。

为避免直到巡航状态在较高马赫数出现局部超声速流导致的阻力爬升,同时翼型最大相对厚度可以尽量大,翼型上表面可以选用所谓"声速平顶"型的设计压强分布。声速平顶型翼型压强分布的特征为从前缘直到 $x/c = 0.30 \sim 0.60$(取决于设计马赫数),$c_p = c_p^*$ 为常值(对尖削后掠翼的翼剖面而言,差不多是常值)。

在设计巡航状态,具有声速平顶压强分布的翼型是 20 世纪 60 年代在英国开发的。当时的所谓"尖峰翼型",初看颇有前途,却呈现一些难以捉摸的特性,特别当雷诺数变化时。

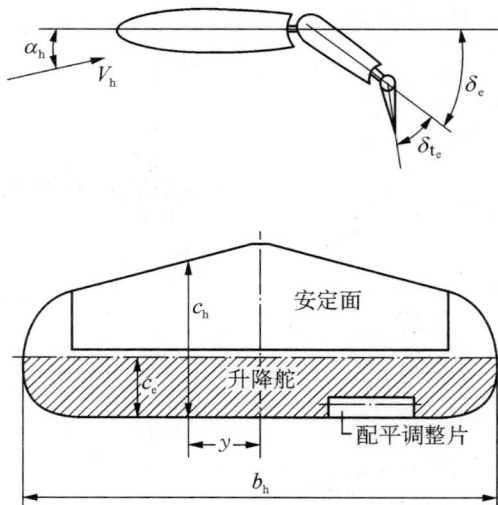

图 15-9　水　平　尾　翼

来源:飞机性能课程讲稿,Delft,1955(荷兰文)

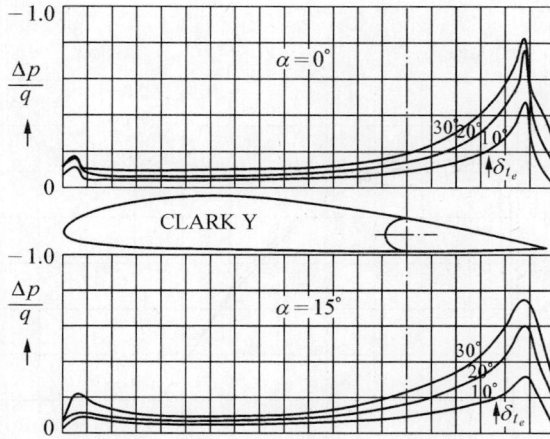

图 15-10　配平调整片偏转引起的弦向升力分布变化

来源：飞机性能课程讲稿，Delft，1955（荷兰文）

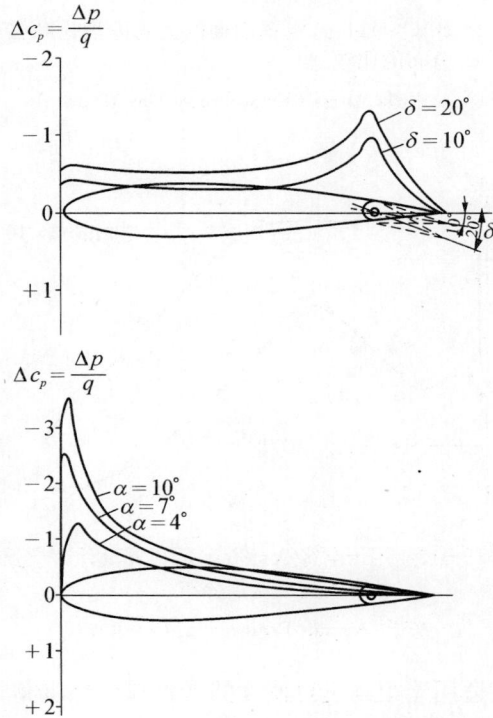

图 15-11　在不同偏度 δ（上）和 α（下）的尾翼弦向升力分布

来源：飞机性能课程讲稿，Delft，1955（荷兰文）

声速平顶翼型用于 BAC‑111 和空客 A‑300B 飞机的机翼设计。见图 15‑12 和图 15‑13。

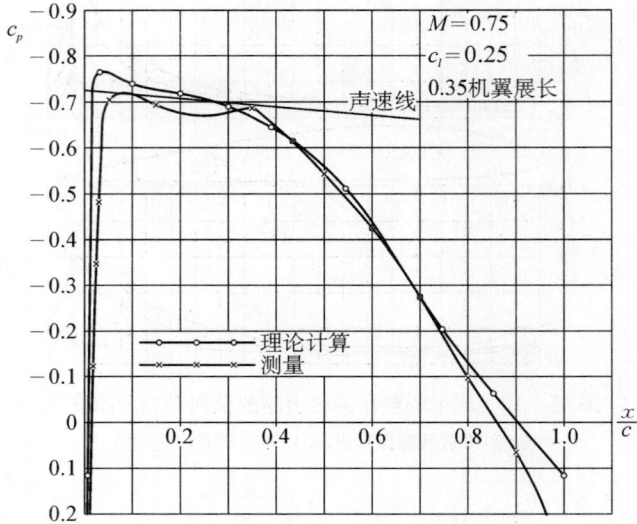

图 15‑12　BAC‑111,选定翼剖面的上翼面理论和实验压强
　　　　　分布的比较

来源：Aircraft Engineering，May 1963

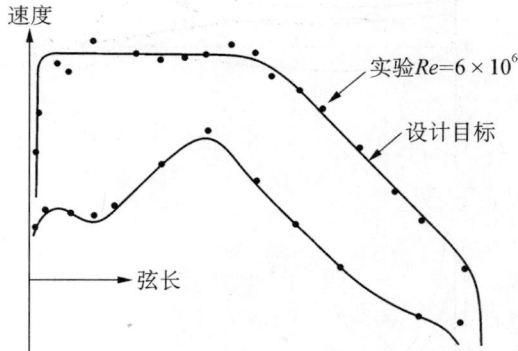

图 15‑13　用于空客 A‑300B 的机翼设计,在巡航
　　　　　状态的翼型压强分布

来源：Aircraft Engineering，Oct. 1963

二战期间,德国在适用于很高飞行速度的平直和后掠机翼方面进行了广泛的研究。其中研究的一族翼型是修形四位数翼型,原先于战前由斯泰克(Stack)在 NACA 为高速螺旋桨开发。其中一种翼型 0012‑0.55‑50 的实验数据见图 15‑14 和图 15‑15。

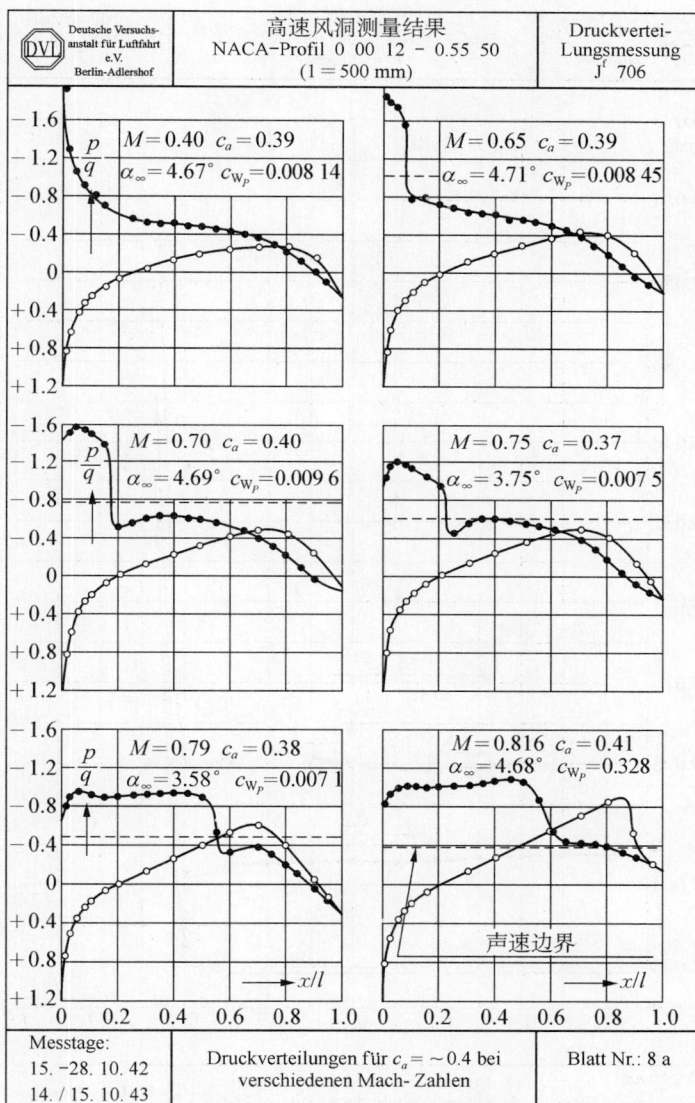

| | Deutsche Versuchs-anstalt für Luftfahrt e.V. Berlin-Adlershof | 高速风洞测量结果 NACA-Profil 0 00 12 - 0.55 50 (1 = 500 mm) | Druckvertei-Lungsmessung J^f 706 |

图 15 - 14 NACA 0012 - 0.55 - 50 翼型在 $c_l \approx 0.40$ 时的压强分
布随马赫数增大的变化

来源：UM1167(1944)，B. Göthert

说明：该德国早期文献中 c_a 即本书的 c_l。——译者注。

Deutsche Versuchs-anstalt für Luftfahrt e.V. Berlin-Adlershof	高速风洞测量结果 NACA-Profil 0 00 12 - 0.55 50 (1 = 500 mm)	Impulsverlust-Messung Jf 715

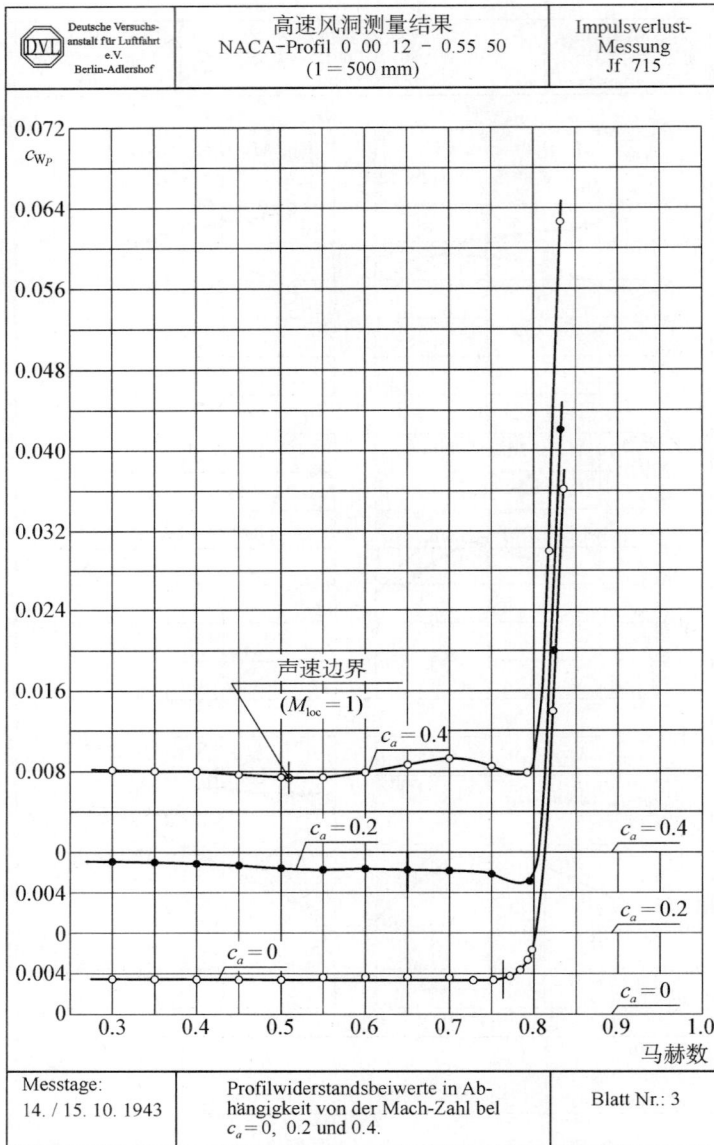

Messtage: 14. / 15. 10. 1943	Profilwiderstandsbeiwerte in Ab-hängigkeit von der Mach-Zahl bei $c_a = 0$, 0.2 und 0.4.	Blatt Nr.: 3

图 15 - 15　NACA 0012 - 0.55 - 50 翼型的高速阻力特性

来源：UM1167(1944)，B. Gothert

20 世纪 40 年代初的翼型开发,集中于寻求和研究有利于建立层流边界层的压强分布的翼型形状。当时认为由此减阻越多,飞机性能就越好。这些研究导致著名的 NACA 6 系列翼型的诞生。

飞机速度增加,压缩性效应日益得到重视,但这些层流翼型一旦局部流速超过声速,性能马上恶化。

其原因是:层流翼型在设计点,局部流速于翼型弦长中点附近达到最大值。于是马赫数略微增加,超声速局部流速则急剧增加,产生强激波,在激波和翼面相交处气流分离。这就导致了一个错误的结论,即就流动状态而言(局部马赫数达到 1)的临界马赫数,也是与阻力和操纵性相关的翼型临界马赫数。

NACA 的斯泰克和后来的德国研究人员对老的 NACA 四位数翼型的标准参数做了一些改进,使得在亚临界流动状态下,表面速度最大的区域集中在前缘附近(即"吸力峰"),其后是差不多等压的区域。他们发现在较低的自由流速度,局部马赫数就达到 $M=1$,但是随着马赫数增加,产生了一个以出现(弱)激波终结的超声速区,并没有发生气流分离。总之,虽然局部马赫数提前达到 $M=1$,改进的翼型阻力发散马赫数(即阻力激增的马赫数)比早期翼型的高。

图 15-14 和图 15-15 的示例很有说服力,在 $c_l=0.40$、自由流马赫数为 0.51 时,局部马赫数已达到 1,而直到自由流马赫数 $M=0.78$ 阻力才急骤增加。

确定修型四位数翼型参数的定义见艾伯特和多英霍夫所著的《翼型理论》。其中重要的参数是前缘半径和最大厚度位置。

在 20 世纪 50 年代和 60 年代改进修型的四位数翼型用于许多飞机的设计,如福克公司的 F-28、洛克希德公司的"海盗(Viking)"和 C-141。图 15-16 给出在

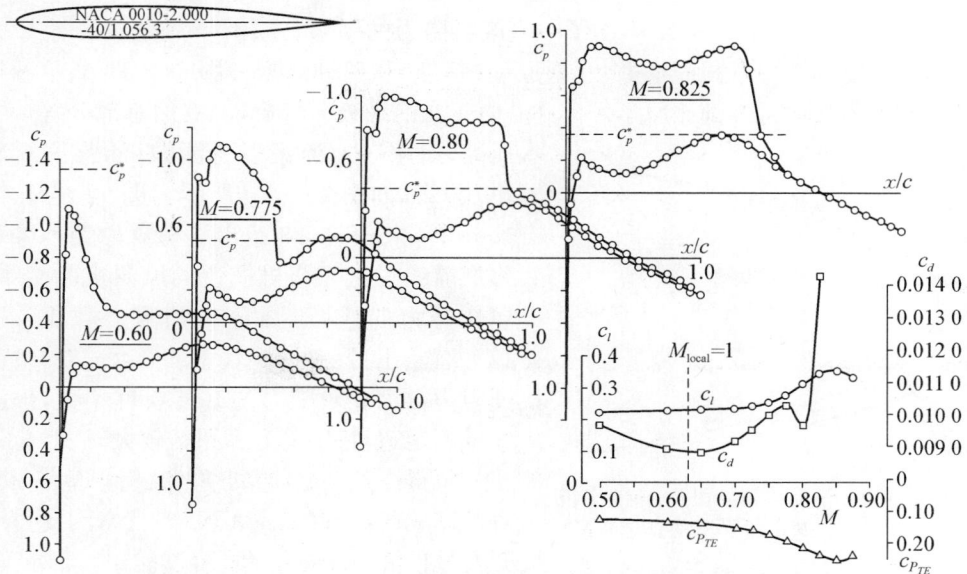

图 15-16　NACA 0010-2.000-40/1.0563 翼型在 $\alpha=2°$ 时的升力、阻力和压强分布

研制 F-28 飞机时所研究过的一种翼型的试验数据。

图 15-17 给出了用于 C-141 机翼设计的翼型。洛克希德公司进行了 C-141 机翼可能减阻的方案研究。

翼型
　根部　　　　　　　NACA 0013.0-1.10-40/1.575(MOD) $\alpha_0 = 0.8$ (MOD) $C_{li} = 0.153$
　内侧后缘转折处　　NACA 0011.2-1.10-40/1.575(MOD) $\alpha_0 = 0.8$ (MOD) $C_{li} = 0.194$
　外侧后缘转折处　　NACA 0011.0-1.10-40/1.575(MOD) $\alpha_0 = 0.8$ (MOD) $C_{li} = 0.201$
　翼梢　　　　　　　NACA 0010.0-2.20-40/1.575(MOD) 中弧线
　　　　　　　　　　（在 $C_{li} = 1.0$ 处 NACA 66，在 $C_l = 1.0$，$C_{li} = 0.452$ 处 NACA 230）

安装角/(°)
　根部　　　　　　　4.89
　结构转折　　　　　2.25
　翼梢　　　　　　　−0.69

上反角/(°)
　内侧后缘转折处　　−0.94
　外侧后缘转折处　　−1.195

弦长/in
　根弦　　　　　　　398.8
　平均气动弦　　　　266.47
　内侧转折处后缘　　240.70
　翼梢　　　　　　　131.89

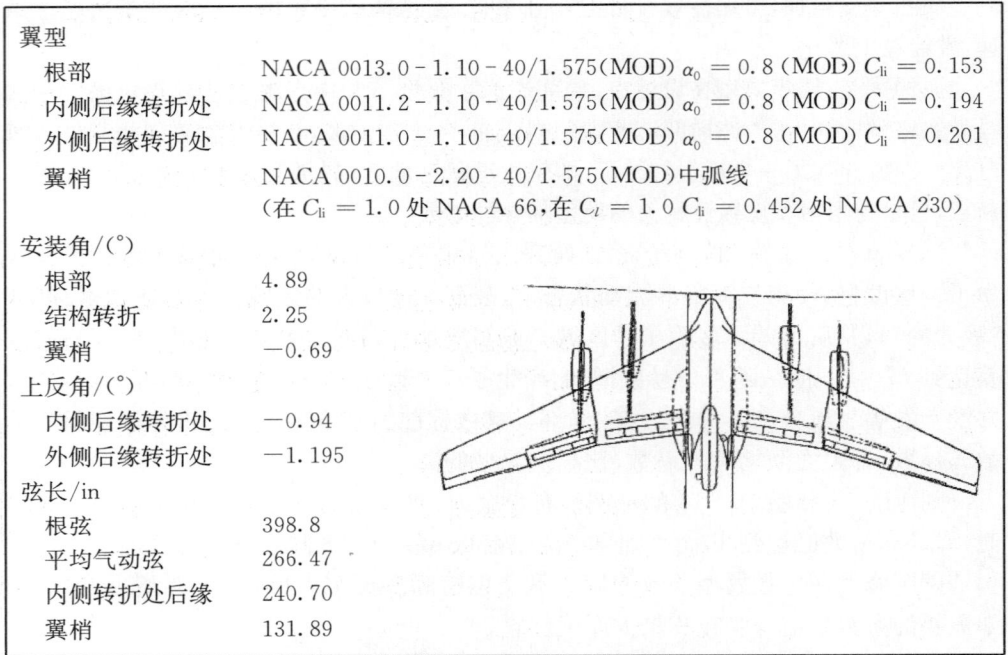

图 15-17　洛克希德公司 C-141 飞机机翼的翼型

来源：NASA CR-2333 和 AIAA Paper No. 79-0066

图 15-18～图 15-24 给出了一些改善阻力的结果。图 15-18 给出了在二元风洞中研究的 3 种不同前缘形状，即原型（基准）和两种修型。图 15-19 显示两种修型的阻力发散特性都比原型好。这是由于在前缘吸力峰后，上翼面有部分等熵再压缩，而超声速流区以弱激波（压强突跃较小）告终，如图 15-20 所示。图 15-21、图 15-22 和图 15-23 给出了机翼原型前缘和修型前缘的三元全机模型的风洞实验结果，包括升力曲线、压强分布和阻力数据。图 15-24 给出另一种修型（显然不太成功）的高速阻力数据。对阻力的改善或许不大，但决非微不足道，特别是升力系数较大时。

值得注意的是，所列举的几何修型都是凭直观完成的（当时是前 CFD 时代），因此整个开发过程很大程度上是试凑过程。

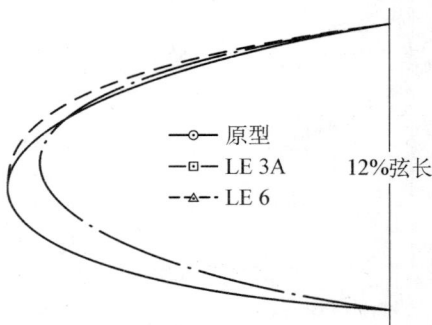

图 15-18　洛克希德公司 C-141 飞机机翼前缘形状的备选方案

来源：AIAA Paper No. 79-0066

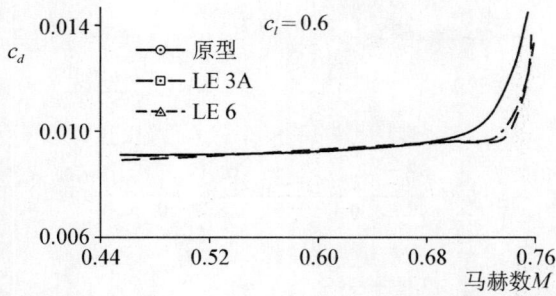

图 15 - 19　为减阻修改 C - 141 飞机二元翼型前缘的阻力实验结果

来源：AIAA Paper No. 79 - 0066

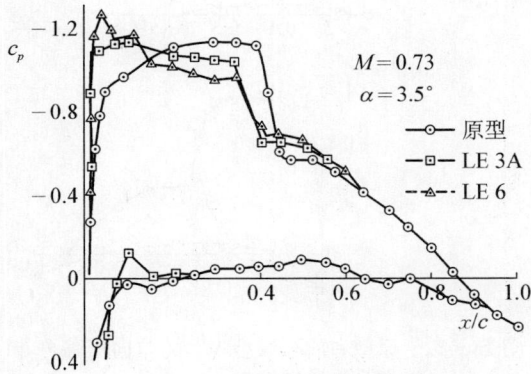

图 15 - 20　压强分布实验结果

来源：AIAA Paper No. 79 - 0066

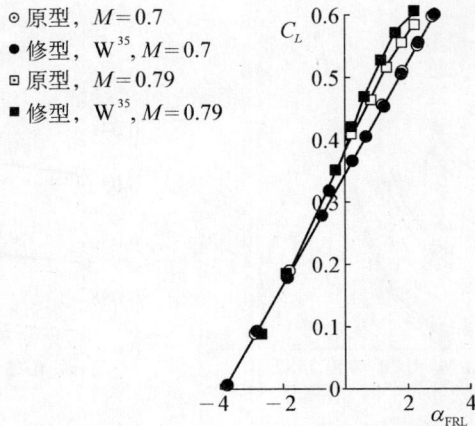

图 15 - 21　升力-α 曲线实验结果

来源：AIAA Paper No. 79 - 0066

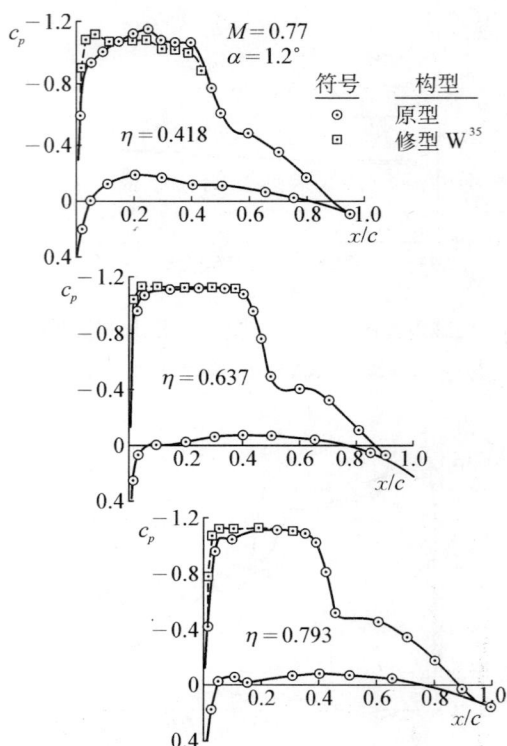

图 15 - 22　原型和前缘修型 W^{35} 的弦向压强分布
实验结果比较

来源：AIAA Paper No. 79 - 0066

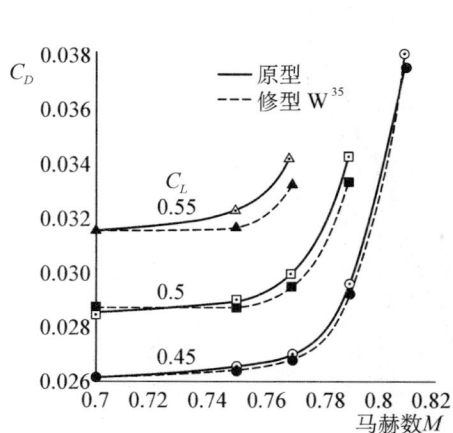

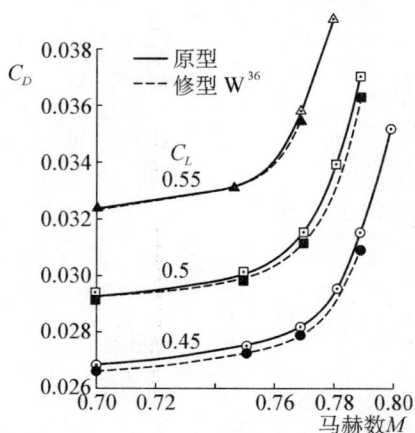

图 15 - 23　原型机翼 W^{12C} 和修型机翼 W^{35}
的阻力增长实验结果

来源：AIAA Paper No. 79 - 0066

图 15 - 24　原型机翼 W^{12C} 和修型机翼
W^{36} 的阻力增长实验结果

来源：AIAA Paper No. 79 - 0066

　　根据德国人对 NACA 修型四位数翼型系列取得的经验,皮尔西(Pearcy)等人在英国继续开发跨声速低阻翼型。他们得出的普遍结论是:

　　(1) 给定迎角下,在亚声速流中必须在前缘出现陡峭的吸力峰。

　　(2) 在亚声速流中,吸力峰后必须发生急剧减速。

　　(3) 前缘后的曲率分布应使得超声速区的膨胀波、声速线和"反射"压缩波在吸力峰后出现。这将导致在翼型绕流的超声速区终端,激波非常弱或根本无激波。

　　图 15-25～图 15-27 对此进行了直观的解释。

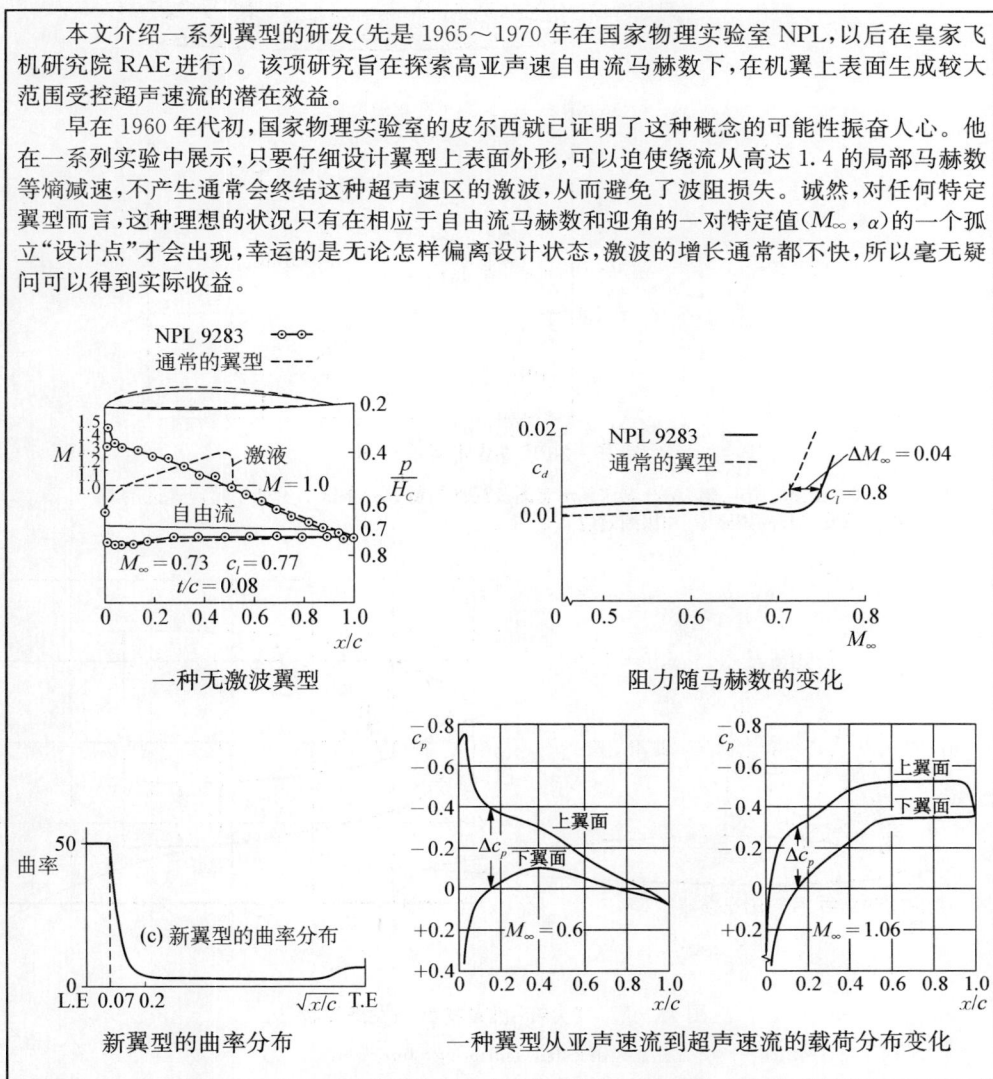

　　本文介绍一系列翼型的研发(先是 1965～1970 年在国家物理实验室 NPL,以后在皇家飞机研究院 RAE 进行)。该项研究旨在探索高亚声速自由流马赫数下,在机翼上表面生成较大范围受控超声速流的潜在效益。

　　早在 1960 年代初,国家物理实验室的皮尔西就已证明了这种概念的可能性振奋人心。他在一系列实验中展示,只要仔细设计翼型上表面外形,可以迫使绕流从高达 1.4 的局部马赫数等熵减速,不产生通常会终结这种超声速区的激波,从而避免了波阻损失。诚然,对任何特定翼型而言,这种理想的状况只有在相应于自由流马赫数和迎角的一对特定值(M_∞, α)的一个孤立"设计点"才会出现,幸运的是无论怎样偏离设计状态,激波的增长通常都不快,所以毫无疑问可以得到实际收益。

一种无激波翼型

阻力随马赫数的变化

新翼型的曲率分布

一种翼型从亚声速流到超声速流的载荷分布变化

图 15-25　对具有大范围超声速流动区的翼型效果的说明

来源:Aeronautical Quarterly,November 1974,Page 245,246

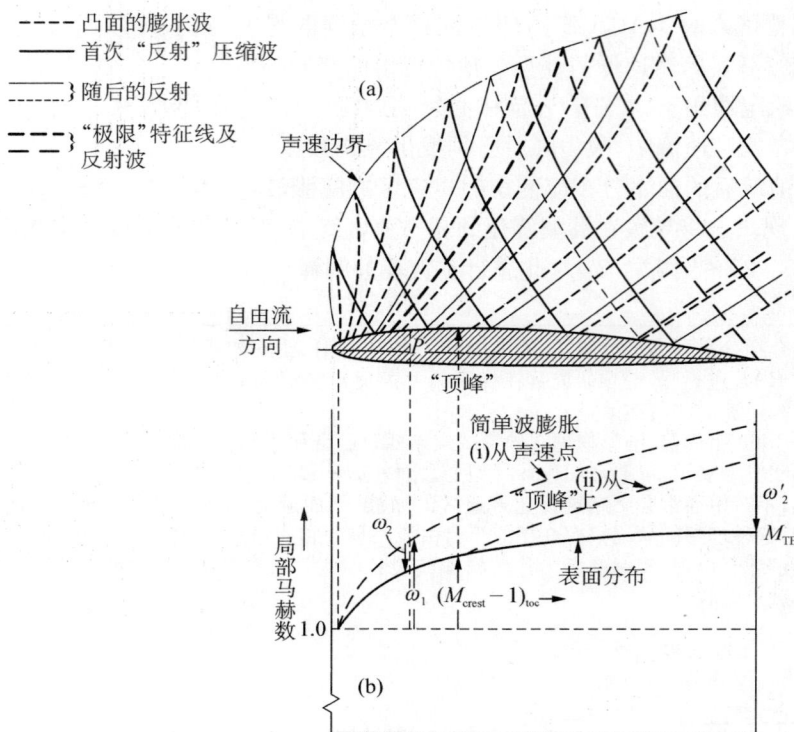

图 15 - 26 马赫波系示意图

(a)翼型上超声速区的马赫波系示意图及局部马赫数分布;(b)由处于超声速区的首次简单波引起的膨胀 ω_1 和压缩效应 ω_2。

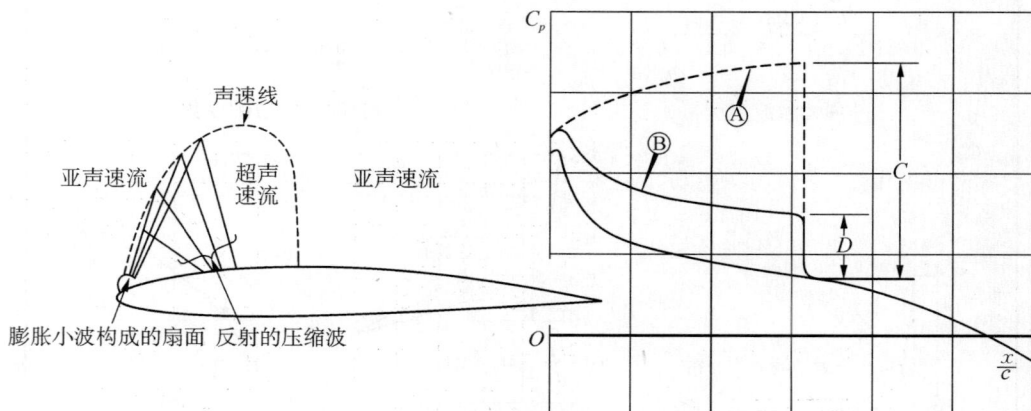

图 15 - 27 "尖峰"机翼的流动发展过程

来源:Aircraft Engineering, June 1962

图 15 - 28 说明,如果出现 $c_{p_{\min}}$ 的位置更后,达到 c_p^* 立即产生不利的跨声速流动状态,由 $M = 0.6$ 左右阻力的急增可见。

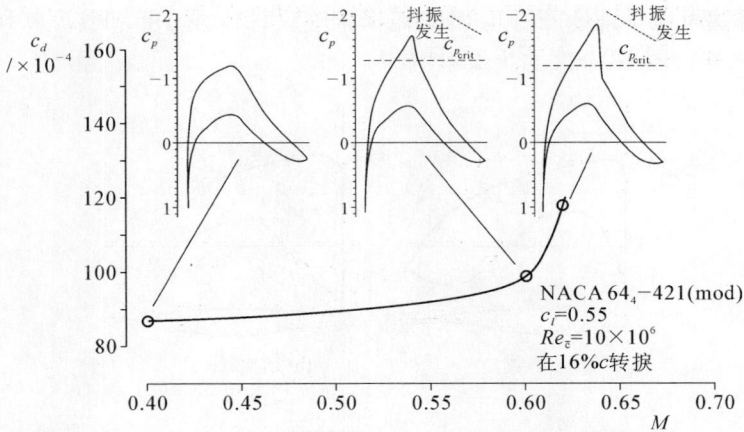

图 15 - 28　NACA 64_4 - 421（mod）（$C_l = 0.55$）翼型阻力和压强分布随
　　　　　马赫数增加的变化

来源：Fokker Report，L - 27 - 204

对跨声速流作分析或者计算，要比分析亚声速流复杂得多。但用数值分析方法
则有可能。计算和实验数据的比较见图 15 - 29。

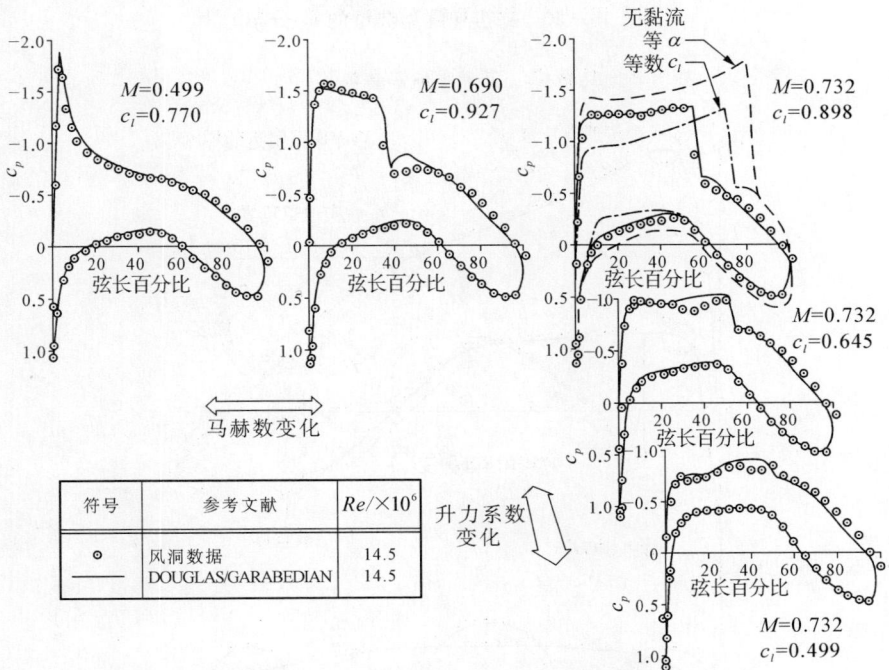

符号	参考文献	$Re/\times 10^6$
$\odot$	风洞数据	14.5
——	DOUGLAS/GARABEDIAN	14.5

图 15 - 29　DSMA 671 超临界翼型计算和实验的压强分布比较

用这样的方法设计跨声速翼型已有可能。不过该图表明，与亚声速流情况相
反，要在跨声速流情况下得出有意义的结果，非得计入边界层影响不可。

数值方法可以详细地分析几何形状、跨声速设计压强分布和翼型特性的相互关系。图 15 - 30～图 15 - 32 给出了示例。

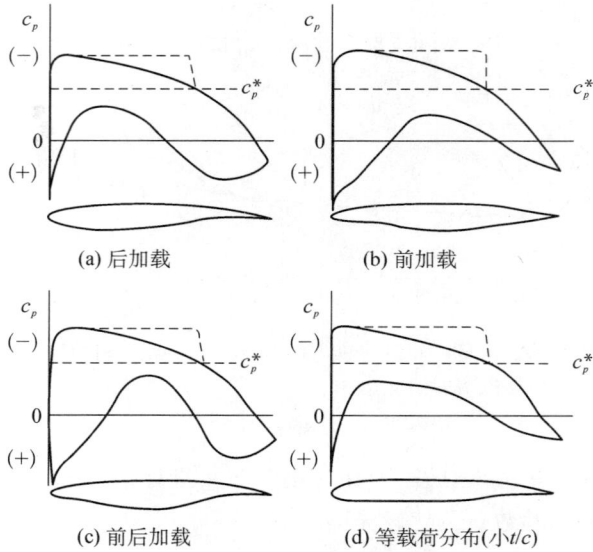

(a) 后加载　　　　　　　　　(b) 前加载

(c) 前后加载　　　　　　　　(d) 等载荷分布(小t/c)

图 15 - 30　跨声速翼型典型的 c_p 分布

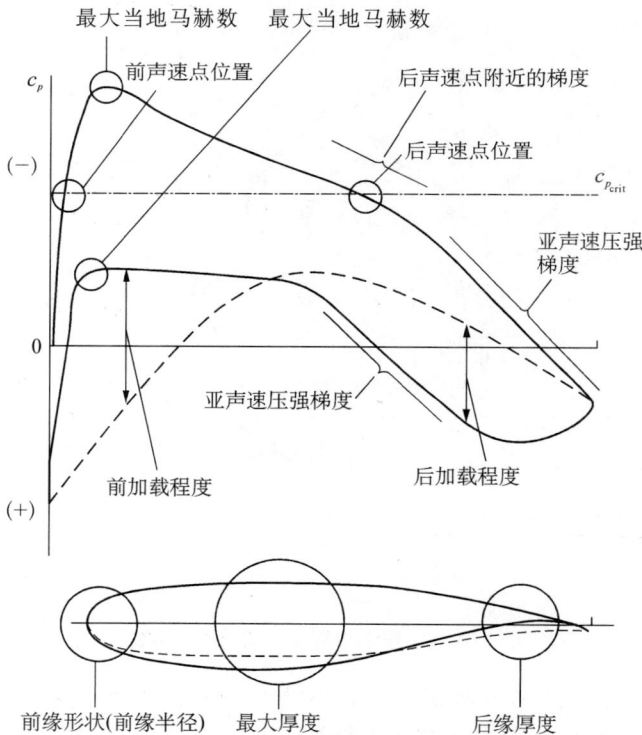

图 15 - 31　决定非设计点特性的关键设计压强分布参数

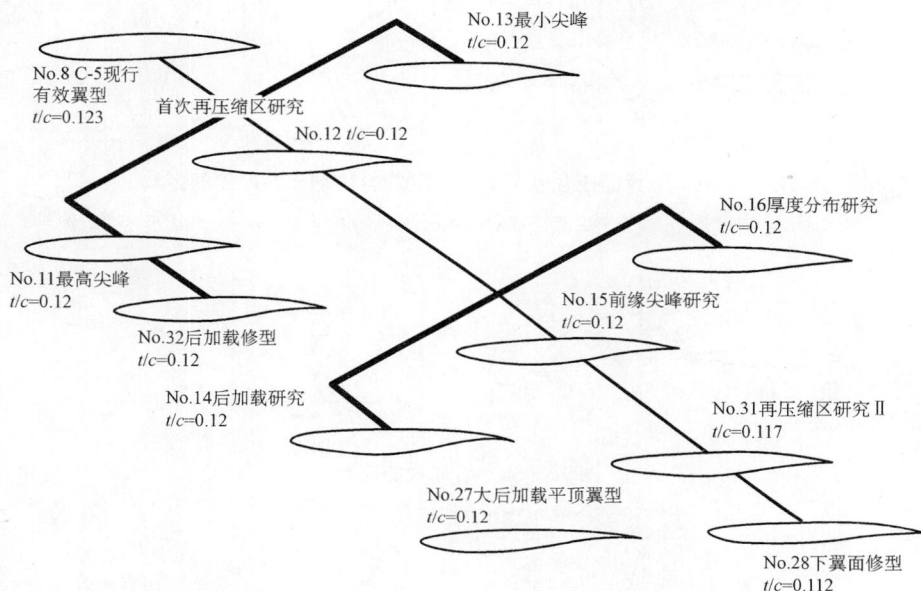

图 15 - 32　洛克希德·佐治亚公司设计方案评估翼型系列

来源：AIAA Paper 73 - 792

　　图 15 - 32 为洛克希德·佐治亚公司完成的研究工作,展示了各种可能的跨声速翼型和提高性能的修型。

　　注意这项研究是从分析 C - 5 机翼的基本翼型开始的,它也是与 NACA 修型 4 位数翼型系列相类似的翼型。

　　从图 15 - 33～图 15 - 36 中可以提炼出关于翼型形状、压强分布、升力系数以及设计马赫数(或阻力发散马赫数)之间的相互关系,这些参数在图上都有专门的符号。弯度不变,增加翼型厚度,由于表面曲率增加将提高当地速度。对于给定的升力系数,这将导致设计马赫数或者阻力发散马赫数下降或者说要增加设计马赫数应采用更薄的翼型。

　　只在翼型下部增加厚度,将导致下翼面的表面速度增加。虽然在设计状态升力系数减小有限,但在低升力系数状态阻力发散马赫数却大大降低。

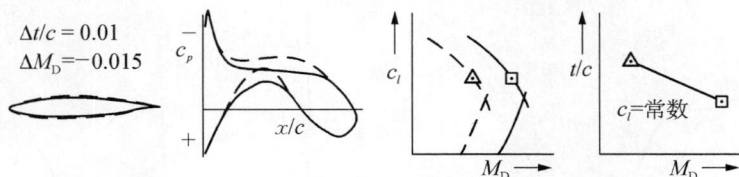

图 15 - 33　弯度不变时,相对厚度变化的影响

来源：AIAA Paper 73 - 792

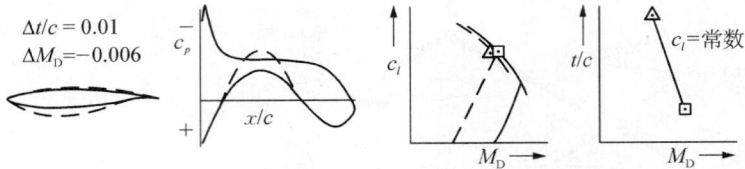

图 15 - 34　上翼面压强系数 $c_{p_{upper}}$ 不变时,增加相对厚度的影响

来源：AIAA Paper 73 - 792

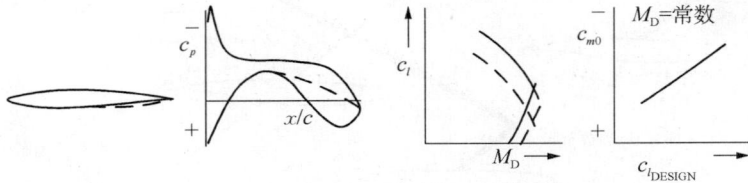

图 15 - 35　后加载的影响

来源：AIAA paper 73 - 792

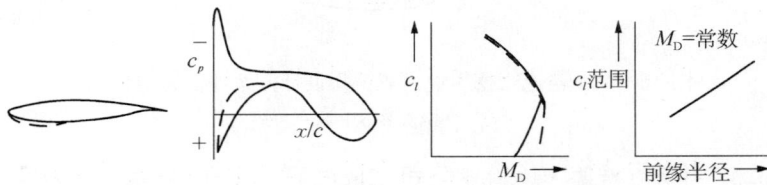

图 15 - 36　前缘半径的影响

来源：AIAA Paper 73 - 792

增加翼型后部的厚度来减少后加载,将导致在设计马赫数下升力系数下降。这种修型的积极作用是减小零升俯仰力矩系数。

更多的压强分布例子见图 15 - 37～图 15 - 46。它们说明了对翼型设计方案如何评估。从这些图中,可以看出前面解释过的一些特点。注意图 15 - 46 表明在跨声速流中下翼面的压强分布,可以产生比上翼面的压强分布更强的吸力峰,特别是在低升力系数时。

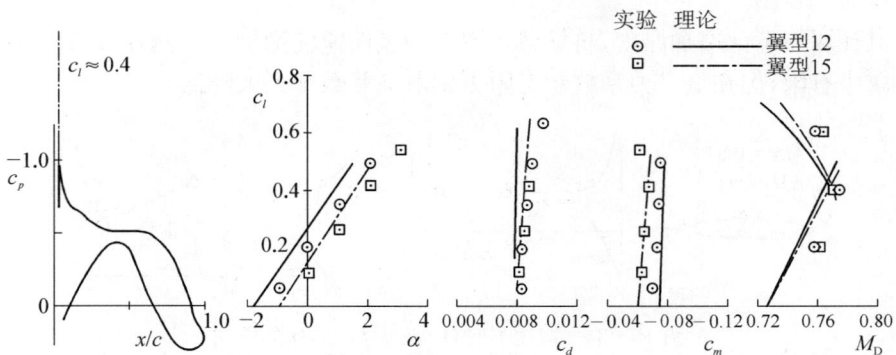

图 15 - 37　前缘吸力峰高度研究,亚临界状态,$M = 0.64$

来源：AIAA Paper 73 - 792

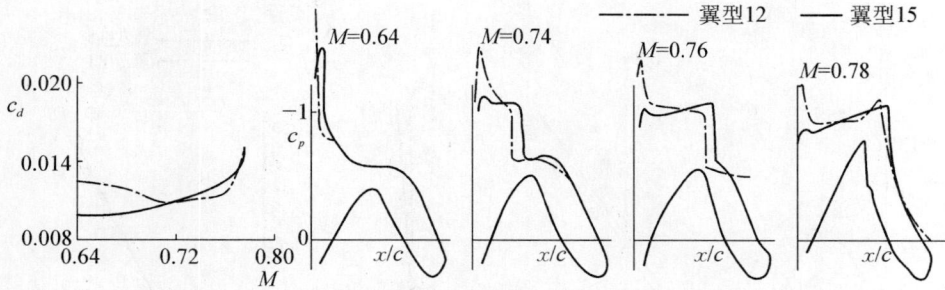

图 15 - 38　前缘吸力峰高度研究，跨声速状态，$c_l \approx 0.6$

来源：AIAA Paper 73 - 792

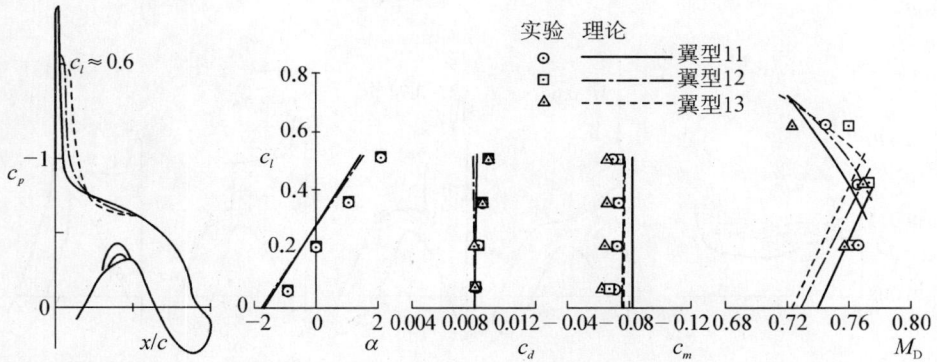

图 15 - 39　再压缩区研究，亚临界设计状态，$M = 0.64$

来源：AIAA Paper 73 - 792

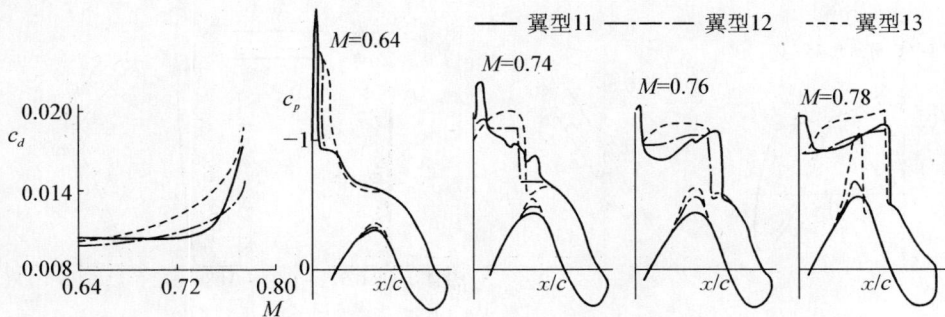

图 15 - 40　再压缩区研究，跨声速设计状态，$c_l \approx 0.6$

来源：AIAA Paper 73 - 792

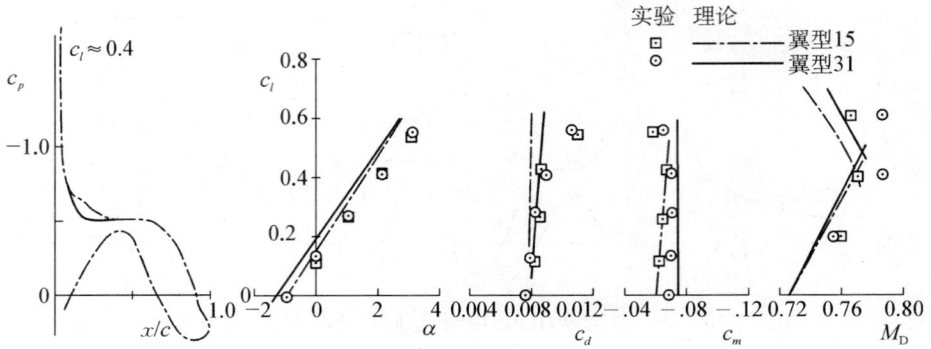

图 15-41 再压缩区研究,亚临界设计状态,$M = 0.64$

来源:AIAA Paper 73-792

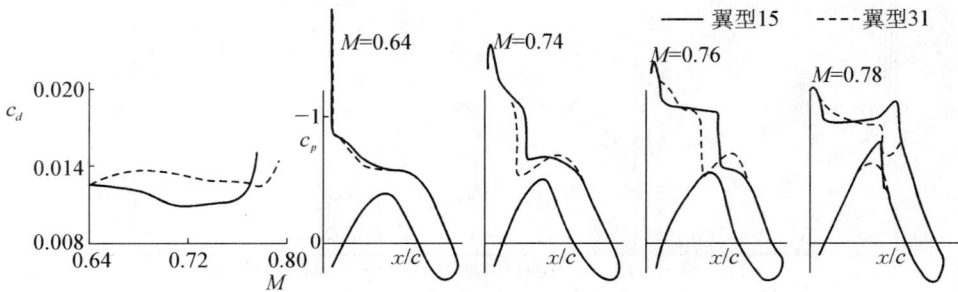

图 15-42 再压缩区研究,跨声速特性,高速比较,$c_l \approx 0.6$

来源:AIAA Paper 73-792

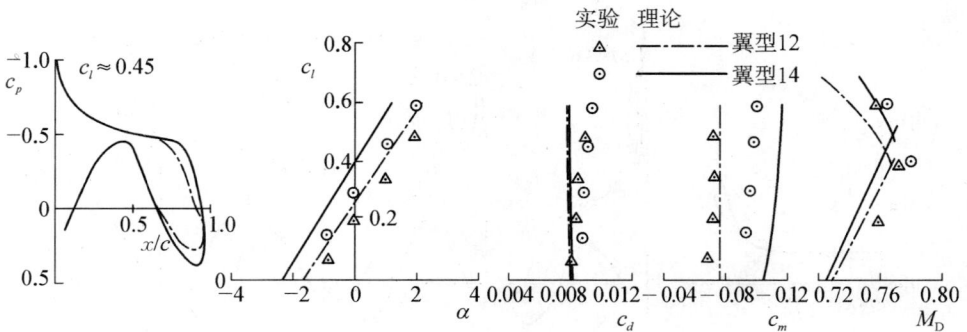

图 15-43 后加载研究,亚临界设计状态,$M = 0.64$

来源:AIAA Paper 73-792

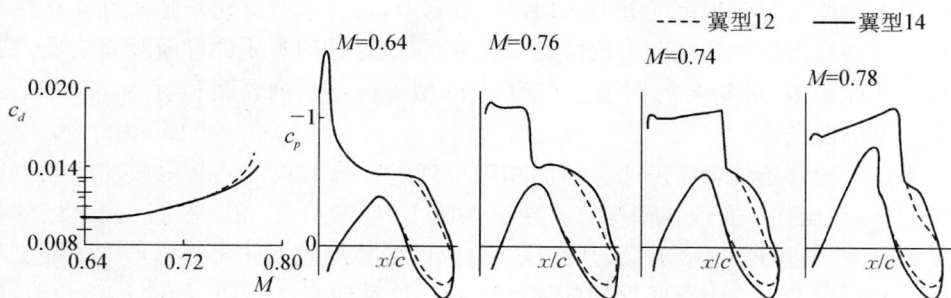

图 15 - 44　后加载研究，跨声速特性，$c_l \approx 0.6$

来源：AIAA Paper 73 - 792

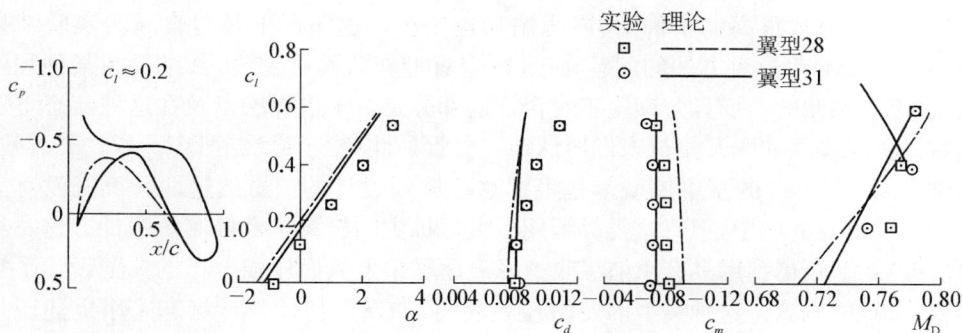

图 15 - 45　下翼面压强分布研究，亚临界设计状态，$M = 0.64$

来源：AIAA Paper 73 - 792

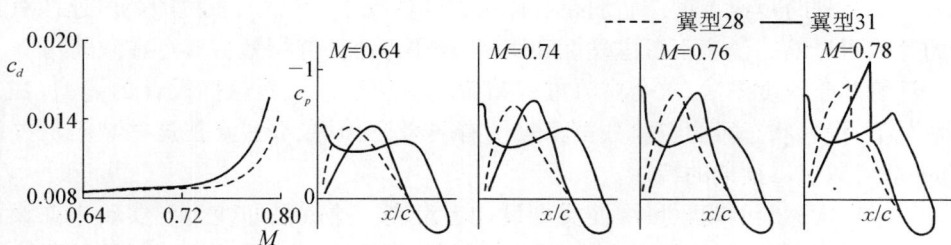

图 15 - 46　下翼面压强分布研究，跨声速特性，$c_l \approx 0.2$

来源：AIAA Paper 73 - 792

跨声速翼型的发展

　　跨声速翼型，即在设计状态下，其压强分布呈现超声速和亚声速混合流动特征的翼型的发展，可以分成 4 个阶段。这些阶段并非一个接一个，而是在很大程度上彼此交叉。

　　第一阶段通过对现有的翼型系列作系统修型,以寻求改进跨声速特性。这些研究得出翼型几何形状和气动力特性的一般关系,但对物理本质的理解没有实质性的增长。在此阶段,最知名的例子是 NACA 修型 4 位数系列翼型和对 NACA6 系列翼型修型的研究。

　　第二阶段开始结合跨声速流动的物理机理进行翼型设计。从对成功的亚声速翼型设计,其压强分布应在前缘有一狭窄的吸力峰,紧接着几乎是等压强区域的普遍见解出发,通过理论-实验结合的方法,研究改变翼型表面曲率的修形。主要工具是超声速空气动力学中众所周知的速度图法。这种研究从 NPL 的皮尔西开始,以后由其他人继续发展。在 20 世纪 60 年代初,计算能力有限,设计翼型只能用试凑方法,这些研究使人们认为,对于跨声速翼型的设计,在设计状态,我们的努力应集中在实现整个超声速区的完全等熵压缩。此时对设计点的小偏离只引起弱激波,即使在峰值马赫数很高的条件下,阻力增加也很少。这实际上是得自风洞实验结果(见图 15 - 24)。这种方法的问题在于,特定翼型在风洞中实验,其结果在某种程度上是"不可预测的",而且与理论不吻合。这部分是由于边界层以及在这种流态下雷诺数的关键作用才刚开始被人们所认识。尽管如此,德·哈维兰 DH - 121"三叉戟"和维克斯 VC - 10 的基本翼型都是根据这些原理设计的。虽然这两种飞机没有完全达到制造商的期望,但将这类翼型用于大后掠尖削机翼毕竟极富挑战性。这一经验使得霍克-西德利用具有小前缘吸力峰声速平顶上翼面压强分布的翼型设计了空客 A - 300 的机翼。这种翼型的使用经验表明,如果在初始设计状态采用上述压强分布,在较高的升力系数(用以应对重量增加)下,跨声速流动将有所发展,超声速流动区会以一道弱激波终结。在这种飞机上确实是做到了。

　　在 20 世纪 60 年代后期,荷兰航空研究院(NLR)的纽兰(Niuwland)和斯比(Spee),开发了一系列跨声速翼型。它们在设计状态全位流中,翼型上表面的超声速区有完全的等熵再压缩。位流不考虑黏性和熵增(即不考虑边界层效应和存在激波)。

　　计算基于速度图法,求全位流方程精确的解析解。虽然这样设计的翼型,在多数情况下,设计状态风洞实验数据都表明有弱激波,但在掌握修正这些缺陷的办法后,一般可以获得预期的特性。

　　一个出人意料的现象屡次使翼型设计者沮丧。这就是即使风洞实验中在设计点只有一道弱激波,阻力在远低于设计马赫数时即开始缓慢增长,即所谓"阻力爬升"。它与急剧的"阻力急增"不同,后者出现在高于设计马赫数时。这种阻力爬升在理论设计状态,当超声速区设定的表面流速很高时尤为明显。理论指出,这种再压缩完全等熵,不会产生额外的阻力。

　　图 15 - 47(a)为两种翼型 NLR - 7101 和 7301 在计算中设定的上翼面的局部马赫数分布。图(b)表示用现代 CFD 方法计算的两种翼型的阻力曲线。即使在较低的雷诺数下仍取得了与其相当的风洞实验数据。两种翼型的阻力爬升特性有明显的差别。该项研究表明,在设计状态为了避免出现显著的阻力爬升,超声速区的局

部马赫数应低于 1.2。

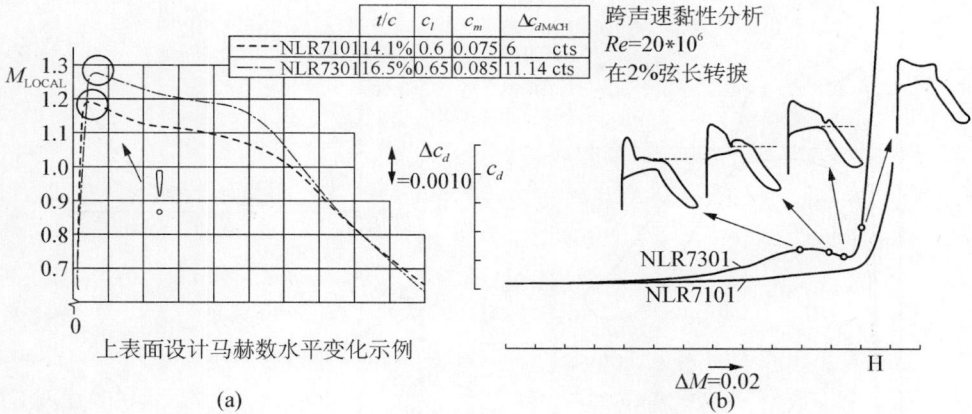

图 15-47 上表面马赫数水平对阻力爬升的影响

虽然上面介绍的分析方法,目前已被现代 CFD 设计和分析方法取代,但是用解析计算方法设计无激波跨声速翼型仍然是翼型空气动力学发展中的一个重要里程碑。

20 世纪 60 年代后期,NASA 的惠特柯姆(Whitcomb)采用"超临界翼型"来命名具有如图 15-13 所示上表面压强分布的翼型,不免使人以为这是一项新进展。后来事实澄清,实用跨声速翼型的发展是一个逐步演变的过程,但是超临界翼型这个名词还是得到了普遍应用。

随着计算机技术在硬件和软件两方面的发展,20 世纪 70 和 80 年代人们开发了可以分析嵌入跨声速流的弱激波的数值计算程序。最初基于全位流理论,采用专门的数学手段处理位流和弱激波引起(小)熵增两者之间的矛盾。这些早期的程序一般不能准确确定激波位置。著名的程序有 FLO 程序的早期版本,由保尔、伽拉贝迪安和考恩(BGK)开发。在后一阶段的研究中,或人为修改库塔-儒科夫斯基边界条件,或采用物理意义上正确的方法,上述作者和詹姆森计及了边界层效应。FLO-22 程序就是这一时期的代表作。

当今,有很多可用于分析和设计跨声速翼型的程序,从全位流外流与边界层弱耦合的程序直到基于全时均 N-S 方程的程序。大多数适于工业应用的程序基于耦合求解用于外流的欧拉方程和用于边界层的 N-S 方程。

图 15-48 到图 15-49 给出了两个分别以 $M = 0.707$ 和 $C_{l_{design}} = 0.5$ 及 0.6 为设计点相当厚的翼型的几何外形和部分计算的空气动力特性。根据图 10-1,对于这一较低的马赫数,$c_p^* = 0.75$。这样高的 c_p^* 值限制了在翼型前部建立超声速流区的可能性,因为如果激波移得太后,会导致压强分布亚声速区的压强梯度太陡,边界层将在后缘处分离。两幅图清楚地显示,即使在设计状态,上、下表面的边界层在后缘处都接近分离,因当地摩擦系数 c_f 接近 0。

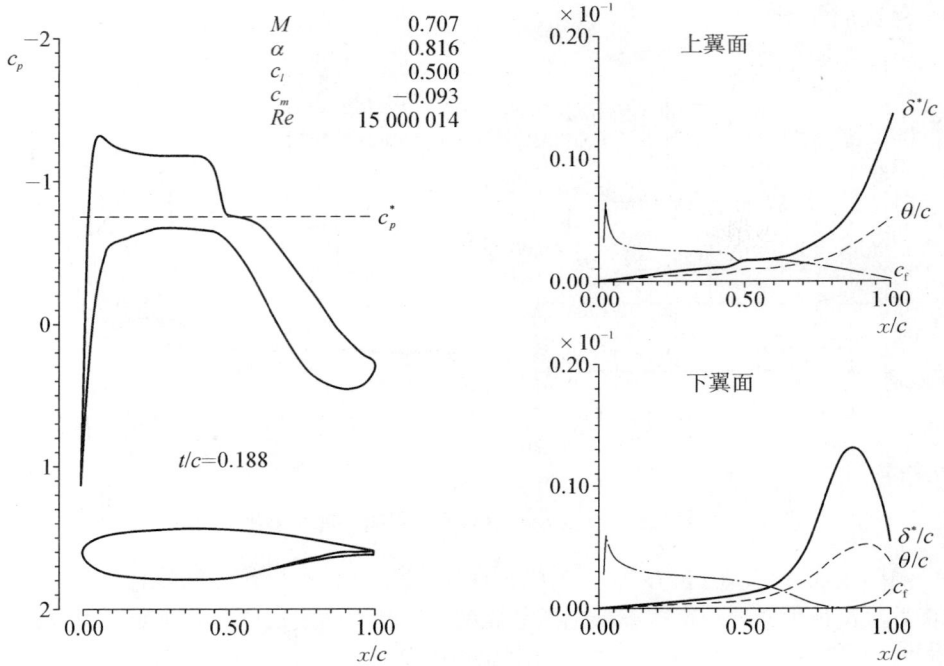

图 15 - 48　设计压强分布和边界层特性

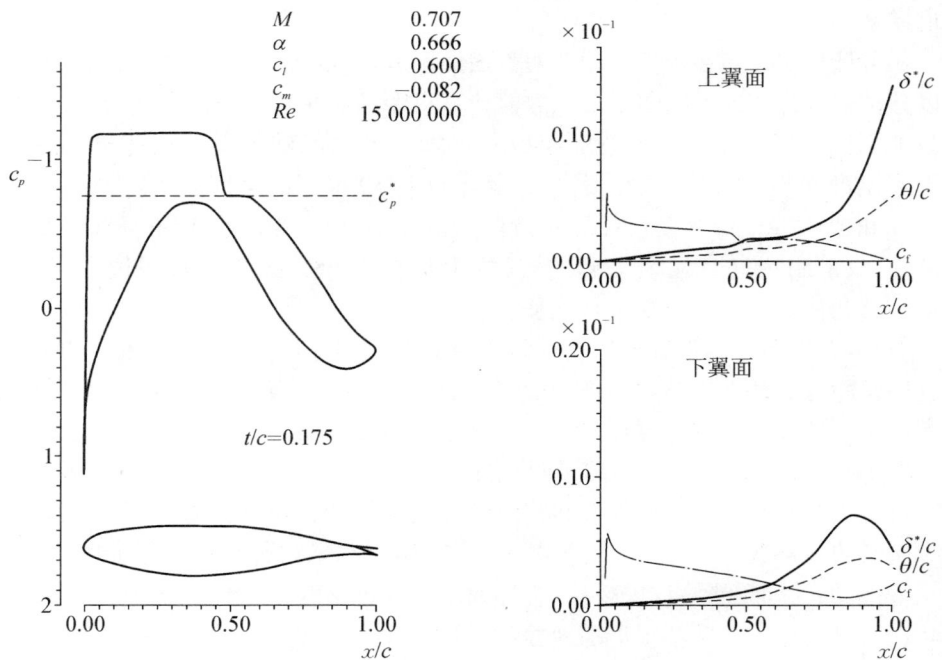

图 15 - 49　在阻力发散马赫数下的计算压强分布

　　综上所述，十分清楚，所谓设计状态的超临界压强分布仅适用于足够高的马赫数。图 15-50～图 15-54 给出了按照前面讨论过并在图 15-55 中总结的现代设计准则，分别由福克公司和波音公司设计的两种翼型的数据。

　　在大多数现代翼型上，翼型后部都有一定程度的弯度增加以产生额外升力，这就是所谓的"后加载"。这不是经典的方法，即保持翼型的厚度分布不变，将翼型沿中弧线"弯曲"，而是只作不影响上翼面的下翼面修形。

　　人们开始研究高速翼型时，发现了不同翼型系列的几何形状和气动力特性之间的关系，于是马上得出结论，无弯度（即对称的）翼型的跨声速特性优于有弯度的。此外，随着速度增加，人们仍用钢索驱动操纵面，这就使得增加翼型后部弯度后更难控制副翼上浮和副翼嗡鸣之类的现象。

　　只有在出现了液压操纵系统并在飞机的飞行控制系统中普遍采取了补偿跨声速上仰和下冲趋势的措施后，后加载才重新得到应用。在 DH-121 三叉戟和空客 A-300 飞机上，首先经深思熟虑采用后加载，目前后加载则成了现代翼型设计准则中的标准要素。

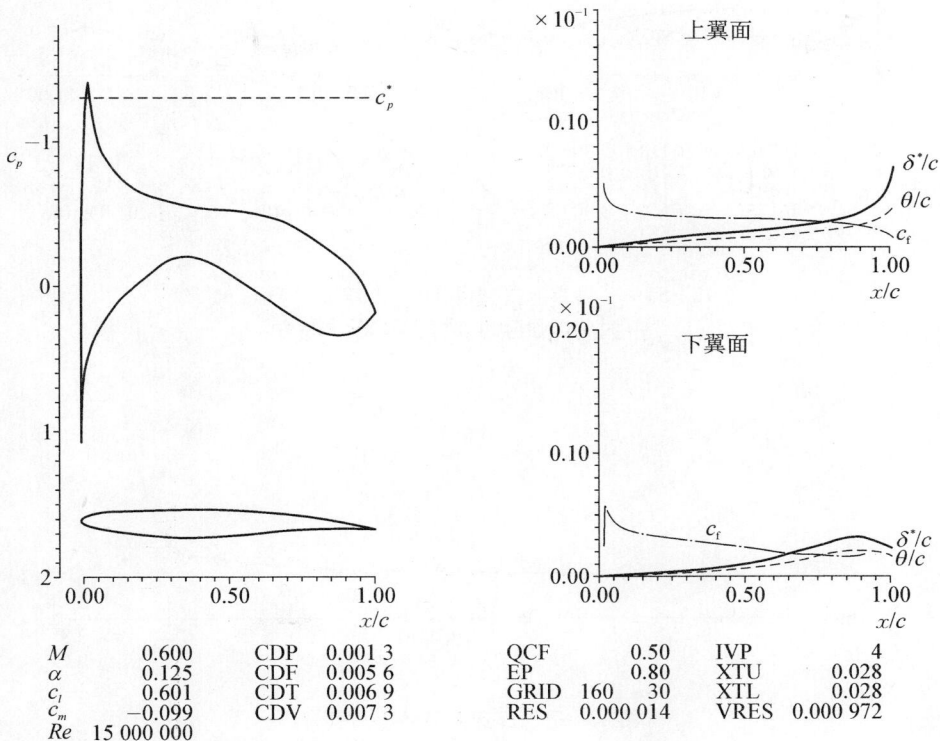

M	0.600	CDP	0.001 3	QCF		0.50	IVP		4
α	0.125	CDF	0.005 6	EP		0.80	XTU		0.028
c_l	0.601	CDT	0.006 9	GRID	160	30	XTL		0.028
c_m	−0.099	CDV	0.007 3	RES	0.000 014		VRES	0.000 972	
Re	15 000 000								

图 15-50　一种高速翼型在 $M = 0.600$、$c_l = 0.601$ 时的压强分布、边界层和阻力特性

上翼面

下翼面

M	0.770	CDP	0.002 2	QCF	0.50	IVP	4
α	−0.981	CDF	0.005 3	EP	0.80	XTU	0.028
c_l	0.601	CDT	0.007 5	GRID	160 30	XTL	0.028
c_m	−0.125	CDV	0.007 8	RES	0.000 018	VRES	0.004 208
Re	15 000 000						

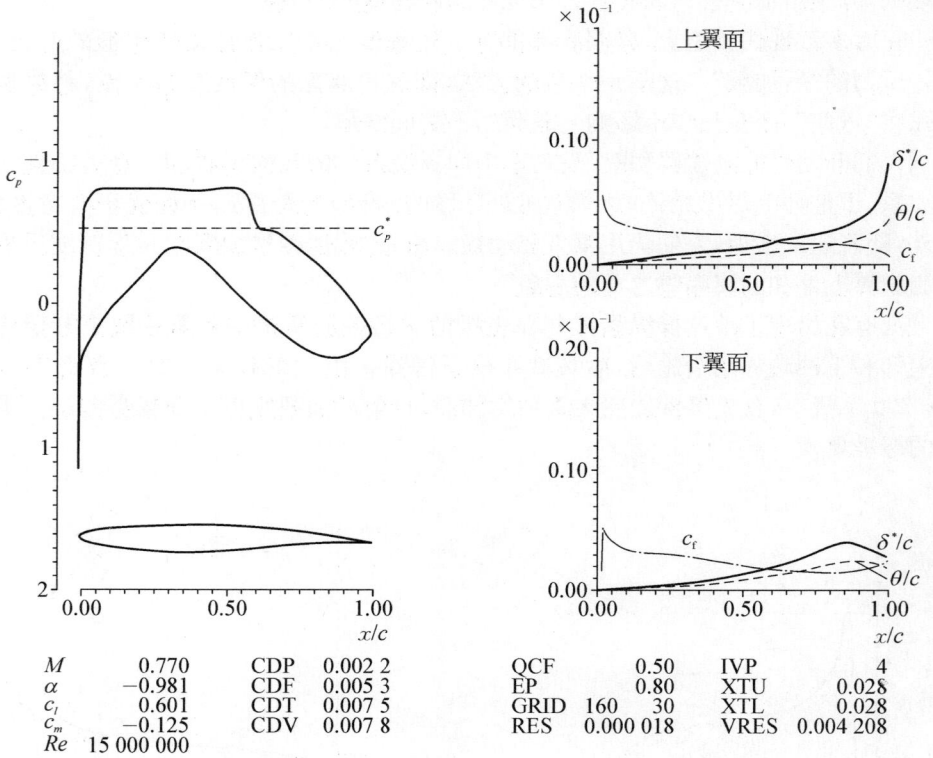

图 15-51 一种高速翼型在 $M = 0.770$、$c_l = 0.601$
时的压强分布、边界层和阻力特性

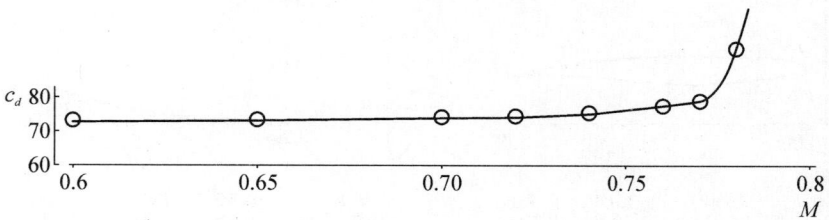

图 15-52 高速翼型的阻力爬升

BAC 1

c_p

M	0.765	CDP	0.002 4
α	1.008	CDF	0.005 3
c_l	0.601	CDT	0.007 8
c_m	−0.188	CDV	0.007 8
Re	15 000 014		

c_p^*

x/c

$\times 10^{-1}$

上翼面

δ^*/c

θ/c

c_f

x/c

$\times 10^{-1}$

下翼面

c_f

δ^*/c

θ/c

x/c

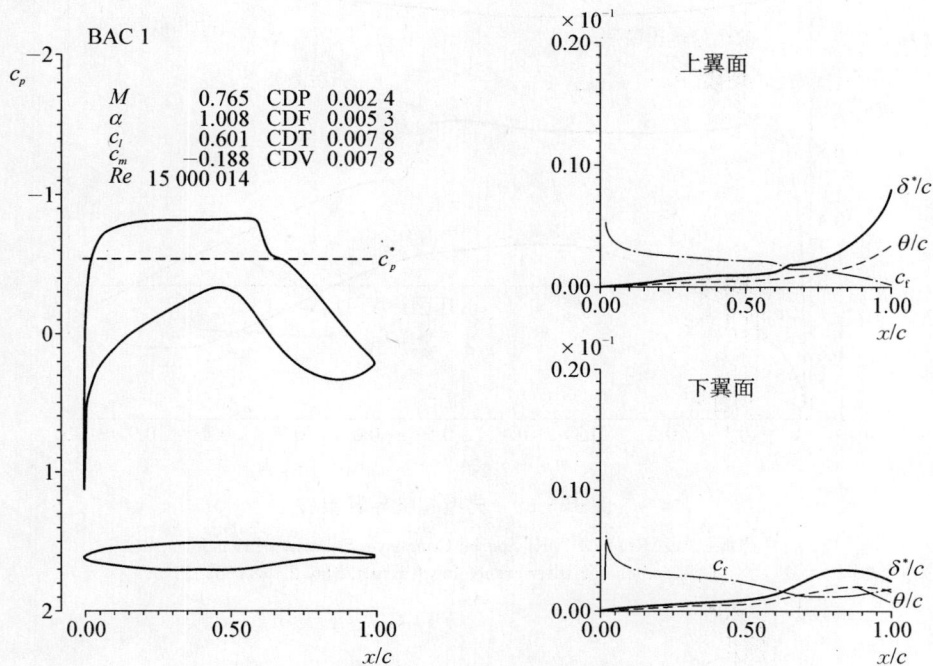

图 15-53   如图 15-54 所示超临界翼型的压强分布

来源：NASA TM 87600

图 15-54   一种现代翼型——波音 BAC-1

来源：NASA TM 87600

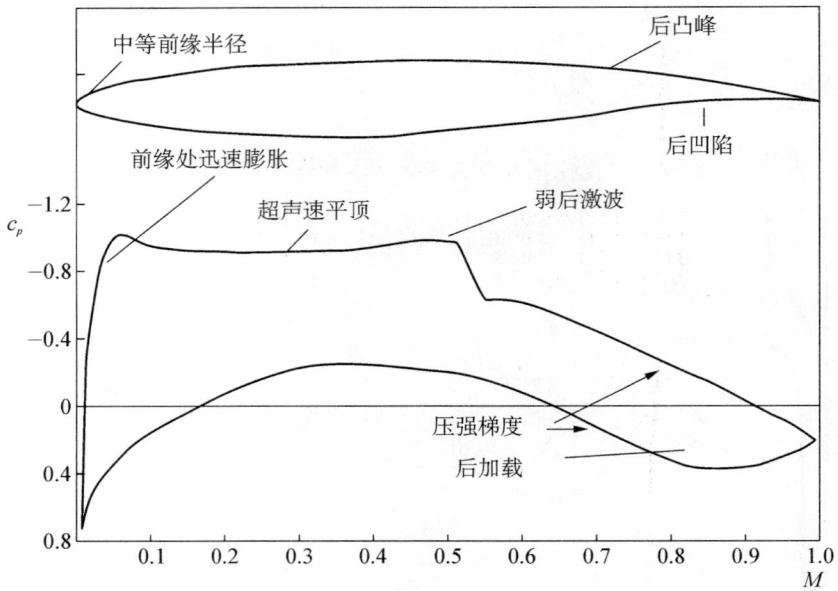

图 15 - 55 典型超临界翼型

来源：AGARD-FDP VKI Special Course on Subsonic/Transonic
Aerodynamic Interference for Aircraft. May 2 - 6,1983

16 超临界翼型对比声速平顶翼型的优点

由前面的介绍可见,超临界翼型与声速平顶翼型相比具有下列优点:

(1) 相对厚度较大。

(2) 前缘半径较大,可以得到较高的 $c_{l_{max}}$ 值。

这两类各一种翼型的对比见图 16-1~图 16-3。两种翼型的设计马赫数都是 $M = 0.72$,而且下翼面的压强分布相同。声速平顶翼型比超临界翼型设计升力系数小,但阻力急增马赫数高。如果声速平顶翼型的设计升力系数与超临界翼型相同,则其相对厚度要比 11.0% 小得多。然而增加迎角以获得同样的升力系数,则将出现小前缘吸力峰,紧接着一个有弱激波的超声速流动区。这样很可能出现其阻力急增马赫数与超临界翼型很接近,但还得保持较小相对厚度的问题。因此结论必然是:在感到存在混合超声速-亚声速流动的翼型的特性难以捉摸的年代,人们认为声速平顶翼型具有实际意义,而今已成历史。

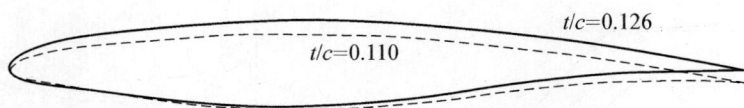

图 16-1 超临界翼型($t/c = 0.126$)和声速平顶翼型($t/c = 0.110$)

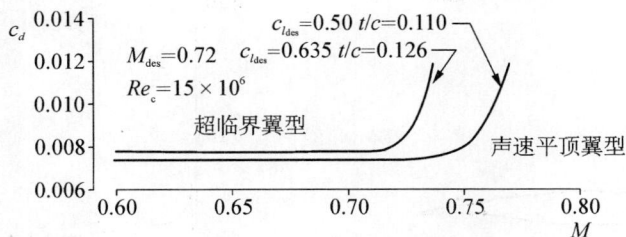

图 16-2 声速平顶翼型和超临界翼型的阻力爬升特性比较[1]

---

[1] 原图标题有误,已改正。——译者注

超临界翼型

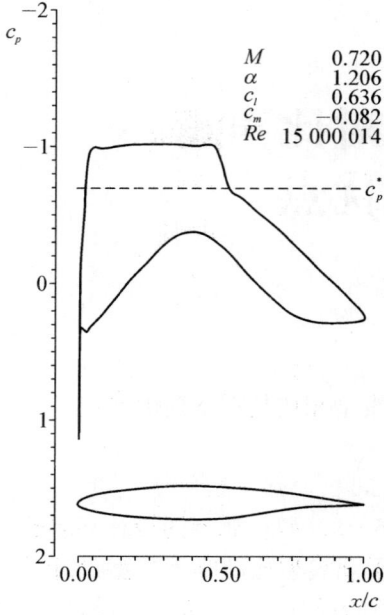

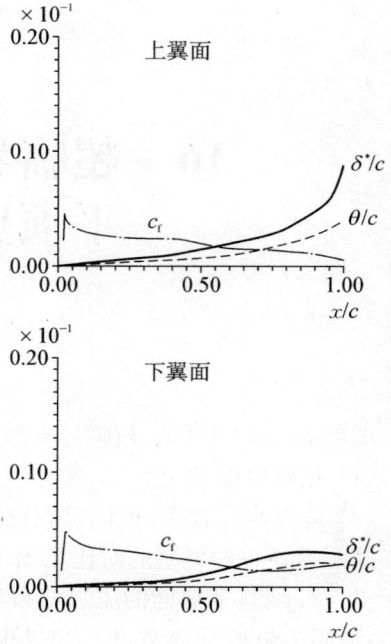

声速平顶翼型

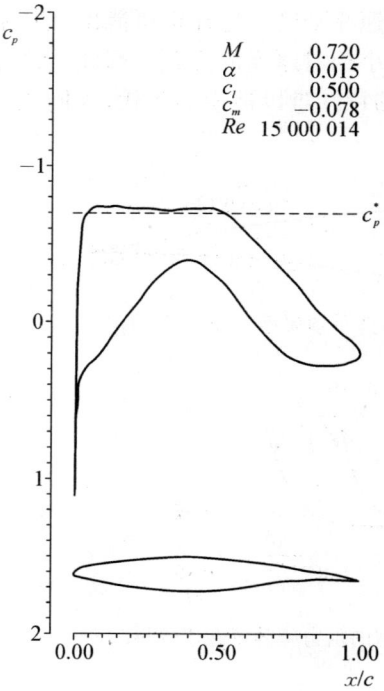

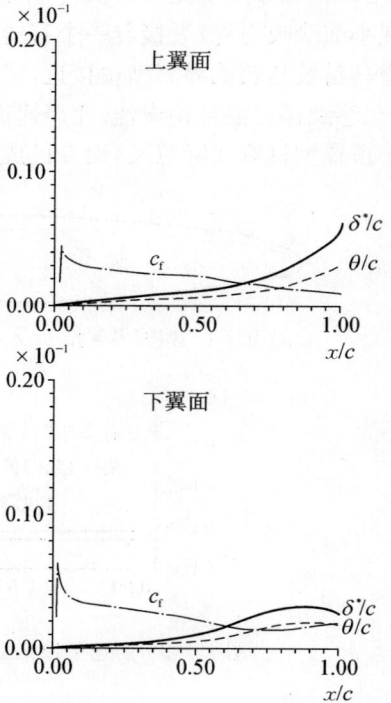

图 16-3   超临界翼型和声速平顶翼型的压强分布比较

17　抖振发生边界和深入抖振区

抖振是一种由分离气流的压力脉动引起,被驾驶舱和客舱中的乘员感受到的机体振动。这就是说,该振动必须超过能被乘员感受到的某一尽管很低的水平。抖振可以由加速度计记录。抖振表现为不同形式,而且有不同的原因,如:

(1) 接近低速失速,气流分离引起的低速抖振,有时候因为机翼尾流打到平尾上,增加了严重性。

(2) 打开破升板或减速板引起的抖振。

(3) 对外形细节,特别是飞机尾端的外形细节设计时不注意,引起局部气流分离造成的抖振。

(4) 由于强激波引起气流分离的高速抖振。

本章介绍高速抖振现象。

高速抖振发生在从激波根部开始,分离气泡逐渐向后发展达到后缘,或者在激波增强到足以在其根部引起分离前,边界层就在翼型后缘附近发生了分离,见图 17-1。

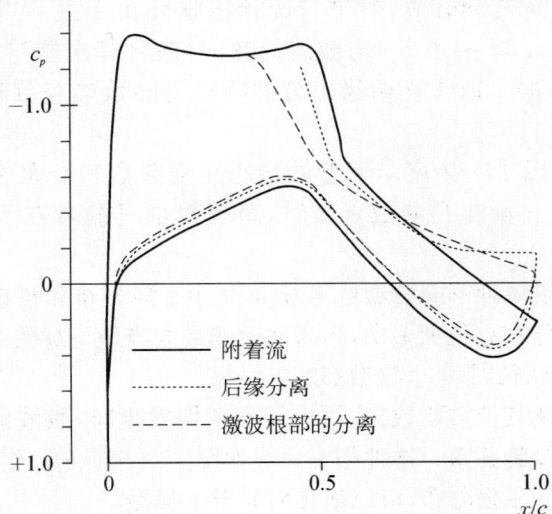

图 17-1　在激波根部和后缘附近有气流分离的翼型
压强分布(也可见图 18-3)

后者可能会出现在如图 15-48 和图 15-49 所示的那些翼型上。

在风洞实验中用后缘压强发散来确定真实飞机的抖振发生点。

高速抖振逐渐发展,特别是随着迎角的增加。如果进入抖振区太深,可能导致结构损伤。高速抖振令人厌烦,有时很吓人,特别是对于毫无防范的乘客。因此适航要求规定,在正常使用条件下,无论在速度、还是迎角方面正常飞行状态都应距抖振发生留有余量,如图 17-2 所示。之所以留有余量是因为飞机必须能够:

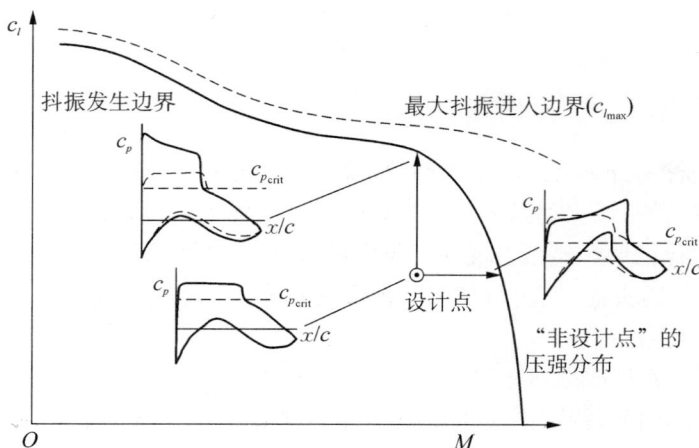

图 17-2　抖振发生边界和最大抖振进入边界

(1) 在巡航飞行中作机动(转弯或拉起到法向过载 $n = 1.3\,g$)。

(2) 应对大气湍流造成的速度或法向过载扰动。

(3) 应对飞机系统故障造成的扰动。

在激波根部出现流动分离,看来与设计压强分布无关。当激波前马赫数达到一定值($M_{loc} = 1.35 \sim 1.50$ 与激波的弦向位置,其次是与雷诺数有关)时出现分离因而发生抖振。通常在前缘出现的峰值马赫数最高可达 $M_{loc} = 1.7$,见图 17-3~图 17-5。

图 17-3 给出图 17-4 所示翼型的最小压强系数和最大局部马赫数随自由流马赫数的变化。自由流马赫数更高时,最大局部马赫数在 $M_{loc} = 1.4 \sim 1.5$ 之间。

图 17-5 展示了 4 种不同翼型的上翼面设计压强分布和抖振发生时的压强分布。虽然设计压强分布有很大差别,当激波前的最大当地马赫数 $M_{loc} = 1.38$,且激波位于 55%~60% 弦长时,4 个翼型都发生抖振。

根据这些结果及其他实验数据,可以导出抖振发生时,激波前最大当地马赫数与激波弦向位置的经验关系。这种相关曲线如图 17-6 所示。借助这种相关性,依次计算不同迎角下的压强分布,可以估算何时发生抖振。

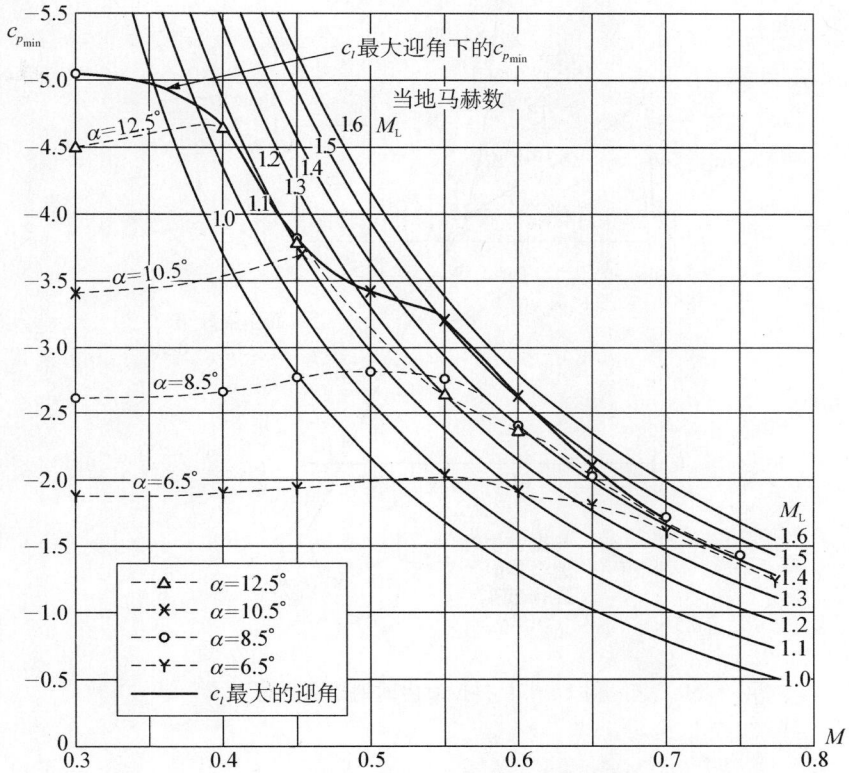

图 17 - 3   大迎角下，上翼面最小压强系数随马赫数的变化

M_{loc}—当地马赫数；c_l—升力系数；c_{pmin}—最小压强系数

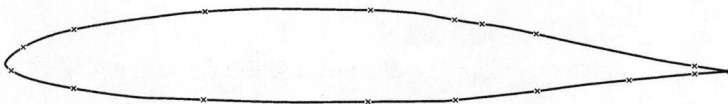

图 17 - 4   Goldstein 平顶翼型 1442/1547

来源：ARC R&M 2849

c_p

抖振发生时的上翼面
压强分布

$M_{loc} = 1.38$

$t/c=$

18.0%

16.5%

14.1%

翼型

NLR 7501
NLR 7301
NLR 7101
VFW Va-2

$Re_c \approx 3 \times 10^6$

13.0%

$c_{p_{crit}}(c_p^*)$

$t/c=18.0\%$

上翼面压强分布
$(M \approx 0.725, c_l \approx 0.50)$

$t/c=13.0\%$

x/c

0.2　0.4　0.6　0.8　1.0

抖振发生时
的下翼面压
强分布

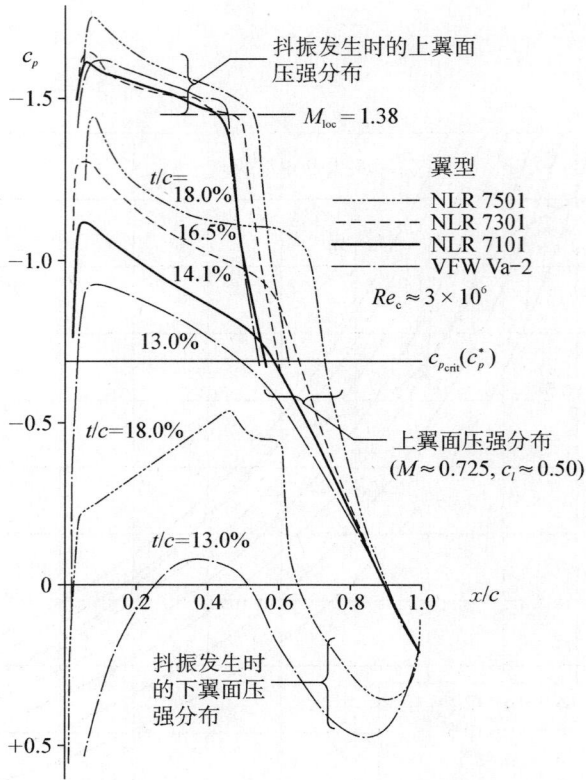

图 17 - 5　抖振发生时的压强分布

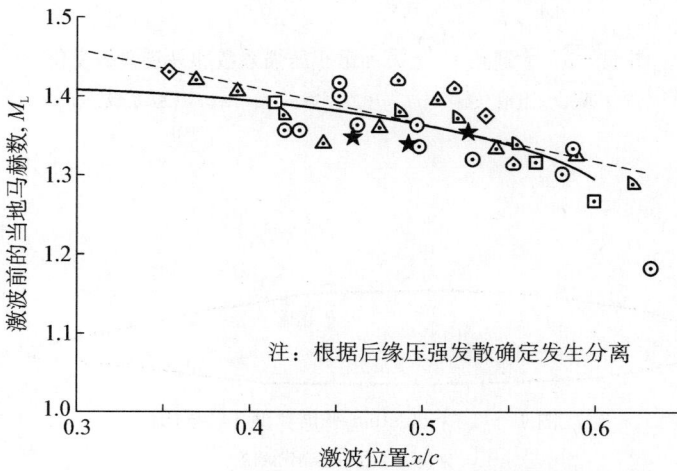

1.5

1.4

1.3

1.2

1.1

1.0

激波前的当地马赫数，M_L

注：根据后缘压强发散确定发生分离

0.3　　　0.4　　　0.5　　　0.6

激波位置x/c

图 17 - 6　抖振发生时激波参数的相关曲线

除了后缘压强发散外,还可以根据升力曲线斜率的突然变化推断流动出现分离和发生抖振,如图 17-7 所示。

与低速失速不同,在高马赫数发生的流动分离,在抖振发生后,随着迎角的增加会使升力明显增大(见图 17-7)。因此,除了抖振发生边界,最大抖振进入边界在飞机设计中也举足轻重。飞机的最大俯冲马赫数 M_D 可远大于发生抖振的马赫数。

图 17-8 和图 17-9 展示了高速翼型出现的最大局部马赫数的更经验化的相关性。图 17-9 表示在激波前和前缘两处的最大当地马赫数。

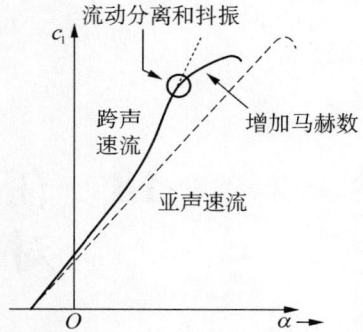

图 17-7 从升力线斜率变化判断抖振发生

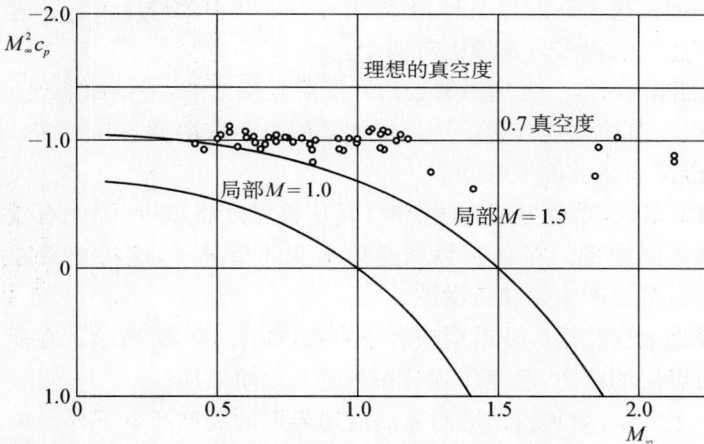

图17-8 在 4 种情况下 $M_\infty^2 c_p$ 值随马赫数的变化。0.7 真空度对应于 $M_\infty^2 c_p = -1$

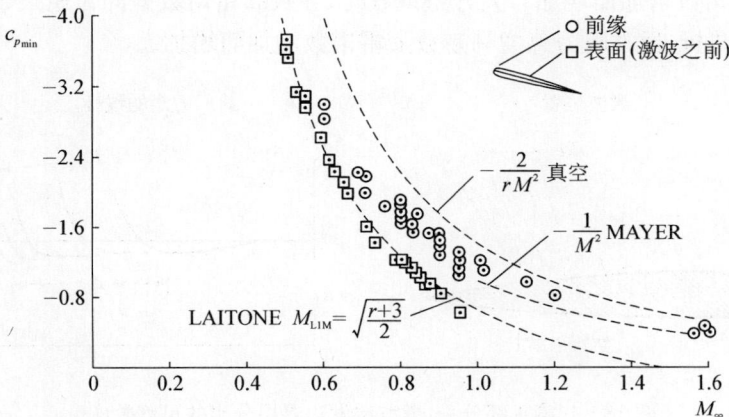

来源:AIAA 74-939

图 17-9 跨声速流的最小压强系数

来源:AIAA 75-996

18 在高马赫数时雷诺数 对翼型特性的影响

超临界翼型在接近其设计点时,上翼面有一个几乎等静压的超声速区。雷诺数效应比在亚声速时强得多。其原因有两个:

(1) 在低雷诺数时,一直到激波处边界层都是层流的,终结超声速区的激波是 λ 型激波,边界层与其协调比与湍流边界层相关的直激波协调容易得多。随着雷诺数增加,转捩点逐渐向激波前方移动。

(2) 增加雷诺数,当边界层为湍流时,其位移厚度将减少,因此有效地增加了靠近翼型表面的流线曲率。在马赫数和迎角不变的情况下,这将使激波的位置更靠后,增强了激波,甚至产生第二道激波。

在常规翼型上这些效应非常弱或者不存在,如图 15.27 所示。在亚声速流中雷诺数仅影响边界层的状态,改变压强分布只是其二阶效应。

如图 18-1 所示,增加雷诺数对有湍流边界层的翼型产生下列影响:

(1) 激波位置:激波后移,导致由于超声速区面积增大在迎角不变情况下升力增加。

(2) 力矩的线性度:在发生气流分离前,由于激波的后移力矩-升力系数曲线的线性段随雷诺数增加而增加。大升力系数时,导致高雷诺数俯仰力矩系数更负。

(3) 力转折:通常阻力急增马赫数随雷诺数增加而增加。

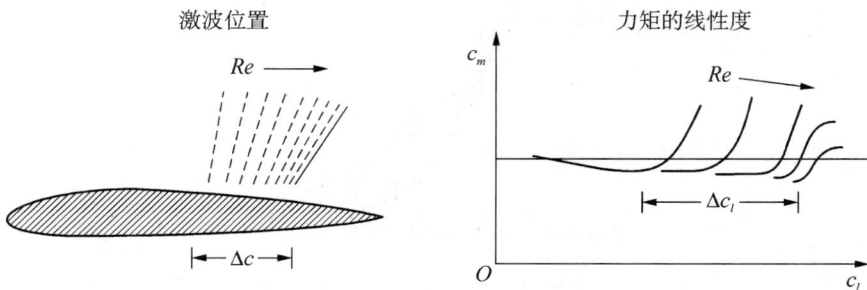

图 18-1(第 1 部分) 激波诱发边界层分离的尺度效应

来源:ICAS 会议 1978,B3-01

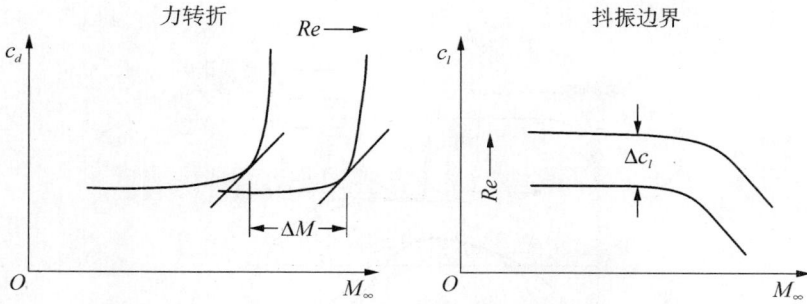

图 18-1(第 2 部分)   激波诱发边界层分离的尺度效应

来源：ICAS 会议 1978，B3-01

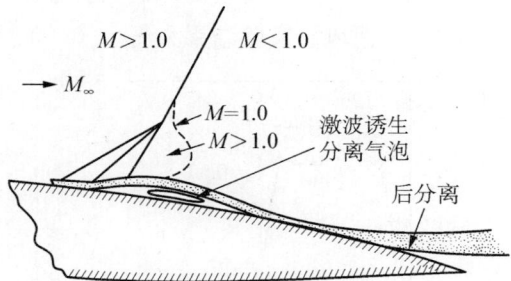

（4）抖振边界：随着雷诺数的增加，抖振推迟发生。

在现代跨声速翼型上，特别是在翼型后部由于高压强梯度，边界层高承载，如图 18-2～图 18-4 所示。邻近后缘局部有效曲率大，可能导致如图 18-5 所示的第二道激波。这就使得这些翼型对雷诺数影响敏感，为得到设计有用的数据，需要进行高雷诺数风洞实验。可能出现的两种边界层分离，见图 18-3(亦见图 17-1)。

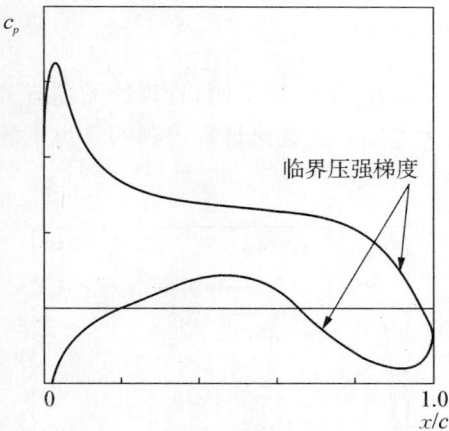

图 18-2   压强梯度诱发边界层分离
的尺度效应(亚声速)

来源：ICAS 会议 1978，B3-01

图 18-3   激波/边界层干扰模型

来源：ICAS 会议 1978，B3-01(亦见图 17-1)

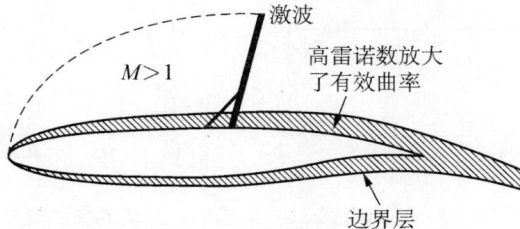

图 18-4   受雷诺数影响的翼型

来源：ICAS 会议 1978，B3-01

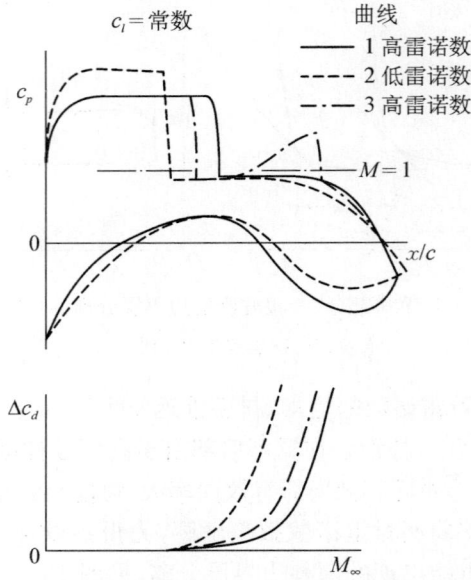

图 18-5 边界层厚度的尺度效应(跨声速)

来源:ICAS 会议 1978,B3-01

图 18-6 表明对一个很厚的翼型$[21\%(t/c)]$,在 $M=0.68$ 时,计算的无黏流压强分布和在 $Re=7\times10^6$ 的风洞实验结果有很大差别。无黏流计算得到的升力系数 c_l 为 1.27,而风洞实验结果为 $c_l=0.60$。

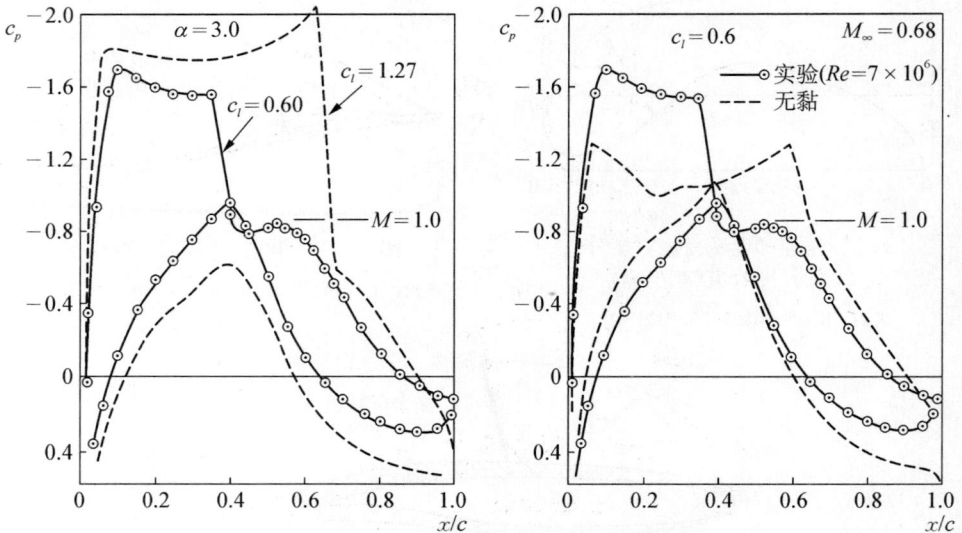

图 18-6 洛克希德 21%厚超临界翼型的黏性效应

来源:ICAS 会议 1978,B3-01

　　注意无黏流的压强分布计算结果是一种极限状态,代表在极高雷诺数下的压强分布。

　　图 18-8 比较了随着雷诺数增加,激波在洛克希德公司 C-141 飞机机翼采用的翼型和经典 NACA 6 系列翼型上的后移。

　　在 C-141 飞机上激波大幅后移是在试飞时才发现的,不得不对机翼做大范围重新设计。从此以后适航当局要求,新设计的飞机如果其机翼压强分布用作载荷计算的基础,需用试飞的数据校核。

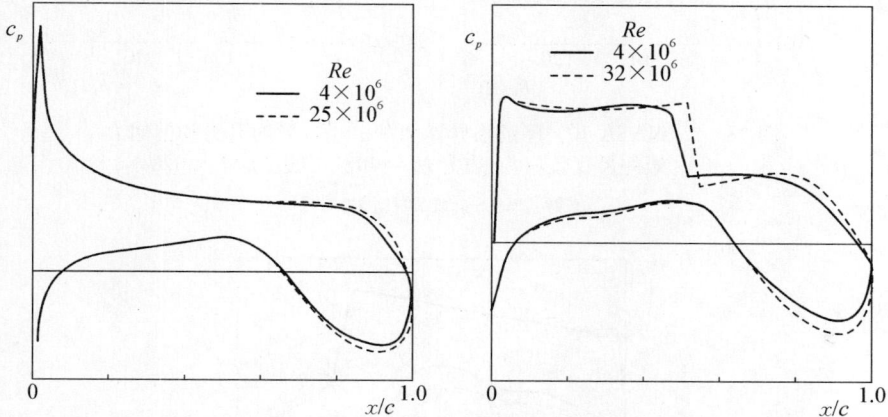

图 18-7　雷诺数对机翼激波位置的影响(翼型和试验条件见图 18-9 标题)

来源:ICAS 会议 1978,B3-01

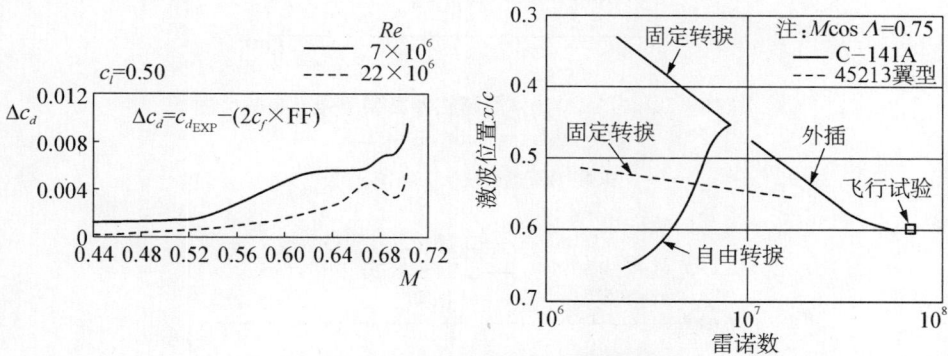

图 18-8　雷诺数对机翼激波位置的影响

来源:Journal of Aircraft,1968,page 496

　　图 18-9 显示了,在 $M=0.6$ 和 $M=0.8$ 时,增加雷诺数对升力和俯仰力矩的影响。与低马赫数相比,在较高马赫数,激波后移引起升力增加和俯仰力矩负值增长都大得多,因为低马赫数下雷诺数增加只影响边界层。同样的效应见图 18-7 和图 18-10。

　　图 18-11 表明超过大约 $Re=10\times10^{6}$ 在接近前缘处边界层自然转捩,从而保证了气动力特性与雷诺数有规律的关系。这与图 18-8 中的激波移动规律相吻合。

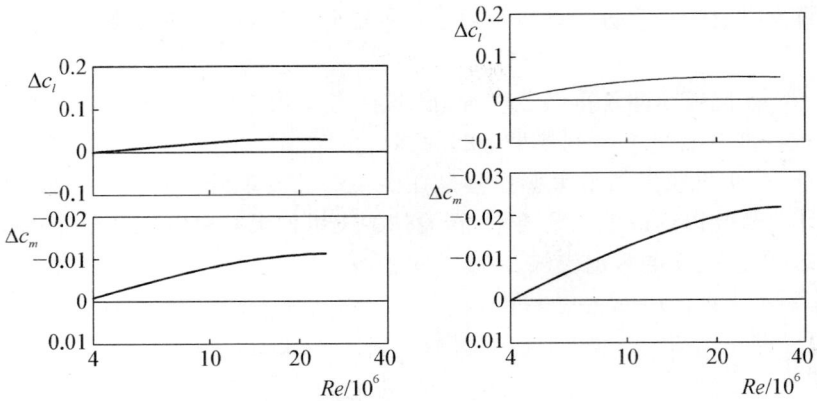

图 18 - 9　NASA 10%厚超临界翼型在 $\alpha = 1.5°$ 时升力和俯仰力
矩的尺度效应,左边为 $M = 0.6$,右边为 $M = 0.8$

来源:ICAS 会议 1978,B3 - 01

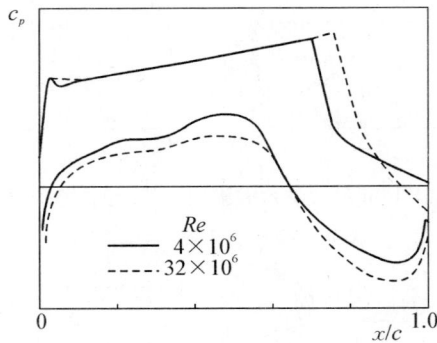

图 18 - 10　NASA 10%厚超临界翼型压强分布的尺度
效应,$M_\infty = 0.84$,$\alpha = 1.5°$

来源:ICAS 会议 1978,B3 - 01

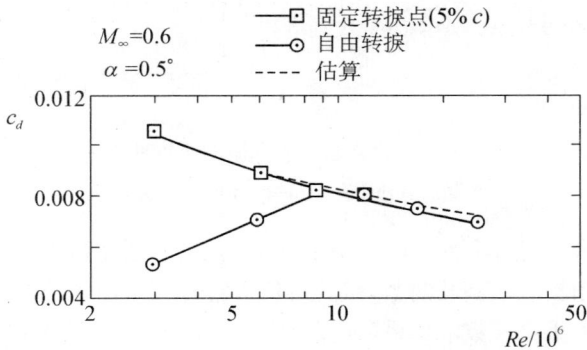

图 18 - 11　NASA 65_1 - 213 翼型阻力的尺度效应

来源:ICAS 会议 1978,B3 - 01

19 翼型的低速失速特性

翼型发生失速,可以有三种不同形式,即后缘失速、前缘失速和薄翼失速。

1) 后缘失速

此时边界层分离从后缘开始,逐渐向前扩展。在大前缘半径和上翼面大曲率的翼型上发生这种类型的失速。

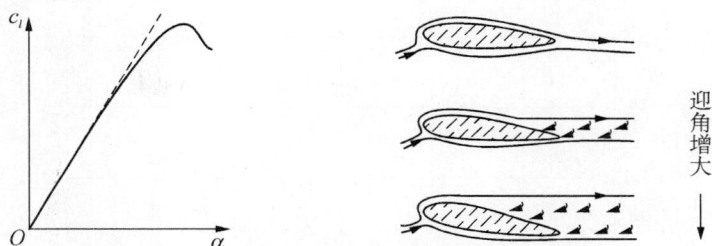

图 19-1 后缘失速(缓变)

来源: NLR TR 69025

2) 前缘失速

这类失速具有突发性,而且造成几乎遍及整个翼型的气流分离。前缘吸力峰的高度、紧随其后的逆压梯度和在(短)转捩气泡中的流动状态之间的确切关系至今还不清楚。在中等前缘半径和上翼面中等曲率分布的翼型上中到高雷诺数时发生这种类型的分离。前缘半径对最大升力系数有显著影响。这种类型的失速见图 19-2。

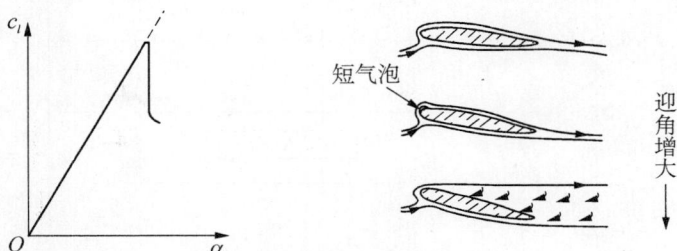

图 19-2 前缘失速(骤变)

来源: NLR TR 69025

3）薄翼失速

这种失速仅发生在前缘半径非常小（小于 0.7％弦长）的翼型上或小雷诺数下前缘稍厚的翼型上。其主要特点是长分离气泡的发展。从图 19 - 3 可见分离气泡随着迎角增大而发展。

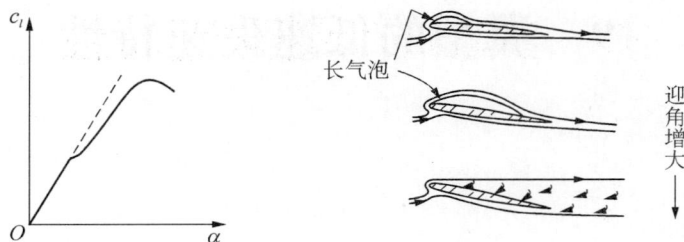

图 19 - 3　　薄翼失速（缓变）

来源：NLR TR 69025

图 19 - 4 给出了不同雷诺数时翼型的升力曲线。图中展示了最大升力系数和失速类型随着雷诺数的变化。

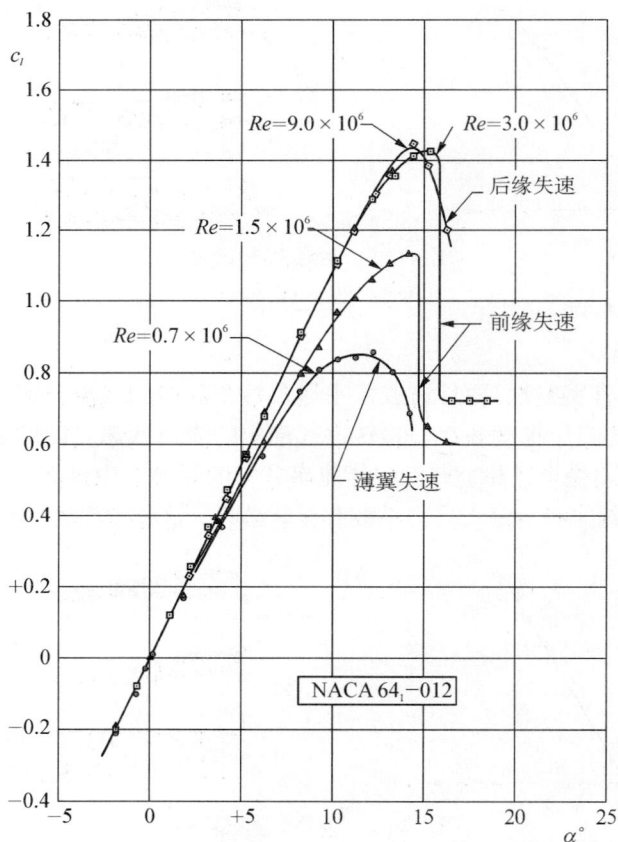

图 19 - 4　　一个中等厚度翼型在不同雷诺数时的典型升力曲线

来源：NLR TR 69025

图 19-5 给出了层流分离气泡的流动特性,而在图 19-6 中则给出了分离气泡对压强分布的影响。

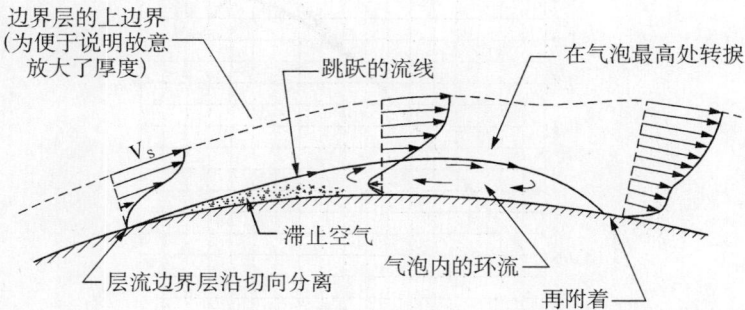

图 19-5 层流分离气泡的流动特性

来源:Journal of the Royal Aeronautical Sociaty,Dec. 1963

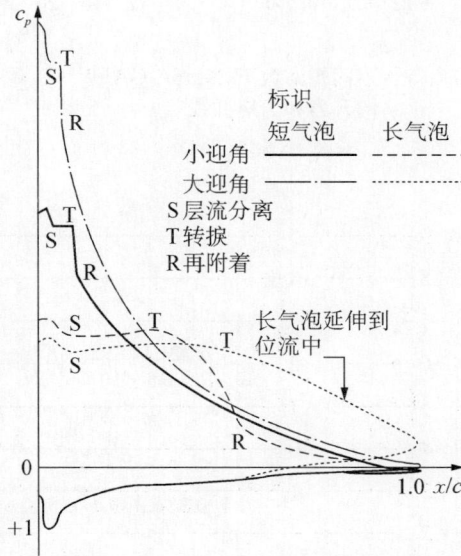

图 19-6 长、短气泡对压强分布的影响

来源:Journal of the Royal Aeronautical Sociaty,Dec. 1963

图 19-7 给出了三种雷诺数下的翼型升力系数。$Re = 6.3 \times 10^6$ 时,三种迎角的压强分布见图 19-8。第一个迎角 19° 相应最大升力系数,另外两个分别为 20° 和 21°。这些压强分布在后缘处都是负的压强系数,表明气流分离。注意随着迎角增加,分离点前移。在失速点后有一个平台,表明气流完全分离,不再受翼型曲率的影响。

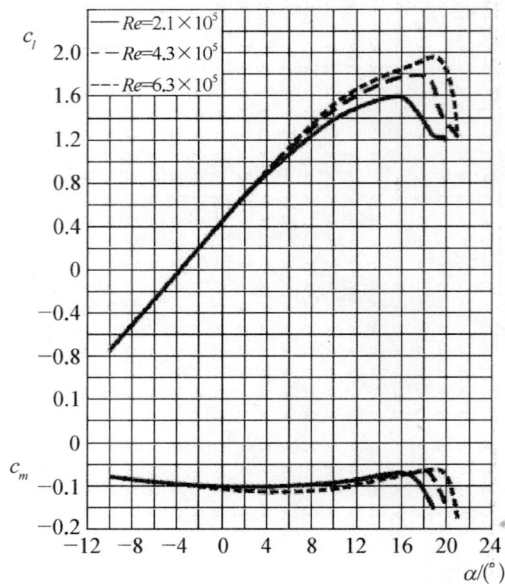

图 19-7　不同雷诺数下，NASA GA(W)-1 翼型
的升力和力矩曲线

来源：NASA TND-7428

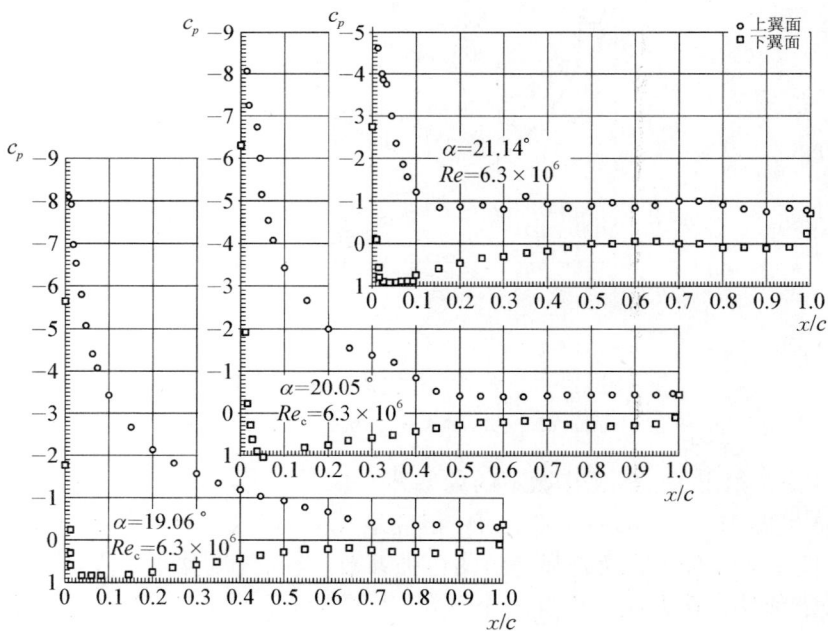

图 19-8　在迎角为 19°，20°和 21°时，NASA GA(W)-1 翼型的压强分布

来源：NASA TND-7428

同样要注意的是在这些迎角下,前缘处压强系数几乎是常数。此时库塔-儒科夫斯基边界条件不适用。

最大升力

本节讨论由前缘吸力峰崩溃决定的最大升力受马赫数和雷诺数的影响。图 19-9 给出了 $M = 0.22$ 时,雷诺数对最大升力系数的影响。雷诺数增加,边界层变薄,从而能承受更大的不利压强梯度,因此升力系数增加。

当雷诺数达到 10×10^6 时再增加雷诺数,最大升力不会再增加。

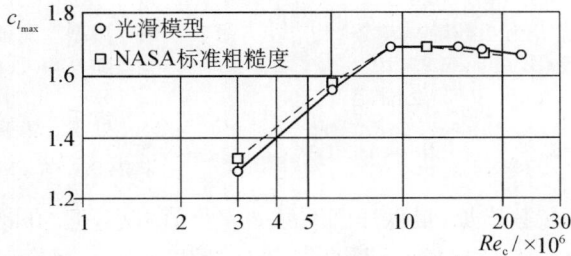

图 19-9　$M = 0.22$ 时,最大升力系数随雷诺数的变化

来源:NASA TMX-3160

图 19-10 给出了最大升力系数时的吸力峰压强系数随雷诺数的变化。增加雷诺数,最小压强系数增加直至达到临界值 $C_{p_{crit}}$。雷诺数再增加导致超声速流,并在更大迎角形成有流动分离的激波。要注意的是即使在低马赫数,如本例 $M = 0.22$,也会有局部超声速流。

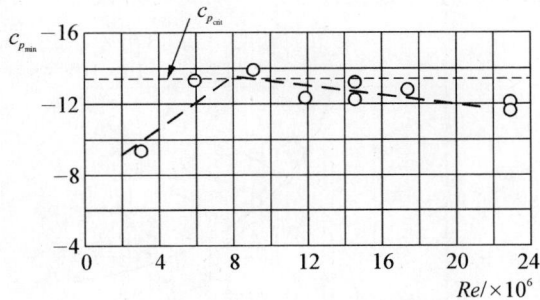

图 19-10　$M = 0.22$、在 $x/c = 0.05$ 处固定转捩时,翼型上表面最低压强系数随雷诺数的变化

来源:NASA TMX-3160

图 19-11 和图 19-12 给出了雷诺数不变,增加马赫数对最大升力系数的影响。图线表明,在给定雷诺数条件下,起初最大升力系数不随马赫数改变,直到前缘处流动当地马赫数达到 1,即 $c_p = c_{p_{crit}}$。

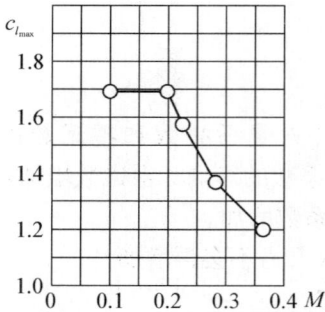

图 19-11 最大升力系数随马赫数的变化，$Re = 5.9 \times 10^6$，在 $x/c = 0.05$ 处固定转捩

来源：NASA TMX-3160

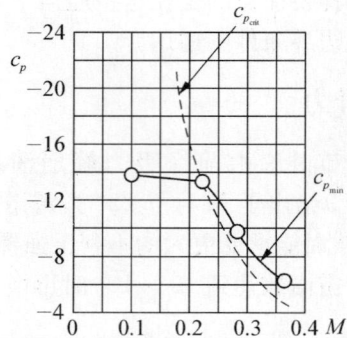

图 19-12 翼型上翼面最小压强系数随马赫数的变化，$Re = 5.9 \times 10^6$，在 $x/c = 0.05$ 处固定转捩

来源：NASA TMX-3160

随着自由流马赫数增加，最低压强系数 $c_{p_{\min}}$ 负值减小，但与临界压强系数 $c_{p_{\mathrm{crit}}}$ 变化速率不同。因此在大马赫数时，最高局部马赫数会大于 $M_{\mathrm{loc}} = 1$。图 19-12 中，$M = 0.36$，$c_{p_{\min}} = -6.2$，而 $c_{p_{\mathrm{crit}}} = -4.6$，$M_{\mathrm{loc}} = 1.22$。在这一中等马赫数范围（$M = 0.30 \sim 0.50$），低速失速区与高速失速区（抖振发生和最大抖振进入边界）融合，如第 17 章所述。

根据图 19-9 和图 19-11 的数据，可以构建如图 19-13 所示的通用图线。该图线再次指出，在低自由流马赫数，当雷诺数大于 $Re = 10 \times 10^6$ 时，只要在 $c_l = c_{l_{\max}}$ 时局部马赫数 $M_{\mathrm{loc}} < 1$，最大升力系数不随马赫数变化。在较高的自由流马赫数，虽然最大局部马赫数会超过 1，最大升力系数则随马赫数增加而减少。

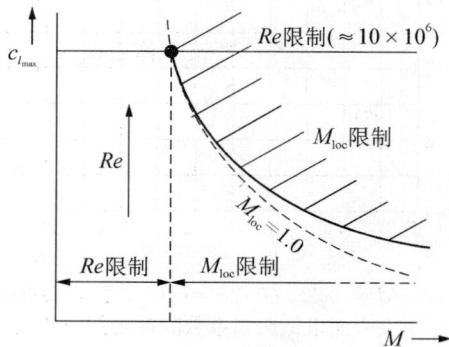

图 19-13 最大升力系数限制随马赫数的变化

图 19-14 给出前缘失速时，以占弦长的比例表示的前缘曲率半径值 r_{LE} 与最低压强系数的关系随雷诺数的变化。这些曲线适用于前缘半径在 0.7% 至 3% 弦长的范围。

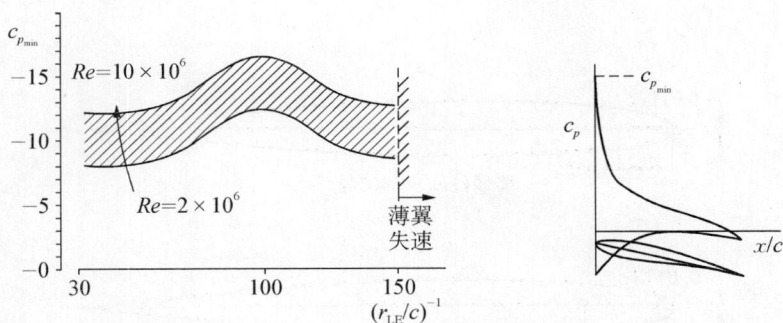

图 19-14　当发生前缘失速时，在失速点的 $c_{p_{\min}}$

注意当 $c_{p_{\min}}$ 在 -8 到 -16 之间变化时，局部马赫数达到 $M_{\text{loc}}=1$ 的自由流马赫数为 $M=0.28\sim0.20$。

翼型有小前缘半径的尖前缘时，在大迎角气流必须绕过曲率很大的前缘，导致流速很高，如图 19-15 所示。不改变翼型上表面的曲率分布只增大前缘半径，在同样迎角，由于曲率减小局部速度峰值降低，不影响高速特性，因此，迎角可以增加到比基本翼型更大时才发生吸力峰崩溃，因而最大升力系数更高。见图 19-16 和图 19-17。

注意保持上翼面形状不变时，影响最大升力系数的主要参数是前缘半径。翼型下翼面在前缘后的形状对最大升力系数没有影响，如图 19-17 所示。图中虽然下翼面形状各异，但修形 1 与 3 最大升力系数相同，修形 2 与 4 也是如此。

将上翼面前部的曲率分布稍作改动，使得由前缘半径决定的区域之后曲率变化更平缓，可增加最大升力系数。图 19-16 和图 19-17 分别比较了翼型 1 和翼型 2 以及修型 2 和修型 5 的实验结果，对此作了说明。同样从图 19-18 也可以看出，作这样的修形后，最大升力系数比基本翼型有很大提高。

该图还表明增加前缘半径是最有效的。在这种情况下，最大升力系数可以从 $c_{l_{\max}}=1.1$ 增加到 1.5。

不过修改上翼面曲率分布不可用于高速超临界翼型，因为这样做会使高速特性恶化。

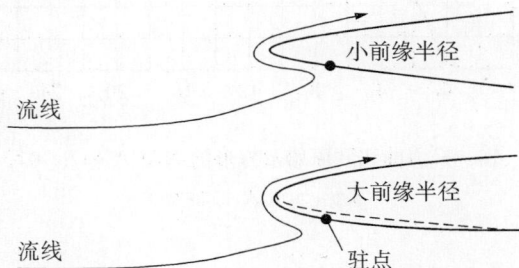

图 19-15　前缘半径对流动的影响

0.0112c
0.075c
翼型1：$r_{LE}=1.10\%c$

0.0123c
0.15c
翼型2：$r_{LE}=1.10\%c$

0.0123c
0.15c
翼型3：$r_{LE}=1.50\%c$

$c_{l_{max}}$ NACA 64A010
$r_{LE}=0.69\%c$

○ 翼型1
□ 翼型2
◇ 翼型3

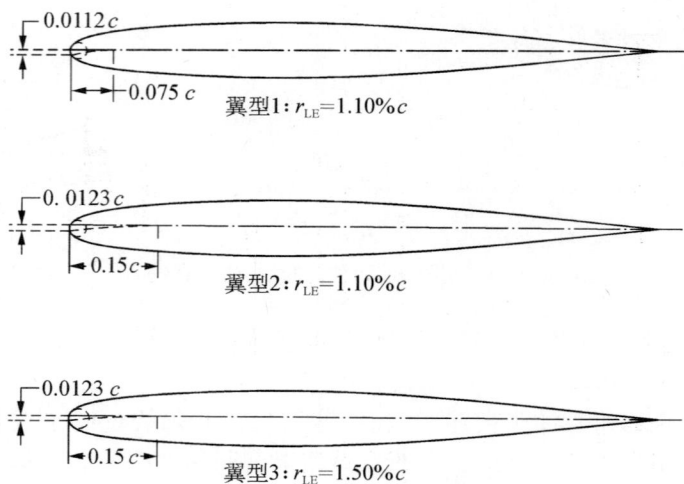

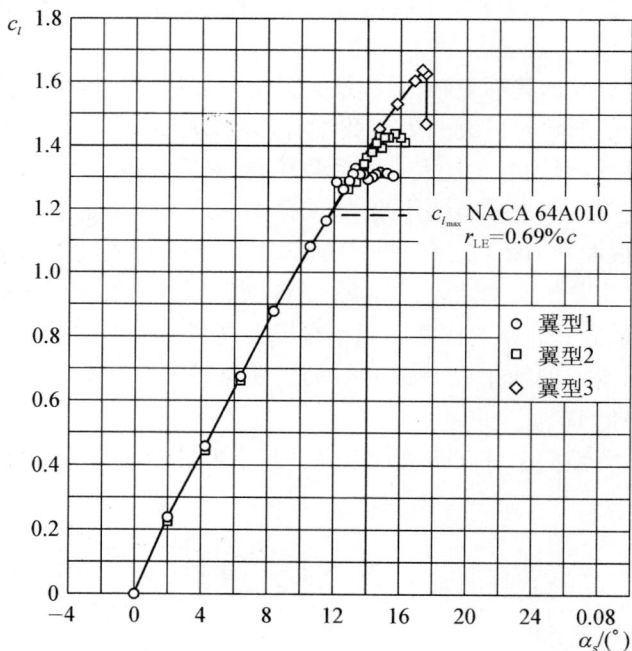

图 19-16 升力曲线和原始及修形的 NACA 64A-010 翼型

来源：NACA TN3871

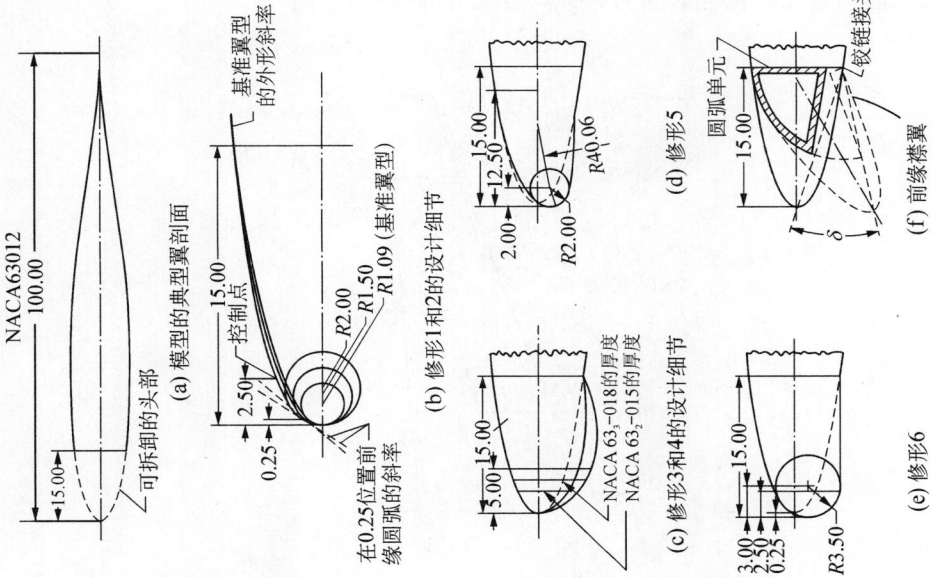

图 19－17　模型的几何外形及各种不同前缘修形对翼型升力特性的影响

来源：NACA TN2228

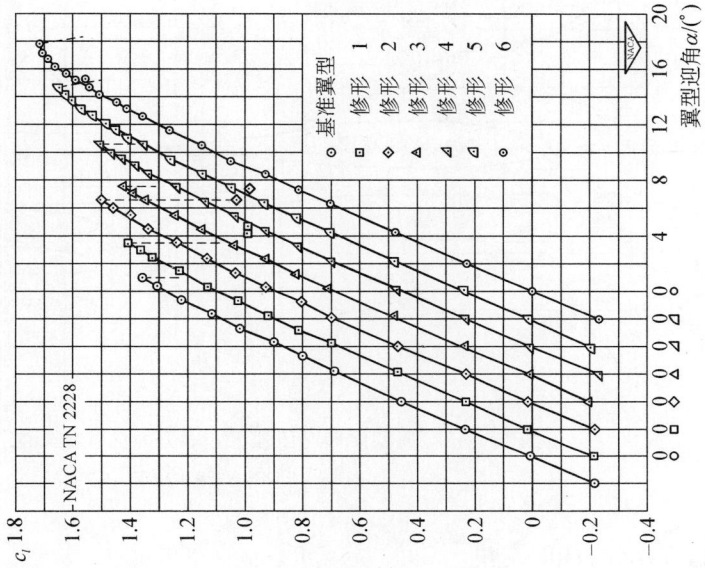

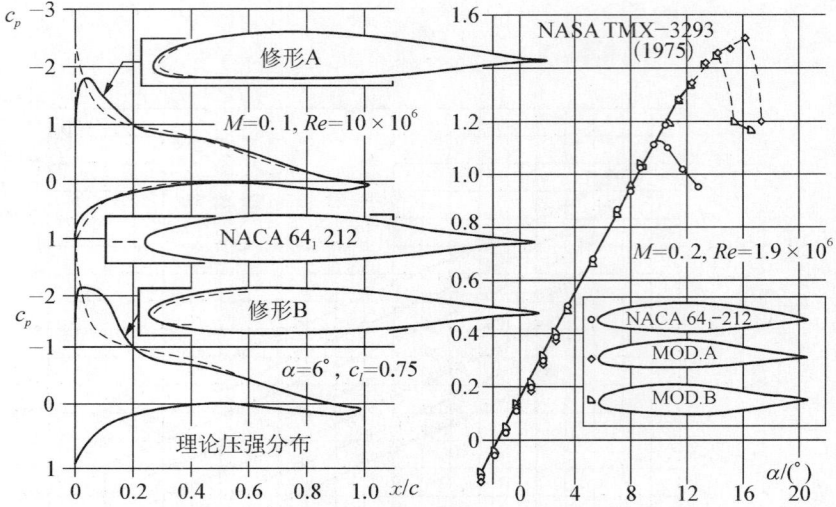

图 19-18 翼型修形对压强分布和升力曲线的影响

来源：NASA TMX-3293,1975

福克(Fokker)100 飞机

当福克 100 开始全尺寸飞机研发时，根据早期研究结果决定，就几何外形而言，保持机翼扭力盒不变，机翼外形修改限于前缘和后缘区以及将翼梢延伸，见图 19-19。前缘修形旨在降低巡航阻力和提高最大升力系数。

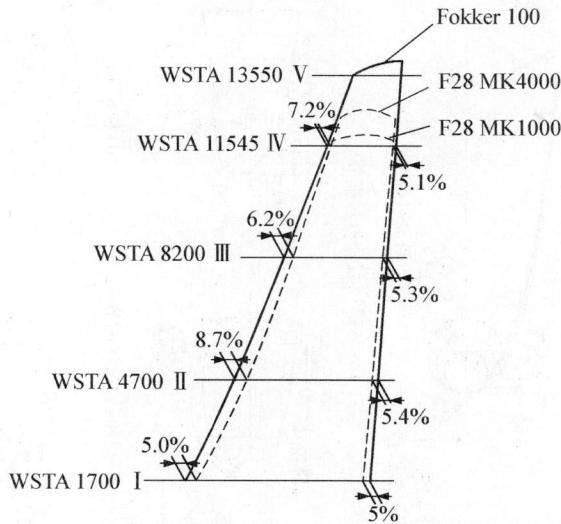

图 19-19 F28 和福克 100 机翼几何外形的比较

来源：ICAS-88-6.1.2

为了提高最大升力系数,同时保证有良好失速特性,在第一个方案中,外翼的前缘半径选得太大。这就使外翼下翼面紧挨前缘处出现了高吸力峰(见图 19-20),从而导致以小升力系数巡航时阻力增大。略微减小前缘半径就使阻力特性得到很大改善(见图 19-21)。

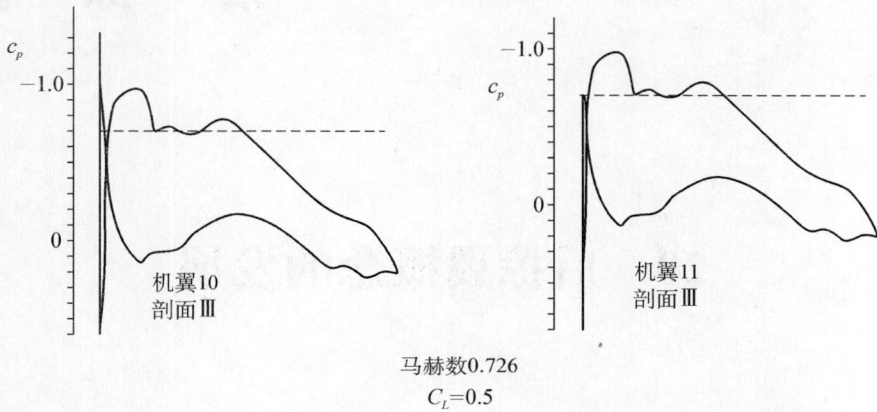

马赫数0.726
$C_L = 0.5$

图 19-20　钝前缘对下翼面前缘吸力峰的影响
来源：ICAS-88-6.1.2

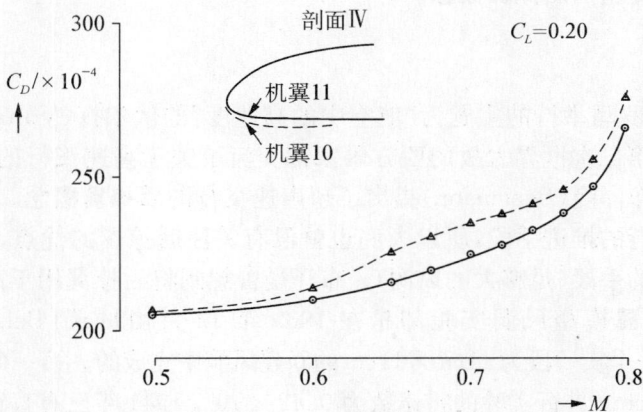

图 19-21　钝前缘对小升力系数下阻力急增马赫数的影响
来源：ICAS-88-6.1.2

借助本章列出的原则,福克 100 襟翼收起的配平低速最大升力系数达到了 $C_{L_{\max, 1g}} = 1.72$,而福克 28 的 $C_{L_{\max, 1g}}$ 只有 1.50。

第 4 部分

20　后掠翼概念的发展

前面几章介绍了产生升力的二元物体。本章讨论三元升力体——机翼,特别是由德国科学家提出的**后掠翼概念**。

历史背景

1935 年在罗马举行的主题为"航空中的高速度"的伏尔打(Volta)会议上,几乎所有后来卷入第二次世界大战的西方国家都交流了关于高速飞行的新看法。德国空气动力学家布泽曼(Busemann)提出了超声速飞行的**后掠翼概念**。当时还没有可用于超声速飞行的推进手段,所以人们也就没有关注后掠翼的优点,何况同样没有用于实验验证的手段(足够大的风洞)。布泽曼曾想到将后掠翼用于高亚声速飞行,但是首次**后掠翼**模型风洞实验却是在 1939 年 12 月由贝茨(Betz)和路德维希(Ludwieg)在一个实验段为$11\,\mathrm{cm}\times11\,\mathrm{cm}$的新建风洞中完成的。第一个**后掠翼**模型的翼展$b=5.56\,\mathrm{cm}$,进行实验的雷诺数为0.42×10^{6}。1941 年已有直径为$d=22\,\mathrm{cm}$试验段可用。直到 1943 年,才有足够大的高速风洞可用以得到可信的数据。

德国设计师花了不少时间才把**后掠翼**用到他们的飞机上。许多高速飞机都采用直机翼说明了这一点,如图 20-1 至图 20-5 所示。在其他国家,将**后掠翼**用于飞机花费了更多的时间:格洛斯特(Gloster)公司的"流星(Meteor)"飞机、贝尔(Bell)公司的 XP-59"空中彗星(Aircomet)"飞机以及洛克希德(Lockheed)公司的 XP-80"流星(Shooting Star)"飞机都是没有采用**后掠翼**的高速飞机例子,见图 20-6～图 20-8。图 20-9 是德·哈维兰(De Havilland)公司"彗星(Comet)"飞机的初步设计草图,说明开始设计时采用平直机翼,战后当设计师从德国得到了情报之后,便将机翼改为后掠了。

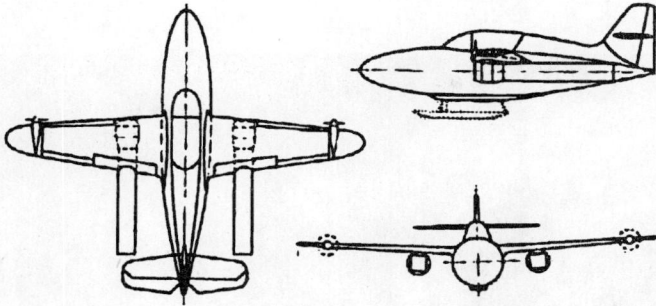

图 20-1 梅塞施密特（Messerschmitt）328b 飞机

图 20-2 道尼尔（Donier）335 飞机

图 20-3 亨克尔 178 飞机是世界上第
一架喷气飞机

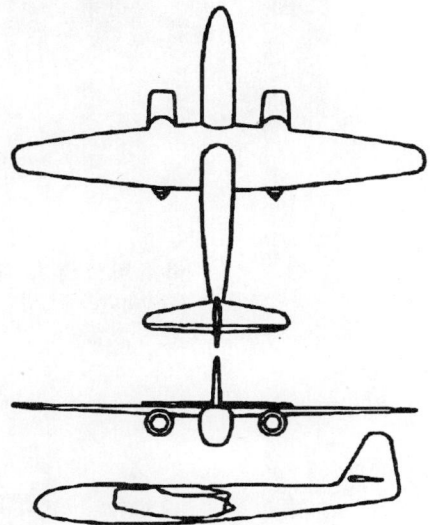

Arado Ar 234
翼根翼型：1.267 20 13-1.1-35
翼梢翼型：1.227 20 10-1.1-30

图 20-4 阿拉道 234 飞机

来源：Intervia, January 1948

图 20-5 亨克尔 162 飞机

图 20 - 6 格洛斯特公司"流星"飞机和德·哈维兰公司"吸血鬼
（Vampire）"飞机

图 20 - 7 贝尔公司的 XP - 59"空中彗星"飞机

来源：斯密松尼亚研究所（Smithsonian Institution）

图 20 - 8 洛克希德公司的 XP - 80"流星"飞机
来源:美国空军(US Air Force)

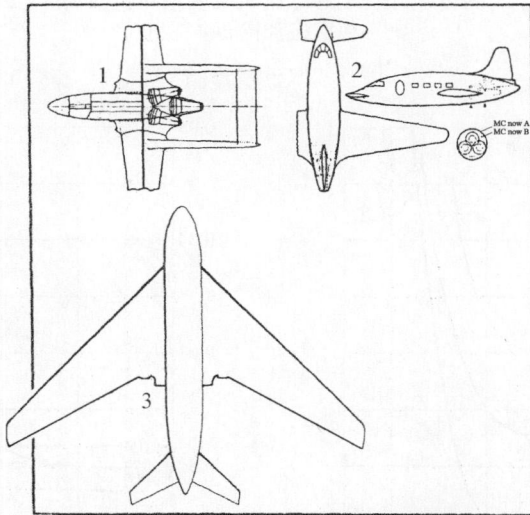

图 20 - 9 德·哈维兰公司"彗星"飞机初步设计

第一种带**后掠翼**的高速飞机采用后掠翼并不是为了减阻。由于重心位置算错了,气动中心的位置必须调整。为了尽可能减少重新设计的工作量,机翼稍有后掠,使气动中心接近重心。这种飞机则成为梅塞施密特 Me 262"燕子(Schwalbe)",见图 20 - 10。Ar - 234 的阻力系数随马赫数的变化见图 20 - 11。

图 20 - 12 显示一些第二次世界大战期间的德国飞机的飞行速度已经高于 $M = 0.7$,接近当今大多数民航飞机的速度水平。

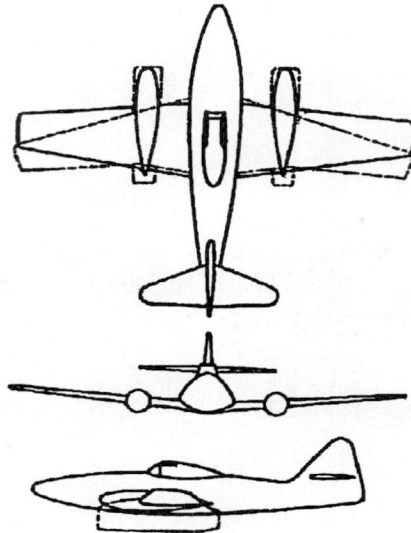

梅塞施密特 Me 262
翼根翼型：0 00 12 - 0.625 - 40
翼尖翼型：0 00 12 - 0.625 - 40

图 20 - 10　装有原始机翼和最终机翼的
梅塞施密特 262 飞机

来源：Intervia，Jan. 1948

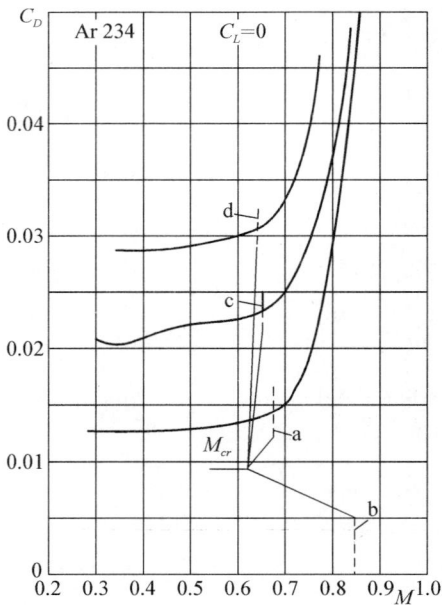

图 20 - 11　Ar - 234 的阻力系数随马赫数的变化

　　a　单独机翼；c　全模不带短舱；d　全模；
b　机身的临界马赫数

来源：Interavia，Jan. 1948

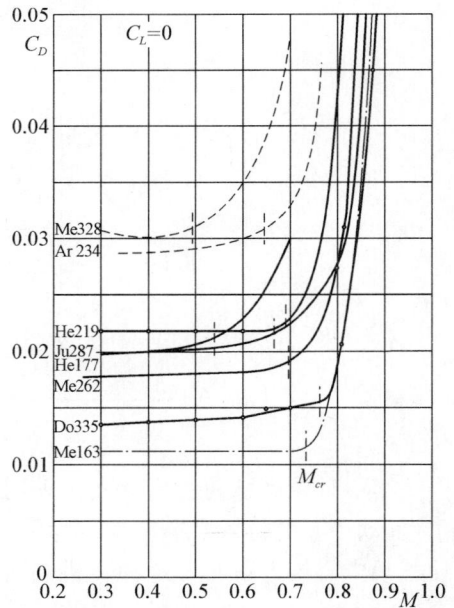

图 20 - 12　1942～1943 年期间，一些德国飞
机的阻力随马赫数的变化曲线

来源：Interavia，Jan. 1948

机翼后掠原理

本节解释后掠机翼概念的基本原理。这是一种纯理论的解释，只适用于无黏、无三元效应的无限长"剪切"了的机翼。

设想将一个无限展长的机翼放在风洞中，并以一定速度作垂直于来流的运动。结果相对机翼的总自由流速度如图20-13所示。这样的侧向移动并不改变机翼的压强分布，因为气流只在来流方向受到机翼表面曲率的影响。沿垂直于风洞壁的速度分量方向翼面的曲率为零，因此对压强分布毫无影响。

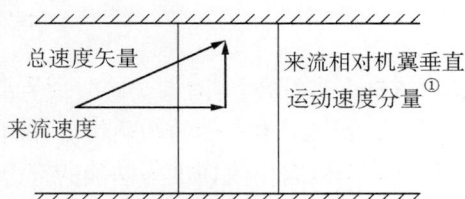

图 20-13　置于二维风洞中的机翼

现将与上述移动机翼一样的机翼斜置在风洞中，如图 20-14 所示。对于斜置机翼，在风洞中也能产生像上述移动机翼一样的总自由流流速。唯一决定翼剖面压强分布的只是垂直于机翼前、后缘的速度分量 V_e。平行于斜置机翼的速度分量 V_{par}，并不受到任何翼面曲率的影响。注意上述情况只适用于展弦比足够大的机翼，因为在接近洞壁处，无法保持这种简化的流动状态。

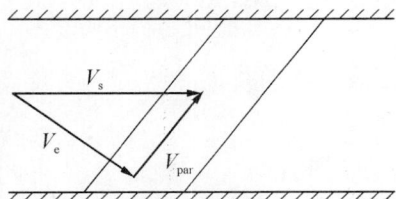

图 20-14　在二维风洞中的斜置机翼

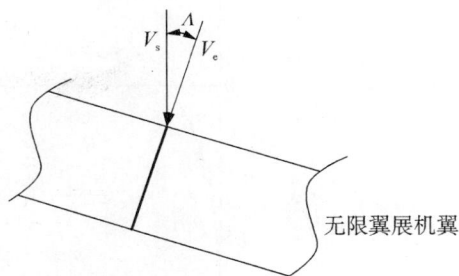

图 20-15　无限翼展机翼

同样的道理也适用于自由流速度为 V_s 的无限翼展"剪切"了的机翼。要计算图 20-15 所示机翼剖面的气动力，必须考虑垂直于机翼前缘的速度分量。

采用**后掠翼**的主要原因是提高阻力急增马赫数。但是**后掠翼**还会影响其他气动力参数，如升力线斜率。

在以上讨论中，只考虑垂直于前缘平面内的压强分布。然而升力系数通常是按自由流速度来计算的。因此升力系数必须转换成以自由流速度为参考基准的系数。于是有了下列后掠关系式：

---

① 原图注有误，已改正。——译者注

$$M_e = M_s \cos \Lambda \tag{20-1}$$

$$C_{p_e} = C_{p_s} / \cos^2 \Lambda \tag{20-2}$$

$$C_{L_e} = C_{L_s} / \cos^2 \Lambda \tag{20-3}$$

$$\alpha_e = \alpha_s / \cos \Lambda \tag{20-4}$$

$$\left(\frac{z}{c} \right)_e = \left(\frac{z}{c} \right)_s / \cos \Lambda \tag{20-5}$$

式中,下标 e 为有效;下标 s 为顺气流方向,沿飞行方向;Λ 为后掠角。

从式(20-3)中有效的和顺气流方向的升力系数间的关系,可以得出结论:如果机翼有后掠,以自由流速度为基准的升力系数将减小。这意味着对于有大后掠机翼的高速飞机要比对平直机翼飞机更关注其低速性能,因为后掠翼的最大升力系数比较低。因此后掠翼通常要求高效的增升装置,以保证满意的起降性能。

图 20-16 为一个斜置在二元风洞中机翼(如图 20-14)的翼展中部翼剖面在不同后掠角下的压强分布。这些压强分布都是按式(20-1)～(20-5)换算而来的。换算后的压强系数几乎重合,这就验证了上述后掠翼原理。

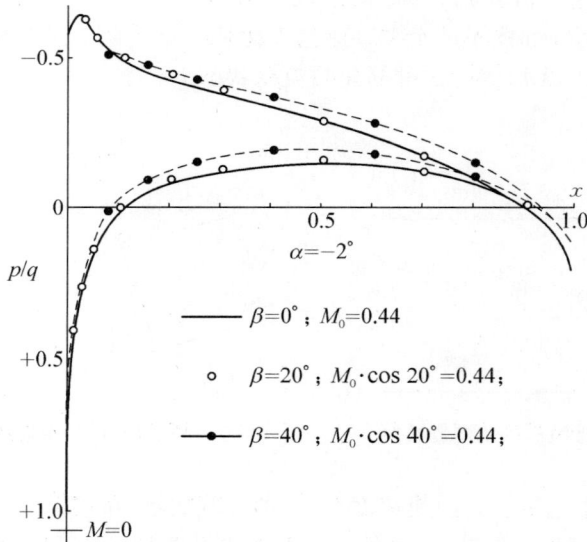

图 20-16　斜置机翼的压强分布

来源:Abbot & Doenhoff, Theory of Wing Sections

机翼的尖削

图 20-17 为后掠尖削机翼的等弦长百分比线。为计算在每个弦长百分比线上的升力,应该确定沿弦线的速度分量,然后再积分。然而,对大多数计算而言大可不必如此复杂。实际上可以采用垂直于后掠角为 Λ 的四分之一弦长线的速度分量。只是在大后掠、高度尖削的机翼上,尖削效应才显著,见图 20-18。

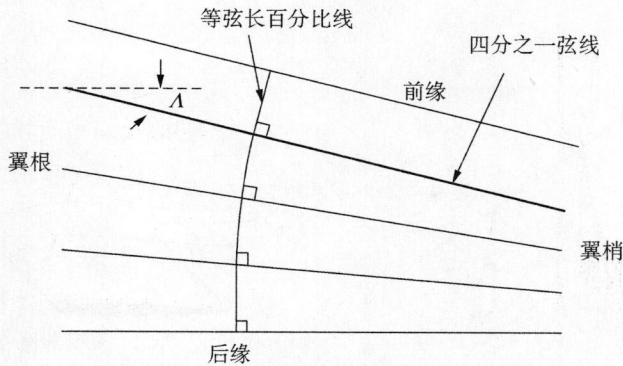

图 20 - 17　尖削后掠翼示意图

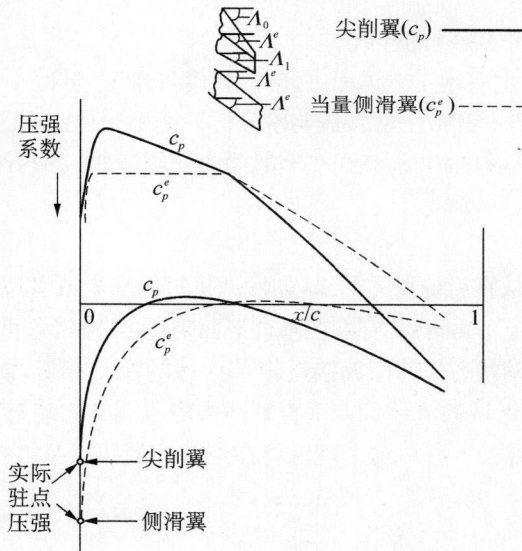

图 20 - 18　尖削机翼和当量侧滑机翼的压强分布

来源：ARC R & M 3346

流线弯曲

考虑一个在未扰流中的非尖削后掠翼，其流速垂直于前缘的分量为 V_e，平行分量为 V_p，见图 20 - 19。

由于机翼上表面的曲率和迎角，流动加速，速度分量 V_e 增加（见图 20 - 19 的中间）。这就导致总局部速度矢量向内侧弯曲。在驻点只有平行于前缘的速度分量，速度分量 V_e 为 0。这就产生流往外侧的气流。

将这两种现象结合起来，可以这样来说：从无穷远处来的气流，在驻点一开始流向外侧。沿着上翼面的外形，气流向内侧加速，其加速度沿翼弦减小。图 20 - 20 表

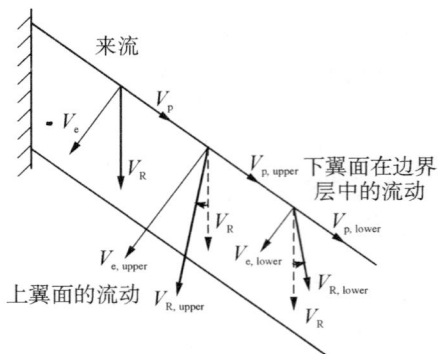

图 20 - 19　后掠翼上、下翼面的速度分量

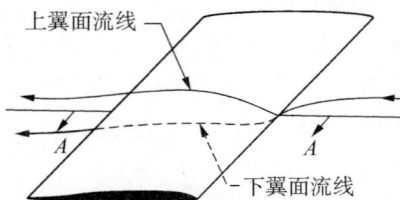

图 20 - 20　后掠翼的流线

来源：AGARD CP - 285 - 27

明在上翼面边界层外的流线的样式。

　　同样的推理过程也适用于下翼面。此时，速度矢量 V_e 被减小，导致流线向外侧弯曲见图 20 - 20 的右侧。需要注意的是上述分析只适用于位流，无黏性效应，未计及边界层。对于前掠翼，情况则相反，流线在上翼面向外侧弯曲，在下翼面则向内弯曲。

垂直平面的影响

　　将一个垂直平面放在后掠翼的前缘，如发动机短舱挂架或者边界层隔板，将产生复杂的流动情况。自由流不再可能弯曲，在垂直平面附近，气流沿着垂直平面的壁面流动。在垂直平面的内侧流动状态与前掠翼接近根部区域的流动相似，而在垂直平面的外侧则像后掠翼接近根部区域的流动。在垂直平面内侧机翼升力略有增加，而在外侧机翼升力则略有减小（见图20 - 21）。这个现象将在本章的最后以及第 22 章中详细讨论。

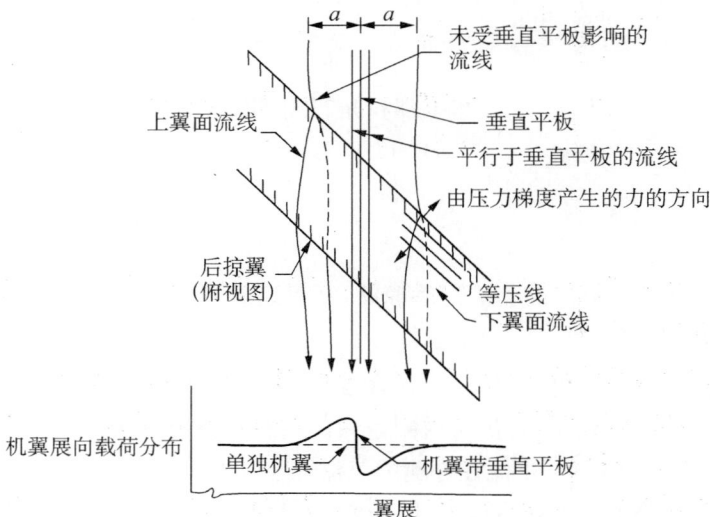

图 20 - 21　垂直平板对后掠翼流场的影响

来源：AGARD CP - 285 - 27

边界层

在边界层内,机翼表面的速度分量 $V_e = 0$。因此速度分量 V_p 将迫使后掠翼的边界层向外流,见图 20-22。边界层向外流动的结果,导致机翼内侧的边界层要比相应的平直机翼薄。在外翼接近翼梢处,边界层将发生堆积。因此在该处的边界层比平直翼的厚。大后掠机翼上呈现最大升力系数小伴随着上仰趋势强烈等不利气动特性,可以解释为翼梢处的气流比按翼型特性预计提早分离。

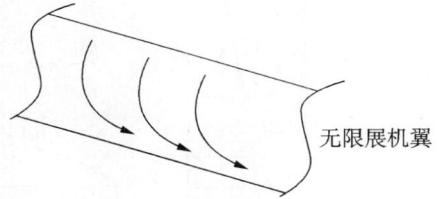

图 20-22 在后掠翼上边界层内流线的弯曲

以下讨论两个后掠角 $\Lambda = 45°$ 的后掠翼流动情况,一个是垂直于四分之一弦长线方向翼型为对称翼型 NACA 64A010 的无扭转机翼,另外一个带扭转,而且采用大弯度的 NACA 64A810 翼型,见图 20-24。图 20-23 给出两种翼型的升力曲线,注意其 $c_{l\max}$ 分别为 1.10 和 1.68。两个机翼的升力、阻力和俯仰力矩系数见图 20-25。

根据式(20-3),将垂直于四分之一弦线翼型的最大升力系数换算为顺气流方向的最大升力系数,即: $c_{ls,\max} = c_{le,\max} \cdot \cos^2 \Lambda_{\frac{1}{4}c}$ 。表 20-1 给出不同最大升力系数的对比。

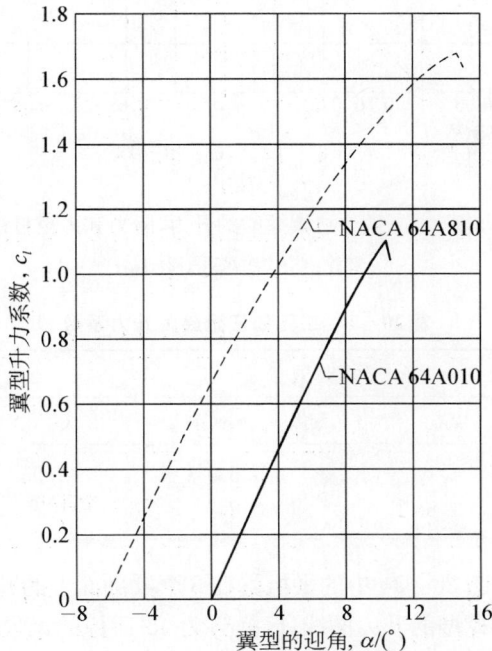

图 20-23 两个翼型模型的升力特性
来源: NACA RM A52A10

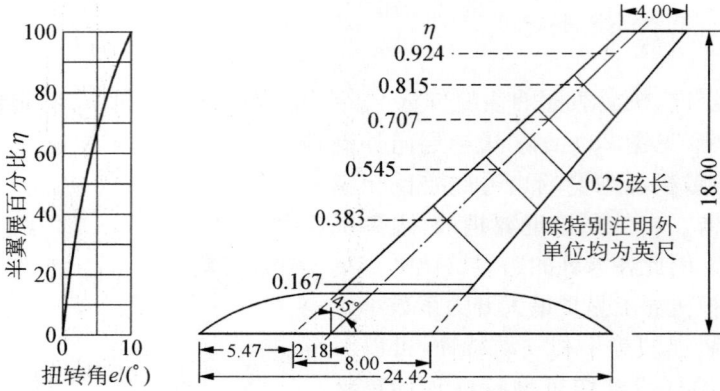

图 20 - 24 包括测压孔位置及有弯度带扭转机翼的扭角分布的翼
身半模的尺寸

来源：NACA RMA52A10₆

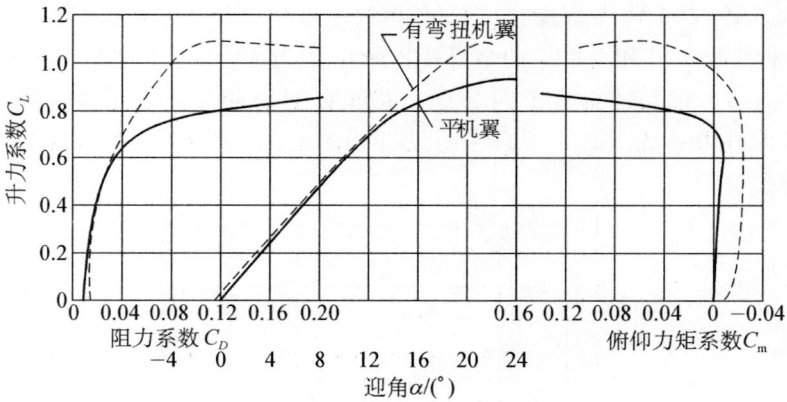

图 20 - 25 两个机翼模型的升力、阻力和力矩特性

来源：NACA RMA52A10

表 20 - 1 二元和三元最大升力系数

	二元翼型		三元机翼	
	$c_{l\,max}$	$c_{l\,max} \cdot \cos^2 \Lambda_{1/4c}$	$C_{L\,max}$	可用的 $C_{L\,max}$
平机翼	1.10	0.55	0.95	0.70
有弯度机翼	1.68	0.84	1.10	0.95

图 20 - 26 给出了图 20 - 24 中的平机翼在 6 个翼剖面上的升力系数曲线。图的左边给出了图 20 - 23 中翼型的升力曲线，已换算为 45°后掠的无限翼展机翼的情况。

注意，在翼梢部分的翼型局部升力曲线与由翼型换算的升力曲线包括最大升力系数几乎一样。升力线斜率相同，进一步验证了后掠翼原理的正确性。局部最大升力系数几乎完全相同,说明在翼梢部分由于侧向流动加厚边界层对气流分离并无明显的影响。

由于有侧向流动,在机翼内侧边界层薄于平直翼。这导致局部最大升力系数很高,见图 20-26。这样高的升力系数并没有什么用,因为此时在翼梢会出现通常不对称的气流分离,既引起上仰还造成滚转。图 20-25 中,当 $C_L = 0.7$ 时抬头力矩骤增清晰地表明了上仰趋势。这种特性从稳定性操纵性和适航审定的角度看,都是不可接受的。除非非常缓和。

图 20-27 给出了有弯度带扭转机翼的类似特性。

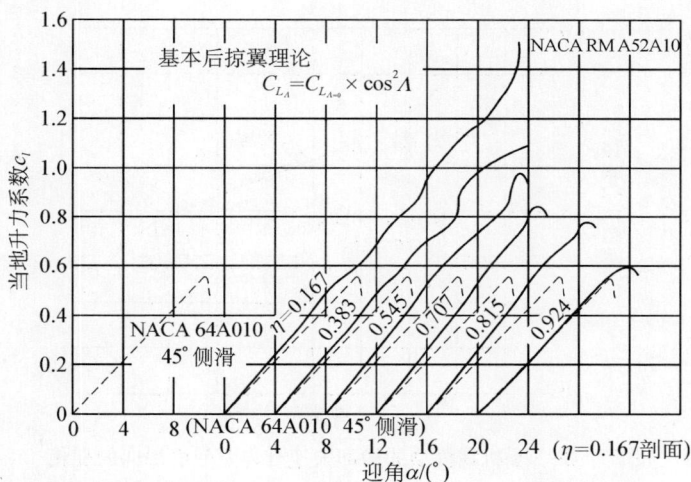

图 20-26 机翼模型的当地升力曲线与从平机翼上导出的二元数据的比较

来源:NACA RMA52A10

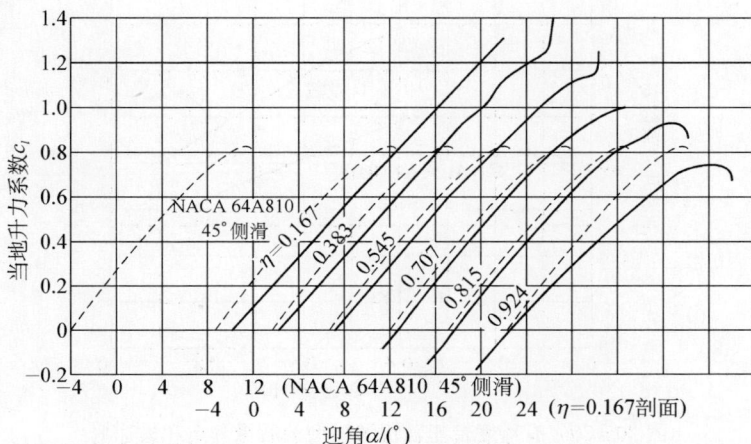

图 20-27 机翼模型的局部升力曲线与从二元数据得到的有弯度带扭转机翼局部升力曲线的对比

来源:NACA RMA52A10

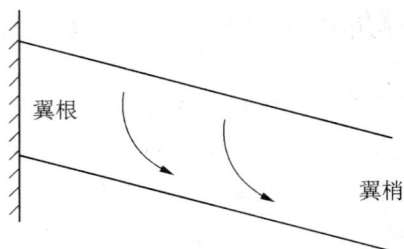

图 20-28 边界层移向外翼

从以上所述可知，采用后掠翼，一般会使可用最大升力系数低于等效的平直翼，这也可以从表 20-1 中的数据看出来。

图 20-29 和图 20-30 给出了两个机翼沿展向的各剖面最大升力系数，再次表明近翼梢处外翼的升力能力与无限翼展偏航机翼相似。

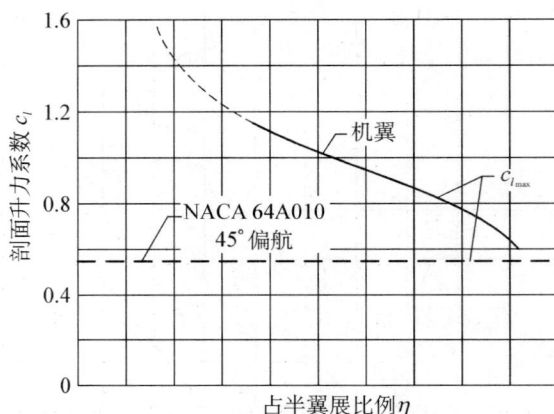

图 20-29 平机翼模型的局部失速升力系数沿展向的变化

来源：NACA RMA52A10

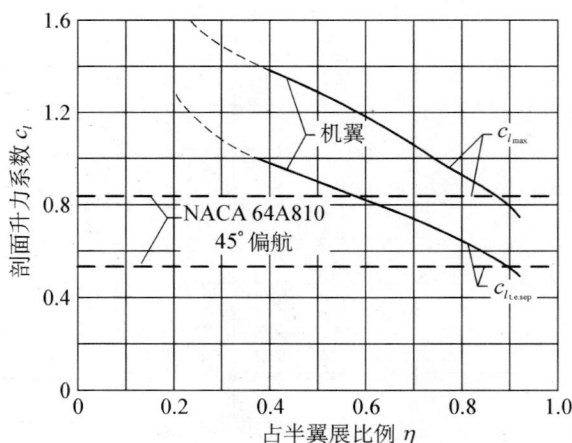

图 20-30 有弯度带扭转机翼模型的后缘分离和失速局部升力系数沿展向变化

来源：NACA RMA52A10

大弯度机翼早在剖面达到最大升力系数前就呈现后缘流动分离。而在翼梢附近出现这种分离的升力系数仍与无限长偏航机翼的升力系数相当。

本研究表明后掠翼的可用最大升力系数符合后掠翼基本原理。然而边界层的侧向流动产生了不利的稳定和操纵特性。

后掠翼的跨声速特性

图 20 - 31～图 20 - 33 给出了 NACA 64A010 翼型及其升力和阻力特性。当

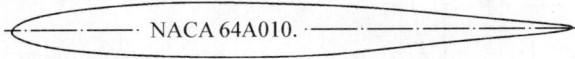

图 20 - 31　NACA 64A010 翼型

来源：NACA RMA9E31

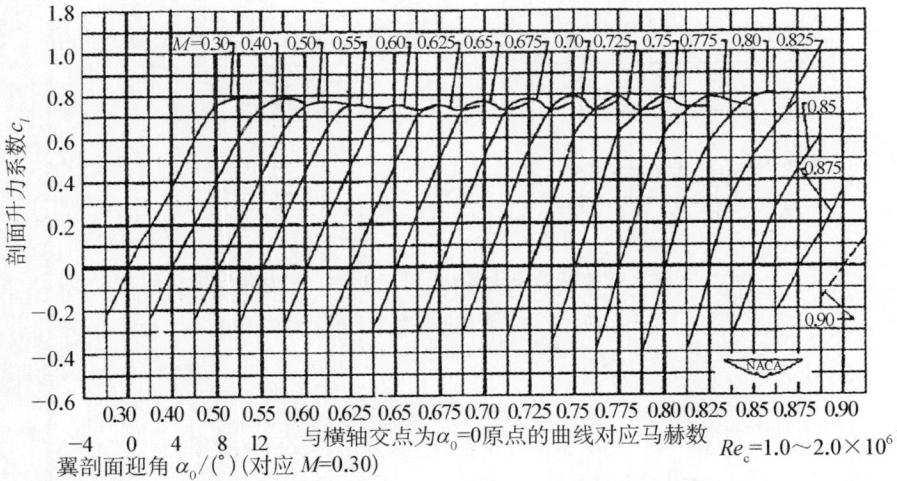

图 20 - 32　在不同马赫数时，翼型升力系数随迎角的变化

来源：NACA RMA9E31

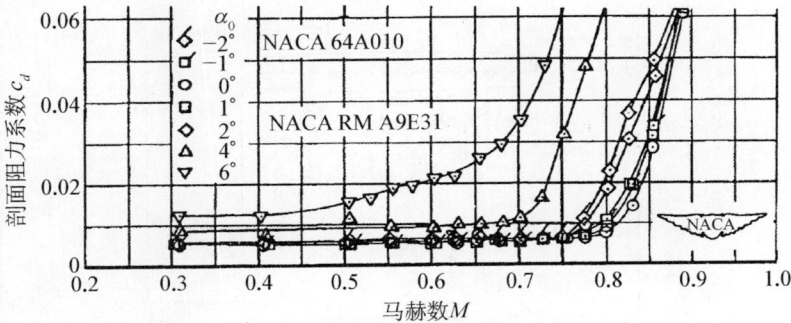

图 20 - 33　翼型阻力系数的变化

来源：NACA RMA9E31

$c_l = 0$ 时,阻力急增发生在 $M = 0.80$,而当 $c_l = 0.3$ 时则发生在 $M = 0.76$。图 20-34 给出了采用这种翼型的两个后掠机翼和两个翼身组合体的估算和测量的阻力曲线。估算阻力曲线是按式(20-1)～式(20-5)计算得到的。根据简单后掠翼理论,45°后掠翼在 $c_l = 0$ 及 0.3 时,其阻力急增马赫数分别提高到 $M = 1.15$ 和 $M = 1.05$。然而风洞实验数据表明,后掠翼阻力急增马赫数的提高只有估算值与翼型值差值的一半。

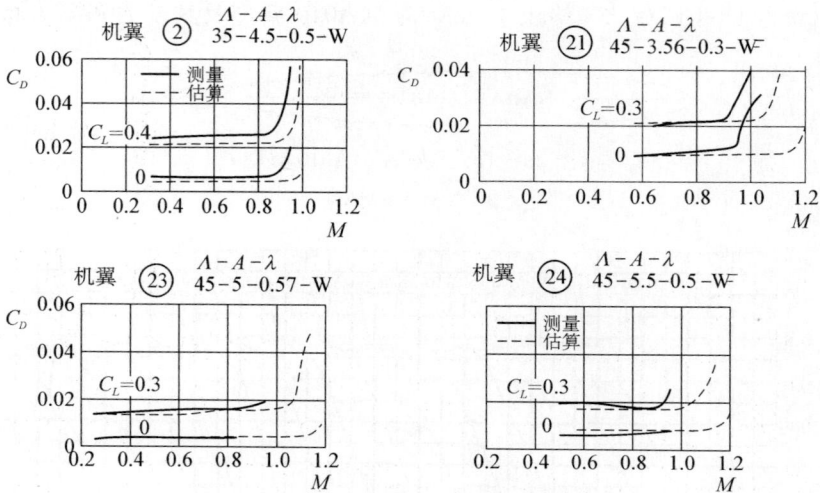

图 20-34 后掠翼的阻力特性,W 为机翼,W⁻为翼身组合体

（垂直于四分之一弦长线的翼型为 NACA 64A010）

来源：NACA RMA55C23

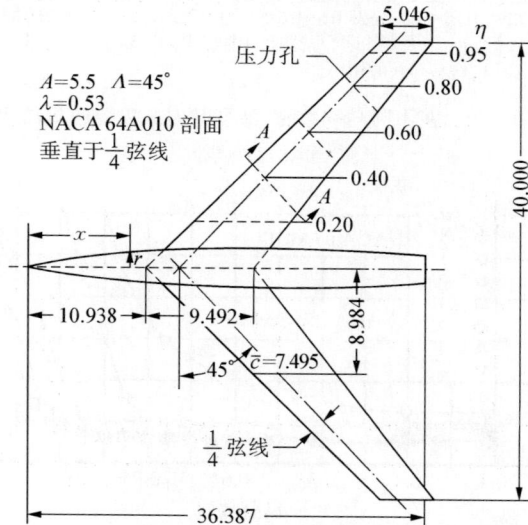

图 20-35 模型尺寸和测压孔位置

来源：NACA RMA55C08

图 20 - 35 显示了带有图 20 - 24 所述机翼的翼身组合体几何外形。图 20 - 36～图 20 - 38 分别给出了在 $M = 0.70,0.85$ 和 0.95，剖面法向力系数 $c_n = 0.2$ 时，5 个机翼展向站位的弦向压强分布和上翼面等压线图。$M = 0.7$ 时大部分机翼上的实验数据和采用简单后掠翼理论的计算值很接近。在翼根处翼型前部的压强稍高，而后部的压强则稍低。在翼梢部分则相反。这使上翼面等压线在翼根处向后弯而在翼梢处向前弯。随着 M 数和(或)迎角增加，这些效应更显著。

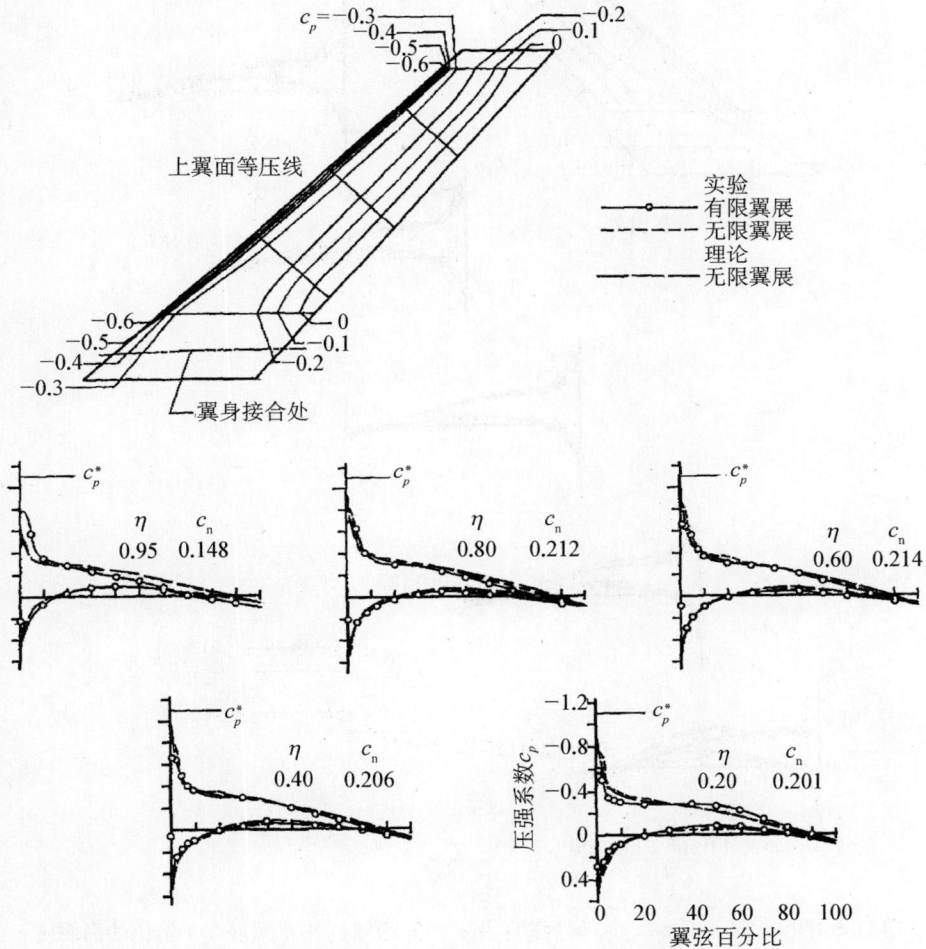

图 20 - 36　在 $M = 0.7$、$C_N = 0.203$ 及 $\alpha = 3.26°$ 时，沿半翼展 5 个站位的剖面压强分布的实验结果与 NACA64A010 翼型在 45°偏航时，从二元数据和理论推导获得的压强分布的比较以及由实验获得的上翼面等压线

来源：NACA RMA55C08

$c_p = -0.6$　−0.5　−0.4　−0.3　−0.2　−0.1　0

上翼面等压线

−0.5　0
−0.4　−0.1
−0.3　−0.2

翼身接合处

c_p^*　　η　c_n
　　　0.95　0.136

c_p^*　　η　c_n
　　　0.80　0.184

c_p^*　　η　c_n
　　　0.60　0.190

c_p^*　　η　c_n
　　　0.40　0.183

实验
有限翼展
无限翼展
理论
无限翼展

−0.8
c_p^*
−0.4　　η　c_n
　　　0.20　0.187
压强系数c_p　0
0.4

0　20　40　60　80　100
翼弦百分比

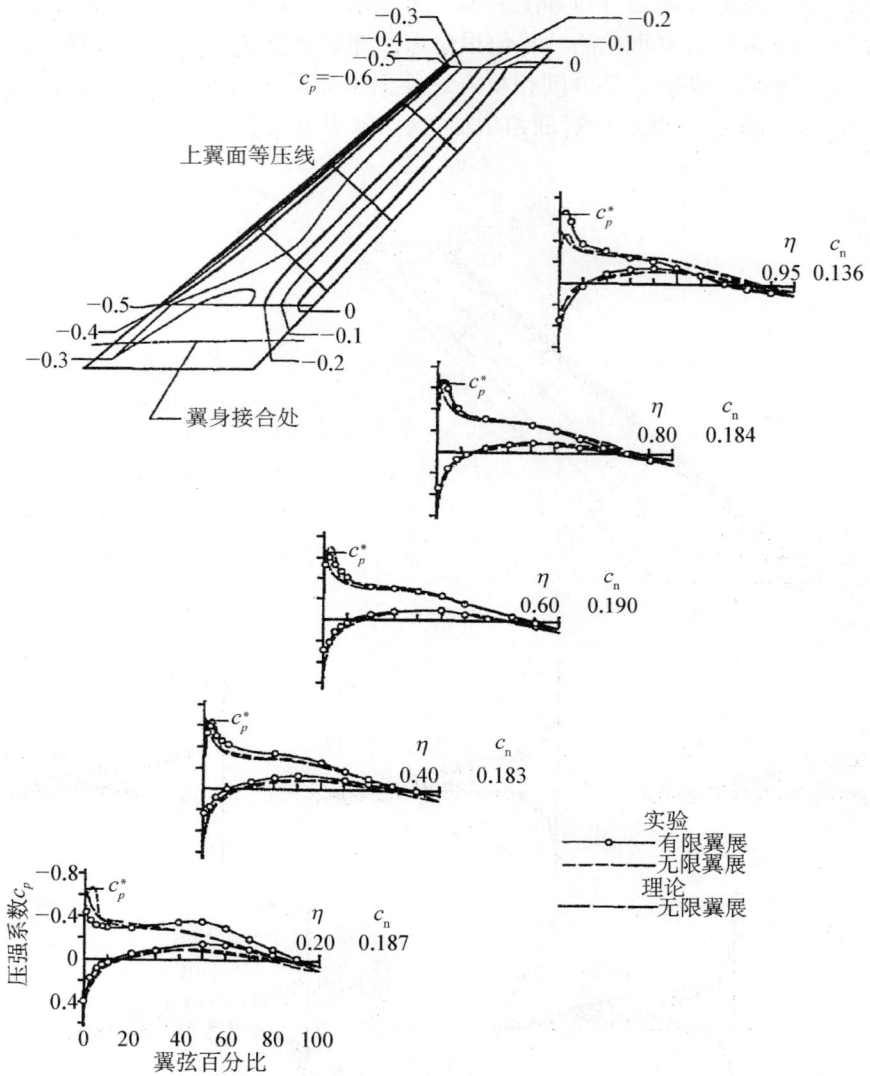

图 20-37　在 $M = 0.85$、$C_N = 0.184$ 及 $\alpha = 2.29°$ 时，沿半翼展 5 个站位的剖面压
强分布的实验结果与 NACA64A010 翼型在 45°偏航时，从二元数据和理
论推导获得的压强分布的比较以及由实验获得的上翼面等压线

来源：NACA RMA55C08

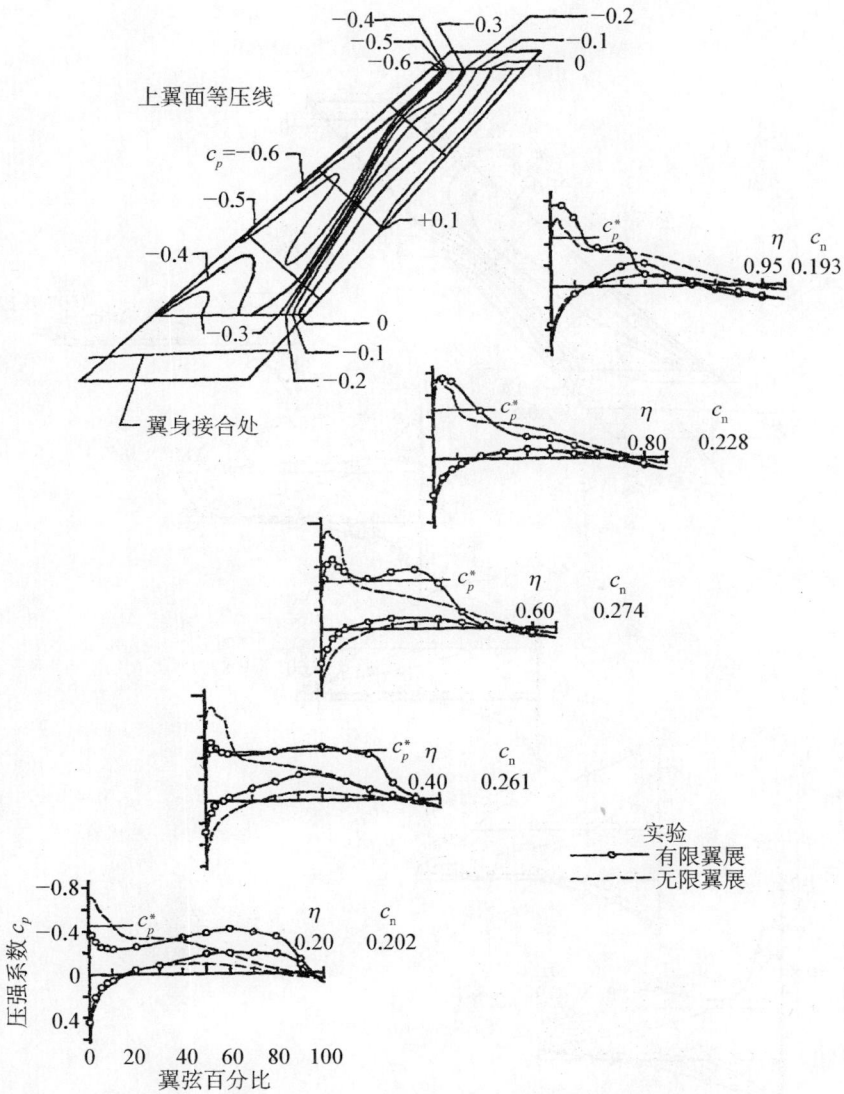

图 20-38   在 $M = 0.95$、$C_N = 0.231$ 及 $\alpha = 2.39°$ 时,沿半翼展 5 个站位的剖面
压强分布的实验结果与 NACA64A010 翼型在 45°偏航时,从二元数据
和理论推导获得的压强分布的比较以及上翼面的等压线
来源:NACA RMA55C08

特别在接近翼根时,压强分布与采用简单后掠翼理论值的预测值差别逐渐增大。翼根区域后部表面流速的增加导致形成激波和气流分离。这些现象会向外侧进一步扩展(见图 20-29)导致阻力激增的发生比使用简单后掠翼理论的预测要早得多,见图 20-34。对后掠翼的翼根和翼梢效应的进一步说明见图 20-40。

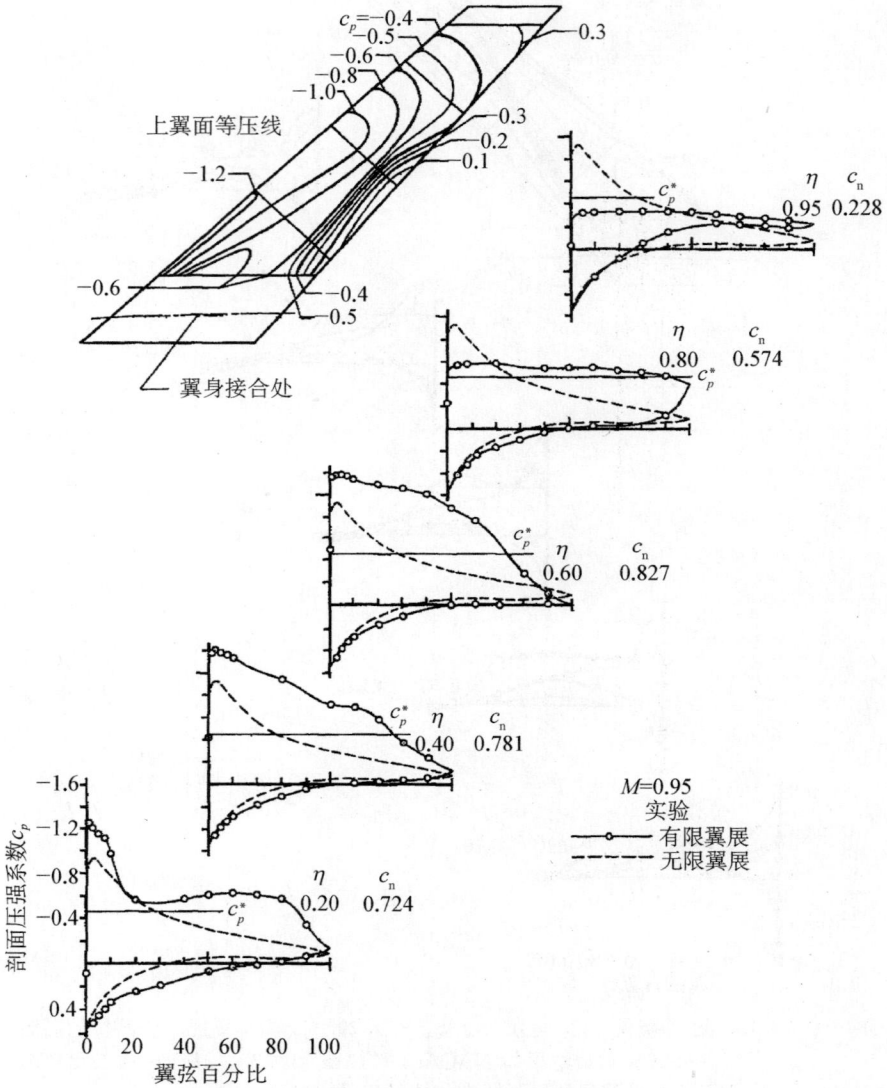

图 20-39 在 $M = 0.95$、$C_N = 0.700$ 及 $\alpha = 9.19°$ 时，沿半翼展 5 个站位的剖面压强分布的实验结果与 NACA64A010 翼型在 45°偏航时，从二元数据和理论推导获得的压强分布的比较以及上翼面的等压线

来源：NACA RM A55C08

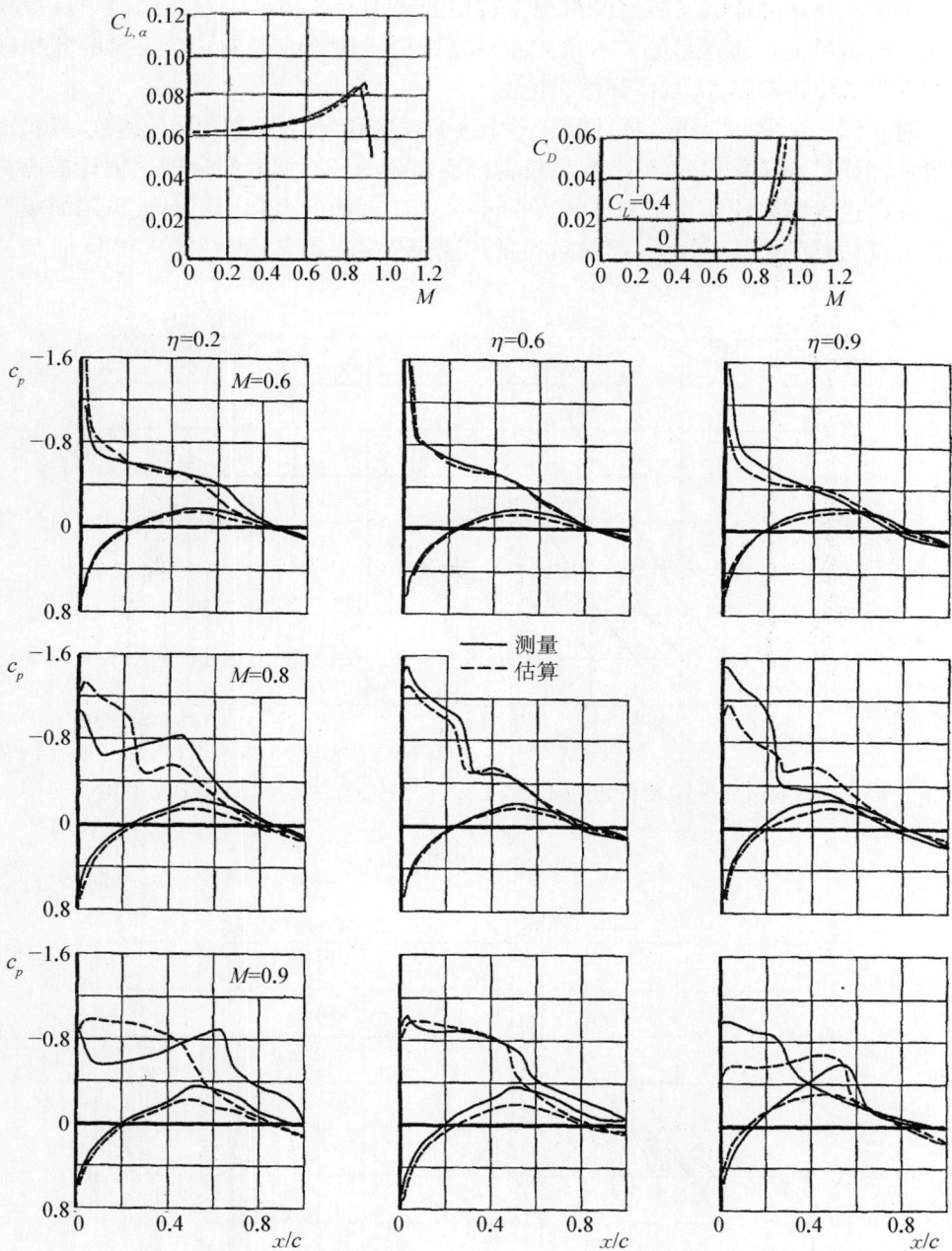

图 20-40 四分之一弦长后掠角为 35°、$A = 5.1$，$\lambda = 0.71$，$\alpha = 6°$ 的后掠翼估算和测得的压强分布的比较。NACA 翼型定义：65A012Ⅱ，使用：64A0(14.3)

来源：NACA RM A55C23

前面所描述的流动发展情况出现在特定的等剖面或接近等剖面的简单后掠翼和等截面机身上。后者避免了本章前面一段所描述的流线弯曲。后掠翼的翼根效应和翼梢效应将在第 22 章中详细讨论。

对于同一个翼—身组合体,图 20 - 41 表明在更高(但亚临界)的马赫数,翼梢段的流动同样符合简单后掠翼理论,而机翼内侧部分的升力能力则比理论估计的高得多。在已进入跨声速流状态的马赫数 $M = 0.95$,剖面升力和力矩系数与用简单后掠翼理论估算的值相差很大,简单后掠翼理论完全失去意义,如图 20 - 42 所示。

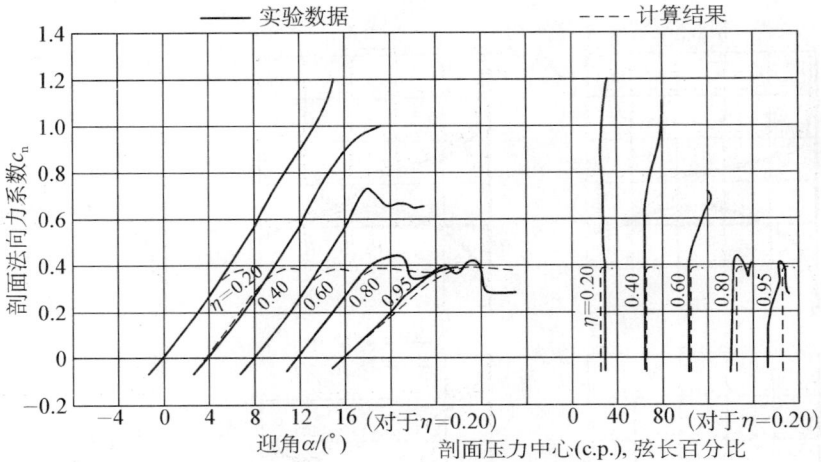

图 20 - 41　$M = 0.70$ 的实验剖面法向力和压力中心特性与从二元数据算得的结果的比较

来源: NACA RMA55C08

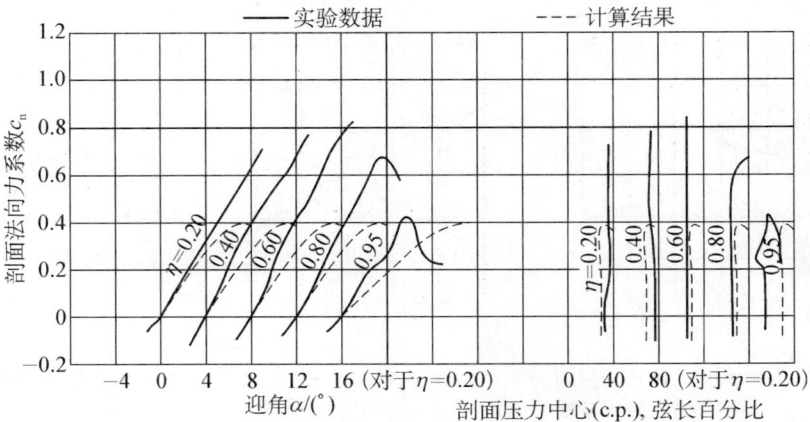

图 20 - 42　$M = 0.95$ 的实验剖面法向力和压力中心特性与从二元数据算得的结果的比较

来源: NACA RM A55C08

在第 19 章中阐明了带小前缘半径的小弯度翼型,其边界层通过短转捩气泡发生转捩。在大后掠机翼上,这个转捩气泡在一定的雷诺数范围内给定迎角下,转变成前缘涡,通常始于外翼的某处,随着迎角增大缓慢向内侧发展。该前缘涡减小了前缘吸力。极限情况是强涡完全消除前缘吸力。此时机翼上的气动力将沿着垂直于机翼弦平面的方向而升致阻力变为:

$$C_{D_i} = C_L \alpha = \frac{C_L^2}{C_{L,\alpha}} \tag{20-6}$$

不是全附着流的

$$C_{D_i} = \frac{C_L^2}{\pi Ae} \tag{20-7}$$

其中,C_{D_i} 为诱导阻力系数;C_L 为升力系数;α 为迎角;A 为机翼展弦比;e 为"奥斯瓦尔德"效率系数。

图 20-43 中的阻力曲线表明,在所讨论的机翼上,前缘涡始于 $C_L = 0.3$,并随着迎角增大而加强。因此升力系数大于 0.3 时阻力曲线开始偏离全附着流的曲线,而沿着前缘没有吸力的阻力曲线走。这样导致阻力大为增加。

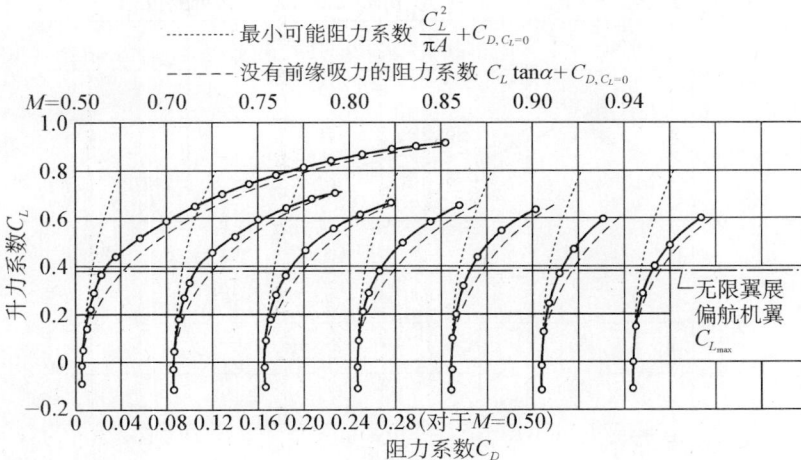

图 20-43 阻 力 特 性

来源:NACA RM A55C08

虽然前缘涡通常也使升力增加,图 20-44 中马赫数较高时较大的升力线斜率,也可能源于图 20-40 所示的普朗特-葛劳渥(Prandt-Grauert)压缩性效应。

图 20-45 与图 20-41 和图 20-42 相结合,显示了翼梢失速的迎角及所导致的同样在高马赫数下的上仰与按简单后掠翼理论预测的结果相符。显然,转捩气泡的破裂和涡破裂相同。虽然在最大马赫数压强分布的大变化,使得俯仰力矩特性有所改善,但翼梢流动分离还是在 $M = 0.95$ 引起滚转。

—— 测量数据　---- 计算的升力线斜率

M=0.50 0.70 0.75 0.80 0.85 0.90 0.94

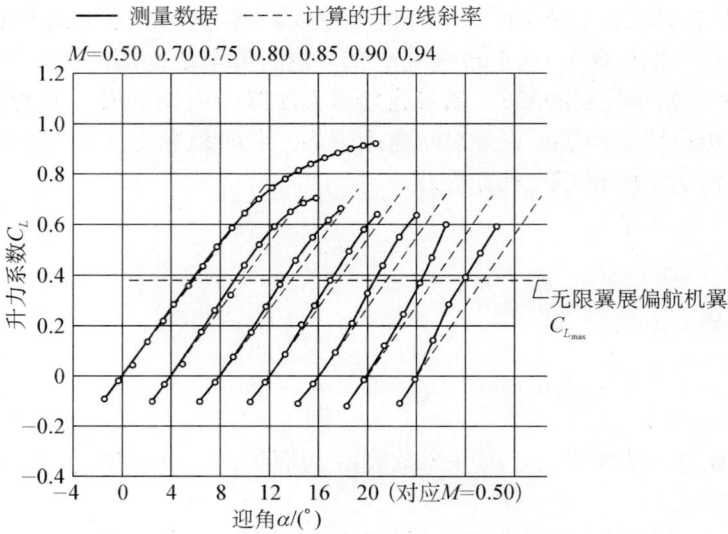

图 20-44　由测力实验得到的翼身组合体升力线斜率

来源：NACA RM A55C08

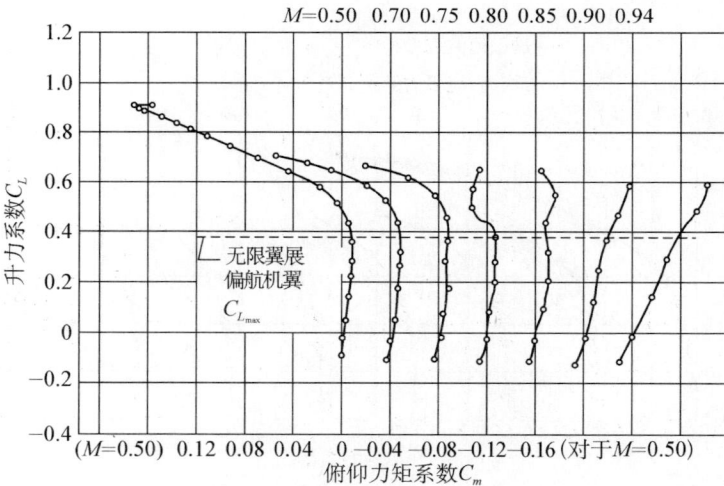

图 20-45　由测力实验得到的翼身组合体俯仰力矩系数随升力系
　　　　数的变化

来源：NACA RM A55C08

　　将图 20-43 中的阻力曲线与图 20-25 中的相比较，显然尽管两幅图对应的机翼后掠角相同，采用同样的（对称）翼型，图 20-25 表明该机翼保持附着流的升力系数要比图 20-43 中的高。很明显，此时没有前缘涡。这种差别只能用实验雷诺数不同来解释：图 20-24 的实验数据是在 $Re = 8.0 \times 10^{6}$ 取得的，而图 20-43 则为 $Re = 2.2 \times 10^{6}$。

翼刀

防止后掠翼的翼梢失速有多种方法。大多数措施如"鲨鱼"或"狗牙"（局部前缘延伸）、"锯齿口"或前缘边界层挡板，在大迎角时产生顺流向的涡，使内侧机翼边界层的侧向流动被扫向内侧，从而缓解外翼的边界层堆积。

防止翼梢失速最古老的方法就是在机翼上表面顺来流方向安装一块垂直平板，形成阻止边界层侧向流动的物理屏障，这就是全弦长翼刀。

图 24-46 为边界层流向外侧的后掠翼。机翼上安装的翼刀，在上翼面近前缘处使翼刀内侧机翼表面流速增加，翼刀外侧的机翼表面流速减小，这样就改变了等压线的形状，如图 20-47 右侧所示。翼刀在这里的作用就像机身一样，在翼刀内侧的流动就像是在前掠翼根部的流动，而翼刀外侧的流动则像是后掠翼根部流动（见第 22 章）。高内侧吸力峰引起紧挨翼刀内侧的先期流动分离，改善外翼流动，减少或消除了上仰和滚转。

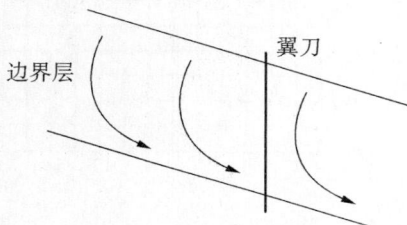

图 20-46 翼刀对边界层的影响

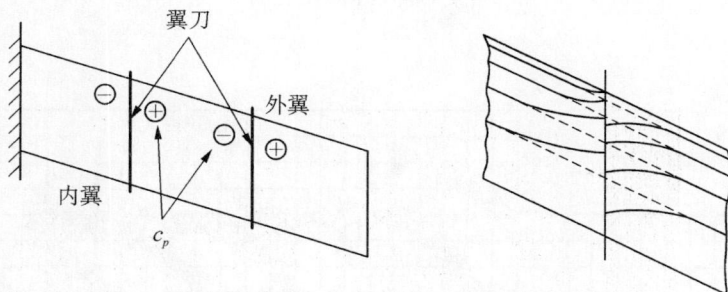

图 20-47 机翼上的翼刀

来源：J. R. Ae. S Nov. 1953

翼刀形状和位置的优选通过实验来完成。目前还没有足够准确的计算方法。有时候需要采用多个翼刀。

图 20-48~图 20-50 给出了图 20-51 中的翼身组合体安装 3 个和 4 个翼刀的例子。由于安装了翼刀，上仰趋势起始的升力系数即最大可用升力系数，在所研究的整个马赫数范围都有很大增加。

翼刀的缺点在于增加了阻力。虽然其表面积也许很小，但像图 20-51 中的布局也会产生 20 个阻力单位的阻力值。因此，当代飞机只在研发后期或试飞中发现失速特性不满意才安装翼刀。

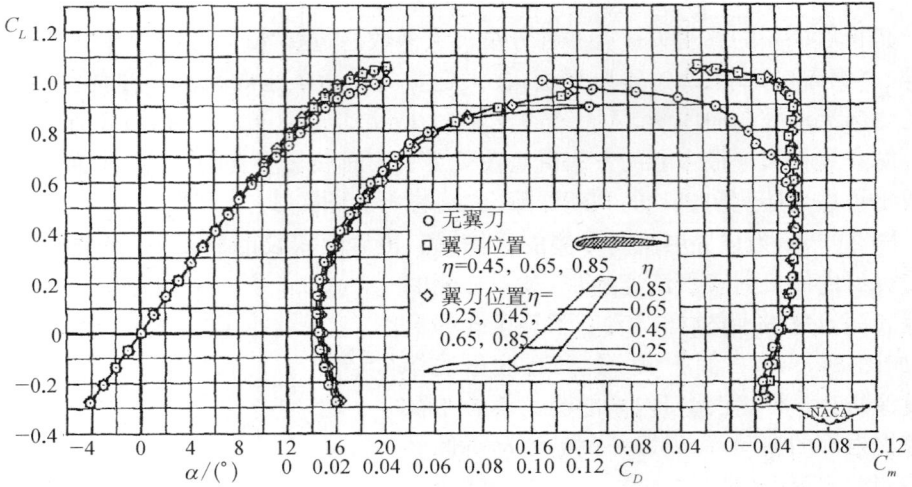

图 20-48 机翼后掠 45°、展弦比 6.03 的翼身组合体安装 3 个和 4 个翼刀对纵向气动力
特性的影响，$M = 0.417$、$Re = 3.9 \times 10^6$

来源：NACA RM A54L08

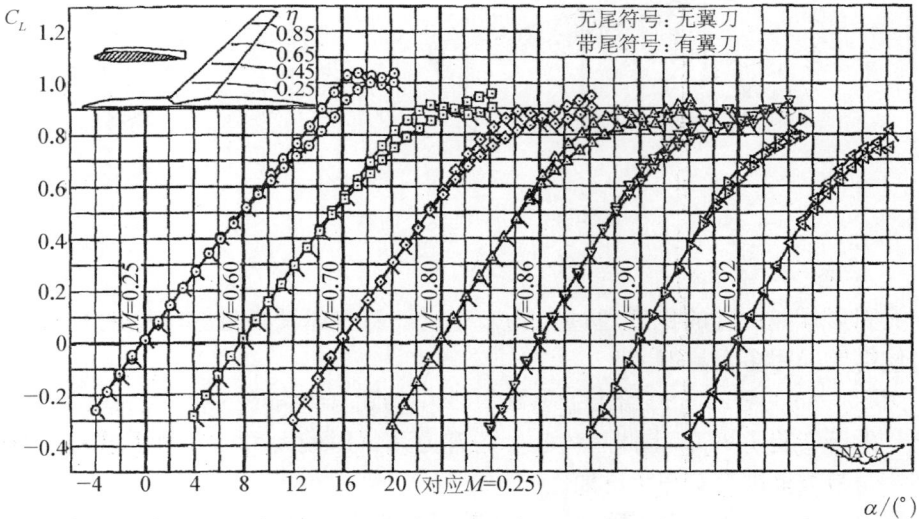

图 20-49 在几个马赫数下，翼刀对翼身组合体升力特性的影响。实验雷诺数 2×10^6

来源：NACA RM A54L08

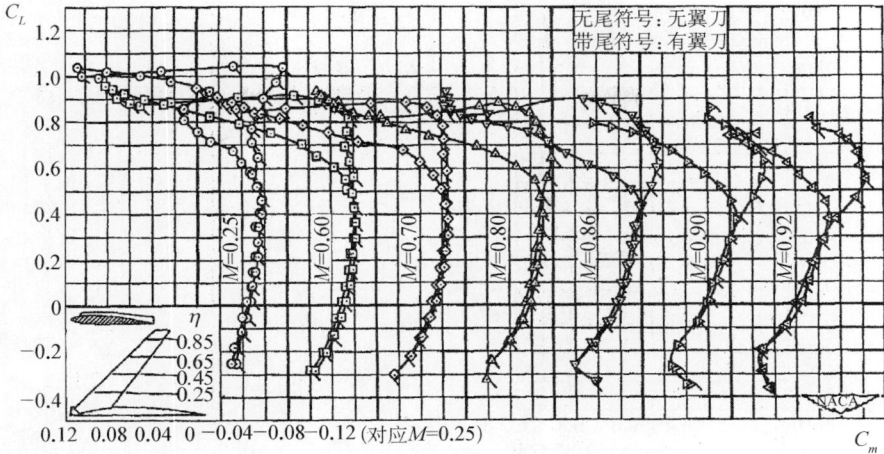

图 20-50 在几个马赫数下，翼刀对翼身组合体俯仰力矩特性的影响。实验雷诺数 2×10^6

来源：NACA RM A54L08

垂直于后掠轴的翼型具有 NACA 00XX 的厚度分布，NACA $\alpha = 0.8$（修型）中弧线，$C_{li} = 0.4$

机翼 45°后掠带 4.7° 扭转（外洗）

翼根 $t/c = 0.14$
翼梢 $t/c = 0.11$
（垂直于四分之一弦长线）

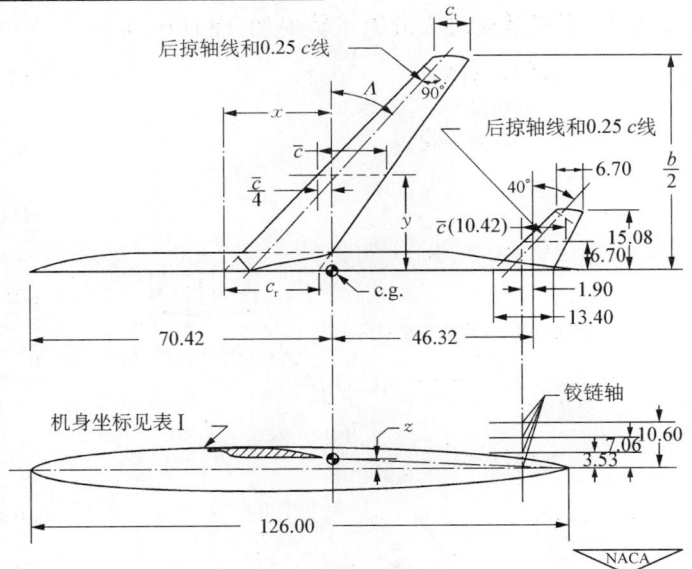

机翼几何数据											
Λ	A	λ	$b/2$	c_r	c_l	$\bar{c}$	x	y	z	S	$\alpha=0°$时的 α_r
40°	7.00	0.4	54.61	22.29	8.92	16.56	25.35	23.40	2.28	5.92	0°
45°	6.03	0.4	50.41	23.90	9.56	17.76	27.76	21.60	2.28	5.86	$-0.05°$
50°	5.04	0.4	45.82	25.98	10.39	19.30	30.13	19.64	2.28	5.79	$-0.10°$

图 20-51 研究翼刀影响的模型几何数据

来源：NACA RM A54L08

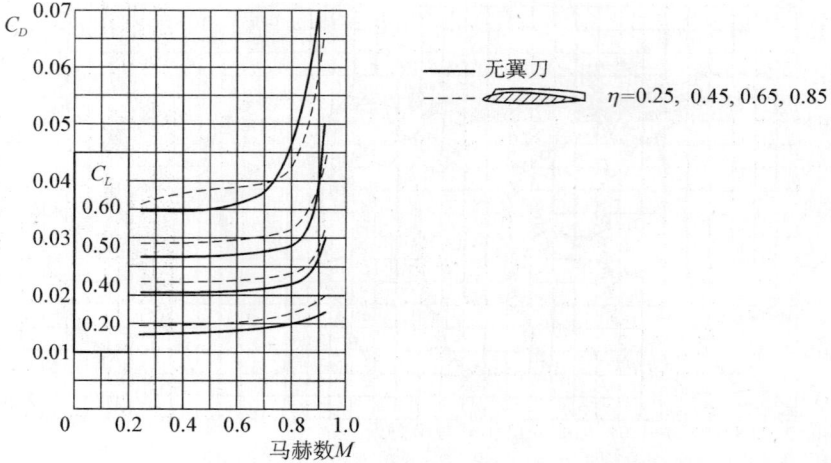

图 20-52　在几个升力系数下，有无翼刀的翼身组合体的阻力系数随马赫数的变化，$Re = 2 \times 10^6$

来源：NACA RM A54L08

当今剪裁失速特性的方法是在不修改上翼面曲率的前提下增加前缘半径，以不改变机翼的高速特性，如第 19 章所述。图 20-53～图 20-56 表明特别在高雷诺数条件下，不仅低速最大升力系数增加，而且在 $Re = 11 \times 10^6$ 条件下，在 $c_{l_{max}}$ 出现了升

NACA 64A010
前缘半径：0.687
后缘半径：0.023

修形 NACA 64A010
前缘半径：1.600
后缘半径：0.023

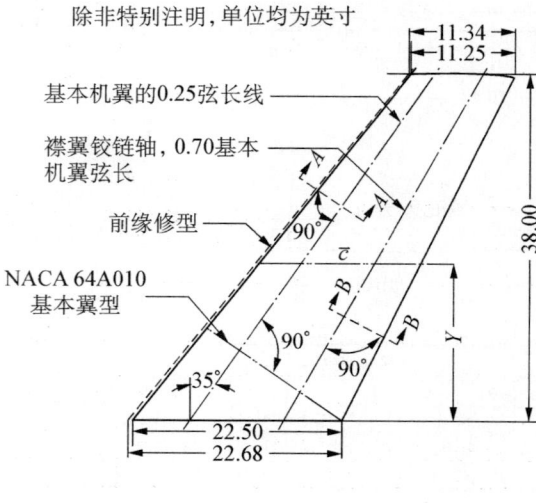

除非特别注明，单位均为英寸

	基本机翼	修型机翼
展弦比	4.5	4.464
尖削比	0.5	0.5
半翼展面积	4.443 ft²	4.489 ft²
襟翼面积	1.204 ft²	1.204 ft²
$\bar{c}$	1.458 ft	1.470 ft
Y	1.408 ft	1.409 ft

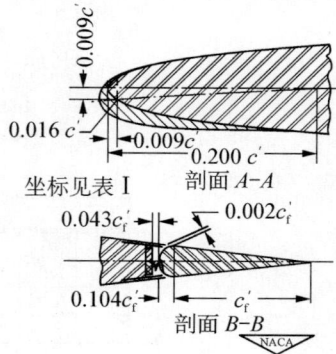

图 20-53　图 20-52 中研究的模型几何特性

来源：NACA RM A50K28a

力曲线突然下降,说明机翼很大部分突然发生气流分离,这将有利于采取措施来获得满意的失速特性。上述现象与小雷诺数时的情况相反,后者升力曲线的平顶形式表明气流分离先出现在翼梢,然后逐渐向内发展。在实际机翼设计中,这种大前缘半径只用于外侧机翼,以保证机翼气流分离从机翼内侧开始。

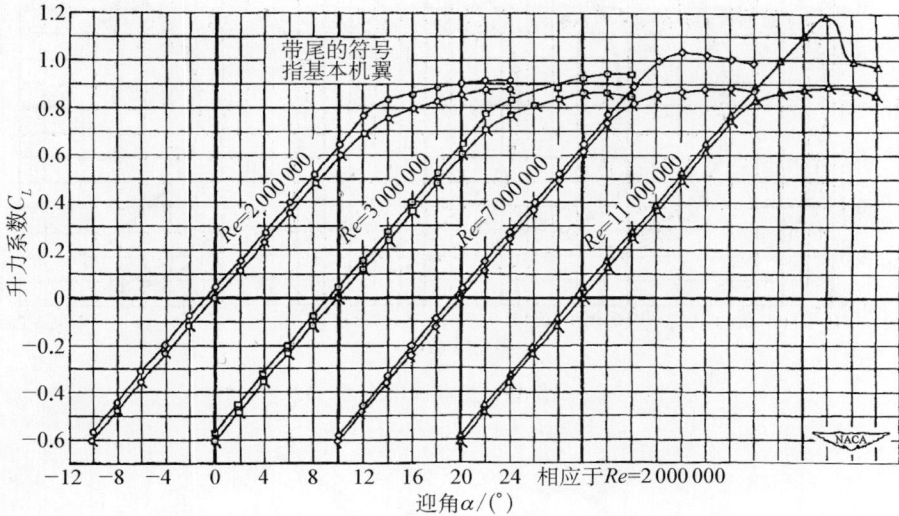

图 20 - 54　雷诺数对低速气动特性的影响。$M = 0.21$

来源:NACA RM A50K28a

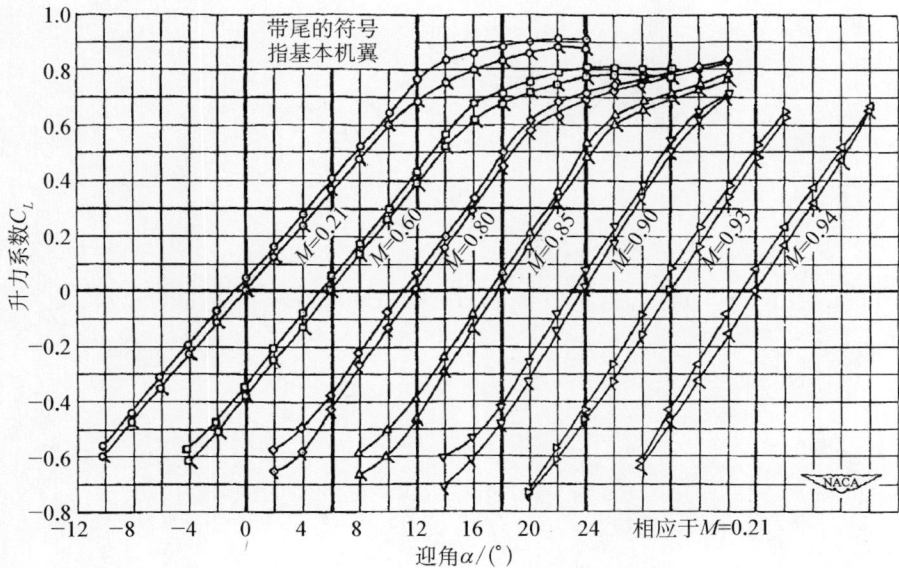

图 20 - 55　马赫数对升力曲线的影响

来源:NACA RM A50K28a

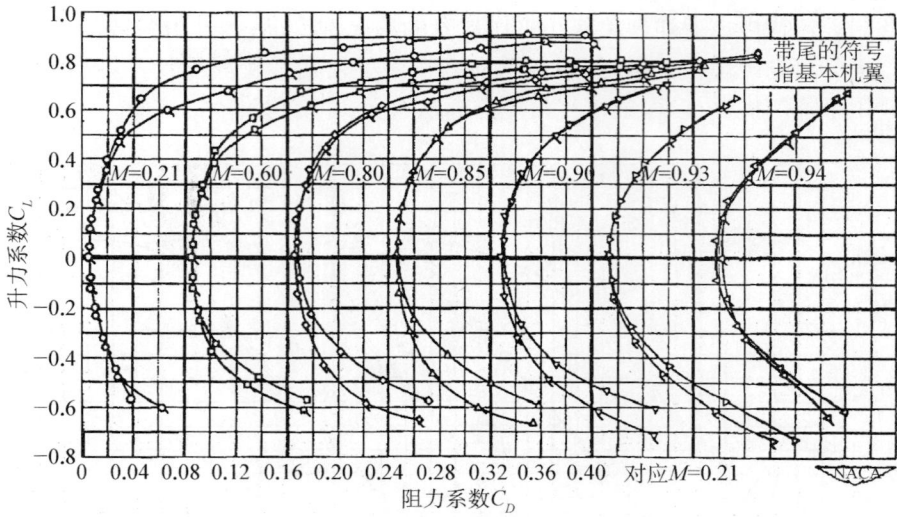

图 20 - 56　马赫数对极曲线的影响。$M = 0.21$

来源：NACA RM A50K28a

21 第一代后掠翼飞机

前一章介绍了后掠翼原理。本章将介绍第一代后掠翼飞机及其遇到的问题。

第一个后掠机翼还是沿着平直翼的思路设计的：选定翼根和翼梢翼型，然后确定展弦比和尖削比，机翼的外形按两个剖面翼型插值来确定。

这样设计的机翼失速特性不好。在高、低速都出现了由于在外翼发生失速引起的上仰趋势。这也会造成机翼的"掉翼尖"。

根据这样的原则设计机翼，并且呈现上述不利特性的飞机例子是北美公司的 F-86"佩刀（Sabre）"飞机和波音公司的 B-47"同温层喷气（Stratojet）"飞机。

图 21-1 为 F-86 飞机的俯视图，图 21-2 给出了它的机翼形状。

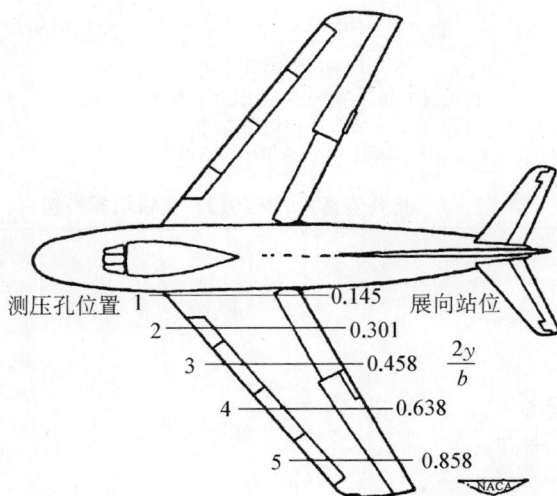

图 21-1　北美公司 F-86"佩刀"飞机

来源：NACA RM A52A31

根据现代标准，这样的飞行特性是不可接受的，可是在 20 世纪 40 年代它还是最先进的。在朝鲜战争中，F-86 创下了优于苏联米格 15 的作战记录。米格 15 是 F-86 致命的对手，但也有着同样的气动力缺陷。

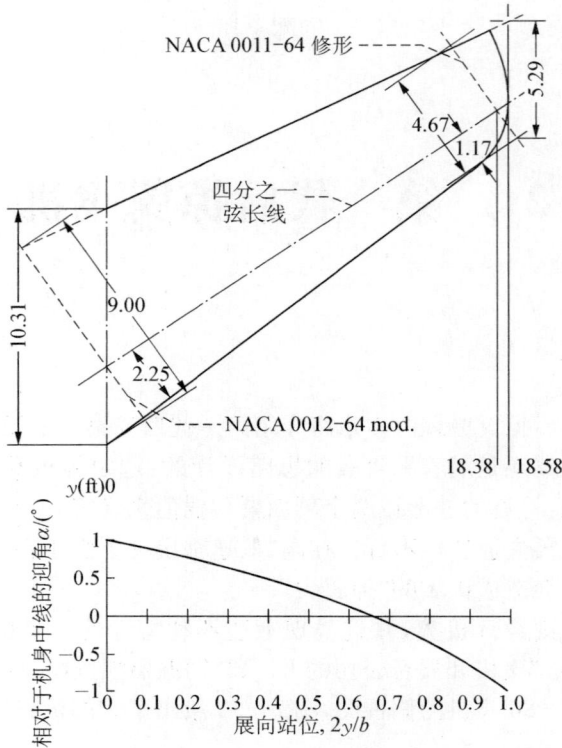

图 21-2　北美公司 F-86"佩刀"飞机机翼的几何数据

注：翼型坐标见表Ⅱ

在机翼平面的四分之一弦长线后掠角 34°58′

所有单位均为英尺

来源：NACA Report 1370

表 21-1　北美公司 F-86"佩刀"飞机机翼数据

机翼总面积*	287.90 ft²
翼展	37.12 ft
展弦比	4.785
尖削比	0.513 1
上反角	3°00′
平均气动弦长	97.03 in
25%弦长线后掠角	35°13′31.4″
翼根剖面安装角	1°00′
翼梢剖面安装角	−1°00′
* 包括襟翼、前缘缝翼和机身所占的 49.92 ft²	

来源：NACA RM A52A31

　　图 21-3～图 21-7 给出了增大坡度转弯或者缓慢拉起机动的记录。图 21-3 中横轴表示与机体轴线垂直的法向力系数。纵轴上的各种参数都是法向力系数的函数。最上面的曲线给出了升降舵偏角，它随飞行员往后拉杆而增大，但是大约在

5°迎角时升降舵偏角开始减小,铰链力矩和升降舵杆力也是如此,这说明飞行员正减少他的输入量,然而迎角却不断增加。

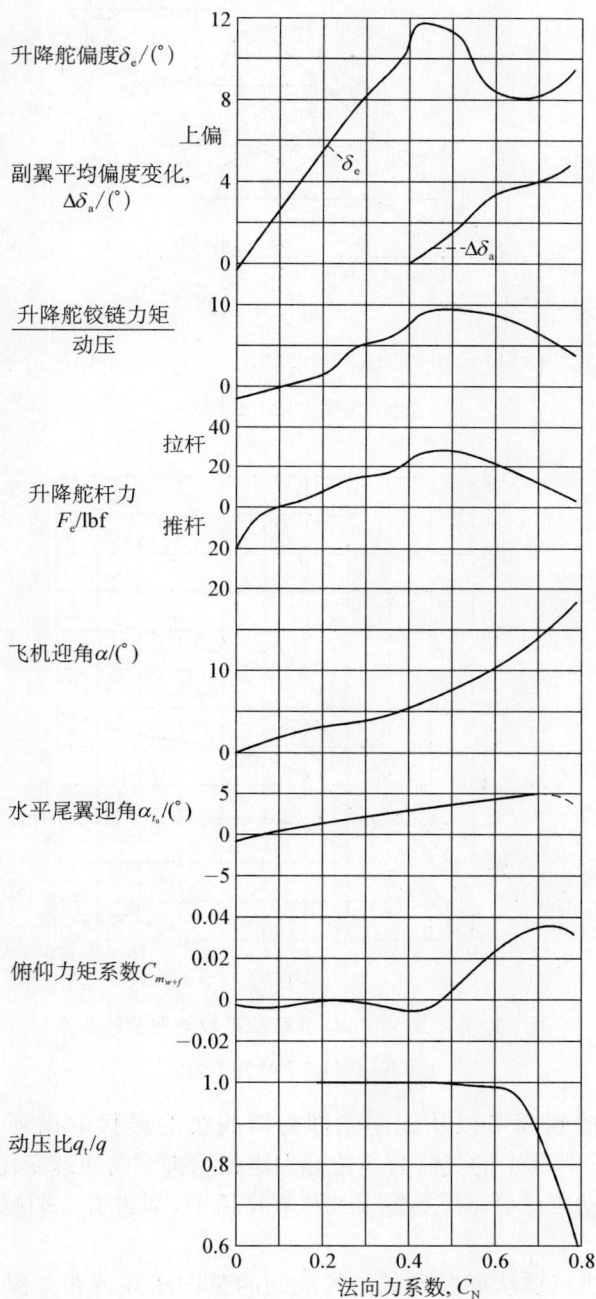

图 21-3　$M = 0.87$ 时纵向操纵特性与法向力系数之间的关系

来源:NACA RMA51L12/Report 1237

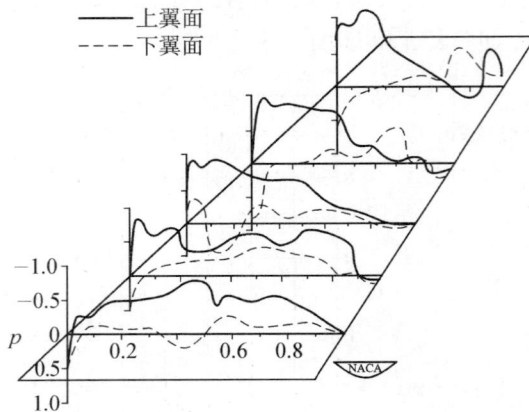

图 21-4　$M = 0.87$、$C_{N_\alpha} = 0.39$，$\alpha = 5.2°$ 的展向压强分布

来源：NACA RM A52A31

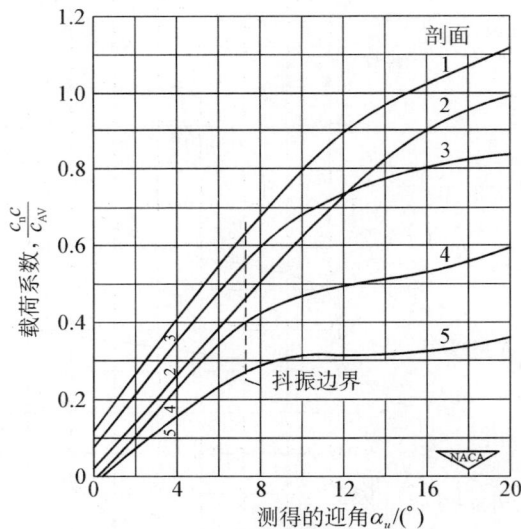

图 21-5　$M = 0.87$ 的载荷系数与迎角的关系

来源：NACA RM A52A31

　　对这种现象的解释可以从无尾俯仰力矩曲线的形状中找到。在法向力系数 $C_N = 0.5$ 时，由于外翼上的气流分离俯仰力矩朝抬头方向快速变化。

　　不断减小的动压比显示尾翼浸没在机翼尾流中，削弱了水平尾翼对稳定性和操纵性的贡献。

　　图 21-4 给出机翼从翼根到翼梢各剖面的弦向压强分布。翼梢剖面压强分布出现陡峭压强梯度表明有激波存在。在翼梢剖面后缘出现的负压强系数表示该处有气流分离，即外翼剖面已失速。值得注意的是，此时的迎角仅 5°，在出现上仰之

前。压强分布极端不规则,不是机翼设计师所希望的。这源于在 20 世纪 40 和 50 年代飞机制造的质量和飞机受载后的变形。

图 21-5 给出了机翼 5 个剖面载荷系数随迎角的变化。如以剖面 4 为例,在迎角为 8°时已经发生气流分离。

图 21-6 和图 21-7 是试飞时拍的照片,机翼上表面贴上了毛线,以分析边界层状态。有些毛线已立了起来,甚至指向前方,表示气流分离。在法向力系数 $C_N = 0.49$ 时,已在后缘出现气流分离,见图 21-6。法向力系数较大时,从图 21-7 中可见,所有毛线指向不同的方向,表示整个机翼气流都分离了。

图 21-6 机翼在 $M = 0.87$, $C_{N_\alpha} = 0.49$ 状态下的毛线情况

来源:NACA RM A52A31

图 21-7 机翼在 $M = 0.87$, $C_{N_\alpha} = 0.74$ 状态下的毛线情况

来源:NACA RM A52A31

　　第一代后掠翼飞机的另一个例子是波音公司的 B-47 轰炸机,见图 21-10。这种飞机在当时是一个革命,代表了波音公司在技术上的重要突破。表 21-2 给出了机翼设计的一些数据。B-47 的使用速度很高,最大俯冲马赫数为 0.9,有利巡航速度是 $M = 0.75$。

表 21-2　波音 B-47 机翼设计数据①

翼展/ft	116.0	翼根弦长/in	208.0
面积/ft²	1428.0	翼梢弦长/in	87.0
展弦比	9.43	安装角(翼根翼梢)/(°)	0
尖削比	0.42	翼型	BAC145
平均气动弦长/in	155.9	1/4 弦长线后掠角/(°)	35.0

来源:Aeronautical Engineering Review, Nov. 1956

　　图 21-8 和 21-9 描述了 B-47 的一些不利特性。不推荐让飞机失速,因其导致强烈抖振和上仰趋势。不允许故意进入尾旋。

　　我没有亲手使飞机失速,但是知道这并不难做到。高于失速速度 10~12 kn 有足够强的抖振警告,在失速点略有抬头的配平变化。我不知道涡流发生器是否影响了失速特性。涡流发生器主要用来推迟高速抖振的发生,这也会引起上仰趋势。不允许故意进入尾旋,但是有报告说改出很正常。完全失速,特别是襟翼放下时,抖振很严重,这就是要避开它的主要原因。

图 21-8　波音 B-47 的上仰
来源:Flight August 20,1954

　　在早期,"副翼反效"是使 B-47 飞行新手胆战心惊的另一个名词。似乎到了某个速度,你使劲把驾驶盘转向一侧,飞机却向另一侧滚转。这理所当然令人不安。

　　在大速度,副翼对柔性机翼的作用,犹如伺服调整片对升降舵。偏转的副翼使机翼外侧的后缘向副翼偏转的相反方向扭转。这样机翼变成比副翼还要大的操纵面,达到某个速度时可抵消掉副翼的作用,速度更高时则起了与副翼相反的效果,是为"反效"。

　　在埃格林(Eglin)空军基地的一次武库大检阅中,节目里有 B-47 低空高速通场。B-47当时还很新,大多数在场观众都带着几分兴奋盼望一睹"同温层巡航者"的丰采。一心不负众望的飞行员决定露一手让人信服新型轰炸机的速度能力。当他下降到 200 英尺时,检阅台隐隐呈现在前方,略微偏右。只要稍稍调整一下航向,他就能做一次完美的通场。他恰如其分地偏了点副翼,但是什么也没有改变。他继续加大副翼偏角,仍然没有响应。于是他向右全偏副翼,结果出了问题。飞机向左滚,唰地冲到检阅台后面!

图 21-9　波音 B-47 的副翼反效
来源:Aeronautical Engineering Review, Nov. 1956

---

① 原书表中数据有误,已更正,译者注

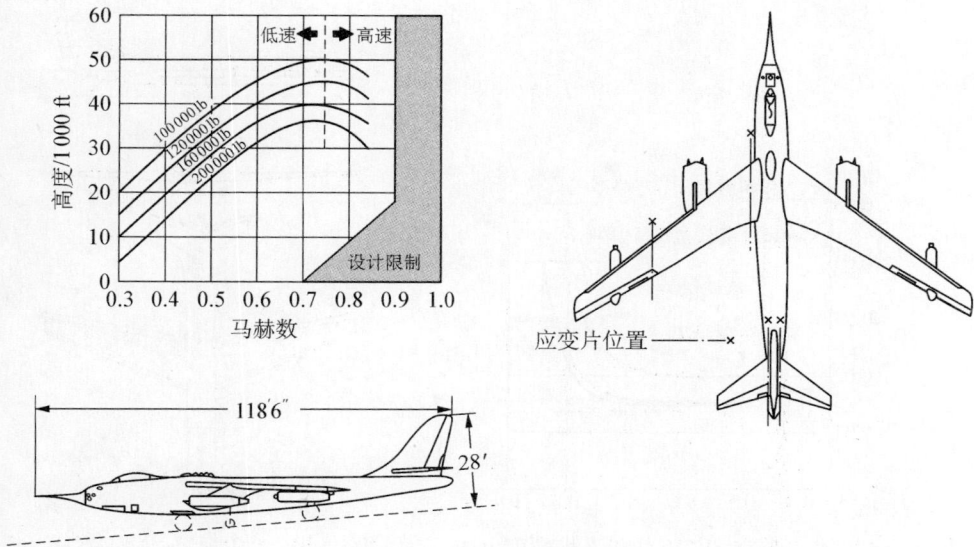

图 21-10　波音 B-47

来源：Aeronautical Engineering Review，Nov. 1956

图 21-13 给出了第一代后掠翼飞机的第三个例子——法国南方航空 SE-210 快帆飞机。整个机翼沿垂直于 80% 弦长线方向采用同一 NACA 64-212 层流翼型。机翼后掠角限定为 $\Lambda_{\frac{1}{4}c} = 20°$。图 21-11 列出该机翼更多的几何特征。图 21-12 及图 21-14 给出了小升力系数时，两个"快帆"型别的阻力随马赫数的变化，取自风洞和飞行试验结果。

第二届欧洲航空会议文集

Scheveningen，Sept. 25-29th，1956

机翼几何形状

机翼没有局部变动，所有成形母线都是直线，而且没有转折。其几何外形非常简单，是一个锥面。典型翼型都是相同的。我们只用选一个翼型。世界上除了富裕的美国人，谁都无法负担得起发展一种新的非凡翼型，所以我们为原型机选用了 NACA 64.2.12 基本翼型。这个翼型垂直于机翼的 80% 弦长线，也就是襟翼的理论铰链线。

由于飞机按巡航马赫数 0.75（与短程客机经济性相适应的最高性能）设计，平行于飞机中心线的翼剖面相对厚度为 10%。

根据性能与气动弹性、稳定性和结构重量的折中考虑，25% 弦长线的后掠角定为 20°。

进一步考虑大迎角操纵和失速，用了 2° 多的负扭转，沿翼展均匀分布。

根据飞机的交叉导数值取 2°20′ 正静态上反角。这也是由于为了使座舱畅通无阻采用了很低的下单翼。当然，在飞行时由于机翼弯曲柔度，这个角度还要增加。

翼展是 112.5 ft，总面积是 1580 ft²。尖削比为 35%，根弦和梢弦分别为 248 in 和 88 in。翼载为 57.5 p.s.f.。

图 21-11　南方航空 SE210 快帆（Caravelle）飞机的机翼形状

$$C_D - \frac{C_L^2}{\pi A}$$

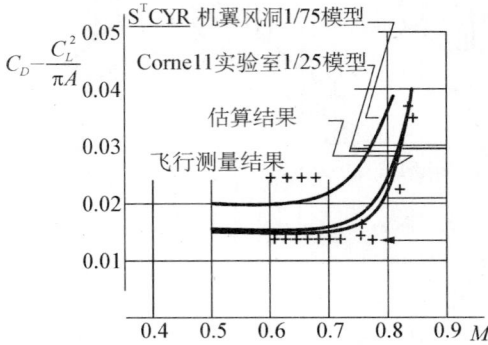

图 21-12　南方航空 SE210 快帆飞机的阻力随马赫数变化

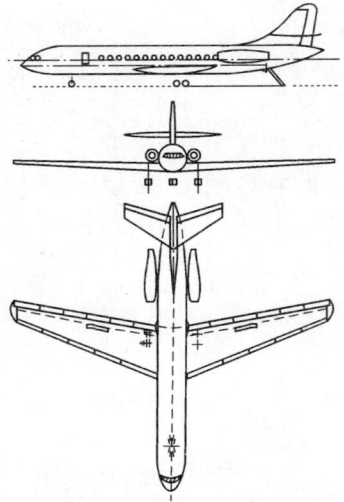

图 21-13　南方航空 SE210 快帆飞机

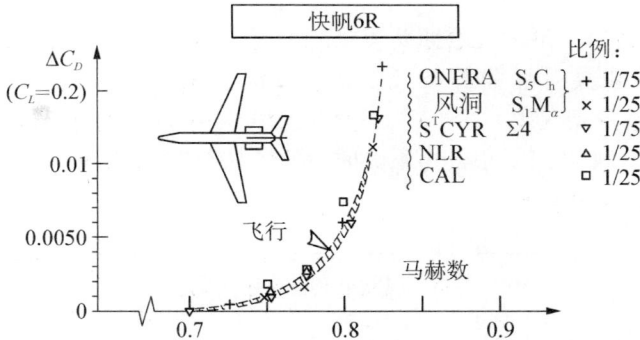

图 21-14　快帆飞机跨声速阻力增长的风洞实验和试飞结果比较

来源：Journal of Aircraft，May-June 1968

当 $M_{MO} = 0.77$，正常巡航马赫数 $M = 0.75$，由于压缩性效应附加阻力值为 $\Delta C_D = 0.0010 \sim 0.0015$。图 21-15 给出抖振边界。可以看出由于后掠角小，机翼的阻力特性只比非后掠翼好一点，而机翼后掠在获得满意的高速飞行品质方面要比提高阻力急增马赫数更为有利。

图 21-16 给出"快帆"10A 飞机在荷兰航空研究院高速风洞的实验结果和飞行试验结果的比较。由于该型"快帆"飞机安装了推力更大的发动机，最大使用马赫数 M_{MO} 由 0.77 提高到 0.81。由于发动机重量大，前机身加长了 1m，平尾面积因而也加大。为了改善立尾、平尾交界处在大马赫数的流动，采用了"子弹头"式的整流罩。最后机翼根弦从前后缘都作了延伸。后一更改并不想用于改善高速性能。这种改

型见图 21 - 17。在尖削翼上展向升力分布是椭圆形时,在翼根处的升力系数小于在半翼展中间剖面的升力系数,特别是当翼根前缘后掠角增加时。

由于快帆 10A 机翼用的是同一翼型(在翼根处相对厚度略低),翼根处的表面速度要比半翼展中间剖面的低,因而当地临界马赫数更高。跨声速特性完全取决于流经外翼的流动,见图 21 - 16。如果此型飞机的高 M_{MO} 允许采用更高的巡航速度,这样的高速度将带来激波和高阻力,见图 21 - 16。

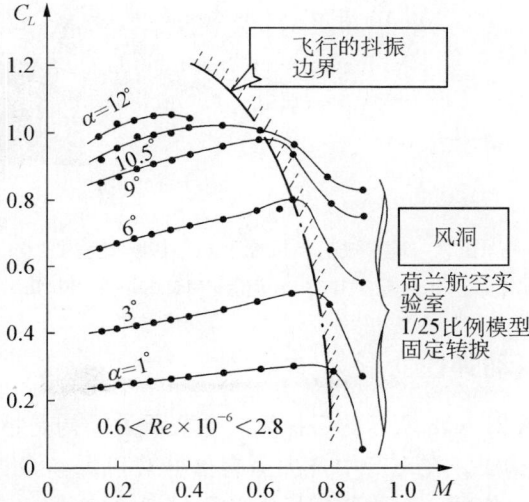

图 21 - 15 快帆飞机的抖振特性

来源:Journal of Aircraft,May - June 1968

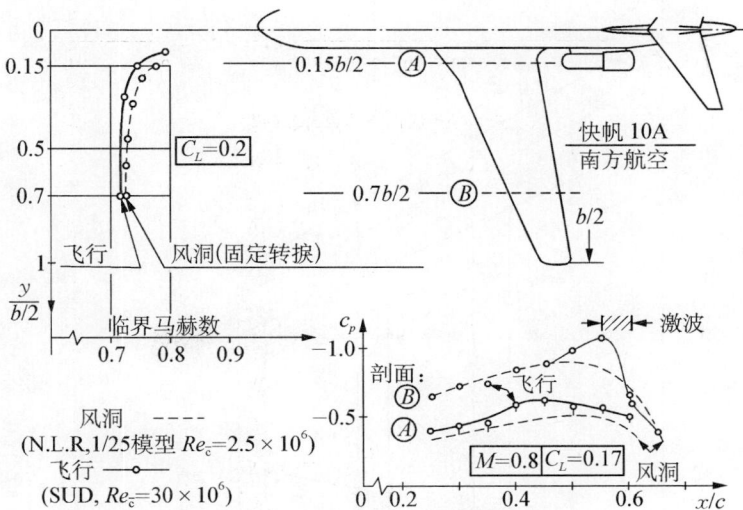

图 21 - 16 快帆飞机风洞实验结果

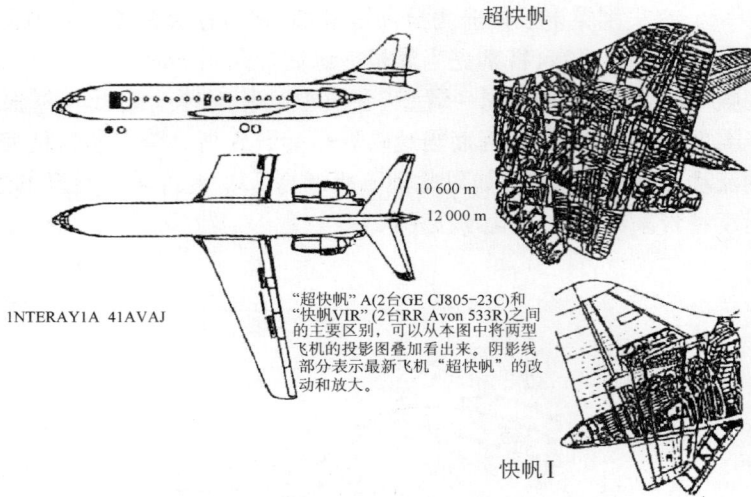

超快帆

10 600 m
12 000 m

INTERAYIA 41AVAJ

"超快帆" A(2台GE CJ805-23C)和"快帆VIR"(2台RR Avon 533R)之间的主要区别,可以从本图中将两型飞机的投影图叠加看出来。阴影线部分表示最新飞机"超快帆"的改动和放大。

快帆 I

图 21-17　快帆飞机原型和超快帆的差别

来源：Interavia 411963，Aviation Magazine and Flight

大展弦比机翼的气动弹性变形

接下来研究如图 21-18 所示的后掠翼。主要承力结构是扭力盒,由前后梁、翼肋及上、下蒙皮壁板构成。在飞行中升力虽有部分被机翼本身、燃油和发动机的重量抵消,仍使机翼向上挠曲。图中紧邻机身的区域 A 的变形仅有次要影响,弯曲主要发生在垂直于机翼参考平面的平面内。

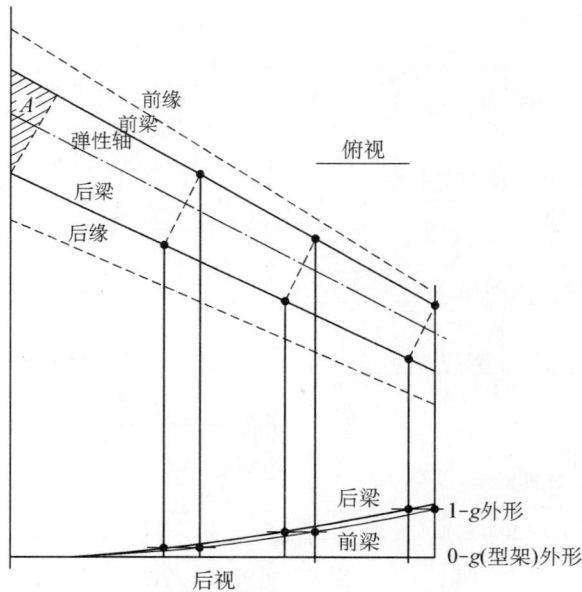

前缘
A
前梁
弹性轴
后梁
后缘
俯视

后梁
前梁
1-g 外形
0-g(型架)外形

后视

图 21-18　由升力引起的后掠翼弯曲

升力通常作用在靠近弹性轴处,绕气动弹性轴的扭转变形有限。这样,前后梁的对应点(图中用黑点表示)的垂直移动距离相同。这意味着每个顺流向机翼剖面后梁处向上弯曲挠度比前梁处的大,引起向翼梢迎角逐渐减小。翼梢区减载,气动中心前移。请注意所述效应的结果是气动扭转而不是结构扭转。

当副翼偏转,额外的升力作用在扭力盒的弹性轴后方,产生了扭矩。副翼下偏对扭力盒产生前缘向下的扭矩,因而使局部迎角减少,如图 21 - 19 所示。外翼升力的改变抵消了副翼偏转产生的升力,降低了副翼效率。在大动压的情况下,结构变形引起副翼反效。如前所述,在 B - 47 飞机上就已出现。

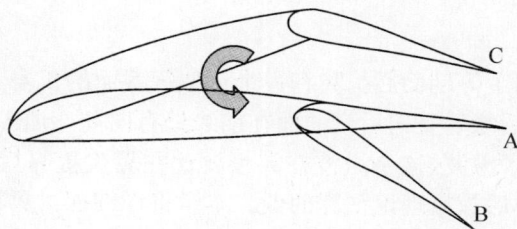

图 21 - 19　副翼反效

在外翼采用大后加载的翼型也会产生显著的结构变形。

22　后掠翼的翼根和翼梢效应

在前一章中说明了等剖面后掠翼和一个近似等截面的机身,在亚声速流中翼身交界处的等压线,在后缘处有向后弯曲而在前缘处有向前弯曲的趋势。当自由流马赫数继续增加,形成了激波,这个激波在翼根要比在翼尖更靠后。这导致阻力急增马赫数将比根据简单后掠翼理论估算的低。本章将详细探讨翼根和翼梢效应,还要研究消除这种效应的可能措施。

本章第一步将研究在零升力条件下采用对称翼型的机翼。

图 22 − 1 是一个采用双凸形翼型的 45°后掠无限翼展机翼的中段俯视图。根据简单后掠翼理论,在低速,等压线(压强相等的线)应该是直到对称面的直线。这就使得流动状态不连续,在物理意义上是不可能的。因此等压线垂直跨过对称面。

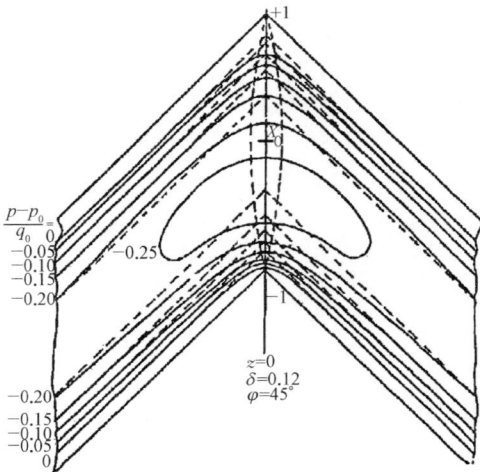

图 22 − 1　在凸面翼型机翼上的等压线

来源:RAE Report No. Aero 2219

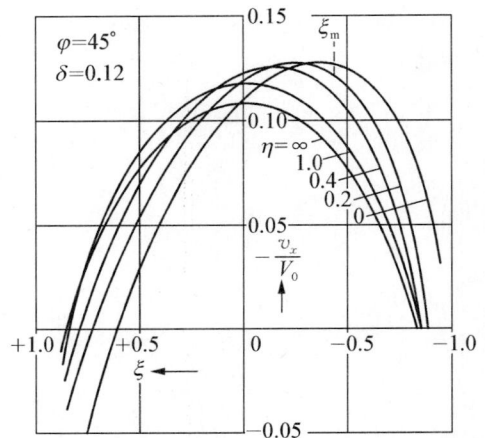

图 22 − 2　采用双凸面翼型机翼不同展
向剖面的速度分布

来源:RAE Report No. Aero 2219

　　这使得中段机翼前部的表面速度减小,而后部增加。此外,该双凸面翼型的速度峰值也增加了。随着当地流速分布的改变,这部分机翼出现了不利压强梯度,增加了边界层分离的可能性,这可以从图 22-2 中看到。

　　图 22-3 给出了两个小展弦比、大后掠翼的等压线图形。图 22-4 给出了两个机翼上的两个顺流向剖面的速度分布,既有计算结果,也有风洞实验结果。

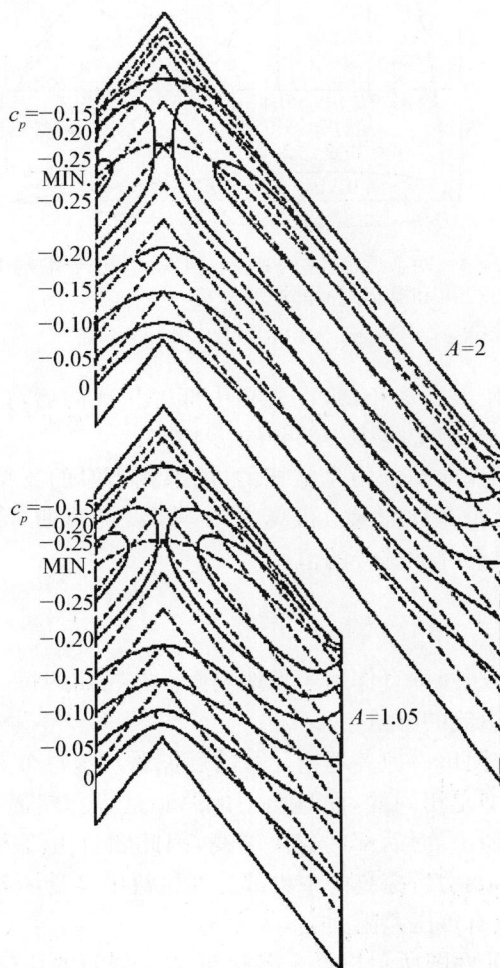

图 22-3　两个不同展弦比的 53°后掠机翼的等
　　　　　压线,翼梢都是直切的

来源:ARC R&M 2908,1953

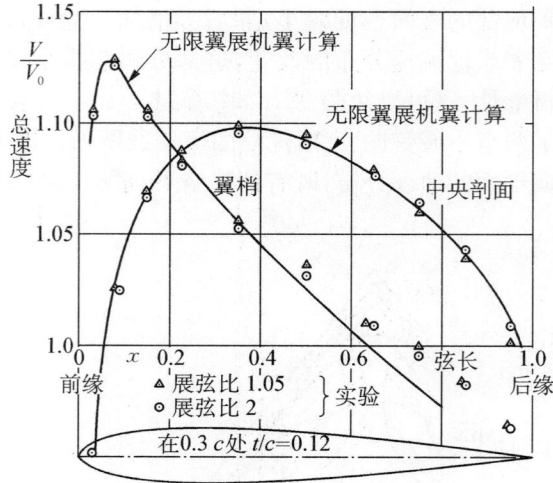

图 22-4　两个后掠 53°的等弦长机翼（直切翼梢）的中央
和翼梢剖面的速度分布

来源：ARC R&M 2908,1953

与图 22-1 的等压线图形相似，在机翼中部等压线向后弯曲，而在翼梢部分则相反，犹如翼梢区域成了前掠翼中央部分的一半。

在这些机翼上，顺流向翼剖面是常规的、前部相当厚的翼型（RAE101），即使在零迎角，速度达峰值处也靠近前缘。机翼中央等压线的弯曲，降低了对称面的最大表面流速，使之低于机翼外侧部分的值。

展向阻力分布

在气流中的物体，压强垂直作用于当地表面。在物面的每一点，压力可以分解为平行于和垂直于自由流的分量。

在直机翼（以及按简单后掠翼理论计算的后掠翼）上，每个翼剖面的流动特性在很大程度上和二元翼型是相同的，而且压力的总和是零。然而在后掠翼上，由于机翼中央前部的速度降低了，而后部的速度增高，因此顺自由流方向的压力分量不再是零，而是向后的。等剖面后掠翼的中央部分在位流中经受压差阻力。靠近翼梢处情况则相反，翼梢区域有负压差阻力。

图 22-5 给出了前两图所示机翼由各机翼站位剖面的压强分布积分而得的压差阻力的展向分布。图 22-5 还示出了带曲线前缘的翼梢延伸。这种曲线前缘的翼梢称为库希曼（Küchemann）翼梢。在这种翼梢上等压线向后弯曲，如图 22-6 所示。从图 22-5 可以得出结论，这种翼梢形状，从阻力的观点看是不利的，因为外翼的吸力减少。然而它的作用是改善机翼的高速性能，即推迟激波的形成及提高阻力急增马赫数。这种翼梢已用于 20 世纪 50 和 60 年代设计的一些飞机上，其中有维克斯 VC-10 飞机。

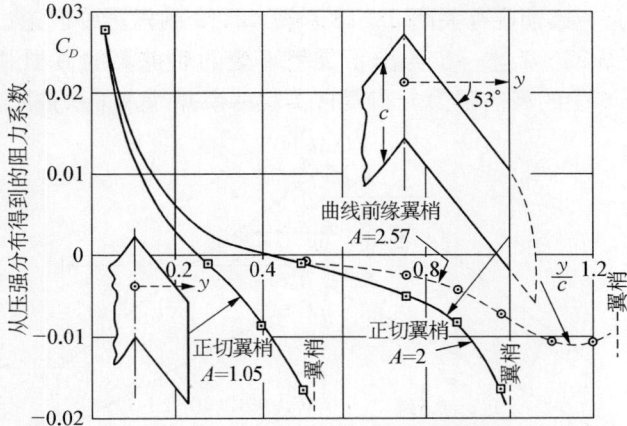

图 22-5 后掠 53°、等弦长后掠翼沿翼展的型阻系数分布

来源：ARC R&M 2908，1953

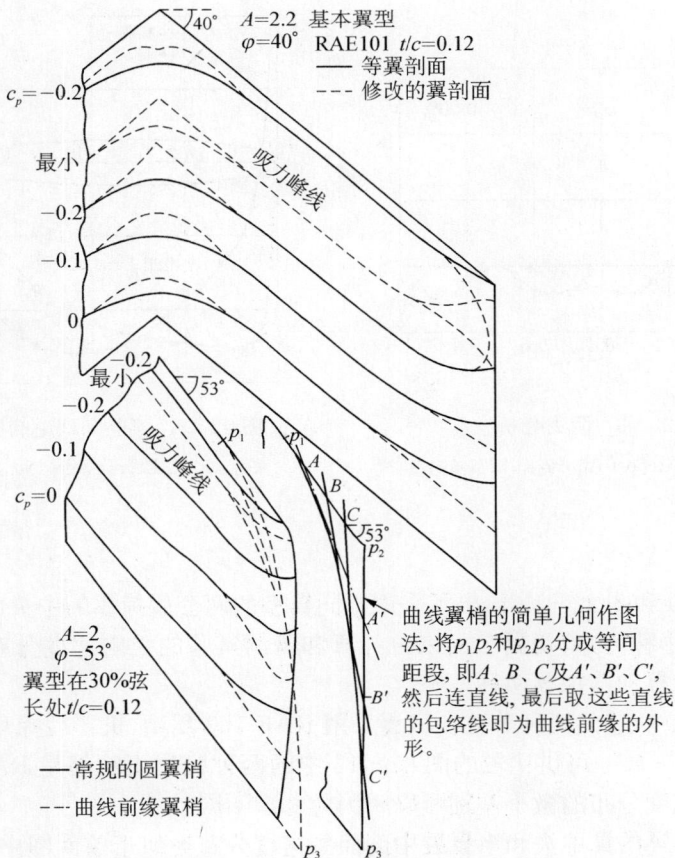

图 22-6 两个后掠翼上的等压线图形

上部：翼型修形

下部：修改翼梢区域平面形状

图 22.6 的上半部分在有关图 22.18 和图 22.19 的段落中讨论。

图 22-7～图 22-9 进一步给出了翼型不变的后掠翼的翼根和翼梢效应的实例。注意图 22-8 中的展向阻力分布得自实验结果并计入了摩擦阻力。

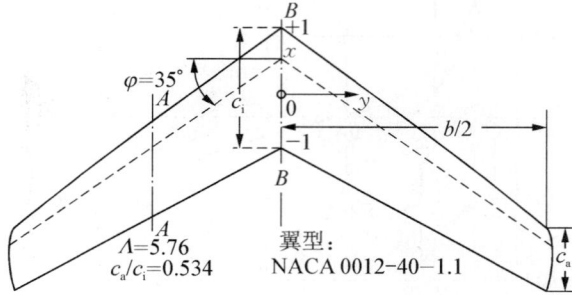

图 22-7　机　翼

来源：RAE Report Aero No 2219 1947

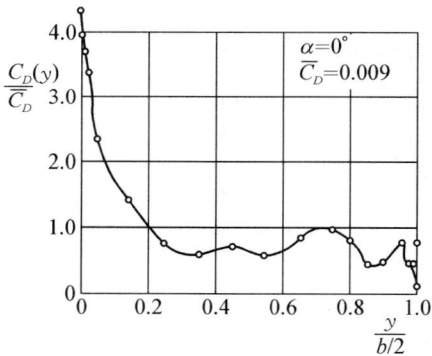

图 22-8　阻力分析

来源：RAE Report Aero No. 2219 1947

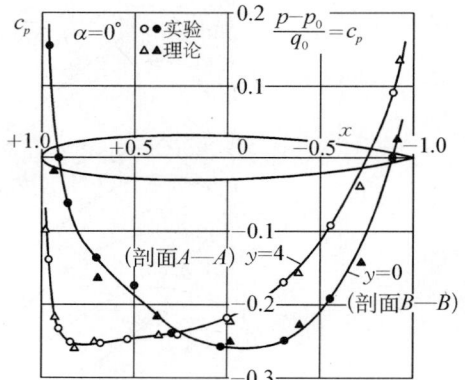

图 22-9　实验和理论的压强分布

来源：RAE Report Aero No. 2219 1947

前掠翼

图 22-10 和图 22-12 给出了采用不同翼型的两套后掠翼的中央剖面及半翼展中剖面(在图中称为"剪切翼")的来自计算和风洞实验的弦向速度分布。每套机翼中考虑了后掠翼和前掠翼两种情况。

图 22-10 所述的两种等弦长机翼采用 RAE 103 翼型,机翼后掠角分别为 $\Lambda = +45°$ 及 $\Lambda = -45°$。可供比较的图 22-12 中的两种机翼用的都是 RAE 101 翼型。两组机翼的速度分布的微小差别可以归因为翼型不同。

两种后掠翼的翼中央和半翼展中剖面的速度分布类似于前面图中所示的分布。两种前掠翼($\Lambda = -45°$)的中央剖面的等压线向前弯曲,前缘有类似于后掠翼近翼梢剖面的吸力峰。

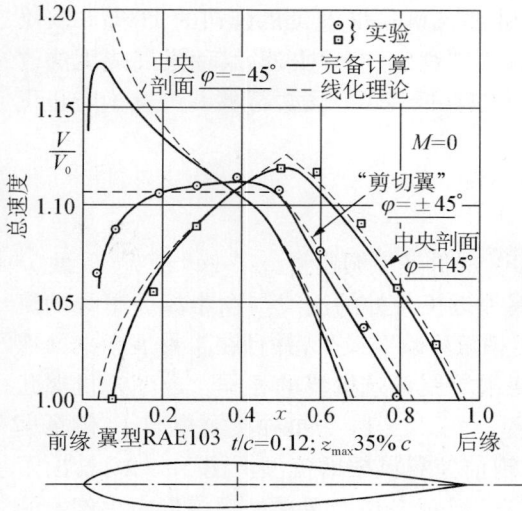

图 22 - 10   速 度 分 布
来源：ARC R&M 2908,1953

图 22 - 11   汉堡飞机公司 HFB 320 公务机
来源：R. Hesse

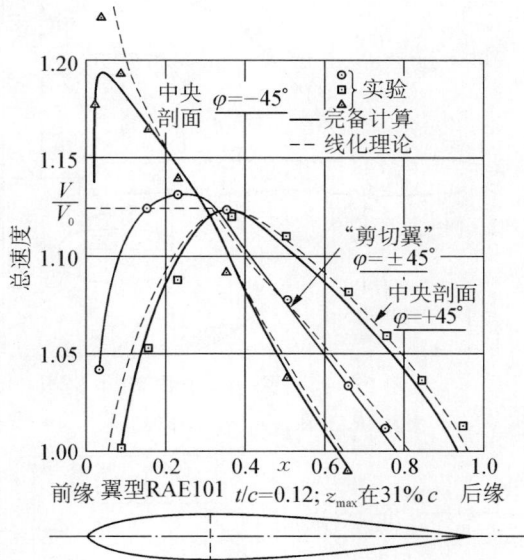

图 22 - 12   速 度 分 布
来源：ARC R&M 2908,1953

  本章稍后将指出，从半翼展中剖面向翼根移动时，由于升力导致的附加速度分布的变化，正如厚度改变的结果一样。在前掠翼上边界层向翼根流动。这些效应加在一起将使翼根先失速而产生上仰，除非采取专门措施。严重的"掉翼尖"一般不会发生。如果前掠翼用于常规飞机布局，尾翼将浸没在机翼失速后的尾流中。特别是采用 T 形尾翼时，情况会恶化到飞机不能从失速中改出。

二次世界大战后,西方唯一采用前掠翼的飞机是汉堡飞机公司的 HFB 320 汉莎喷气(Hansa Jet)。在试飞时,原型机进入了"锁定"的深失速,继而发展成无法改出的平尾旋,造成灾难性事故。该系列飞机在翼根装了一段短缝翼并配置了防止飞机达到大迎角的推杆器。

机身对等压线图形的影响

图 22-13 为两个等弦长后掠角 $\Lambda = 40°$ 的低速风洞模型。第一个模型(模型 5)是翼身组合体,机身作了修形,使流经机翼邻近机身处的流线与在半翼展中线的流线相同。翼梢则为库希曼翼梢。翼根和翼梢效应减至最少,并且在半翼展中剖面速度分布应该与用简单后掠翼理论计算的无限翼展偏航机翼的相同。模型 2 机翼几何外形相同,但与其组合的机身两侧是平壁。图 22-14 为单独机翼模型,一侧翼梢安装在风洞地板上并有整流罩,以防止出现前掠翼翼根的流型。图 22-15 给出了半翼展中剖面(模型 5 剖面 f)、模型 2 翼根(剖面 j)以及单独机翼模型中央剖面的计算和测量的速度分布。从这项研究可以得出结论,即靠近直侧壁机身,机翼绕流与单独机翼的中央剖面绕流相似。

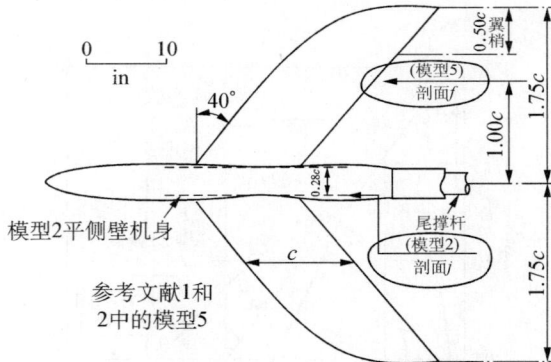

图 22-13　翼-身实验模型

来源:RAE Report No. Aero 2556

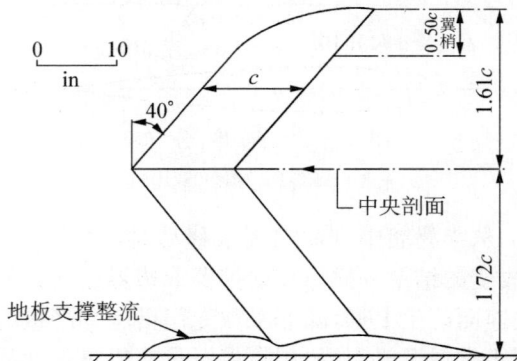

图 22-14　机翼实验模型

来源:RAE Report No. Aero 2556

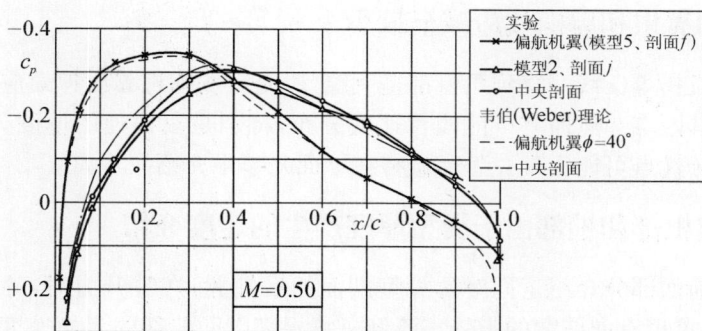

图 22 - 15　理论和实验的压强分布

来源：RAE Report No Aero 2556

升力引起的表面速度

在本章前面几节中讨论了由于机翼厚度，翼根和翼梢对速度分布的影响。由于升力，表面速度也会受到类似影响。如果一个平面升力面可以认为是一个涡面，则在翼根处涡线也会像机翼的等压线那样变化，但不完全相同。涡线也向后弯曲，而且垂直通过对称面。在后缘，一部分附着涡转变为尾涡，见图 22 - 16。这使翼根处升力减少，见图 22 - 17。

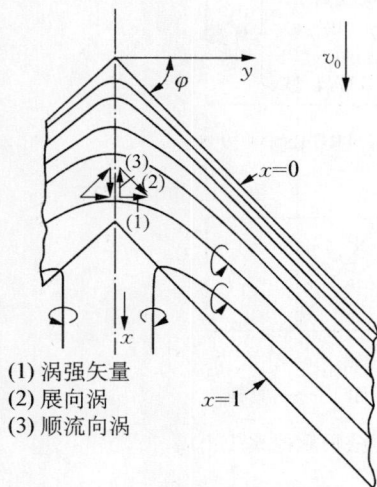

图 22 - 16　邻近后掠翼中央的涡型（示意）[①]

来源：Aeronautical Quarterly. August 1953

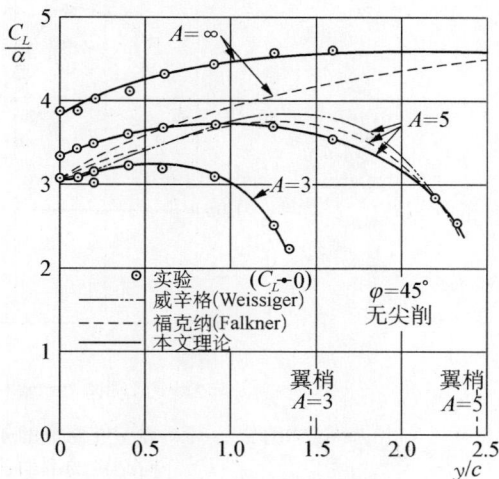

图 22 - 17　实验和理论的展向升力分布

来源：Aeronautical Quarterly. August 1953

────────────────

① 　原图涡矢量标识有误，已改正。——译者注

将后掠翼的翼根和翼梢效应减至最少

获得使机翼等压线一直到机身都是直线,以充分发挥机翼后掠效应的机翼表面速度分布极其困难。然而有可能改善速度分布,特别是翼根处的速度分布,使得后掠翼的大部分优点可能实现。怎样做将在下面几节中介绍。

改善后掠翼根部和梢部由于翼型厚度产生的速度分布

在本章前面部分介绍了同对称翼型剖面的后掠翼,在零升力时,等压线在翼根有向后弯,在翼梢有向前弯的走势。流经机翼根部剖面前部的表面速度比机翼半翼展中剖面的低,而流经后部的较高。在翼梢则情况相反。

在第 11 章介绍了几何外形与压强或速度分布的关系,特别是关于这些参数的变化。这意味着如果要增加局部表面速度,则要增加当地曲率,而要减少表面速度则当地曲率应减少甚至改变正负号。因此要使根部的速度分布等于或接近等于半翼展中剖面的分布,则翼根剖面的前部需加厚而后部需减薄。在翼梢则正好相反。这种修形的例子见图 22-18 和图 22-19。

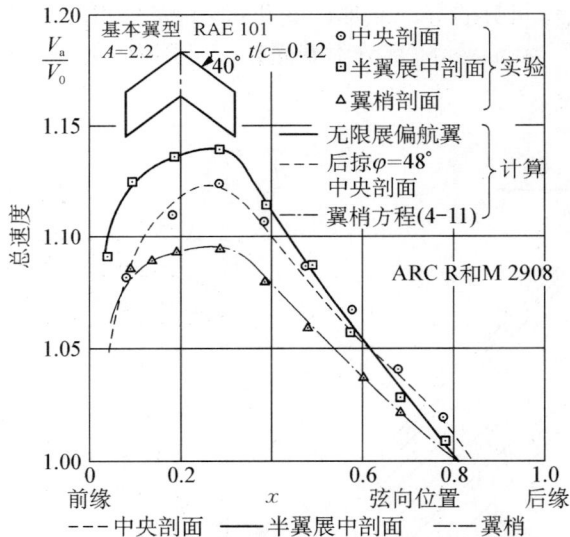

图 22-18　翼型有修形的 40°后掠等弦长后掠翼三个展
向站位的剖面速度分布

来源:ARC R&M 2908

图 22-19　对应图 22-18 的翼型

来源:ARC R&M 2908

如果作了这种修形,在各个剖面的速度分布相似,但幅度不同,则可以通过修改不同剖面的相对厚度来纠正。这样可以得到直线的或接近直线的等压线。

改善后掠翼根部和梢部由于升力产生的速度分布

图22-20给出了后掠角 $\Lambda = 45°$ 平面无尖削机翼,$C_L = 0.3$ 时,在机翼中线和接近半翼展中点站位的翼剖面的弦向升力分布。这种升力分布也可视为由于厚度分布引起的速度分布的增量。

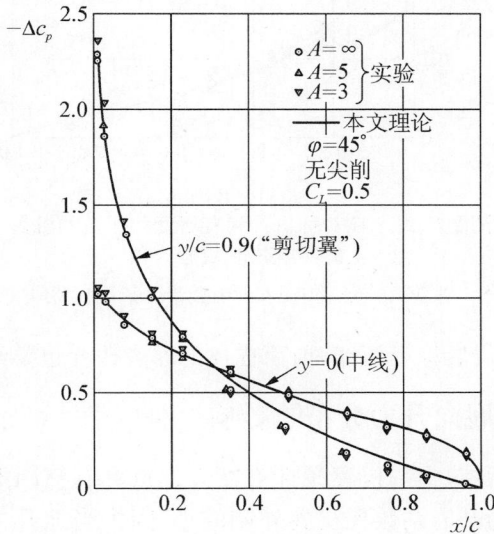

图 22-20 实验和理论的弦向载荷分布

来源:Aeronautical Quarterly. August 1953

该图也表明由于这种机翼的升力涡线向后弯,使得机翼根部的前部区域升力小于半翼展中剖面,而后部区域的则比它大。

这种弦向速度分布可以通过修改上、下翼面的曲率分布来纠正,使得实际上形成负弯度中弧线。如图 22-17 所示,损失的升力可以用增加迎角来补偿。

图 22-21 展示了上述机翼之一的中央剖面修形,而图 22-22 则给出了这种修形的结果。要看到这种修形仅用于演示沿翼展由于升力产生的表面速度分布相同

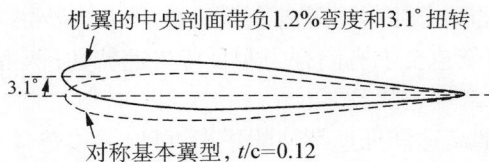

机翼的中央剖面带负1.2%弯度和3.1°扭转

对称基本翼型,$t/c=0.12$

图 22-21 对机翼中央剖面翼型施加扭转

来源:Aeronautical Quarterly. August 1953

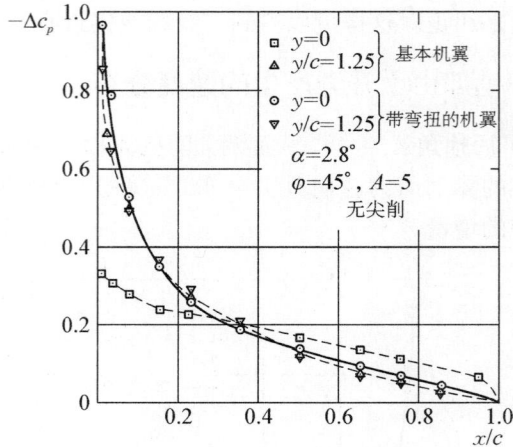

图 22 - 22　在对称机翼和有弯度和扭转的机翼
上的实验弦向载荷分布

来源：Aeronautical Quarterly. August 1953

可以实现。为得到直线后掠等压线，前面描述的厚度改变也要纳入修形。

机翼尖削和后掠对展向升力分布的影响

当一个（平直或后掠）尖削机翼设计为在设计点具有椭圆形或接近椭圆形的升力分布时，机翼内侧的升力系数比机翼外侧的小，因为当地升力取决于当地升力系数和当地弦长的乘积（$c_i \times c$）。

如果要求靠近翼根处当地升力系数比外侧机翼的小，同时在机翼上表面有相同的弦向速度分布，以获得等弦长百分比的等压线，只能通过增大机翼内侧下翼面的表面速度来达到。这就使得翼根剖面必须采用曲率大而且相对厚度也大的翼型。

这样做带来附加的好处：减轻内翼重量，增大燃油容量。

以上针对设计状态。当迎角增加到相应在低速可达到的大得多的升力系数时，附加升力系数的展向分布见图 22 - 23。在图中可以看到 4 种不同尖削比机翼的当地升力系数除以机翼升力系数随展向位置的变化。增加尖削，机翼内侧的当地升力系数趋于减小，而机翼外侧则增加。机翼后掠也有类似的作用，见图 22 - 24。

机翼后掠和尖削的结合使得对外翼翼剖面的升力特性要求高。很清楚高速要求有直后掠等压线，而低速要求有高升力和良好失速特性，两者虽然不冲突，但需要仔细分析。这在第 19 章中也提到了。

尖削后掠翼外翼的高速和低速特性的平衡，可以通过选择合适的前缘半径而不改变上翼面曲率来实现。

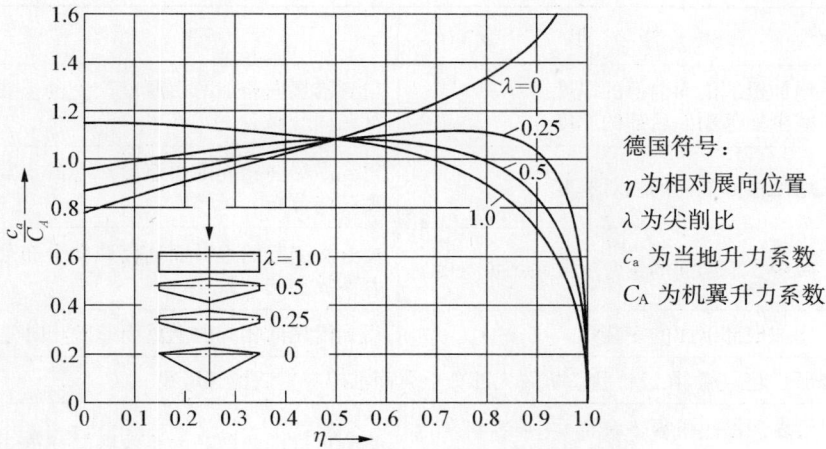

图 22 - 23 不同尖削比机翼的展向升力分布

来源：Schlichting & Truckenbrodt. Aerodynamik des Flugzeuges

德国符号：

η 为相对展向位置

λ 为尖削比

c_a 为当地升力系数

C_A 为机翼升力系数

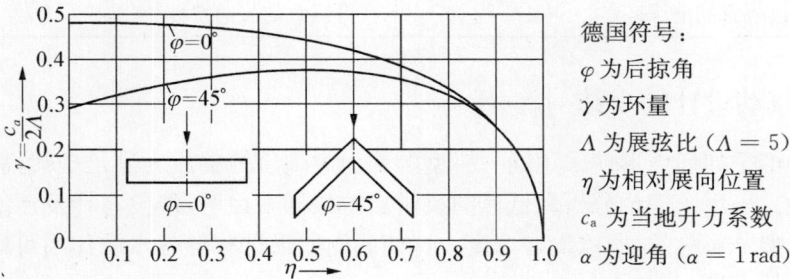

图 22 - 24 直机翼和后掠翼的展向升力分布

来源：Schlichting & Truckenbrodt. Aerodynamik des Flugzeuges

德国符号：

φ 为后掠角

γ 为环量

Λ 为展弦比（$\Lambda = 5$）

η 为相对展向位置

c_a 为当地升力系数

α 为迎角（$\alpha = 1 \, \text{rad}$）

使俯仰力矩最小

上面讨论的设计要求旨在产生一定的翼根剖面当地升力系数，而没有谈及弦向速度分布。将翼根剖面下表面的前部修成使前部载荷最大的外形，有利于使机翼的俯仰力矩，进而使配平阻力最小。减少后加载导致翼根区的后部加厚，为布置襟翼及其相应的机构，收纳主起落架立柱提供更大的空间。

为使用同一翼型的平面尖削后掠机翼得到满意的高低速性能的修形要点

这种修形在机翼根部最为明显，而且应该延伸到30%～40%半翼展与基本机翼融合。除需调整前缘区下部外，在翼梢区修形通常是次要的。

表 22‑1 为使用同一翼型的平面尖削后掠翼得到满意的高低速性能的修形要点

修形项	修　形	理　由
1	增加根部剖面前部的厚度 减少根部剖面后部的厚度	得到沿展向相似的由厚度产生的上翼面速度弦向分布
2	增加根部剖面的相对厚度	得到沿展向相同的由厚度产生的上翼面速度弦向分布
3	减少翼根剖面的正弯度或采用负弯度	使升力引起的上翼面速度弦向分布形式与基本翼型的一致
4	增加根部剖面的安装角	得到沿展向相同的上翼面速度弦向分布
将 4 种修形一起应用，在设计状态机翼大部分上翼面都应有直后掠等压线。		
5	沿翼展修改机翼下表面（主要在机翼内侧）	得到可取的局部升力系数展向分布
6	修改根部剖面有关前、后加载的下翼面速度分布	尽量减小机翼俯仰力矩
7	修改外翼的前缘区	获得满意的失速特性

对后掠翼气动设计的小结

　　本章讨论了如何修形使采用同一翼型的平面尖削后掠翼成为满足现代高、低速要求的设计。采用了理论分析和低速的风洞实验数据来说明，但没有计及压缩性效应。基本翼型是对称的，所以没有弯度。这使我们能采用相继各步的作用可以叠加的清晰可见的步进方法。

　　设计现代后掠翼，起点将是设计状态为跨声速流的超临界翼型。设计只有借助现代 CFD 方法才能完成。这些方法至少按处理后缘边界条件的特别规定求解全位势流动（例如 FLO 22 程序），最好计入边界层和机身的影响。现代方法多半基于采用欧拉方程和时均 N‑S 方程的结合。即使采用现代方法，为得到令人满意的设计，还需要沿着上面说的思路，进行很多轮迭代。当然，若还要考虑机翼下的发动机和挂架，则设计过程更为复杂。

23   关于有限翼展机翼压强
分布的设计考虑

如前面论述翼型的各章所述,确定用于高亚声速巡航马赫数的现代机翼的设计压强分布时,应遵守下列边界条件:

1) 每个机翼站位的最大局部马赫数

在机翼上翼面前部的超声速区中,最大局部马赫数不应超过 $M_{loc} = 1.2$,以防止高于亚声速阻力水平的过度阻力爬升。

当激波前的局部马赫数为 1.35~1.45(取决于雷诺数和激波位置)时,在激波后发生边界层分离。这个条件决定了巡航升力系数距抖振发生边界的余量。对于后掠翼,上述马赫数应为垂直于等压线的流动马赫数。

2) 压强分布亚声速区的压力梯度

机翼后部,无论是上翼面还是下翼面,其逆压梯度应该在飞机正常使用包线内的任何飞行条件下都不会引起后缘分离。这就限制了在设计状态激波的最后位置或后加载程度。因此必须进行计及边界层效应的设计计算。

3) 局部升力系数的展向分布

应剪裁下翼面,得到在上翼面有直线或接近直线的等压线的椭圆或近似椭圆的升力展向分布。由于尖削机翼最高局部升力系数位于 60%~70% 半翼展,设计过程应从选好该机翼站位的翼型开始。

4) 局部俯仰力矩系数的展向分布

因需求高升力系数,外翼剖面通常都采用正弯度翼型,所以有相当大的剖面负俯仰力矩系数。因此机翼内侧翼型的剖面俯仰力矩系数应尽量小。这意味着需要的升力应尽可能通过前加载获得。

图 23-1 给出了机翼设计过程的方块图。图 23-2 说明以上讨论的设计目标。

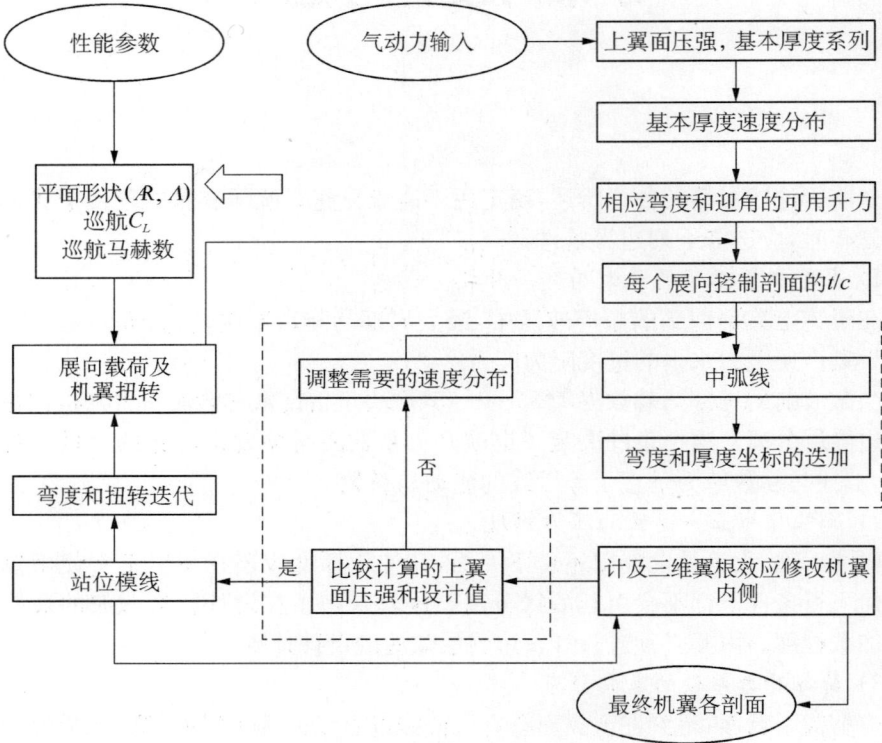

图 23-1 机翼设计过程

来源：AGARD LS-37 paper No. 6

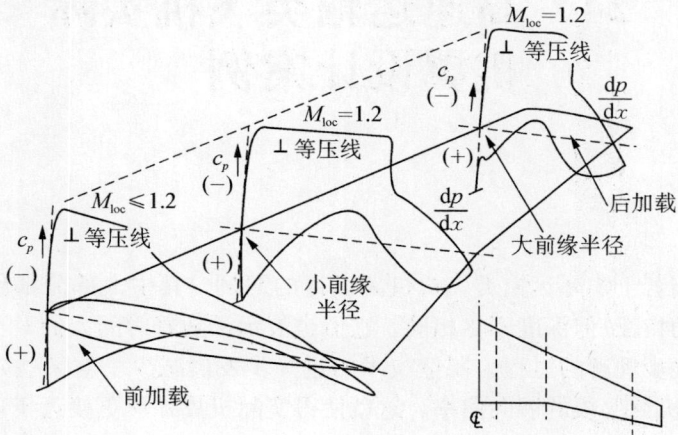

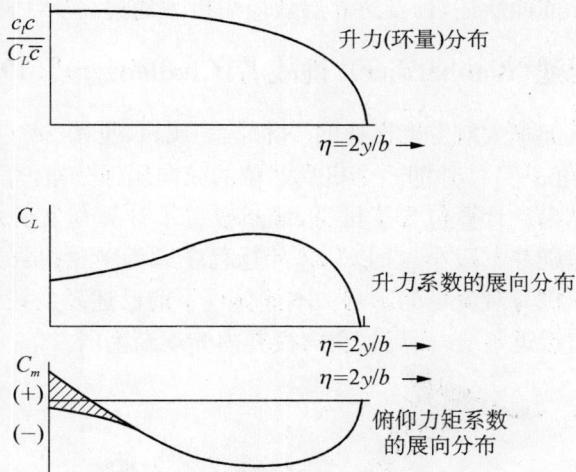

图 23-2 展向压强、升力、俯仰力矩系数的分布(示意图)

24 高速运输类飞机实际机翼设计案例

本章介绍若干实际运输类飞机机翼设计的案例。其中大部分都包含了前几章所讨论的气动特征,但深度不尽相同。它们也展示了随着时间人们对飞机全机布局跨声速流动逐步理解的过程。制造技术的进一步发展减少了对某些几何特性的限制,如大承载机翼壁板的展向曲率。这就使得实际机翼外形更接近于理想的空气动力外形。

在最后一段就跨声速设计和分析方法的最新进展及其可能性和局限性,给出了一些一般结论。如前面所述,计及边界层效应后极大地提高了计算结果的有效性。

加拿大航空庞巴迪(Bombardier)"挑战者(Challenger)"(1978 年首飞)

第一个例子是加拿大航空庞巴迪的"挑战者"飞机,见图 24-1。图 24-2 给出了 $M = 0.82$、迎角 $\alpha = 1.5°$ 的 5 个机翼站位的弦向压强分布,其中包括 CFD 计算结果及风洞实验结果。计算包含了机身,显然改善了计算与实验结果的一致性,虽然在靠近机身处差别并不很小。FLO 22 计算程序原为单独机翼开发,经过灵巧的数学处理后计及了机身对流场的影响。本例体现了前已述及的设计原则,即沿展向上翼面的压强分布接近不变,而后加载向机翼内侧逐渐削弱。

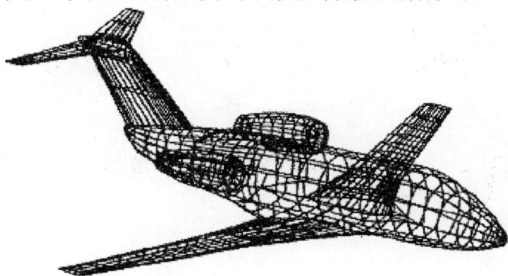

图 24-1 "挑战者"CL-600 飞机的
WBAERO 面元模型

来源:AGARD CP-339

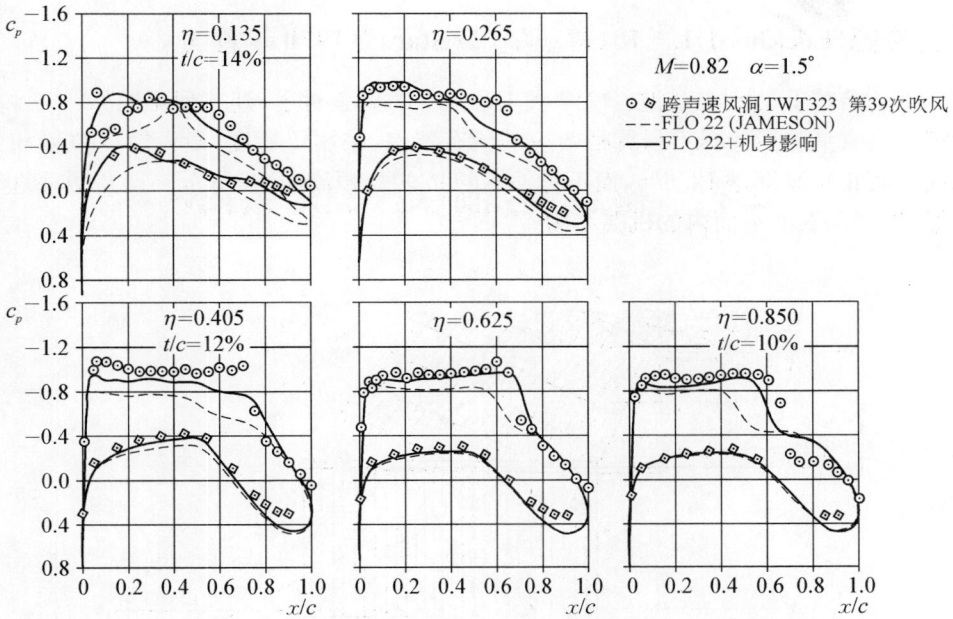

图 24-2 机身对机翼压强分布的影响,理论(FLO-22)与风洞实验的比较

来源:AGARD CP-339

图 24-3 给出 $M = 0.70$ 和 $C_N = 0.51$ 时的全机及翼身组合体的展向升力分布。复合的机翼尖削对机翼内侧的当地升力系数分布影响显著。这使翼根相对厚度得以增加到 $t/c = 14\%$。此外,由于机翼内侧靠近发动机短舱,当地升力略有减少。

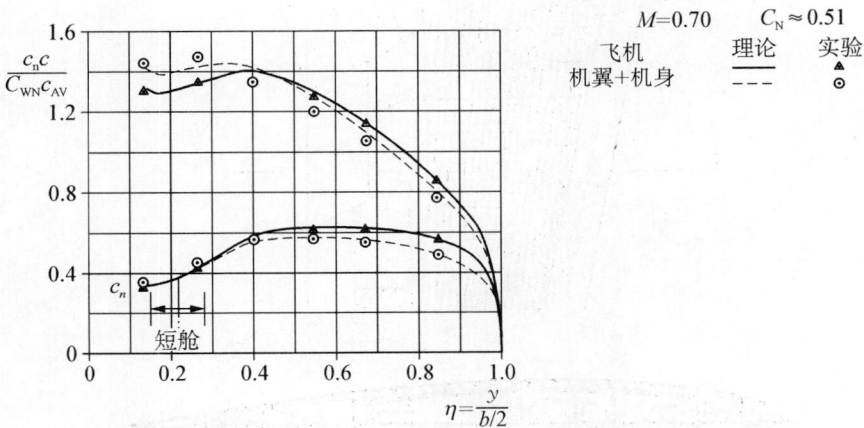

图 24-3 发动机短舱对机翼展向载荷分布的影响,理论(WBAERO)与风洞实验比较

来源:AGARD CP-339

洛克希德（Lockheed）L‑1011"三星（Tristar）"（1970 年首飞）

洛克希德 L‑1011 是波音 747 和 DC‑10 的竞争对手，其翼型见图 24‑4。翼根翼型具有消除后掠翼不利翼根效应的所有特点：采用负弯度，最大厚度位置相当靠前。其相对厚度是 12.6％，而不是外翼的 9.9％（顺流向）。所示外翼翼型垂直于后梁，以展示翼肋平面内的机翼结构。

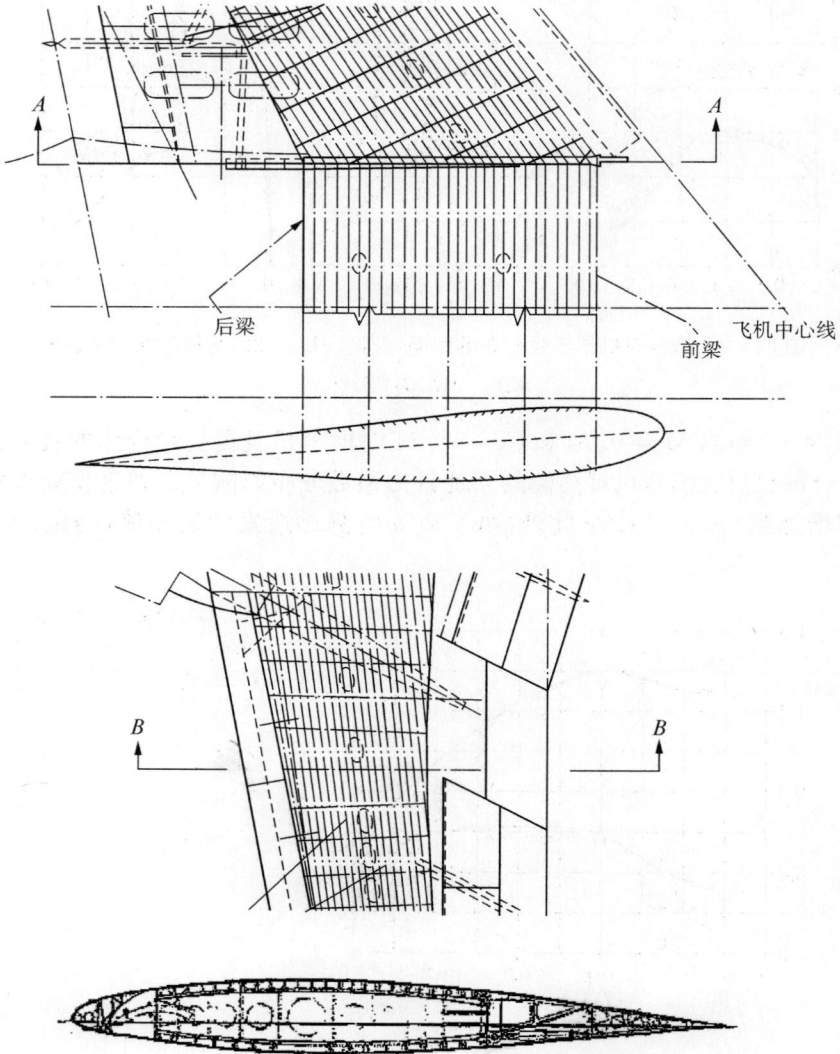

图 24‑4　洛克希德 L‑1011 的机翼

道格拉斯(Douglas)DC-8(1958年首飞)

　　DC-8是道格拉斯公司第一种民用喷气客机。图24-5展示了它的机翼设计。从翼根到$y/(b/2)=0.25$段用的是相同翼型,安装角$i=3.9°$。这种翼型相对厚度为12%,带有负弯度而且最大厚度位置稍为靠前。再向外的翼型相对厚度变为10%,带正弯度,并且安装角较小,翼型见图24-6～图24-8。机翼的负扭转一直延伸到翼梢。外翼的翼型是进一步发展的NACA修形4位数翼型。所选的翼根翼型呈现使得沿整个翼展的等压线近似直线所需的弦向压强分布。这种翼型一直保持到机翼内侧的25%半翼展处,因为小前缘半径保证了在失速时,初始气流分离发生在机翼内侧。

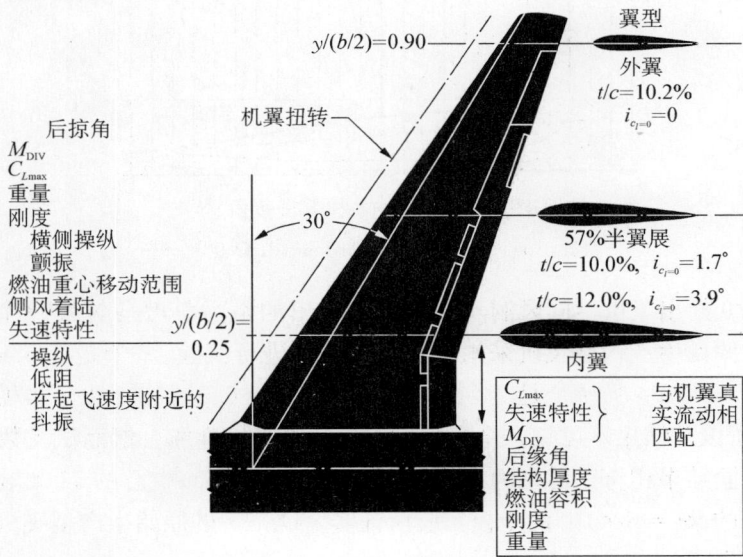

图 24-5　DC-8机翼设计准则

来源:Canadian Aeronautical Journal,October 1960

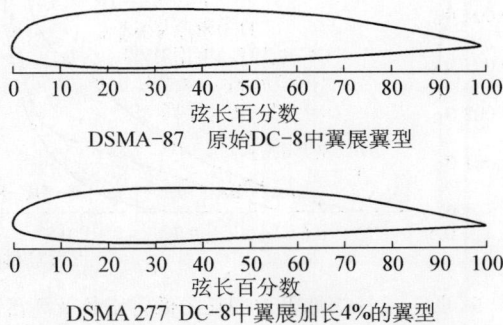

DSMA-87　原始DC-8中翼展翼型

DSMA 277　DC-8中翼展加长4%的翼型

图 24-6　DC-8原始翼型和加长4%的翼型外形

来源:AIAA Paper No. 85-4067

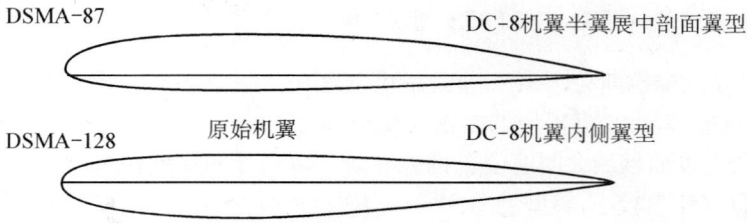

DSMA-87   DC-8机翼半翼展中剖面翼型

DSMA-128   原始机翼   DC-8机翼内侧翼型

图 24-7　DC-8 机翼半翼展中剖面及内侧翼型

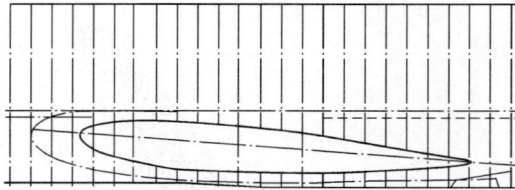

来源：Canadian Aeronautical Journal，Oct. 1960

图 24-8　DC-8 机翼安装角

来源：Canadian Aeronautical Journal，Oct. 1960

图 24-9 给出了由不同风洞实验和试飞得出的阻力急增马赫数特性随马赫数的变化。对原始生产构型飞机采用两个风洞模型进行实验，一个是 3.5% 比例的全模，$Re=1.8\times10^6$，另一个是 7% 比例的半模，$Re=6.5\times10^6$。由于半模实验技术还不成熟，所以其结果不可靠。全模数据用于估算飞机性能。然而试飞数据和大雷诺数风洞实验结果相符。后来为在 NACA 艾姆斯（Ames）中心的 11 ft 增压跨声速风洞中进行的 $Re=6\times10^6$ 的全模实验所证实。DC-8 的原始生产型飞机的阻力增长特性令人失望。

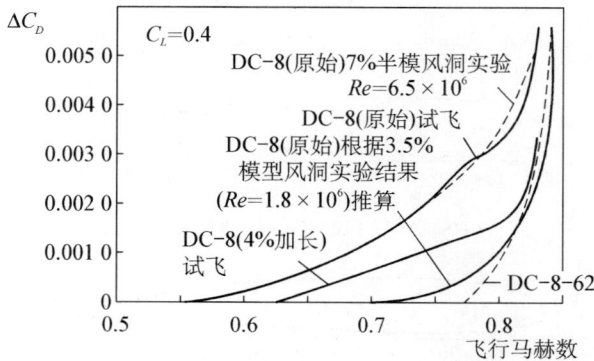

图 24-9　DC-8 压缩性阻力增长的低雷诺数及高雷诺数
风洞实验结果与试飞结果比较

来源：AIAA Paper No. 85-4067

图 24-10 为道格拉斯飞机公司的空气动力学带头人之一所发表的论文片段,说明在 20 世纪 60 年代初要优化高速运输类飞机的空气动力特性,设计师可用的手段极其有限。尤其是要改进在产的飞机。对于 DC-8,要改善其阻力增长特性,只能在机翼前梁前的区域做文章。分析证明,高阻力也可能源于前缘表面速度太大。为此设计了新的前缘,在前梁前增加弦长 4%,表面速度峰值降了下来,使巡航阻力有很大改善,而且用到了批生产飞机上。此时,英国皮尔西的尖峰翼型已经问世(见第 15 章),但没有在 DC-8 的改进中起到影响。后来这项技术在开发 DC-9 时被采用。

我们得出结论,对于有些翼型,当然包括我们的尖峰翼型,雷诺数很重要,它一定要超过 6×10^6,否则会有得出错误的阻力增长特性的风险。问题也归因于头部吸力峰过高。因此,翼型的修形设计在于压低巡航时的前缘吸力峰。这种更改只能在机翼前梁前的前缘部分实施,将弦长增加 4%。这一变化解决了问题的 70%,而在远小于 M_D 的马赫数,阻力仍有中度的跃升。

批生产飞机改成了加长 4% 弦长的前缘,而且大多数早期的 DC-8 也作了这样的改装。

在令人坐卧不安的重新评估期间,我们获悉了英国皮尔西的翼型理论工作。根据皮尔西的研究,我们确定我们的实际问题是不可压缩流翼型压强分布没有足够陡的前缘吸力峰,而且沿翼型有一段距离的压强系数曲线的斜率,在翼型最高峰前方还得相当平缓。我们认为这是非常必要的,以避免在 M_D 之前出现过渡的阻力爬升。要达到这一目的对 DC-8 翼型作修改,受现有的结构限制,只能在前梁之前的部分进行,而且要保持原已取得的失速速度不变。后来,对 DC-9-30 系列以及后续的 DC-9 飞机的翼型进一步修形,用了约 6% 的前缘延伸并安装了前缘缝翼,以便满足更严格的 $C_{L_{\max}}$ 的要求,得到了尖锐的吸力峰。不过我们应该看到修形后 DC-8 翼型本身真的很好。后来证明剩下的阻力爬升问题很大程度上由挂架干扰引起。

图 24-10 关于 DC-8 机翼的设计及进一步发展

来源: AIAA Paper No. 85-4067

对机翼上翼面压强分布的分析表明,发动机挂架前缘越过机翼前缘时,产生了紧挨挂架内侧的吸力峰,见图 24-13(a)。这一效应以前已在第 20 章中讨论过(见图 20-21 和图 20-47)。这对控制低速失速是有利的,但将产生巡航时的附加阻力。

如果修形不仔细,对于控制失速,其作用会太强。DC-8 的原型机,在所有襟翼偏度,最大升力系数都比需要的小。

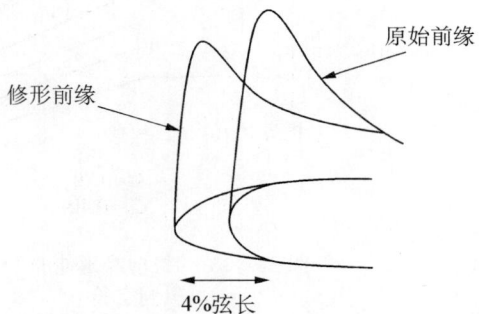

图 24-11 DC-8 机翼前缘修形

这就需要在紧挨挂架内侧添加短前缘缝翼,以期得到所要求的最大升力系数。

为了消除挂架内侧的吸力峰,在挂架前缘开了切口,结果如图 24-13(b)所示。这样的修形已用于 DC-8 61,62 和 63 系列。

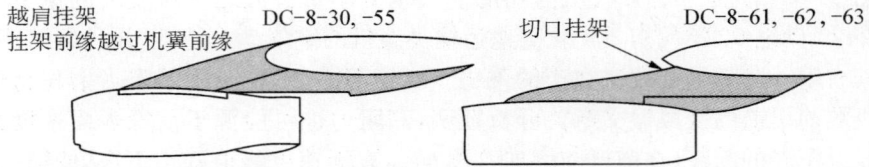

图 24-12 翼吊喷气或涡扇发动机的越肩挂架和切口挂架

来源：AIAA Paper No. 85-4067

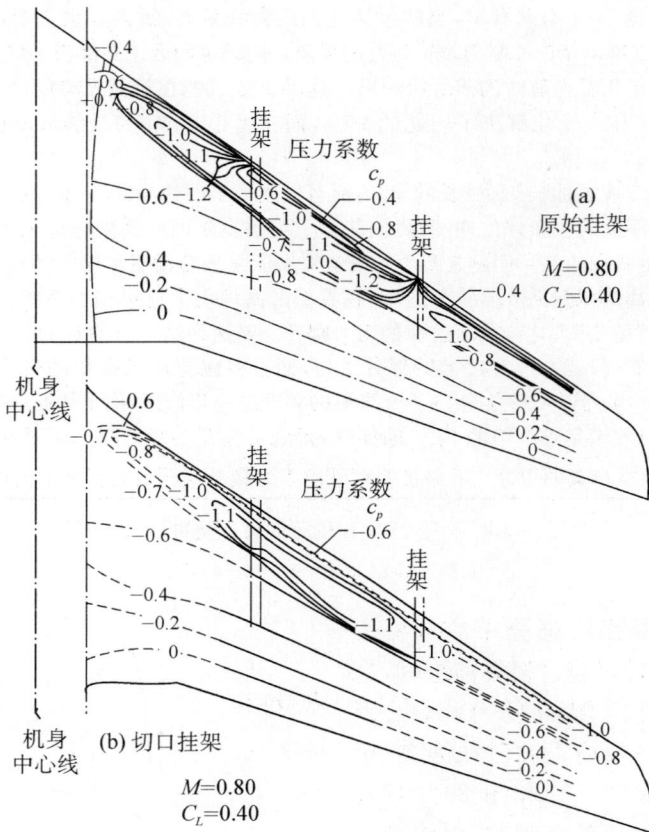

图 24-13 4%前缘延伸的 DC-8 机翼压强分布。7%半模风洞实验

来源：AIAA Paper No. 85-4067

对巡航阻力的改善明显，见图 24-9。最大升力系数没有损失，短前缘缝翼仍保留（在飞行中关闭）。由于 60 系列要安装不同的发动机，挂架需重新设计，而且发动机短舱处于较低位置，可能减少第 11 章所述的干扰效应。最后请注意图 24-13(b) 中有规则的等压线正如专论 DC-8 的本节一开始所述。

道格拉斯 DC - 9(1965 年首飞)

DC - 9 设计用于中短程,巡航马赫数 $M = 0.80$。因此机翼后掠角可限于 $\Lambda_{\frac{1}{4}c} = 24°$,关于在巡航时机翼有直线后掠等压线和对失速特性的要求没有像 DC - 8 那样高。

图 24 - 14 给出展向厚度和扭转分布。机翼内侧升力系数较低,使其相对厚度 可以较大,同时,保持需要的等压线图形。为了得到满意的失速特性,机翼外侧的扭 转比诱导阻力最小所需的略大。图 24 - 15 给出了确定 DC - 9 10 系列机翼外形的 翼型。注意翼根翼型有负弯度。

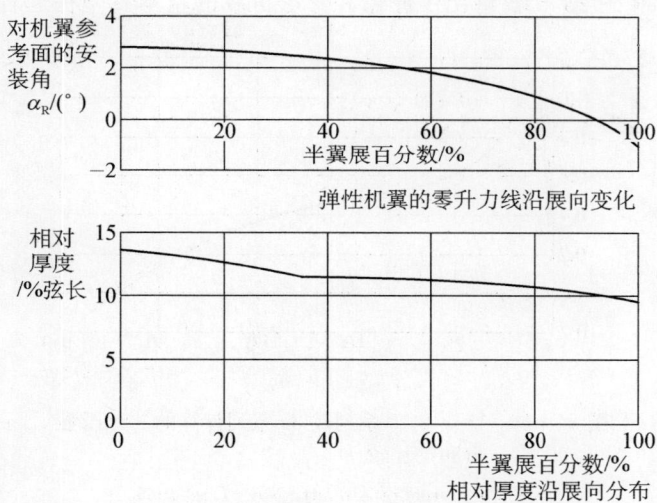

图 24 - 14　道格拉斯 DC - 9 机翼厚度及扭转

来源:Journal of Aircraft,Nov - Dec. 1966

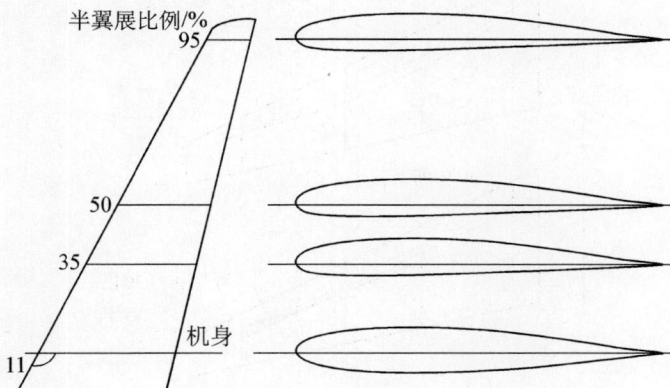

图 24 - 15　道格拉斯 DC - 9 翼型

来源:Journal of Aircraft,Nov - Dec. 1966

如前文所述,在 20 世纪 60 年代早期,皮尔西在英国所做的有关尖峰翼型方面的研究成果被大家所了解。第 15 章已对这些翼型进行了介绍。

这种翼型的实际研制过程冗长,因为当时对于混合亚声速-超声速流动的认识和进行计算的手段都很有限。总的思路是,为了在(跨声速)设计状态获得所需的压强分布,在亚声速流动状态,上翼面压强分布应在前缘出现一个尖锐的吸力峰,紧接着是直到弦线中点附近的具有非常低的正压强梯度的区域。这些参数的数值只能在风洞中确定,因此,试凑成为研制过程的一个特点。

带缝翼的 DC - 9 30 系列机翼弦长在前梁前延伸了 6%。这就可以改变前缘形状,从而改变压强分布。图 24 - 16 显示了在亚声速流中形成的尖锐吸力峰。

图 24 - 17 和图 24 - 18 给出了原始和修形机翼的基本翼型在远程巡航和 M_D 时

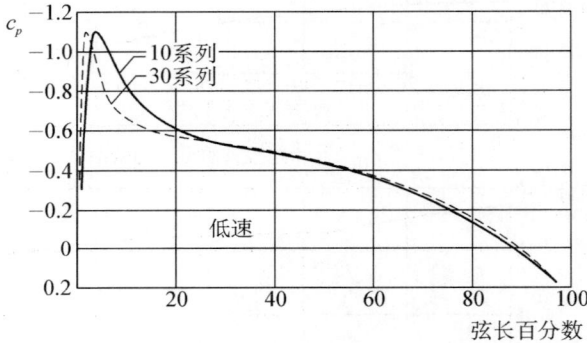

图 24 - 16　DC - 9 10 系列及 30 系列计算的二元压强
分布的比较

来源:Journal of Aircraft,Nov - Dec. 1966

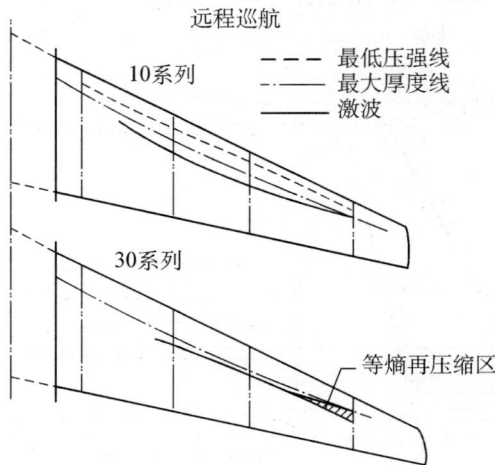

图 24 - 17　10 系列及 30 系列风洞实验的激波位
置的比较

来源:Journal of Aircraft,Nov - Dec. 1966

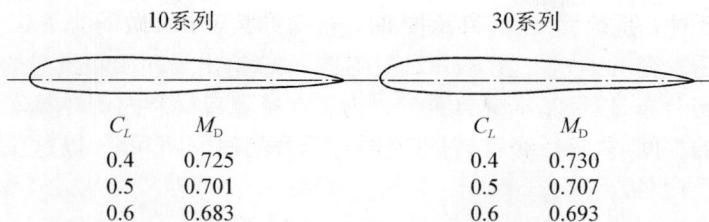

10系列   30系列

C_L	M_D		C_L	M_D
0.4	0.725		0.4	0.730
0.5	0.701		0.5	0.707
0.6	0.683		0.6	0.693

图 24 - 18　估算的无后掠阻力发散马赫数比较

来源：Journal of Aircraft，Nov - Dec. 1966

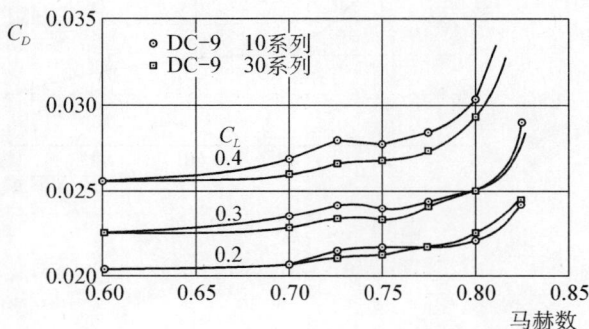

图 24 - 19　10 系列及 30 系列风洞实验的阻力增长特性比较

来源：Journal of Aircraft，Nov - Dec. 1966

的激波位置。图 24 - 19 显示经过修形机翼的阻力爬升确实减少。在 $C_L = 0.4$ 时，阻力下降 0.001。

道格拉斯 DC - 10（1970 年首飞）

道格拉斯飞机公司将设计 DC - 9 机翼的经验用于 DC - 10 的机翼设计，又一次使用了尖峰翼型。图 24 - 20 再次展示了 NACA 6 系列翼型（传统翼型）和尖峰翼型，从低速到高马赫数的上翼面压强分布发展的差别。

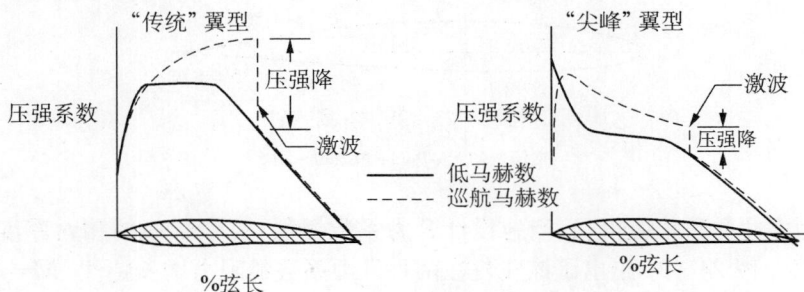

图 24 - 20　计算压强分布的比较

来源：Douglas Flight Approach，1972

　　因为 DC‐10 是远程飞机，机翼按高巡航马赫数设计，$M = 0.85$。所需的四分之一弦长线后掠角 $\Lambda = 35°$。图 24‐21～图 24‐23 给出了初始和最终的机翼展向厚度分布和扭转分布，以及基本机翼翼型。为了在机翼后梁和内侧襟翼间提供放置主起落架立柱的空间，机翼后缘有转折（有时称为耶胡迪［Yehudi］，以这位波音公司的发明人的姓氏命名）。

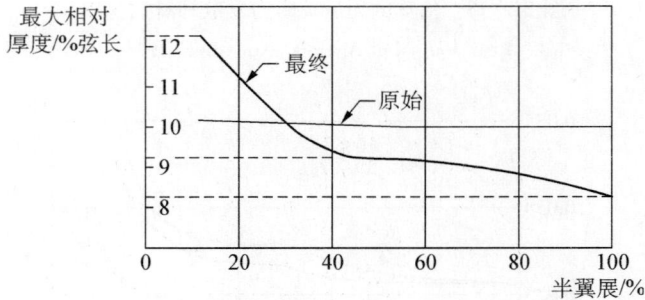

图 24‐21　厚　度　分　布

来源：AIAA Paper No. 69‐830

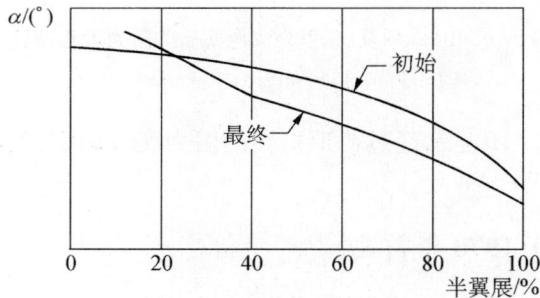

图 24‐22　机翼扭转分布

来源：AIAA Paper No. 69‐830

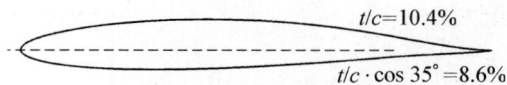

图 24‐23　基　本　翼　型

来源：AIAA Paper No. 69‐830

　　因为由此导致根弦很长，当地设计升力系数很低，翼根剖面的相对厚度可比外翼大 40%。图 24‐24 给出了该飞机在两种升力系数的阻力增长特性。$M = 0.85$ 时由于压缩性引起的阻力增量的风洞实验和飞行试验值都只有 15 个阻力单位。

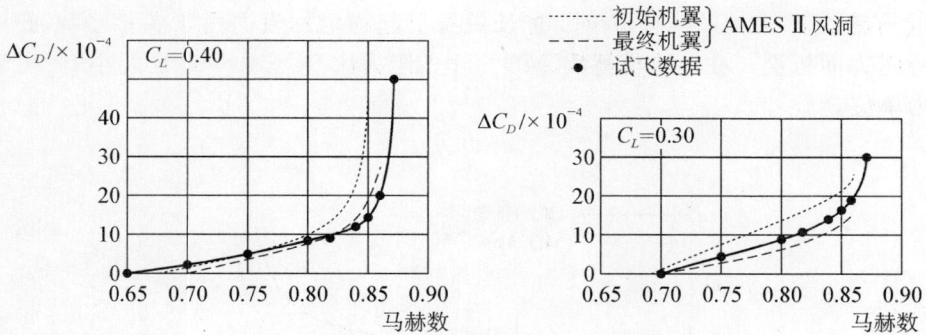

图 24 - 24 DC - 10 10 系列的压缩性阻力增长

来源：Douglas Flight Approach, 1972

基本翼型几乎没有后加载。当 DC - 10 发展为 MD - 11 时，在后缘转折处外侧的襟翼和副翼区施加了一些后加载。这些后加载加上配置翼梢小翼，使阻力明显减小。图 24 - 25 给出 DC - 10 - 30 及 MD - 11 在 $M = 0.85, C_L = 0.53$ 时的弦向压强分布。后加载明显降低了机翼前部上翼面的表面速度。

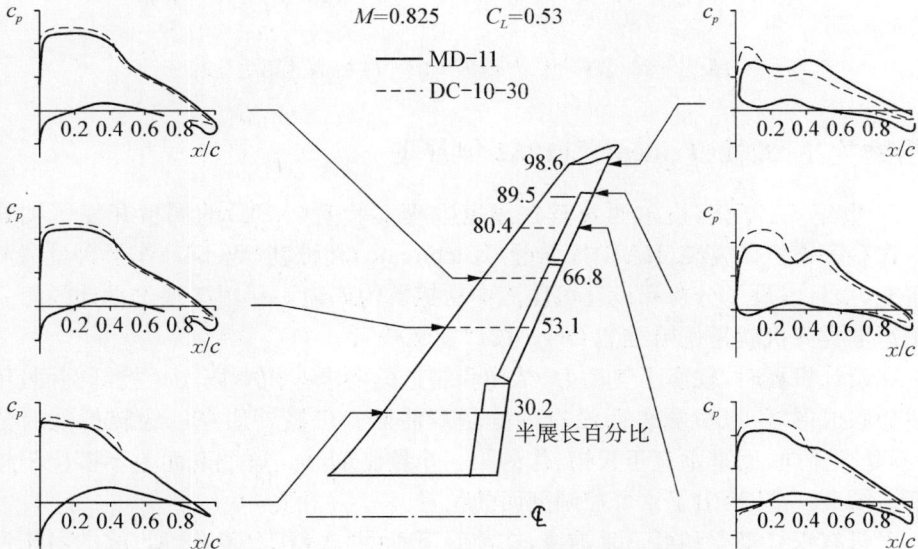

图 24 - 25 DC - 10 - 30 及 MD - 11 机翼的弦向压强分布

来源：AIAA Paper No. 87 - 2928

图 24-26 比较了麦道公司 DC-10-30 及 MD-11 的高速阻力曲线。请注意低马赫数下，在 $C_L = 0.50$ 时，加长机身引起的附加阻力由于翼梢小翼减小了诱导阻力而抵消。在巡航马赫数，MD-11 的阻力比 DC-10-30 还要小 10～15 个阻力单位。

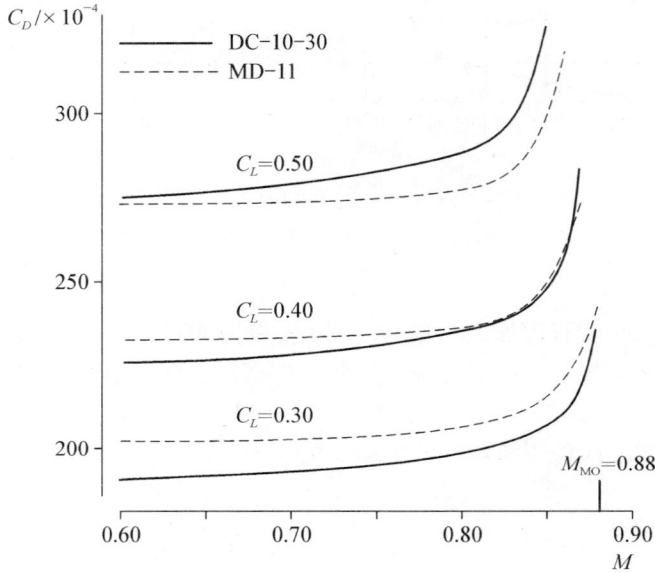

图 24-26   DC-10-30 及 MD-11 的高速阻力比较

德哈维兰"三叉戟（Trident）"（1962 年首飞）

20 世纪 50 年代，皮尔西及其在国家物理实验室（NPL）的同事开发了尖峰翼型。在皇家飞机研究院（RAE）库希曼（Küchmann）和维勃（Weber）作了大量风洞实验研究，而且发展了分析和设计可压流中后掠翼的理论。利用该理论设计的第一种民用运输类飞机就是德哈维兰 DH-121"三叉戟"。

在设计机翼时，权衡了气动力、结构和制造的要求。机翼以 4 个控制剖面，用直母线相联成形，所以机翼表面没有一处是双曲面。机翼外形在后缘转折处的分界面，不是顺流向，而是垂直于长桁，作为第三个控制剖面。这个剖面差不多位于外翼中部。图 24-27 给出了 4 个控制剖面的位置。

飞机有双缝襟翼和可下垂前缘，在前缘下垂的"支臂"上装有可收放的涡流发生器，前缘下垂时"支臂"伸出。

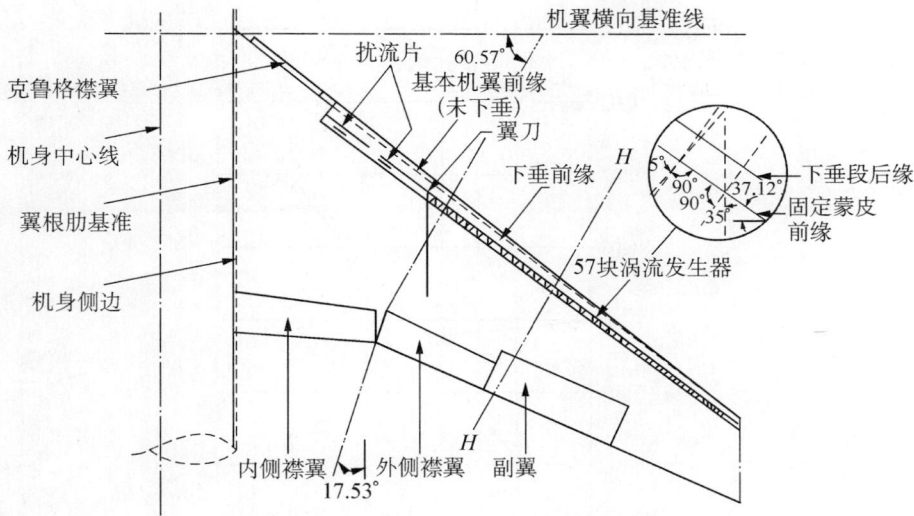

图 24 - 27　德哈维兰"三叉戟"1C 的机翼几何形状

来源：RAE TR68108

图 24 - 28 给出了型架外形（0g 扭转）和飞行中（设计状态 1g 扭转）两者的机翼扭转角分布。图 24 - 29 给出机翼不承载时前、后缘的位置。

图 24 - 30 给出 4 个顺流向剖面，即翼根、翼梢及结构转折处两边的两个剖面。注意在机翼内侧安装角向翼根逐渐增大，翼根剖面有负弯度而且前部加厚，以实现所要求的上表面的等压线图形。

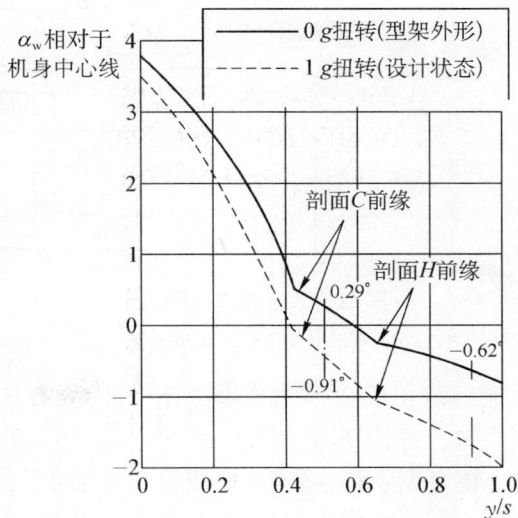

图 24 - 28　全尺寸机翼扭转细节

来源：RAE TR68108

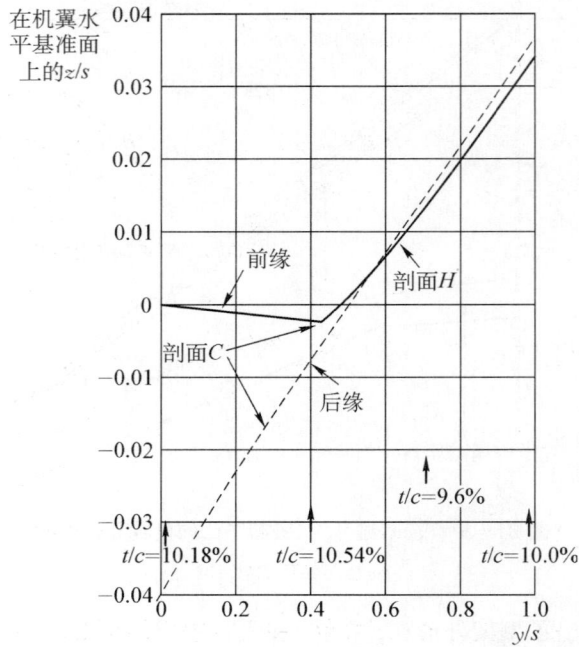

图 24‑29　不受载机翼前、后缘（0g 外形）的全尺寸高度

来源：RAE TR68108

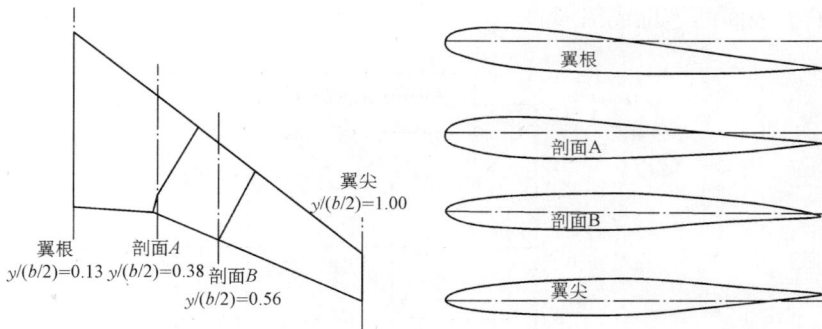

图 24‑30　机　翼　翼　型

取自 RAE TR68108，ARC R & M No. 3608 以及 ARC CP No. 1170

　　"三叉戟"按高巡航马赫数（$M_{MO} = 0.88$）设计。在小升力系数，飞行中的阻力增长特性与风洞实验结果符合得较好，见图 24‑33。在较大的升力系数下，全尺寸飞机的阻力有些不理想。随各型别持续研发，使用重量增加 40%，此时的阻力特性越来越令人担心。机翼前缘和后缘作了修形，并且加长了翼展，主要用于改善起飞和着陆性能。图 24‑31 和图 24‑32 显示了机翼的不断改进。

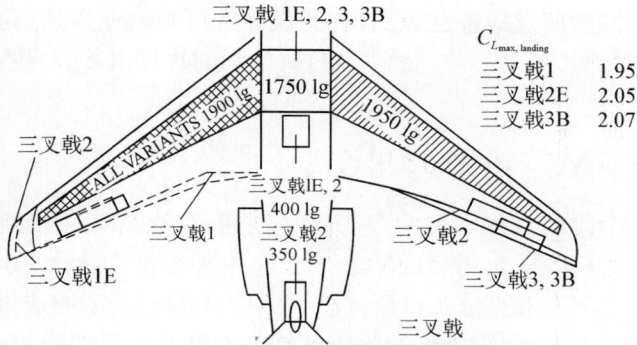

图 24-31 机翼平面形状和燃油容积

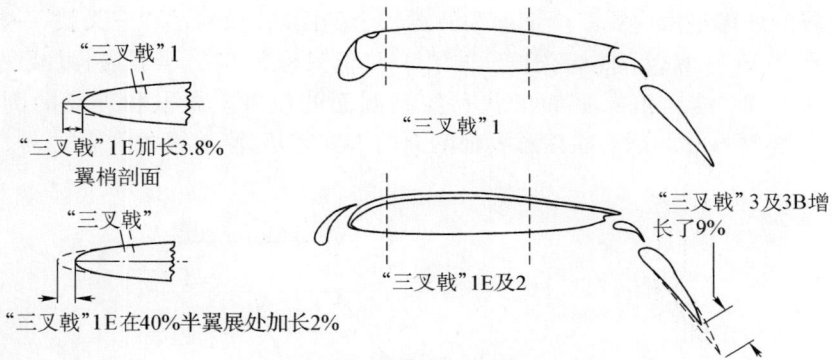

图 24-32 翼 型

来源：The Aeron. Journal of the R. Ae. S, November 1969

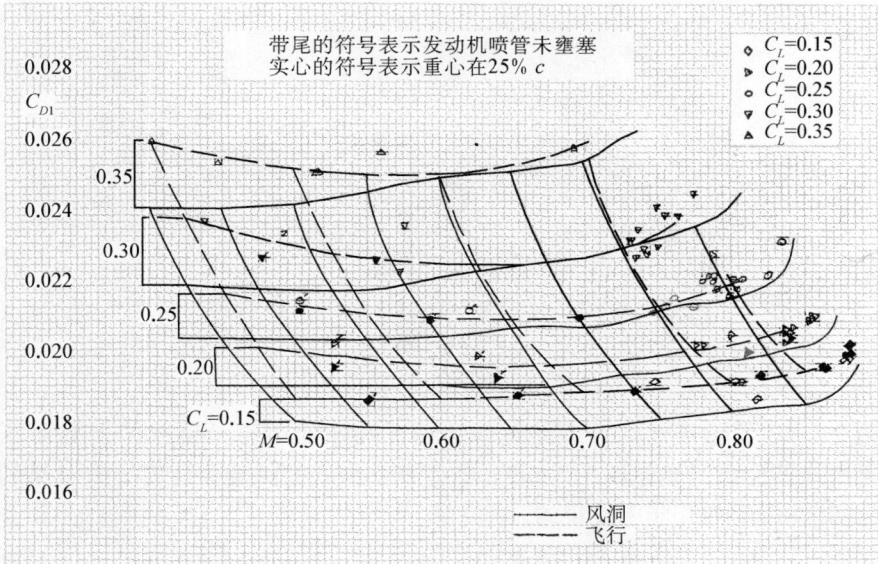

图 24-33 德·哈维兰"三叉戟"Ⅰ. 风洞和试飞的阻力数据的比较

来源：ARC CP 1170

"三叉戟"的经验使设计师意识到,有意设计含可观的亚声速-超声速混合流动区的机翼而不担风险,就要非常好地理解这种流动的物理本质并掌握当时已有的更好的数学工具。

英国宇航维克斯 VC-10(1962 年首飞)

在英国德·哈维兰开发中程的"三叉戟"同期,维克斯·阿姆斯特朗(Vickers-Armstrongs)开发了远程、大得多的 VC-10。这种飞机的机翼设计也是基于国家物理实验室(NPL)皮尔西和皇家飞机研究院(RAE)库希曼的研究成果。不过在机翼内侧上下翼面都是双曲面,维克斯·阿姆斯特朗在制造内翼壁板时,采用了喷丸加工。VC-10 机翼的设计情况为 $M = 0.81$,$C_L = 0.45$。

机翼的外形是由内翼三个剖面和外翼四个剖面确定的。像"三叉戟"一样,在随后的型别超 VC-10 上,前缘弦长延伸了 4%,但只覆盖 65% 半翼展,以减缓阻力爬升。图 24-34 给出机翼平面形状和控制剖面的位置。翼根和外翼的剖面见图 24-36~图 24-38。请再次注意翼根剖面的大安装角、厚前缘和负弯度。

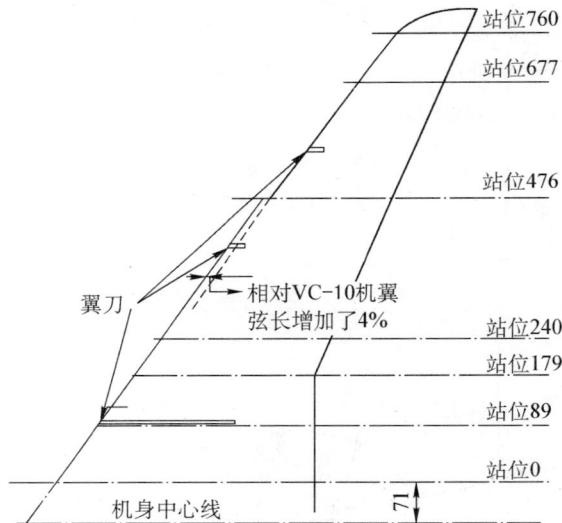

图 24-34 英宇航(维克斯)超 VC-10 机翼
来源:ARC CP 1125

图 24-35 给出了基本翼型接近设计情况和在亚声速马赫数的上翼面压强分布。再次提请注意虽然激波本身相当弱,但在前缘处的高表面速度导致过早的阻力爬升(这是在以后的几年中发现的)。

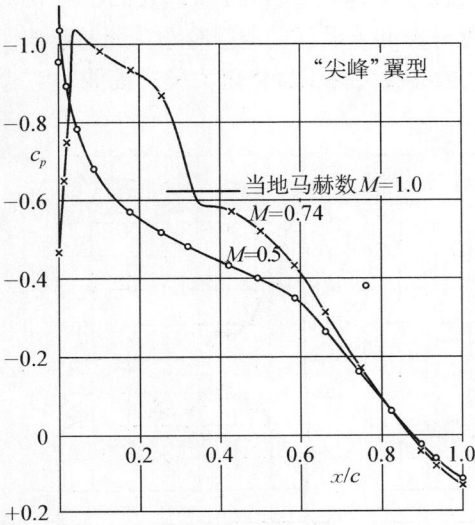

图 24-35 计及和不计压缩性影响的"尖峰"类机翼上翼面的压强分布

来源：Aircraft Engineering, June 1962

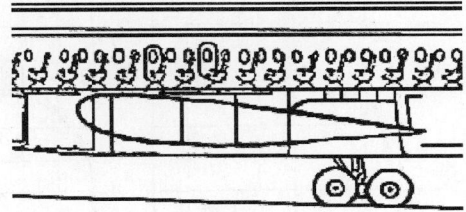

图 24-36 维克斯 VC-10 翼根翼型 $t/c = 13.2\%$

来源：Flight International, April 1st 1965

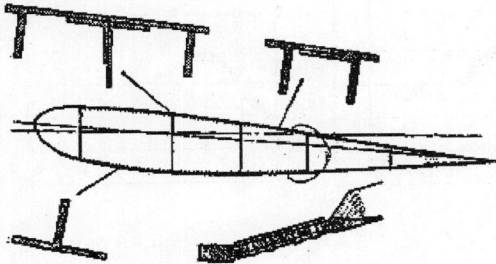

图 24-37 VC-10 机翼翼盒结构细节，$t/c = 13.2\%$

来源：Aircraft Engineering, June 1962

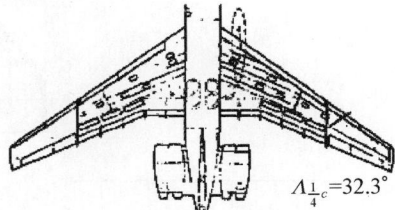

图 24-39 维克斯 VC-10 机翼俯视图

来源：Aircraft Engineering, June 1962

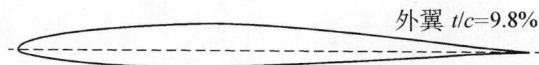

图 24-38 VC-10 外翼的顺流向翼型，$t/c = 9.8\%$

来源：Aircraft Engineering, June 1962

　　图 24-40 展示了 $M = 0.81$，$C_L = 0.45$ 设计状态，机翼 5 个剖面的弦向压强分布和当地升力系数的展向分布。图 24-41 为飞行条件略微超过设计状态即 $M = 0.84$ 和 $C_L = 0.45$ 时该机翼的这些剖面的弦向压强分布和上翼面的压强分布。同时给出了风洞实验和飞行试验数据。在设计状态，前缘的高吸力峰无疑使阻力爬升提前发生。

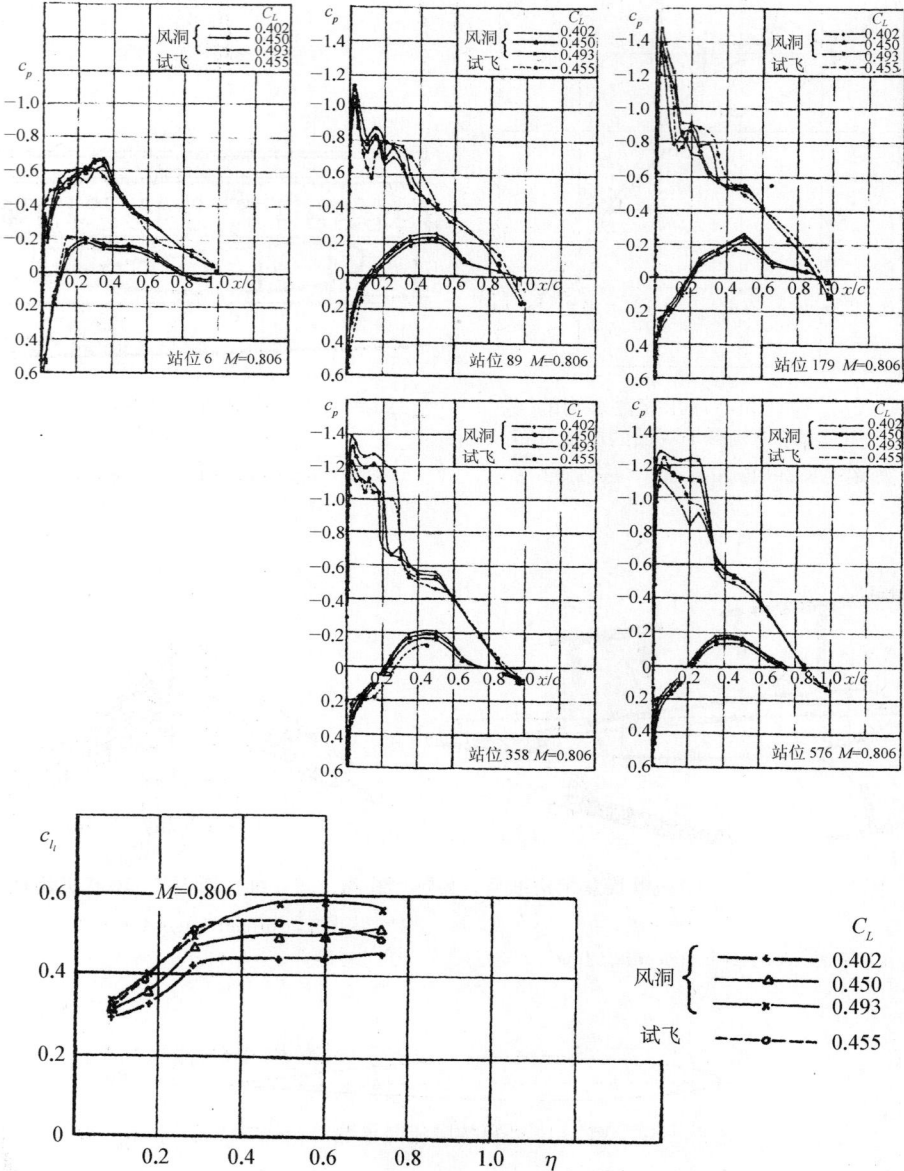

图 24-40　在 $M = 0.806$ 时，超 VC-10 机翼压强分布的飞行测量和风洞实验结果的比较

来源：R & M No. 3707

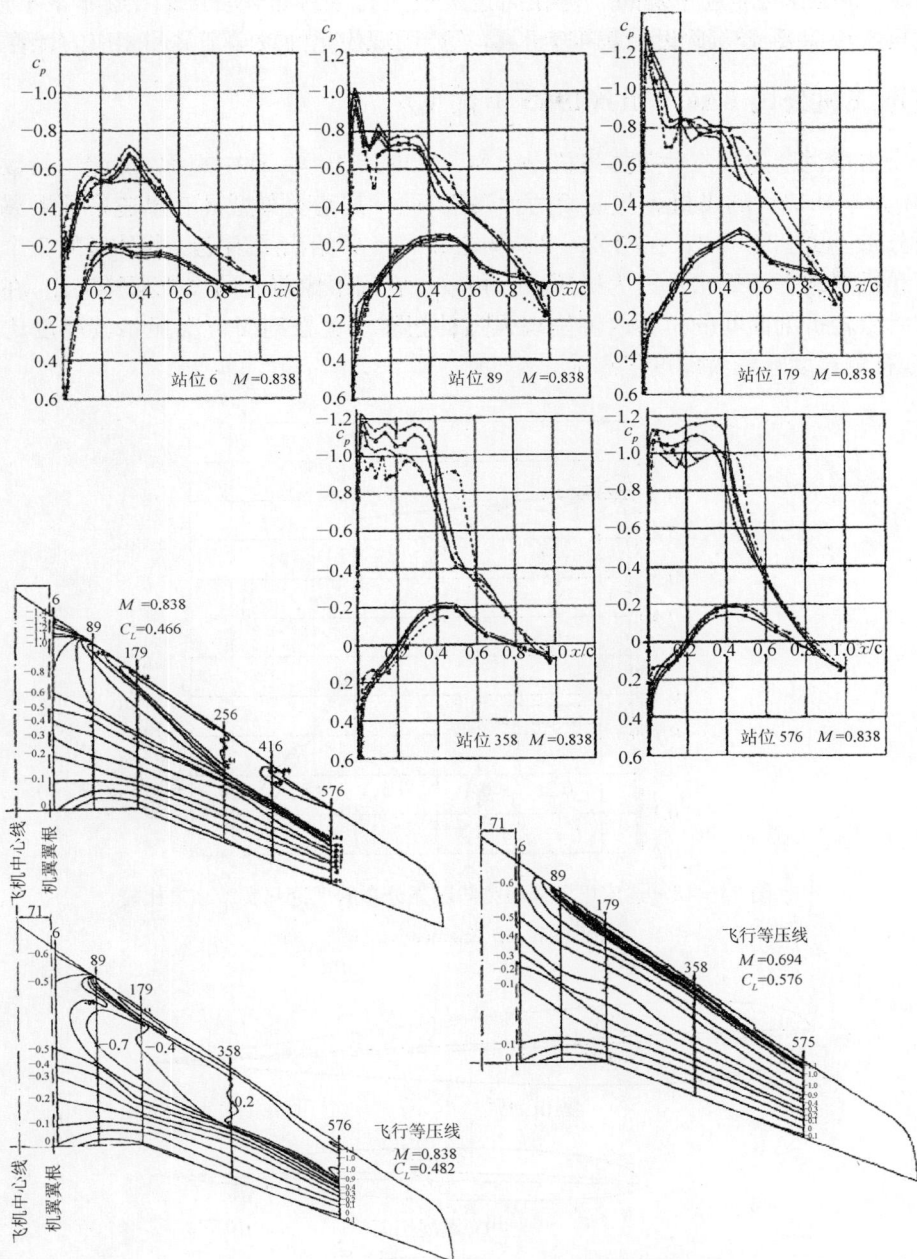

图 24-41   在 $M = 0.838$ 时，超 VC-10 机翼压强分布的飞行测量和风洞实验结果的比较

来源：R & M No. 3707

图中还给出了 $M = 0.694$ 的试飞结果。注意在此较低马赫数,到处都是亚声速流动,等压线图形近乎理想。但在高速巡航飞行条件下,等压线图形非常不规则。这再次说明要成功地设计跨声速机翼,只能用现代化的数学工具和相应的计算机。

英国飞机公司 BAC－111(1963 年首飞)

本章讨论的第三种英国飞机是 BAC－111。这是一种中短程、设计马赫数较低($M_{MO} = 0.78$)的飞机。与前面两种飞机不同,其基本翼型具有声速平顶上翼面压强分布,见图 24－42。在图 24－43 和图 24－44 中给出了确定机翼外形的三个翼剖面和机翼的平面形状。因为机翼后掠角较小它们不像前面的飞机那样突出,在翼根和后缘转折剖面间的机翼内侧呈现强烈的扭转。翼根剖面再次显示其厚度比外翼大,有负弯度且最大厚度很靠前。

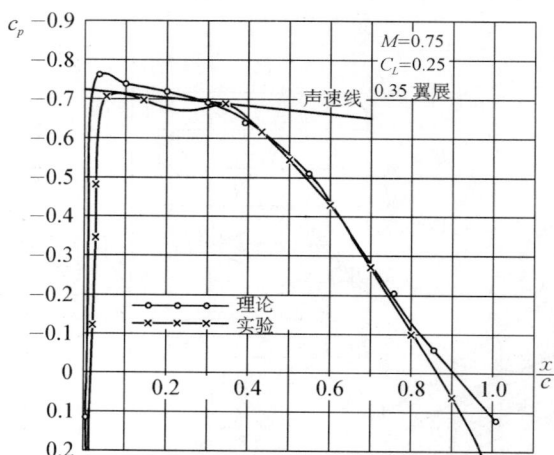

图 24－42　选定机翼剖面弦向压强分布的理论和实验结果比较

来源:Aircraft Engineering,May 1963

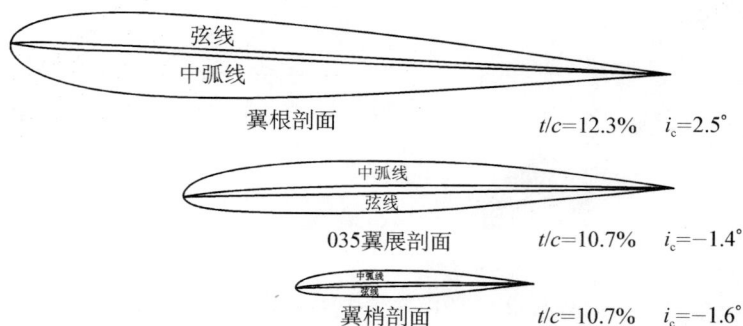

图 24－43　翼 剖 面 形 状

来源:Aircraft Engineering,May 1963

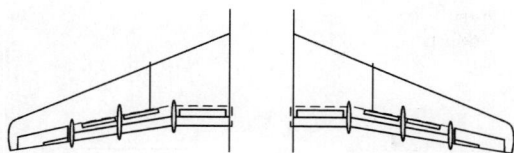

图 24-44   BAC-111 机翼

来源：Aircraft Engineering，May 1963

波音 707（1957 年首飞）

虽然第一架波音 707 是 1957 年首飞的，但是它的机翼设计与"同温层加油机（Stratotanker）" KC-135 的原型机，即 1954 年 7 月首飞的 Model 367-80 是完全一样的。根据 B-52 机翼的设计经验，707 的机翼根弦很厚（$t/c = 15.1\%$），但很明显没有进一步修型以得到翼根区直线等压线。机翼平面形状和翼型见图 24-45 和图 24-46。

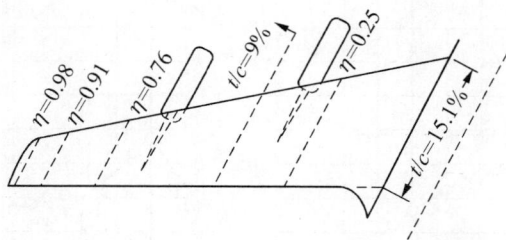

图 24-45   波音 707 机翼

来源：NASA TM78786

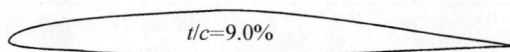

图 24-46   外翼的典型翼型

来源：NASA TM78786

图 24-47 和图 24-48 给出了四个翼剖面分别在 $M = 0.70$、$C_L = 0.47$ 和 $M = 0.78$、$C_L = 0.49$ 的弦向压强分布。没有 25% 半翼展内侧的等压线图形。大部分机翼上都有规则的压强图形，但在翼梢处等压线明显向前弯曲。图 24-49 给出了一些高速阻力数据。

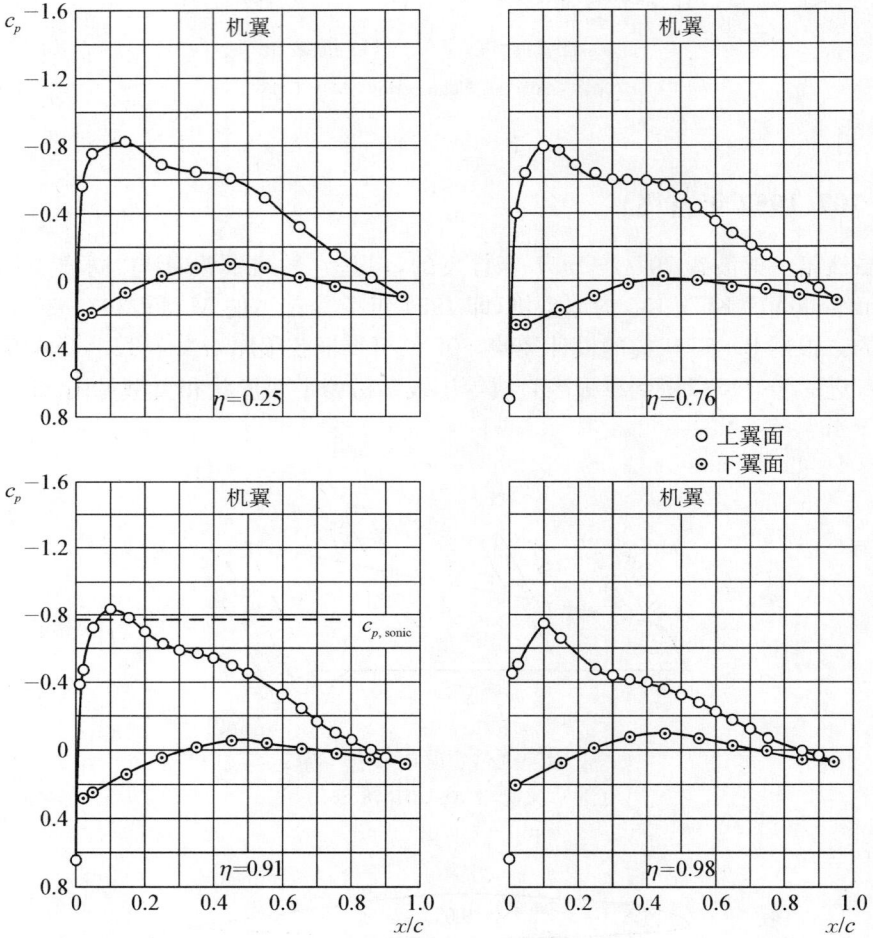

图 24-47　波音 KC-135/707-100 机翼的弦向压强分布，$M = 0.78$，$\alpha = 2.5°$，$C_L = 0.47$

来源：NASA TM78786

基本构型

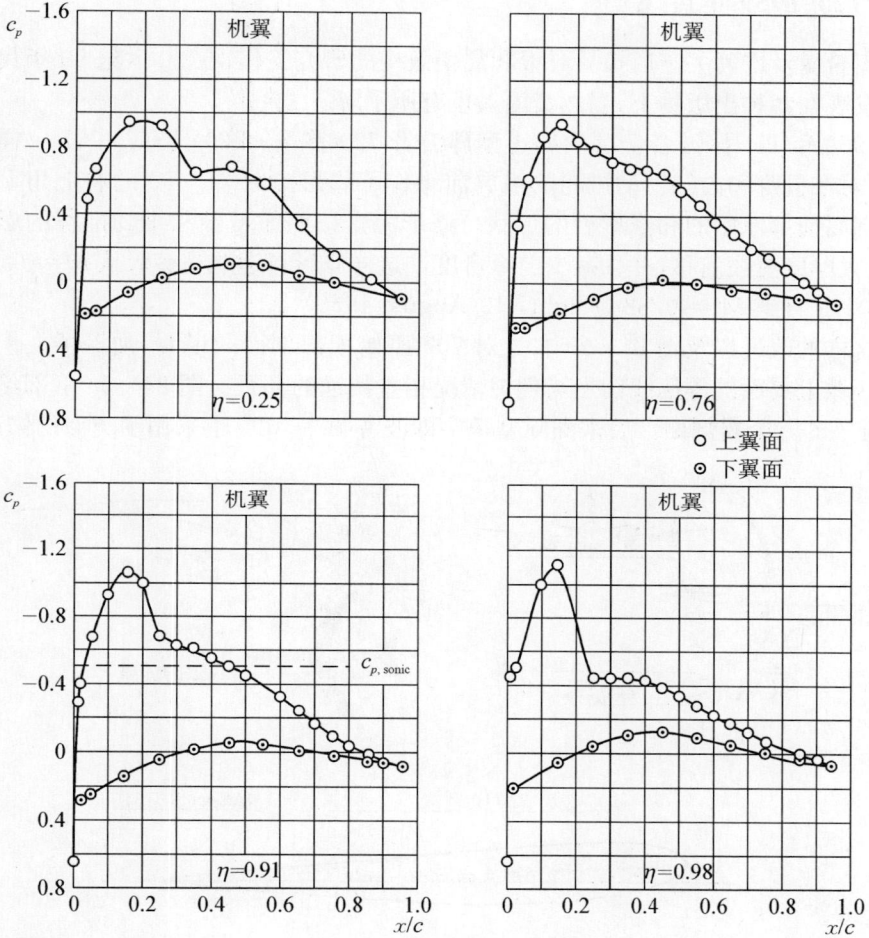

图 24-48 波音 KC-135/707-100 机翼的弦向压强分布，$M = 0.78$，$\alpha = 2.5°$，$C_L = 0.49$

来源：NASA TM78786

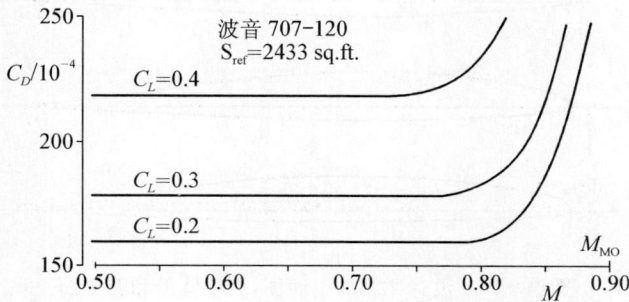

图 24-49 波音 707-120 阻力随马赫数的变化

波音 720（1959 年首飞）

库希曼及维勃关于后掠翼翼根和翼梢效应的研究工作,在 20 世纪 50 年代中期部分发表在各种出版物上,当然美国人也有所了解。

1959 年 11 月,波音 707 的缩小型即波音 720 首飞。720 具有与 707 一样的机翼,但对在机身和内侧发动机间的机翼前缘作了修形。图 24-50 的右上角显示了翼根剖面前部原始的和修形后的形状。修形完全按照库希曼和维勃推荐的思路进行:最大厚度更往前移,并且减少前缘弯度。这样修形将巡航马赫数从 $M = 0.78$ 提高到 0.79 直到 $M = 0.82$（Flight,19 August 1960）。

这样的改进以及图 24-50 右方对 707 原始根部剖面的说明,加深了人们对其翼根区域上翼面的等压线图形与理想情况相差甚远的怀疑。图 24-50 下部给出了 720 机翼的五个翼剖面。后来洲际型 707 即波音 707-320 也采用了类似的修形。

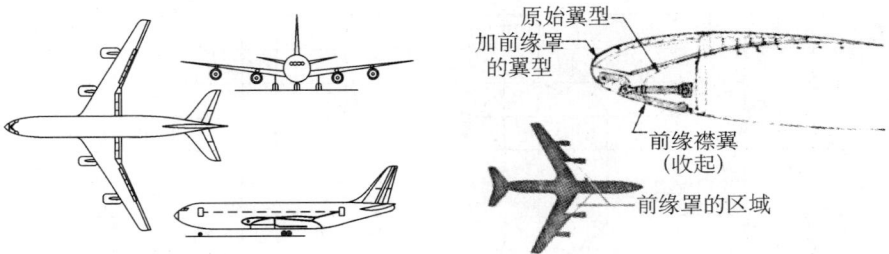

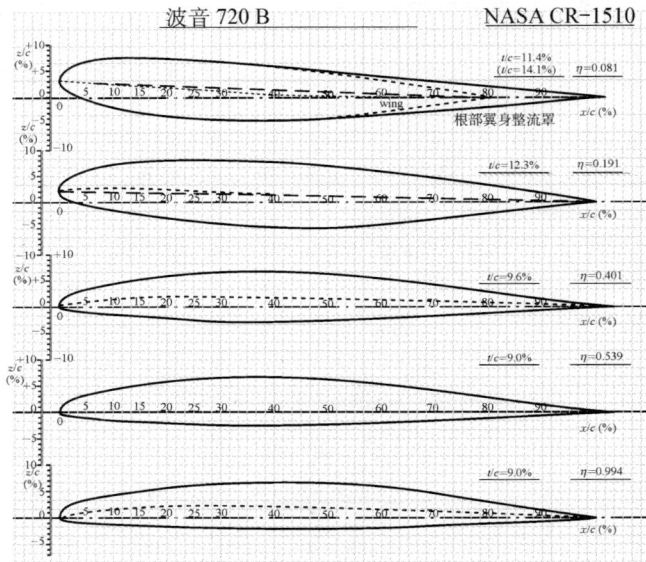

图 24-50 波音 720 的三面图,翼根修形和翼剖面

来源：The Aeronautics and Astronautics,March 25,1960 以及 NASA TM-X-1345

波音 727（1963 年首飞）

在设计波音 727 机翼时，以波音 720 的机翼作为起点。机翼后掠角 $\Lambda_{\frac{1}{4}c} = 35°$，设计巡航条件为 $M = 0.83$，$C_L = 0.4$。最初的型别 727-100 是一种中短程飞机，并在较短的跑道上运行，设计的巡航状态定为 $M = 0.82$，$C_L = 0.3$。

这种机翼表现出显著的系列相似性，特别是在机翼外侧。将图 24-51 给出的在 $M = 0.73$，62% 半翼展剖面的压强分布与图 24-47 的数据作比较就很清楚。

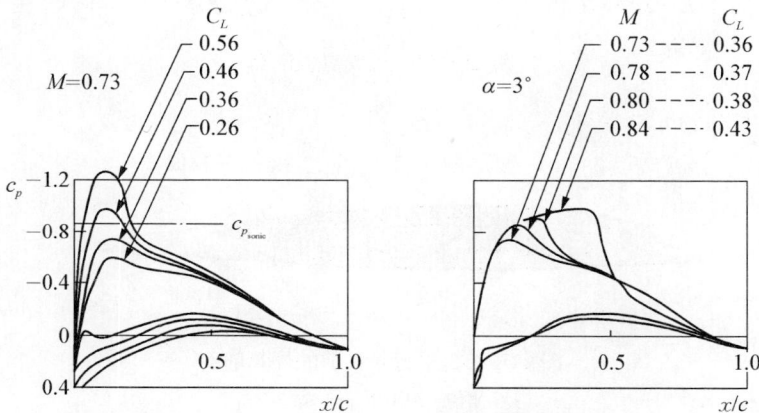

图 24-51　62% 半翼展剖面的压强分布，所选机翼后掠角 $\Lambda_{\frac{1}{4}c} = 32.5°$

来源：AIAA Paper No. 71-289

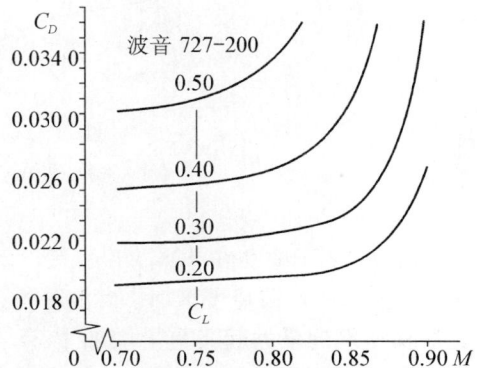

此外，图 24-54 及图 24-55 所示的翼根和外翼的翼剖面与图 24-50 中波音 720 的翼型相似。图 24-56 给出了 $M = 0.80$ 和 $C_L = 0.44$ 时三个机翼站位的剖面压强分布。注意翼根剖面和外侧翼剖面的压强分布相似，表明此翼根剖面的特定外形，确实在翼根区域上翼面产生了所需的等压线图形。图 24-53 显示了高速阻力数据。

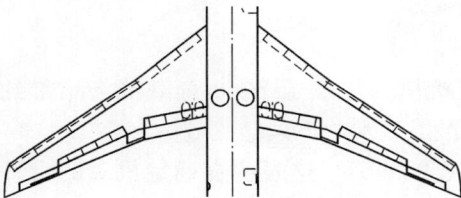

图 24-52　波音 727 机翼

来源：AIAA Paper No. 71-289

图 24-53　波音 727 阻力曲线

来源：Case Study in Aircraft Design - The Boeing 727, 1978

图 24 - 54 机翼翼根剖面

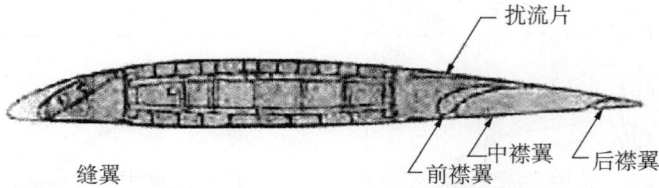

图 24 - 55 平行于翼肋的外翼剖面

来源：SAE Paper S408

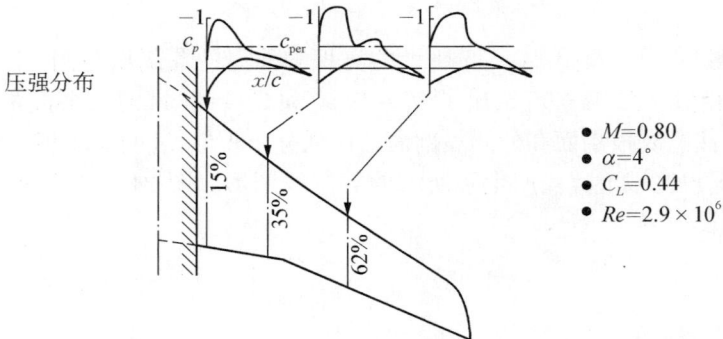

图 24 - 56 机翼压强分布

来源：AIAA paper No. 71 - 289

波音 727 - 200 在 1967 年首飞。该型飞机机身加长了 20 ft,商载能力增加约 40%。随后的发展显著增加了燃油容积。727 最终型别的最大起飞重量为 209 500 lb,比最初型别的最大起飞重量增加了 37%,见图 24 - 57。这表明在确定机翼的设计巡航状态时,必须料想到在项目的全寿命期内,飞机重量会有可观的增加。

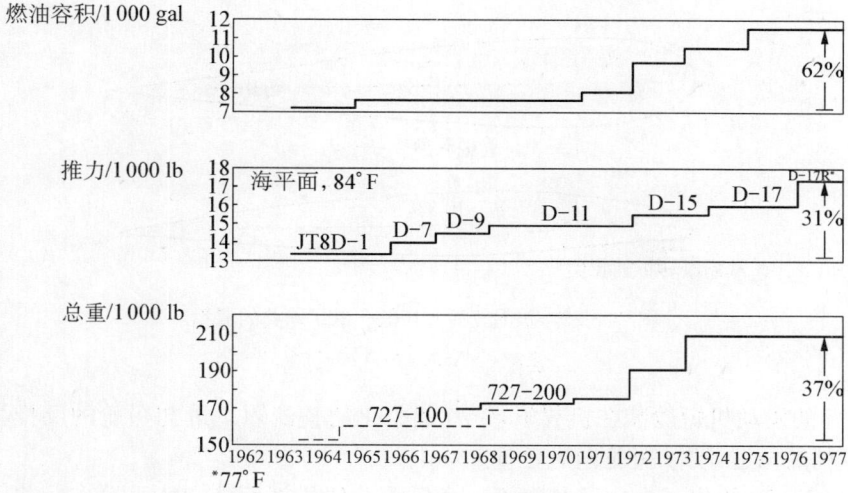

图 24-57 发 展 历 程

波音 737（1967 年首飞）

波音 737 项目开始时是小型中短程运输类飞机,弥补在瘦长航线波音 727 的不足。在确定机翼气动设计要求时,最重要的是两种使用情况:

(1) 高速巡航（$M = 0.78$,$C_L = 0.3$）。

(2) 远程巡航（$M = 0.74$,$C_L = 0.5$）。

最大使用马赫数定为 $M_{\text{MO}} = 0.82$。

使用速度比 727 略低,因此可以采用机翼后掠角 $\Lambda_{\frac{1}{4}c} = 25°$。而不是 $\Lambda_{\frac{1}{4}c} = 32.5°$,翼型也可以厚些,如图 24-59 所示。注意颇有特点的机翼根部剖面。显然外翼的翼型是波音 727 翼型的进一步发展。图 24-58 所示的这种翼型的计算压强分布与图 24-51 所示的数据是相似的。

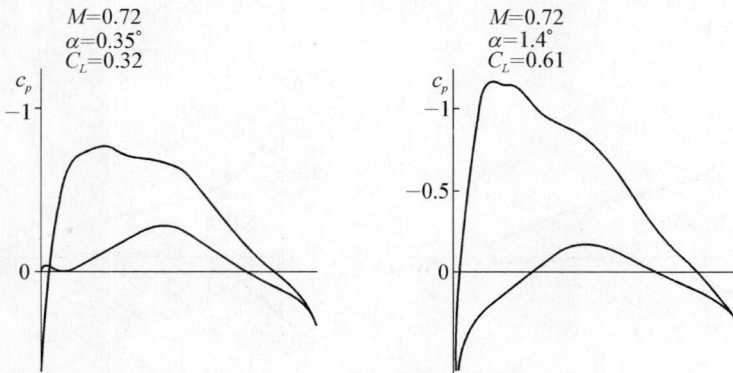

图 24-58 波音 737-100、-200 外翼一个剖面的压强分布。
计算时未考虑边界层

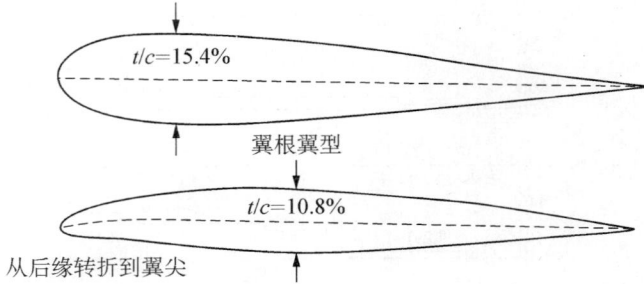

图 24 - 59　波音 737 - 100、- 200 外翼的翼型

来源: NASA TN D - 5971

737 的发动机短舱装在机翼下,带有最小化的整流罩。最初短舱的反推力装置处于不利的位置,要求短舱向后延伸 45 in。

图 24 - 60 给出了在小马赫数下 4 个机翼站位的剖面弦向压强分布。除了靠近

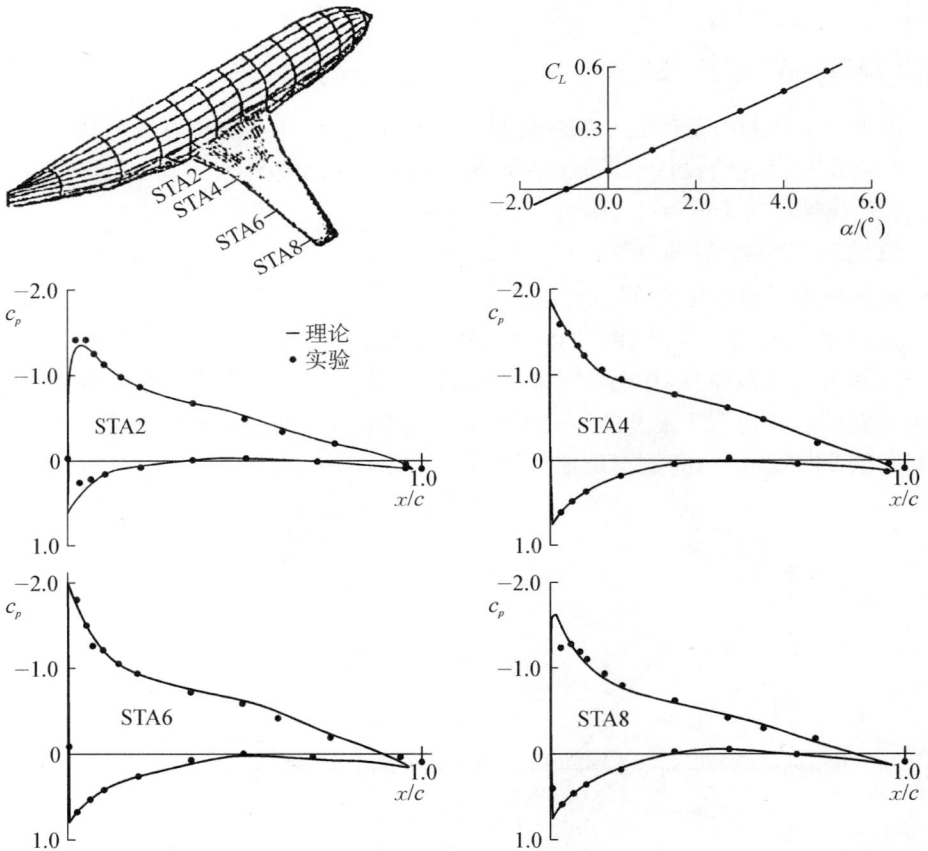

图 24 - 60　波音 737 翼身模型,在小马赫数时实验/理论值的比较

来源: AIAA Paper No. 72 - 188

机身剖面的前缘区域压强分布外,其他各处压强分布相似,表明翼面上有理想的等
压线图形。然而这并不保证在跨声速流的条件下,也能得到满意的等压线图形。图
24-61绘出了将加长的发动机短舱装在机翼上对表面压强的影响。邻近机翼前缘
处明显出现熟悉的情况:在短舱内侧的表面流速略有增加,而在外侧则减少。安装
短舱使短舱内侧下翼面沿整个弦长当地流速都有增加,但总体上最大限度降低干扰
影响是成功的。

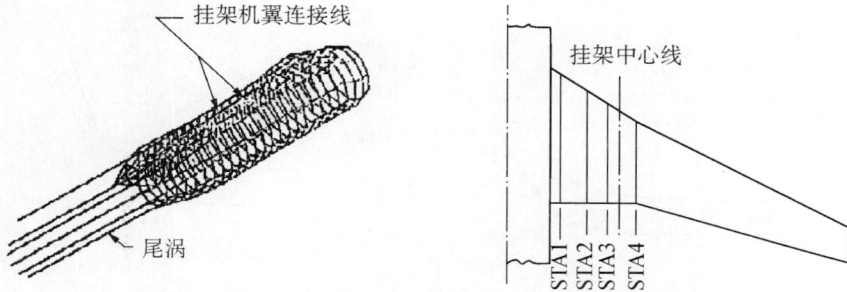

（a）添加到 737 翼-身组合体模型上的短舱和挂架

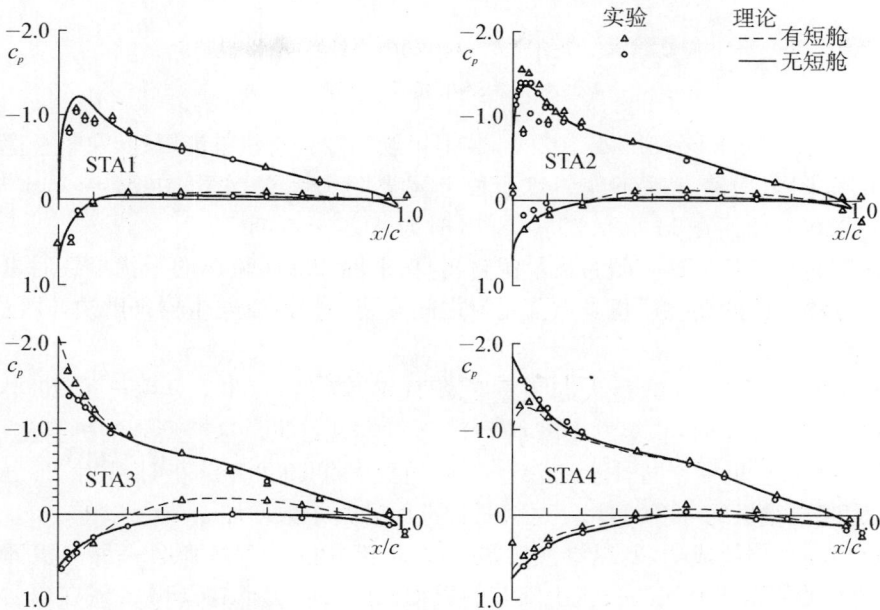

（b）在小马赫数下,机翼表面压强的比较

图 24-61　波音 737 近距耦合短舱安装对机翼表面压强影响的实验与理论值比较

来源: AIAA Paper No. 72-188

图 24-62 给出了带原始发动机短舱的波音 737-100,在 NASA 兰利(Langley)
16 ft 跨声速风洞测得的阻力特性。翼身组合体的阻力增长特性符合设计要求。（在
$M = 0.78$, $C_L = 0.3$ 及 $M = 0.74$, $C_L = 0.5$ 设计情况下,相对 $M = 0.60$ 的阻力增

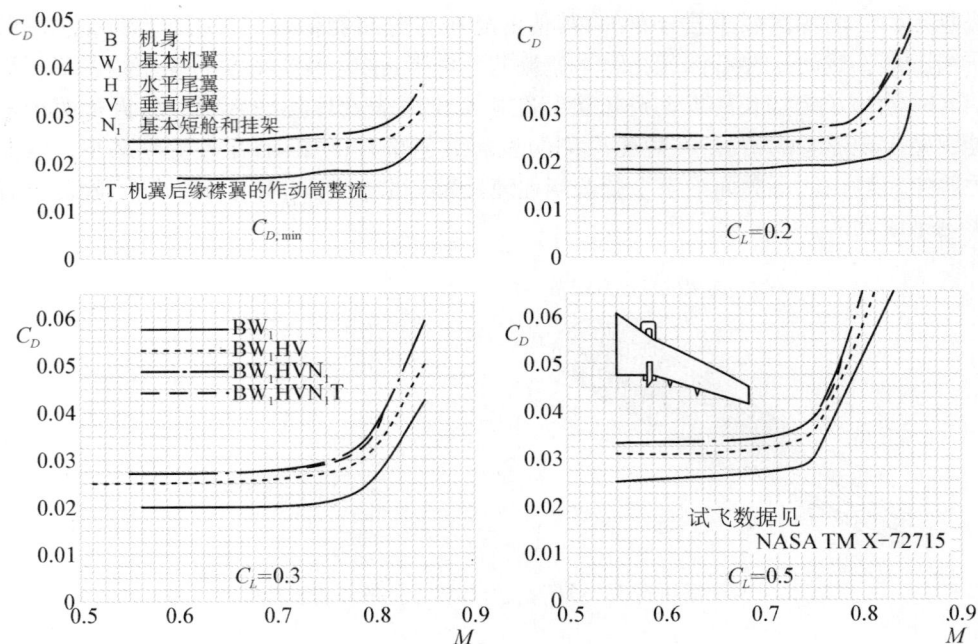

图 24 - 62　波音 737 - 100 的阻力特性（原始布局）

来源：NASA TN D - 5971

长分别为 $\Delta C_D = 0.0015 \sim 0.0020$）。装上短舱和襟翼滑轨整流罩后，在整个巡航马赫数范围，阻力增量几乎不变。然而加上尾翼阻力系数增量，在 $M = 0.60$ 时为 $\Delta C_D = 0.0050$，而在 $M = 0.75 \sim 0.78$ 时为 $\Delta C_D = 0.0070$。

在巡航马赫数的这一阻力增量源自机身、平尾和立尾流场的干扰导致后机身局部气流分离。因此要在后机身上部尾翼之间安装一些涡流发生器来解决，现已成为 737 特色。

至于波音 737 - 100，最大起飞重量 $MTOW = 97\,500$ lb，只生产了 30 架。在 737 - 100 交付 4 个月后，第二个型别 737 - 200 实现首飞。这个型别的机身比 737 - 100 长了 6 ft，但机翼相同。波音 737 - 200 的批生产 1988 年终止时，共生产了 1 114 架，最大起飞重量为 128 100 lb。也就是说巡航升力系数增加了 30% 以上。

这个项目如此成功，所以继续发展。1984 年新的 737 系列第一种飞机即波音 737 - 300 的原型机首飞。飞机上安装的发动机是大涵道比的 CFM -56（在以后所有该系列飞机上都安装了这种发动机），机身加长了 104 in，其初始最大起飞重量为 135 000 lb。1999 年该型飞机停产时，其最大起飞重量增加到 139 400 lb。

1988 年和 1989 年该系列的另外两型飞机，737 - 400 和 737 - 500 完成首飞。737 - 400 的机身与 737 - 200 相比加长了 219 in，而 737 - 500 的机身长度和 737 - 200 一样。当 737 - 400 在 2000 年停产时，其最大起飞重量达 150 000 lb。1999 年 737 - 500 停产时，其最大起飞重量为 138 000 lb。

737-300,-400 及-500 的机翼与原始的-100 及-200 相比有所变化。外翼弦长在前梁前加长了 4.4%,而且前缘也作了修形,如图 24-63 所示。因为发动机装在挂架上,而挂架比原来的发动机整流罩窄得多,挂架后襟翼滑轨旁只能装较短的襟翼。最后翼展增加了 20 in。

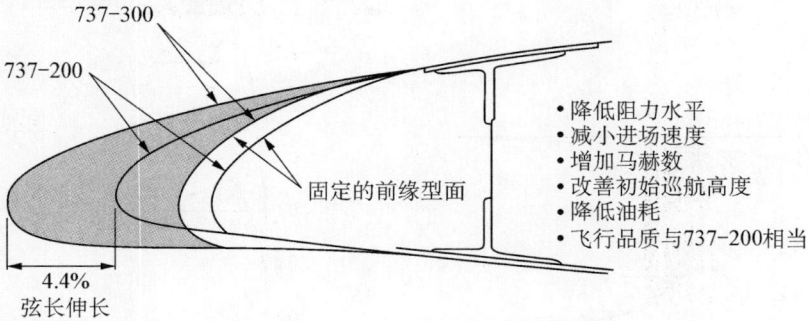

737-300
737-200
固定的前缘型面
4.4%
弦长伸长

- 降低阻力水平
- 减小进场速度
- 增加马赫数
- 改善初始巡航高度
- 降低油耗
- 飞行品质与737-200相当

图 24-63 737-300 的先进技术缝翼

来源：AGARD Report R-712

图 24-64 显示前缘修形对阻力急增边界和抖振发生边界的影响。在机翼上安装发动机及挂架(如图 24-65)对机翼下翼面压强分布的影响,在 $M = 0.80$ 时见图 24-66。有挂架和发动机短舱时,整个机翼内侧的当地流速在机翼前部都增加了。$M = 0.74$ 升力系数相当大时类似的压强分布见图 24-67。注意上、下翼面的当地流速在短舱内侧都增加,在外侧则减少。在此图中,还可以看到,前缘修形改善了弦向压强分布,即前缘后立即出现高局部流速,而不是像波音早期机翼那样,局部速度缓慢地增加。

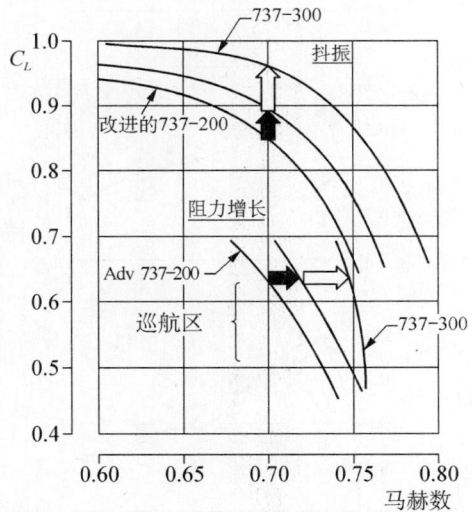

图 24-64 波音 737 系列的抖振发生及阻力急增边界

来源：AGARD Report R-712

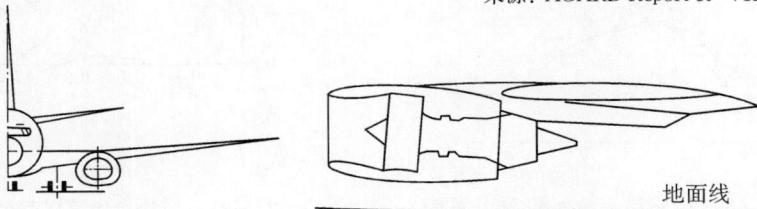

地面线

图 24-65 737-300 的短舱安装

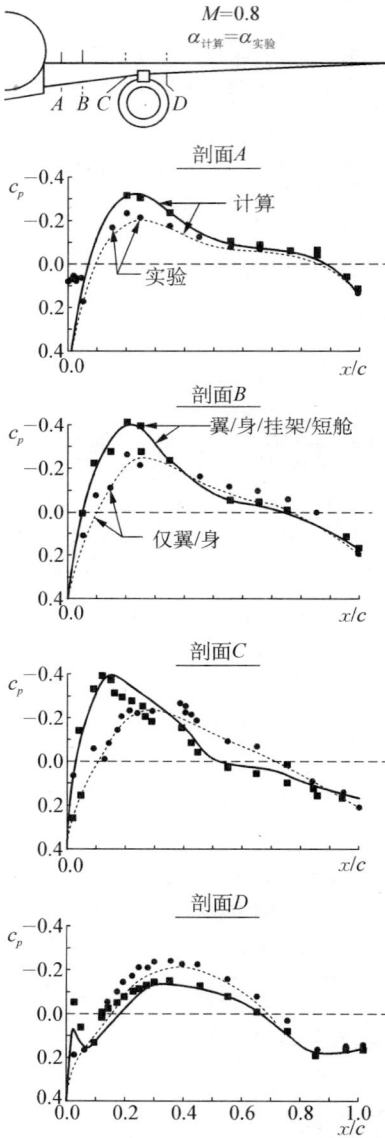

图 24-66　挂架和短舱对机翼下翼面
压强分布的影响

来源：AIAA Paper No. 84-0381

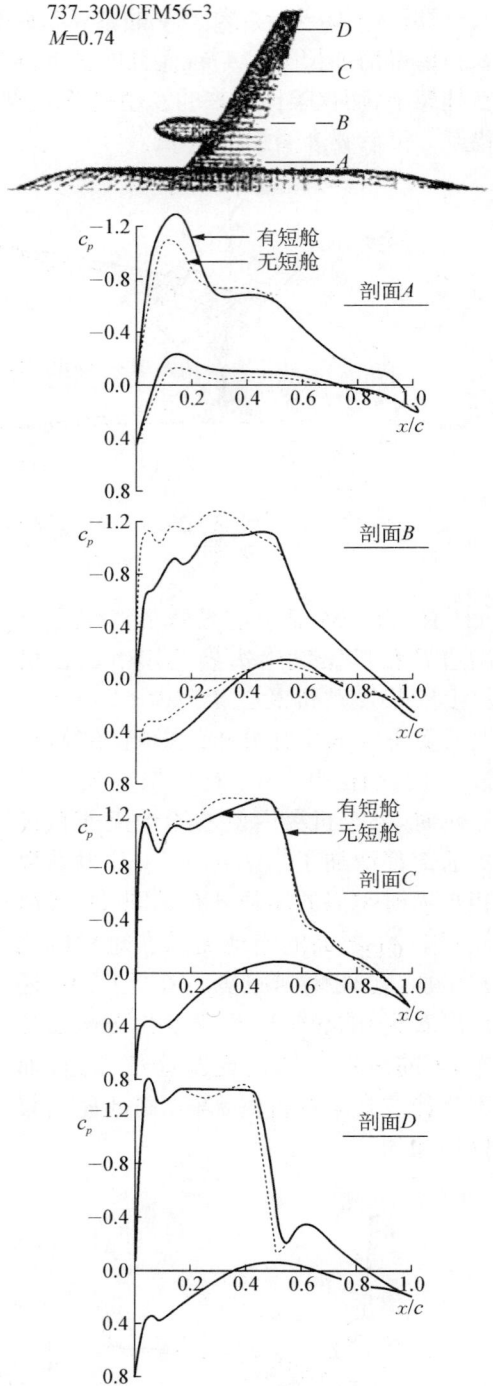

图 24-67　短舱对机翼压强的影响

来源：AIAA Paper No. 84-0381

　　介绍图 24-68 及图 24-69 是为了解释乍看之下设计巡航状态和最大使用马赫数 M_{MO} 之间有很大的余量是怎么回事。重量为 135000 lb,在 35000 ft 作远程巡航(油耗最少)时,最佳马赫数为 $M = 0.745$,这几乎是空气温度为"标准大气+15℃"的最大巡航速度。然而在 27000 ft 高空,重量为 100000 lb 时飞行的最大巡航速度为 $M = 0.82$。

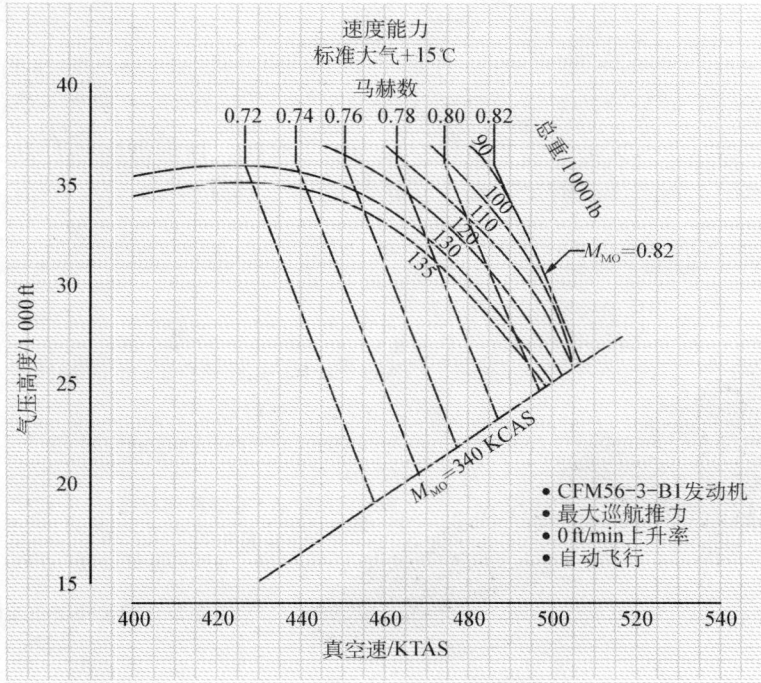

图 24-68　高度-速度图

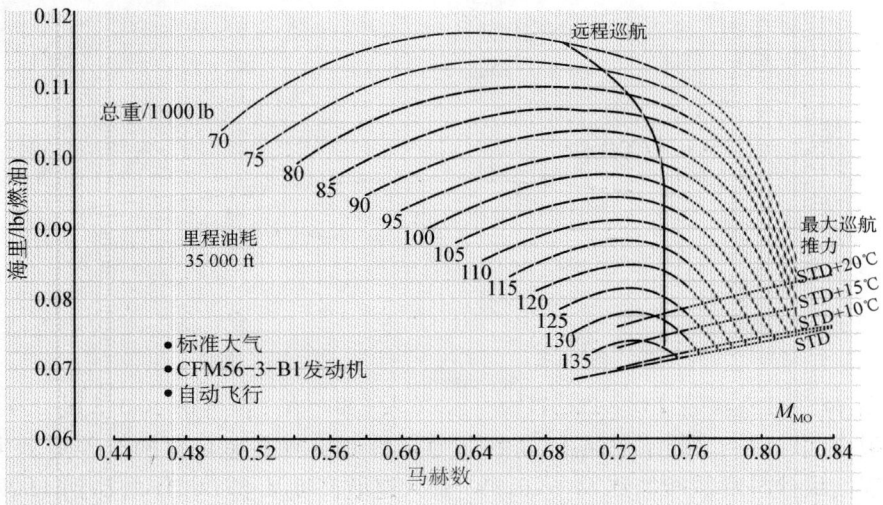

图 24-69　每磅燃油的航程随马赫数变化

在 1997 年，第三代波音 737 型号的原型机升空了。当今有四种型别在生产：

型号	$MTOW$/lb	相对-200 机身加长/in	型号	$MTOW$/lb	相对-200 机身加长/in
737 - 600	143 400	13	737 - 800	174 000	336
737 - 700	170 000	104	737 - 900	174 000	439

737 - 600，- 700，- 800，- 900 分别于 1998，1997，1997 及 2000 年首飞。为新一代的波音 737 型号设计了新的机翼，机翼面积 $S_{w_{ref}} = 125 m^2$。图 24 - 70 给出了机翼的平面形状以及有关活动面和结构方面的一些资料。翼根剖面只有很小的修改，而外翼则采用了带后加载的全新超临界翼型，如图 24 - 71 所示。

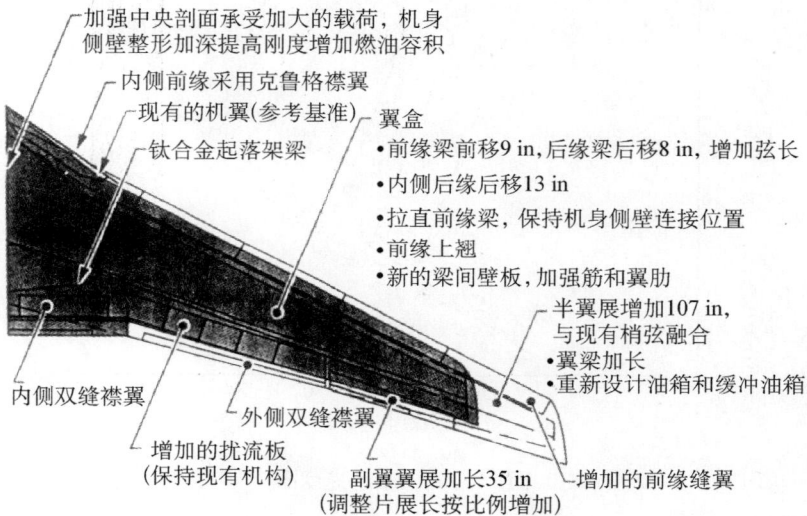

图 24 - 70　新一代波音 737 型号的机翼平面形状

来源：Airliner, Jan-March 1996

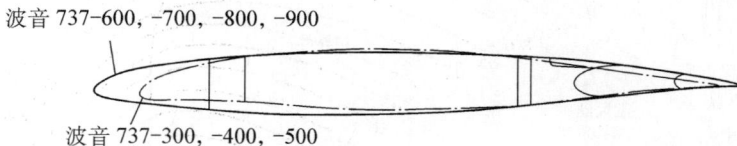

图 24 - 71　波音 737 - 300，- 400，- 500 和 - 600，- 700，- 800，- 900
型号的外翼翼型

图 24 - 72 对波音 737 - 200ADV，- 300 及 - 800 在 $C_L = 0.2$，0.3 及 0.4 时的高速阻力曲线进行了比较。在较高的升力系数新机翼高速阻力的改善更为可观。远程巡航最佳马赫数增加到 $M = 0.79$。最大巡航高度从 37 000 ft 增加到 41 000 ft。由于加大了机翼面积，737 - 800 和 - 900 的翼载仍与 737 - 200ADV 的翼载相同。

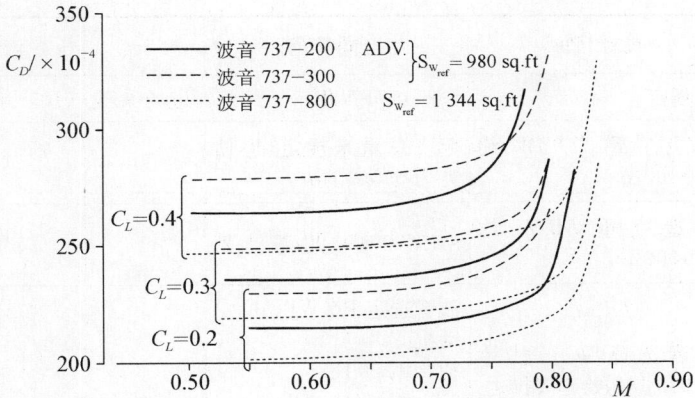

图 24 - 72 波音 737 - 200ADV、- 300 及 - 800 的阻力系数随马赫数的变化

波音 747（1969 年首飞）

波音 747 用了不到三年时间就完成了设计和制造。1966 年元月启动设计工作，1968 年 9 月完成总装，1969 年 2 月首飞。这是第一种采用高涵道比发动机的民用运输类飞机，其推力是当时在役民用飞机发动机的一倍。另外在其他方面，例如重量和尺寸，这种飞机也实现一大飞跃。然而从以往项目取得的设计经验作如此之大的外插有其风险。初始设计要求过于雄心勃勃，不得不作如图 24 - 73 所示的调整。但即使这样修改了要求，首个型号还是没有达到调整过的目标。

	设计目标	合同规范		修订的规范
	1965 年 12 月 22 日协议	订单 No. 189，1966 年 4 月 13 日		1968 年
容积	350～400 名乘客及其行李。额外空间供航空货运暗指 707 和 727 的实践。	370 名乘客及其行李。未规定附加货运。	速度	0.89 马赫±2% 541 kn±2%
			起飞	(11 750±750) ft
航程	5 100 n mile	至少 4 463 n mile		
巡航速度	0.90 马赫	0.877 马赫	进场速度	最大 135 kn
起飞场长	8 000 ft	9 900 ft	初始巡航高度	(31 600±1 500) ft $M = 0.84$
起始高度	35 000 ft（高于 707 及 DC8）	33 000 ft（与 707 及 DC8 相同）	起飞噪声	(115±3) PNdB

（续）

	设计目标	合同规范		修订的规范
噪声水平	未规定	13~117 PNdB	进场噪声	(109±3) PNdB
重量	起飞总重 $TOGW$ 约 550 000 lb	起飞总重未规定,但估计为 655 000 lb		
	制造空重 MEW 约 240 000 lb	MEW 274 094 lb 准确值		
动力	波音选择项——估计 41 000 lb 初始起飞推力	波音选定 P&WJT9D 发动机 初始 41 000 lb 3 年内达 44 000 lb 6 年内达 47 000 lb		

图 24-73 波音 747——保证性能的演变

来源：The Great Gamble：The Boeing 747, L. S. Kuter, 1973

交付的飞机最大起飞重量为 710 000 lb,而非 655 000 lb,且巡航马赫数为 $M = 0.84$ 而非 $M = 0.877$。1968 年技术规范中提到的最大速度（$M = 0.89 \pm 2\%$）,没有规定重量和高度。图 24-76 显示这个速度可以在较小的重量和较低的高度达到。

747SP 为航程极远的缩短型。

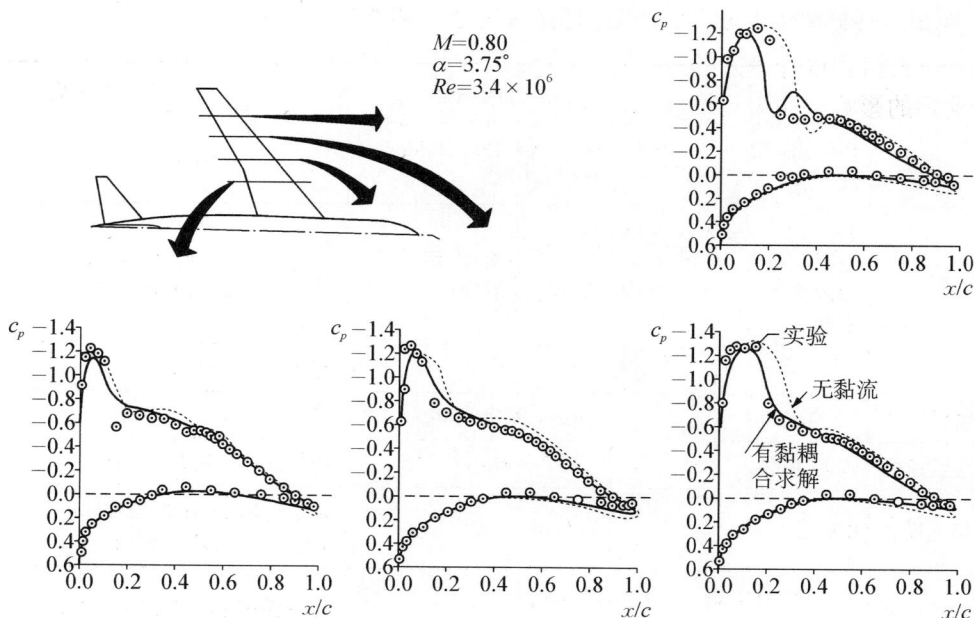

$M = 0.80$
$\alpha = 3.75°$
$Re = 3.4 \times 10^6$

图 24-74 波音 747-200,在 $M = 0.8$ 时机翼压强分布

来源：Tinoco（波音）1985

$M=0.88$
$\alpha=1.7°$
$Re=3.4\times10^6$

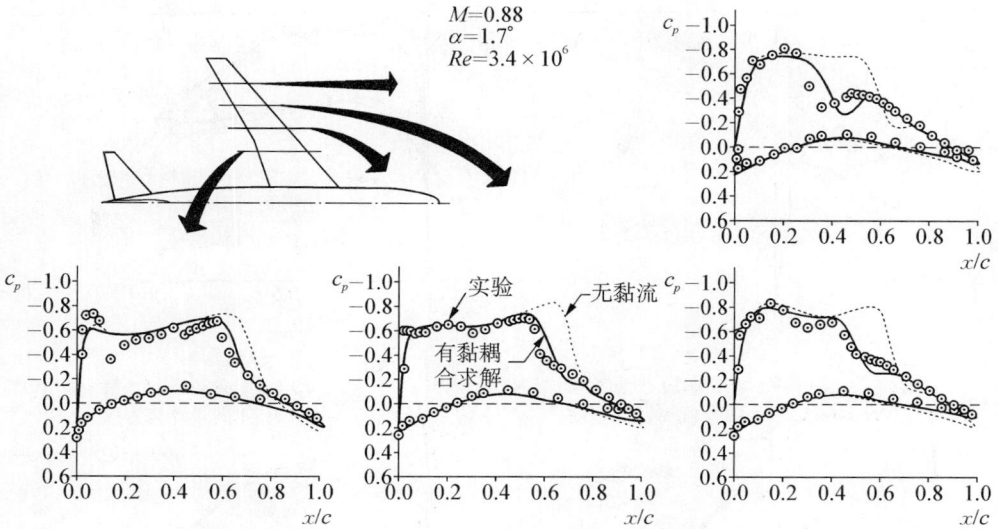

图 24-75　波音 747-200,在 $M=0.88$ 时的机翼压强分布

来源：Tinoco(波音)1985

最后大多数缺陷都改正了,特别是后来的型别,使波音 747 成为历史上最成功的民用飞机项目之一。

虽然在早期的型别上,没有能实现原始的设计目标,但应该认为其机翼设计是巨大的成功,因为从空气动力角度看,将近 40 年该机翼设计几乎没有什么变动。图 24-74,图 24-75 及图 24-77 给出了三种高速飞行条件的弦向压强分布。与早期波音飞机机翼设计不同,上翼面的最大当地流速出现在非常靠近前缘处,表明受尖峰翼型的影响。在大马赫数下,存在很大的超声速流区最后以弱激波结束。

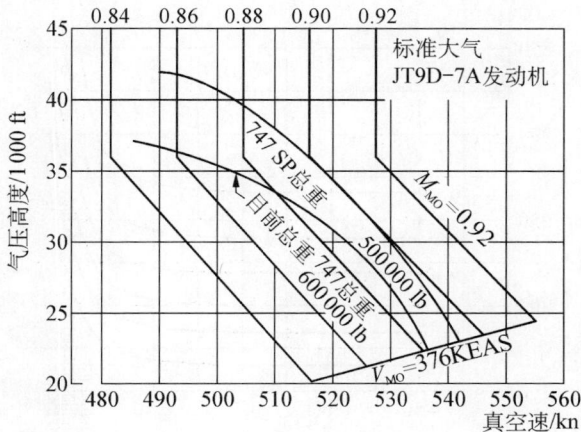

图 24-76　波音 747 飞机速度能力

来源：Interavia　7/1975

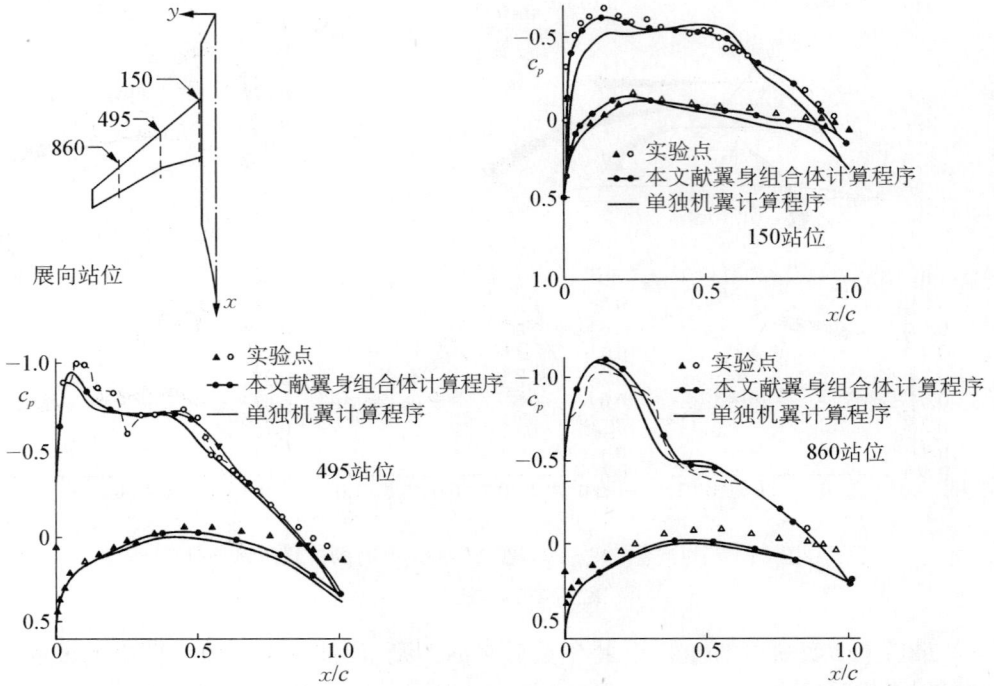

图 24-77　下单翼运输类飞机的机翼表面压强分布比较，$M_\infty = 0.84$，$\alpha = 2.8°$，$C_L = 0.42$

来源：AIAA Paper No. 80-1391

图 24-78 给出了不同升力系数（最高为 $C_L = 0.5$）的高速阻力曲线。与早期的设计不同，747 阻力增长特性随着升力系数增加直到 $C_L = 0.5$ 时还没有恶化，甚至在 $M = 0.85$，$C_L = 0.5$ 情况下，相对于亚声速时的阻力增长仅为 $\Delta C_D = 0.0020$。

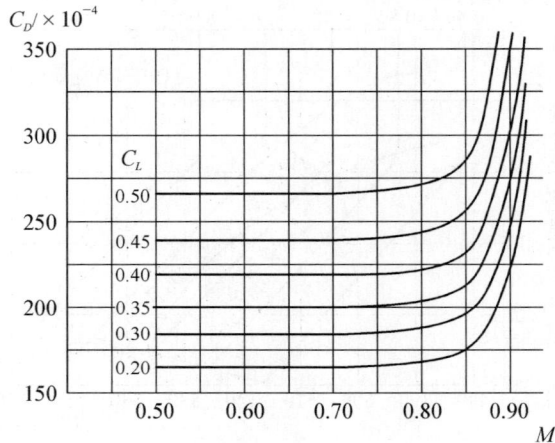

图 24-78　波音 747-100 高速阻力特性

来源：NACA CR-1756

图 24 - 79 为飞行包线高速侧的设计速度,其中 V_{MO}/M_{MO} 为最大使用速度和马赫数,V_D/M_D 为最大俯冲速度和马赫数。

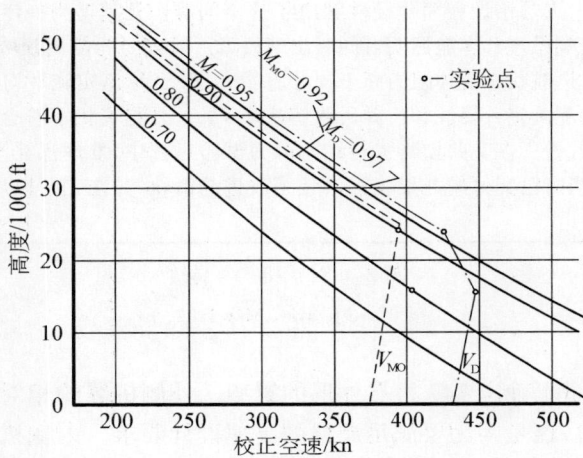

图 24 - 79   波音 747 设计速度

来源: SAE Paper No. 700828

在图 24 - 80 及图 24 - 81 中,介绍了对 747 - 100 初步使用情况的评论和纠正缺陷采取的措施。

巡航速度、高度低于预计

波音 747 飞越北大西洋的使用巡航高度和巡航马赫数都低于交付前的预计。飞机以马赫数 0.84 而不是马赫数 0.90,在 32 000~33 000 ft 高度而不是高于 35 000 ft 巡航。

原巡航高度目标的意义是使 747 巡航高度高于波音 707/麦道 DC - 8 使用的交通繁忙的航线高度,在那里空中交通管制的隔离要求使 747 不能以更高的巡航速度飞行。以 0.84 马赫数巡航只略高于 707 的 0.82 马赫数。

上述巡航高度和速度预计依托的基础,一位航空公司官员说过,过于乐观,就是假定制造商能够实现空重目标,这正是历史该提醒我们注意的,该官员现在说。空重增加了,总重也就从 655 000 lb 增加到 710 000 lb,以保持商载重量比例。

尽管增重意味着牺牲了性能,它也保持了结构的坚固性,去年夏天泛美国际航空公司在旧金山起飞时发生的事故充分证明了这一点(AW & ST Aug. 9,1971, p. 26)。

爬升时间仍有问题。然而普惠 JT9D - 3A 的巡航推力在满足保证条件的性能范围内。JT9D - 7 推力增加最多的是在起飞状态而非爬升和巡航状态。飞机装上发动机后续的型号也不能满足原先的巡航高度要求。

现在 707 - 320B 在同样的航线上能够以略高于 747 的高度巡航,但巡航马赫数较低。707 的结构限制高度是 42 000 ft,低于 747,后者直至 45 000ft 没有问题。"总有一天 747 会飞到那儿,"该航空公司官员说,"不过靠 JT9D - 7 可不行"。

图 24 - 80   巡航速度、高度低于预计

来源: Aviation Week and Space Technology, February 28,1972

机　体

　　机体最令人恼火的早期使用问题似乎就出在乘客登机门上,这些门多次被误加电打开并因此放下救生滑梯。人员培训和简化硬件解决了这个问题。尤其是头一年,在找到解决办法前,多路复用乘客音响系统和客舱照明灯同时出现故障。最重要的使用领域低于保证值的,除发动机性能外,就是巡航状态机体阻力高于预计值4%。波音承诺实施平均改进为2.8%的减阻计划,其中重新装配调整升降舵和机翼后缘解决1.7%。凡是飞机不符合保证的要求之处,波音都为改进付出代价。在艾弗雷特进行结构静力试验过程中,发现襟翼滑轨达不到保证的寿命。波音因此为当时已交付的九架飞机换装了改进的滑轨,并在工厂以后生产的所有飞机上进行了更改。

图 24 - 81　机　体

来源:Interavia, May 1972

　　图 24 - 82 显示了确定 747 机翼外形的翼型。外侧机翼的相对厚度比任何其他运输类飞机都要薄,这是因为要满足严格的高速设计要求。内侧机翼朝机身方向逐渐加厚。翼根翼型具有与在高速设计状态获得直线后掠等压线有关的所有特性。

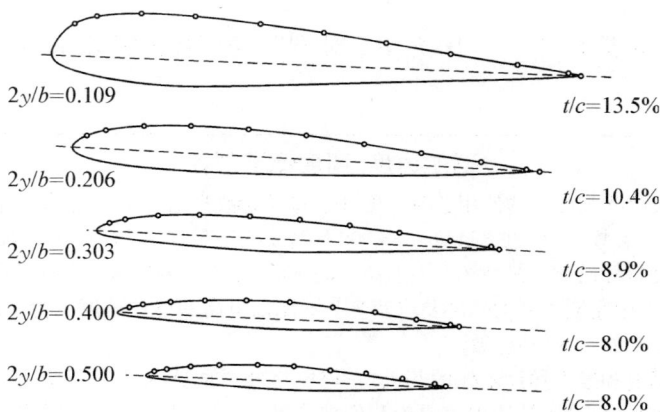

$2y/b=0.109$　　　　　　　　　　　　　　　　$t/c=13.5\%$

$2y/b=0.206$　　　　　　　　　　　　　　　　$t/c=10.4\%$

$2y/b=0.303$　　　　　　　　　　　　　　　　$t/c=8.9\%$

$2y/b=0.400$　　　　　　　　　　　　　　　　$t/c=8.0\%$

$2y/b=0.500$　　　　　　　　　　　　　　　　$t/c=8.0\%$

图 24 - 82　波音 747 机翼几何外形

来源:NASA SP - 347

　　2005 年 11 月,波音宣布研发一种 747 的新型号,即波音 747 - 8。在 747 - 400 问世后的几年里,波音曾研究过 747 的近一步发展。图 24 - 83 及图 24 - 84 绘出了根据 1996~2001 年的研发进展,所设计的机翼平面形状和机翼根部及外翼的翼型。注意外翼翼型是真正的超临界翼型,而且有很强的后加载。为补偿由这种翼型引起的很大的负俯仰力矩,翼根翼型则有可观的前加载。

　　虽然这些图并未描绘最终机翼设计,但它们给出了现代机翼设计思想的清晰概念。

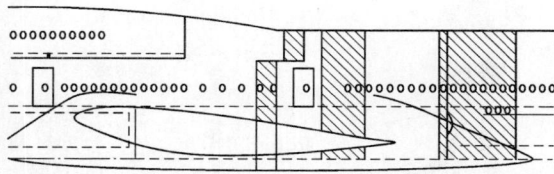

图 24-83 波音 747 的发展，翼根

来源：Aviation Week and Space Technology，February 5，1996

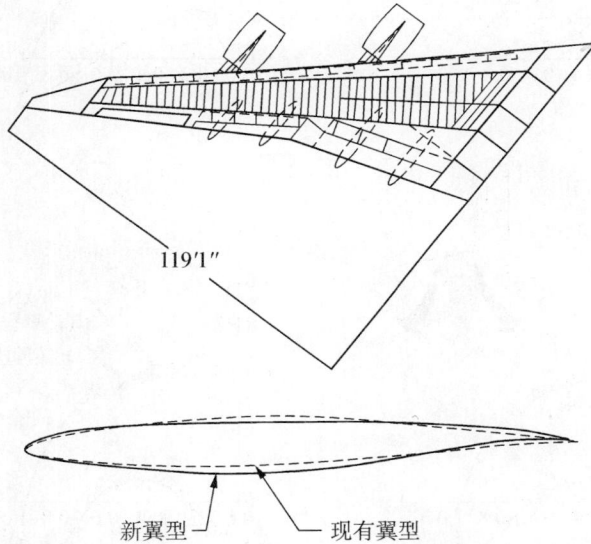

新翼型　　　　现有翼型

图 24-84 波音 747-8 的发展，机翼平面形状和外翼翼型

来源：Aviation Week and Space Technology，March 12，2001

波音 757（1982 年首飞）

波音 757 和 767 几乎是同时发展的。首飞的日期仅差 5 个月。波音上一个全新民机研发项目 747 已是 15 年前的事，在设计 757 和 767 时，与之前项目相比，计算机发挥了大得多的作用，而且超临界翼型和后加载技术也已应用。作为例子，图 24-85 给出了在波音 757 整个机翼流动都是亚声速的飞行状态，机翼压强分布的计算和实验结果对比。注意发动机挂架和短舱对在邻近机翼剖面前缘处的压强分布的影响。在外翼，在亚临界速度时，超临界翼型的特点明显。

在前缘有陡峭吸力峰，随后是略有斜坡的平台，以及有相当大逆压梯度的区域。图 24-86～图 24-90 给出了带增升装置的机翼平面形状、根部和外翼翼型、展向当地升力和环量分布以及高速阻力曲线。

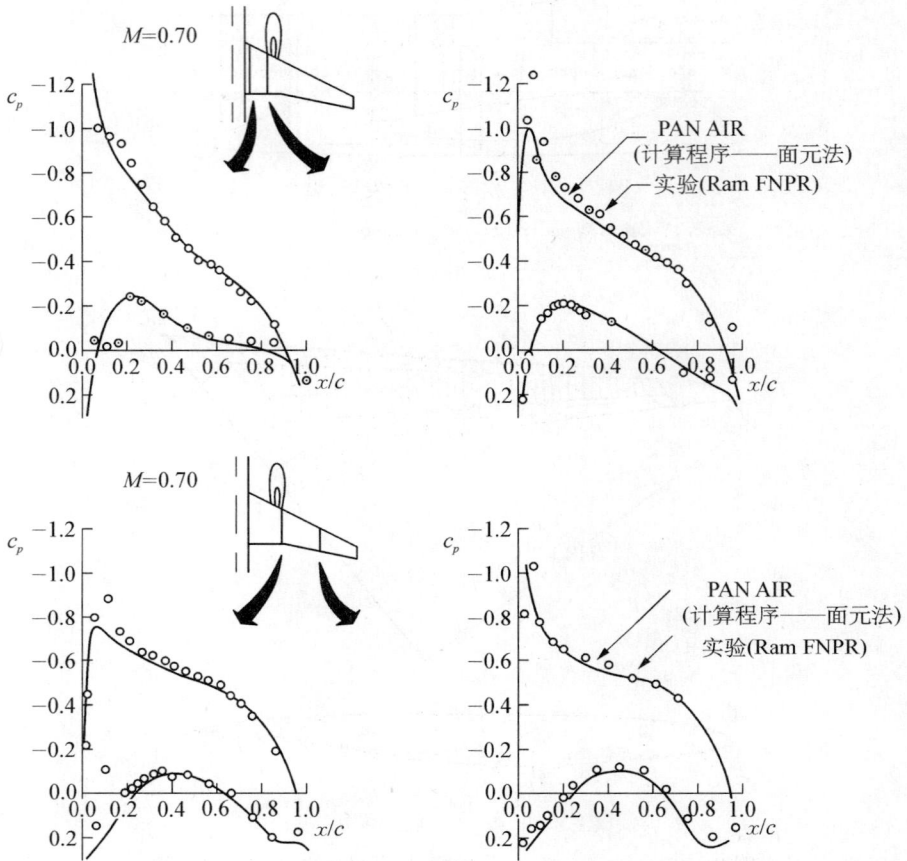

图 24 - 85　翼-身、挂架、通气短舱、$M = 0.70$ 的试验/理论结果比较

来源：AIAA Paper No. 83 - 1368

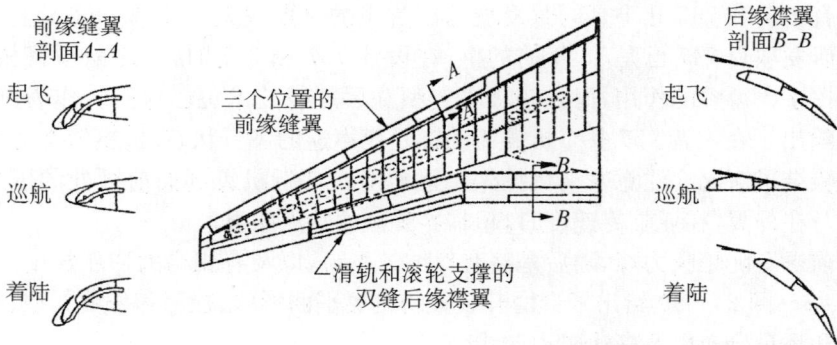

图 24 - 86　波音 757 增升装置

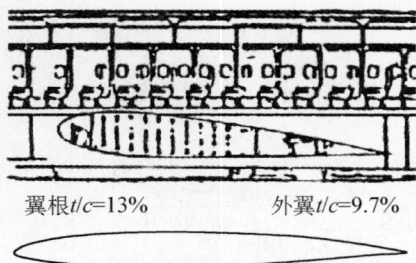

图 24 - 87　波音 757 根部和外翼翼型

翼根 $t/c=13\%$　　　外翼 $t/c=9.7\%$

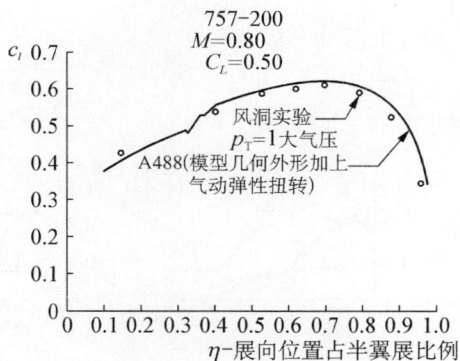

图 24 - 88　波音 757 - 200 展向当地升力分布

来源：NASA CP - 3020 - Vol. 1

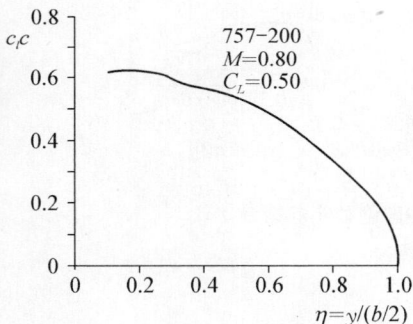

图 24 - 89　波音 757 - 200 环量分布

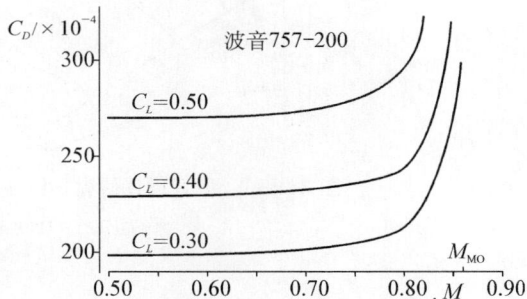

图 24 - 90　波音 757 高速阻力曲线

波音 767（1981 年首飞）

波音 757 及 767 由两个不同的设计团队研发,虽然巡航设计状态相同（$M = 0.82$、$C_L = 0.4$）,但两个团队完成的机翼设计不同。

757 机翼后掠 $\Lambda_{\frac{1}{4}c} = 25°$,翼型相对厚度根部 $t/c = 13\%$,翼梢 9.7%。

767 机翼后掠 $\Lambda_{\frac{1}{4}c} = 31.5°$,翼型相对厚度根部 $t/c = 15.1\%$,翼梢 10.3%。

展弦比（根据波音机翼参考面积定义）分别为 $A = 7.95$ 和 7.88。

图 24 - 91、图 24 - 92 及图 24 - 93 是波音 767 的研究结果。图 24 - 91 给出了沿翼展四个剖面的压强分布。图 24 - 92 给出了升力和俯仰力矩系数的展向分布。

上翼面前部的压强系数几乎相同,表明其等压线近似平行。内侧机翼的后加载比外翼的要小。升力系数展向分布表明外翼区比机翼内侧承载大,以得到椭圆形升力分布。因为向根部方向后加载递减,俯仰力矩系数的展向分布是越靠近根部,力矩系数越小,从而减少了配平阻力。

$M=0.84$
$C_L=0.35\sim0.38$

c_p　$\eta=0.13$
实验
理论
x/c

c_p　$\eta=0.29$
x/c

c_p　$\eta=0.52$
x/c

c_p　$\eta=0.86$
x/c
压强分布

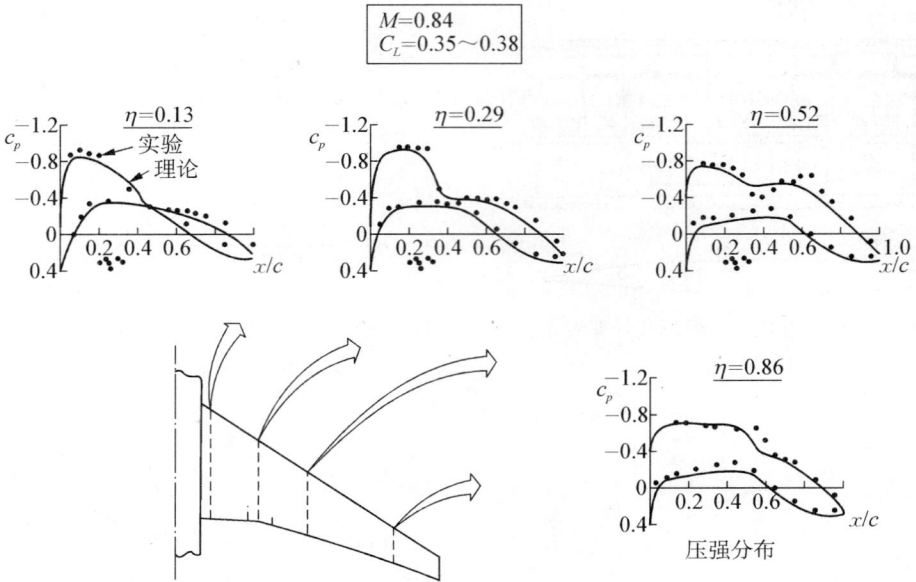

图 24-91　波音设计研究。压强分布的理论和实验结果比较

来源：ICAS 1978 Paper B2-01

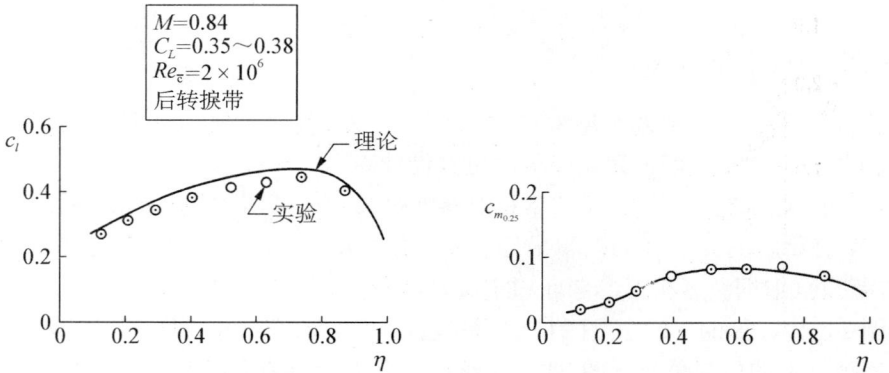

$M=0.84$
$C_L=0.35\sim0.38$
$Re_{\bar{c}}=2\times10^6$
后转捩带

c_l
理论
实验
η

$c_{m_{0.25}}$
η

图 24-92　波音机翼设计研究。剖面升力和力矩的实验和理论结果比较，$M=0.84$

来源：ICAS 1978 Paper B2-01

图 24-93 给出在 $M = 0.84, C_L = 0.4$ 情况下,沿展向用总压排管测得的型阻和波阻分布。注意在该飞行条件下,波阻系数只有 0.0008~0.0010。

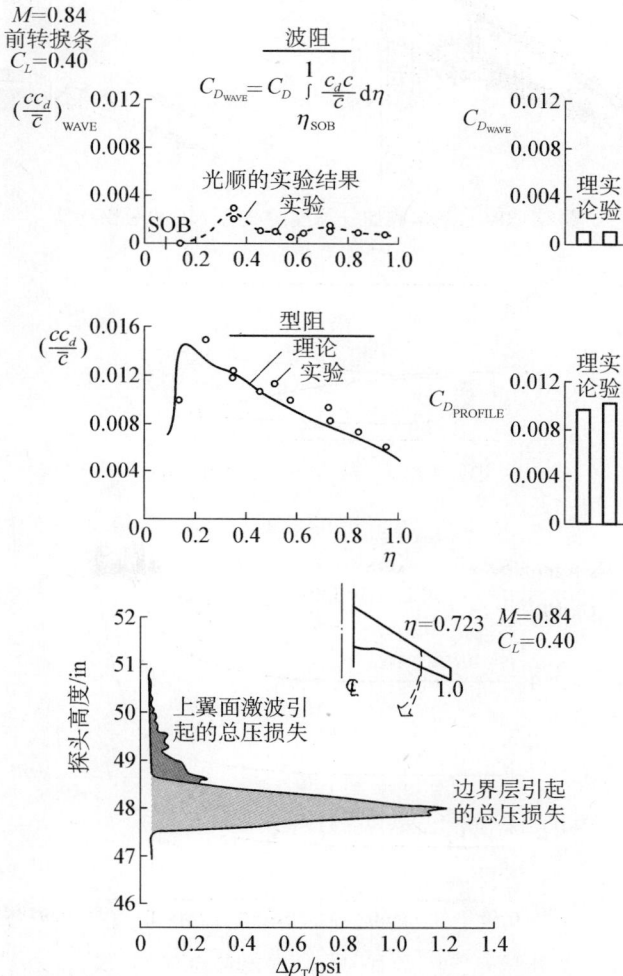

M=0.84
前转掠条
$C_L = 0.40$

$\left(\dfrac{cc_d}{\bar{c}}\right)_{\mathrm{WAVE}}$

波阻
$$C_{D_{\mathrm{WAVE}}} = C_D \int_{\eta_{\mathrm{SOB}}}^{1} \frac{c_d c}{\bar{c}} \mathrm{d}\eta$$

光顺的实验结果
实验
SOB

$C_{D_{\mathrm{WAVE}}}$
理论实验

$\left(\dfrac{cc_d}{\bar{c}}\right)$

型阻
理论
实验

$C_{D_{\mathrm{PROFILE}}}$
理论实验

探头高度/in

上翼面激波引起的总压损失
边界层引起的总压损失

$\eta = 0.723$ M=0.84 $C_L = 0.40$

Δp_{T}/psi

图 24-93 波音 767 机翼设计研究。沿展向型阻和波阻分布及尾流形态测量, $M = 0.84$

来源:ICAS 1978 Paper B2-01

波音 767 开始按最大起飞重量 $MTOW = 335\,000\,\mathrm{lb}$ 审定。到 1988 年 767-300ER 审定时最大起飞重量提高到 $MTOW = 412000\mathrm{lb}$,增加了 23%。考虑到进一步发展和 767 系列新型号的重量增长,翼展应该增加。波音 767-400ER 最终的审定重量 $MTOW = 450000\mathrm{lb}$,应用斜切翼梢,机翼翼展增加了 4.30m。图 24-94 是基本机翼和加长机翼的平面图。

图 24-95 给出了翼根翼型。图 24-96 给出了 767-300 的高速阻力曲线。

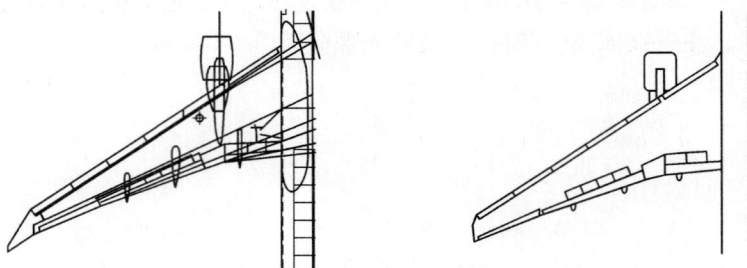

图 24-94 基本和加长翼展的波音 767 机翼平面图

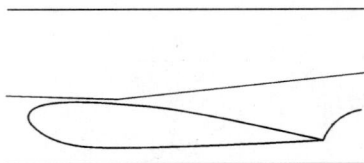

图 24-95 波音 767 的翼根剖面

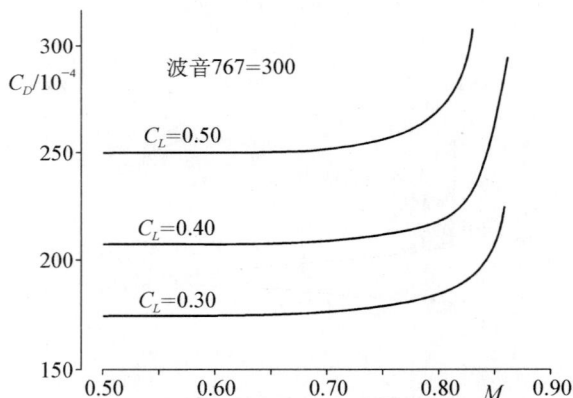

图 24-96 波音 767-300 的高速阻力曲线

波音 777（1994 年首飞）

波音 777 是基于 757 和 767 的经验研发的。777 经历了一系列的发展阶段,现在形成了包括 777-200,777-200ER,777-300,777-200LR 及 777-300ER 在内的飞机系列。后两个型别像 767-400ER 那样用斜切翼梢来增加翼展。图 24-97 给出了基本的和加长翼展的机翼平面形状。图 24-98 给出了机翼的根部翼型。显然易见施加的前加载比早期 777 型号多,但比 747-8 的机翼设计少(见图 24-83)。

图 24-99 给出了 777-200 的高速阻力曲线。虽然机翼后掠和翼根的相对厚度几乎和 767 一样 ($\Lambda_{\frac{1}{4}c} = 31.6°$ 和 $(t/c)_{root} = 14.5\%$),机翼展弦比 $A = 9.49$,这样

外翼就不一定要比 767 薄很多,设计马赫数为 $M = 0.83$。飞机的最佳巡航马赫数结果是 $M = 0.84$,表明机翼设计和机翼-挂架-短舱综合设计的质量又向前迈进了一步。

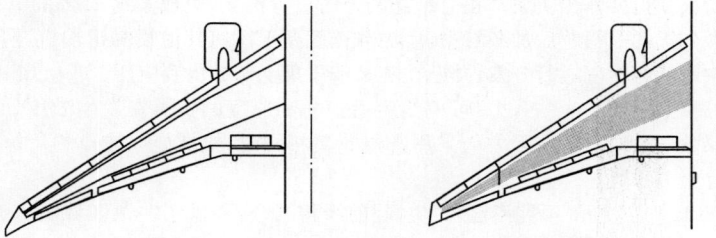

图 24-97　波音 777 基本的和加长翼展的机翼平面图

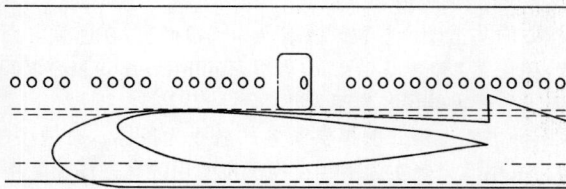

图 24-98　波音 777 机翼的翼根剖面

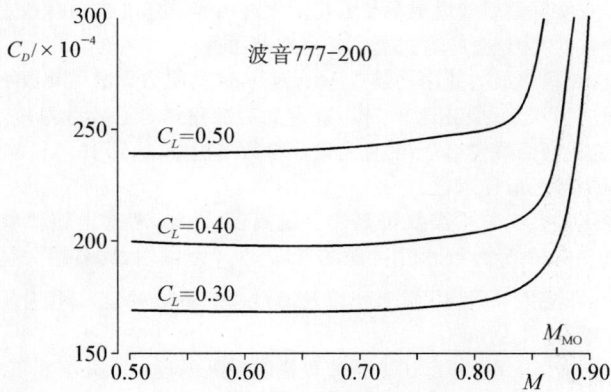

图 24-99　波音 777-200 高速阻力曲线

空客 A300（1972 年首飞）

图 24-100 及 24-101 介绍了空客公司(即霍克西德利 Hawker Sidderly,位于哈特菲尔德 Hatfield)在研发 A300 飞机时的后掠翼设计观点。鉴于研制"三叉戟"的经验,空客公司发展 A300 机翼的基本翼型在设计状态有声速平顶带前缘处小吸力峰的压强分布。该压强分布与常规翼型的比较见图 24-102。该翼型比当时高速翼型的后加载大得多,见图 24-103,产生大负值俯仰力矩。图 24-104 展示了实验和理论结果的相关性,而图 24-105 表明在 A300 机翼上等压线几乎是平行的。

空中客车空气动力学

英国对 A‐300B 的贡献决非无足轻重,现已有法航和伊贝利亚航空公司订购了 A‐300B,汉莎航空公司很快也要作出决策。霍克希德利公司负责机翼,完成了约 22% 的 A‐300B 研发工作。这包含先进的"平顶"后加载翼型,后加载程度高于任何其他喷气运输机,但在哈特菲尔德花了九年中的八年时间进行开发,并已在三叉戟飞机上部分得到应用。

大大增加翼型后部产生的升力,可使给定后掠角和厚度的机翼在发生激波分离前能承受更大的升力系数,或者说,可在阻力与采用常规翼型相同时,机翼能以较小的后掠角或较大的厚度达到设计升力系数。

在 A‐300B 上,这种平顶翼型已与"尖峰"前缘相结合,降低了在该区域的压强系数,从而推迟了在翼型顶峰后激波的形成。

霍克希德利的麦克雷(D. M. McRae)2 月 8 日于哈特菲尔德在皇家航空学会讲座上讲述了 A‐300B 机翼的气动设计,现报道如下:

回头看来,A‐300B 的基本设计参数就涡扇动力飞机而言,在速度方面可与最好的在役或在研中短程飞机抗衡,在长度 350 至 500 mile(英里,1 mile=1.609 km)之间的航段运营经济性最佳,这样的航段比要求的最大航段长度显然小得多。

场域性能以适应欧洲主要运营商已提供服务的航线为目标。对进场速度也加以限制,因为人们对当时其他项目采用而且确实为某些在役飞机使用的高进场速度相当忧心忡忡。

在早期阶段就决定机翼设计应确保环境温度不低于 ISA+10℃ 的性能,并且与竞争飞机比较速度也要据此考虑。

第二个考虑是在实际巡航速度或马赫数与最大许用巡航速度或马赫数之间留有不必要的余量纯属昂贵的奢侈,因为这意味着机翼不必要地薄而重。

为此,设计要求是机翼最大使用马赫数 M_{MO} 为 0.84 而阻力急增马赫数不低于 0.83。方案优化研究表明飞机应为双发,展弦比 7.72。选定的后掠角结合必要的厚度,或者不如说是薄度,使机翼接近结构方面的最佳组合,而且由于比多数飞机厚,达到 10.5%,霍克希德利认为它比大多数竞争飞机更接近最佳组合。

强调短航程经济性意味着不需要很高的巡航高度,因此,考虑巡航要求,可采用大翼载。这一点与进场速度要求相结合,要求在可能的着陆 $C_{L_{max}}$ 范围内,翼载越大越好。但是还有两项附加的设计要求,即避免采用高风险技术以及增升系统不得对起飞/爬升阻力或高马赫数特性有任何不利的影响。

出于回避高风险技术,完全排除了全扰流板横侧操纵的设想。外副翼下垂也被放弃,因为这样的方案降低效率,增加不利偏航,通常导致下垂副翼比常规副翼展长大得多,以致 $C_{L_{max}}$ 没有增加。借助组合扰流板‐副翼的能力和扰流板的能力,有可能减少外副翼的展长,直至襟翼的外端达到 84% 半展长。在所选的展弦比,外副翼如用于高速飞行反效速度太低,襟翼之间为通过发动机喷流留有的切口正好布置内副翼。

机翼上也需要扰流板型操纵面,用作刹车板和破升板以提高机轮刹车效率。

在霍克希德利曾完成大量工作,对厚度约 14%,要求在中等高马赫数巡航升力系数非常大的规范化翼型进行研究,为研制垂直起落运输机,例如 DH 129、HS 681 和道尼尔公司的 Do31 服务。这些飞机机翼厚度很大,成为影响取得大巡航升力系数的缺点。

对十多种翼型在风洞中进行了实验。在这些翼型程度不同地实施了后缘加载,作为提高在给定马赫数和相对厚度可得到的声速平顶设计升力系数的措施。

（续）

人们立即搞清楚,如果愿意,任何这样的改进都可以用于改善设计马赫数而不是 C_L,除非升力系数非常小。

哈特菲尔德为空客设计翼型早在 HBN100 空客方案时期就开始了,继而在 HBN100 和 A300 两者的间隔时间进行二元模型试验。

对这种后掠机翼设计的一般考虑还包括对翼剖面形状或机身缩腰,或者对两者同时进行修形,以避免在后掠翼根部过早出现小后掠激波。有一点要说的就是,显而易见应该尽量避免机身缩腰而限于对机翼作"根部处理"。这通常涉及加厚翼剖面前部,减薄其后部,减少弯度,相对机翼外侧增加根部安装角。然而,由于必须容纳起落架立柱,减薄翼剖面后部并非很现实。此外,机翼弯曲应力趋于集中在后掠翼根部后梁附近,而外翼剖面后部本来就够薄了。

早期气动设计在前,尚无其他设计数据——后来才得到反馈。

例如,基于一个试验机翼的尾翼载荷计算表明,干净构型的尾翼向下的设计载荷大于放下襟翼的工况。如果做到使这两种工况严重程度一致,就可以实现尾翼可观的 120 kg 减重并省去为克服配平阻力消耗的燃油。与此同时,有了机翼外扭刚度的估算值,计算表明型架外形和飞行外形的扭转差别很大。于是决定寻求减少 C_{m_0} 使两种尾翼载荷工况相同。增加外洗,稍减后加载做到了这一点。

最终机翼设计演变使阻力急增马赫数提高了 0.01,显著减少了零升俯仰力矩,代价是抖振发生升力系数略有降低。

图 24-100 空中客车空气动力学

来源:Flight International,February 10th,1972

机翼设计

机翼设计基于三叉戟和 HS. 681 的经验,将巡航状态上翼面的平顶压强分布与翼剖面后部弯度形成的大幅度后加载相结合。研发了对低速高升力特性更为有利的前缘下垂设计。它对巡航平顶压强分布或发展尖峰型剖面压强分布以获得更大的升力系数几乎没有影响。典型压强分布如图 6[①] 所示。这一结合使得对同样的马赫数与 C_L 的组合,有可能使用比三叉戟技术水平的翼型厚 1.5% 的翼剖面。

基于这一外翼翼型,在 H. S. A. 高速风洞连续进行风洞实验,并在皇家航空研究院(RAE)和空气动力研究会(ARA)进行了更高雷诺数的校核实验,研发了整个机翼,依据理论框架获得巡航状态均匀的上翼面压强分布,同时满足存放起落架、蒙皮为可展曲面等通常的实际要求。该设计的成功之处见图 7[②]。图中显示了在研发过程中模型上获得的压强分布,在将二元结果转变为整个机翼时实现了完全余弦效应的 90%。

图 24-101 机 翼 设 计

来源:Aircraft Engineering, October 1969

① 即本书图 24-104。——译者注
② 即本书图 24-105。——译者注

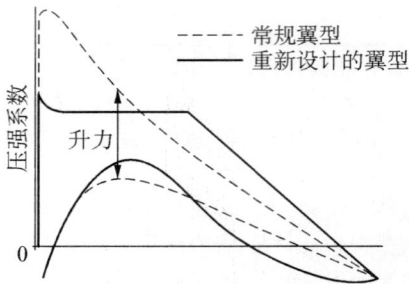

图 24 - 102   常规翼型和先进翼型的压
强分布比较

来源：Aircraft Engineering, March 1969

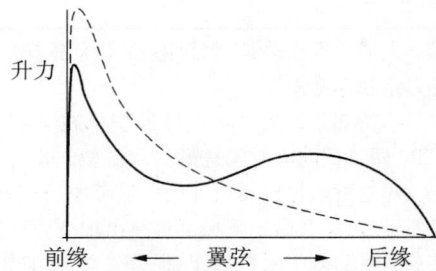

图 24 - 103   常规翼型和先进翼型的升力
分布比较

来源：Aircraft Engineering, March 1969

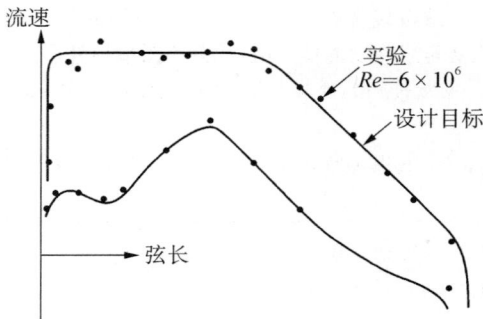

图 24 - 104   典型翼型在巡航状态的压强
分布

来源：Aircraft Engineering, October 1969

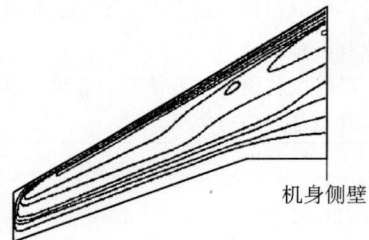

图 24 - 105   在巡航状态雷诺数为 1.47×10^6 时，A300 机翼的实验等
压线图形

来源：Aircraft Engineering, October 1969

图 24 - 106 给出了 $M = 0.796$、$C_L = 0.42$ 时，在 52.3％半翼展机翼剖面上的压强分布。在此情况下，发生超声速流，有出现在 40％弦长处的激波。超声速区显示有相当程度的等熵再压缩，激波很弱，几乎没有波阻，可以从图 24 - 107 得出这一结论。这就说明应用在设计状态前缘有小吸力峰的声速平顶压强分布概念，在略高于设计升力系数的 C_L 得到了令人满意的"超临界"型压强分布，而没有早期"尖峰"翼型前缘表面速度过高和与其相关的阻力爬升过甚等弊病。不过将升力系数与马赫数的某特定组合称为"设计状态"，倒不是因为它是飞机的主要使用状态，而是与所采用（或可用）的数学设计工具有关。

A300 按高速巡航 $M = 0.82/0.83$，远程巡航 $M = 0.78$ 设计。图 24 - 107 表明在 $C_L = 0.30 \sim 0.45$ 范围内，阻力急增马赫数（阻力比低速阻力水平高 $\Delta C_D = 0.0020$ 的马赫数）在 $M = 0.825 \sim 0.785$ 之间变化，符合设计要求。图 24 - 108 给出了 A300 的飞行包线。注意提交审定的 M_{MO} 从 0.84 增加到 0.87。

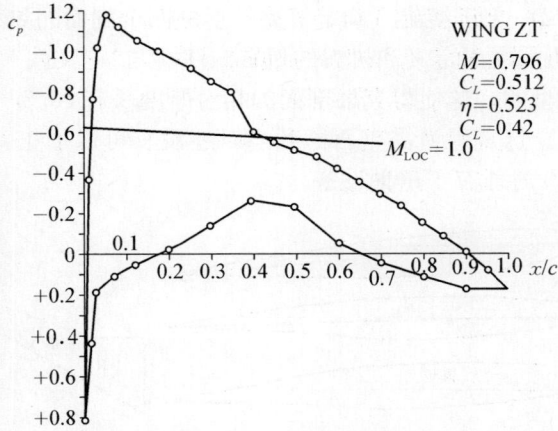

图 24-106　压 强 分 布

来源：Aeronautical Journal，July 1973

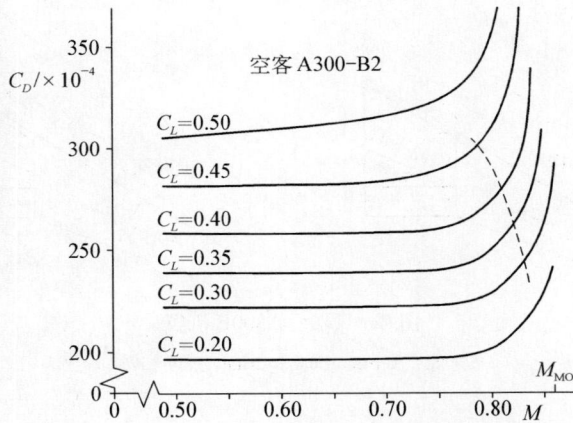

图 24-107　空客 A300-B2 高速阻力特性

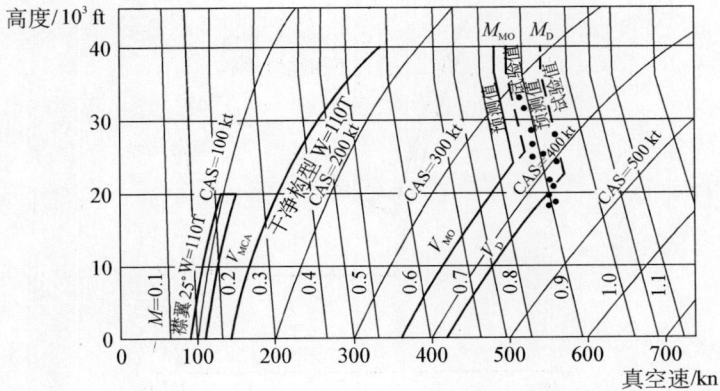

图 24-108　空客 A300 飞行包线

来源：Jahrbuch 1973 der DGLR

　　图 24-109 到 24-111 给出了确定机翼外形的四个剖面的翼型,给出了制造(型架)和飞行状态的机翼翼面定义和机翼的扭转。注意与"三叉戟"一样,A300 机翼表面也是由直母线造型的。这使得翼根剖面的相对厚度只有 10.5%,低于气动力上可能接受的最大厚度。这是因为霍克西德利当时还没有可以加工双曲面机翼蒙皮的设备。在生产 A310 时才有了这种设备。

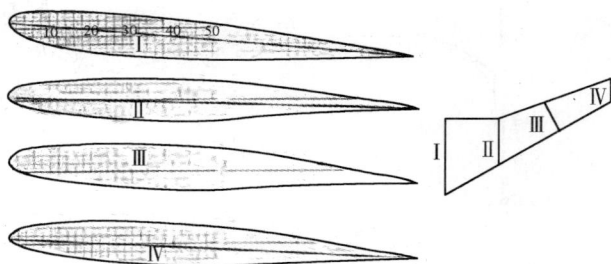

图 24-109　机　翼　翼　型

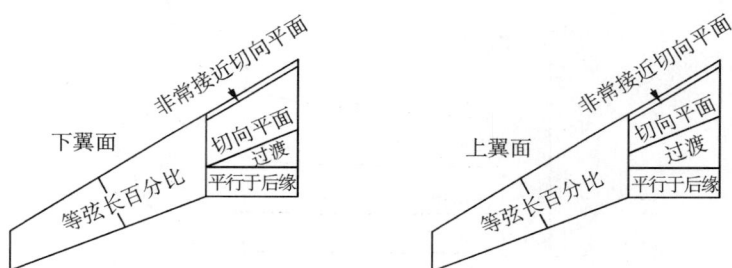

图 24-110　A300B 机翼

来源:Aeronautical Journal,July 1973

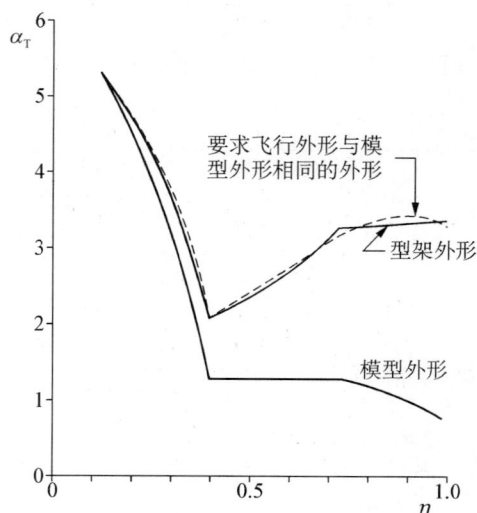

图 24-111　机翼扭转分布

来源:Aeronautical Journal,July 1973

图 24 - 112 给出了原始 A300 及 A300 - 600 的展向升力分布。为了能增加 A300 - 600 的最大起飞重量,机翼内侧增大后加载,从而使升力内移。这样做提高了升阻比,见图 24 - 113,而且改善了抖振发生边界,见图 24 - 114。

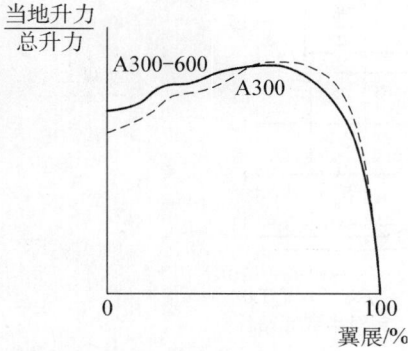

图 24 - 112　与原始 A300 相比 A300 - 600
　　　　　　升力分布的改进

来源:Air & Cosmos, September 10 1983

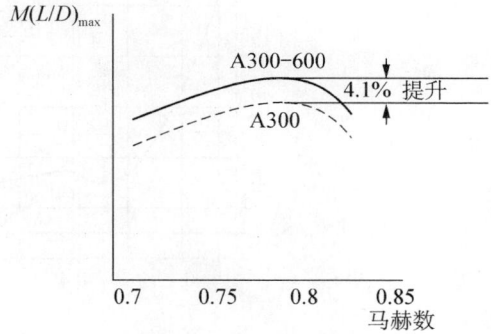

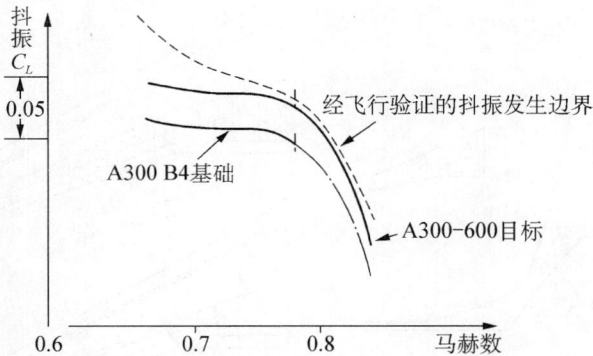

图 24 - 113　A300 - 600 与原始 A300 相比
　　　　　　$M(L/D)$ 的增加

来源:Air & Cosmos, September 10 1983

图 24 - 114　由于抖振引起的升力系数限制随马赫数的变
　　　　　　化,试飞结果允许 A300 - 600 可以更大升力
　　　　　　系数飞行

来源:Air & Cosmos, March 24 1983

空客 A310(1982 年首飞)

为 A310 新设计了在内侧采用双曲面壁板,从而允许翼根剖面厚得多的机翼。图 24 - 115 及图 24 - 116 给出了两种机翼的展向厚度分布和平面形状。

	A300	A310
机翼面积/m²	260	219
翼展	44.84	43.90
展弦比	7.7	8.8
25%弦长线后掠	28°	28°

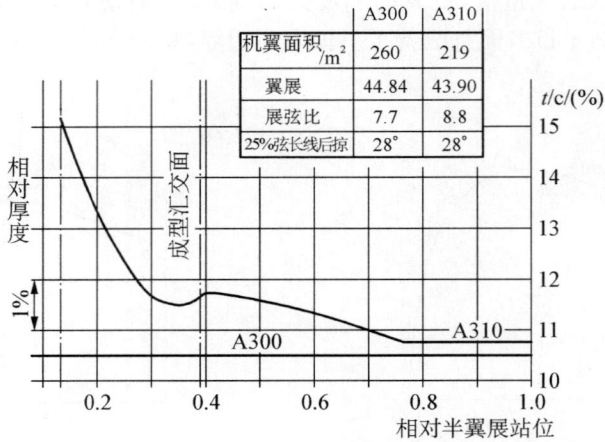

图 24-115 A300 及 A310 的机翼厚度分布及其他尺寸比较

来源：AGARD CP-348 lecture 22

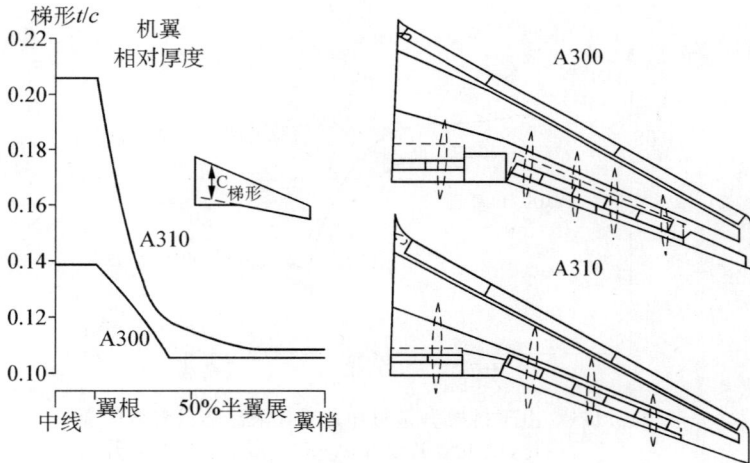

图 24-116 A300 及 A310 的机翼几何形状比较

来源：AGARD CP-285 lecture 11

图 24-117 给出了不同展向位置的翼型。为了在设计状态得到直等压线，对翼根所作的处理明显。向内侧移动时安装角增加，厚度也增加，最大厚度位置前移，前缘变得越来越钝，而且后加载也逐渐消失了。

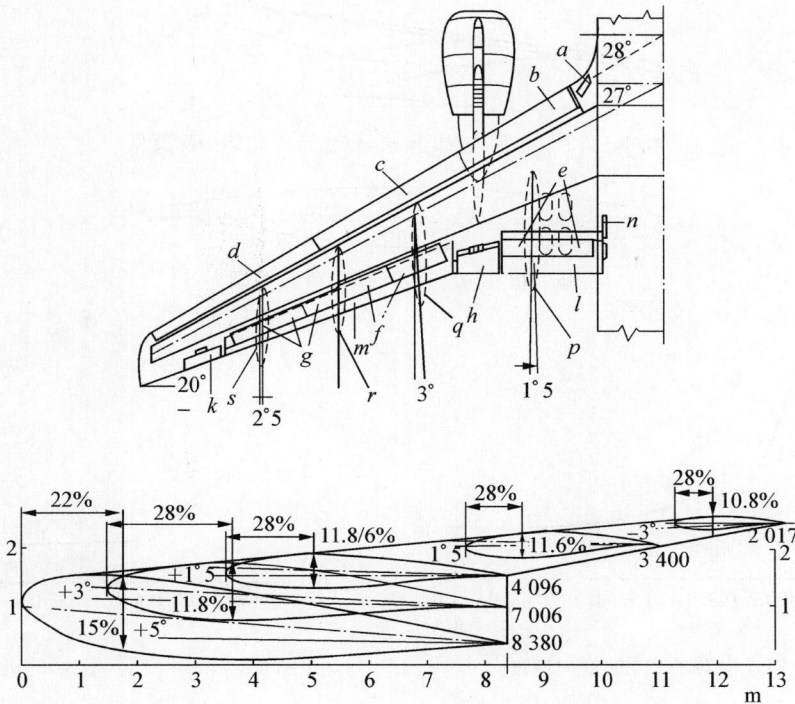

图 24 - 117　A310　机　翼

来源：L'Aeronautique et L'Astronautique, June 1981

空客 A320（1987 年首飞）

　　由于 A320 的设计使用速度比 A300 及 A310 略低（ $M_{MO} = 0.82$ ，巡航速度 $M = 0.79 \sim 0.80$ ），机翼后掠角仅为 $\Lambda_{\frac{1}{4}c} = 25°$ 。在设计基本翼型时，作了很多努力尽量减小后加载，加大前加载，如图 24 - 118 所示。这样做可以减轻襟翼重量，有助于降低配平阻力。

　　图 24 - 119 给出了翼根、机翼后缘转折处和翼梢的剖面形状，而图 24 - 120 为放大了的外翼翼型。较薄的前缘和较厚的后缘区显而易见。从翼根剖面也看得出有比 A310 更大的前加载。图 24 - 121 及 24 - 122 给出了机翼展向的厚度分布和扭转分布。

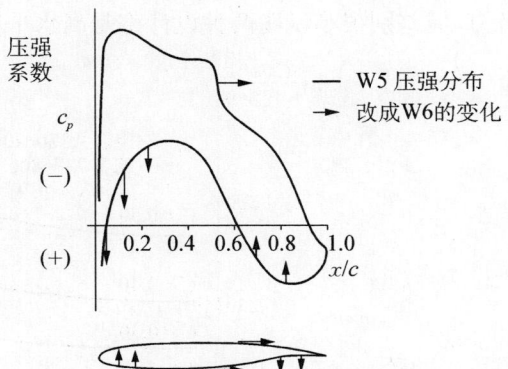

图 24 - 118　机翼 W6 和 W5 主要
特点的比较

来源：Aerospace, January 1986

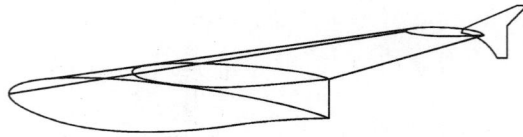

图 24-119 空客 A320 翼根,后缘转折和翼梢的翼型

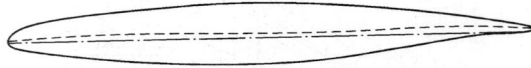

图 24-120 空客 A320 外翼翼型

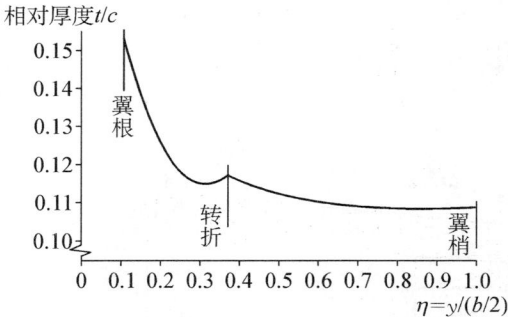

图 24-121 空客 A320 的展向厚度分布

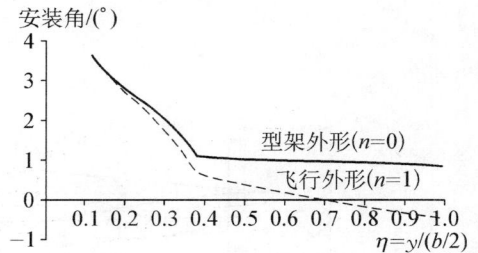

图 24-122 空客 A320 的机翼扭转

图 24-123 给出了空客 A320-200 的高速阻力特性,以及波音 737-800 当 $C_L=0.50$ 时的阻力曲线。添加此曲线不是为了直接比较空客 A320-200 和波音 737-800,只说明它们高度相似。两副机翼的参考面积几乎相同(尽管根据的定义不同),而且机身长度也相同(估计的浸润面积分别为 774.8 m² 和 790.3 m²)。另一方面 737 的外翼比 A320 薄 10%,按理更重。此外,空重和发动机性能也有差别。所有这些清楚地表明,在特定的飞行条件阻力的微小差别并不代表两种飞机的商业潜力,但差别很小说明两种设计都是高水平的。

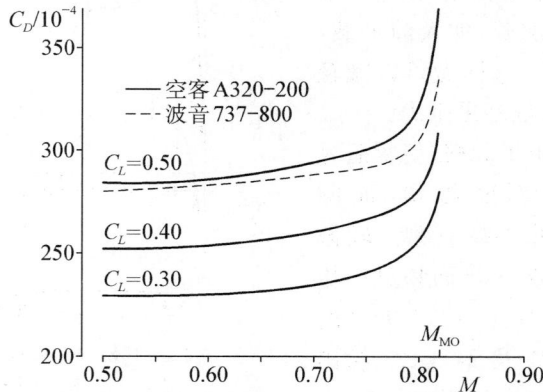

图 24-123 空客 A320-200 和波音 737-800 的高速阻力特性

1993 年加长和更重的 A320 型别 A321 开始试飞。为了防止高、低速性能恶化，在襟翼区延伸了后缘并在襟翼后缘增加了一点弯度，见图 24-124。这使其性能恢复到 A320 的水平。

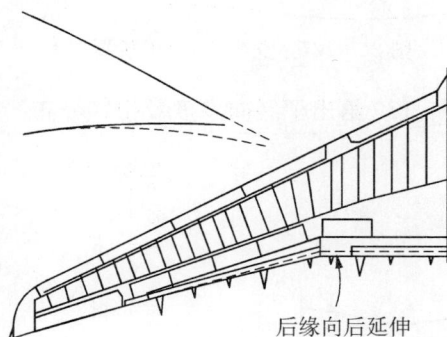

后缘向后延伸

图 24-124　A321 有双缝内襟翼的修形机翼

来源：Flight International，March 17-23，1993

空客 A340（1991 年首飞）

A340 和 A330 是空客开发的首批真正的远程客机。研发工作同时进行，A330 比 A340 晚 5 个月首飞。

最初，四发的 A340 和双发的 A330 采用（差不多）相同的机翼，展弦比 $A = 9.3$，后掠角 $\Lambda_{1/4c} = 30°$。确定的巡航马赫数范围（$M = 0.82 \sim 0.83$）比 A310 高，$M_{MO} = 0.86$。

图 24-127 显示机翼翼型沿翼展的变化，翼根剖面和外翼剖面的单独视图见图 24-125 及图 24-126。注意基本翼型较薄，都有后加载，而机翼前部一直到翼根相对都较厚，这一切看来都是为了尽量增加机翼扭力盒中可贮燃油的容积。

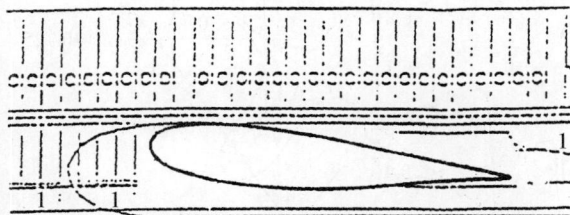

图 24-125　空客 A340 机翼根部剖面

图 24-126　空客 A340 机翼外侧翼型

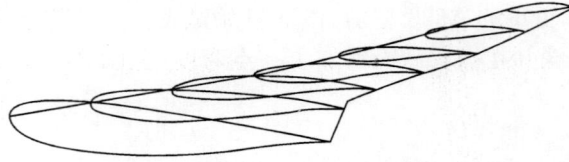

图 24-127　空客 A340 的机翼翼型

图 24-128 及图 24-129 给出了展向厚度及扭转分布。

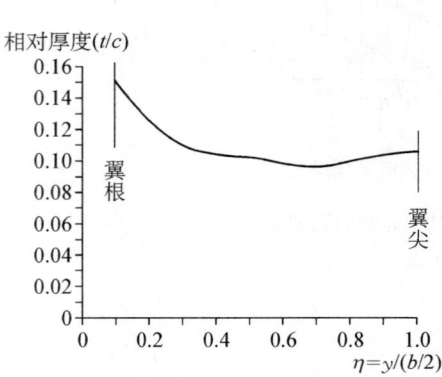

图 24-128　空客 A340 机翼展向厚度分布

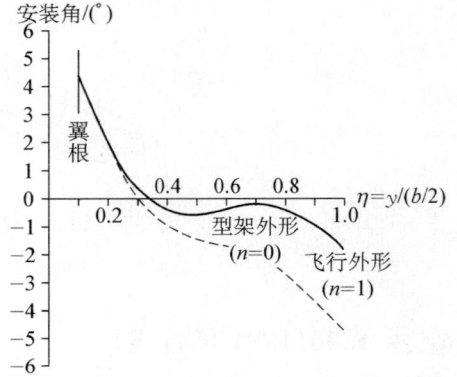

图 24-129　空客 A340 机翼展向扭转分布

　　图 24-130 给出了接近设计状态的展向压强分布。外翼大后加载很明显。图 24-131 给出了飞行前估算的高速阻力特性。注意在 $M=0.82$ 阻力爬升如此之小，即便升力系数高达 $C_L=0.50$。

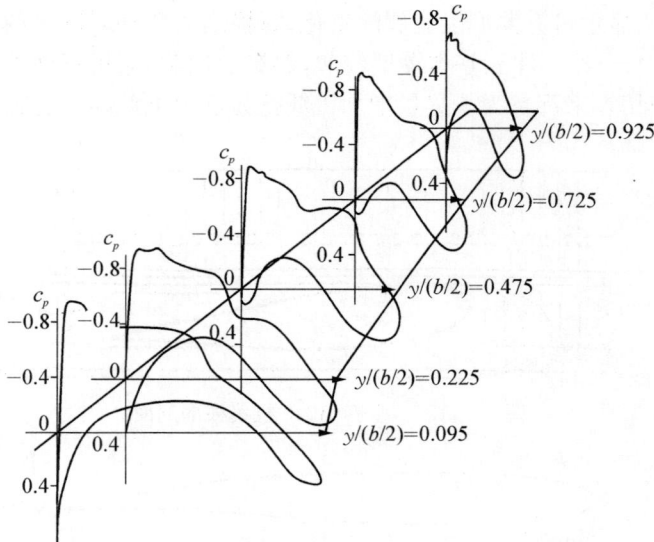

图 24-130　空客 A340 在设计状态附近的展向压强分布
来源：AGARD CP-547，Paper No. 11

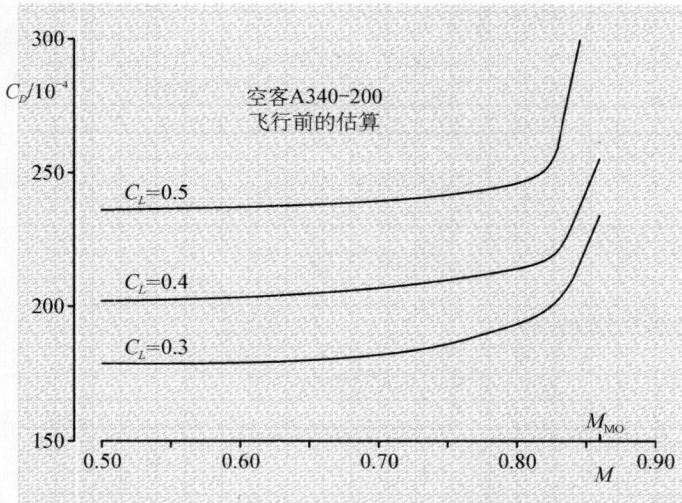

图 24-131　空客 A340-200 高速阻力特性

在 A340 飞行试验过程中，人们发现在低空小重量因为抖振过于强烈，无法达到设计俯冲马赫数 $M_D = 0.93$。这就使得适航审定所需的直到 M_D 的颤振和稳定性、操纵性飞行试验无法进行。分析表明强烈的抖振源自外侧发动机挂架的内侧某区域的分离气流。这种现象仅在低升力系数状态发生，但由于原先低估了的外侧发动机重量和低空高动压飞行后加载共同造成的机翼附加扭转变形而加剧。

第一架批生产飞机在机翼下翼面紧挨发动机挂架处添加了整流罩对挂架气流整流，但根本性的解决方案还是修改了机翼的展向扭转分布。

20 世纪 90 年代产生了对大商载远航程改型的需求。为此研发了两种改型，A340-500 及 A340-600。后者 2001 年首飞，而 A340-500 紧接着在 2002 年首飞。两种飞机的机翼都在前梁和前缘间增加了一个插入段，如图 24-132 所示。这使基本油量增加了 38%。翼展也增加了 3.20m。

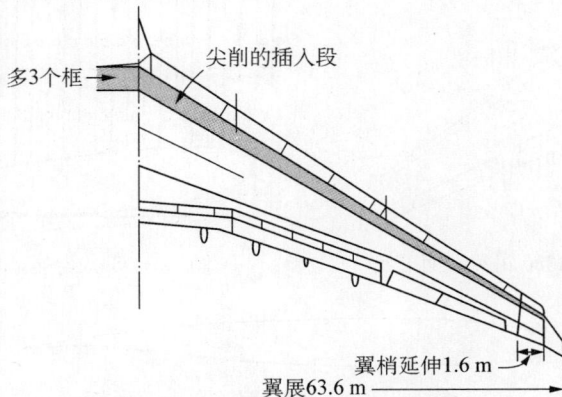

图 24-132　A340-500/600 机翼

来源：Flight International，2-8 September 1998

空客 A330/A340 现有的基本型别如下：

A330 - 200	$MTOW = 230\,\mathrm{t}$
A330 - 300	$MTOW = 230\,\mathrm{t}$
A340 - 200	$MTOW = 275\,\mathrm{t}$
A340 - 300	$MTOW = 275\,\mathrm{t}$
A340 - 500	$MTOW = 372\,\mathrm{t}$
A340 - 600	$MTOW = 368\,\mathrm{t}$

空客 A380（2005 年首飞）

空客 A380（A380 - 800）有下列设计特性：

最大起飞重量 $MTOW$	$= 560\,\mathrm{t}(1\,235\,000\,\mathrm{lb})$
最大巡航高度	$= 43\,000\,\mathrm{ft}$
机翼参考面积 S_W	$= 845\,\mathrm{m}^2$
最大使用马赫数 M_{MO}	$= 0.89$
巡航马赫数	$= 0.85$

这些很高的设计要求，造成研发的机翼具有下列特点：

机翼后掠角 $\Lambda_{1/4\,c}$	$= 33.5°$
展弦比 A	$= 7.67$（空客定义）
根部相对厚度 t/c	$= 0.132$
外翼相对厚度 t/c	$= 0.087$

图 24 - 133～图 24 - 135 给出了机翼平面形状、根部和外翼翼型。注意外翼后缘区很薄。图 24 - 136 和图 24 - 137 给出了机翼的展向厚度和扭转分布。

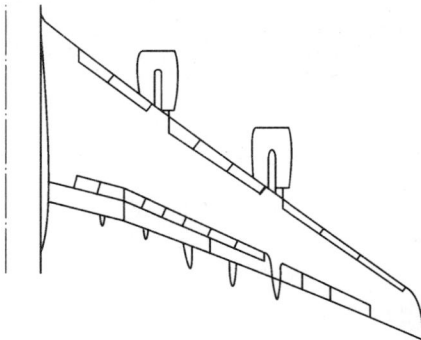

图 24 - 133 空客 A380 机翼平面形状

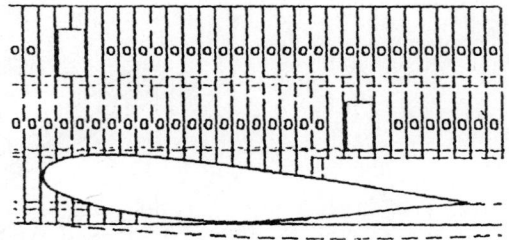

图 24 - 134 空客 A380 翼根剖面

图 24 - 135 空客 A380 外翼剖面

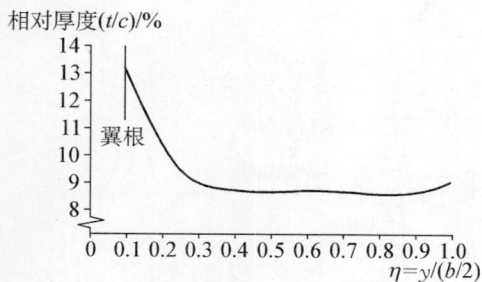

图 24 - 136　空客 A380 机翼厚度的展向分布

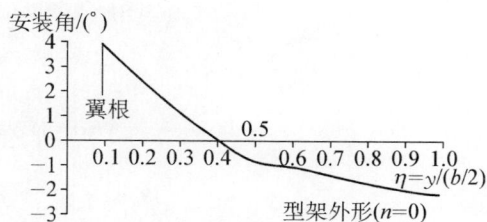

图 24 - 137　空客 A380 机翼扭转的展向分布

福克 F - 28/福克 100(1967/1986 年首飞)

福克 F - 28 机翼设计要求与其他第一或第二代民用喷气运输类飞机相比有它不平常的特点。通过 F - 27 的成功销售,福克公司对特别是在发展中国家的很多小型公司的运行标准有了深入细致的了解。另外,从老的螺旋桨飞机换装为有不同运行特点的喷气运输机,在世界范围发生了多起事故。

这就导致在设计福克 F - 28 时决定以取得在整个飞行包线内的良好飞行操纵特性,同时系统最简单,而非增长和发展的潜力作为目标。

跨声速飞行特性受到很大的关注。一项要求为直到设计俯冲马赫数,飞机不用马赫配平补偿器也有正纵向安定性(没有上仰或下俯)。为此最厚的翼剖面不设在翼根,而是在 40% 半翼展。在跨声速激波后的气流分离和由此造成的升力下降都从该区域开始。结果使尾翼处的下洗重新分布,改变了补偿无尾俯仰力矩变化的尾翼载荷。F - 28 不用马赫配平补偿器,一直到 M_D 都是纵向安定的。

F - 28 的初始设计条件为:最大起飞重量 54 000 lb,巡航高度 25 000 ft, M_{MO} = 0.75,使得 M = 0.73 时 $C_{L_{des}}$ = 0.23。在这种情况下,阻力爬升是可接受的。

随后的发展过程中起飞重量和巡航高度都增加了。在这些升力系数较大的状态,阻力特性欠佳,如图 24 - 142 所示。

1982 年有了开展一个新项目的需求,F - 28 被当作一个起点。机身加长了,有了新发动机,机翼作了大改。机翼扭力盒的几何外形保持不变,襟翼悬挂和驱动机构也不变。机翼翼展增加,前缘作了修形,增加弦长的襟翼配置了弯度,而新副翼下垂了几度。

新机翼的几何外形与 F - 28 机翼的比较见图 24 - 138 和图 24 - 139。

最终的机翼比 F - 28 机翼有很大改进,见图 24 - 140 及图 24 - 141。较低的前缘吸力峰和后加载产生了有利得多的阻力特性,见图 24 - 143。这样的改进只有应用计算流体动力学方法 CFD,特别是 XFLO22NLR 程序,即荷兰航空研究院在詹姆森基于全位流理论的 FLO22 基础上开发的程序才能取得。

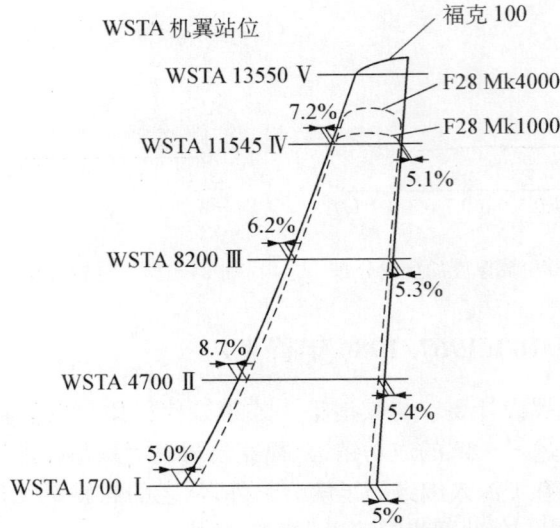

图 24-138　福克 F-28 和福克 100 的机翼平面形状

来源：ICAS-88，Paper 6.1.2

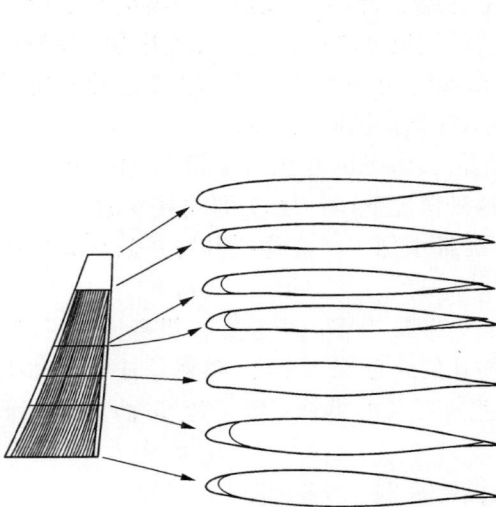

图 24-139　福克 F-28 及福克 100 的翼型

来源：ICAS-88，Paper 6.1.2

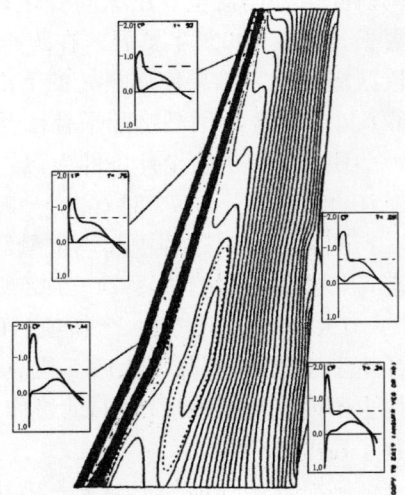

图 24-140　福克 F-28 Mk1000 机翼的压强分布，$M = 0.72$，$C_L = 0.30$

来源：Fokker Rep. L-28-316

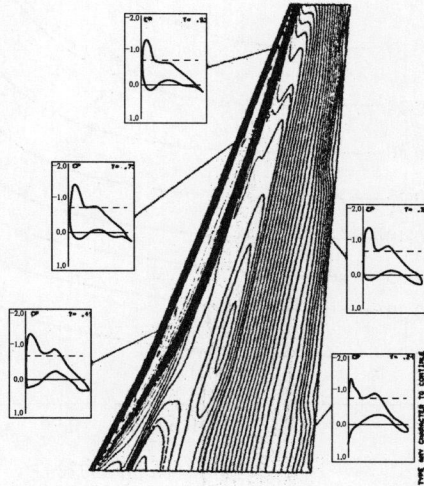

图 24 - 141   福克 100 机翼的压强分布，
$M = 0.72, C_L = 0.55$

来源：Fokker Report L - 28 - 341

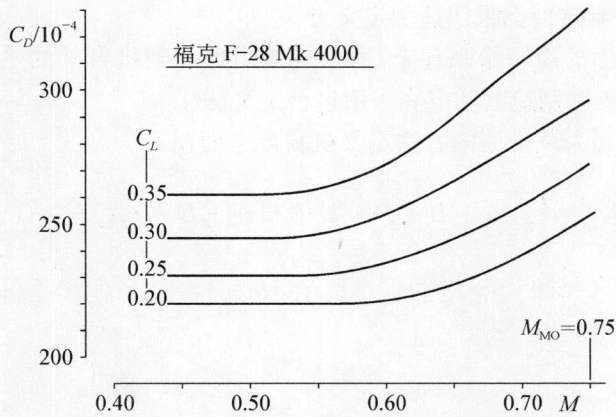

图 24 - 142   福克 F - 28 Mk 1000 高速阻力特性

来源：Fokker Report H - 28.40 - 20.005

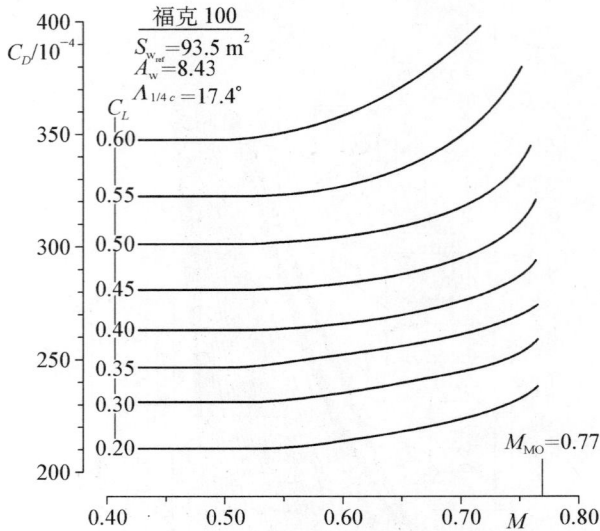

图 24 - 143　福克 100 高速阻力特性

来源：Fokker Report HX - 28 - 589 - 001

机翼参考面积定义

不同的制造商采用三种方法来确定机翼参考面积：

（1）将基本机翼（外翼）的前后缘延长到机身中线，不考虑前后缘的转折。福克公司和美国很多制造商都采用这种定义方法。

（2）根部剖面的前后缘联起来，所形成的矩形加到机身外的半个机翼上，如图 24 - 144 所示。英国制造商和空客采用这种定义法。

（3）波音公司采用下面的方法定义机翼参考面积：

$$S_{W_{ref}} = 2\left[A + B + F + D + H + \frac{X}{Z}E + \frac{Y}{Z}C + \frac{V}{Z}G\right]$$

式中各符号的定义见图 24 - 145。

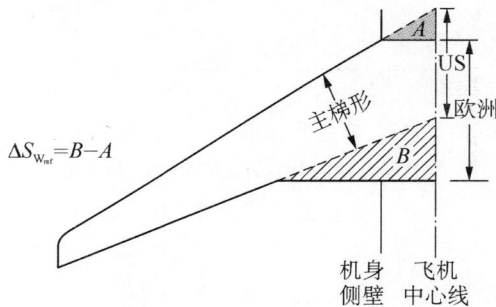

图 24 - 144　机翼参考面积的定义：空客

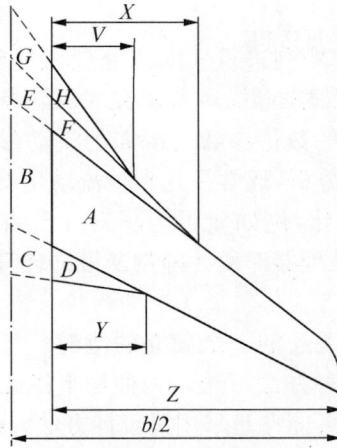

图 24 - 145　机翼参考面积的定义:波音

关于现代高速机翼设计的一些要点

当今用于高速机翼设计的最重要工具是各种 CFD 方法。已开发了相当多的计算程序。有些程序是市场上可以买到的,但是大部分制造商,有时与研究机构合作,愿意开发自己的程序或者至少对现成程序加以改造使之适合自己特定的需要。

拥有这些程序,并不保证成功,因为使用这些复杂软件,了解它们的能力和局限都需要经验。

分析气动布局流动状态的程序通常有四个组成部分:

1) **流动求解器**

目前有很多流动求解器可用和/或在开发中。它们的基础是 100 多年前建立的纳维-斯托克斯方程。对很多气动设计应用,流动方程需作简化,以便于求解。不计粘性得到全位流方程,如欧拉方程。位流解可以很好模拟比较弱的激波,巡航状态的商用运输机布局一般正是这种情况。通常在很多飞行条件下,黏性效应很小,可以用添加附面层方程来模拟,后者正是雷诺平均 N - S 方程大为简化的形式。进一步简化略去位流方程的非线性项。这就得到了线性可压缩流的普朗特-格劳渥(Prantl-Glauert)方程。现代计算机的能力可以极快的速度处理海量的数字信息。这就可以通过大量密布的控制点来求解流动方程。这些控制点不仅布置在所研究物体的表面,也分布在围绕该物体的空间。

2) **网格生成器**

这也许是最关键的模块,因为它进行的处理控制最花时间。网格生成程序用以确定求解流动方程所需的控制点。现在有很多不同类型的计算网格得到应用,分为结构网格和非结构网格两大类。

3）前置和后置处理器

它们有助于使 CFD 计算顺利进行。前置处理在气动力面定义（模线）、网格和 CFD 代码之间建立联系。例如准确描述所研究对象形状的**面插值和光顺程序**。其他前置处理器将已定义网格的数值参数与所需的流动参数结合起来生成流动求解器的输入，并自动起动 CFD 分析，通常是几十种流动情况。**图形后置处理器**使海量经计算得到的数值信息可视化，例如显示为压强分布或流场中的激波或涡的位置和/或强度激波。这些后置处理器对设计师判断最终计算结果非常重要。

4）优化

这是与流动求解器密切关连的一个独立的范畴。气动工作者针对设计问题寻求可能的最佳解决方案有多种办法可选。一种是平淡无奇的试凑法，很花时间，但通常是唯一的选择。另一种可能性是采用反设计方法，规定"理想"的机翼压力场作为目标。这种方法颇为依赖经验，目前仅用于在设计最终阶段光顺某些有缺陷的压强。当前在优化中用得最多的是以蒸发模拟物面移动以及考虑多种流动状态以避免非设计状态性能不可接受。对优化过程通常施加多专业约束条件，例如对厚度和曲率的要求、机翼根部弯矩限制等等。由于计算能力已极大增强，较新型的优化能够投入几十种甚至几百种状态，使某些几何设计参数在指定范围内变化并使用优化脚本来选择有利方向，确定下一系列后续状态。

过去几十年中计算技术、流动求解器、特别是前后置处理软件的发展，使人们简直有可能在一夜间完成对全机多流动状态的分析。对机翼、机身、尾翼、短舱/挂架组合包括襟翼支持机构整流罩在内，计及大多数部件边界层的 CFD 分析，可以作为常规计算，在 12 小时以内完成从"模线到曲线"的求解。

现代高速机翼设计的设计目标之一就是完成翼下挂架安装发动机短舱的机翼的干扰效应最小[*]的设计综合。

图 24-146～图 24-153 给出了这种尝试的结果。图 24-146 为所研究的布局。机翼设计点为 $M = 0.78, C_L = 0.57$，机翼参数：$A_W = 10.67$、$\Lambda_{1/4c} = 26.5°$。注意现代高涵道比发动机相对当地翼弦尺寸很大。图 24-147 说明了机翼和挂架相交界面的设计演变。图 24-148 及图 24-149 介绍如何通过一系列挂架修形，逐步改善机翼下翼面紧邻挂架处，特别是挂架内

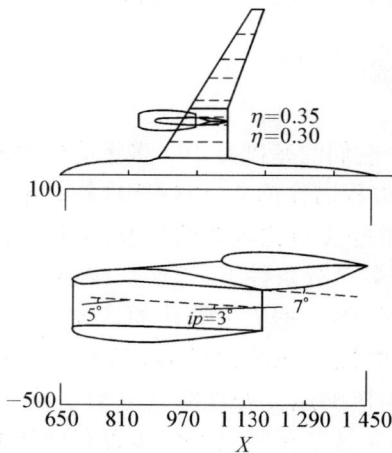

图 24-146　模型 VTP-4 俯视图
　　　　　　和机翼、挂架和短舱
　　　　　　的侧视图和剖面图

来源：Fokker Report WT-P-159

---

[*] 技术发展已能实现有利干扰——译者注

侧机翼翼面的压强分布,直至流场可以接受。不过该过程中用基于欧拉方程的计算程序进行了 16 步计算,作每步计算都必须修改网格。然后对采用最终选定挂架形状的全机布局进行了分析,用的是基于时间平均 N-S 方程以计及边界层效应的计算程序。

优化用的是欧拉程序,因为基于欧拉方程和基于 N-S 方程计算的复杂程度是有差别的。

图 24-150 及图 24-151 给出了用 N-S 程序计算的挂架两侧机翼剖面的压强分布。这些结果与前几张图的数据差别比较小,表明在这种情况边界层影响是次要的。

图 24-152 表明机翼上安装挂架和发动机,对展向环量分布影响很小。图 24-153 说明,添加发动机后如同在该布局的风洞实验中发现的情况一样,跨声速阻力爬升有很小的增量。但这个结果只有借助现代 CFD 方法才能得到。

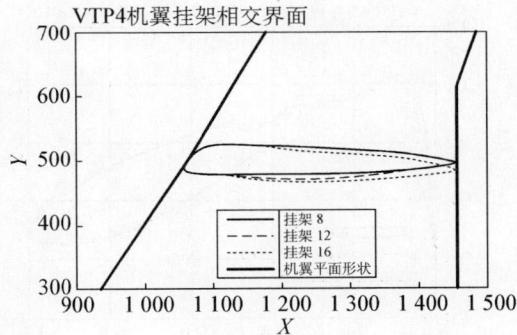

图 24-147　机翼-挂架相交界面

来源：Fokker Report WT-P-159

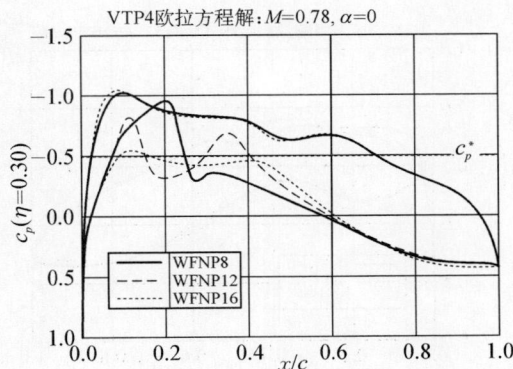

图 24-148　紧邻发动机挂架内侧的机翼压强分布
（欧拉程序）

来源：Fokker Report WT-P-159 及 WT-P-160，February 1996

VTP4欧拉方程解：M=0.78, α=0

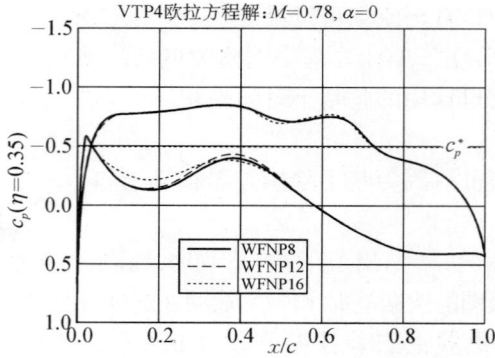

图 24 - 149　紧邻发动机挂架外侧的机翼压强分布
（欧拉程序）

来源：Fokker Report WT - P - 159 及 WT - P - 160，February 1996

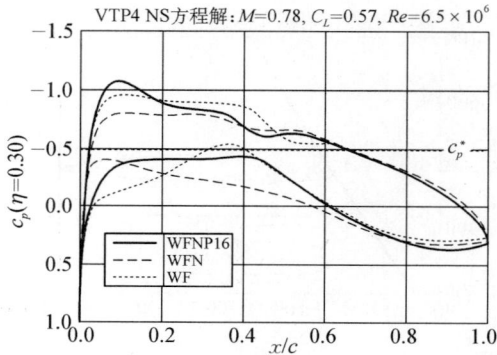

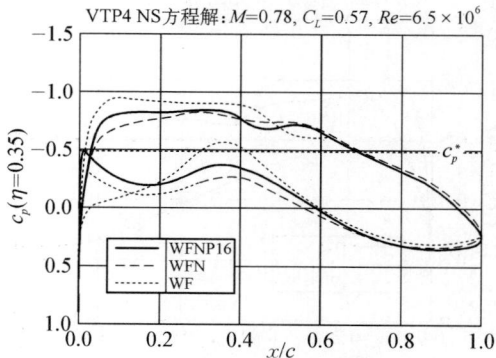

VTP4 NS方程解：M=0.78, C_L=0.57, Re=6.5×10^6

图 24 - 150　紧邻发动机挂架内侧的机翼压强分布
（N - S程序）

来源：Fokker Report WT - P - 159 及 WT - P - 160，February 1996

VTP4 NS方程解：M=0.78, C_L=0.57, Re=6.5×10^6

图 24 - 151　紧邻发动机挂架外侧的机翼压强分布
（N - S程序）

来源：Fokker Report WT - P - 159 及 WT - P - 160，February 1996

VTP4 NS方程解：$M=0.78$, $C_L=0.57$, $Re=6.5 \times 10^6$

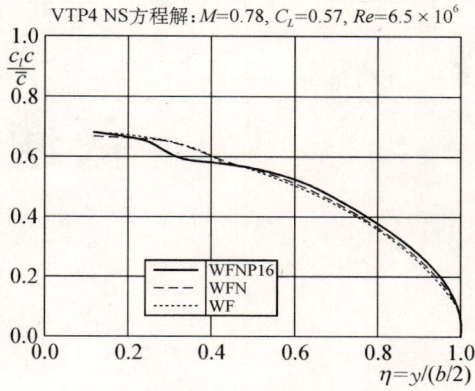

图 24 - 152　展向环量分布

来源：Fokker Report WT - P - 159

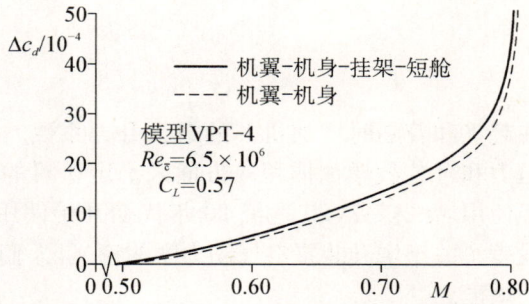

图 24 - 153　挂架及发动机短舱对跨声速阻力增
　　　　　　长特性的影响

第 5 部分

25 带增升装置翼型的最大升力系数

增升装置用于在起飞和着陆时增加机翼的最大升力系数。这就使我们可以主要从爬升及巡航的阻力和可装载燃油体积等方面来确定机翼的大小。虽然在第一次世界大战期间已经使用后缘襟翼,20 世纪 20 年代初开始使用缝翼,但直到 1972 年 A. M. O. Smith 发表了关于增升装置空气动力学的论文,人们才从空气动力学的意义上理解了它们的功能。

增升装置基础知识

采用增升装置后,有三种效应决定了最大升力系数的增量:

1. 弯度增加

众所周知,带弯度翼型的最大升力系数高于对称翼型。但翼型的弯度太大也会产生过大的阻力。这就是在航空史上早期就已经采用开裂式或平面襟翼来实现可变弯度的原因。

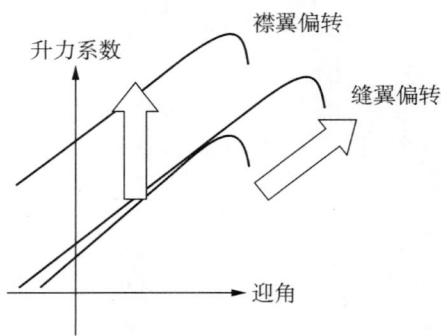

图 25 - 1 襟翼和缝翼对升力曲线的影响

如果翼型的后缘向下偏折,有效弯度便增加。后缘处库塔-儒科夫斯基边界条件的变化导致环量增大,从而在迎角不变时增加了升力,此处的**迎角指基本翼型的弦线与未扰来流的夹角**。这也解释了为何图 25 - 1 中的升力曲线当襟翼偏转时向上平移。另一方面,打开前缘襟翼或缝翼一般形成前缘下垂,由于前缘有效弯度的变化,通常会减小升力。在迎角(定义同前)不变且较小时,打开前缘装置将使升力曲线略向下移,如图 25-1 所示。

偏转襟翼在接近或略低于原始基本翼型的最大迎角处,产生更大的最大升力,而打开缝翼或前缘下垂则在更大迎角产生更大的最大升力。

2. 有效弦长增加

偏转增升装置如果延伸了翼弦,可以增加有效弦长。例如,转轴接近弦线的固定铰接式襟翼不会改变弦长,但富勒襟翼后退时确实增加了有效弦长。同样,缝翼通常向下、向前伸展,也增加了有效弦长。弦长的延伸增大了升力曲线的斜率,因为此时机翼的参考面积一般保持不变。

3. 干扰效应

可以在中弧线上布置一系列涡来代替真实翼型,分析翼型的升力。这样的涡可以是连续的涡片,以便分析弦向升力分布,也可以是布置在四分之一弦长点的一个集中涡,当迎角相对于零升迎角即零升力线[①]增加时产生总升力。

借助**不作线化**的儒科夫斯基保角映射精确解,可以得到**平板或圆弧翼型在任意迎角下**升力的精确解。注意,由一段圆弧组成的翼型其零升线通过该圆弧段的中点和后缘,如图 25-2 所示。有大下垂前缘和铰轴在中弧线上的双铰平面襟翼的翼型,其中弧线很像圆弧翼型,只要迎角定义一致,在给定迎角下也会有与后者相同的升力系数。

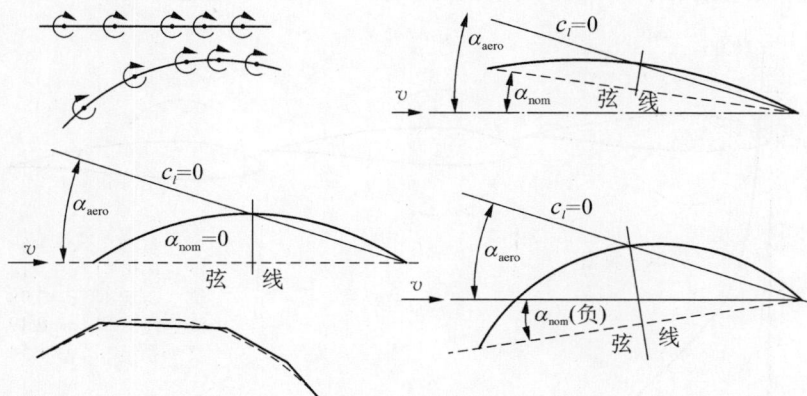

图 25-2　用一系列离散涡来表达有升力平板和圆弧翼型,圆弧翼型的零升力线和气动迎角以及用圆弧翼型近似表达带铰接式前缘襟翼和双铰后缘襟翼的翼型

采用 CFD 方法例如涡格法,可以不作保角映射,使用一定数量的离散涡来计算弦向升力分布。对形状古怪的单个翼型还是对由活动部件组合而成的翼型进行升

---

① 即图 25-2 中的 $c_l = 0$ 线。——译注

力分析,两者之间并没有差别。在分析中各个涡之间的相互干扰则完全相同。

注意随着襟翼偏度的增加,零升迎角减小(更负),因为名义迎角是相对于"干净"翼型的弦线来度量的。

如果相对于零升力线来度量迎角,那么相应于不同襟翼偏度的升力曲线将重叠在一起,对应最大升力系数的迎角随襟翼偏度的增加而增大,与随最大前缘下垂量增加的变化相同。这是因为**在同样升力系数下,无论偏转前缘还是后缘增升装置,都会降低前缘吸力峰,从而使开始出现流动分离的迎角大大增加**。

至此只讨论了等效连续中弧线的(剧烈)弯曲对升力的影响。如果考虑的是**各个组成部分彼此之间被移开一段很小距离的翼型**,情况就有所不同。中弧线连续时,流体速度和压强在中弧线上同一点的上下两侧都不同,以中弧线为间断线。如果中弧线由彼此间有小缝隙的几部分组成,在缝隙处上述的不连续就不可能存在,每个部分的前后缘处升力都为零。这就意味着如此组合而成的翼型,其总升力要比各部分无泄漏地连在一起时小。然而**涡之间依然存在相互干扰,沿复合翼型的总弦向升力分布仍与单一(大弯度)翼型相似**。

图 25 - 3 取自 1974 年 A. M. O. Smith 宣读的一篇论文,描绘了布置成紧挨在一起的三个带弯度翼段在无黏流中的计算压强分布。图中虚线表示每个翼段单独处于气流中的的压强分布,实线表示各翼段处于图示位置时的压强分布。当迎角 $\alpha = 10°$ 时,单独处于气流中的翼段的升力系数 $c_l = 1.69$,而三个翼段组合在一起并以总弦长为参考弦长时,升力系数减小,为 $c_l = 1.54$。通过与图 25 - 4 中 $\alpha = 10°$

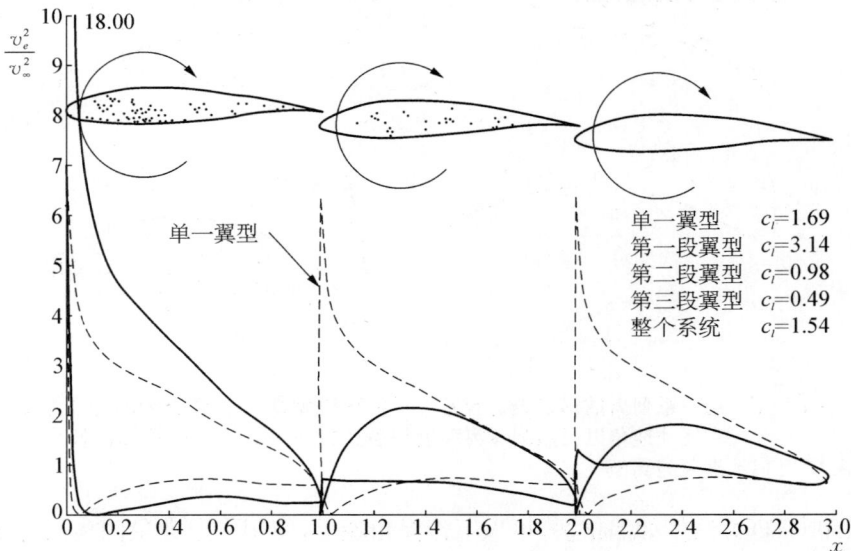

图 25 - 3 由三段 NACA63$_2$ - 615 翼型 α 均为 10°如图组成的多段翼型压强分布。图中还标出了单个基本翼段的压强分布。缝翼缝隙为基本翼段弦长的 1%

来源:AIAA Paper No. 74 - 939 增升装置空气动力学,A. M. O. Smith

的平板计算压强分布进行比较可见,组合翼段总弦向压强分布与无甚弯度单独翼段的压强分布非常相似。两者之所以有差别,主要是因为三个相同的翼段自身弯度较大。

图 25-5 和图 25-6 举出了一个对上述情况非常有说服力的例子。Handley-Page 于 1921 年发表了一项对两副展弦比 $A = 6$ 的机翼进行风洞实验研究的结果。一副机翼翼型为略加修形的 RAF19 翼型,另一副机翼由落在同为修形 RAF19 翼型的外廓内,数目不同的子段组成。虽然实验 Re 数只有 250000,升力曲线仍然以不变的斜率紧靠在一起,仅由于在迎角相同时随着缝翼数目的增多升力递减而略有平移,而除了最后一个外,每添加一个缝翼,最大升力系数都增大。

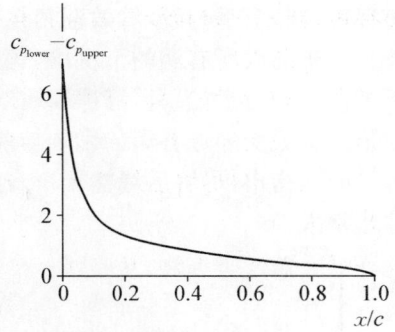

图 25-4　平板翼段在 $\alpha = 10°$ 时的弦向压强分布

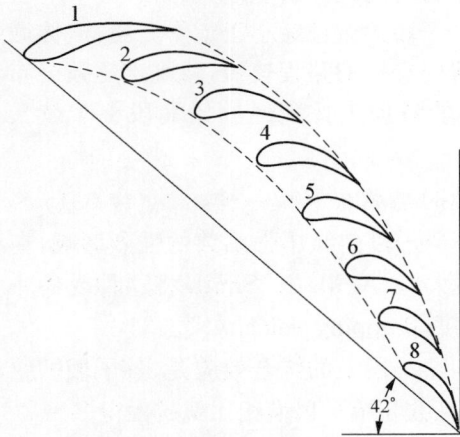

图 25-5　外廓为修形 RAF19 翼型的多段翼型

来源:AIAA Paper No. 74-939

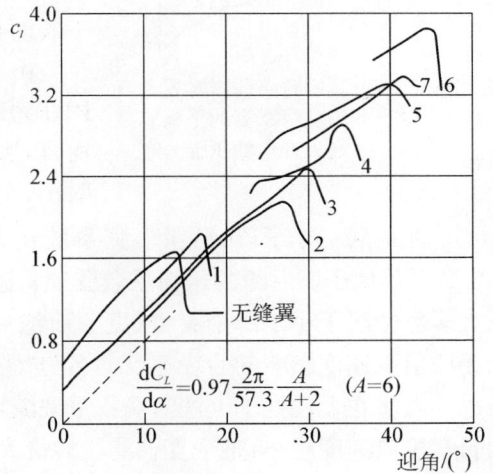

图 25-6　如图 25-5 所示的翼型各子段间的缝隙数逐个增加时的升力曲线

来源:AIAA Paper No. 74-939

以上以复合翼型作为引子。接下来将探讨彼此间有小缝隙的各单独子段的绕流。

从以离散涡(一个涡表达一个子段)模拟带有前后缘增升装置的翼型开始。每个涡进而用受其余涡上洗和下洗影响的真实子段替代。

翼段主体(中央子段)承受前面的涡(缝翼)的下洗和后面的涡(襟翼)的上洗。这就导致主体前部升力减小,特别是前缘吸力峰下降,而后部升力增加。

前缘增升装置,通常为缝翼或开缝的克鲁格襟翼,处于其后所有涡的上洗中,即使在通常的下垂位置,等效迎角依然大为增加,产生很大的升力。最后的后缘增升装置处于前面所有涡的下洗中,等效迎角很小,尽管襟翼名义偏度很大本身却产生不了多少升力。如果后缘襟翼属双缝或多缝襟翼这类复合襟翼,其第一子段或第一与第二子段受邻近各涡的影响与前面述及的翼段主体情况差不多。

应该指出,尽管后缘襟翼自身直接产生的升力很小,它们对前面各子段的影响却非常大。

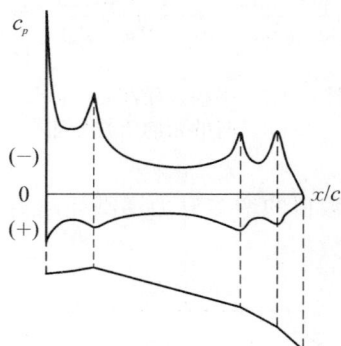

图 25 - 7　具有铰接前缘襟翼和双铰后缘襟翼的平板翼型在大迎角的压强分布

以上关于环量和升力的讨论并未特别关注边界层。

在其铰轴接近中弧线的增升装置上,边界层从前缘流向后缘时,在上表面必须穿越吸力峰及其后方翼面弯折处很陡的逆压梯度,如图 25 - 7 所示。在某迎角下,会在接近后缘处或某一"关节"后产生流动分离。

将复合翼型的不同子段分开,每个子段在其上下表面会产生自身的边界层,形成尾流。

由于每个子段的弦长远小于整个翼段,流体微团在到达后缘时经过的路程较短,就既定压强分布而言,边界层能量损失比流经原始翼段整个弦长时小。

在最后一个子段,后缘压强系数在无分离时与单个翼型一样,$c_{p_{TE}} = 0.15 \sim 0.25$。其他子段后缘的压强系数受到它后面一个子段前缘压强系数的强烈影响,在大多数情况下小于单个翼型(更负而绝对值更大)。A. M. O. Smith 将这种受后一子段前缘速度影响的后缘速度命名为"脱离速度(dumping velocity)"。

发生在上述处于上洗流场或下洗流场中每个子段上的综合效应是,各子段的弦长和脱离速度越小,整个复合翼段的最大升力系数与单个翼型相比就越大得多。

前一子段的后缘与后一子段的前缘之间的相对位置,对优化满足设计要求至关重要。两个子段间的开缝通常用间隙宽度和重叠量来定义,见图 25 - 8。

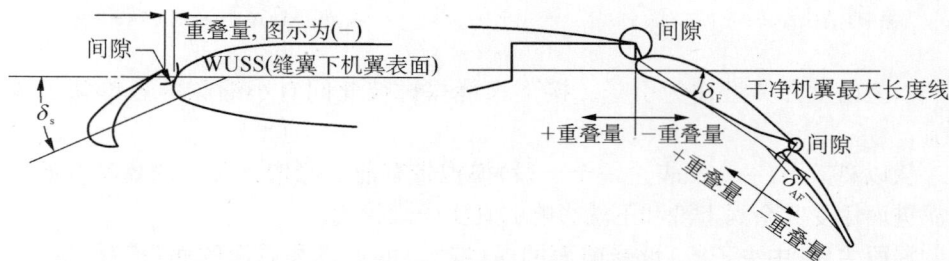

图 25 - 8　复合翼型子段间的间隙和重叠量定义

来源: AIAA Paper No. 93 - 3140

当前一子段的尾流与后一子段的边界层不汇合时，最大升力系数达到最高值。图 25 - 9 展示附着在带缝翼翼型上的单缝、双缝和三缝襟翼上表面附近的流场，对上述现象作了说明。为获得该流型，需 2％～3％翼段弦长的间隙宽度和±1％弦长的重叠量，取决于雷诺数和前缘形状。不过该流型在正常使用情况下产生的阻力也最大。

对起飞和复飞来说，不但最大升力重要，升阻比也很重要。因此在这些飞行状态即使会降低最大升力，也要如图 25 - 9 所示，选用较小的间隙，使尾流和边界层汇合（尾流与边界层汇流），以改善升阻比。

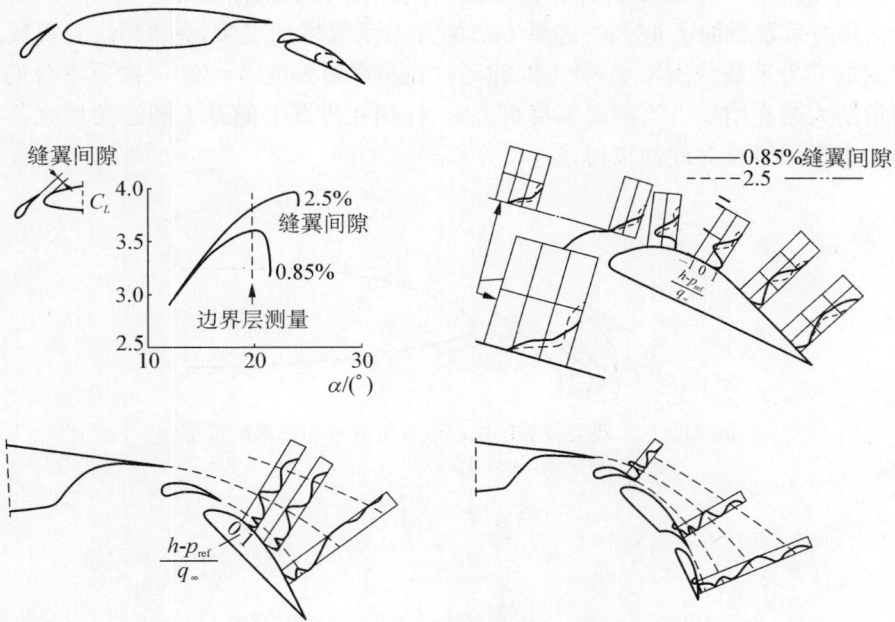

图 25 - 9 带有缝翼和单缝、双缝和三缝后缘襟翼的翼型在尾流和边界层汇流和无汇流情况下的尾流剖面

来源：AGARD CP - 143，Paper 13

为了在起飞构型获得最大升阻比，可以使缝翼和后缘襟翼都处于无间隙的位置，图 25 - 10 所示的波音 737 增升装置是一个例子。

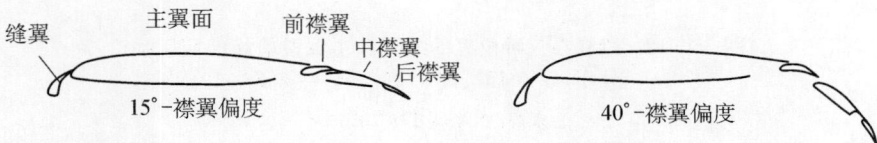

图 25 - 10 波音 737 在起飞和着陆状态机翼半翼展中剖面的缝翼和襟翼定位

来源：AIAA Paper No. 93 - 3140

带有增升装置的翼型绕流分析

图 25-11 绘出了缝翼相对机翼三种不同的位置。缝翼也许看起来迎角为负，但处于机翼的上洗中，有效迎角为正或者略微偏负。相应的压强分布如图 25-12 所示。缝翼处于位置 1 时，本身产生的升力稍稍为负，但如果移近主翼段，压强分布就有变化：靠近机翼当地上洗增加，导致缝翼产生更大的升力。由于缝翼升力增加，产生更大的下洗，主翼段吸力峰下降，机翼的升力有所损失。不过在大迎角时边界层仍可保持附着，能获得更大的最大升力。图 25-13 说明了这一点。该图表示与前两幅图相同的带缝翼和襟翼的翼型在不同迎角下的压强分布。迎角由 13°增至 24°，总升力系数增加了 43%。缝翼本身的升力系数增加更多，达 74%，主翼段和后缘襟翼的升力系数分别增加 38%和 22%。在小襟翼偏度 $\delta_f = 10°$，襟翼本身的升力随迎角增大略有增加。当襟翼偏度更大时，作用在襟翼上的升力随迎角增大甚至会减小。本章稍后将对此加以讨论。

图 25-11 改变缝翼位置以改善带缝翼和襟翼的翼型压强分布，$\alpha = 15°$，$\delta_f = 10°$，$Re = 3.8 \times 10^6$

来源：NASA TM 78566

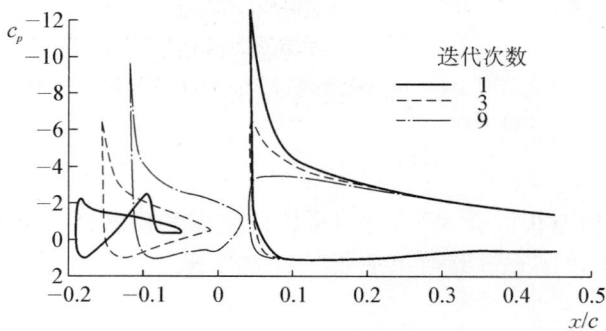

图 25-12 缝翼在三种位置的缝翼和主翼段前缘区域压强分布，$\alpha = 15°$，$\delta_f = 10°$，$Re = 3.8 \times 10^6$

来源：NASA TM 78566

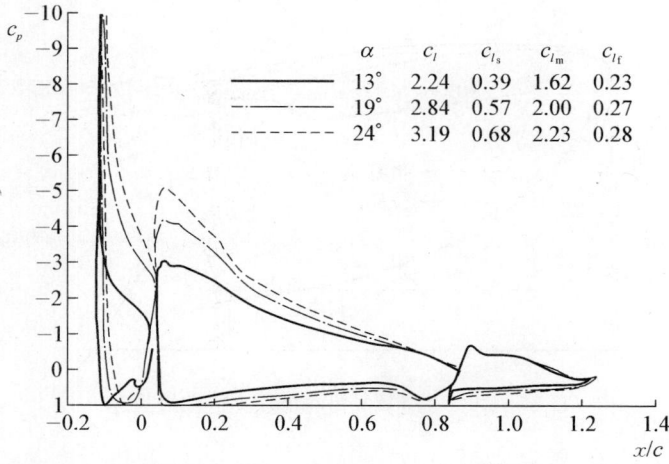

图 25 – 13 缝翼-主翼段-后缘襟翼组合在不同迎角下的压强分布

来源：NASA TM 78566

流动分离的类型

图 25 – 14～图 25 – 16 说明带后缘襟翼的机翼在最大升力状态流动分离的机理。

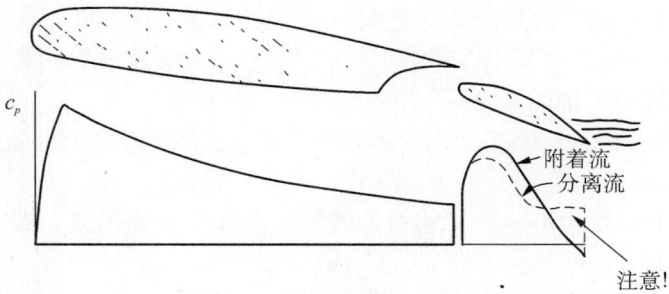

图 25 – 14 无缝翼翼型襟翼上的后缘失速

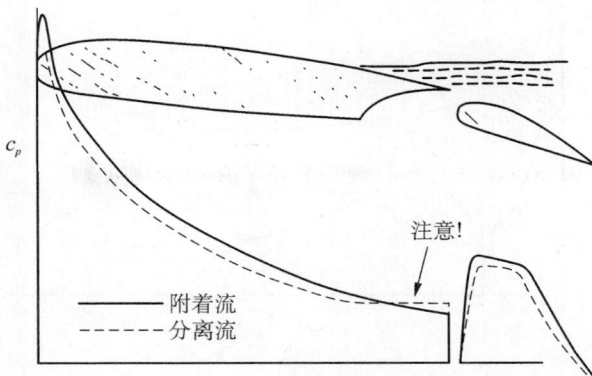

图 25 – 15 无缝翼翼型主翼段上的后缘失速

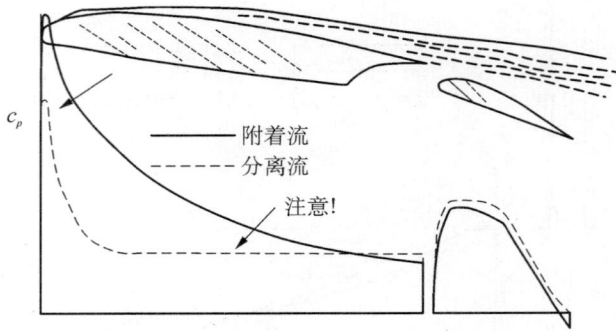

图 25 - 16 无缝翼翼型主翼段上的前缘失速

（1）在小迎角大襟翼偏度，襟翼后缘可发生流动分离。这就决定了在着陆构型可以使用的最大襟翼偏度（图 25 - 14）。

（2）主翼段上接近襟翼处可发生后缘分离。由于流动分离使主翼段后缘区域有效弯度减小，主翼段上表面的流动速度沿整个弦长都比较小，一旦出现流动分离，随着迎角增大表面流速仅略有变化。在流经襟翼的主翼段尾流影响下，作用在襟翼上的升力也较小（图 25 - 15）。

（3）流动也可能在前缘分离。此时失速突然发生，升力损失大。因为升力减小，主翼段产生的下洗也减小，襟翼有效偏度增加。这就是发生前缘失速时襟翼产生的升力反而略有增加的原因（图 25 - 16）。

图 25 - 17～图 25 - 19 表明当主翼段和襟翼组合添加缝翼后可能发生的不同类型流动分离。

（1）缝翼上可发生失速。其结果是缝翼的前缘吸力峰崩溃。该现象通常在小缝翼偏度时出现。

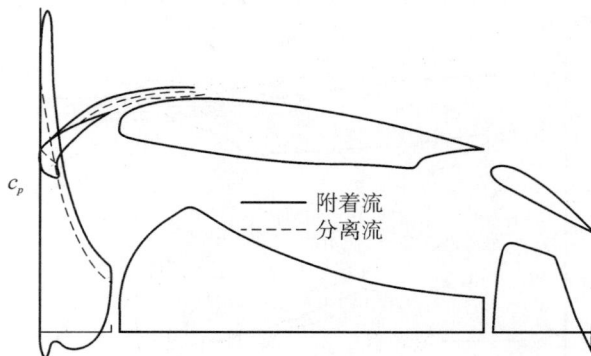

图 25 - 17 缝 翼 失 速

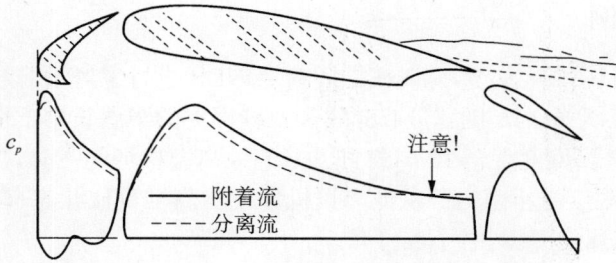

图 25-18 带缝翼翼型的主翼段后缘失速

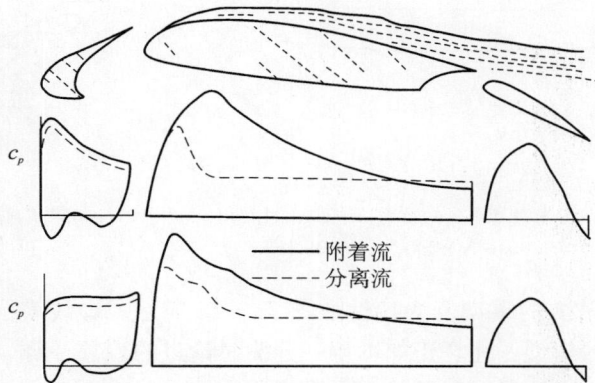

图 25-19 带缝翼翼型的主翼段前缘失速

（2）主翼段上发生以类似于图 25-15 解释的方式出现的后缘分离。此时缝翼偏度较前一种情况大。

（3）缝翼偏度进一步增大时，主翼段前缘可产生分离，分离的类型可能有两种。流动可恰好在前缘分离，造成前缘吸力峰崩溃。如果缝翼的后缘角比较大（出于刚度方面的考虑）导致主翼段的上表面呈现转折，或者主翼段的上表面有台阶使缝翼收起时整个翼面光滑以减小阻力（见图 25-20），在上述转折或台阶处可发生分离。

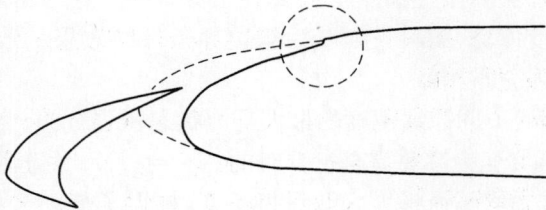

图 25-20 缝 翼 收 置

从理论上讲，最佳增升构型是多段翼面各组成部分同时进入分离状态的构型。但要是在飞机上这样做，会造成飞行特性无法接受。

增升系统的实例

在研制福克 F-28"友谊号"飞机期间荷兰 NLR 进行了对增升装置的风洞实验研究。图 25-21 为 F-28 机翼带有缝翼和双缝襟翼的半展长中剖面。襟翼上装有可动子翼,仅在襟翼偏度大于 18°时打开。从高原高温机场起飞时,襟翼偏度限制在 18°以内,以最大限度减小阻力。从低海拔机场或在高推重比状态起飞以及着陆时,采用 25°或 42°襟翼偏度,此时子翼打开。

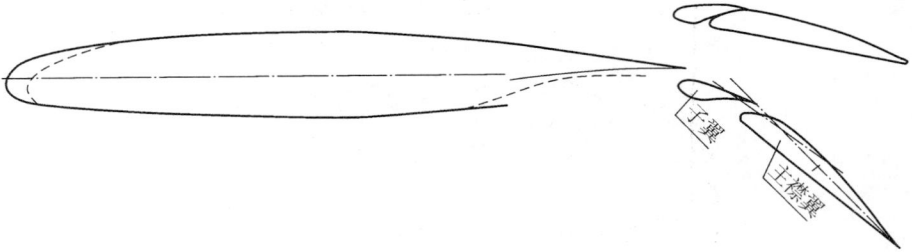

图 25-21　F-28 模型 5-2 的翼型 NACA0012-1.500-40/1.051 中弧线 $\alpha = 0.8$,$C_{l_i} = 0.05 + \text{ML}230$,$C_{l_i} = 0.167$

用于福克 F-28 的翼型升力特性如图 25-22 所示。虚线表示无缝翼构型,实线表示打开缝翼的构型。注意正如本章一开头讨论过的现象一样,在小迎角偏转缝翼使升力略微减小。缝翼使二元最大升力系数在襟翼收起时增加到 0.6,而在襟翼偏度达 42°时增加到 0.9。单独打开襟翼也使相应最大升力系数的迎角从 17°减小到 10°。这是因为偏转的襟翼产生上洗,增加了主翼段的有效迎角。因此根据几何迎角的定义,出现分离的最大迎角减小。

福克 F-28 机翼翼型在零迎角,$M = 0.19$ 时的弦向压强分布如图 25-23 所示。在该图下方展示的压强分布相应于缝翼和襟翼都收起的构型。图中自下而上襟翼偏度增加,在襟翼偏度达到 25°时子翼也打开。为清晰起见,将子翼和襟翼主体上的压强分布移到了右方。总升力随襟翼偏度增大而增加,不过由于襟翼偏转增加的升力大部分产生在主翼段上而不是襟翼和子翼本身。这与本章开头讨论过的中弧线剧烈弯曲和改变库塔-儒科夫斯基后缘边界条件的效果一致,弦向压强分布与图 25-7 所示的压强分布相似。

图 25-24 为相应不同襟翼偏度的最大升力状态压强分布。最小压强系数从干净构型的 $c_{p_{\min}} = -9.5$ 变为襟翼完全打开时的 $c_{p_{\min}} = -17$。由于脱离速度,即主翼段后缘的流速也增加,平均压强梯度大致保持不变,推迟了流动分离的发生。在最大襟翼偏度,即使低速状态下,稍稍提高自由流马赫数也会使前缘达到超声速并产生激波,从而限定了最大升力。

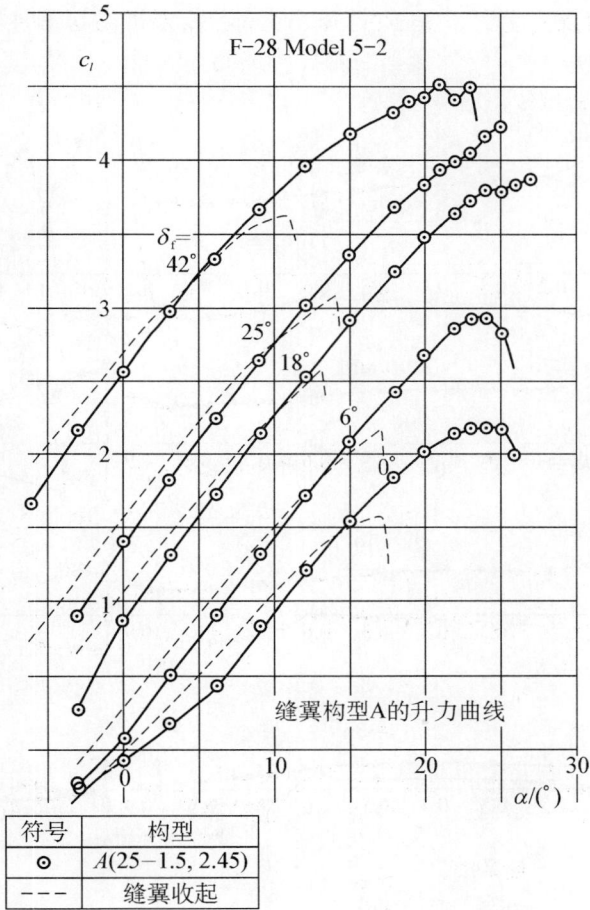

图 25 - 22 F - 28 模型 5 - 2 打开增升装置的翼型升力曲线

来源：NLR TR 70084C

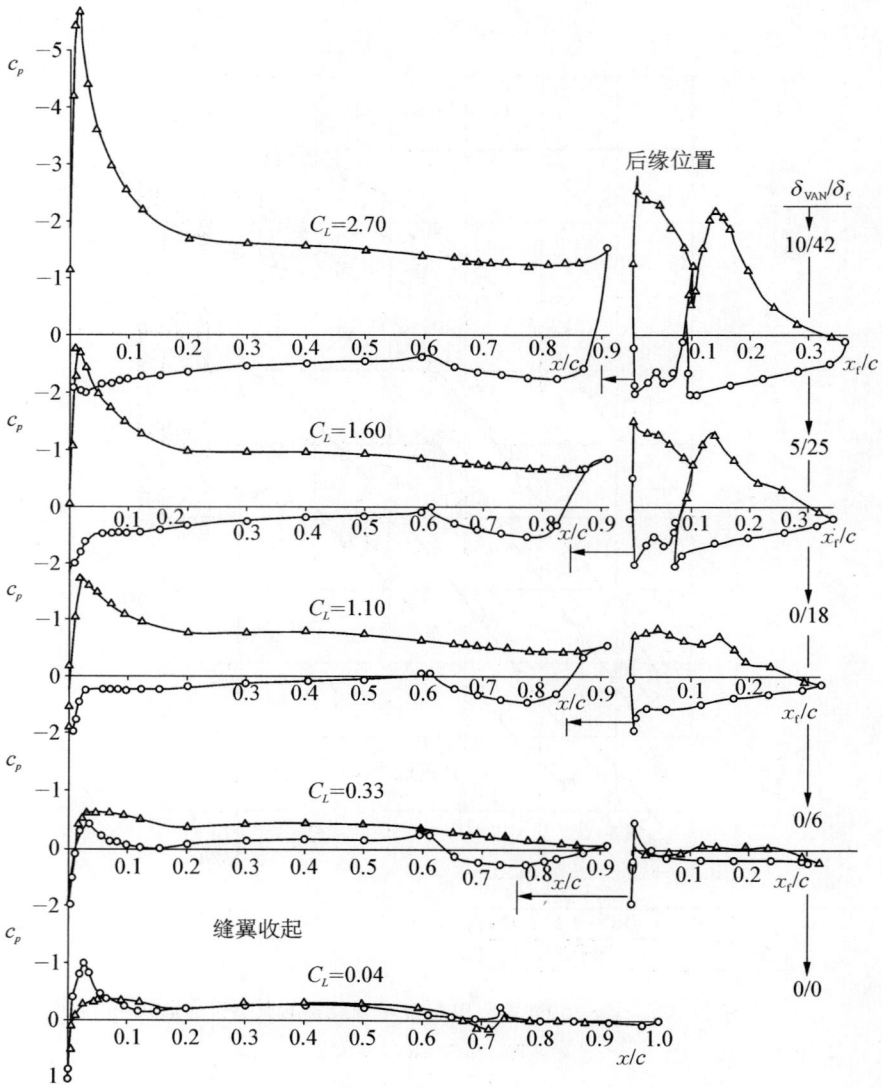

图 25-23　F-28 模型 5-2 襟翼偏度对压强分布的影响

$M = 0.19, \alpha = 0°, Re = 2.8 \times 10^6$

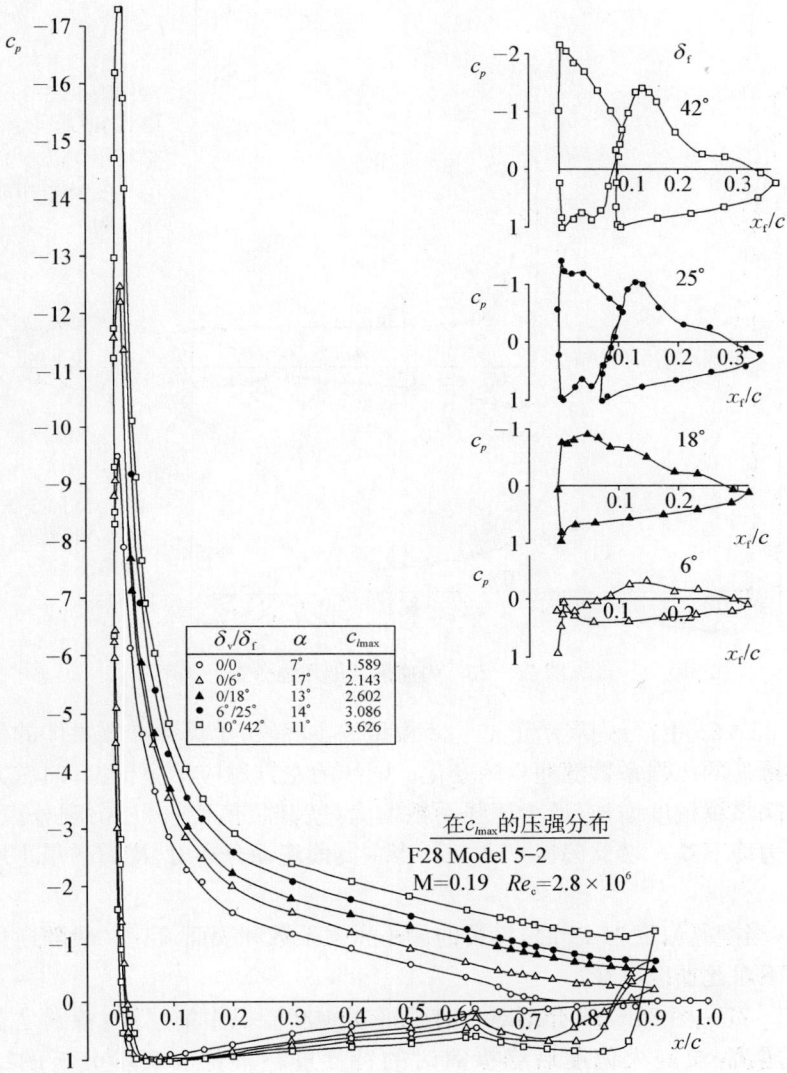

图 25-24 F-28 模型 5-2 在 $c_{l_{max}}$ 的压强分布

F-28 模型在襟翼偏度 18°时失速前后的压强分布如图 25-25 所示。失速前最小压强系数 $c_{p_{min}}$ =-12，失速后为 $c_{p_{min}}$ =-7.5。在约 10%弦长处流动分离。注意由于主翼段产生的下洗减少，襟翼上的升力略有增加。

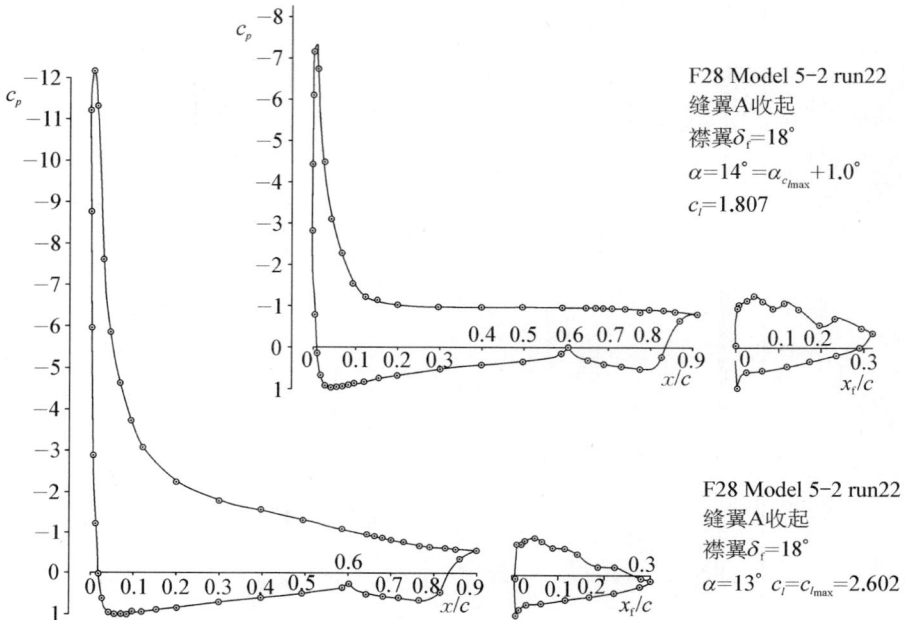

图 25-25 失速前后的压强分布

在图 25-26 中，分别展示了 F-28 模型的主翼段、子翼和襟翼主体的最小压强系数和后缘处的压强系数随迎角的变化。图线的左方对应于净构型，向右方襟翼偏度递增。随襟翼偏度增加，最小压强系数增大（就其负值而言）。出现分离时，主翼段前缘吸力峰下跌。襟翼偏转 6°和 18°，当主翼段流动分离时，襟翼的最小压强系数增加。

但是，当襟翼偏度为 42°时，襟翼的最小压强系数和表面流速一般随迎角增大而下跌。以下对此加以解释。

图 25-27~图 25-33 介绍对在有强逆压梯度流场中的尾流，特别是多段翼型主翼段的尾流，流经大偏度后缘襟翼时的特性进行理论和实验分析的结果。图 25-27~图 25-31 为对带单缝襟翼的 NLR7301 翼型的研究结果，图 25-32 和图 25-33 为对双缝襟翼在着陆位置（$\delta_f = 42°$）的福克 F-28 翼型研究结果。

图 25-27 为带偏度 $\delta_f = 30°$单缝襟翼的 NLR7301 翼型的升力曲线。图中三条曲线分别为：无黏流理论曲线、黏流理论曲线和根据实验数据绘制的曲线。后两者几乎重合表明计算方法达到了高水平。

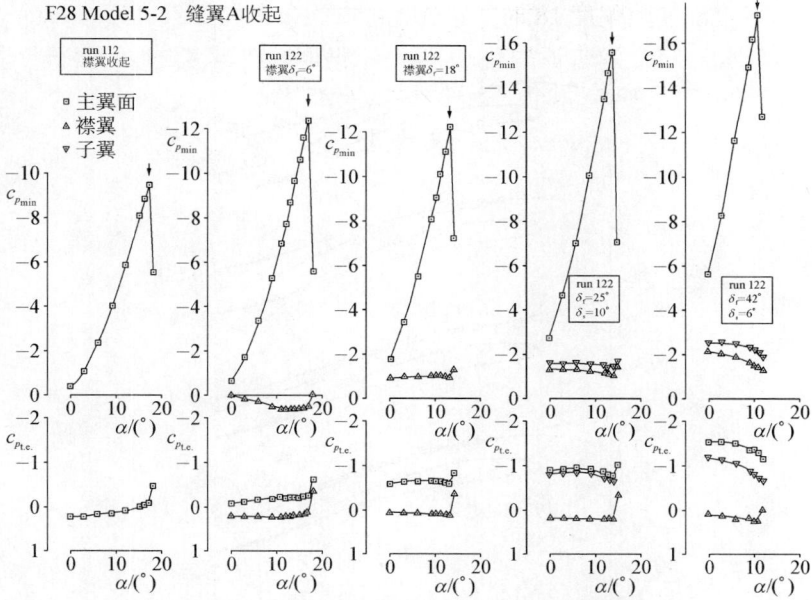

图 25 - 26　最小压强和后缘压强随 α 和 δ_f 的变化
来源：NLR TR 70084C

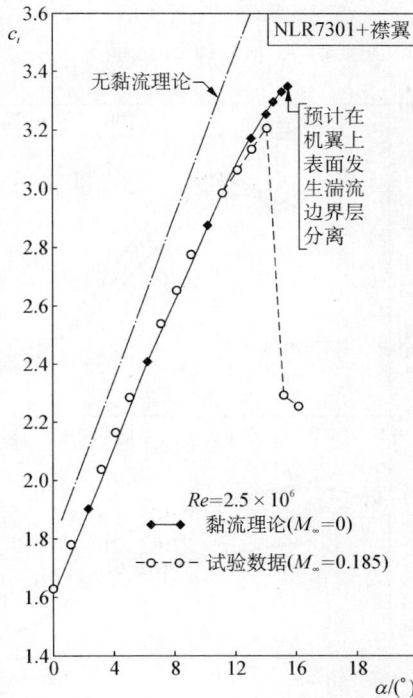

图 25 - 27　带有 $\delta_f = 30°$ 单缝襟翼的翼型
NLR7301 的理论和实验升力曲线

来源：AGARD CP - 365, 论文 3

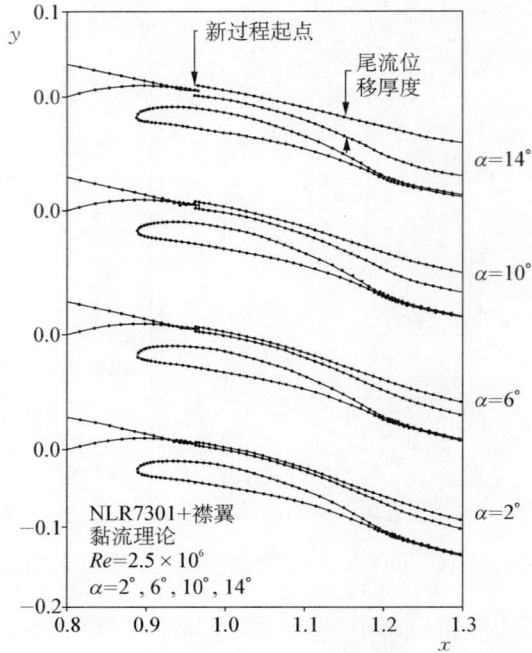

图 25-28 主翼段尾流位移厚度在迎角增加时发展
情况的黏流理论计算值

来源：AGARD CP-365,论文 3

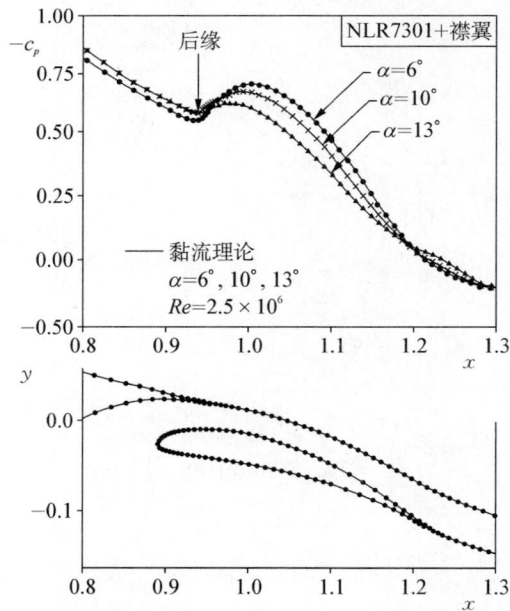

图25-29 主翼段尾流中心线静压的黏流理论计算值

来源：AGARD CP-365,论文 3

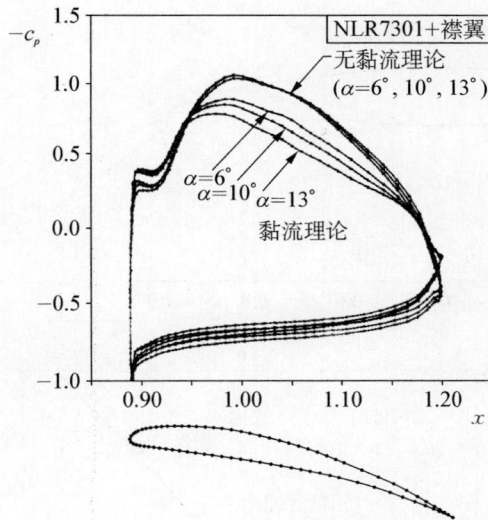

图 25 - 30　无黏和有黏流中 $\alpha = 6°$，$10°$ 和 $13°$ 襟翼的理论压强分布

来源：AGARD CP - 365，论文 3

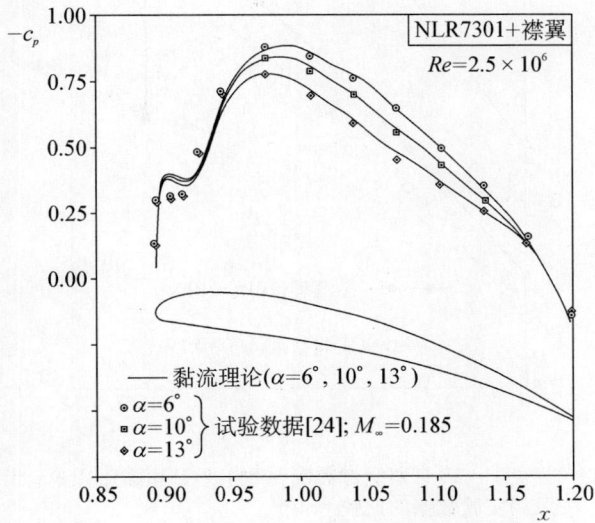

图 25 - 31　襟翼上表面的理论和实验压强分布

来源：AGARD CP - 365，论文 3

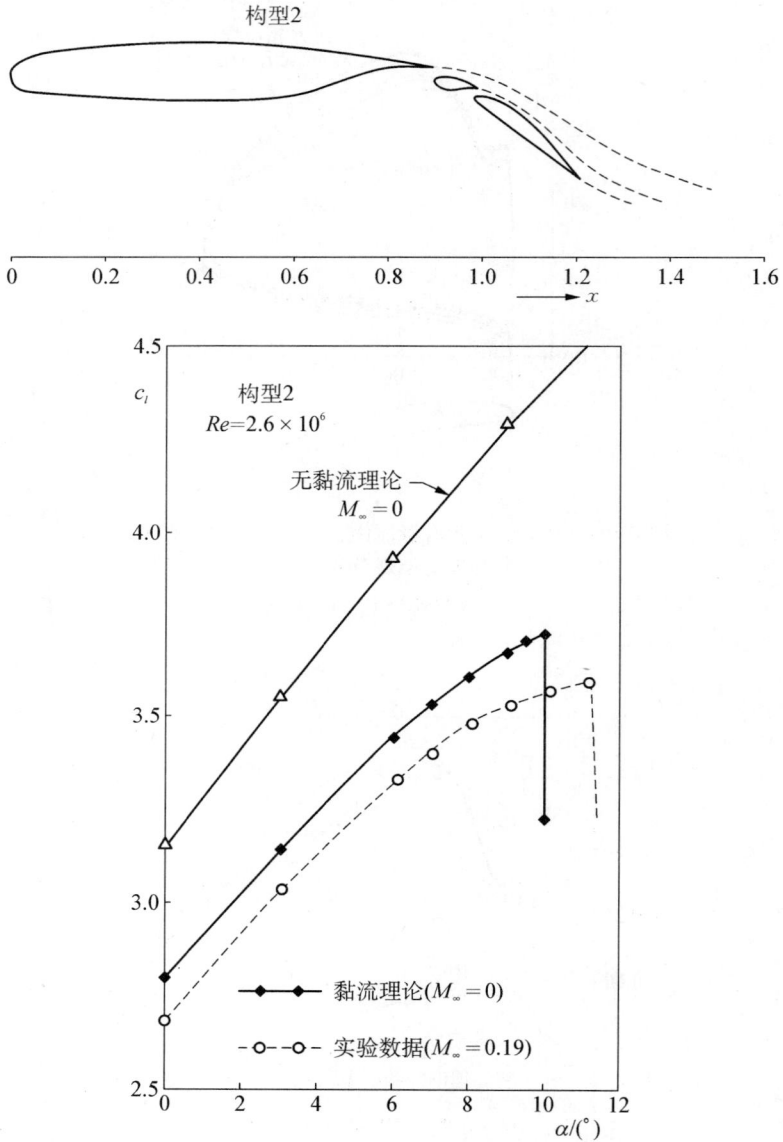

图 25-32 福克 F-28 带双缝襟翼翼型(构型 2)和黏流理论计算结果与风洞实验数据的比较

来源:AGARD CP-365,论文 3

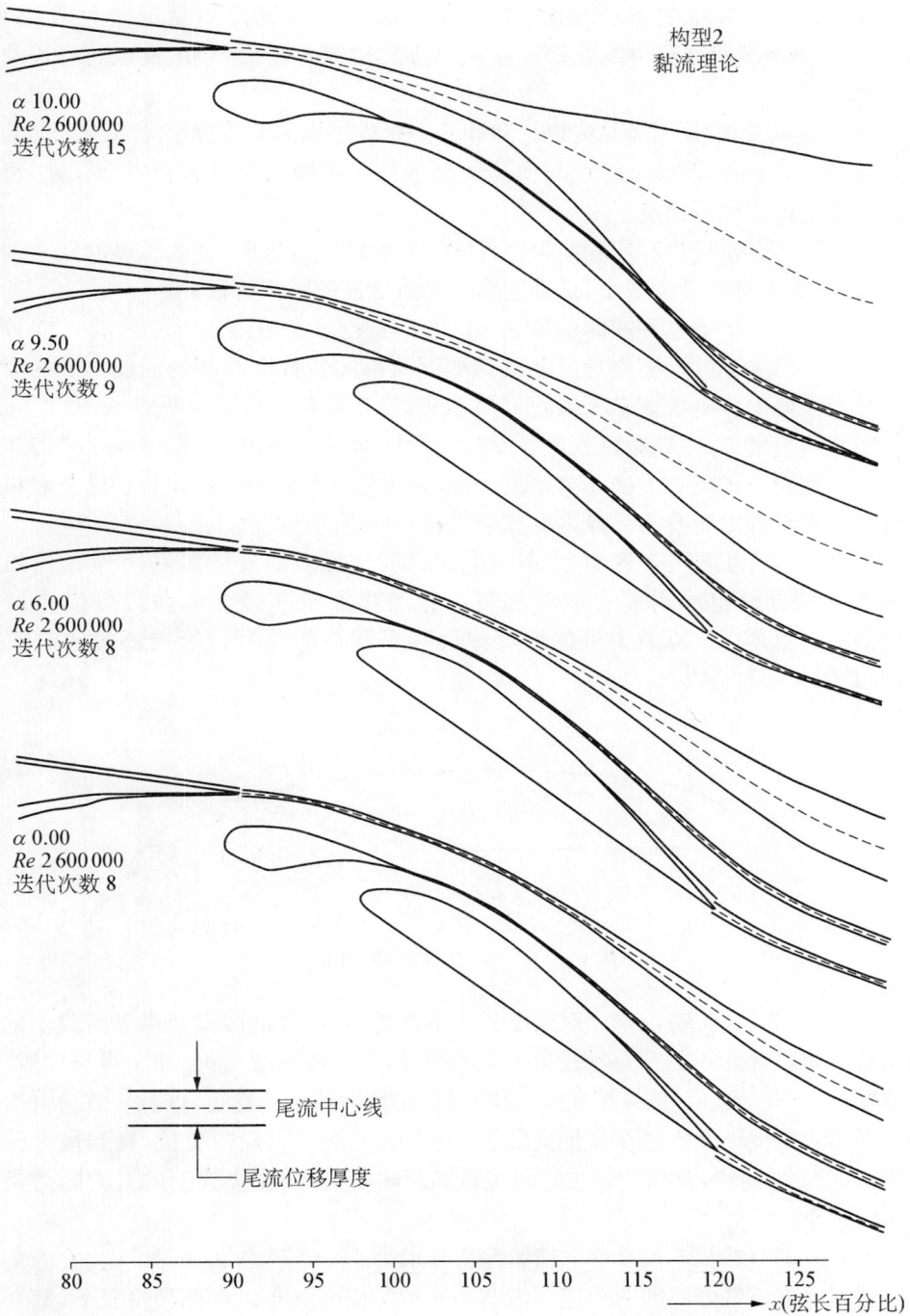

图 25‐33 F‐28 翼型尾流位移厚度的发展随迎角的变化

来源：AGARD CP‐365，论文 3

图 25-28 为在迎角增加时,主翼段尾流位移厚度发展情况的计算结果。图 25-29 为主翼段尾流中线处静压在流向襟翼后缘时的增长(这就是前已述及的逆压梯度)。

图 25-30 介绍采用无黏流理论和计及主翼段尾流的黏流理论计算的襟翼弦向压强分布。后者在图 25-31 中与实验数据进行了比较。注意两者吻合良好,再次验证了理论模型的可信度。

以上分析以及理论和实验结果良好的一致性清楚地表明,在大偏度时随着迎角的增加,襟翼本身的升力减小,是受主翼段尾流增强的影响所致。

对福克 F-28 翼型在襟翼偏度 $\delta_f = 42°$ 时进行了类似的分析。图 25-32 列出三条曲线:无黏流曲线、黏流理论曲线和根据风洞实验数据绘制的曲线。后两者的差异是由于流动分离覆盖襟翼最后 10% 弦长,产生襟翼减弯效应所致。

随着迎角增加,主翼段尾流位移厚度的发展如图 25-33 所示。$\alpha = 10°$ 时尾流突然变得宽到与子翼和主襟翼的尾流汇合,导致总升力减小。理论分析结果和风洞实验数据两者都出现升力突降再次提示了这一理论的正确性。

图 25-34 为第三个翼型 NLR7703MOD,该翼型带有缝翼和由等弦长的前段和后段两部分组成的复合双缝襟翼。这类襟翼承载最大的前段可以直接装在襟翼支持机构上,以最大限度缩短传递襟翼载荷的路径。后段通过铰链安装在前段上。

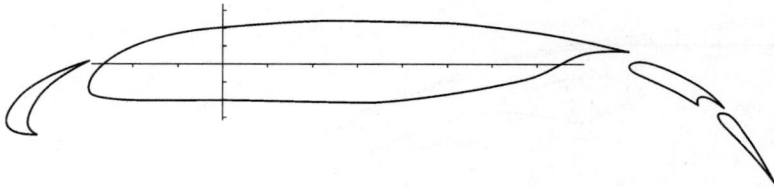

图 25-34　NLR7703 MOD 翼型

图 25-35 和图 25-36 分别绘出了作用在缝翼、襟翼前段以及襟翼后段上的升力以及主翼段升力和总升力随迎角变化的情况,其缝翼偏度 $\delta_s = 15°$,襟翼后段/前段偏度 $\delta_f = (35/20)°$。该构型在 $\alpha = 13°$ 以上主翼段流动不稳定,这就导致总升力曲线上部形状不规则。不过在其他翼段上,升力随迎角增大规则变化,直到最大升力迎角 $\alpha = 20°$。同样,此构型在主翼段尾流的影响下,作用在襟翼上的升力随迎角的增加而减小。

图 25-37 和图 25-38 绘出缝翼偏度分别为 $\delta_s = 15°$ 和 $\delta_s = 30°$ 时,在即将出现和刚刚出现显著分离的两个迎角沿整个翼型的压强分布。在两种情况下,都在主翼段后缘附近出现显著分离。

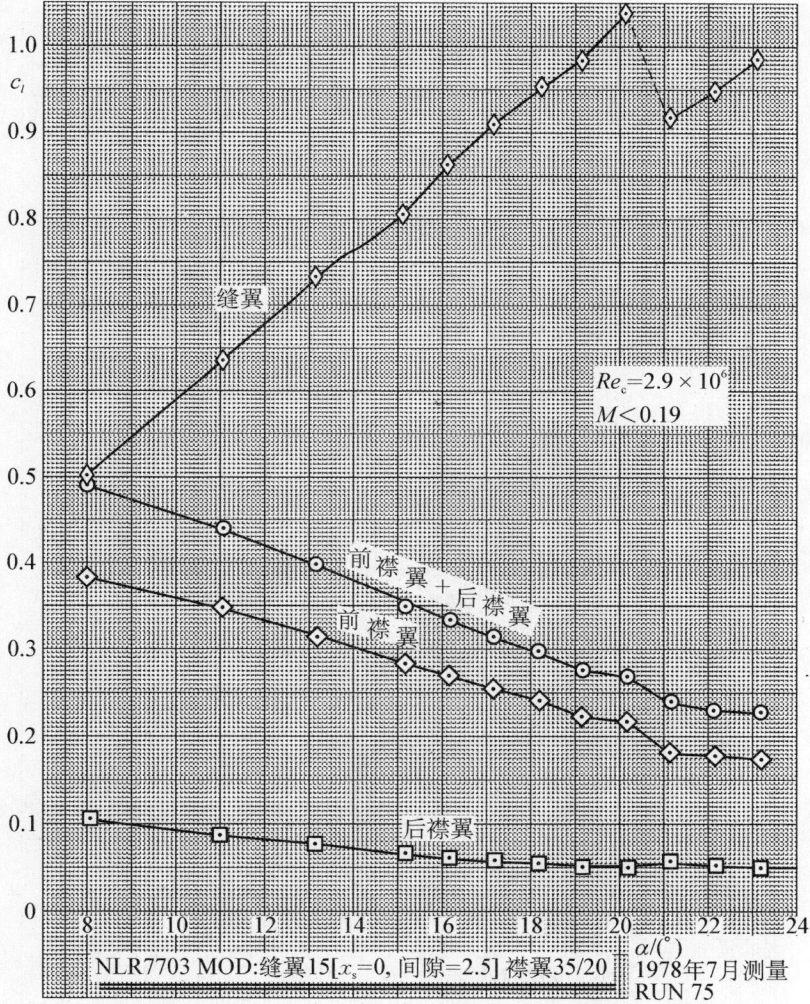

图 25 - 35　NLR7703 MOD 翼型的缝翼和襟翼上的升力

来源：NLR TR 82044C

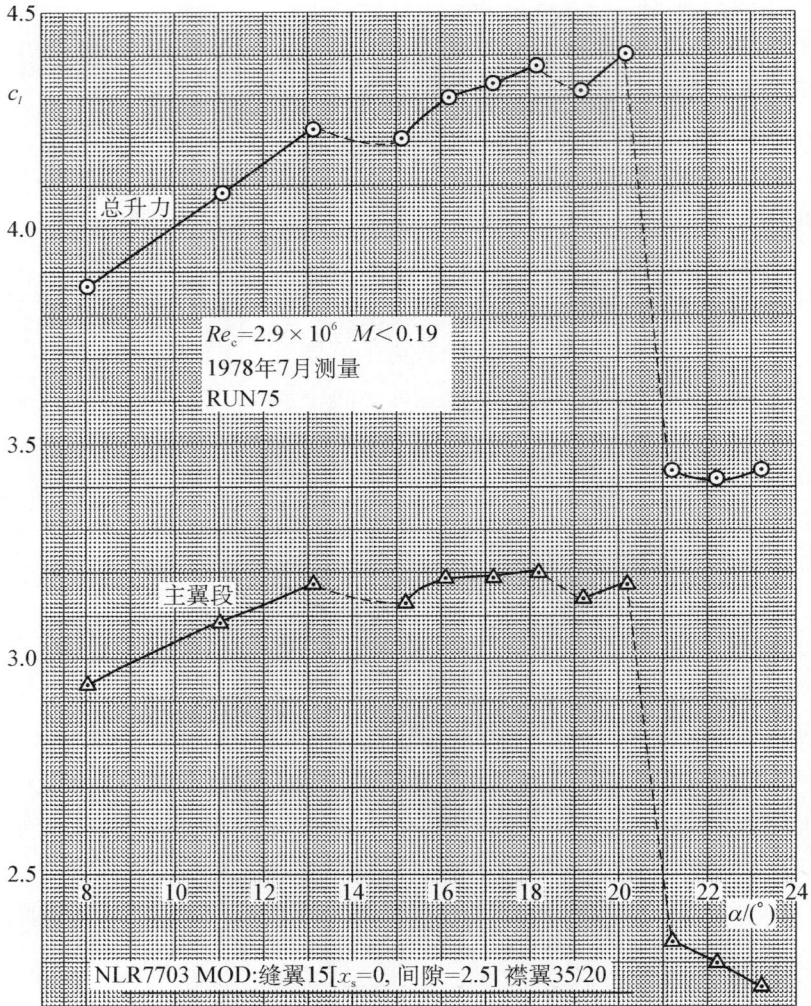

图 25 - 36　NLR7703 MOD 翼型的主翼段升力和总升力

来源：NLR TR 82044C

峰值12.9

NLR7703 MOD
试验日期1978年7月 run7
缝翼：$\delta_s=15°$；$x_s/c=1.0\%$; $g_s/c=2.5\%$
襟翼：$\delta_f=35°/20°$
—○— $\alpha=20.16°$ $c_l=4.404$
--△-- $\alpha=21.17°$ $c_l=3.441$

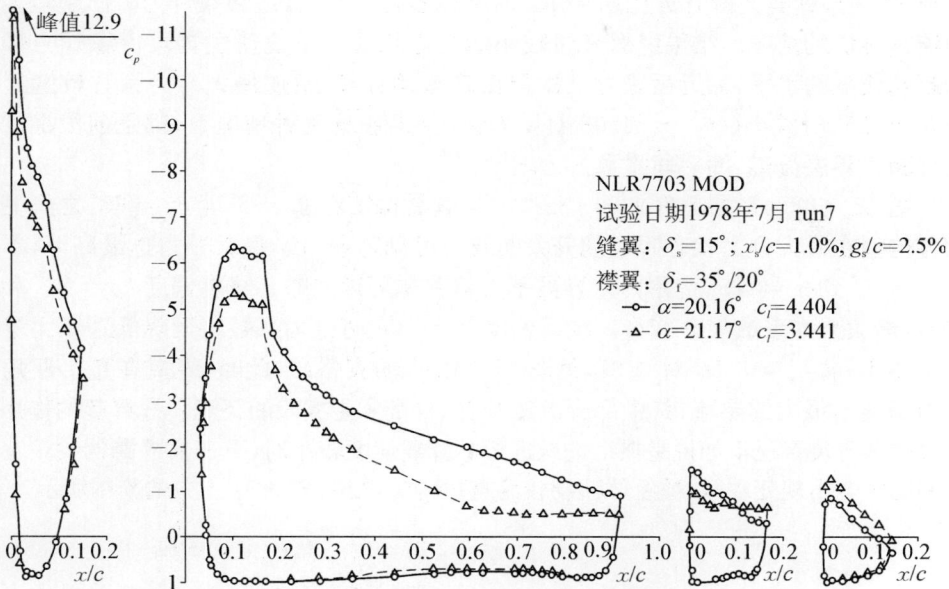

图 25 - 37　NLR7703 MOD 翼型缝翼偏度 $\delta_s = 15°$ 的压强分布

来源：NLR TR 82050C

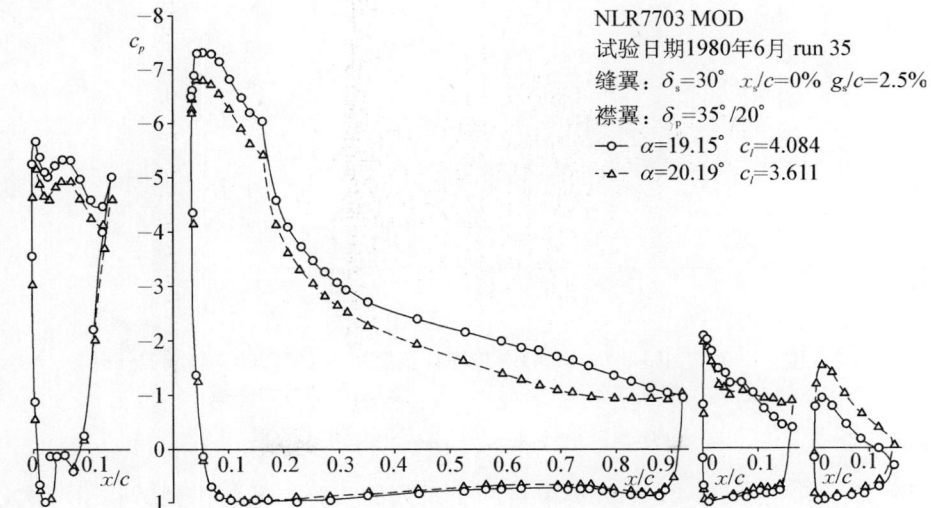

NLR7703 MOD
试验日期1980年6月 run 35
缝翼：$\delta_s=30°$ $x_s/c=0\%$ $g_s/c=2.5\%$
襟翼：$\delta_p=35°/20°$
—○— $\alpha=19.15°$ $c_l=4.084$
--△-- $\alpha=20.19°$ $c_l=3.611$

图 25 - 38　NLR7703 MOD 翼型缝翼偏度 $\delta_s = 30°$ 的压强分布

来源：NLR TR 82050C

$\delta_s = 15°$ 时,缝翼上呈现高前缘吸力峰和大脱离速度。当缝翼偏度增加到 $\delta_s = 30°$ 时,缝翼上的升力比 $\delta_s = 15°$ 时小得多,甚至在接近最大升力时出现最大表面流速很低的情况。结果缝翼环量较小和与之相关的下洗使主翼段前缘吸力峰被抑制到较低的水平,靠近后缘处又提前出现流动分离,造成最大升力系数较缝翼偏度 $\delta_s = 15°$ 时减小($c_{l_{max}} = 4.08$ 对 4.40)。注意在这两种情况下,都是前段襟翼的上表面边界层分离,而后段襟翼升力增大。

图 25-39 为襟翼偏度 $\delta_f = (35/20)°$,缝翼偏度在 $\delta_s = 5°$ 至 $\delta_s = 35°$ 之间变化的各构型在最大升力状态附近的升力曲线。可见 $\delta_s = 10°$ 最大升力达最高值,不过在 $\delta_s = 5°$ 到 $\delta_s = 25°$ 范围内差异虽不大但并非可以忽略。缝翼偏度 $\delta_s = 30°$ 和更大时,最大升力系数显著减小。缝翼偏度 $\delta_s = 35°$ 时升力系数甚至降低到比无缝翼构型还小($c_{l_{max}} = 3.59$ 对 3.67,见图 25-42 中的表格)。此时,缝翼在整个迎角范围内都拖出很大的尾流,其中部分流过开缝,扰乱了主翼段的绕流。缝翼起的作用与其说是增升装置还不如说是典型的减速板。缝翼偏度较小时,下表面缝翼钩尖正上方的凹陷区会出现死水区,使主体流动较易越过钩尖,如图 25-39 上方的简图所示。

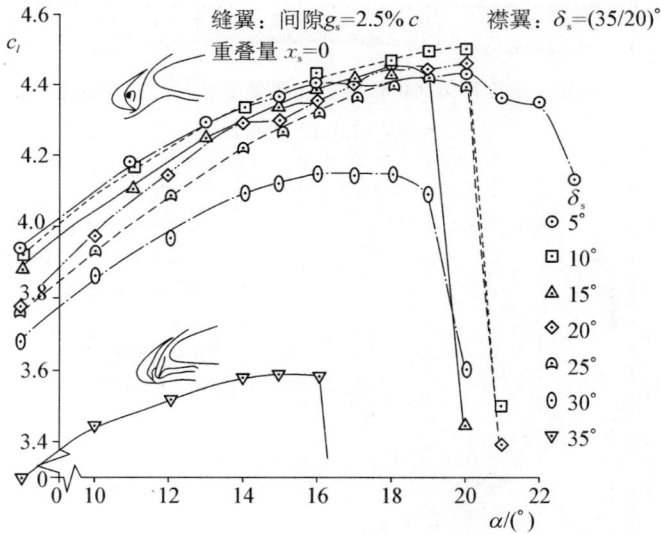

图 25-39　NLR7703 MOD 翼型襟翼偏度 $\delta_f = (35/20)°$,缝翼偏度在 $\delta_s = 5°$ 至 $\delta_s = 35°$ 之间变化的升力曲线
来源:福克 Rept. L-307-39/NLR TR 82050C

图 25-35~图 25-43 的数据取自两个系列的实验。某些构型试验了两次,而某些名义上相同的构型在间隙或重叠量上略有差异。两种情况都造成各图中最大升力系数有细微偏差,但这些都不影响总体结论。

图 25-40 和图 25-41 分别对图 25-37 和 25-38 两种构型的不同翼段最小压强系数 $c_{p_{min}}$ 和后缘压强系数 $c_{p_{TE}}$ 随迎角增大的变化进行了比较。

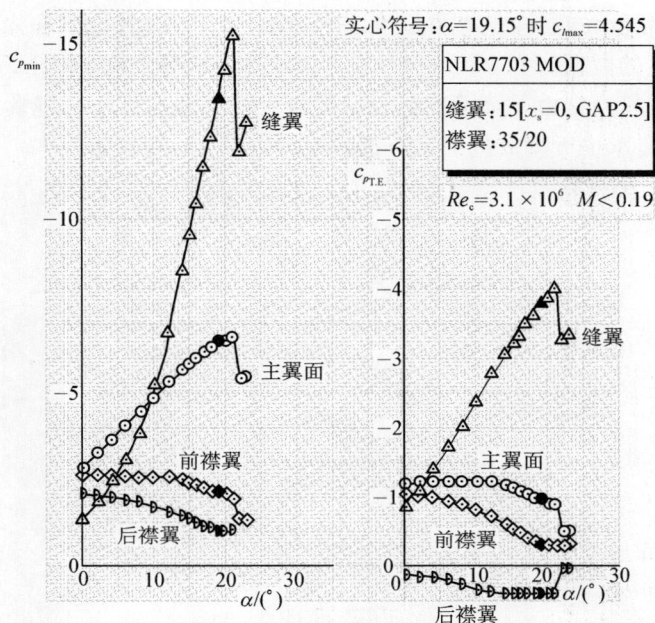

图 25 - 40　NLR7703 MOD 翼型缝翼偏度 $\delta_s = 15°$ 时最小压强
系数和后缘压强系数随迎角的变化

来源：NLR TR 82050C

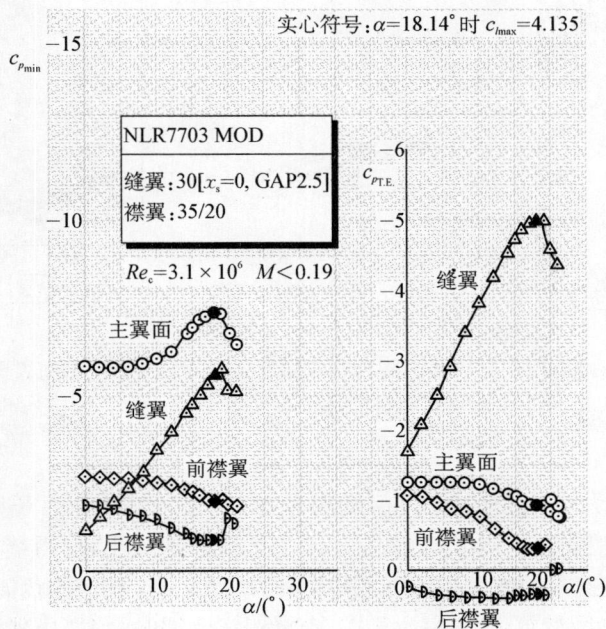

图 25 - 41　NLR7703 MOD 翼型缝翼偏度 $\delta_s = 30°$ 时最小压
强系数和后缘压强系数随迎角的变化

来源：NLR TR 82050C

图 25-42 所示的同样是襟翼偏度 $\delta_f = (35/20)°$，缝翼偏度在 $\delta_s = 5°$ 至 $\delta_s = 35°$ 之间各构型的数据。当 $\delta_s = 5°$ 时，$\alpha = 20°$ 升力达最大值（见图 25-39），即使在 $\alpha = 20°$ 失速引起的升力下降仍比缝翼偏度较大的其他构型小。缝翼上吸力峰的跌落提示失速主要取决于缝翼的流动分离。

MLR7703 MOD run 56，73，63，75，54，55 and 59. 缝翼：间隙＝2.5，x_s＝0. 襟翼：35/20

$$Re = 3 \times 10^6 \qquad M < 0.19$$

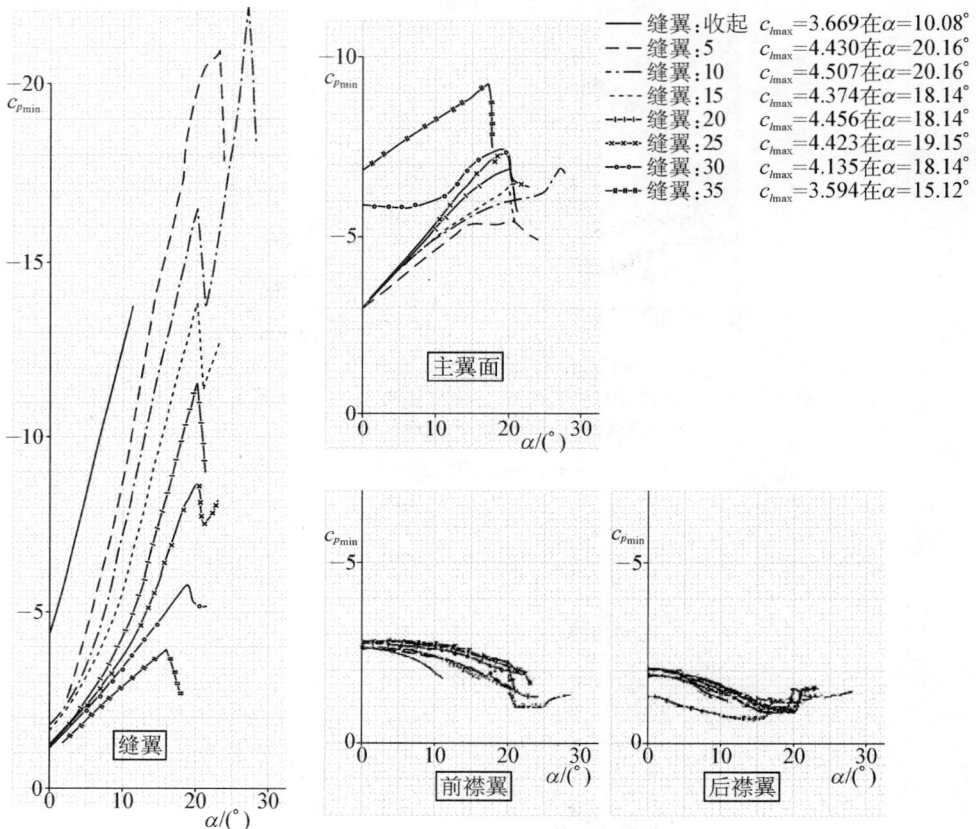

—— 缝翼：收起	$c_{l\max}$＝3.669在α＝10.08°
— — 缝翼：5	$c_{l\max}$＝4.430在α＝20.16°
—·—·— 缝翼：10	$c_{l\max}$＝4.507在α＝20.16°
······ 缝翼：15	$c_{l\max}$＝4.374在α＝18.14°
—ı—ı— 缝翼：20	$c_{l\max}$＝4.456在α＝18.14°
—×—×— 缝翼：25	$c_{l\max}$＝4.423在α＝19.15°
—o—o— 缝翼：30	$c_{l\max}$＝4.135在α＝18.14°
—■—■— 缝翼：35	$c_{l\max}$＝3.594在α＝15.12°

图 25-42　NLR7703 MOD 翼型襟翼偏度 $\delta_f = (35/20)°$，不同缝翼偏度的最小压强系数随迎角的变化

来源：NLR TR 82050C

缝翼偏度更大时，由于主翼段后缘的分离，在 $\alpha = 20°$ 升力开始出现很大的下降。然而主翼段在前方产生的上洗在 $\alpha = 20°$ 的突然减小，使得缝翼上流动保持附着，缝翼的升力随迎角的增大在经历了初始升力（以及 $c_{p\min}$ 相应的负值）下降后增加。

图 25-43 表明缝翼偏度 $\delta_s = 10°$，襟翼偏度递增时，特征压强系数类似的变化情况。当襟翼收起或处于小偏度时，失速取决于缝翼在非常大迎角下的流动分离。在较大襟翼偏度，失速取决于主翼段后缘分离。

NLR7703 MOD run 01，02，03，04，40 and 63. 缝翼：$10[X_s = 0$，间隙$= 2.5]$

襟翼:收起　　$c_{lmax} = 2.982$在$\alpha = 34.27°$
襟翼:$-3.5/0$　$c_{lmax} = 3.251$在$\alpha = 33.26°$
襟翼:$0/0$　　$c_{lmax} = 3.349$在$\alpha = 26.21°$
襟翼:$5/0$　　$c_{lmax} = 3.684$在$\alpha = 27.22°$
襟翼:$15/0$　　$c_{lmax} = 3.764$在$\alpha = 29.23°$
襟翼:$35/20$　$c_{lmax} = 4.504$在$\alpha = 20.16°$

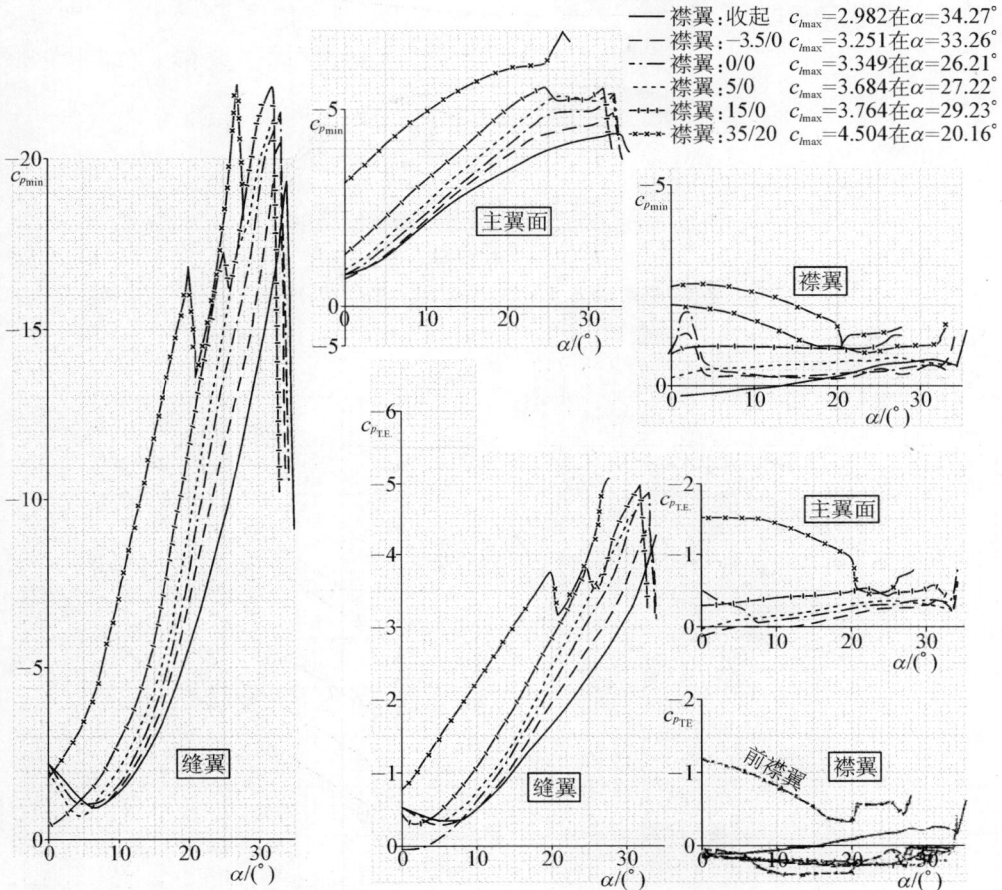

图 25-43　NLR7703 MOD 翼型缝翼偏度 $\delta_s = 10°$，不同襟翼偏度的最小压强系数和翼剖面升力系数随迎角的变化

来源：NLR TR 82050C

本项研究表明，为获得最高的最大升力，应在小迎角选用襟翼无流动分离或仅有有限流动分离最大的襟翼偏度。而缝翼偏度应选为使后缘分离正好稍先于缝翼流动分离发生在主翼段后缘处。

马赫数对低速最大升力系数的影响

福克/NLR 于 1982 年用带增升装置的二元模型 F-29 模型 12-1 进行了一项风洞实验，研究高雷诺数下自由流马赫数对低速最大升力系数的影响。

干净构型和增升构型的翼型剖面如图 25-44 所示。图 25-45 和图 25-46 分别为 $M = 0.19$ 时不同构型的最大升力系数和前缘吸力峰最小压强系数随雷诺数的变化情况。在该马赫数下，两个参数均随雷诺数增加而增大。

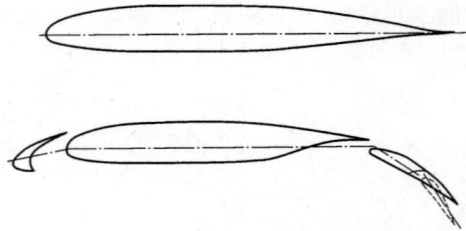

图 25 - 44　F - 29 模型 12 - 1 的翼型,干净
构型和增升构型

来源:福克 Rept. L - 29 - 196/NLR TR 83059C

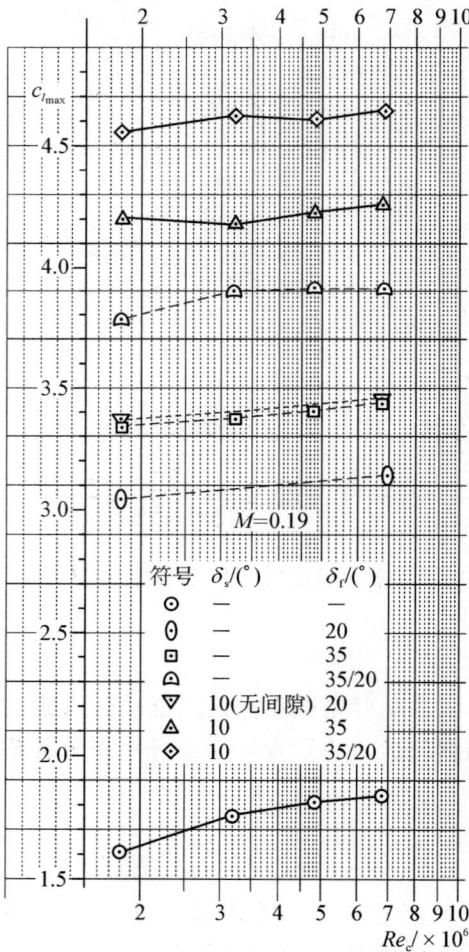

图 25 - 45　最大升力系数随雷诺数的变化

来源:福克 Rept. L - 29 - 196

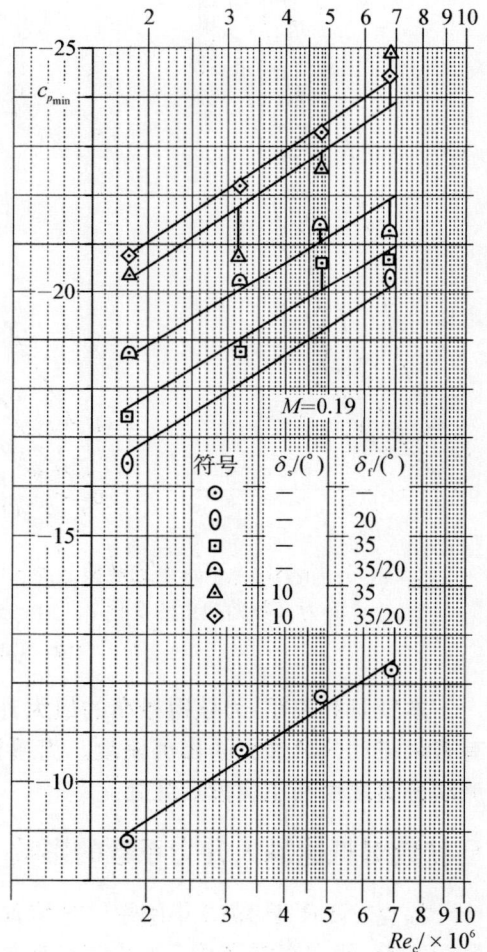

图 25 - 46　吸力峰最小压强系数随雷诺数
的变化

来源:福克 Rept. L - 29 - 196

在高雷诺数下增加低速自由流的马赫数直至达到某马赫数,最大升力系数没有什么变化,此后随马赫数增加而减小。该特定马赫数越低,增升装置的效率就越高,如图 25-47 所示。

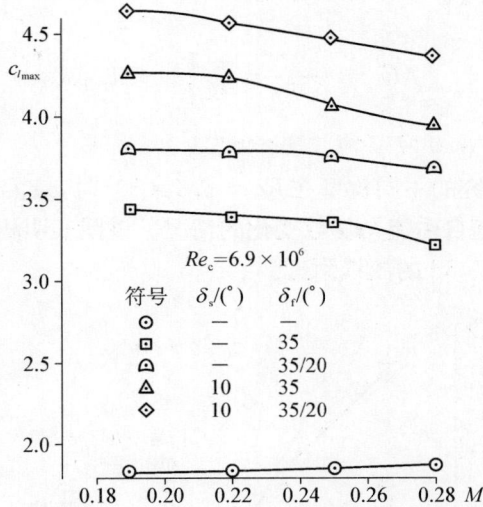

图 25-47 $Re_c = 6.9 \times 10^6$ 时最大升力系数随马赫数的变化

来源:福克 Rept. L-29-196

以往人们以为一旦前缘附近当地马赫数达到 $M_{loc} = 1.0$ 就出现该现象,如图 19-12 所示。但是,后者采用的模型在前缘附近贴有对最大升力系数产生负面影响的转捩带。图 25-48 表明当地马赫数可以大大超过 $M_{loc} = 1.0$,但可达到的最大马赫数接近而不超过 $M_{loc} = 1.6$。

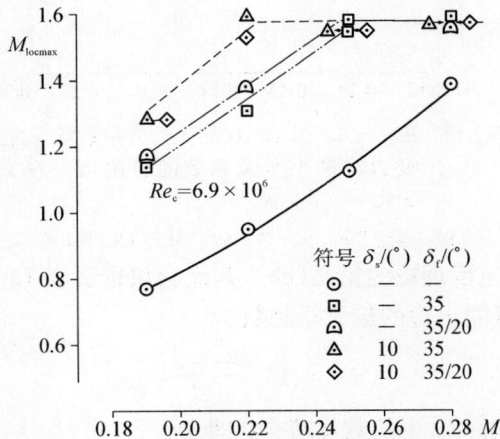

图 25-48 $Re_c = 6.9 \times 10^6$ 在最大升力系数时,当地峰值马赫数随自由流马赫数的变化

来源:福克 Rept. L-29-196

如图 17-8 所示，高自由流马赫数下在翼型风洞实验中观测到的最小压强系数可以表示为 $M_\infty^2 c_p = -1.0$

由于 $c_p = \dfrac{p - p_\infty}{0.5\gamma p_\infty M_\infty^2}$，而在绝对真空中 $p = 0$，所以

$$c_p M_\infty^2 = \frac{-1}{0.5\gamma} = \frac{-1}{0.7} = -1.43$$

或者说 $M_\infty^2 c_p = -1.0$ 成了"0.7 真空度"。

图 25-49 为所研究的不同构型在 $Re = 6.9 \times 10^6$ 时，最大升力系数状态前缘吸力峰的最小压强系数随自由流马赫数变化的情况。该图表明相应 $M_\infty^2 c_p = -1.0$ 的曲线落在相应 $M_{\text{loc}} = 1.58$ 的曲线附近。

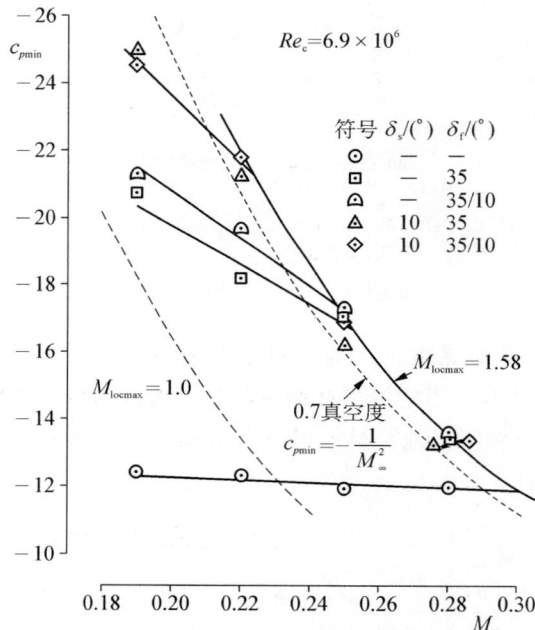

图 25-49 $Re_c = 6.9 \times 10^6$ 在最大升力系数状态，前缘
吸力峰最小压强系数随自由流马赫数的
变化

来源：福克 Rept. L-29-196/NLR TR 83059C

在一篇关于跨声速流理论的论文（跨声速流会议论文集 1964）中，E. V. Laitone 指出，在跨声速流中可能出现的最大马赫数为

$$M = 4\sqrt{3 - \gamma} \quad ①$$

或 $M = 1.581$。图 25-49 中的数据符合该理论。

---

① 该式有误。——译注

从图 25‑48 和图 25‑49 可以得出结论：高雷诺数下在带有效增升装置的现代翼型上，这种受限的当地峰值马赫数在处于确定真实飞机最大升力系数的马赫数范围内的低自由流马赫数出现。从而最大升力系数随飞机重量和飞行高度变化。对此将在下一章讨论。

在 1960 年代后期和 1970 年代，人们进行了许多旨在进一步理解增升装置在翼型和三元构型中工作机理的研究。取得的一个重要结论就是，只要后掠角不太大，计及以前发现的针对干净机翼的基本后掠翼关系，后掠外翼的特性在很大程度上和确定该外翼外形的翼型剖面特性一致。

作为带增升装置翼型分析工作的继续，福克/NLR 用如图 25‑50 所示，带有缝翼和襟翼并在若干缝翼、主翼面和襟翼站位布置测压孔的大型半模进行了研究。该风洞模型，F‑29 模型 10‑7 的外翼上表面与二元翼型模型 F‑29 模型 12‑1 的上表面计及后掠效应修正后极为相似。在大迎角下每个机翼部段的当地升力系数展向分布如图 25‑51 所示，$M = 0.28$，$Re = 5.4 \times 10^6$（用于计算无量纲系数的参考长度取为相应每个机翼站位的干净机翼当地弦长）。

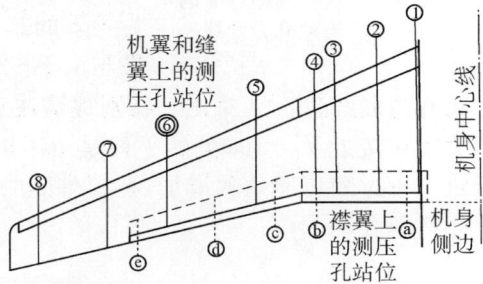

图 25‑50 F‑29 模型 10‑7 的平面图

来源：福克 Rept. L‑29‑202/NLR TR 84010C

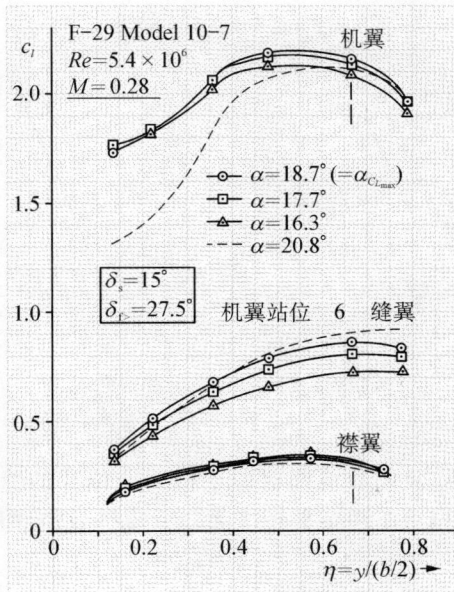

图 25‑51 F‑29 模型 10‑7 在大迎角下缝翼、机翼和襟翼的当地升力系数展向分布

来源：福克 Rept. L‑29‑202

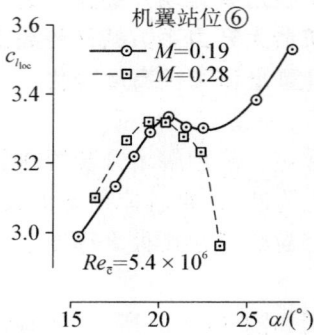

图 25 - 52　在机翼站位 6 的
当地升力曲线

在较低马赫数和雷诺数下也有实验数据。

在机翼站位 6 将缝翼、主翼面和襟翼各自的贡献加到一起，得出 $M = 0.19$ 和 $M = 0.28$ 时的当地总升力系数，如图 25 - 52 所示。

根据后掠翼基本理论，有如下关系式：

$$M_{2\text{-D}} = M_{3\text{-D}} \cos \Lambda_{\frac{1}{4}c}$$

$$\alpha_{2\text{-D}} = \alpha_{3\text{-D}} / \cos \Lambda_{\frac{1}{4}c}$$

$$c_{l_{2\text{-D}}} = c_{l_{3\text{-D}}} / \cos^2 \Lambda_{\frac{1}{4}c}$$

再对诱导迎角作修正，将图 25 - 52 的升力曲线转换为等效的二元升力曲线。在图 25 - 53 中，将上述结果与由 F - 29 模型 12 - 1 实验数据插值得到的估计二元升力曲线进行了对比。**特别提请注意最大升力系数相当一致**。$M = 0.19$ 升力曲线在接近 $\alpha = 16°$ 处的平移是由于机翼内侧流动分离影响展向诱导迎角分布所致。不过随着迎角的增加，机翼外侧的升力持续增大。在下一章将详细讨论流动分离模式。

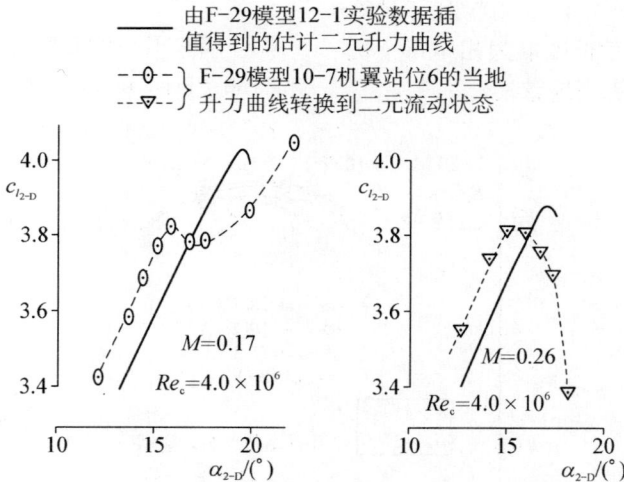

图 25 - 53　由机翼站位 6 的当地升力曲线转换的二元升力曲
线及其与 F - 29 模型 12 - 1 实验数据的对比

详尽的压强测量也使我们有可能对位于机翼站位 6 的缝翼前缘（负）峰值压强系数进行分析。将这些当地压强系数转换为二元流等效值并用下式（见第 10 章）计算相应的当地马赫数：

$$M_{\text{loc}} = \sqrt{5 \left[\frac{1 + 0.2 M_\infty^2}{(0.7 c_{p_{\text{min}}} + 1)^{\frac{\gamma - 1}{\gamma}}} - 1 \right]}$$

式中：

$$M_{2\text{-}D} = M_{3\text{-}D} \cos \Lambda_{\text{LE}}$$

$$c_{p_{\min 2\text{-}D}} = c_{p_{\min 3\text{-}D}} / \cos^2 \Lambda_{\text{LE}}$$

$$\Lambda_{\text{LE}} = 24.4°$$

得到图 25-54 和图 25-55。这两幅图与图 25-48 和图 25-49 的对比，清楚表明对带有增升装置的中等后掠机翼而言，二元翼型-剖面气动特性可在机翼特性中再现。

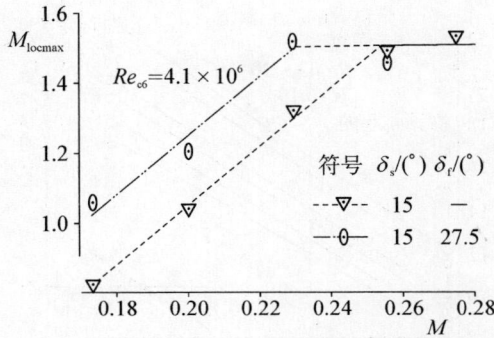

图 25-54　机翼站位 6 上缝翼的最大当地马赫数随自由流马赫数的变化

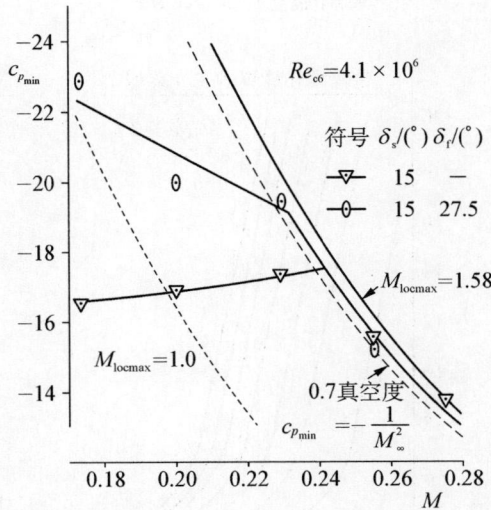

图 25-55　缝翼 $c_{p_{\min}}$ 随马赫数的变化

来源：福克 Rept. L-29-202/NLR TR 84010C

在下列情况下复合翼段升力系数达到最大值：流动在靠近主翼段后缘处分离；尾流在强逆压梯度中突然破裂；缝翼或主翼段的前缘吸力峰崩溃。今天采用现代 CFD 方法可以相当准确地预测由于前两种原因升力达到的最大值。至于确定前缘吸力峰崩溃时的最大升力，迄今为止尚不能依靠纯理论手段，在某种程度上需要凭经验。

对近 200 种在风洞实验中达到最大升力起因于前缘吸力峰崩溃的带襟翼和缝翼的翼型模型构型进行了分析。

基于这些数据,建立了缝翼或主翼段前缘最小压强系数、后缘压强系数和前缘半径之间如图 25 - 56～图 25 - 58 所示的关系。

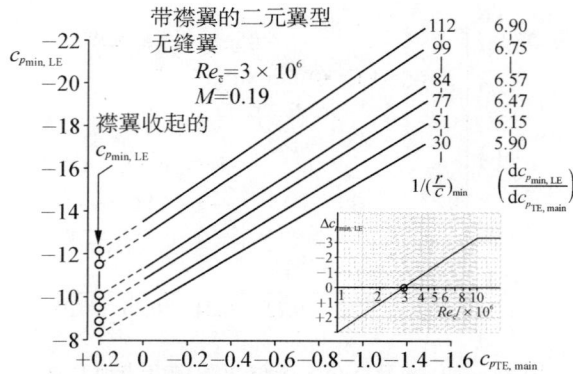

图 25 - 56　前缘吸力峰最小压强系数随主翼段后缘压强
系数的变化

来源：福克 Rept. A - 158

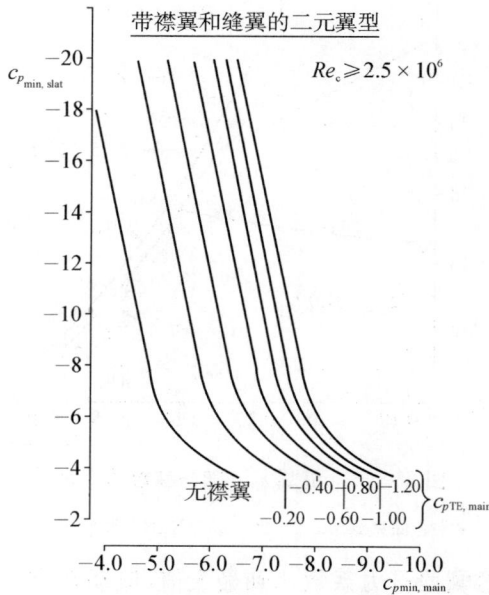

图 25 - 57　缝翼吸力峰最小压强系数随主翼段
吸力峰和后缘压强系数的变化

来源：福克 Rept. A - 158

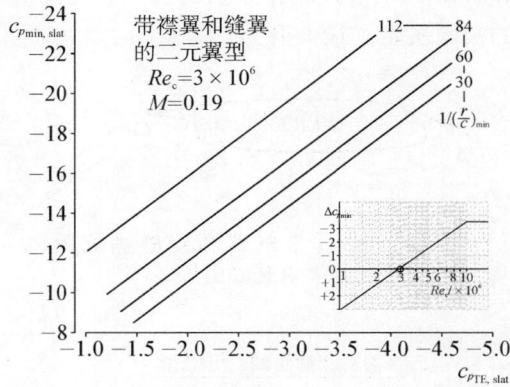

图 25-58　缝翼吸力峰最小压强系数随缝翼后缘
压强系数的变化

来源：福克 Rept. A-158

　　如果以计及黏性的现代 CFD 方法按递增的迎角计算翼型的压强分布，图 25-56～图 25-58 中的数据可以用来根据图 25-59 给出的方法估算最大升力系数。利用图 25-48、图 25-49、图 25-54 和图 25-55 可以推算马赫数效应。

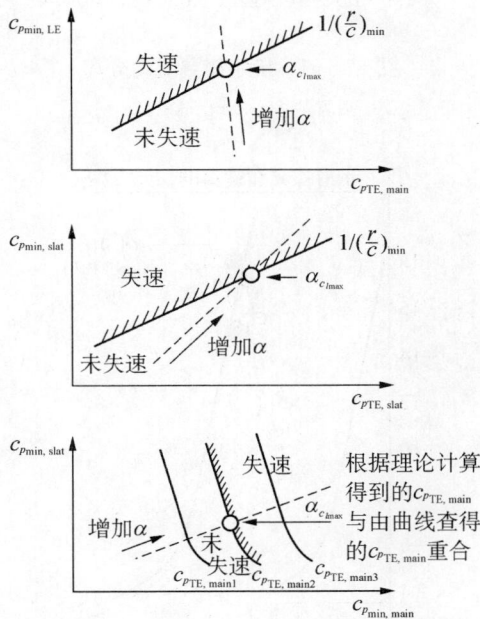

图 25-59　确定前缘吸力峰崩溃时的最大
升力系数的方法

来源：福克 Rept. A-158

图 25-60～图 25-63 列举了运用该方法的例子。注意对每一种流动分离都要进行检查,首先达到的极限决定了最大升力。

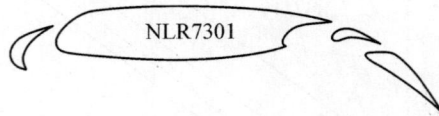

图 25-60 带缝翼和双缝襟翼的
NLR 7301翼型

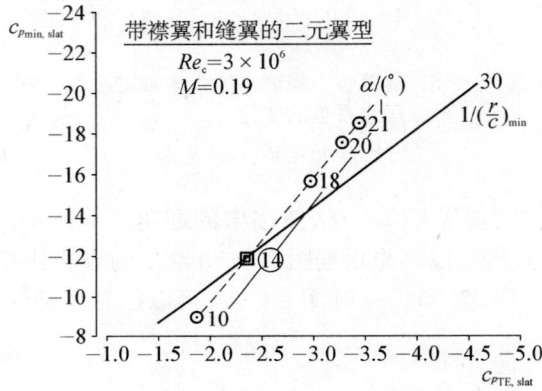

图 25-61 确定缝翼流动分离

来源:福克 Rept. A-158

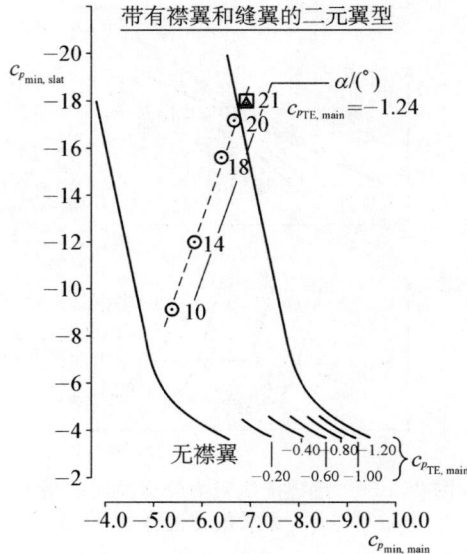

图 25-62 确定主翼段流动分离

来源:福克 Rept. A-158

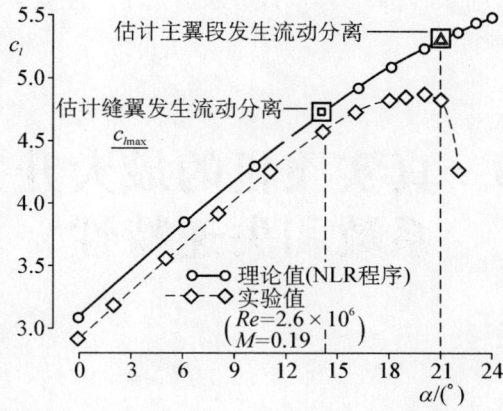

图 25 - 63　估 计 带 有 缝 翼 和 双 缝 襟 翼 的
NLR 7301翼型最大升力系数

来源：福克 Rept. A - 158

26 真实飞机的最大升力 系数和失速特性

最大升力系数

为确定真实飞机的最大升力系数,用到三种不同的 $C_{L_{\max}}$ 定义:

1)飞机作定常直线飞行最大升力系数

$$C_{L_{\max,\,1-g}} = \frac{nW}{\frac{1}{2}\rho V^2 S_{\mathrm{W}}} \qquad (26-1)$$

在所考虑的重心范围内该值略有变化,因为配平所需的尾翼载荷不同。这是在物理意义上真正的最大升力系数,决定了飞机在给定重量下最小定常飞行速度。通常在零推力($T_{\mathrm{c}} = 0$)状态考虑 $C_{L_{\max,\,1-g}}$。

$C_{L_{\max,\,1-g}}$ 既可以通过全失速实验确定,也可以用迎角限制器固定下来。早先几代运输类飞机采用的自动推杆器就是比较简单的迎角限制器。采用电传操纵系统的现代飞机尽管飞行员试图达到更大的迎角,飞机仍然保持在最大安全迎角飞行。

2)无尾飞机定常飞行的最大升力系数 $C_{L_{\max,\,\mathrm{T-O}}}$(此处 T-O 表示无尾)

该状态的最大升力系数不能直接通过飞行实验确定,必须从 $C_{L_{\max,\,1-g}}$ 减去尾翼的贡献来导得。

3)相应于在适航标准 FAR25 和 JAR25 的早先版本中明确规定的失速机动飞行中测得的最小速度的最大升力系数

$$C_{L_{\max,\,v_{\min}}} = \frac{W}{\frac{1}{2}\rho V^2 S_{\mathrm{W}}} \qquad (26-2)$$

(注意在 $V_{\min}$ 时不考虑 $n < 1$)

在 JAR25 中明确规定,而 FAA(FAR25)原则上倾向于采用

$$C_{L_{\max,\,v_{\min}}} < (1.06)^2 C_{L_{\max,\,1-g}}$$

为进行适航审定,这两个值都必须根据在最前的,也就是最不利的重心位置进行飞行实验取得的数据来确定。

在波音 747 失速机动审定试飞中获得的时间历程例子如图 26-1 所示。不同的 $C_{L_{max}}$ 定义导致在不同的空速和不同的升力系数下,在不同时刻进入失速。

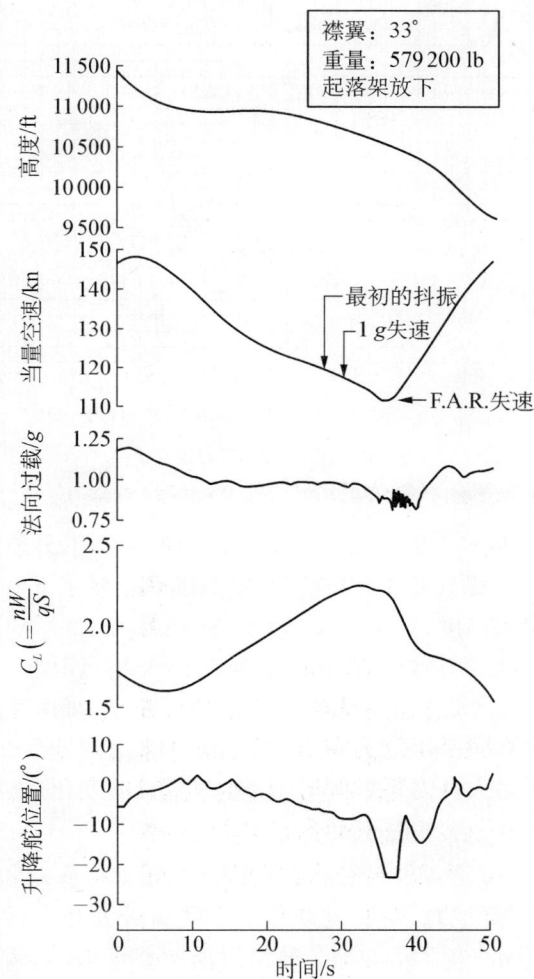

图 26-1 波音 747 失速机动飞行记录

来源: AGARD CP-102, Paper No. 21

2002 年 FAA 和新成立的欧洲航空安全局 EASA 协调了确定大型运输类飞机失速速度的准则。目前两个适航当局都采用基于 $C_{L_{max,1-g}}$ 的术语"参考失速速度"V_{SR}。

图 26-2 为福克 F-28 与图 26-1 所示确定波音 747 最大升力系数所用数据同类的试飞数据。

确定失速速度

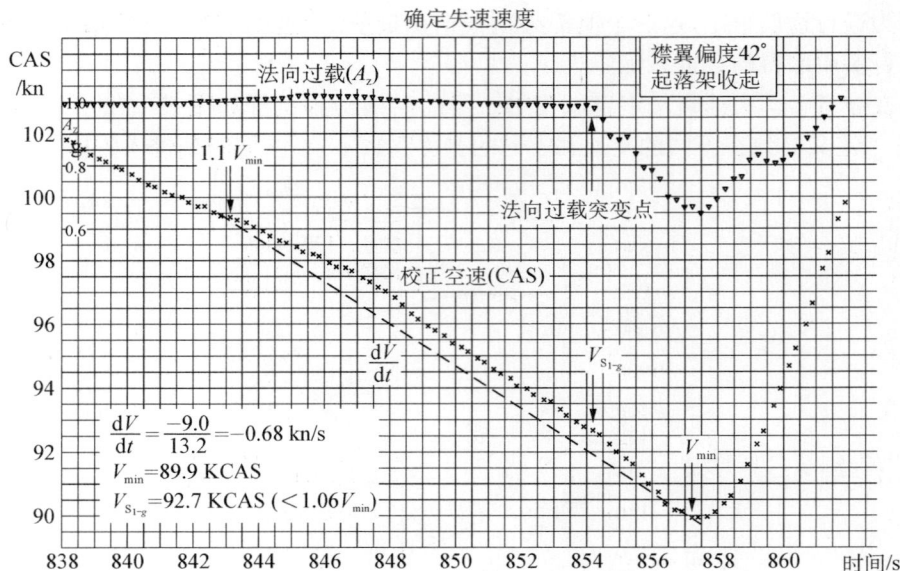

图 26-2　福克 F-28 Mk 4000 失速速度的确定

KCAS—以 kn 表示的校正空速

来源：福克 Rept. H-28.40-27.001

达到 $C_{L_{\max}}$ 是因为机翼上表面某部分边界层中的流动不再能克服大逆压梯度而分离。这就使作用在机翼上力的分布产生变化，继而改变了下洗特性。结果飞机除升力减小外趋于突然掉高度。

由于飞机相应运动的突然性，在飞行中确定 $C_{L_{\max}}$ 相当困难。为了尽可能准确地确定 $C_{L_{\max}}$，应该在定常运动中进入失速。为做到这一点，减速率（dV/dt）要小，以实现定常机动。适航规章将其限定为在 $1.10V_{\min}$ 和 $V_{\min}$ 之间 dV/dt $=-1$ kn/s。

图 26-3 展示了最大升力系数随减速率（dV/dt）的变化，表明随着减速率的增加，$C_{L_{\max}, V_{\min}}$ 增加而 $C_{L_{\max}, 1-g}$ 保持不变。

图 26-4 和图 26-5 介绍波音公司在过去几十年如何研制和应用增升装置。最初通过增加增升装置部段的数目和复杂程度来提高最大升力系数。但在稍后的型号上 $C_{L_{\max}}$ 稳定下来，如波音 747 和 767 的情况所示。今天，强调的是最大限度降低系统的复杂性和维修成本。

图 26-6 给出了各种不同最大升力系数定义的另一示例。同时它也表明了估算值和实测值之间的差异。这些差异说明尽管 CFD 和风洞实验技术取得了进展，准确预计最大升力系数仍然是挑战。准确度受到黏流复杂的流动分离模式、全尺寸飞机的雷诺数效应、襟翼和缝翼悬挂机构的细节以及真实飞机失速的飞行品质特性的影响。为了取得适航证，每种新型运输类飞机需要实施详尽的试飞项目来确定每一种构型的失速速度和失速特性。实验值和设计值之间的差异可能高达 $\Delta C_{L_{\max}} = 0.1$，如图 26-6 所示。

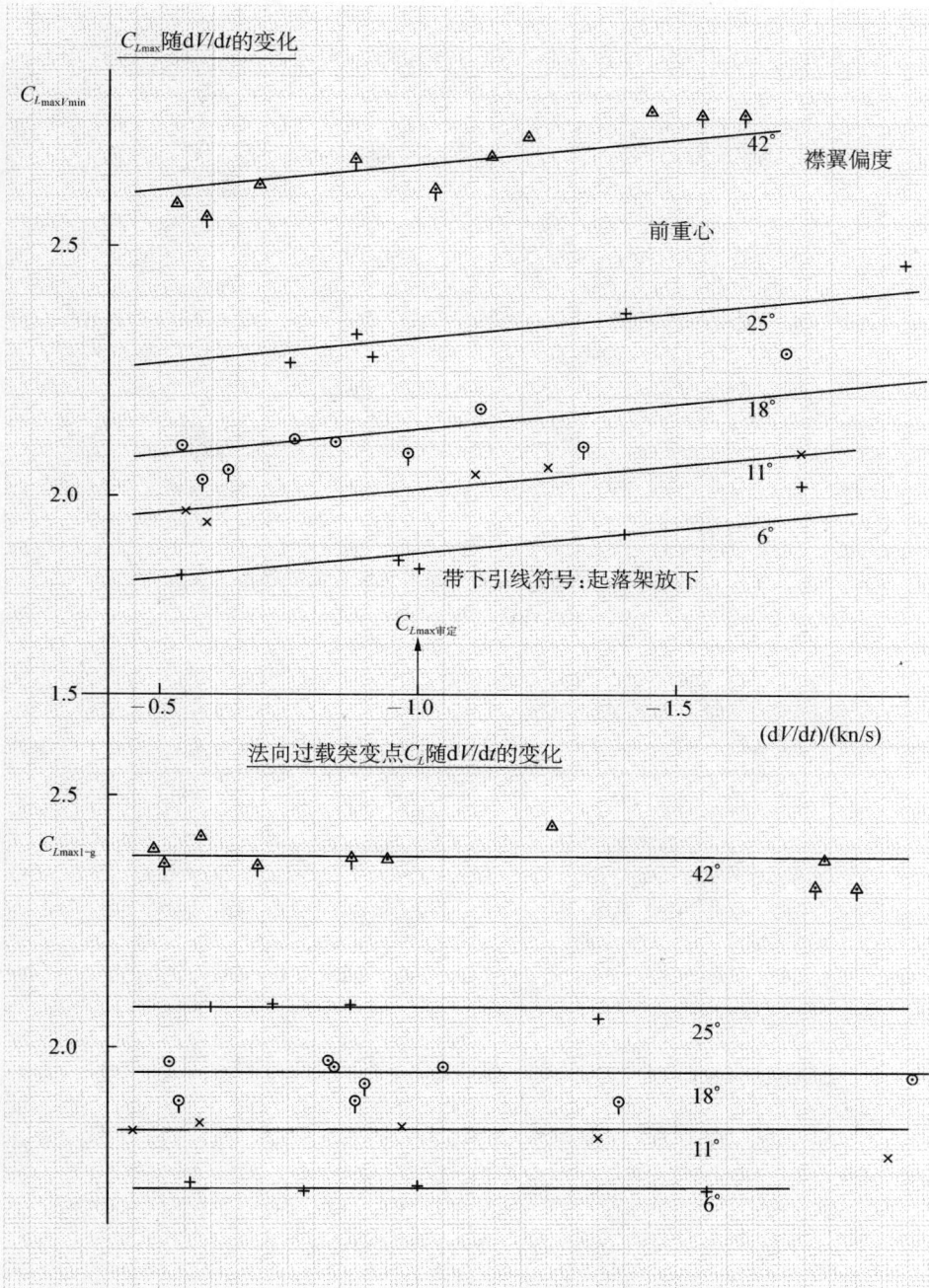

图 26 - 3 福克 F - 28 Mk 4000 经审定的 $C_{L_{max}}$ 值

来源：福克 Rept. H - 28. 40 - 27. 001

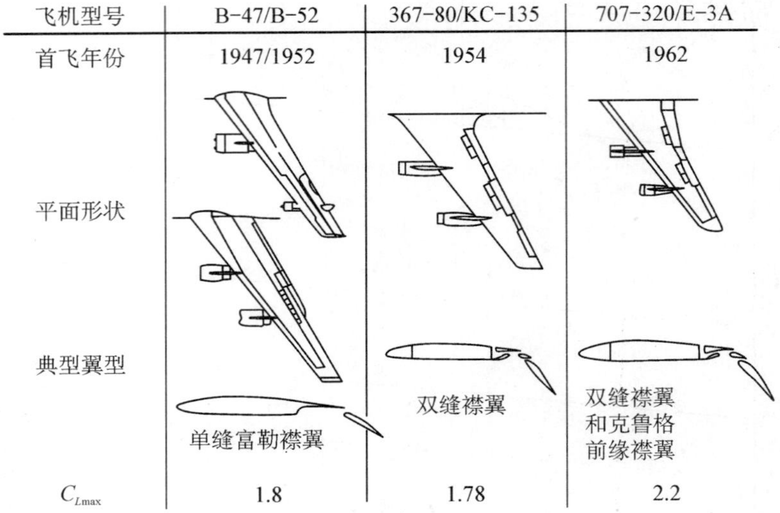

飞机型号	B-47/B-52	367-80/KC-135	707-320/E-3A
首飞年份	1947/1952	1954	1962
平面形状			
典型翼型	单缝富勒襟翼	双缝襟翼	双缝襟翼和克鲁格前缘襟翼
C_{Lmax}	1.8	1.78	2.2

图 26-4　波音运输类飞机增升装置发展趋势

来源：AGARD CP-365，Paper No. 9

飞机型号	727	747/E-4A	767
首飞年份	1963	1969	1981
平面形状			
典型翼型	缝翼和三缝襟翼	变弯度克鲁格前缘襟翼和三缝襟翼	缝翼和单缝襟翼
C_{Lmax}	2.79	2.45	2.45

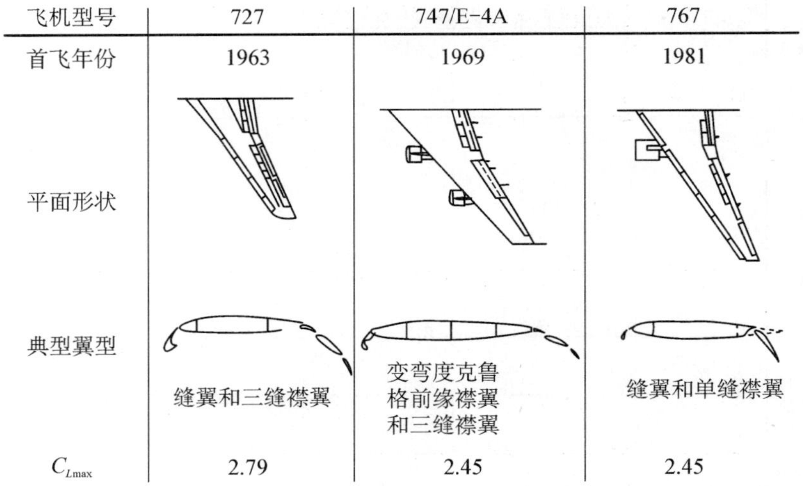

图 26-5　波音运输类飞机增升装置发展趋势（续）

来源：AGARD CP-365，Paper No. 9

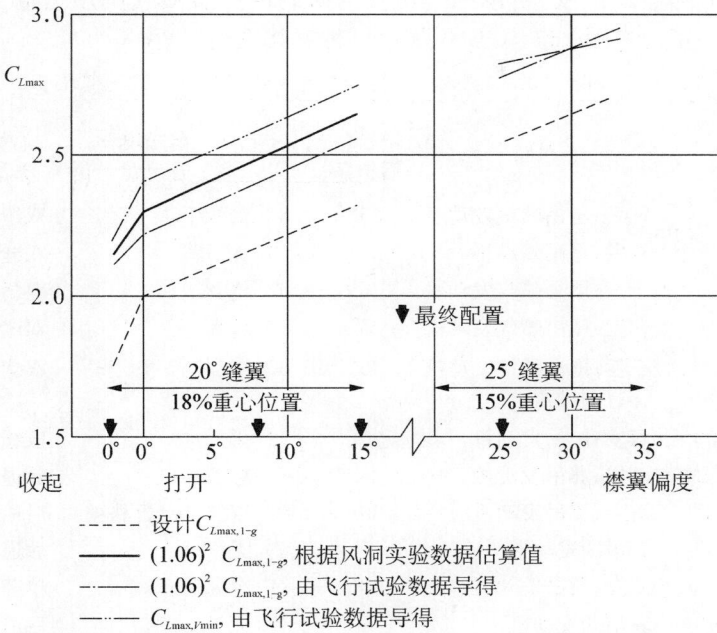

图例：
- - - - - 设计$C_{L\max,1-g}$
——— $(1.06)^2 C_{L\max,1-g}$，根据风洞实验数据估算值
—·—·— $(1.06)^2 C_{L\max,1-g}$，由飞行试验数据导得
——— $C_{L\max,V\min}$，由飞行试验数据导得

图 26-6　空客 A300-B 的最大升力系数

来源：Jahrbuch 1973 der DGLR

图 26-7 展示了空客 A300 为取得图 26-6 所示的升力特性，装有的全部增升装置。

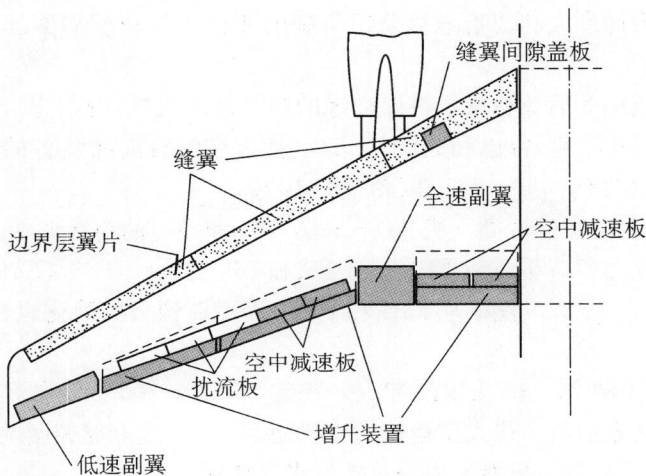

图 26-7　空客 A300 的机翼

来源：Jahrbuch 1973 der DGLR

图 26 - 8 为英国霍克-希德利公司参与研制的所有喷气民用运输类飞机基于 $V_{\min}$ 的 $C_{L_{\max}}$ 一览。在图 26 - 10 中添加了一种涡桨飞机。

首飞年份	飞机	布局	机翼后掠角	M_{MO}	前缘增升装置	后缘增升装置	着陆 $C_{L_{\max}}$
1962	T.1	三发;尾吊喷气发动机	35°	0.87	前缘下垂	双缝	1.95
1962	125	双发;尾吊发动机	20°	0.73	无	双缝	2.16
1964	T1E	三发;尾吊喷气发动机	35°	0.87	缝翼	双缝	2.05
1967	T2E	三发;尾吊喷气发动机	35°	0.87	缝翼	双缝	2.04
1969	T3	三发;尾吊喷气发动机 有助推器	35°	0.87	缝翼	双缝	2.11
1971	126 - 600	双发;尾吊发动机	20°	0.78	无	双缝	2.05
1972	A300 - B2	双发;翼吊发动机	28°	0.84	缝翼	后退富勒	2.83
1974	A300 - B4	双发;翼吊发动机	28°	0.82	缝翼加克鲁格襟翼	后退富勒	2.80
1981	146 - 100	翼吊四发动机	15°	0.7	无	后退富勒	3.45
1982	A310 - 200	双发;翼吊发动机	28°	0.84	缝翼	单缝	3.10
1982	146 - 200	翼吊四发动机	15°	0.7	无	后退富勒	3.45
1983	A300 - 600	双发;翼吊发动机	28°	0.84	缝翼	单缝	3.00
1983	125 - 800	双发;尾吊发动机	20°	0.80	无	双缝	1.87
1985	310 - 300	双发;翼吊发动机	28°	0.84	缝翼	单缝	3.01

图 26 - 8   各种飞机基于 $V_{\min}$ 的 $C_{L_{\max}}$ 比较

来源：Proc. R. Soc. Lond. A 416，43 - 62(1988)

图 26 - 9 为加拿大的德哈维兰公司研制的两种中等速度涡桨运输类飞机的最大升力系数。

具有平直或中等后掠机翼以及厚前缘的中等速度飞机,例如德哈维兰的 DHC - 7 和 DHC - 8 以及霍克-希德利的 HS - 146,甚至在没有前缘装置的情况下最大升力系数可以达到约 $C_{L_{\max,1-g}} = 3.0$（图 26 - 10）。

图 26 - 11 为波音运输类飞机 737 - 300,757 和 767 的前缘形状。

在增加后掠角（737 及 757 的 $\Lambda_{\frac{1}{4}c} = 25°$ 和 767 的 $\Lambda_{\frac{1}{4}c} = 31.5°$）同时减薄前缘,导致着陆 $C_{L_{\max,1-g}}$ 从 3.0 递降为 2.60 和 2.15,而襟翼构型的简化也起了作用（见图 26 - 12）。

图 26 - 13 至图 26 - 16 为以波音 737 - 800 和 777 - 200 以及空客 A320 - 200 和 A330 - 200 为代表的新一代大型运输类飞机的 $C_{L_{\max,1-g}}$ 随襟翼偏度的变化。着陆构型 $C_{L_{\max,1-g}}$ 为 2.5～2.6,显然足以满足性能设计要求。

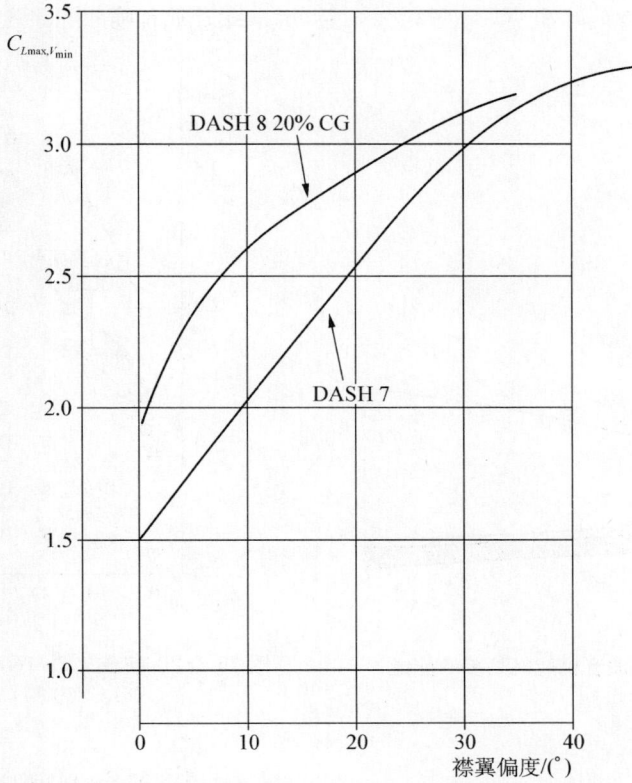

图 26 - 9　加拿大德哈维兰 DHC - 7（Dash 7）和 DHC - 8
（Dash 8）$C_{L_{max}}$ 的比较

来源：Canadian Aeronautics and Space Journal，September 1984

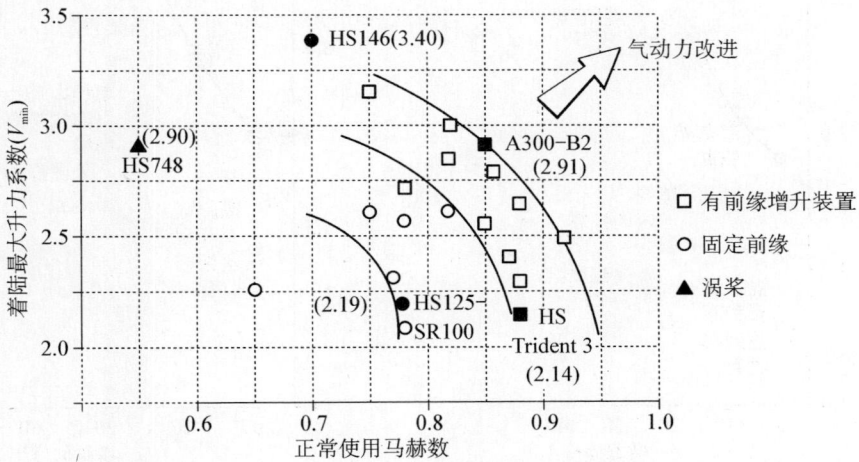

图 26 - 10　飞机性能比较

来源：Aeropace Journal（RAeS），June/July 198?

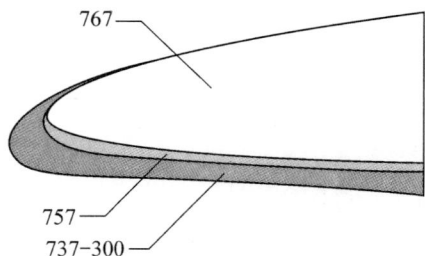

图 26－11　波音民航机外翼的前缘

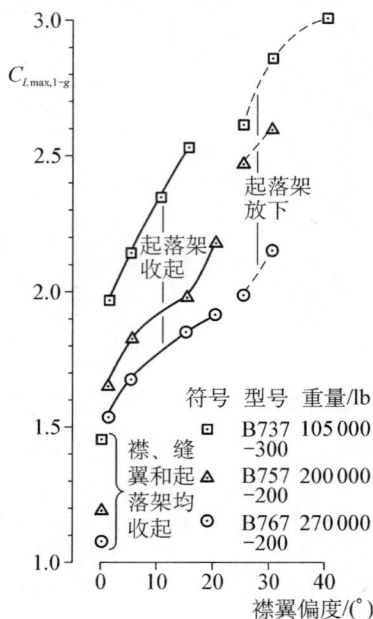

图 26－12　波音 737－700，757－200 和 767－200 的 $C_{L_{\max}, 1-g}$

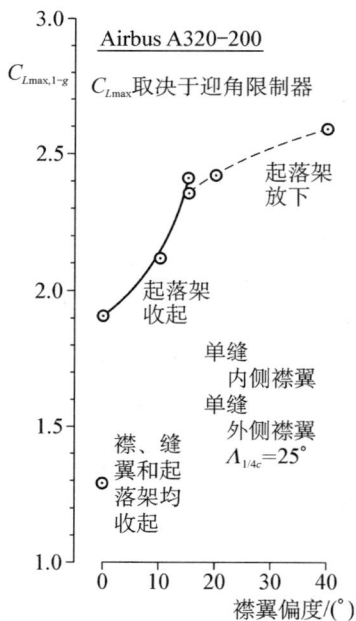

图 26－13　空客 A320－200 的 $C_{L_{\max}, 1-g}$

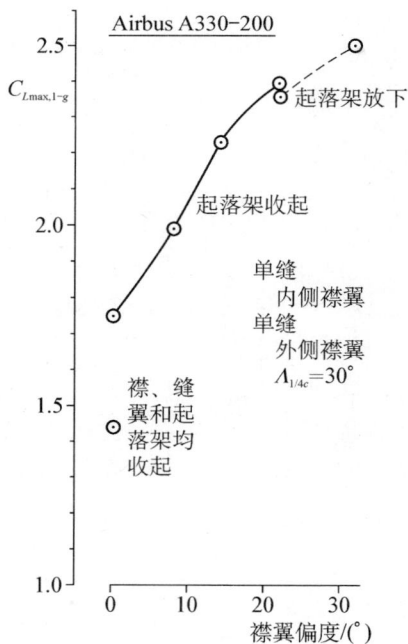

图 26－14　空客 A330－200 的 $C_{L_{\max}, 1-g}$

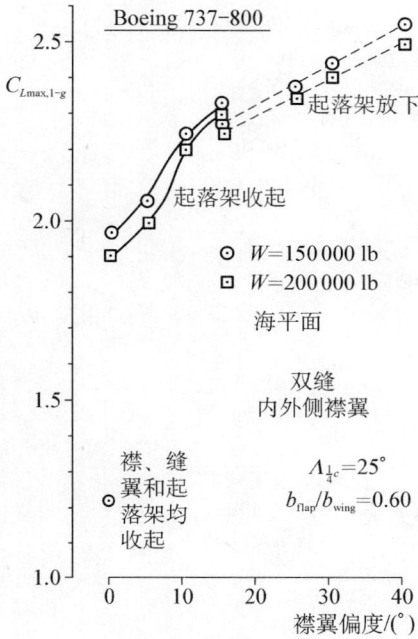

图 26 - 15 波音 737 - 800 的 $C_{L_{\max}, 1-g}$

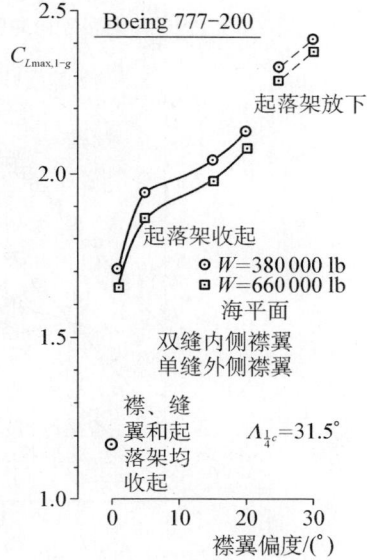

图 26 - 16 波音 777 - 200 的 $C_{L_{\max}, 1-g}$

再次提请注意，各制造商对机翼参考面积和展弦比的定义有所不同。

福克 F - 28 和 Fokker 100 的最大升力数据列于图 26 - 17～图 26 - 20。

F - 28 Mk 4000 不需要推杆器，因此高于 $C_{L_{\max}, 1-g}$ 的 $C_{L_{\max}, V_{\min}}$ 可以通过适航审定。此举有利，因为当时尚未采用 $V_2 (= 1.13V_S)$ 和 $V_{\text{appr}} (= 1.23V_S)$ 两者选一的定义。

F - 28 Mk 6000 装有推杆器，用于性能适航审定的最大升力系数由推杆器的设定确定，如图 26 - 19 所示。经谨慎仔细的飞行试验确定了 $C_{L_{\max}, 1-g}$。应当指出 $C_{L_{\max}, 1-g} = 3.18$ 是所有民用喷气运输类飞机经适航审定最大的 $C_{L_{\max}, 1-g}$。遗憾的是与此相关在起飞和着陆阶段诱导阻力过大，加之发动机研制改进有限，该型 F - 28 未取得商业成功。比较图 26 - 18 和图 26 - 19 的飞行试验数据，前者为按平尾安装角偏度和升降舵偏度均为零修正的未配平升力曲线，可见在前重心位置纵向配平造成的升力 $C_{L_{\max}, 1-g}$ 损失达－0.15 至－0.20 之多。

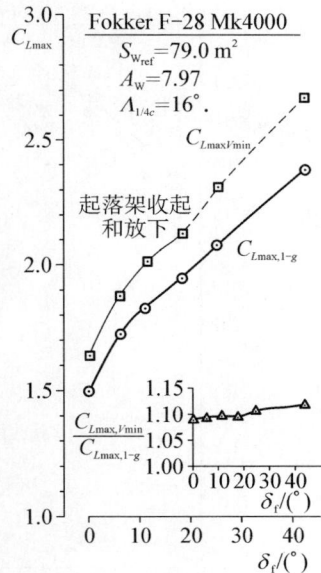

图 26 - 17 福克 F - 28 Mk 4000 的 $C_{L_{\max}}$

来源：福克 Rept. H - 28.40 - 27.001

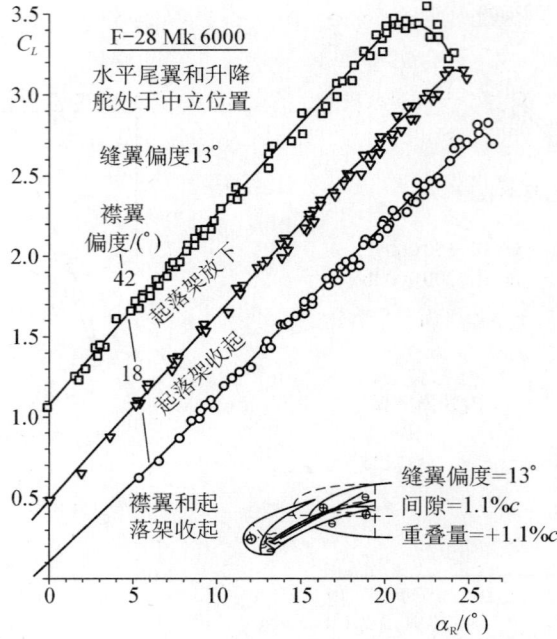

图 26 - 18　福克 F - 28 Mk 6000 由飞行试验数据得出的升力曲线

来源：AGARD CP - 515，Paper No. 27

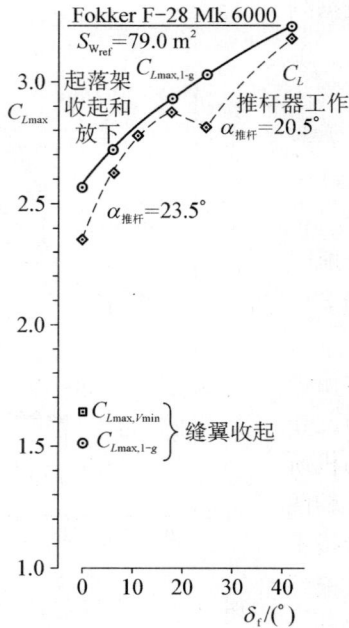

图 26 - 19　福克 F - 28 Mk 6000 的 $C_{L\max}$

来源：福克 Rept. H - 28.60 - 27.001

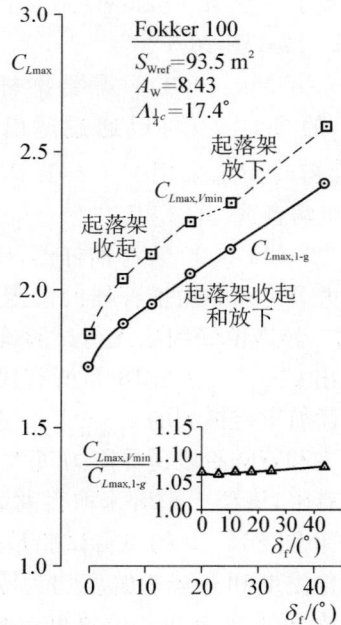

图 26 - 20　Fokker 100 的 $C_{L\max}$

来源：福克 Rept. V - 28 - 87

图 26-20 为 Fokker 100 的 $C_{L_{max}}$。由于襟翼收起时 $C_{L_{max},V_{min}}$ 为 1.84，F-100 是唯一不打开增升装置起飞适航审定合格的喷气运输类飞机。

由于襟翼相对展长较小（$b_f/b = 0.57$ 比 0.64），随襟翼偏度加大 $C_{L_{max}}$ 的增加比 F-28 小。

增加最大升力系数一般需要增加增升系统的复杂程度。以往经验表明，实际应用中在翼剖面采用多于一段缝翼和三段襟翼的增升装置部段，并未带来最大升力物有所值的增加。可以获得的剖面最大升力系数最高约为 $C_{L_{max}} = 5.0$，主要依靠钝前缘。

机翼的几何外形很大程度上取决于设计马赫数、高度和航程（以及由其决定的燃油容量）。根据这些设计要求确定了机翼后掠角、相对厚度（以及与前者有关的前缘形状）、展弦比、尖削比和总尺寸。前两个参数与强烈影响襟翼相对展长的滚转操纵要求以及对失速特性的要求决定了飞机最高可达到的最大升力系数。

结果是批生产高速飞机在未采取边界层控制措施时，最大升力系数在 2.0 到 3.0 之间。

图 26-21 和图 26-22 中的数据清晰地表明了设计马赫数（以及由其决定的后掠角）对着陆最大升力系数的影响。

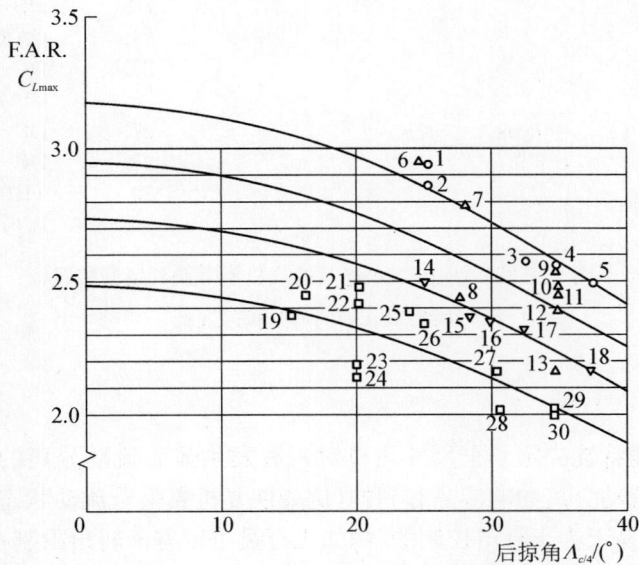

图 26-21　各种飞机最大升力系数的比较

来源：ICAS 1980，Paper 12.2

符号	前缘增升装置	后缝襟翼开缝数	K	符号编码	飞机
○	有	3	3.17	1.	B737 - 200
				2.	B737 - 100
				3.	B727 - 200
				4.	TU - 154
				5.	B747 - 100
△	有	2	2.95	6.	DC - 9 - 30
				7.	A300 B4
				8.	FALCON 10
				9.	DC - 10 - 10
				10.	L - 1011 - 1
				11.	DC - 10 - 30
				12.	TRIOENT 3B
				13.	B707 - 320B
▽	有	1	2.74	14.	C5A
				15.	SABRE - LINER
				16.	FALCON 20F
				17.	VC - 10
				18.	B747 SP
□	无	1 或 2	2.49	19.	VFW 614
				20.	FOKKER F26
				21.	BAC 111 - 500
				22.	BAC 111 - 400
				23.	HS 125
				24.	CARAVELLE
				25.	DC - 9 - 10
				26.	C141
				27.	DC - 8 - 63
				28.	DC - 8 - 50
				29.	TRIDENT 1C
				30.	B707 - 120B

拟合曲线：$C_{Lmax} = k\cos \Lambda_{c/4}$

图 26 - 22　图 26 - 21 述及的飞机型号及其增升装置

来源：ICAS 1980，Paper 12.2

失速特性

飞机的失速特性决定了全尺寸飞机对机翼发生显著流动分离的响应。满意的失速特性指对流动分离的响应是有利的（例如恢复机翼附着流动状态的强烈纵向低头趋势）或者是易于为飞行员控制的（例如飞行员可以将滚转角限制在 20°以内的横滚，FAR25 或 CS25 的一项要求）。流动分离无论如何不得引起会导致尾旋自转的陡然上仰或偏航运动。图 26 - 23 是对因失速导致尾旋发生的现象所作的一段生动描述。运输类飞机应始终防止进入尾旋，因为既无法预测在此状态的飞机特性，飞机强度也不能承受此时的载荷。

飞行日开始了。起飞时宝贝在天空迎接我,紧挨着我飞行。"早上好,头儿。今天干什么?"

我膝上拍纸簿写的第一项,要求在 20 000 英尺高度低速飞行若干次,每次三到四分钟。第一次每小时 200 英里。飞机抬头,以大迎角飞行,真难对付她,操纵不灵。三分钟到了,回过来按同样的路线又飞了三分钟。这次更慢,每小时 180 英里。我一遍遍降低速度重复飞行,直到她发生抖振。这次飞行以前还从来没有探测到全失速。卡德希望仔细研究。在先前的飞行中,让我把空中火箭带到失速的边缘,在最后一秒钟退出。今天,我要一路到底进入失速。

我想起了吉恩·梅的反复忠告,"要善待她,否则她饶不了你。"人们已经认定空中火箭经受不了"尾旋",根据空气动力学家的说法,她不能从中改出。这一回还得善待她。但今天我们要比往常多给她加点压。

每小时一百四十英里,到了失速边缘。抬头、放襟翼、放起落架……打开数据记录开关。我把驾驶杆缓缓后拉几分之一英寸,将速度降到 139,138…她抗议了,打着滚,在我逼她走的路上颤抖着。她可不喜欢这样……再来一点……再来一点……别紧张……她更疯狂了……我掌舵走向失速。到了!她失速了。

我们在天空中一直往下掉,每分钟 2000 英尺。她始终剧烈地滚转俯仰。

"她醒过来没有?"依戈的声音不紧不慢地飘进我的头盔。"你把事搅起来了……打算平息吗?"

"我正在这么干,上尉。"她就要失速了。我把驾驶杆又拉了半英寸,真正进入了失速。

他们不可能要求干得更漂亮了,这回该给卡德留下了深刻的印象。我把驾驶杆推回去——马上就明白自己动作过猛。驾驶杆碰到了它的套座。

我的天哪……那我们就开始吧!她向前猛冲,上仰,右滚,然后一头扎向地面。她进入了尾旋。我倒吸了一大口气——好似一个拳头堵在心口——我动手操控,因为她摆脱了我。她自行其是往下掉,像被甩的鞭梢那样发疯地沿螺旋线钻透天空,可怕地加速。大地在我脚下有节奏地旋转。这一回我把她逼过了头,她真的受不了。尾旋!卡德、书本和造这架飞机的人们都说过尾旋会毁了她。根据他们的仔细估算,空中火箭不可能从尾旋中改出。我双手紧握驾驶杆和襟翼手柄来收拾她。眼下做的是不见经传完全跟着感觉走的下意识动作。方向舵反蹬到头,驾驶杆回中。方向舵失压,毫无反应,似乎飞机根本就没有方向舵。这时我脑子里只牵挂着一件事:纠正动作能不能尽快生效,"方向舵"压力恢复是不是比撞向地面来得更快?来吧,回答我,好吗!现在我从脚蹬上感受到一点压力,又大了一点,她正在苏醒过来。我可以感觉到方向舵压力大起来。滚转和扭摆运动停止了,空中火箭改正为急遽俯冲。我又一次把飞机置于自己掌控之下。她改出了。他们搞错了,只有这一次预测出错才对我有利。当我开始改出俯冲持平时,空中火箭已在十秒钟内掉了 7000 英尺高度,我深深地吸了一口气。

"哎呀!"这是依戈的声音,他就在我机翼左边——橙黄色的大头盔,外加一张咧嘴笑着的大娃娃脸。他从头到底一直都紧跟着我。"失速科目飞得怎么样了?"当空中火箭拉平时,依戈若无其事地问道,好像过去两三分钟什么事也没有发生过,为的是让地面聚精会神监听无线电的工程师们听明白。

"飞完了。我要进场。只剩 40 加仑油了。"

"但愿飞完了……"伴飞飞行员带着若有所思的口气一本正经地答道。

图 26-23　关于失速导致尾旋的一段文字

来源:W. Bridgeman 著《长空独飞》,1955

有两条避免有害失速特性的通用准则：

（1）流动分离应始于内侧机翼，使得用于滚转操纵的扰流板和副翼在失速时仍然有效。例如使得 $c_{p_{\min}}$ 的峰值出现在内侧机翼前缘（机翼本身或缝翼的前缘均可）就可以做到这一点。

（2）发生失速时，尾翼和升降舵不得由于浸没在机翼分离流的尾流中而丧失有效性。

图 26-25 说明缝翼和主翼面上的最小压强系数 $c_{p_{\min}}$ 可能沿展向有可观的变化。为获得良好的失速特性，展向分布应该保证发动机短舱内侧的机翼先失速。缝翼下的机翼表面（WUSS）的定义如图 26-24 所示。ACA 是某项目的名称。

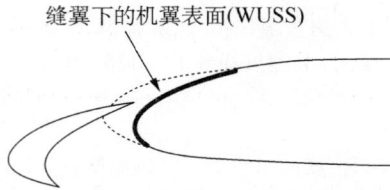

图 26-24　缝翼下的机翼表面（WUSS）的定义

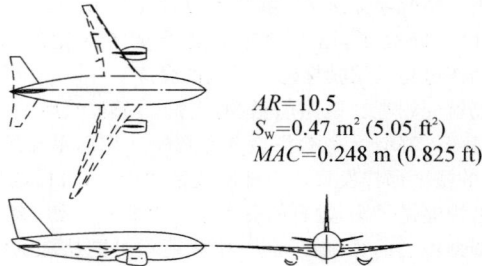

$AR = 10.5$
$S_{\mathrm{w}} = 0.47\ \mathrm{m}^2\ (5.05\ \mathrm{ft}^2)$
$MAC = 0.248\ \mathrm{m}\ (0.825\ \mathrm{ft})$

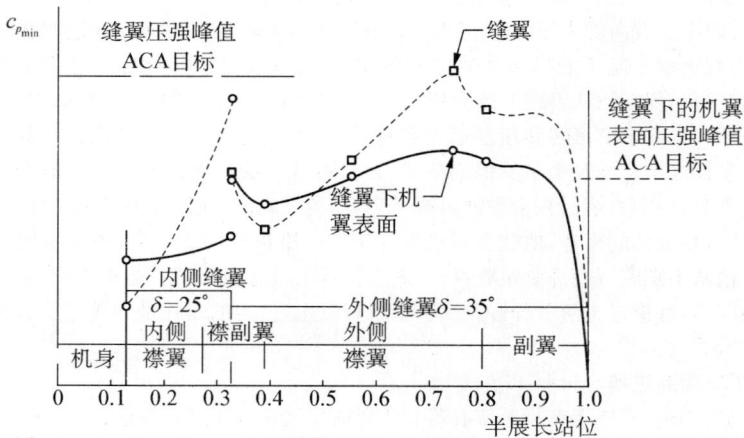

图 26-25　ACA 低速风洞模型（着陆襟翼构型 $C_L = 3.4$）的缝翼和
WUSS 的最小压强理论展向分布

来源：J. G. Callaghan, W. G. Oliver, Douglas Aircraft Co.

如果沿展向改变有效扭转、弯度和前缘半径仍不能保证内侧机翼先失速，可以有意通过减速条（亦称为前缘失速条或前缘扰流片）、翼刀、发动机短舱上的小翼片生成的涡等等来实现。缺点是这样做总是要减小最大升力系数。图 26-26 列举了失速控制装置的例子。填堵缝翼隙缝使内侧机翼升力较外侧减小，触发内侧机翼先失速。该系统用于德哈维兰 121-1E、A300 和 A310。德哈维兰 121-1 的前缘襟翼铰链接头上的驼峰（或鼓包）也引发了内侧机翼上的初始分离。

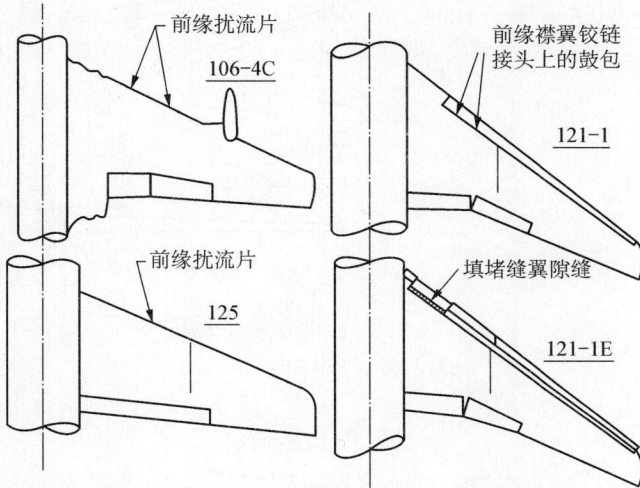

图 26-26 失速控制装置（德哈维兰飞机）

来源：AGARD LS-43，D. M. McRae，1971

图 26-27～图 26-29 给出了更多的图解示例。请注意图 26-27 中失速条引起的最大升力系数大幅降低。

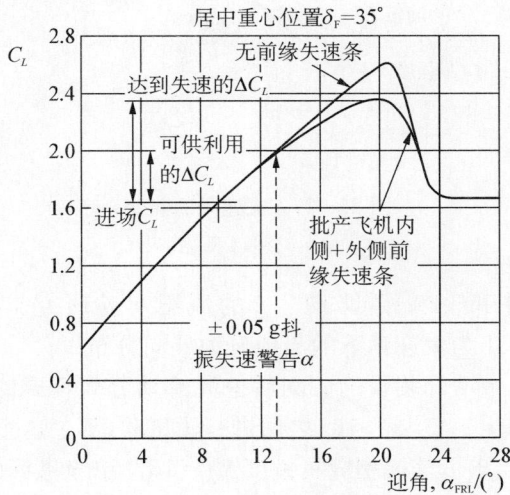

图 26-27 "剪裁"失速特性

来源：AIAA Paper No. 73-778

1 在13°迎角，该区域流动完全分离，产生±0.05 g
抖振过载。平尾捡拾了该分离流扰动。

2 在16~17°迎角，该区域流动逐渐分离，
保持左右机翼流动对称。

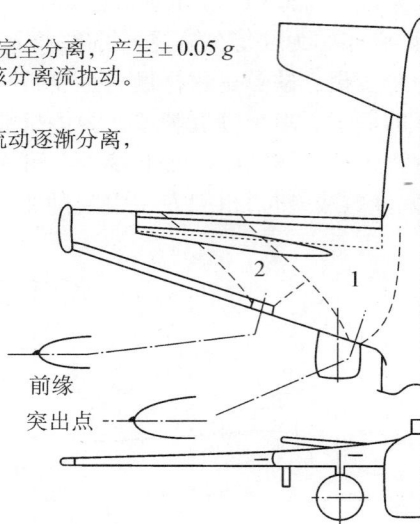

前缘

突出点

图 26-28　流动分离的发展

来源：AIAA Paper No. 73-778

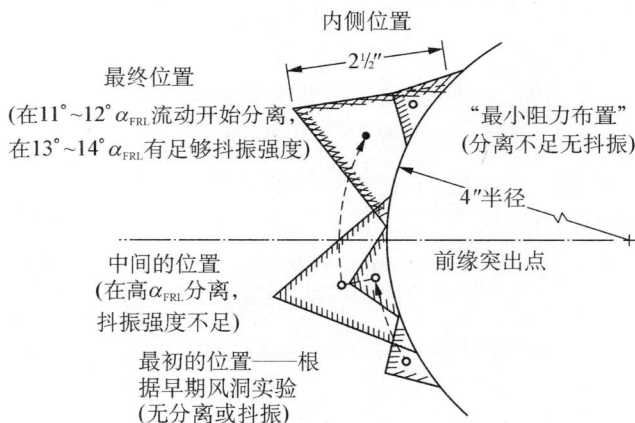

内侧位置

最终位置

(在11°~12° α_{FRL} 流动开始分离，
在13°~14° α_{FRL} 有足够抖振强度)

"最小阻力布置"
(分离不足无抖振)

4″半径

中间的位置
(在高 α_{FRL} 分离，
抖振强度不足)

前缘突出点

最初的位置——根
据早期风洞实验
(无分离或抖振)

图 26-29　失速条的演变

来源：AIAA Paper No. 73-778

在前一章述及对 F-29 模型 10-7 的风洞实验研究。机翼平面形状如图
25-50 所示，图 25-51 为大迎角下的当地升力展向分布。

该项研究验证了带增升装置的尖削后掠翼流动分离模式的复杂性。该模型在
雷诺数 Re 为 $1.6 \times 10^6 \sim 5.4 \times 10^6$ 之间进行了试验，不过这里只讨论后一情况。

在图 26-30 中绘出了该模型缝翼偏度 $\delta_s = 15°$，单缝襟翼偏度 $\delta_f = 27.5°$ 的构
型在 $M = 0.19$ 和 $M = 0.28$ 时的大迎角升力曲线。

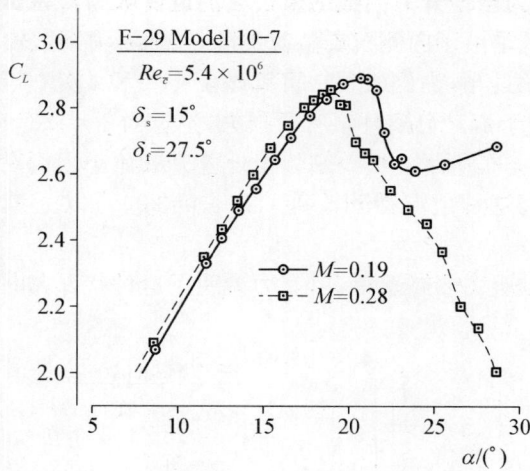

图 26 - 30　F - 29 模型 10 - 7 在 $M = 0.19$ 和
$M = 0.28$ 时的大迎角升力曲线

来源：福克 Rept. L - 29 - 202/NLR TR 84010C

　　显而易见，$M = 0.19$ 达到最大升力时仅发生有限的分离，因为在初始失速后，当迎角进一步增加时，机翼的大部分区域升力增大。图 26 - 31 中当地升力随迎角增加而增大直至 $\alpha = 28.5°$ 也说明了这一点。

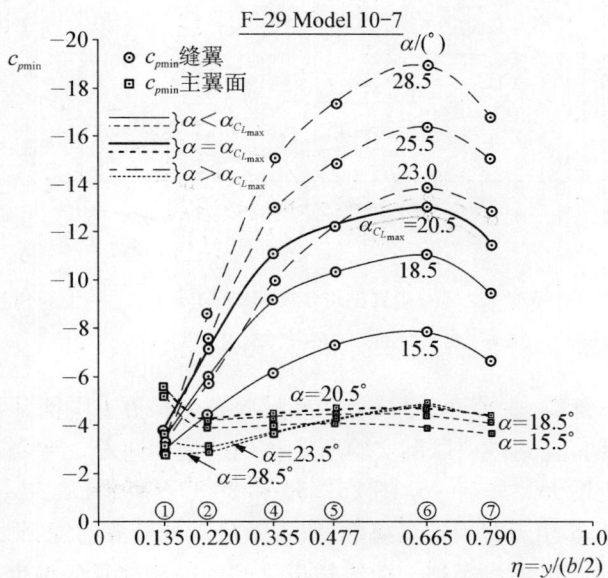

图 26 - 31　$M = 0.19$ 不同迎角下吸力峰最小压强系数的展向分布

来源：福克 Rept. L - 29 - 202/NLR TR 84010C

图 26-31 是作为当地升力系数估量尺度的缝翼吸力峰系数在各迎角下的展向分布。近根部 $c_{p_{min}}$ 低是由于内侧机翼急遽尖削，当地升力系数较小。$\alpha = 20.5°$ 时升力达最大值。超过该迎角，内侧机翼在机翼站位 1，2 和 4 处（实验中删去了站位 3）$c_{p_{min}}$ 减小。这表明由于流动分离环量有所损失，不过当 $\alpha = 23°$ 时升力又开始增大。对此的解释如图 26-32 所示。机翼站位 1 处缝翼载荷小因而在机翼前缘有很强的吸力峰。向外侧方向这种情况得到改善。在 $\alpha = 20.5°$ 以上襟翼整流罩处流动分离，分离在根部最甚。

主翼面站位 1 处吸力峰跌落最甚，有力说明了这种状况，如图 26-32 所示。

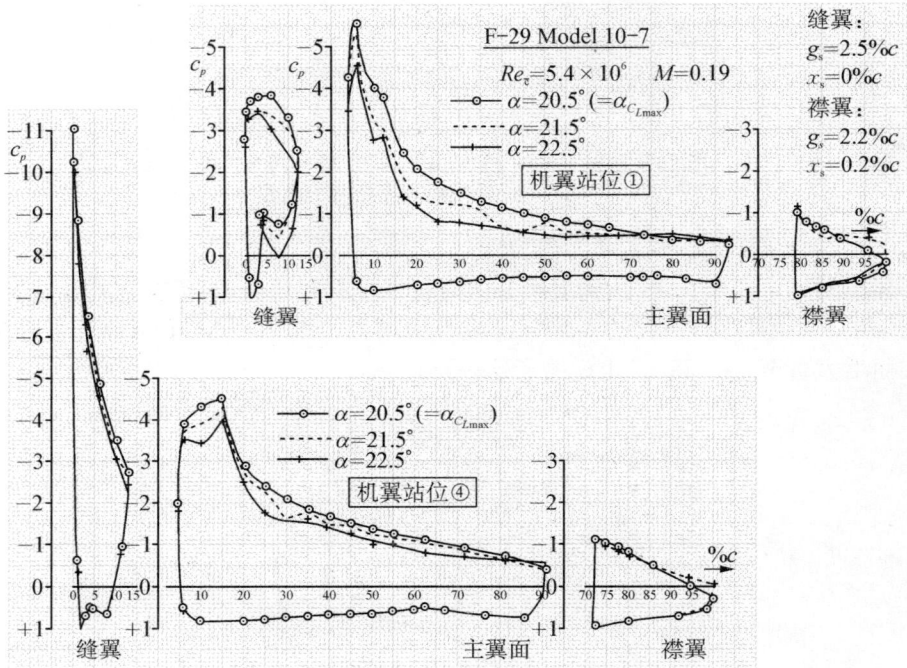

图 26-32　F-29 模型 10-7—机翼站位 1 和 4 处 $M = 0.19$ 的大迎角弦向压强分布

来源：福克 Rept. I-29-202/NLR TR 84010C

在机翼外侧，缝翼、主翼面、襟翼之间环量分布无疑更为平衡，因为机翼站位 5，6 和 7 处的升力表明，直到该项风洞实验所能达到的最大迎角 $\alpha = 28.5°$，随着 α 的增加，当地升力稳定增大。如前一章图 25-54 和 25-55 所示，从 $M = 0.19$ 直到与二元流中 $M_{loc} = 1.06$ 相当的当地马赫数，机翼站位 6 处缝翼前缘吸力峰一直上升。

$M = 0.19$ 时有可能将翼根至后缘转折之间的内侧缝翼的偏度减小到 $\delta_s = 10°$ 或更小来增加机翼的最大升力系数而仍然保持有利的失速特性。

从图 26-33 显而易见，$M = 0.28$ 时初始分离也发生在机翼内侧，不过在此情况下升力一开始稍有减小后，缝翼的升力随迎角增加而增大。机翼外侧缝翼升力略

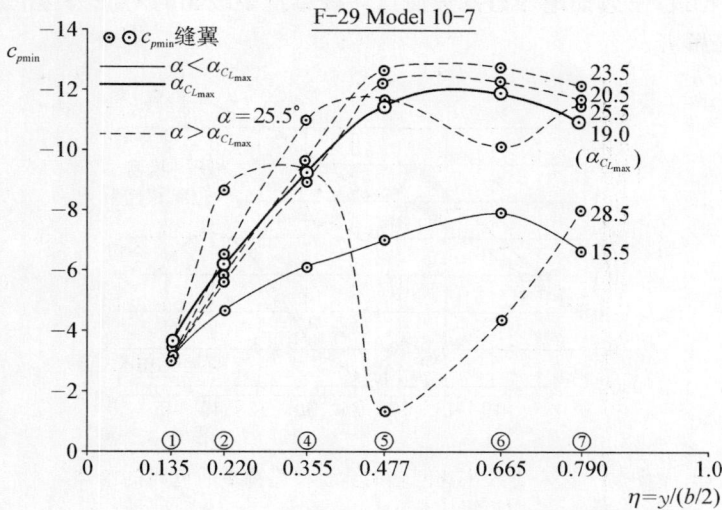

图 26 - 33 $M = 0.28$ 时各迎角下吸力峰最小压强系数的展向分布

来源：福克 Rept. L - 29 - 202/NLR TR 84010C

有增加直到 $\alpha = 23°$，此后出现强烈分离。机翼站位 6 处最大吸力峰系数 $c_{p_{min}} =$ -12.8 已被转换为图 25 - 54 和 25 - 55 中的等价二元流状态。等价二元流局部马赫数 $M_{loc} = 1.50$ 表明缝翼已经达到最大可达升力。机翼内外侧失速特性差异之小使得改变内侧缝翼偏度未必能改善最大升力且不恶化失速时的飞行特性。

低置尾翼和 T 型尾翼飞机之间的主要差别在于其对主翼面流动分离的响应。因此，对带有 T 型尾翼的飞机需要特别关注其失速特性。

在 T 型尾翼上，机翼绕流分离后，平尾绕流一开始基本未受扰动。机翼流动分离减小了机翼升力，改变了沿垂直方向力的平衡，使飞机掉高度并增大迎角。在大迎角需要强有力的低头俯仰力矩来抵消节奏不断加快的上仰趋势。但如果产生不了足够大的低头俯仰力矩，迎角将不断增大直至尾翼浸没在机翼的尾流中，如图 26 - 34 所示。该图和接下来的数幅图均源自研制道格拉斯 DC - 9 Series10 飞机期间所进行的，并在 AIAA Paper No. 65 - 738 中报道的风洞实验研究。

一旦尾翼浸没在主翼面分离流的尾流中，飞机将丧失纵向稳定性，继续失稳并上仰，直到在非常大的迎角达到新的

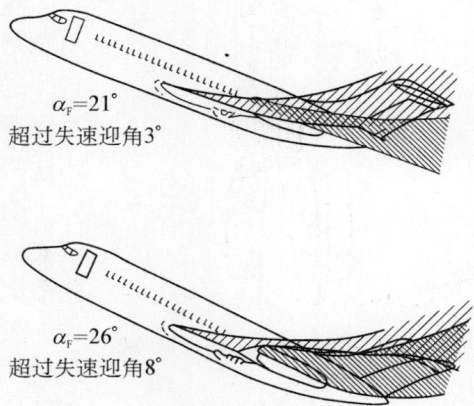

图 26 - 34   失速后的尾流位置，$\alpha_F = 21°$ 和 $\alpha_F = 26°$，襟翼收起，低雷诺数

来源：AIAA Paper No. 65 - 738

平衡。这将导致"失速锁定"或"深失速",并极难从中改出。对深失速的原理将借助图 26 - 35 来解释。

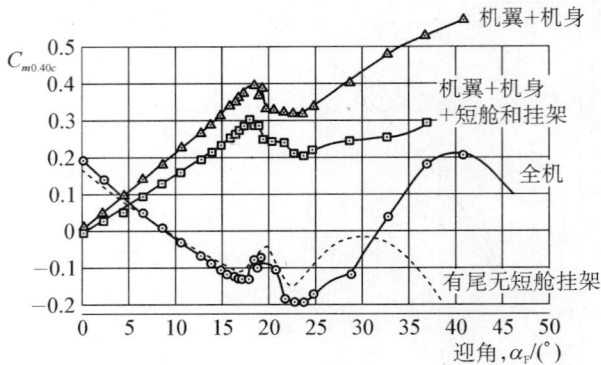

图 26 - 35　有深失速问题的典型模型襟翼收起时的俯仰
力矩组成

来源：AIAA Paper No. 65 - 738

图中绘出了俯仰力矩系数(水平安定面和升降舵偏度不变)随迎角的变化。飞机全机曲线表明失速发生在 $\alpha = 18°$。再增大 α 可以得到更负的俯仰力矩，$\alpha = 23°$ 时达最小值。继续增大迎角，俯仰力矩梯度为正，表示飞机不稳定。尽管直到 $\alpha = 32°$(对该特定水平安定面和升降舵偏度而言)俯仰力矩始终为负，如果飞行员不立即采取措施，由于飞机升力不断减小，飞机的飞行动力学特性将使其超过该迎角。

$\alpha = 32°$ 以上，飞机将趋于 C_{m_α} 又变为负值的新的平衡位置。当迎角约为 50° 时达到这一位置。此时飞机处于纵向配平的稳定深失速状态，几乎不可能从该状态改出。

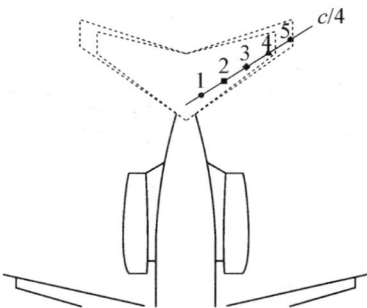

图 26 - 36　风洞模型上的探针位置

来源：AIAA Paper No. 65 - 738

注意由图 26 - 35 可见，装在后机身上的发动机总是显著地增强深失速趋势。

进行 DC - 9 风洞模型试验时，在 T 型尾翼的平尾翼面上装有 5 个总静压探针。图 26 - 36 标出这些探针的位置。

图 26 - 37 和图 26 - 38 介绍增加平尾面积改善飞机操纵性的效果。图 26 - 37 为五个探针处的当地动压与风洞动压之比随迎角的变化。内侧四个探针覆盖的展长与水平安定面原始展长相同，在 $\alpha = 20°$ 以上测得的动压急遽下降，表明安定面效率在大迎角时大为降低。

加长平尾(添加 5 号探针)后，平尾外段处于发动机短舱分离流的尾流之外，平尾效率改善，足以从初始失速中改出。图 26 - 38 给出了五个探针处的当地迎角。

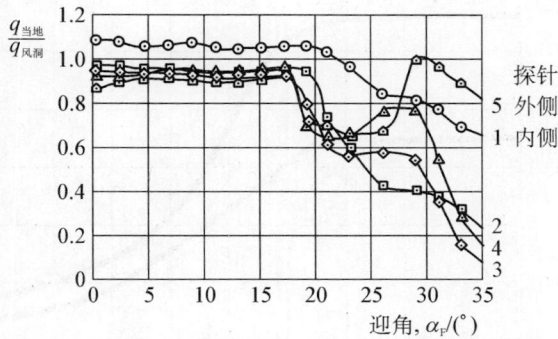

图 26-37 襟翼收起时平尾处的动压比

来源：AIAA Paper No. 65-738

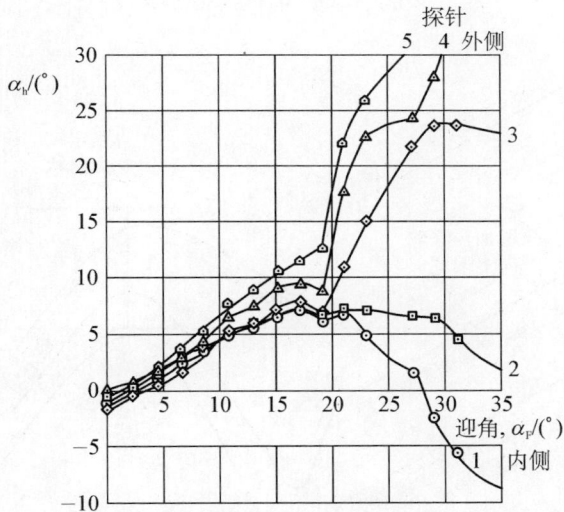

图 26-38 襟翼收起时平尾处的当地迎角

来源：AIAA Paper No. 65-738

与两个内侧探针位置的流动方向相反，平尾外侧的当地流动方向几乎与未受扰的来流相同。当地迎角沿展向的巨大变化揭示存在从前机身上部脱体的强涡。

如前所述，当平尾浸没在机翼和发动机短舱的尾流中时，尾翼效率及其对俯仰力矩的贡献均减小。DC-9 Series10 水平安定面效率和升降舵效率在更大迎角时的下降如图 26-39 所示。

图 26-40 进一步说明了 T 尾飞机的纵向特性。中间的曲线基本上复现了图 26-35 的俯仰力矩曲线。上部用实线绘制的曲线为升降舵上偏到极限时的俯仰力矩随 α 的变化。两者之间用虚线绘出的曲线显示升降舵上偏度增加时，随迎角增大直到 α_{crit} 飞机失稳，飞机处于稳定配平状态。下部的曲线为同一安定面安装角升降

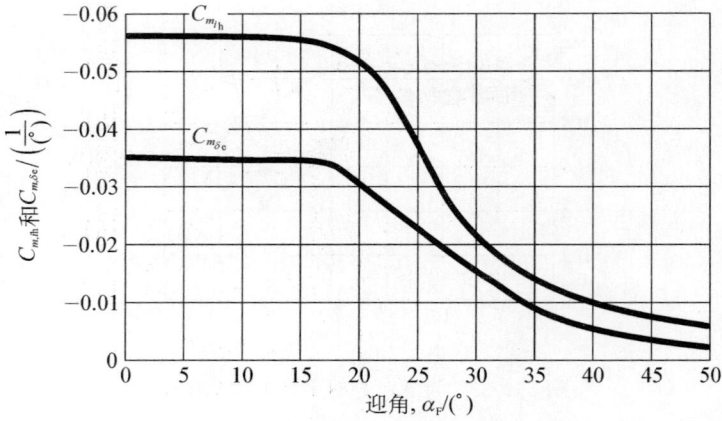

图 26-39 水平安定面和升降舵效率

来源：AIAA Paper No. 65-738

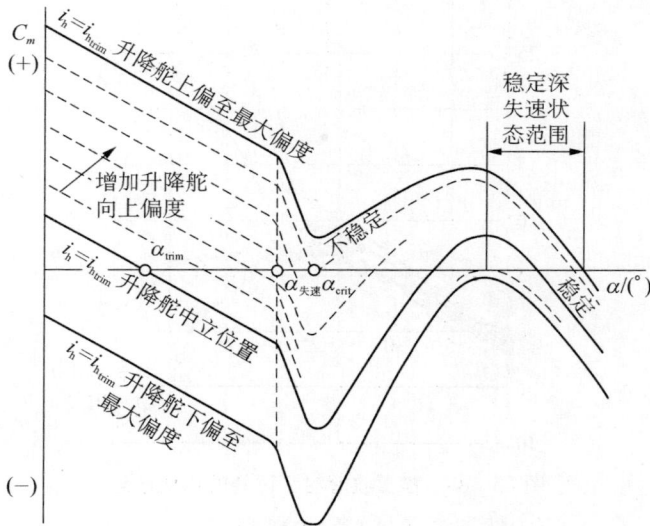

图 26-40 带 T 尾飞机的稳定性和操纵性

舵下偏到极限时俯仰力矩随迎角的变化。针对该特定飞机构型,该偏度正好能产生足够的,防止进入深失速的低头俯仰力矩。

不过这只有理论上的意义。由于真实飞机在过失速区的横向和航向特性不可预测,最好还是对失速特性作出调整,使得飞机不可能或者只有在故意违反操作规程时才达到大迎角。

带有 T 型尾翼的飞机机翼流动分离,除了造成深失速的危险外,也会使升降舵丧失效率,如图 26-39 所示。遍及机翼全展长的分离流还会使副翼效率大部丧失。此时机翼自动倾斜,多半会导致进入尾旋,在这么大的迎角下这种尾旋将是极难从中改出的平尾旋。

所以在任何情况下都必须防止达到如此大的迎角,必要时可借助机械迎角限制器("推杆器")实现。

适航当局要求至少风洞实验数据表明,在大迎角升降舵仍有足够能力使飞机低头,重新回到正常飞行状态。因此,在 DC-9 研制中加大了水平安定面的展长并在机翼上加装了旋涡支架(vortilon)。所谓旋涡支架是一种涡流发生器,基于从 DC-8 发动机挂架取得的经验。它用于使内侧机翼先失速并随后将分离流区域限制在内侧机翼。因为所在剖面的升力作用点在整个机翼气动中心之前,采用旋涡支架增强了飞机的低头趋势,从而改善了失速特性,特别是在从 $\alpha_{C_{L,max}}$ 到尾翼浸没在机翼尾流的迎角之间的 α 范围内。设计改进及其导致的俯仰力矩特性分别如图 26-41 和 26-42 所示。

尽管有了这样的特性,DC-9 还是装有一种采用液压作动的系统,在飞机一旦对飞行员的操纵输入没有正常反应时将升降舵推至下偏极限。

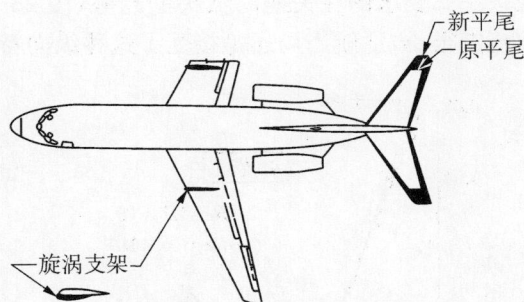

图 26-41 DC-9 平尾的改动和旋涡支架

来源:AIAA Paper No. 65-738

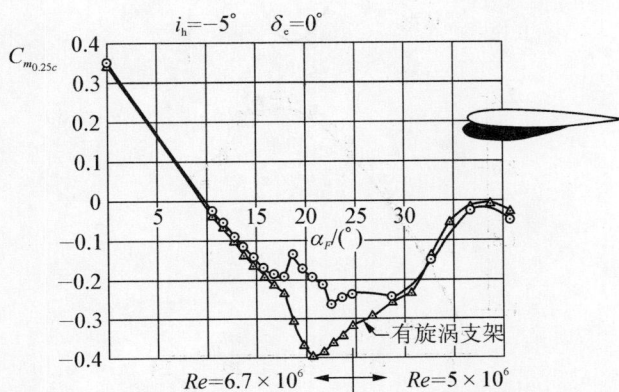

图 26-42 旋涡支架对俯仰力矩的影响,襟翼收起,高雷诺数

来源:AIAA Paper No. 65-738

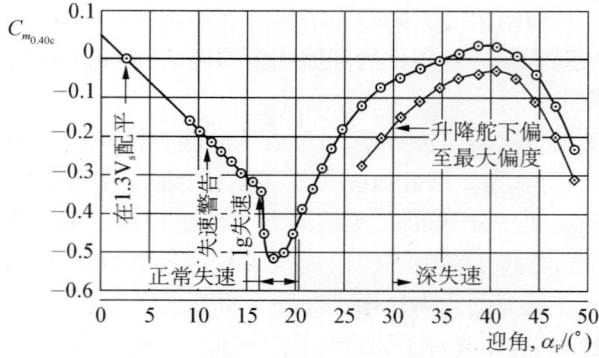

图 26-43　DC-9-10 襟翼偏度 50°构型的俯仰力矩系数

来源：AIAA Paper No. 65-738

　　不仅 T 尾飞机可能亏在不良的俯仰力矩特性，就是对带低置平尾的飞机也需对此加以研究，或许要采取措施补救不太有利的俯仰特性。波音 747 就是一个例子，其着陆构型并不呈现被正式要求的在失速时低头的趋势（图 26-44）。然而由于出现该不稳定性的迎角范围很小，适航当局还是接受了这种纵向特性。

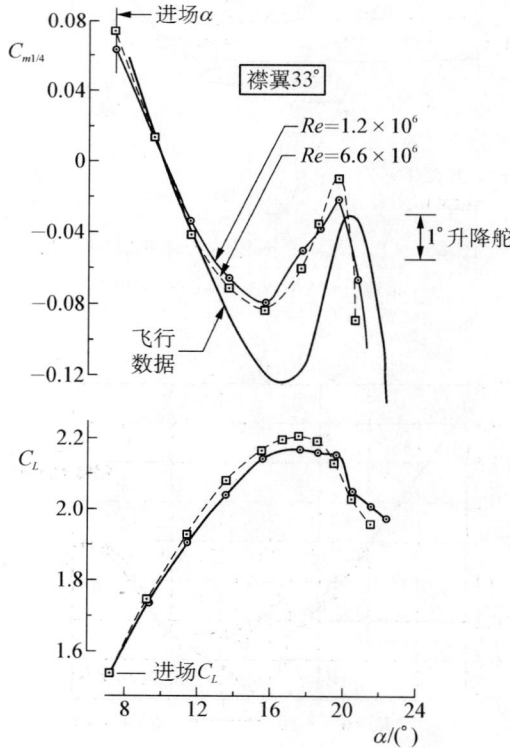

图 26-44　波音 747 的失速特性

来源：AGARD CP-102，Paper No. 21

空客 A300 三种构型的低速俯仰力矩曲线如图 26-45 所示。在内侧机翼部分填堵了缝翼隙缝(见图 26-7),不仅取得满意的失速横向特性,也得到了满意的纵向特性。

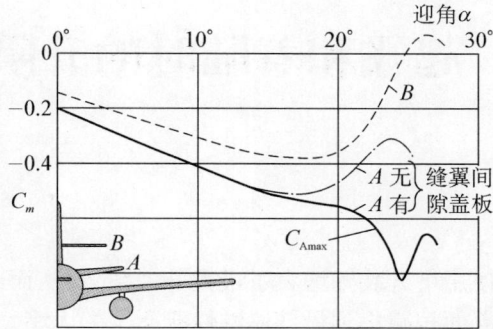

图 26-45　空客 A300 填堵缝翼隙缝与否的稳定性
来源：Jahrbuch 1973 der DGLR

深失速是一种在飞机,尤其是 T 尾布局飞机设计中应仔细研究的现象。如果理解并关注其特性,特别在飞行试验期间,那么 T 尾飞机就像低置平尾飞机一样安全。几种 T 尾飞机在失速试验期间发生过严重事故,其中有：BAC-111、德哈维兰的三叉戟 1、洛克西德 C-141、HFB-320 和加航的挑战者。

27 起飞和着陆时的升阻比

在起飞和着陆时使用增升装置增大了最大升力系数,从而减小了起飞和着陆场长、进场速度,并将机翼面积减小到最佳巡航性能所需的大小。图 27-1 和 27-2 对此加以说明。

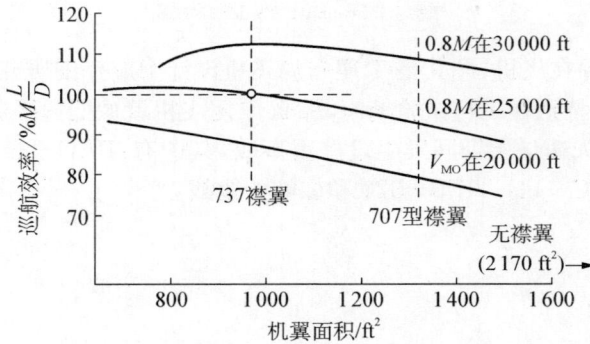

图 27-1 巡 航 效 率

来源:Shell Aviation News nos. 343,344/AIAA Paper No. 65-739

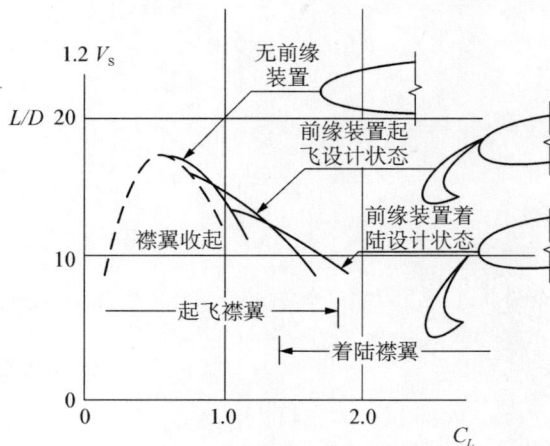

图 27-2 极线包络线,前缘效应,737 后缘襟翼

来源:Shell Aviation News nos. 343,344/AIAA Paper No. 65-739

图 27-1 说明布雷盖公式中的航程因子与机翼面积之间的关系。改进缝翼和襟翼以得到更高的起飞和着陆升力系数,同时也使所需机翼面积减小,提高了巡航效率。不过近年来,经常受到的增加最大航程的压力和随之而来的对最大燃油容量的要求,限制了使用复杂精细的增升装置来使机翼面积最小化的可能性。因此,人们的关注转向了更强调成本、可靠性和维修性的较简单的系统。

图 27-2 表明采用缝翼对升阻比以及最大升力系数的影响。

除了增加升力,增升装置也在所关心的升力系数范围内增加了阻力。因此,随着襟翼偏度和最大升力系数增大,升阻比降低。襟翼和缝翼的设计以及机翼展弦比影响 $(L/D)_{v_2}$ 随 $(C_L)_{v_2}$ 变化的关系。

采用优越的设计可以改善这种关系,从而针对指定机场可增加最大起飞重量,如图 27-3 所示。

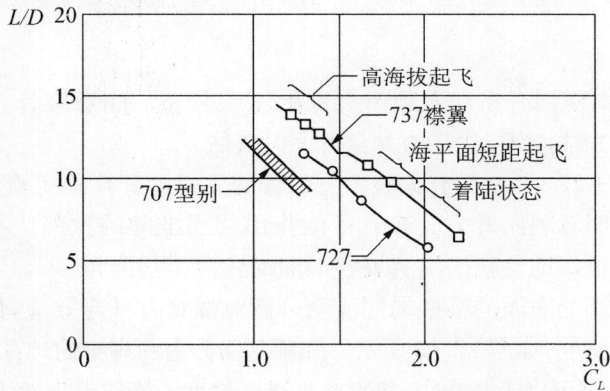

图 27-3 不同飞机极线包络线的对比

来源: Shell Aviation News nos. 343,344/AIAA Paper No. 65-739

图 27-4 是由于采用增升装置降低升阻比的另一个例子:波音 737 的原型。如果不受 $C_{L_{max}}$ 的限制,干净构型的升阻比最大,尽管其随 C_L 的增大而减小。因干净机翼的 $C_{L_{max}}$ 相当低,人们加装增升装置来提高 $C_{L_{max}}$。增升装置由于其自身的型阻、悬挂机构和引起不太有利的展向升力分布增大了阻力。

如前所示(第 25 章),虽然在相当程度上可以用计算机程序进行打开增升装置的翼型设计,建议最终优化还是在风洞中进行。

至于设计带增升装置的运输类飞机三元布局,迄今 CFD 的应用还很有限。带有三元边界层的复杂外形对软件和硬件的要求如此之高,使得目前 CFD 的准度和耗时两者都限制了它在设计中的实际应用。对流动的细节可以卓有成效地加以研究,然而源于综合过程的缺点使人们不能以可接受的耗时准确地确定全局特性。

不过在某些特定领域理论方法还是可以用于三元布局:

(1) 分析升力展向分布和诱导阻力。带经验修正的简化非平面升力面理论可

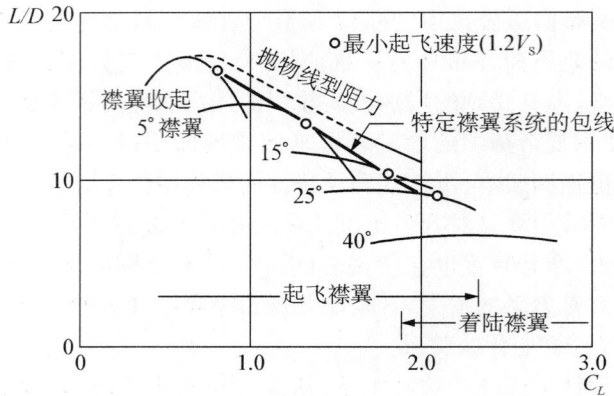

图 27-4 起飞气动特性,极线包络线

来源:Shell Aviation News nos. 343,344/AIAA Paper No. 65-739

得到最可靠的答案。

(2)分析弦向压强分布和光顺不规则的压强分布。注意因计及边界层的方法尚不能作为常规方法应用,总气动力会被大大高估。

图 27-5~图 27-7对带有偏转增升装置的飞机的计算和实验数据作了一些对比。图中数据表明对展向升力分布有可能作出相当准确的预测。不计黏性效应的面元法计算结果很好地反映了沿翼展各剖面的弦向压强分布。

边界层和襟翼上表面的某些局部流动分离对襟翼有减弯效应,使得有效襟翼偏度小于名义襟翼偏度,如图 27-6所示。如果基于升力面理论的计算计及该有效襟翼偏度,理论和实验值可以十分吻合,特别对小襟翼偏度。襟翼偏度较大时,两者可能不那么一致,由图 27-7可见,尤以小迎角时为甚。这是由于后机身处于强烈下洗中,导致机身下表面,对尾吊发动机布局而言还有短舱和挂架的下表面,产生涡或流动分离。迎角增大时,后机身反而与当地流动方向较为一致。图 27-8表明这种情况。

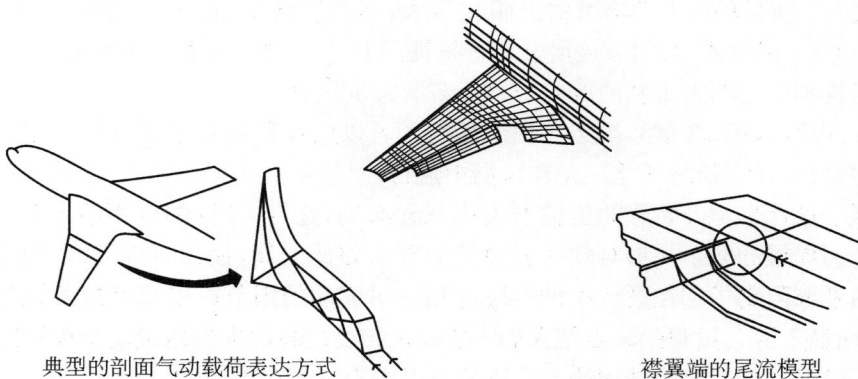

典型的剖面气动载荷表达方式   襟翼端的尾流模型

图 27-5 增升布局的分布涡方法(DVM)升力面分析

来源:AIAA Paper No. 83-1845

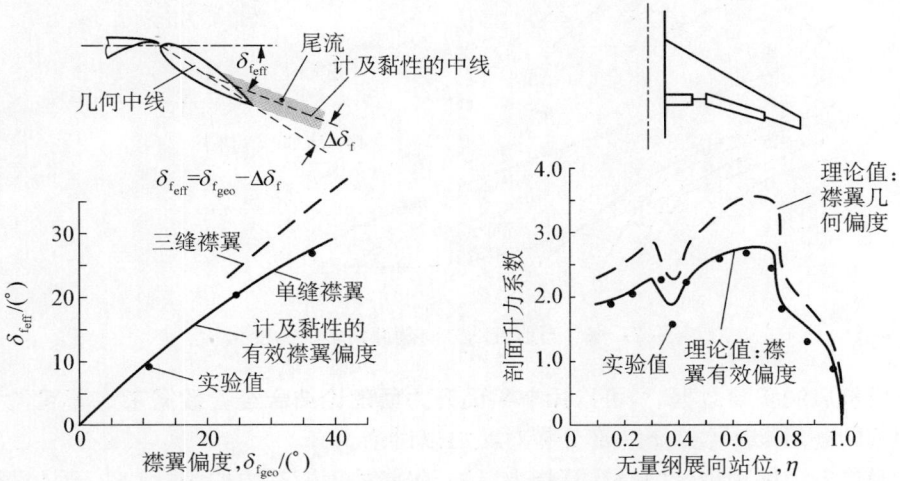

图 27-6 有效襟翼偏度——对展向载荷的影响

来源：AIAA Paper No. 83-1845

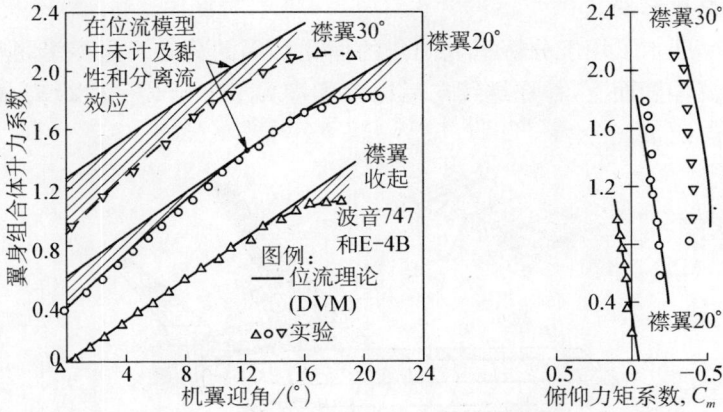

图 27-7 典型分布涡方法（DVM）的结果

来源：AIAA Paper No. 83-1845

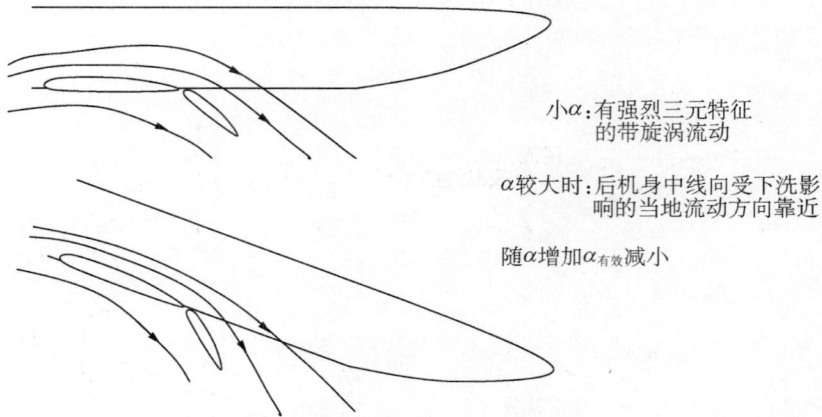

小α:有强烈三元特征
的带旋涡流动

α较大时:后机身中线向受下洗影
响的当地流动方向靠近

随α增加α_{有效}减小

图 27-8　当地流动方向随迎角增加的变化

　　没有风洞实验数据时,可以用**非平面升力面理论结合经验数据**来估算起飞和着陆构型的**升阻比**。本章下一部分将对此加以讨论。

　　经典升力面理论受当时计算能力所限,仅能处理流动中的小扰动。于是只得考虑平涡面,只能分析小襟翼偏度布局。现代 CFD 方法已突破这些局限。图 27-5 至图 27-7 展示采用非平面尾涡面计算的大襟翼偏度构型的升力和力矩数据。

　　在 1980 年代,福克公司基于荷兰航宇研究院 NLR 早期研发的亚声速面元法开发了非平面升力面程序 NPLS。该程序可分析以有限个带零厚度升力面的面元来描述的飞机全机布局。

　　图 27-9 展示了用于分析福克 100 的面元和涡的分布。尾涡沿每个面元的侧缘顺有效襟翼偏度而下,并在继续向后以前朝襟翼下方延续一段距离,机身上的涡连续分布。

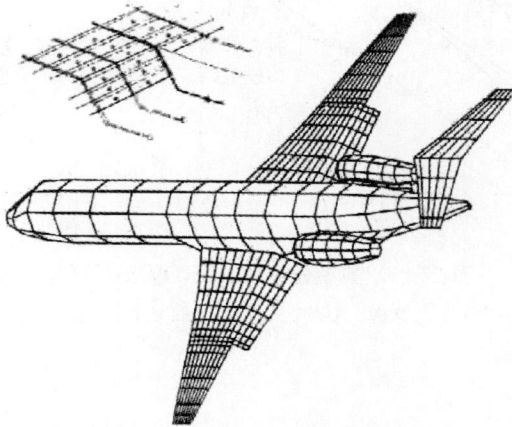

图 27-9　福克 100 的 NPLS 面元和涡的分布

来源:福克 Rept. A-173

图 27-10 和图 27-11 给出了用 NPLS 程序计算的带有单、双平板襟翼的二元平板零迎角升力系数随襟翼偏度和襟翼相对弦长的变化。

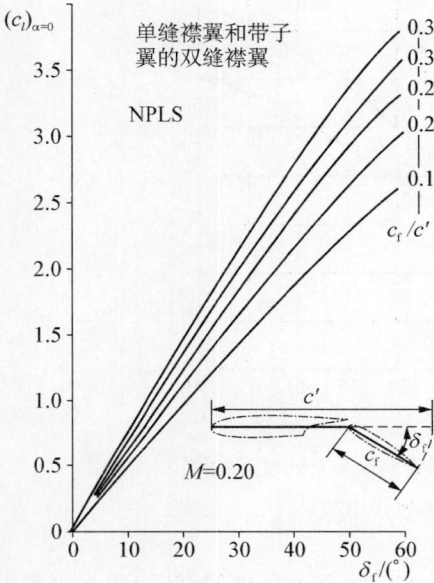

图 27-10 单襟翼偏转产生的升力
来源：福克 Rept. A-173

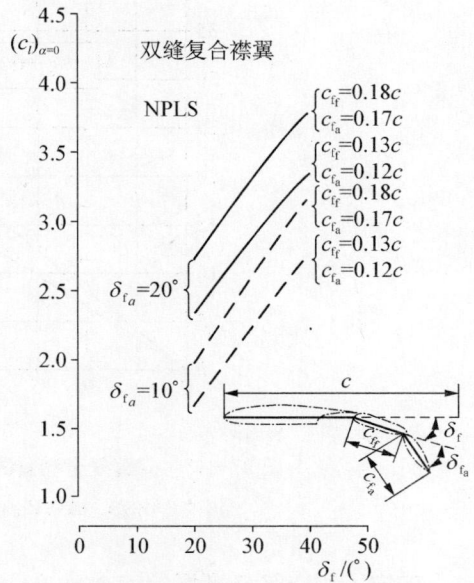

图 27-11 双襟翼偏转产生的升力
来源：福克 Rept. A-173

用大量翼型风洞实验数据与这些理论数据进行了对比分析。在此基础上建立了如图 27-12 和图 27-13 所示的名义襟翼偏度与有效襟翼偏度之间的关系。图 27-6 展示了类似的结果。

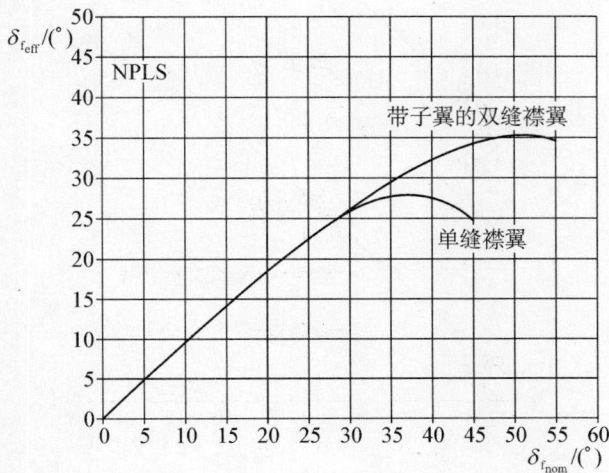

图 27-12 名义襟翼偏度和有效襟翼偏度——单缝襟翼和带有子翼的双缝襟翼

来源：福克 Rept. A-166 和 A-173

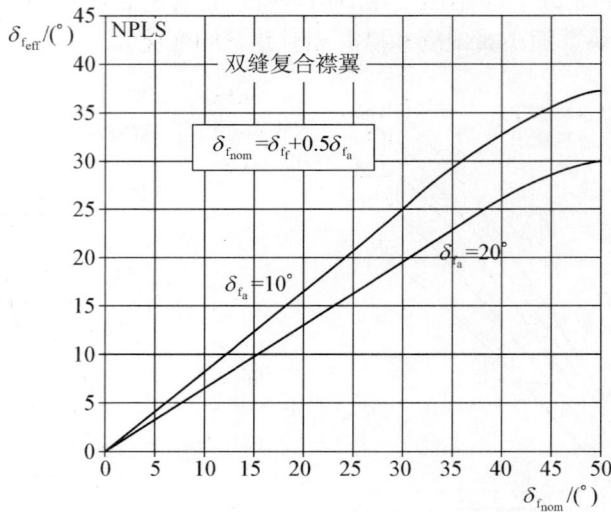

图 27 - 13　双缝复合襟翼的名义襟翼偏度和有效襟翼偏度

来源：福克 Rept. A - 166 和 A - 173

　　确定了相应名义襟翼偏度 $\delta_f = 20°$ 和 $\delta_f = 42°$ 的有效襟翼偏度后，用 NPLS 可算得襟翼收起、$\delta_f = 20°$ 和 $\delta_f = 42°$ 三种构型的无尾升力曲线，如图 27 - 14 所示。

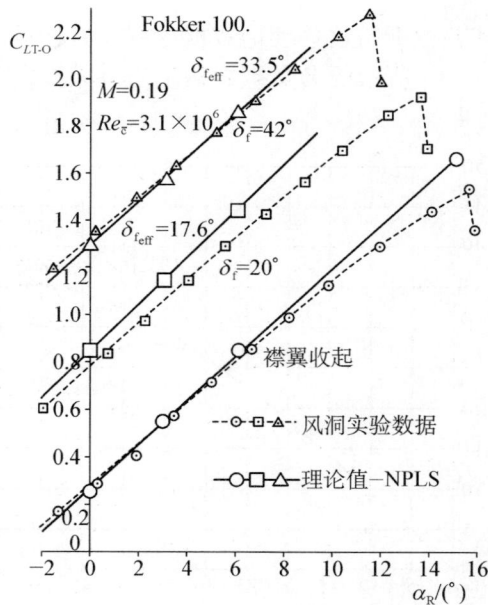

图 27 - 14　福克 100 的无尾升力曲线

来源：福克 Rept. A - 166 和 A - 173

在图 27-15～图 25-17 中给出了这三种构型的当地升力系数的展向分布。

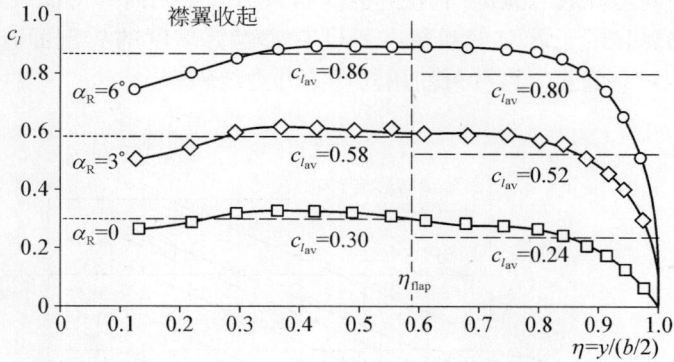

图 27-15 襟翼收起的展向升力分布

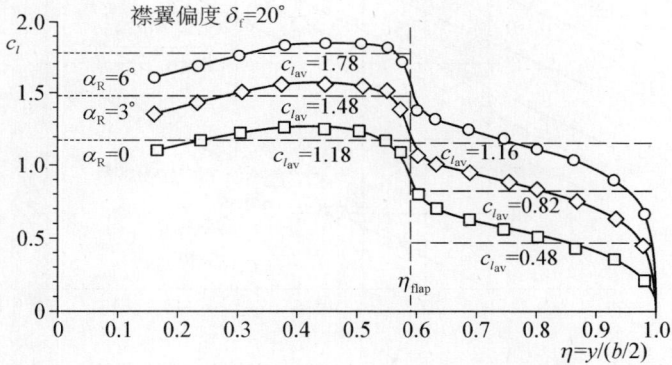

图 27-16 襟翼偏度 $\delta_f = 20°$ 的展向升力分布

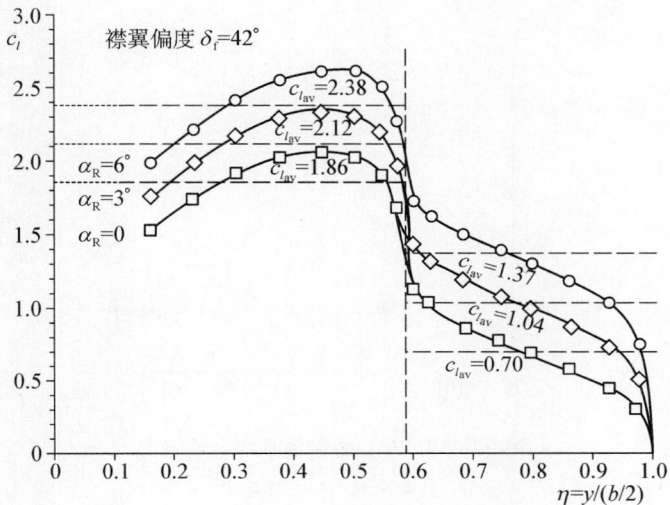

图 27-17 襟翼偏度 $\delta_f = 42°$ 的展向升力分布

为了估算襟翼打开后机翼的型阻,必须根据当地升力系数换算当地迎角。假定每个当地翼剖面与等效二元剖面有相同特性,只需确定剖面升力曲线。用 NPLS 程序算得单缝襟翼和带子翼双缝襟翼在不同有效襟翼偏度的翼剖面升力曲线,如图 27-18 所示。对双缝复合襟翼可使用同样的升力线斜率。

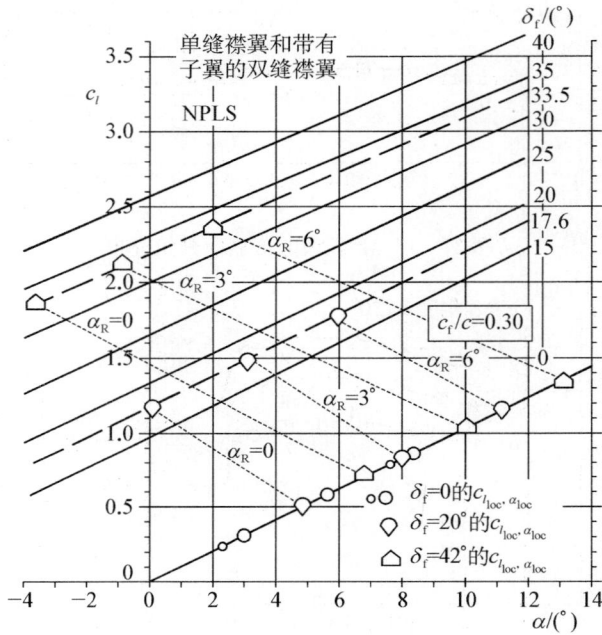

图 27-18　不同有效襟翼偏度的翼型升力曲线

来源：福克 Rept. A-166 和 A-173

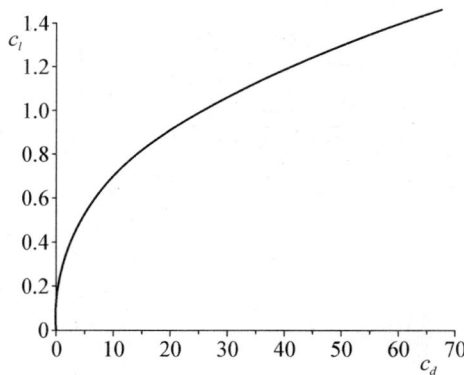

图 27-19　单独翼型的平均升致阻力

来源：福克 Rept. A-166 和 A-173

对大量带有后缘襟翼的二元翼型风洞实验数据进行了分析。基于三类襟翼的复合阻力数据导出由于襟翼偏转产生的阻力随迎角变化的通用曲线。相应单缝襟翼、带子翼双缝襟翼和双缝复合襟翼的曲线分别如图 27-20、图 27-21 和图 27-22 所示。

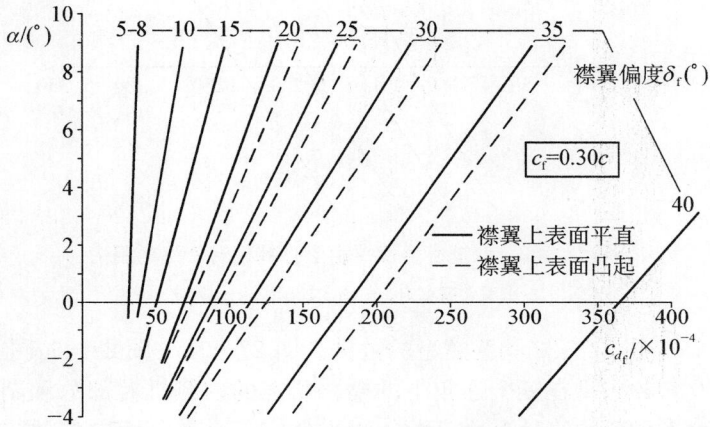

图 27-20 单缝襟翼由于襟翼偏转产生的阻力
来源：福克 Rept. A-166 和 A-173

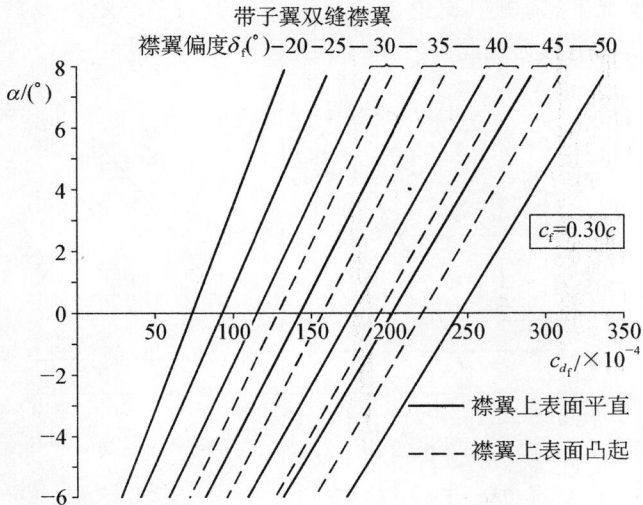

图 27-21 带子翼双缝襟翼由于襟翼偏转产生的阻力
来源：福克 Rept. A-166 和 A-173

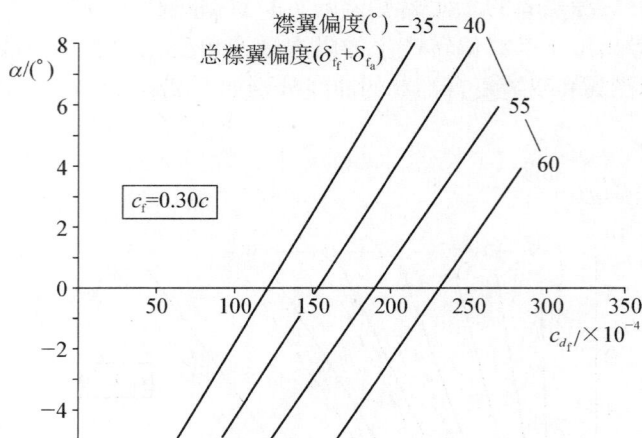

图 27 - 22 双缝复合襟翼由于襟翼偏转产生的阻力

来源：福克 Rept. A - 166 和 A - 173

图 27 - 19～图 27 - 22 均为翼型的数据。图 27 - 15～图 27 - 17 中标注了所研究的福克 100 三种构型在三个迎角下的襟翼所在的内侧机翼部分和副翼所在的外侧机翼部分两者的**平均当地升力系数**。再次假定每个翼剖面与等效二元剖面有相同特性，借助图 27 - 18 可以确定三种飞机构型在三个迎角下内侧机翼和外侧机翼的**平均当地迎角**。

利用图 27 - 19～图 27 - 21 中的相关曲线构建了图 27 - 23，从图中可以查出在所研究的九种情况下，内侧机翼由于襟翼偏转产生的平均阻力系数 c_{d_f}。外侧机翼由于襟翼偏转增加的阻力用图 27 - 19 确定。

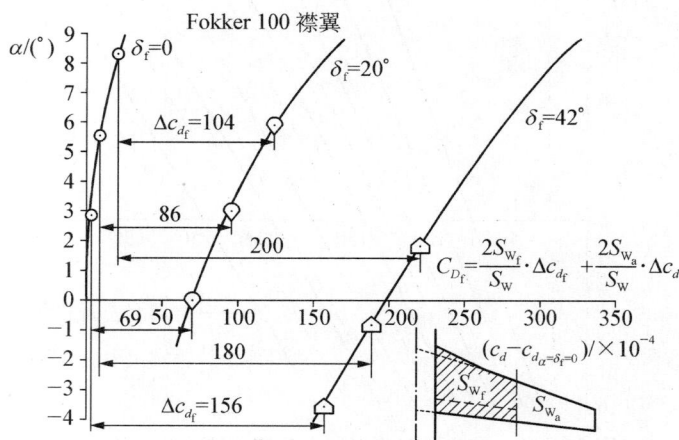

$$C_{D_f} = \frac{2S_{w_f}}{S_w} \cdot \Delta c_{d_f} + \frac{2S_{w_a}}{S_w} \cdot \Delta c_d$$

图 27 - 23 福克 100 在三种迎角下由于襟翼偏转产生的阻力

来源：福克 Rept. A - 166 和 A - 173

如图 27 - 23 所示，由于襟翼偏转机翼型阻总增量为

$$C_{D_f} = \frac{2S_{w_f}}{S_w} \cdot \Delta c_{d_f} + \frac{2S_{w_a}}{S_w} \cdot \Delta c_d \qquad (27-1)$$

用 NPLS 算得的福克 100 襟翼收起和襟翼偏度 $\delta_f = 20°$ 和 $\delta_f = 42°$ 时的诱导阻力如图 27 - 24 所示。

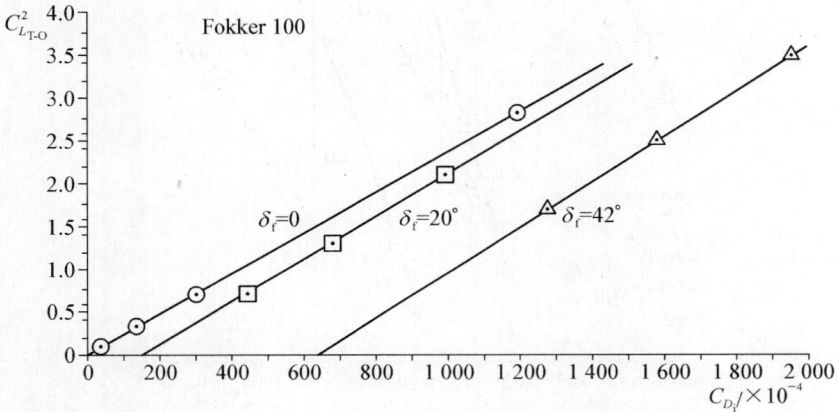

图 27 - 24　福克 100 的无尾升力系数与诱导阻力的关系

为确定配平阻力，计算了无尾俯仰力矩系数曲线。这些数据在图 27 - 25 中与风洞实验数据就重心位置 $X_{c.g.} = 30\%$ 的状态进行了对比。由于所关心的是在前重心位置的升阻比，在图 27 - 26 中绘出了 $X_{c.g.} = 7\%$ 的俯仰力矩曲线。图 27 - 27 为计算的和取自风洞数据的下洗角。水平安定面升力线斜率的计算值为 $C_{L, \alpha_h} = 0.067 \left(\frac{1}{(°)} \right)$，相应风洞实验值为 $C_{L, \alpha_h} = 0.065 \left(\frac{1}{(°)} \right)$。利用这些数据可得配平阻力为

$$C_{D_{trim}} = \frac{1}{\pi A_w e}(C_{L\text{-}O}^2 - C_{L_{trim}}^2) + \frac{1}{\pi A_h e}C_{L_h}^2 \frac{S_h}{S_w} + C_{L_h} \sin \varepsilon \frac{S_h}{S_w} \qquad (27-2)$$

式中，

$$C_{L_{trim}} = C_{L\text{-}O} + C_{L_h} \frac{S_h}{S_w} \qquad (27-3)$$

$$C_{L_h} = \frac{C_{m_{T\text{-}O, 7}}}{\bar{V}_{h, 7}} \qquad (27-4)$$

式(27 - 4)中 $\bar{V}_{h, 7}$ 为 $X_{c.g.} = 7\%$ 时水平安定面的尾容量系数。

配平阻力如图 27 - 28 所示。该图也列出了在不同襟翼位置有关襟翼滑轨整流罩阻力的通用数据。

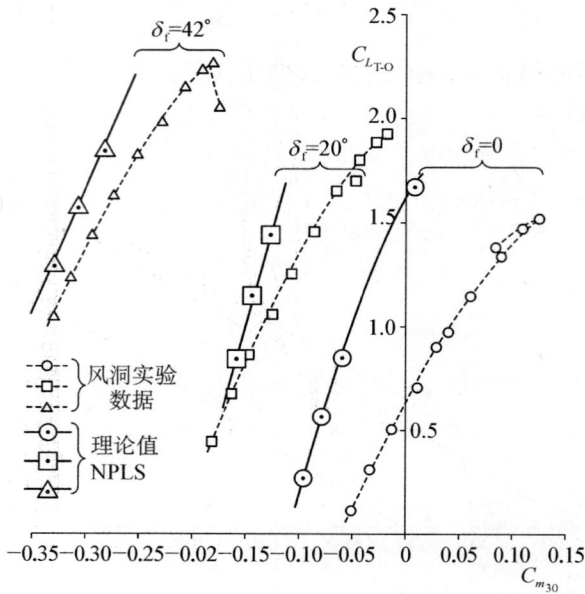

图 27 - 25　重心在 30％平均气动弦长处的无尾升力系数
　　　　　与俯仰力矩曲线

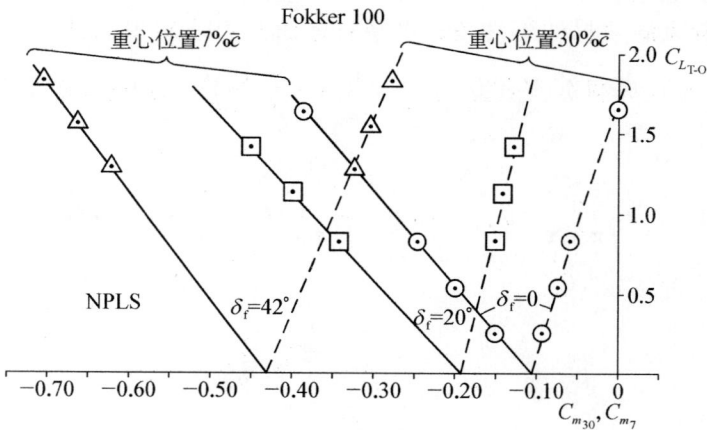

图 27 - 26　重心在 7％平均气动弦长处的无尾升力系数与俯仰力矩
　　　　　曲线

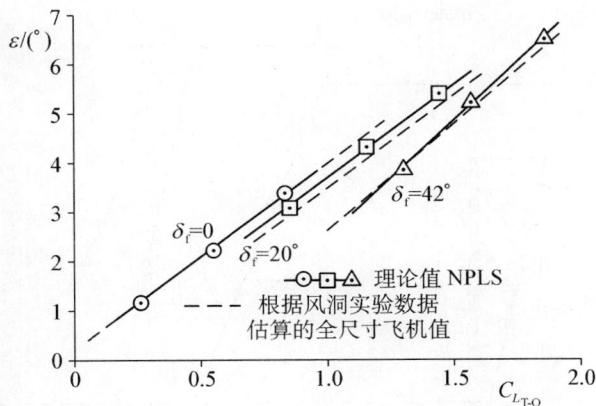

图 27-27 在水平安定面处的平均下洗

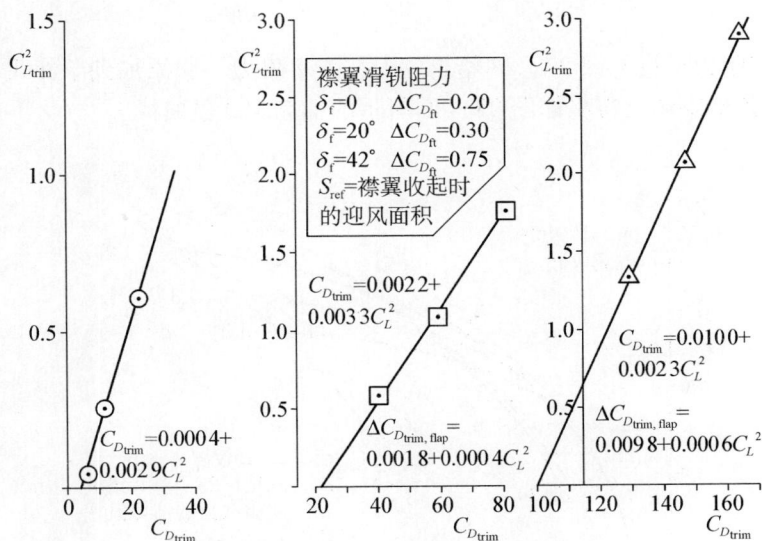

图 27-28 福克 100 的配平阻力

计算得到的诱导阻力、机翼型阻和襟翼滑轨整流罩阻力等阻力增量如图 27-29 所示,并与风洞实验数据进行了对比。在中等襟翼偏度两者的一致性令人满意,不过在最大襟翼偏度风洞实验阻力比理论分析值大,特别在小迎角时。如前所述,这是由于绕后机身和尾吊短舱、挂架的不利流动导致了在理论方法中未予考虑的局部流动分离所致。

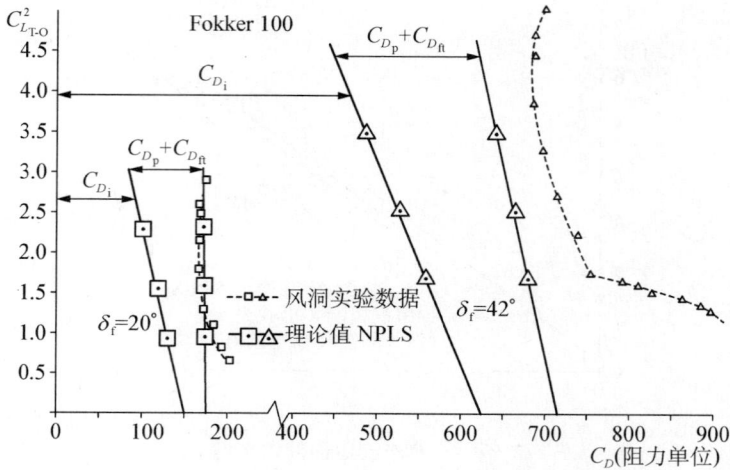

图 27 - 29 无尾状态由于襟翼偏转产生的阻力

将这些阻力增量与图 27 - 28 给出的附加配平阻力一起添加到干净飞机的阻力极线（取自其他来源），得出如图 27 - 30 所示的福克 100 极曲线。

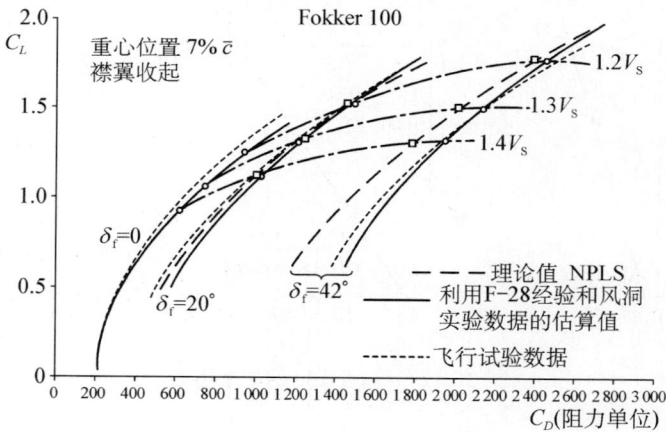

图 27 - 30 福克 100 低速阻力极曲线

来源：福克 Rept. A - 166 和 A - 173

所分析的三种福克 100 构型取自理论计算、风洞实验和飞行试验的升阻比如图 27 - 31 所示。

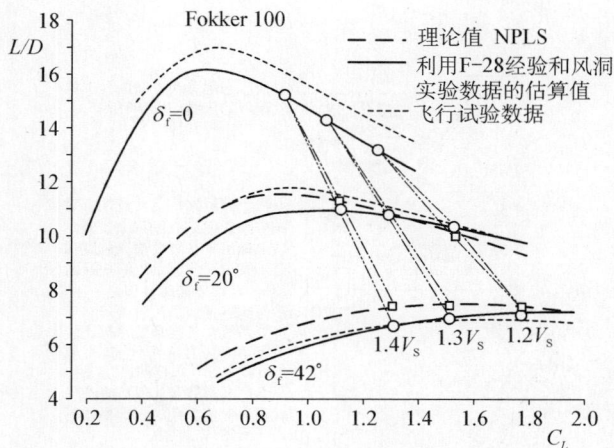

图 27 - 31　福克 100 的升阻比

来源：福克 Rept. A - 166 和 A - 173

对福克 50 进行了类似的分析，结果如图 27 - 32 所示。

图 27 - 31 和图 27 - 32 证明，本章所述估算增升构型阻力极线的方法可用于初步设计。

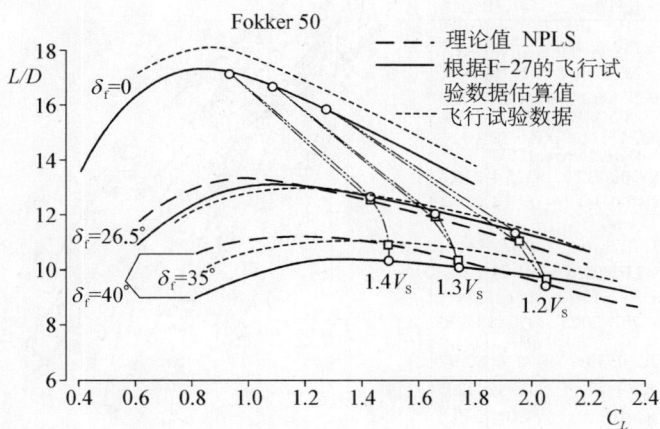

图 27 - 32　福克 50 的升阻比

来源：福克 Rept. A - 166 和 A - 173

图 27 - 33 和图 27 - 34 汇集了许多民用喷气运输类飞机的升阻比随$(C_L)_{1.2v_s}$ 或 $(C_L)_{1.13v_s}$ 的变化。将升阻比和升力系数两者均除以 $\sqrt{A}$，所有数据落入一条窄带，尤以最新型飞机为甚。

这就简化了对新的设计可达到的升阻比的初步估算。由于要估算的数据涉及起飞和着陆两种状态所有的襟翼偏度，为确定以高出 V_s 30%～40% 的速度着陆的升阻比，尚需其他资料。

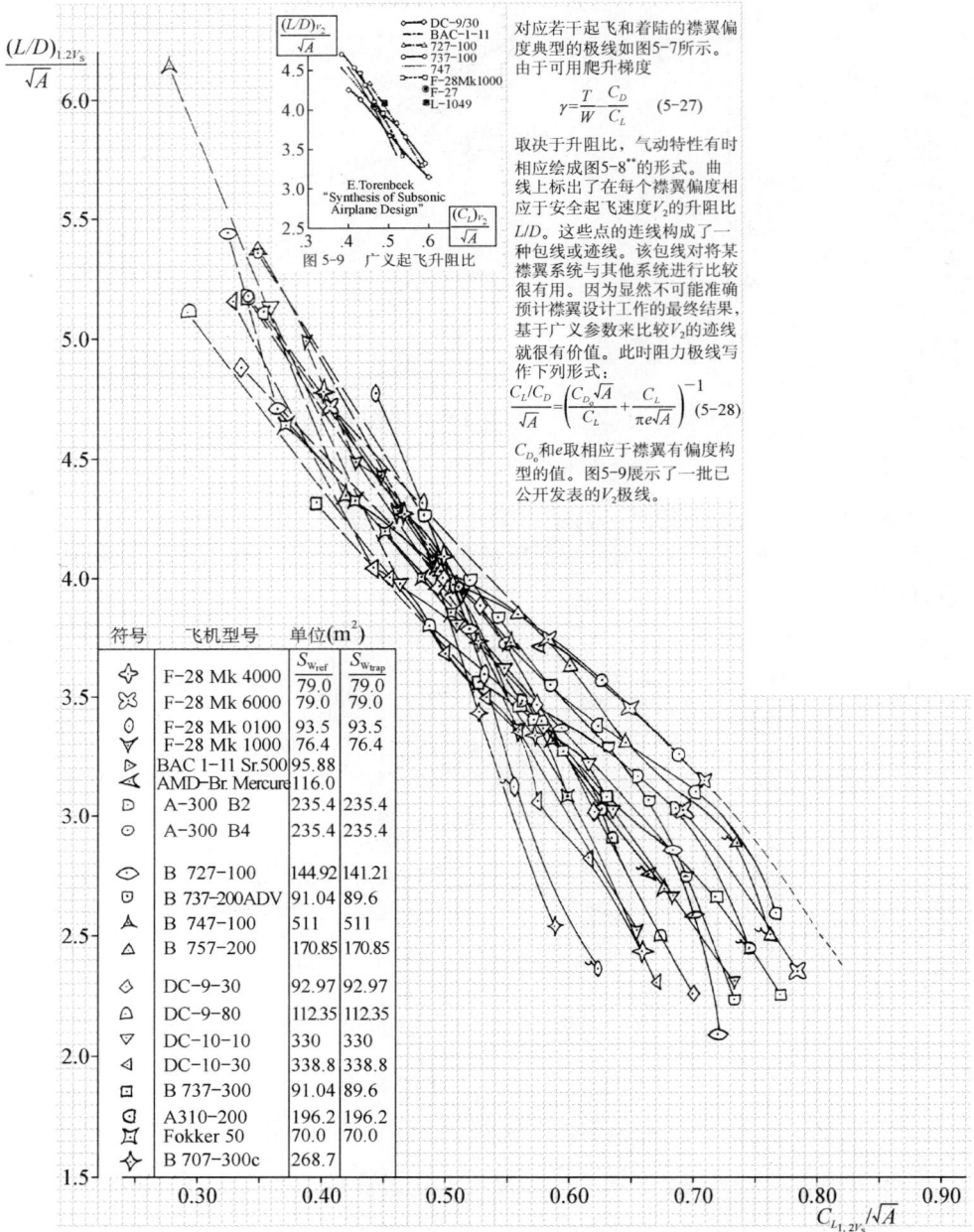

图 27‑33　升阻比之一

$S_{W_{trap}}$—机翼主梯形面积

对应若干起飞和着陆的襟翼偏度典型的极线如图5‑7所示。由于可用爬升梯度

$$\gamma = \frac{T}{W} \cdot \frac{C_D}{C_L} \qquad (5\text{-}27)$$

取决于升阻比，气动特性有时相应地绘成图5‑8**的形式。曲线上标出了在每个襟翼偏度相应于安全起飞速度V_2的升阻比L/D。这些点的连线构成了一种包线或迹线。该包线对将某襟翼系统与其他系统进行比较很有用。因为显然不可能准确预计襟翼设计工作的最终结果，基于广义参数来比较V_2的迹线就很有价值。此时阻力极线写作下列形式：

$$\frac{C_L/C_D}{\sqrt{A}} = \left(\frac{C_{D_0}\sqrt{A}}{C_L} + \frac{C_L}{\pi e \sqrt{A}} \right)^{-1} \quad (5\text{-}28)$$

C_{D_0}和e取相应于襟翼有偏度构型的值。图5‑9展示了一批已公开发表的V_2极线。

图 5‑9　广义起飞升阻比

E.Torenbeek "Synthesis of Subsonic Airplane Design"

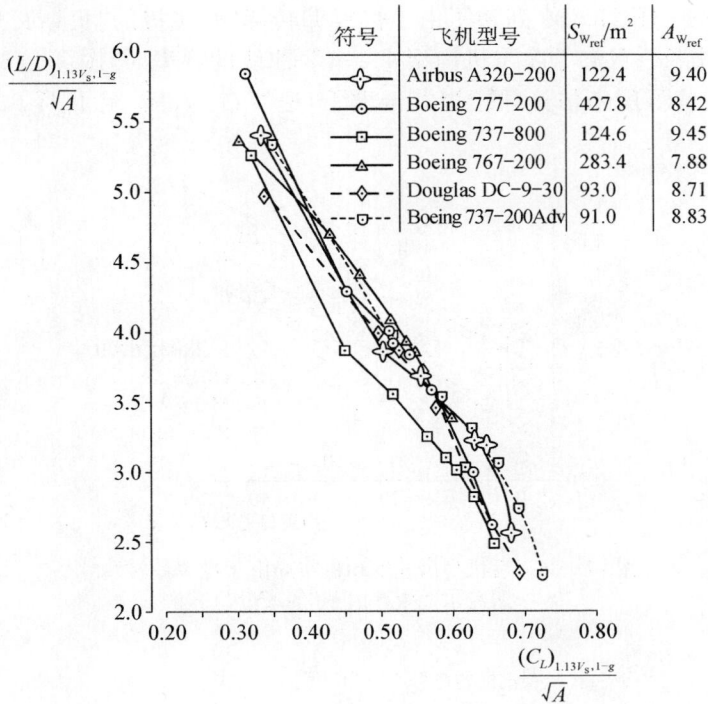

符号	飞机型号	$S_{W_{ref}}/m^2$	$A_{W_{ref}}$
⊶	Airbus A320-200	122.4	9.40
⊶	Boeing 777-200	427.8	8.42
⊟	Boeing 737-800	124.6	9.45
△	Boeing 767-200	283.4	7.88
◇	Douglas DC-9-30	93.0	8.71
⊡	Boeing 737-200Adv	91.0	8.83

图 27-34 升阻比之二

如图 27-35 所示的波音 777 低速阻力极线表明，$C_L^2 \sim C_D$ 曲线的斜率随襟翼偏度增大而增加[①]。这一规律适用于大多数飞机，尾吊发动机飞机该现象更突出。

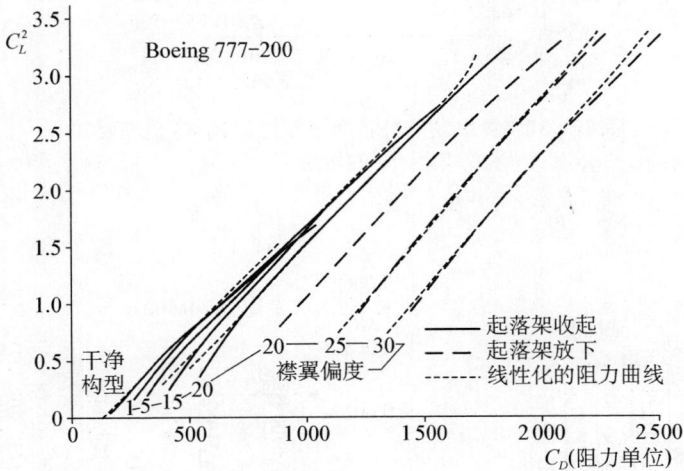

图 27-35 波音 777-200 低速阻力极线

---

① 此处原文有误，已纠正。——译注

　　图 27-36～图 27-39 列举了由于襟翼偏转,某些飞机的"奥斯瓦尔德效率因子"e 的平均增长。已知干净飞机构型 $C_L^2 \sim C_D$ 曲线的斜率时,图 27-38 和图 27-39 中的"e"增量可用来估算任意襟翼偏度下,速度在 $1.2V_S$ 至 $1.4V_S$ 之间的阻力极线。

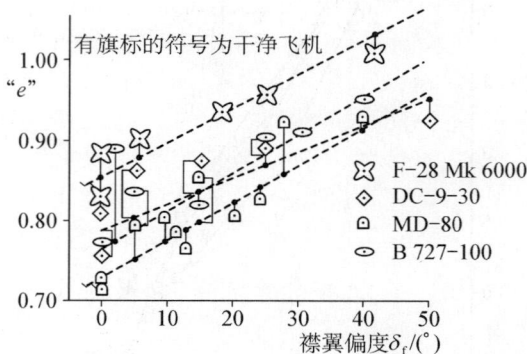

图 27-36 后机身吊挂发动机布局由于襟翼偏转"奥斯瓦尔德效率因子"的增量

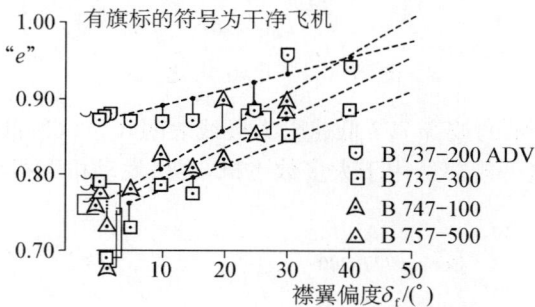

图 27-37 翼吊发动机布局由于襟翼偏转"奥斯瓦尔德效率因子"的增量

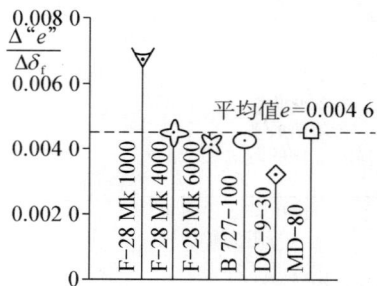

图 27-38 尾吊发动机布局由于襟翼偏转"奥斯瓦尔德效率因子"的增量之二

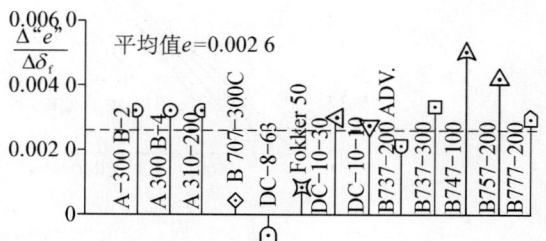

图 27-39 翼吊发动机布局由于襟翼偏转"奥斯瓦尔德效率因子"的增量之二

估算缝翼偏转产生的阻力就不那么直截了当。在许多飞机上，缝翼安装在不同位置，起飞或着陆时处于不同偏度以减小阻力。在某些飞机例如波音 777 上，正常使用状态起飞襟翼偏度较小时缝翼隙缝封闭，在接近失速迎角时自动打开。

当缝翼偏转到极限，缝翼隙缝最大时，在接近 V_2 的迎角，$C_D = 0.0040$ 至 0.0080。

1960 年代中期，CFD 首次真正用于设计，当时求解无黏不可压流中任意物体压强分布的面元法得到充分发展以求结果可靠。一开始只用其对简单的体或翼身组合体进行分析，但随着硬件和软件进一步的发展，面元法的能力逐步得到扩充。最先由飞机制造商用于设计的面元法是波音研发的 PAN AIR。图 27-40～图 27-46 是 1980 年代初波音 737-300 研制中对增升构型进行 CFD 计算的一些结果。在建模中按那个年代的水准尽可能准确地反映了许多几何细节，针对襟翼构型 15 当时所需面元数高达 2900 之多。

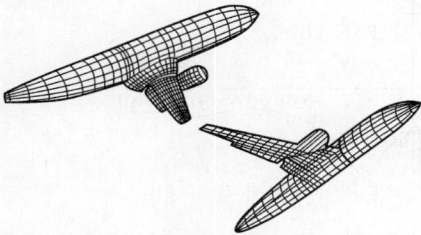

图 27-40　襟翼 15 构型的面元模型

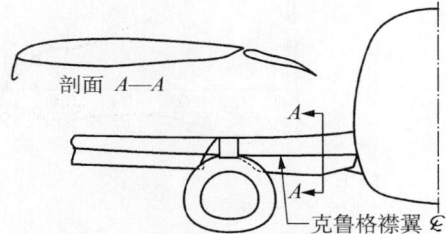

图 27-41 克鲁格襟翼

来源：AIAA Paper No. 86-1811

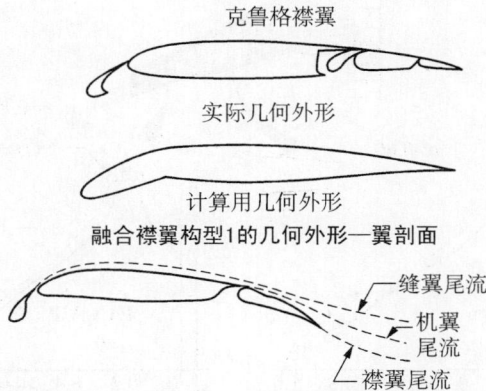

图 27-42　襟翼 15 的几何外形和尾流

来源：AIAA Paper No. 86-1811

虽然面元法原则上只适用于不可压流，人们常常对其进行简易的压缩性修正——普朗特-葛劳渥修正。这就使其可以用于分析在接近前缘处局部出现高亚声速的压强分布。

图 27-43 和图 27-44 分别为采用 PAN AIR 计算的和取自风洞实验的襟翼构型 1 和襟翼构型 15 两种起飞构型在四个机翼站位的弦向压强分布。

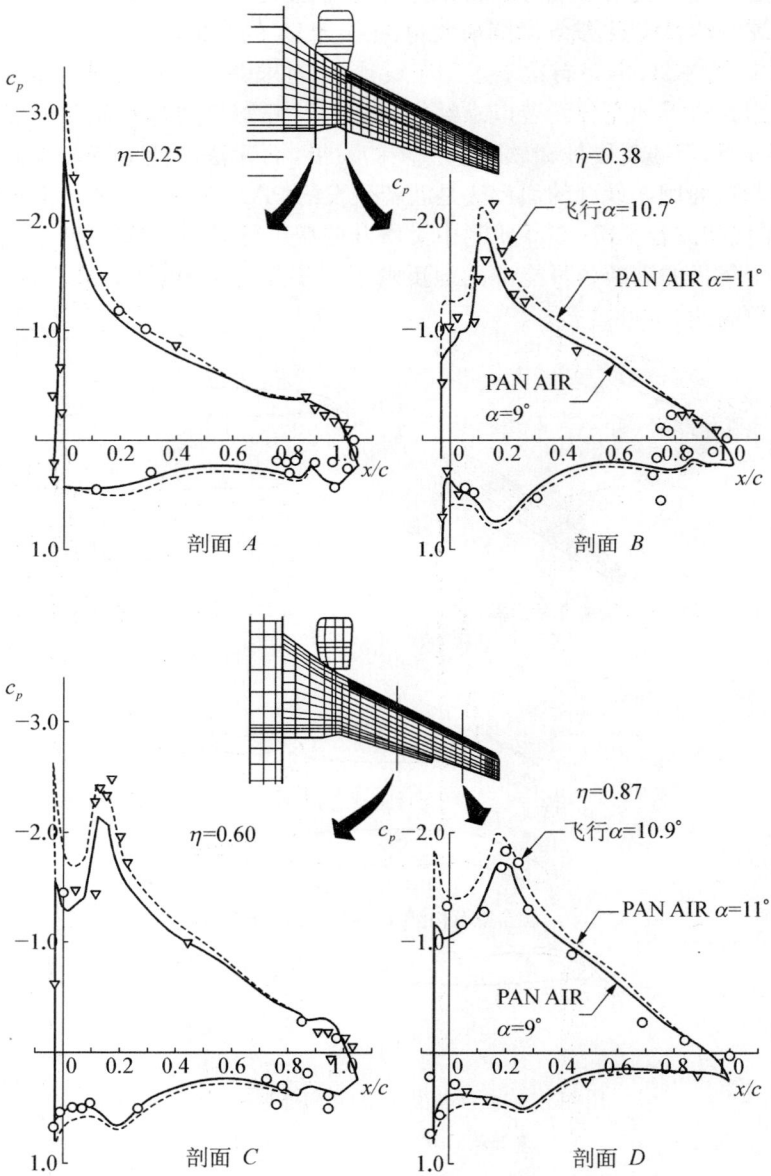

图 27 - 43　波音 737 - 300 襟翼构型 1 的机翼压强分布

来源：AIAA Paper No. 86 - 1811

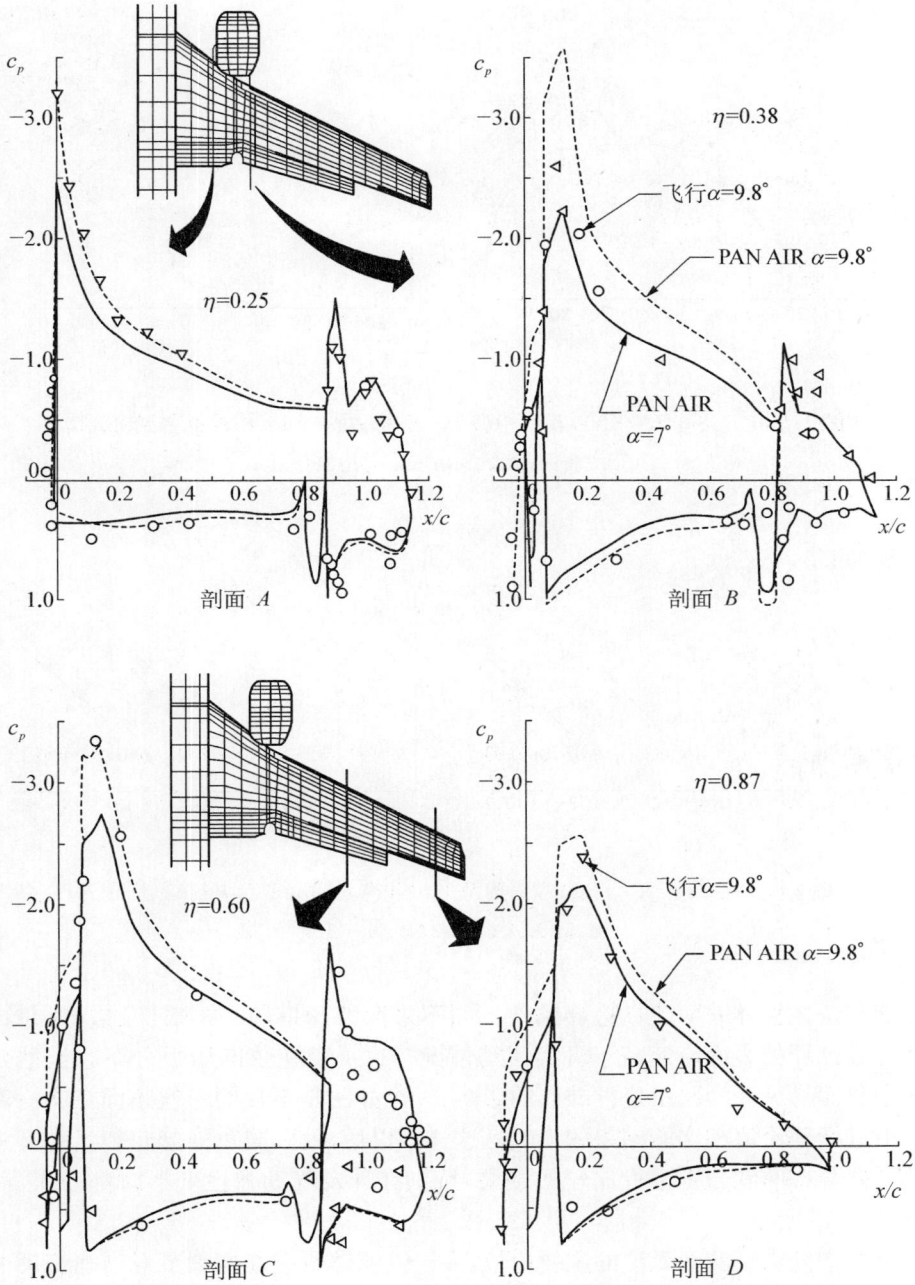

图 27 - 44 波音 737 - 300 襟翼构型 15 的机翼压强分布

来源：AIAA Paper No. 86 - 1811

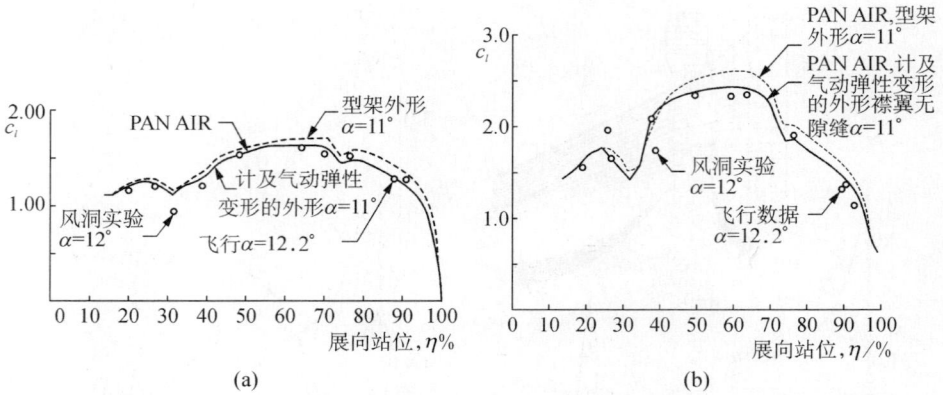

图 27-45 波音 737-300 襟翼构型 1(a)和襟翼构型 15(b)的机翼展向载荷

来源：AIAA Paper No. 86-1811

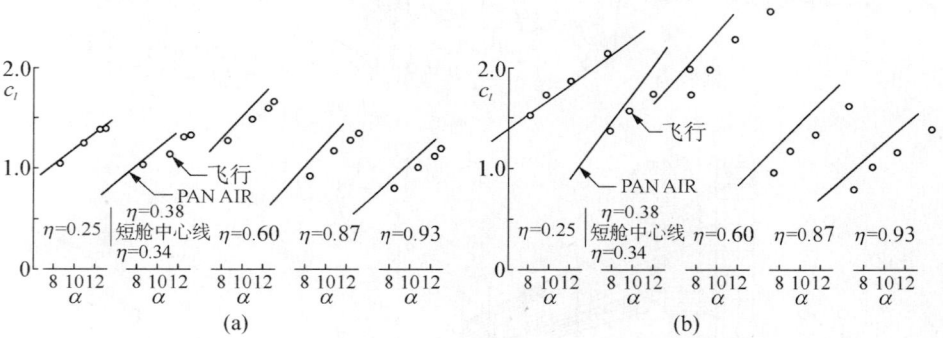

图 27-46 波音 737-300 襟翼构型 1(a)和襟翼构型 15(b)的翼剖面升力

来源：AIAA Paper No. 86-1811

面元法在物体表面建立边界条件。如不采取特殊措施，并未计及边界层效应。这就导致计算的表面流速高于真实流动情况。这一点在弦向压强分布和当地升力曲线中显而易见。为减小这种缺点的影响，一个办法是不在同一迎角而在同一升力系数下进行理论值和实验结果的比较。这样做以后，就弦向压强分布和当地升力系数的展向分布两者分别进行比较的结果，特别在计及气动弹性变形时都令人满意，如图 27-45 所示。

分析增升构型的面元法的主要价值，在于其能够研究几何细节对当地流动的影响（只要采用充分细分的面元）而耗时少。至于要取得准确的总气动力数值结果，特别是阻力，甚至复杂精细得多的 CFD 方法迄今也还不完全令人满意，最终答案仍需来自风洞实验。

第 *6* 部分

高速气动限制

28 抖振发生边界

　　鉴于在第 17 章中介绍了跨声速流动分离的基本原理和二元流中的高速抖振，本章将讨论真实飞机的三元抖振发生边界。

　　正如低速失速一样，**抖振发生边界构成了对飞机飞行包线的一种限制**。在图 28-2 中，道格拉斯公司的空中火箭——第一架达到马赫数 2 的飞机的试飞员 W. Bridgeman 生动地解释了抖振何以确实成为一种飞行限制。空中火箭如图 28-1 所示，而图 28-2 中的文字讲述的是在洛克西德 F-80（图 20-8）上进行的一次飞行试验。

图 28-1　道格拉斯 D-558-2 空中火箭

来源：NASA

……腹部紧压着胸腔,简直透不过气来,我感受到飞机正在疯狂加速,目瞪口呆,忘掉看马赫表。这简直是在自杀。脚下地面还很远。

马上停下来还来得及,时间足够。

速度一点点增大,越来越快。这架喷气机使劲俯冲,推开挡道的空气,像秤砣似地笔直加速往下掉,将尾流中的空气搅成一团。

接着,突如其来的剧烈锤击般的振动震撼着整架飞机——好像机关枪射。我愣住了。我已经不是我自己,成了一个受惊的小孩。她承受不了我强加的速度,她确实撞到了墙上,在散架的边缘摇晃,解体一定就在眼前。天神一口咬住了我们,大地在我下面震颤痉挛。这可恨的锤击将把她砸成碎片……我凭着直觉想减速,把狂野的俯冲改为坡度不大的飞行姿态……关车……刹住俯冲。锤打越来越厉害。这一切仿佛一种控制不住的惊厥正在折磨着我的身体。怎样才能不散架,怎么办? 坚持下去! 待她要小心,非常小心。把那该死的头抬起来。我一开始猛拉杆……天哪,这一下更糟了,振动冲击越加厉害。镇静;抓住一切机会。俯冲角不能再增加了,机翼一定会咔嚓一声折断。

我怎么做才能让她减速? 想想上个月爱德华"挖了个坑"时他们是怎么说他犯错的。他们在机库里关于这件事说了些什么? 记住在所有机库谈论中来自某个角落的答案。记住一百件。这一百个答案中哪个我没有想起来? 有一个一定是我的答案。抖振像连续不断的闪电,嗡嗡流过我的身体。我们正一直加速往下掉。

千万得想办法! 拉一点杆再退回去——就这样——她接受了。再来一点,退回去,别过头! 留下足够余地以便一旦你犯错了能马上回头。只要能把过头的俯冲角减到过得去就行。就么办。向后拉杆,缓和使飞机蹦起来的震颤。这一回让机头抬起百分之十;再向后拉杆……啊上帝,那锤打……减轻了。再拉一次……退回去。俯冲、抖振中的飞机,座舱里载着我,又撒野地猛冲了几千英尺,指示空速不断增加,这次陪绑马上就要见底了。

弹簧缠得太紧了;马上得想出招来。挽救飞机的办法和逃生的念头现在混在一起。我还能呆多久才离开,在我打开座舱盖丢下她不管之前还能做多少事? 哪一刻对现状听之任之才恰当? 只过了一小会,我直觉地感到恢复了对飞机的正常操纵,不过地面越来越近了。我可一点不能出错。如果我决定放弃飞机,就要打开舱盖,用自己的身体把驾驶杆推向前方——这个机动产生的负过载会猛地把我推出飞机,飞到空中而不撞上尾翼。最乐观的情况! 在这样的速度下离开飞机的机会微乎其微。

我等待着机会,把机头上仰了一点。可怕的振荡衰减了! 再来一点……稳住! 突然一切安静下来。怎么回事? 抖振停下来就像它开始一样突然。难关过去了,机翼还在。我的脑袋向前晃到胸口;可以听到自己从氧气面罩大口呼吸的声音。合上双眼前我看到马赫表的指针往回滑 0.78、0.77、0.76、0.75——对把俯冲搅成一场恶梦的巨手有了回应。F-80 飞机现在匀称地嗡嗡作响,好像这 30 秒从来没有发生过。我想起了鲁茨上一回的警告:"这架飞机的极限马赫数是 0.8。"飞机在敏感的声速边缘会发生抖振。无意之中我陷入了我意识到但从没有费心去研究过的一个气动事件,如果我事前弄得更明白,这个压缩性现象也许就不会出现了。我真傻。这一次凭着对飞机反应的直觉我们过了关,由于飞到了低空,尽管很不寻常,飞机不断加速还是逃离了临界马赫数。当然,在高空碰上高马赫数的真空速要比在邻近地面稠密温暖大气中的小!

图 28-2　在洛克西德 F-80 上亲历丧失操纵和超越抖振发生边界

来源:W. Bridgeman 著《长空独飞》,1955

　　如在第 19 章中所述,低速失速的特征是后缘流动分离或前缘吸力峰崩溃两者必居其一,在后一情况当地马赫数可高达 $M=1.5$。因此将低速失速和抖振发生边界加以区分完全是人为的,因为就物理意义而言,从 $M=0.25\sim0.30$ 流动在前缘附近开始分离的流态到在更靠后的地方流动开始分离的状态之间有一个渐变过程,而且纵然发生强烈抖振,特别在大展弦比机翼上,增大迎角仍然产生一点附加的升力。

　　适航规章要求民用运输类飞机在正常使用状态不得超越抖振发生边界。

　　在飞机正常使用包线内不得发生抖振。因此仅可在拉起和转弯机动中出现抖振。**适航规章要求将使用巡航状态升力系数限制为可以达到 $n=1.3$ 的过载而不导致抖振。**

　　图 28-3、图 28-4 和图 28-5 通过展示正常飞行状态与抖振发生边界之间的升力系数余量对此加以说明。

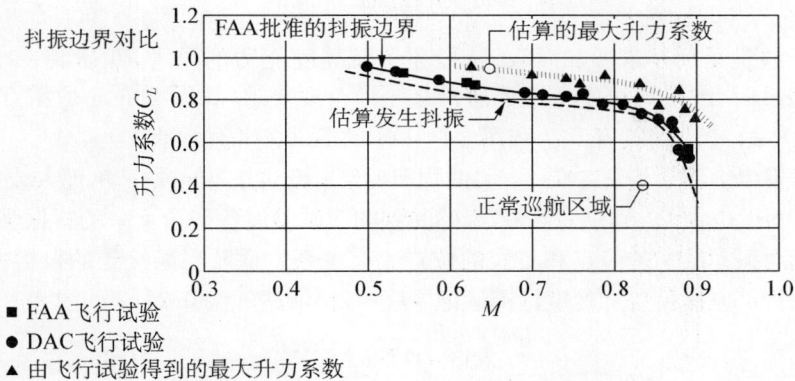

- FAA飞行试验
- DAC飞行试验
- 由飞行试验得到的最大升力系数

图 28-3　道格拉斯 DC-10 抖振边界的对比

来源:Douglas Flight Approach,1972

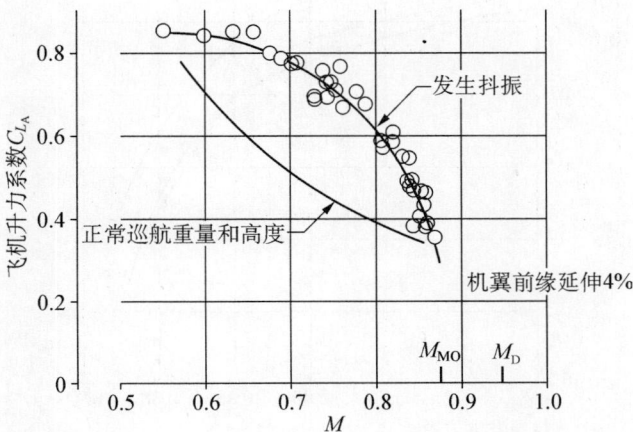

图 28-4　修改机翼前缘后的 DC-8 高速抖振边界

来源:SAE Paper No. 237-A,1960

图 28-5 的纵轴为 升力系数C_L，横轴为 M。

- 最大经演示验证的抖振边界
- TRIDENT IE
- TRIDENT I
- 轻度抖振
- 爬升终点的C_L
- TRIDENT I
- TRIDENT IE
- 巡航范围
- TRIDENT IE
- TRIDENT I

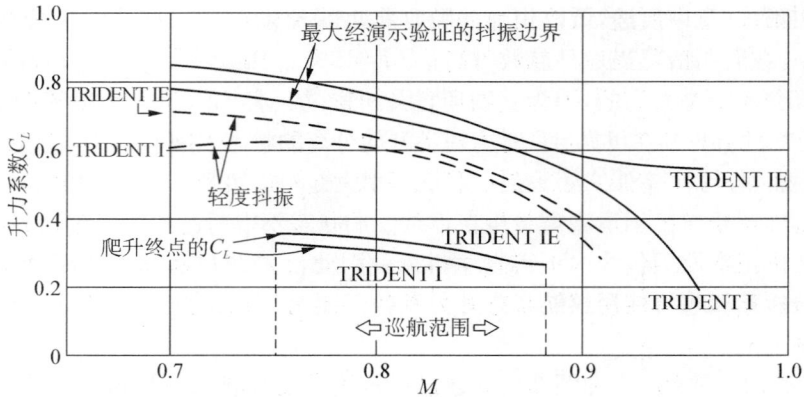

图 28-5　霍克-希德利三叉戟的抖振边界

来源：Aeronautical Journal，Nov. 1969

　　由于总是受到要求增加商载-航程和巡航高度能力的压力,在研制一个飞机系列的新型号时,改善抖振发生边界通常是一项首要要求,如图 28-5 的霍克-希德利三叉戟、图 24-64 的波音 737 和图 24-114 的 A300 诸例所示。

　　抖振发生边界并非只有唯一定义的物理现象。流动分离导致振动,而人或加速度计记录下来的正是后者。这就意味着,人感受到的或试验设备记录下来的抖振强度,与所处地点相对振动结构的节点和波腹的位置大有关系。适航当局接受的抖振发生边界基于在飞行员座椅位置加速度计测量记录峰-峰幅值达 $n = 0.25g$,如图 28-6 所示。

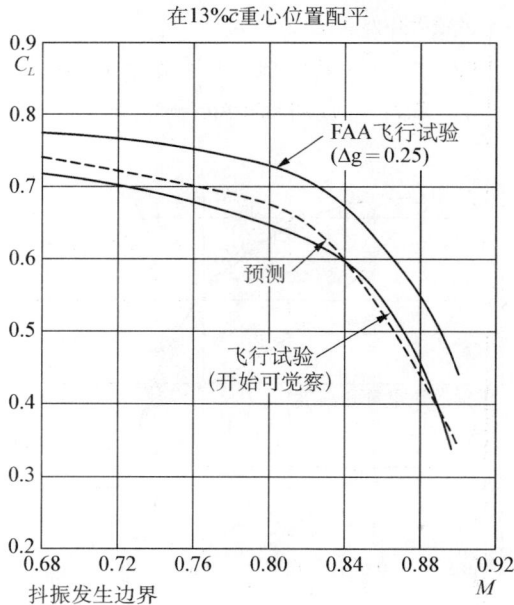

在13%$\bar{c}$重心位置配平

图 28-6 的纵轴为 C_L，横轴为 M。

- FAA飞行试验 ($\Delta g = 0.25$)
- 预测
- 飞行试验 (开始可觉察)
- 抖振发生边界

图 28-6　洛克西德 L1011-1 的抖振发生边界

来源：AGARD CP-242，Paper No. 21

利用现代 CFD 方法,可以相当准确地预计抖振发生边界。

甚至用本质上是全位流方法的程序如 XFLO22,也能对垂直于激波的当地峰值马赫数高达 $M = 1.50$ 的机翼算出可靠的压强分布。利用根据大量二元和三元风洞模型实验结果,建立如图 28-7 所示的出现流动分离的马赫数与弦向激波位置的经验关系,就可以确定抖振发生边界。作为替代,也可以用带适当流动分离判别准则的三元边界层程序来确定出现抖振的状态。福克 100 的抖振发生边界就是根据后一种方法确定的,见图 28-8,一并示出的还有风洞实验和飞行试验的结果以及基于风洞实验所作的飞行前对真实飞机的预测。

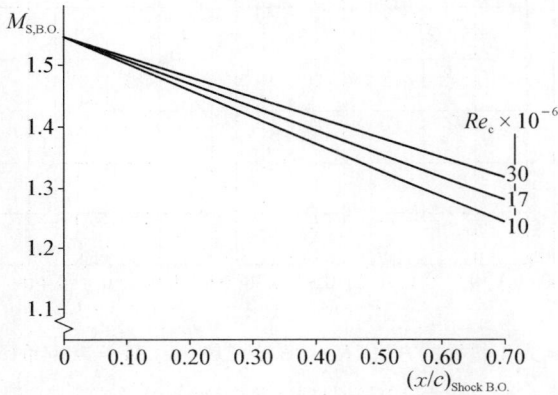

图 28-7 二元流激波前峰值马赫数与激波位置间的经
验关系——亦可见图 17-7

来源:福克 Rept. A-143

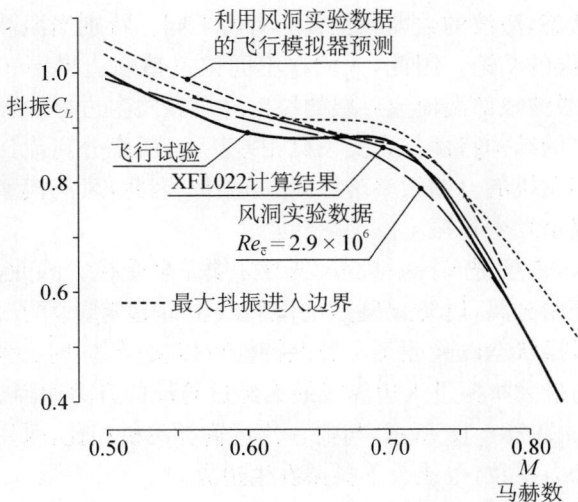

图 28-8 福克 100 的抖振发生边界

来源:福克 Rept. L-28-448

在风洞实验中可以根据如图 28-9 所示的许多特征来判定抖振发生边界：

(1) $C_L \sim \alpha$、$C_m \sim \alpha$ 或 $C_x \sim \alpha$ 曲线突然弯折。

(2) 外侧机翼后缘压强发散。

(3) 机翼根部应变片动态记录发散。

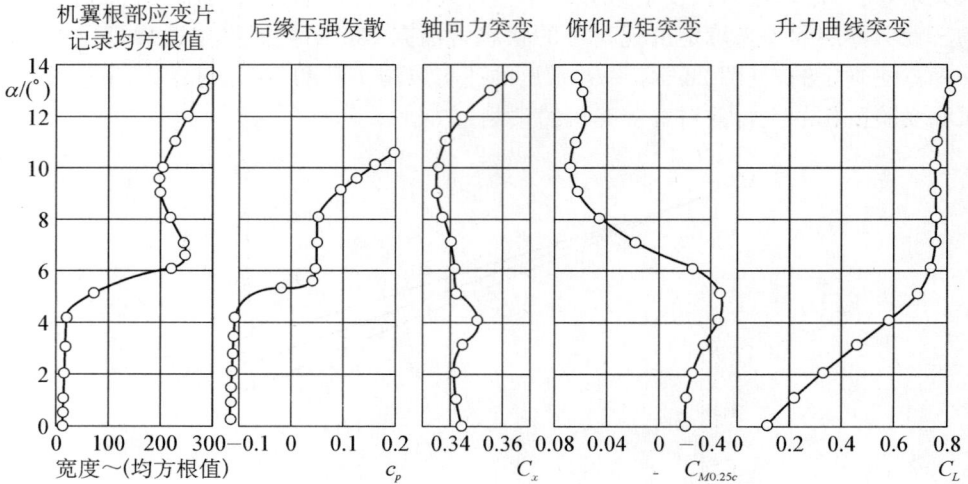

图 28-9　预测发生抖振的方法，$Re = 3.5 \times 10^6 / \mathrm{ft}$，$M = 0.84$ 的风洞实验数据

来源：AGARD CP-242, Paper No. 21

如同其他涉及边界层的空气动力学现象一样，抖振的发生也取决于雷诺数。为了预测真实飞机情况，必须将风洞实验数据外插到真实飞机飞行雷诺数。

对现代超临界翼型必须特别关注发生抖振时激波前边界层的状态，因为取决于边界层的厚度和状态，激波的强度和位置会有所不同。特别当激波前为层流边界层时，可能会得出错误的结论。因此，人们在不同位置粘贴边界层转捩带进行风洞实验，以求深入了解激波根部湍流边界层的厚度对抖振发生边界的影响。

尽管风洞模型的结构特性与真实飞机相差甚大，所幸分离流压强脉动的频率与风洞模型以及真实飞机的自然频率落在同一范围。因此，风洞模型的根部弯矩应变片记录能可靠地揭示发生抖振。

适航标准要求，一旦进入抖振状态，飞行必须完全受控。因此，后掠翼的流动不得从过于外侧处开始分离，以防止剧烈的滚转或上仰趋势。为了通过适航审定，故意在飞行中进入抖振状态以验证飞行操纵特性可以接受，同时必须记录如图 28-3 和图 28-8 所示的最大抖振进入边界或最大经过验证的升力边界。

如图 28-10～图 28-13 所示，与前一代运输类飞机相比，采用超临界翼型技术不仅可提高设计升力系数，也能改善抖振发生边界。

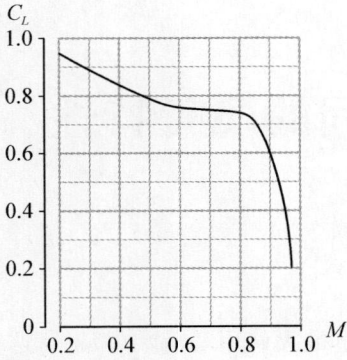

图 28-10 波音 747-400 的
抖振发生边界

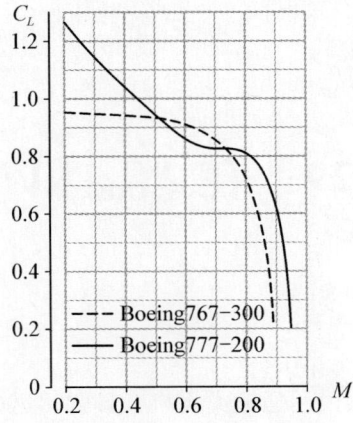

图 28-11 波音 767-300 和波音 777-
200 的抖振发生边界

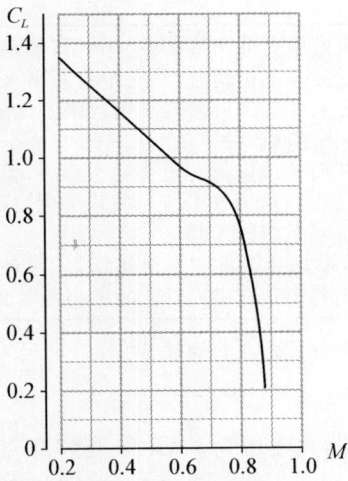

图 28-12 波音 737-800 的抖振
发生边界

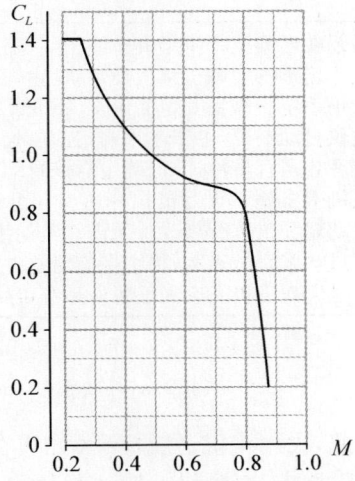

图 28-13 空客 A320 的抖振
发生边界

29 在 M_{MO} 和 M_D 之间的飞行特性

虽然民用运输类飞机在日常营运中通常不超过最大使用马赫数(M_{MO}),这类飞机高于 M_{MO} 的飞行特性还得满足某些最低要求。

系统失效或严重的大气扰动有时造成飞机低头并在俯冲中超过 M_{MO}。**图 29 - 1** 和**图 29 - 3 给出了这样的例子。**

最近在巴黎至特拉维夫航线上一架法航空客飞机发生意外事件后,空中客车公司的官员们正在重新审查空勤机组人员培训程序。打开自动驾驶仪飞机巡航时,完全可配平水平安定面的配平系统缓缓将安定面调至飞机低头位置。当配平力达到自动驾驶仪权限的上限时,自动驾驶仪自动断开,由于水平安定面所处位置,飞机进入急剧俯冲。

空客公司官员称,原已确定对该自动驾驶仪系统进行修改以避免发生这类事件,但尚未在当事飞机上实施。飞行员拉杆达 1.6 至 1.7g 过载,使飞机从俯冲中改出并降落到马赛机场。除对自动驾驶仪进行修改外无需作其他维修,该飞机即可重新投入营运。

不过空客官员表示,机组在应对这一事件时遇到困难,表明在空勤机组培训时,对自动驾驶仪一旦失效飞机尚有人工备份系统可用强调得不够,目前正在研究对此的解决方案。

图 29 - 1　为何在高于 M_{MO} 时需要可接受的飞行操纵特性

来源:Aviation Week and Space Technology,October 20,1975

因此,民用飞机适航标准(对 $W > 5700\,kg$ 的大飞机为 FAR25 或前身为 JAR25 的 CS25)要求,直到设计俯冲马赫数 M_D($M_D = M_{MO} + (0.05 \sim 0.09)$ 飞机必须演示可接受的飞行特性。而通常的做法是按照设计马赫数 $M_{design} = M_{MO} - (0.03 \sim 0.05)$ 来设计机翼。

当喷气运输类飞机在设计状态或接近该状态飞行并增大飞行速度时,其机翼的压强分布迅速变化。

一开始激波在机翼上后移,机翼上表面压强分布发生如图 29 - 2 所示的形态变化。当速度继续增大时,激波后的边界层分离使机翼前部的吸力进一步减小。特别在低升力系数时,下表面的表面流速以正常形态增大直至局部达到声速,在该声速点后方流动继续加速直到出现激波。图 17 - 2 对此作了说明。上下表面压强分布这样不同的变化,特别对后掠翼而言,造成不同迎角或升力系数下无尾俯仰力矩随马赫数发生的变化,因机翼几何外形的不同可能呈现很大的差异。

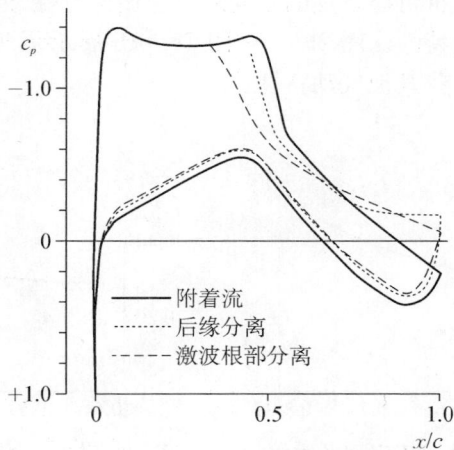

图 29-2 高于设计速度时增大速度引起的
压强分布变化

泛美 707 俯冲 29000 ft

格林威治时间 22 点前后发生俯冲时,N712PA 号飞机正以 35000 ft 高度从伦敦飞往纽芬兰的甘达尔,位于西经 40.5°,北纬 52.5°。巡航时外界大气温度 −55℃,巡航速度 0.82M,飞机总重在 190000～195000 lb 之间。这架 707 飞机在 6000 ft 高度从俯冲中改出,随后人工驾驶,在甘达尔着陆。

林克机长称该飞机经历了抖振并在俯冲中可能达到 0.94M。公司发言人称一部分非结构材料被撕脱,但对飞行特性没有影响。

飞行员及泛美航空公司的工程技术人员上周面会班迪克斯公司 Eclipse Pioneer 分部的技术人员。该分部是所有 707 飞机使用的 PB-20 自动驾驶仪的制造商。该部件包括进场耦合器、偏航阻尼器和马赫配平器。

波音公司称 707 飞机可以不借助马赫配平器安全飞行,但需飞行员给予密切关注。因自动驾驶仪保证飞机具有纵向静稳定性,当自动驾驶仪工作时马赫配平器自动关闭。

在其正式声明中,波音公司报告,在这次大西洋上空的意外事件中自动驾驶仪断开,无马赫配平加之飞行机组的疏忽导致了接近声速的俯冲。

图 29-3 自动驾驶仪断开引出的乱子

来源:Aviation Week,Feb. 9 and March 23,1959

由于机翼压强分布迅速地变化,不仅无尾俯仰力矩而且无尾升力曲线、下洗特性,还有在高于非常大的最大使用马赫数时水平安定面的升力曲线也都在很小的马赫数变动范围内发生变化。

所有这些变化的特性都使得随飞机设计的不同,有尾俯仰力矩呈现显著的差别。对多数飞机这种因素导致了有称为"下俯"的俯冲趋势的纵向不稳定性,而有时则出现轻微上仰。最大限度地减小跨声速机翼压强分布的这种不利效应,是现代气动设计面临的挑战之一。

　　为了说明运输类飞机可能呈现的不同跨声速俯仰特性,列举了福克 F‐28 和福克 100 的某些高速气动特性。图 29‐4～图 29‐15 展示了两种飞机的无尾和有尾的俯仰力矩曲线以及某些其他气动特性。

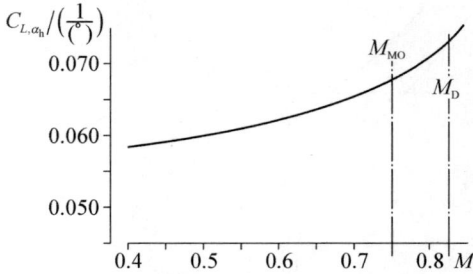

图 29‐4　福克 F‐28 水平安定面升力线斜率

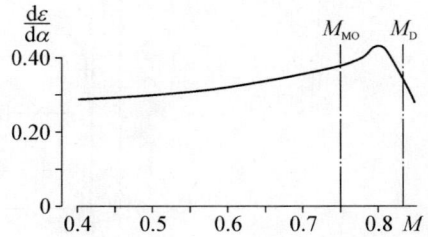

图 29‐5　福克 F‐28 下洗梯度

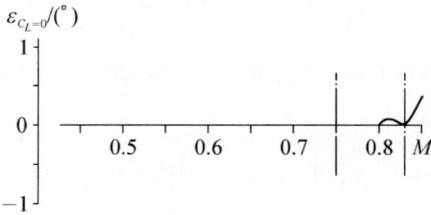

图 29‐6　福克 F‐28 下洗角

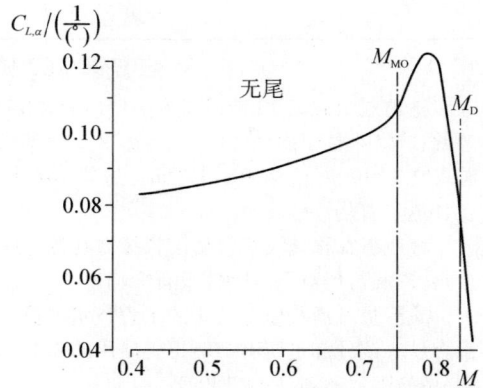

图 29‐7　福克 F‐28 无尾升力线斜率

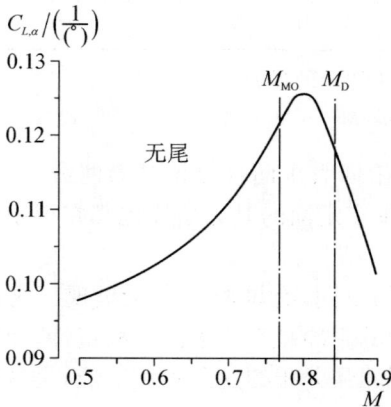

图 29‐8　福克 100 无尾升力线斜率

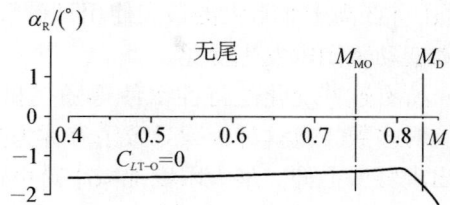

图 29‐9　福克 F‐28 无尾零升迎角

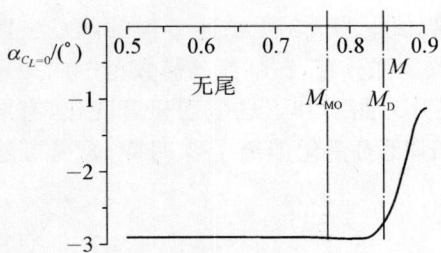

图 29-10 福克 100 无尾零升迎角

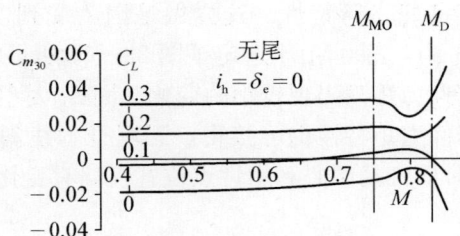

图 29-11 福克 F-28 无尾俯仰力矩

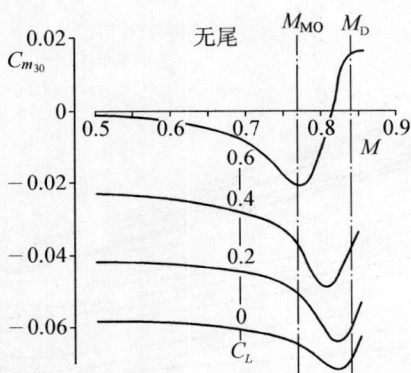

图 29-12 福克 100 无尾俯仰力矩

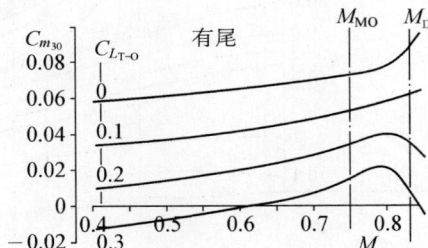

图 29-13 福克 F-28 有尾俯仰力矩

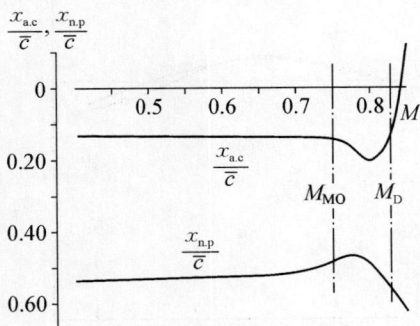

图 29-14 福克 F-28 气动中心和中性点

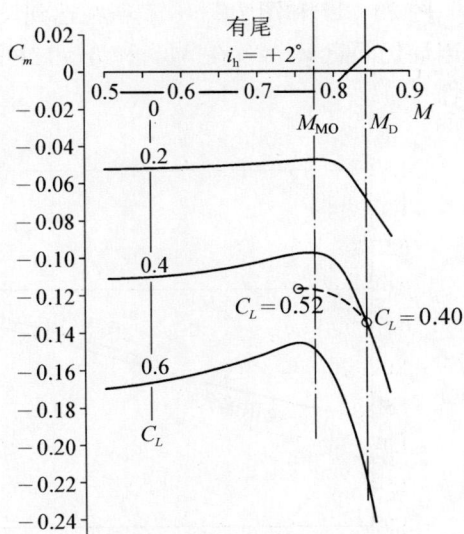

图 29-15 福克 100 有尾俯仰力矩

如前所述,在 F-28 的设计中非常强调在跨声速状态不借助马赫配平补偿器也有良好飞行特性。这样做是因为受到发生诸如图 29-3 所描述事件的触动。图 29-11 表明,由于选定了图 29-16 所示的机翼压强分布,在临界马赫数范围内无尾俯仰力矩只出现较小的变化。因此,尽管无尾升力曲线和下洗呈现显著变化,有尾俯仰力矩特性仍可接受。无尾升力线斜率随速度的变化偏离了普朗特-葛劳渥法则,而气动中心和中性点位置仅略有变化。

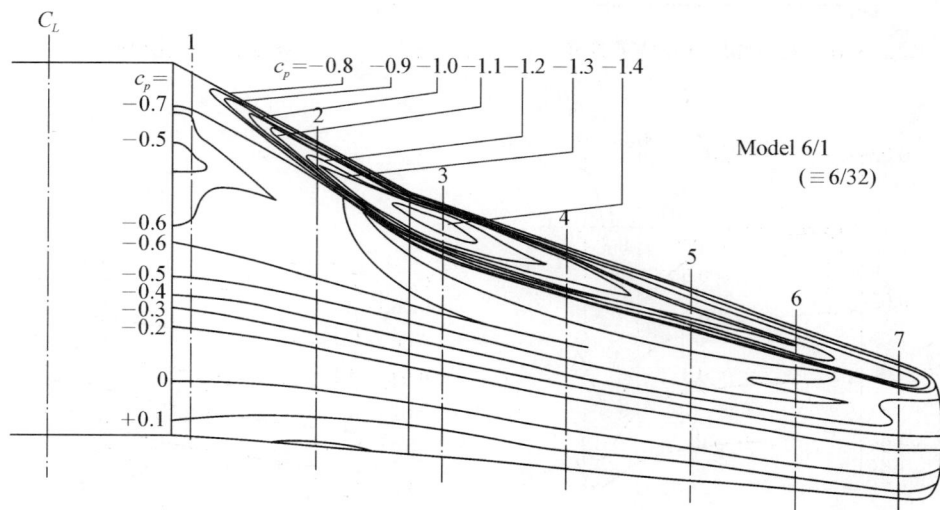

图 29-16 福克 F-28 机翼上表面等压线图,$M = 0.745$,$C_L = 0.255$

图 29-17 和图 29-18 表明在达到设计目标的同时,尽管杆力发生轻度反向,适航当局仍同意 F-28 在 M_{MO} 和 M_D 之间无需马赫配平补偿器具有可接受的纵向特性。

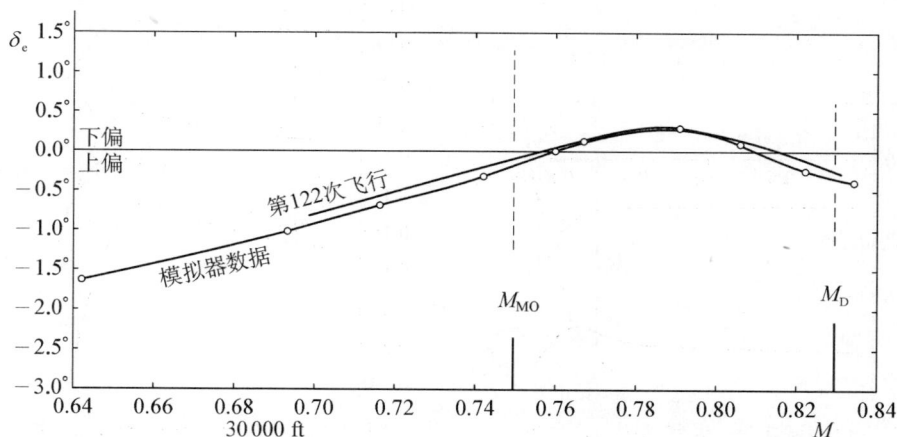

图 29-17 福克 F-28 在 M_{MO} 和 M_D 之间的纵向特性:δ_e 随马赫数的变化

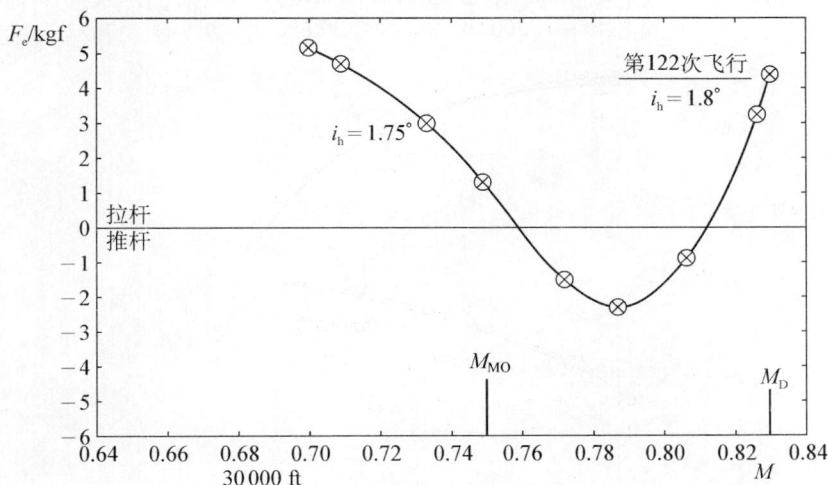

图 29 - 18　福克 F - 28 在 M_{MO} 和 M_D 之间的纵向特性：F_e 随马赫数的变化

　　福克 100 的情况有所不同。大幅修改机翼压强分布后，显著降低了巡航阻力，也使 M_{MO} 和 M_D 之间的纵向特性更接近通常飞机。图 29 - 8、图 29 - 10、图 29 - 12 和图 29 - 15 表明在跨声速范围气动特性有显著得多的变化。为了说明其对纵向稳定性的影响，研究了两种飞行状态，其一是给定飞机重量和飞行高度，$M = 0.75$，$C_L = 0.52$ 的状态，其二是在作平缓直线俯冲后达到 $M = 0.84$，同时由于高动压，$C_L = 0.40$ 的状态。

　　如果飞机在 $M = 0.75$ 和 $C_L = 0.52$（水平安定面的安装角显然比图 29 - 15 所述及的 $i_h = +2°$ 偏负）配平，当 $M = 0.84$ 和 $C_L = 0.40$ 时俯仰力矩系数的变化量 $\Delta C_m = -0.02$ 需通过进一步改变水平安定面的安装角约 $\Delta i_h = -0.3°$ 来补偿（安定面前缘向下）以重新配平。若安定面的安装角略微调过头，则需要下偏一点升降舵以重新达到平衡状态，而飞机则在所研究的整个速度范围内具有正杆力稳定性。

　　福克 100 的马赫配平补偿器的功能严格遵循如图 29 - 19 所示的诸原则。在 $M = 0.50$ 至 $M = 0.85$ 之间，马赫配平补偿器根据与飞行员操作无关的固定程序随马赫数的不同在飞行员选定的安定面配平偏度附近自动改变安定面的安装角。

　　与 F - 28 的情况相反，采用马赫配平补偿器并未被看成是严重的缺点，首先因为这类装置的可靠性和体系结构设计在 20 年时间里已得到长足的改进，其次由于对福克 100 采用的高度精细复杂的自动飞行控制增稳系统（AFCAS）而言，它只是相对简单的附件。

　　多数早期和现代喷气运输类飞机都装有马赫配平补偿器。在许多飞机上，它们在较低的巡航马赫数已经发挥了显著的作用。尽管 $M_{MO} = 0.90$，波音 707 在大高度以 $M = 0.82$ 巡航，当自动驾驶仪不工作时，已经需要采用马赫配平补偿器（见图 29 - 3）。

配平条件：310 KCAS　24 000 ft M 0.73
构型：$W_e = 41\,500$ kg　重心位置 37.6% DF = 0

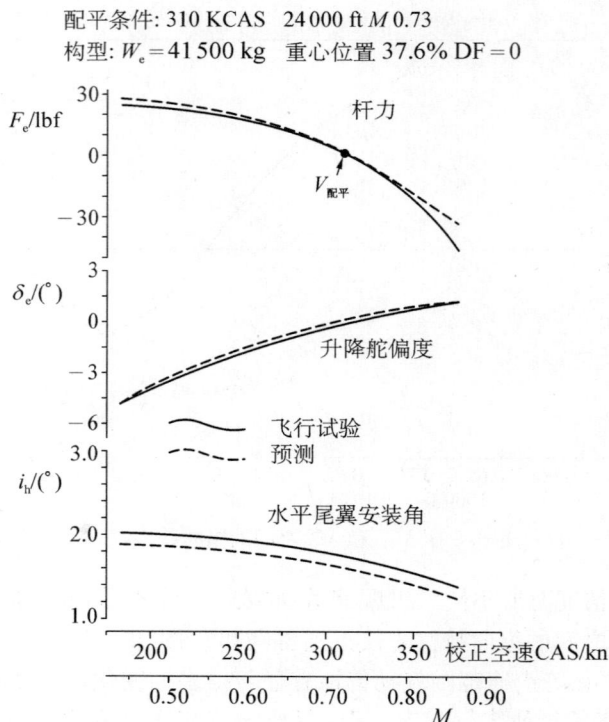

图 29 - 19　福克 100 马赫配平补偿器工作时的高速杆力
稳定性

来源：ICAS 1988，Paper 6.1.2

DC - 8 在低于 M_{MO} 的正常使用马赫数时也有杆力反向。为满足适航要求安装了马赫配平补偿器以得到满意的俯仰特性。图 29 - 20 说明其效果。

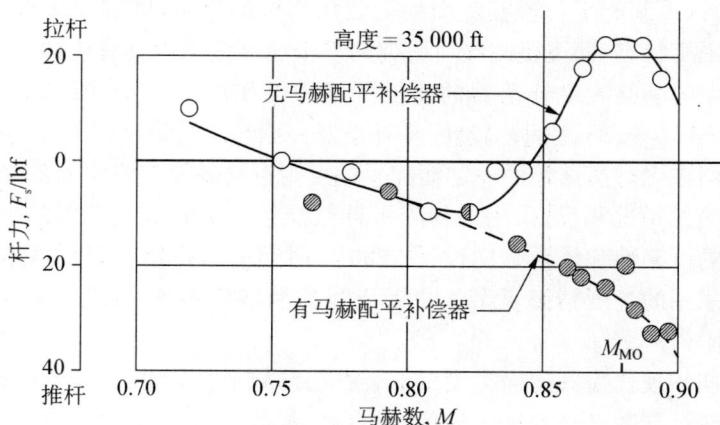

图 29 - 20　DC - 8 马赫配平补偿器对跨声速自动俯冲区飞行员杆力的影响

来源：SAE 会议，O. R. Dunn，Oct. 10 - 14，1960

当修改 DC‑8 机翼并将前缘前伸 4%时，自动俯冲趋势也有所减缓，但仍需使用马赫配平补偿器，如图 29‑21 所示。

（请注意在图 29‑20 和图 29‑21 中的杆力曲线相应于不同的配平速度。）

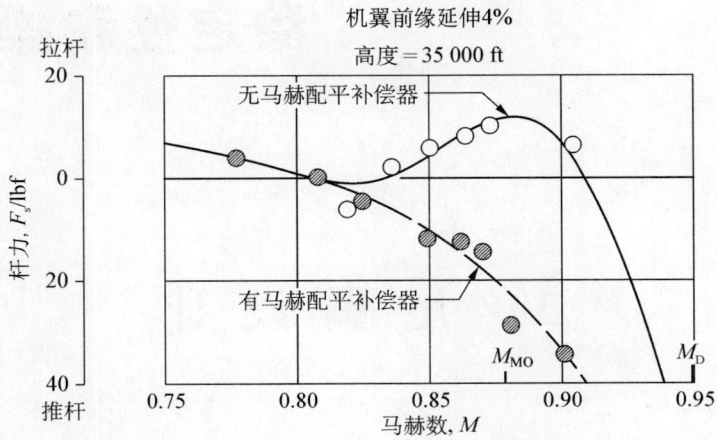

图 29‑21 DC‑8 机翼修改后的跨声速自动俯冲区飞行员杆力特性

来源：SAE 会议，O. R. Dunn，Oct. 10‑14，1960

第 **7** 部分

稳定性和操纵性

30 尾 翼 设 计

尾翼有三大功能：

（1）提供静、动稳定性。

（2）使飞机可操纵。

（3）在每种飞行条件下都达到平衡状态。

在关于稳定性和操纵性的课本和教程中已详细探讨了（1）、（2）两项。

人们常常认为尾翼保持平衡状态的能力是固有的，其实针对极端的飞行条件，为保持平衡状态常需对水平尾翼、垂直尾翼及其操纵面提出设计要求。

例如，单发失效时的最小操纵速度（V_{MC}）、极端缺失配平状态或者最大抗侧风能力。

一般对尾翼的设计要求可系统表达为：

（1）它们应对纵向、航向（有时还有侧向）静动稳定性有足够大的贡献。这一要求主要决定了它们的升力梯度 $\dfrac{dC_{L_h}}{d\alpha_h}S_h$ 和 $\dfrac{dC_{L_v}}{d\alpha_v}S_v$。

这就要求展弦比尽量大并且在采用大展弦比时后掠角尽量小。

（2）它们应提供足够的操纵能力，这一要求同样决定了它们的升力梯度。这也要求展弦比尽量大并且在采用大展弦比时后掠角尽量小。

（3）应能够以可接受的杆力进行操纵。这就要求展弦比尽量大，因为杆力

$$F = C_h \frac{1}{2}\rho V^2 S_c \bar{c}_c$$

式中：C_h——铰链力矩系数；

$\dfrac{1}{2}\rho V^2$——动压；

S_c　　　——操纵面面积；

$\bar{c}_c$　　　——操纵面平均气动弦长。

（4）尾翼应能适应大尾翼迎角，对水平尾翼（特别是在较高速度打开襟翼时）或垂直尾翼（强侧风）都是如此。此时需要小展弦比，而且后掠有利。有可能在结冰条件下飞行时，能够适应水平尾翼和垂直尾翼大迎角状态的要求更为严峻。

（5）尾翼应能提供足以平衡无尾总气动力和力矩的最大气动力，以便在任何飞行条件下都能达到静平衡状态。这一点带来了对尾翼面积和对有不同程度操纵面偏转并计及结冰粗糙度影响的尾翼最大升力系数的特殊要求。

（6）高速飞机发生严重分离的马赫数最好应超过设计俯冲马赫数。水平安定面严重的流动分离将使由机翼流动状态变化引起无尾俯仰力矩改变的影响恶化（见图 29-1～图 29-5）。对采用可逆操纵系统的飞机特别要强调这一要求。

因此高速飞机的水平安定面的后掠角常比机翼的后标角大 5°左右，而且翼型也比机翼外侧薄 1%～2%（相对于弦长）。

注意尾翼最好在低于 M_D 时，即便带有修正小侧滑或以法向过载系数 $n=1.5$ 作拉起机动所需的操纵面偏度，也不会发生流动分离。

此外还应牢记以下要点：

（1）大展弦比对重量有不利（尽管比较小）的影响。同时，特别对 T 型尾翼，要非常仔细地进行颤振分析。少许下反角（负上反角）起着非常有利的作用。

（2）过大的尖削比会导致翼梢提前失速。有后掠时该风险更大，尽管这样的失速随后较为平缓，升力损失也较小。另一方面翼面尖削可减轻重量。

31 水平尾翼

前几章已经给出了水平尾翼气动设计的一般设计要求。本章将讨论特殊要求和一些应用实例。

图 31-1～图 31-3 列举了有关一般设计要求的气动特性。图 31-1 和

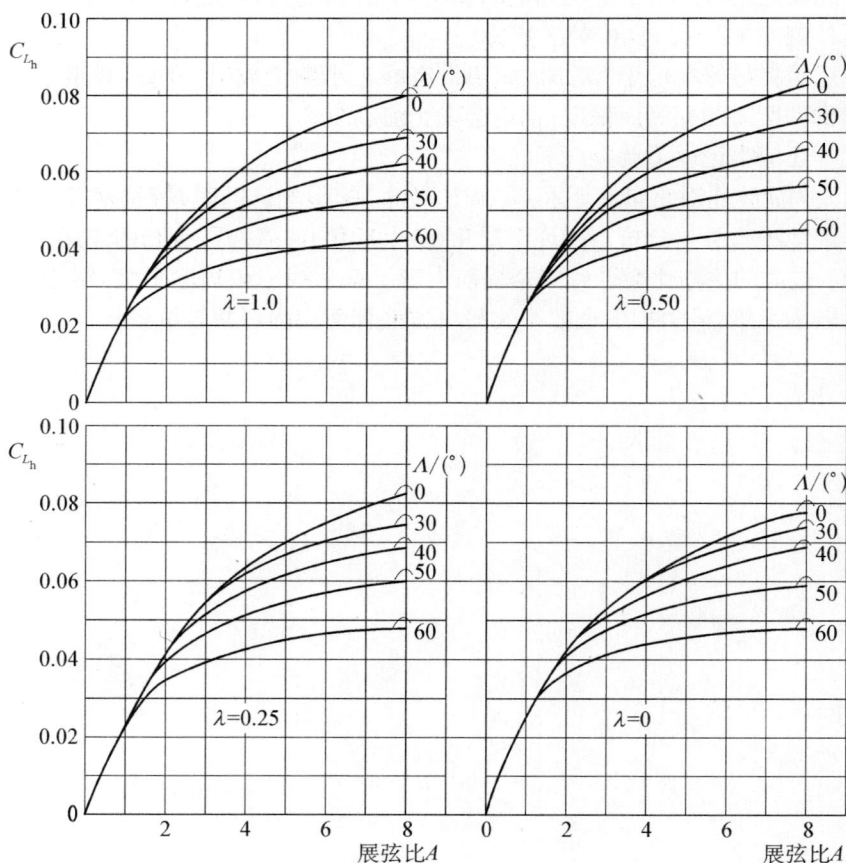

图 31-1　亚声速不可压流中升力线斜率随展弦比 A、尖削比 λ 和后掠角 Λ 的变化

来源：NACA Rept. 1098

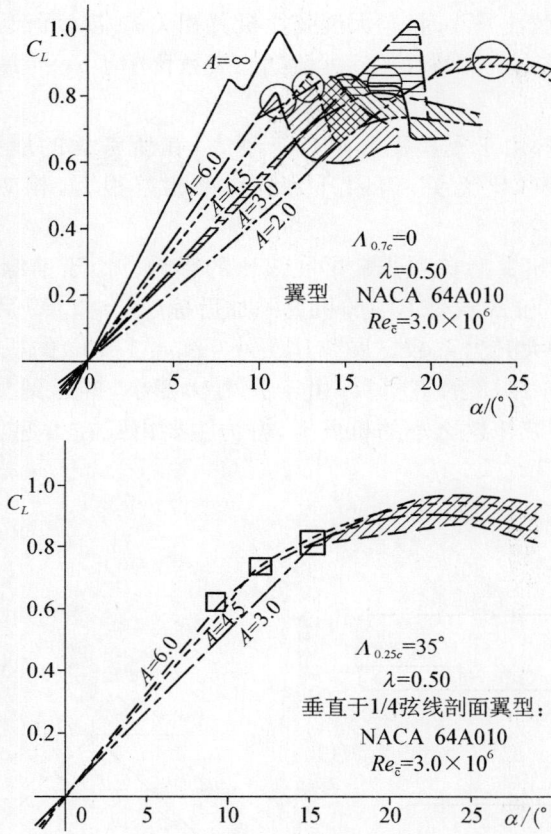

图 31－2　小展弦比机翼的升力曲线

来源：NACA TN 3497

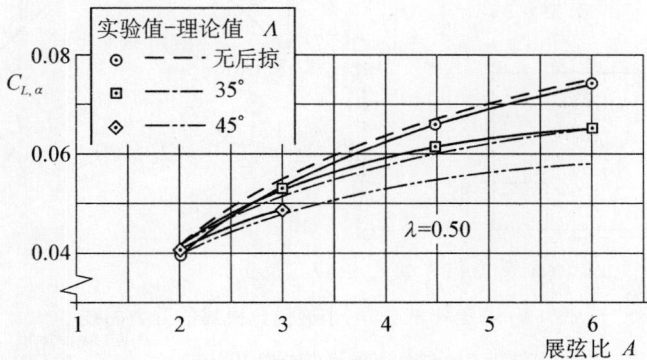

图 31－3　小展弦比机翼的升力线斜率

来源：NACA TN 3497

图 31-3 表明展弦比、后掠角和尖削比对水平尾翼的升力线斜率(在图 31-1 中标为 C_{Lh})的影响。当展弦比减小时,与大展弦比机翼相关的准二元流谱转变为翼梢涡越来越强,越来越难看出二元特性的三元流谱。展弦比小于 $A = 1.5$ 的升力面将在下一章讨论。

图 31-2 表明,由于翼梢涡影响越来越大,在所考虑的展弦比范围内,机翼最大升力几乎与展弦比无关,但因升力线斜率相差很大,相应最大升力的迎角有显著差别。

图 31-4 展示机翼后掠和非常小展弦比的影响。由于前缘涡的作用,展弦比差不多($A = 2.09$ 和 $A = 2.13$)的机翼添加后掠($A = 2.09$ 后掠角 $\Lambda = 45°$)提高了失速迎角和最大升力系数。展弦比更小($A = 1.13$)的机翼,无后掠最大升力系数也高于 $A = 2.13$ 的直机翼,由于升力梯度小,推迟到更大迎角才开始失速。这是因为在展弦比这么小的机翼上,升力主要由只在大迎角才破裂的翼梢涡产生。

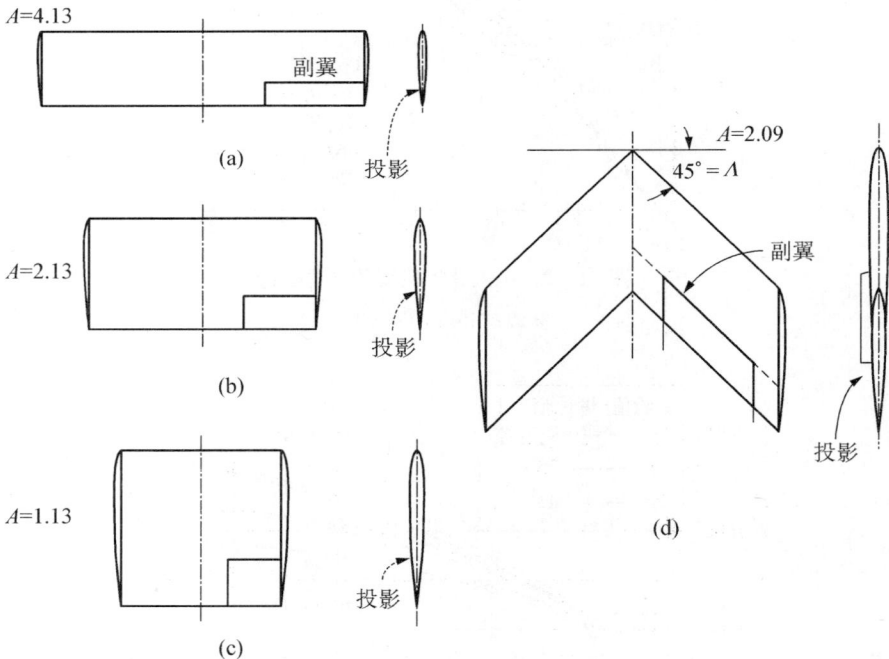

图 31-4(第 1 部分) 小展弦比机翼的升力曲线

来源: NACA Report 1091

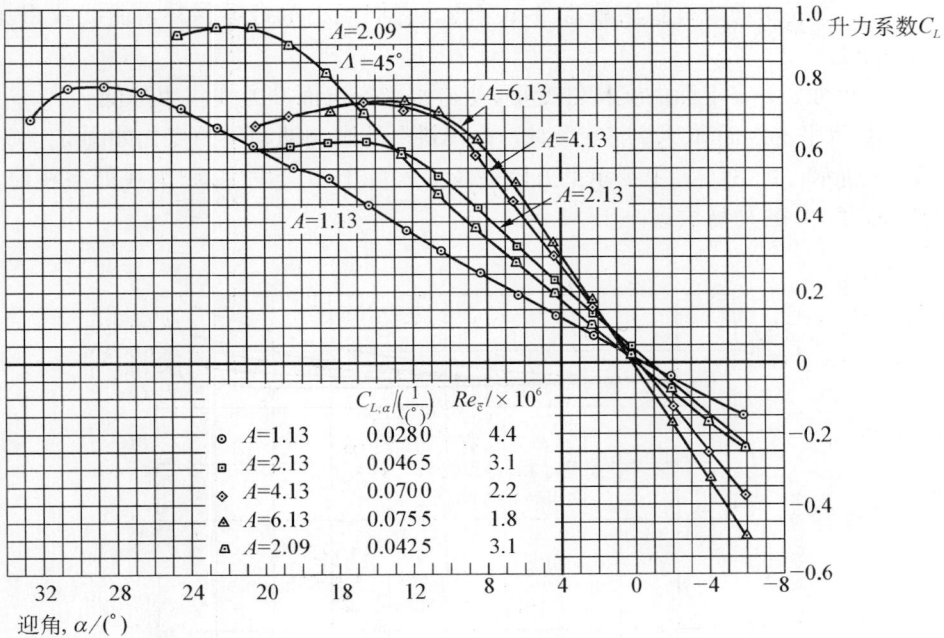

图 31 - 4(第 2 部分)　小展弦比机翼的升力曲线

来源：NACA Report 1091

静气动弹性变形

从航空事业发端起，气动弹性变形一直是人们关注的一个主题。在动力飞行头二十年，事故主要源自扭转发散。此后，理解和防止副翼颤振和机翼弯扭颤振成为对设计师的挑战。静气动弹性变形带来的问题发生于第二次世界大战期间，当时实现了高速(也是高动压)飞行，操纵面在机动飞行中变形，导致异常的飞行操纵特性。

出现喷气式飞机以来，人们在设计过程中作为常规一直在仔细考虑飞机正常使用中各主要部件在气动载荷作用下的静气动弹性变形。

波音 B - 47 是第一架被详尽分析了静气动弹性变形对所有主要气动导数以及因此对性能和飞行操纵性影响的飞机。NACA Report 1298 报道了该项研究。

变形的主要类型为：

(1) 机翼弯曲和扭转。它们使得展向和弦向载荷重新分布，减小了机翼升力线斜率，降低了副翼效率，还使后掠机翼的气动中心位置前移。为了使其在一般飞行载荷下有合适的"1g 外形"，机翼制造成称为"型架外形"的不同外形。着陆构型下襟翼和襟翼支持件都可能变形，减小了襟翼的有效偏度。

(2) 机身弯曲和扭转。它们降低了水平安定面和垂直安定面的升力线斜率。

(3) 水平安定面或水平尾翼弯曲和扭转。扭转变形主要发生在升降舵偏转时，在大动压下导致升降舵效率显著降低。

（4）垂直安定面或垂直尾翼弯曲和扭转。它们减小垂直尾翼升力曲线效率，降低方向舵效率。

（5）可动水平安定面的支持件变形，使得水平安定面升力线斜率降低。

机翼、水平安定面和升降舵变形对升力线斜率的影响随动压的变化如图 31-5～图 31-8 所示。图 31-7 中提示的升降舵反效实际上不会发生，因为在低空相应设计俯冲速度 V_D 的马赫数远小于 $M=0.85$。

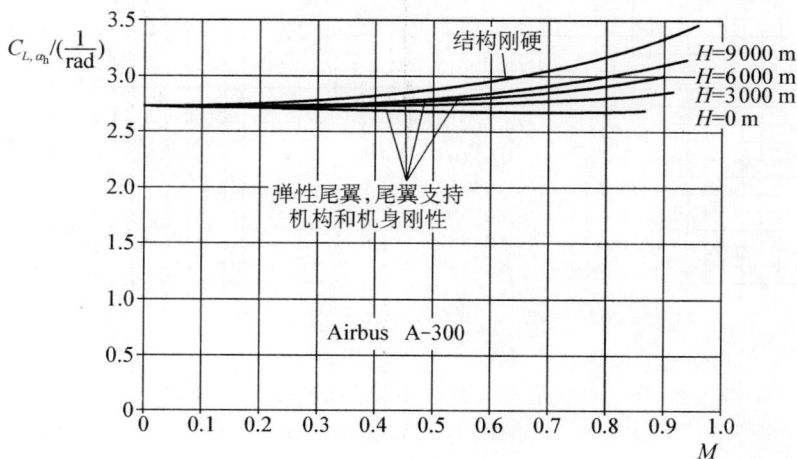

图 31-5 水平尾翼的升力线斜率

来源：AGARD CP No. 46，Paper No. 17，1969

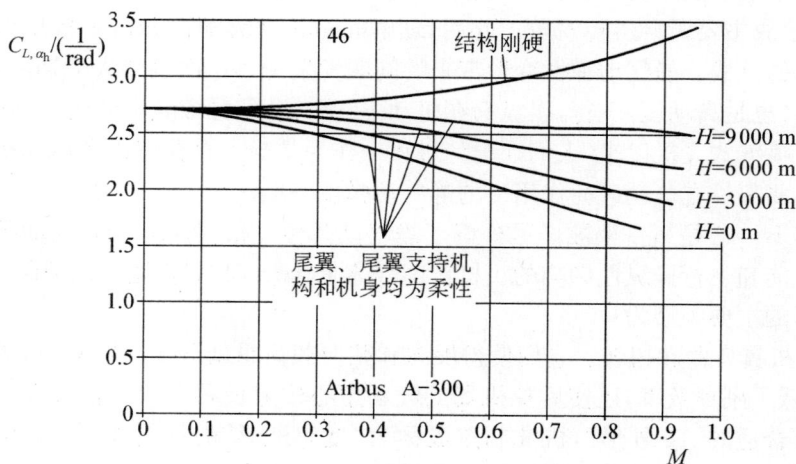

图 31-6 水平尾翼的升力线斜率

来源：AGARD CP No. 46，Paper No. 17，1969

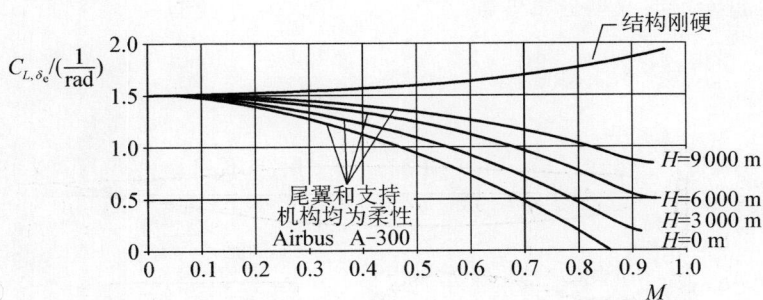

图 31-7 升降舵效率

来源：AGARD CP No. 46，Paper No. 17，1969

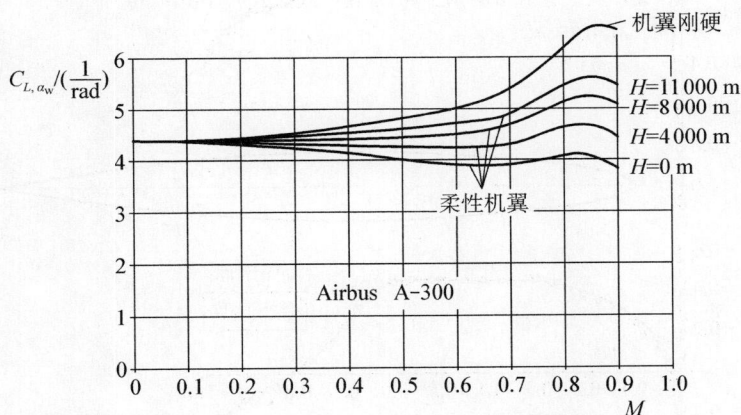

图 31-8 机翼的升力线斜率

来源：AGARD CP No. 46，Paper No. 17，1969

为减小机身弯曲的不利影响，可将升降舵"下调"，如图 31-9 和 31-10 所示。这样做使水平尾翼零升俯仰力矩为负，随着动压增加趋于使后机身和水平尾翼支持机构向上弯曲，从而提高了纵向稳定性。

图 31-9 的下半部分不属本章内容，与下一章相关。

水平尾翼的普遍功能是使各种飞机在不同飞行条件下能实现受控飞行，如图 31-11 所示。图中的线条表示不同构型在各重心位置的无尾俯仰力矩系数 $C_{m\,c.g.}$ 随无尾升力系数 $C_{L\,T-O}$ 的变化。

尾翼对飞机俯仰力矩达到平衡状态的贡献可写作 $\Delta C_{m\,c.g.} = -C_{Lh}\overline{V}_h$ 其中 $\overline{V}_h = \dfrac{S_h l_h}{S_w \bar{c}}$。在图 31-11 中假定水平尾翼容量系数 $\overline{V}_h = 1.0$，因此 $C_{m\,c.g.}$ 和 $C_{Lh}(= C_{Ltail})$ 相等，两轴重合。

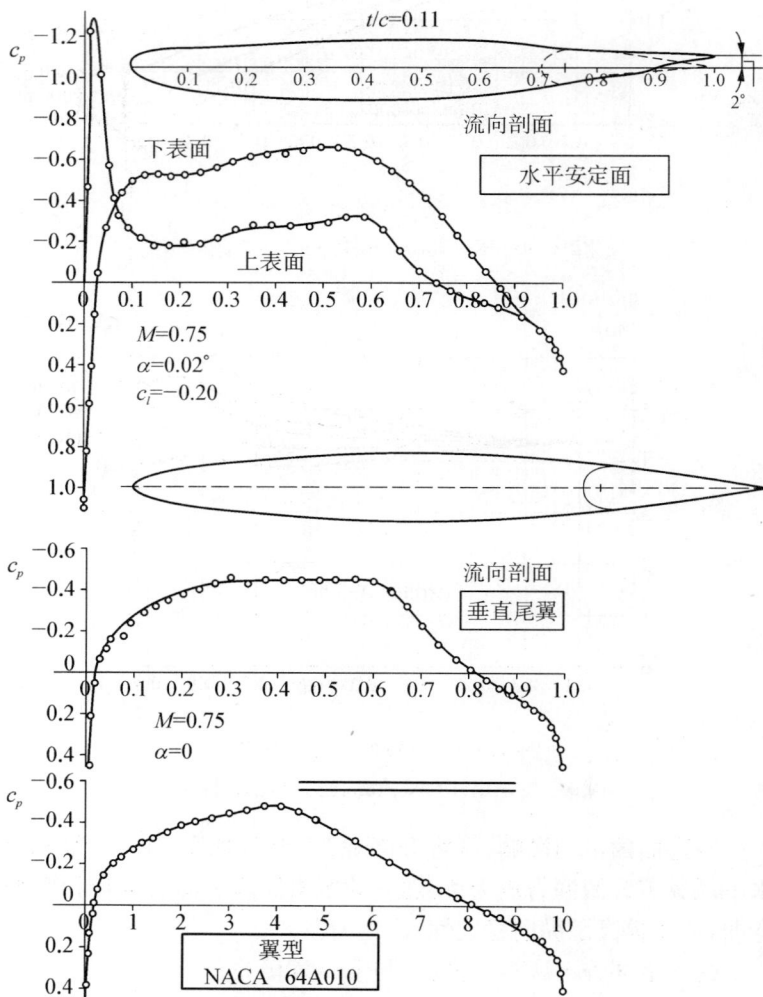

图 31 - 9　波音 737 尾翼采用的翼型及其与 NACA 64A010 的比较

来源：NASA TN D - 5971

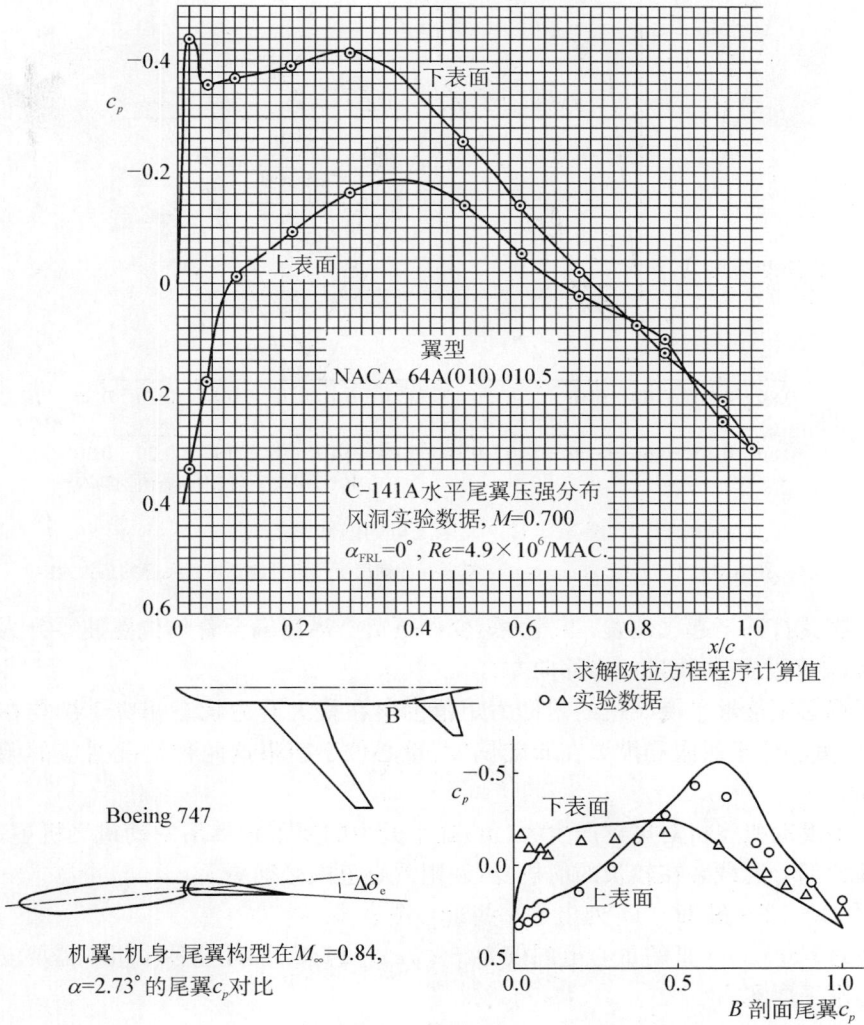

图 31-10　水平尾翼的压强分布

来源：AIAA Paper No. 87-0454

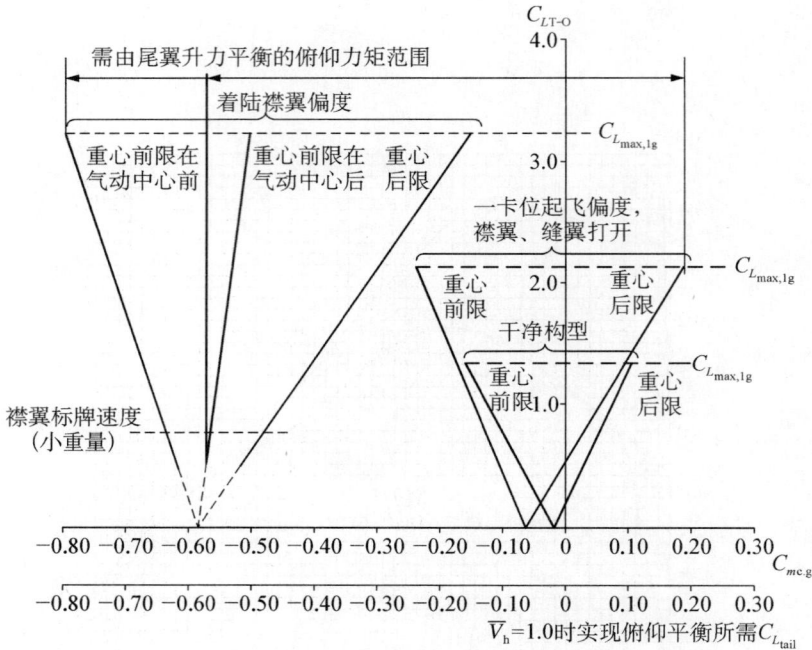

图 31-11　无尾飞机的俯仰力矩

来源：AGARD CP-160，Paper No. 10 襟翼标牌速度＝飞机可放下襟翼飞行的最大速度

将襟翼打开至起飞位置，零升力矩变得更负。襟翼偏至着陆位置使零升力矩负值加大，俯仰力矩曲线进一步移向左方。

尾翼必须能够平衡飞机的俯仰力矩范围落在最大升力状态相应于襟翼在起飞一卡位、重心位于后限和襟翼在着陆偏度、重心位于前限这两种情况对应的俯仰力矩之间。

尾吊发动机飞机对尾翼产生大（负）配平升力的要求较翼吊发动机飞机更苛刻，因为其大部分商载装在较长的前机身，许用重心范围必须更大。

图 31-12～图 31-17 列出了一些重心图表。

注意 Caravelle Ⅲ 的重心范围仅为 $x_{c.g.}/\bar{c} = 14\%$，因此这种飞机不需要安装角可调的水平尾翼。

水平尾翼对俯仰力矩平衡的贡献可用下列方程描述：

$$C_{mtail} = -C_{m_{T\text{-}O}} = -\left(C_{L,\alpha_h} \cdot \alpha_h + C_{L,\delta_e} \cdot \delta_e\right)\frac{q_h}{q}\overline{V}_h \tag{31-1}$$

$$\alpha_h = \alpha_R - \varepsilon + i_h + \Delta\alpha_{(q)} \quad \left(\alpha_R - \varepsilon = \alpha_R\left(1 - \frac{d\varepsilon}{d\alpha}\right) - \varepsilon_0\right) \tag{31-2}$$

$$C_{mtail} = -C_{L,\alpha_h}\left(\alpha_R - \varepsilon + i_h + \Delta\alpha_{(q)} + \frac{C_{L,\delta_e}}{C_{L,\alpha_h}} \cdot \delta_e\right)\frac{q_h}{q}\overline{V}_h \tag{31-3}$$

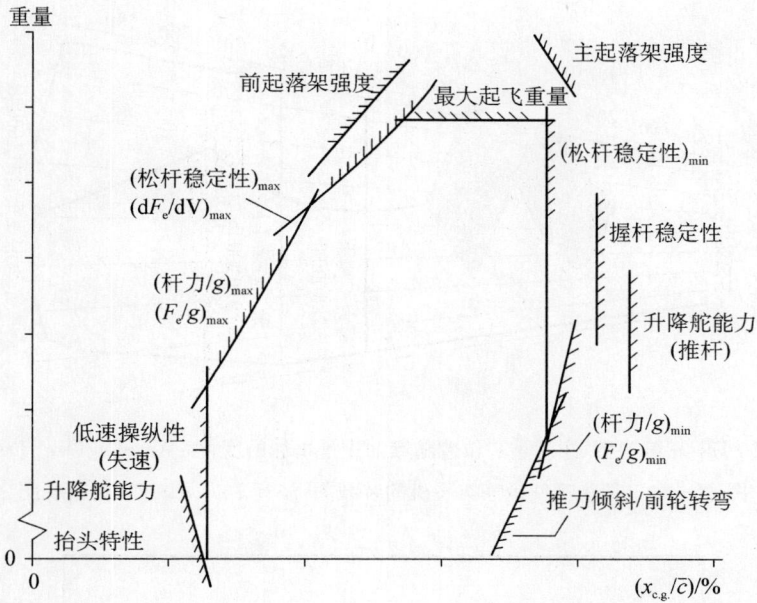

图 31 - 12　某些喷气运输类飞机的装载图:装载限制图

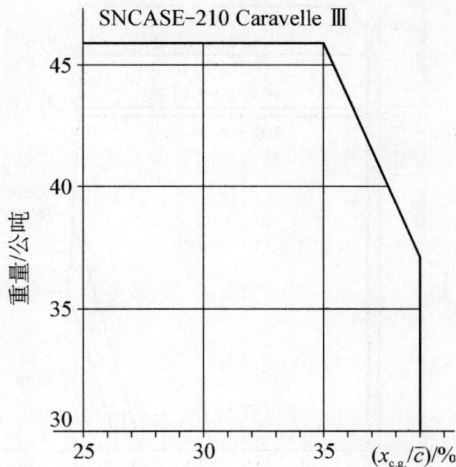

图 31 - 13　某些喷气运输类飞机的装载图:
SE - 210 Caravelle Ⅲ 的装载图

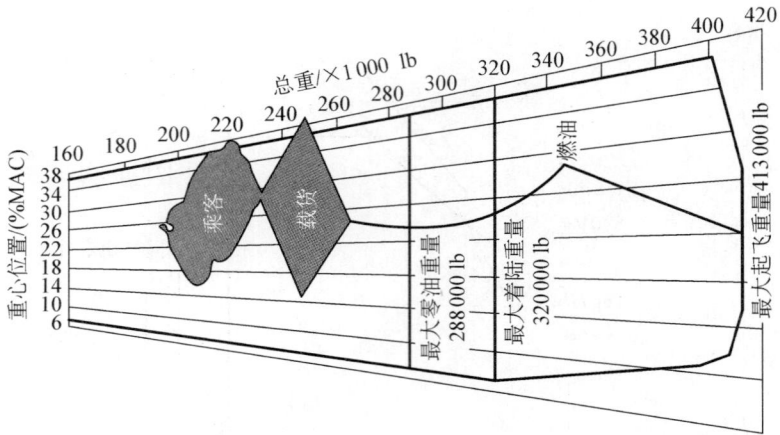

767 - 300 ER 三舱构型. 注意重心位置随燃油重量增加的变化. Airliner/Oct - Dec 1994

图 31 - 14　某些喷气运输类飞机的装载图:波音 767 - 300ER 的装载图

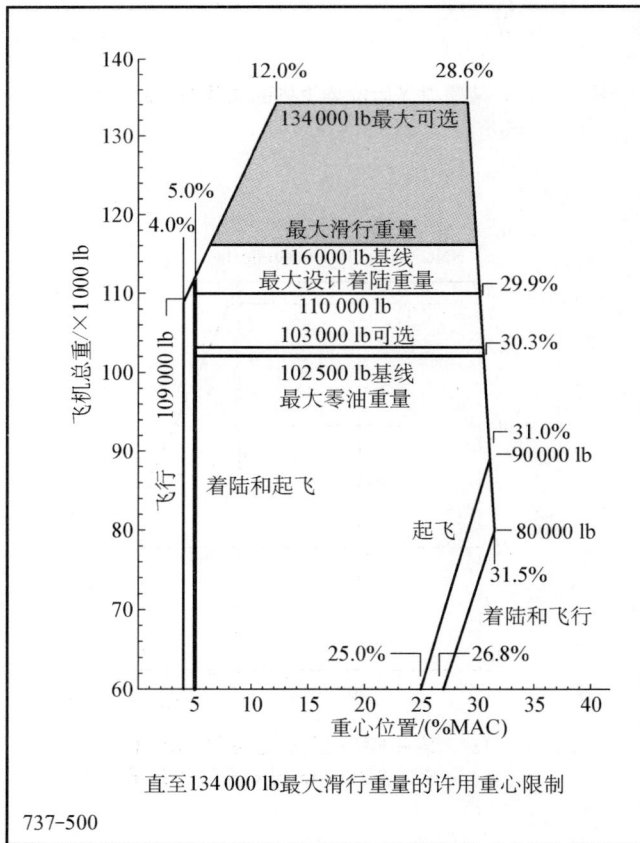

图 31 - 15　某些喷气运输类飞机的装载图:波音 737 - 500 的装载图

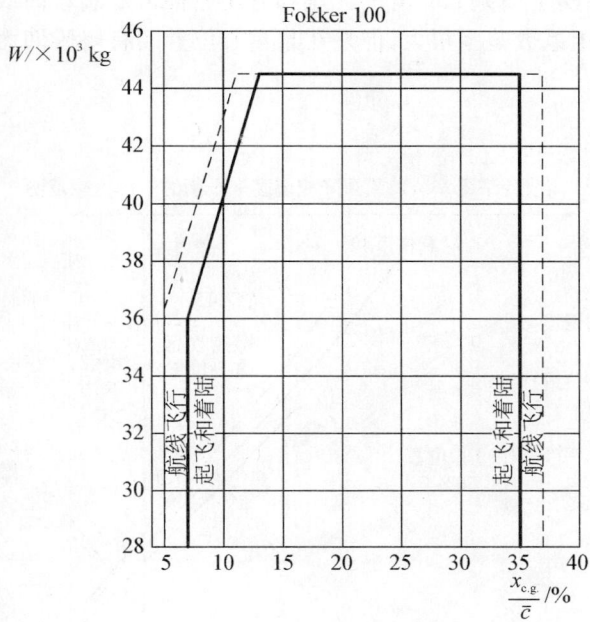

图 31-16 某些喷气运输类飞机的装载图:福克 100 的
装载图

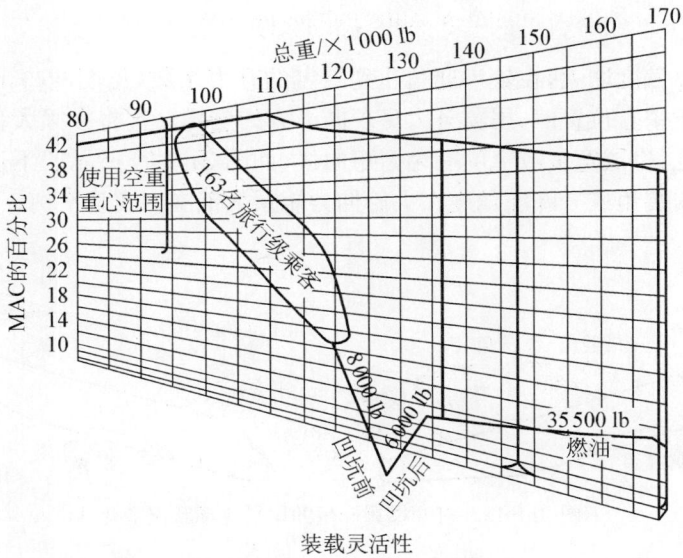

图 31-17 某些喷气运输类飞机的装载图:波音 727-200 的
装载图

图 31-18 绘出了福克 F-28 的无尾和有尾俯仰力矩系数曲线。尽管无尾构型如上所述俯仰力矩系数范围很大，但是在某重心位置的有尾俯仰力矩曲线却彼此靠得很近。

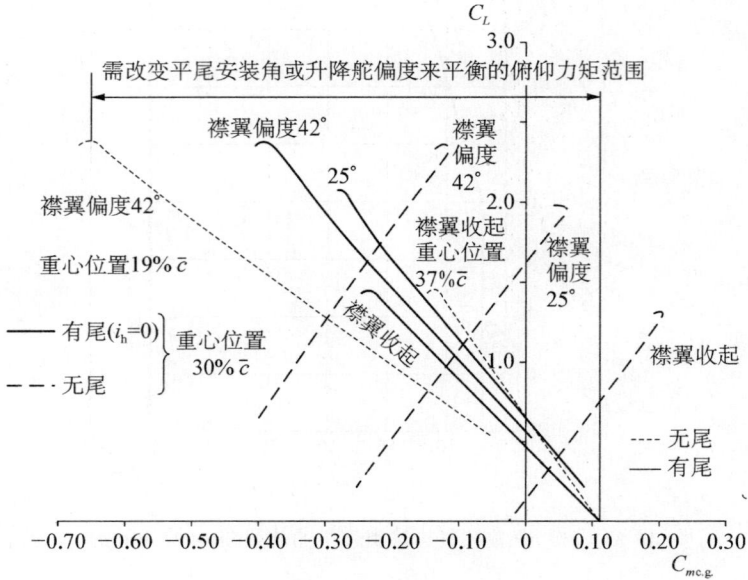

图 31-18　福克 F-28 的俯仰力矩曲线

来源：AGARD CP-160，Paper No. 10

随着襟翼偏度增大，在较小迎角达到给定的升力系数（见图 25-1）。水平尾翼和升降舵处于中立位置时，尾翼升力呈现向下方的变化。这将在很大程度上抵消无尾力矩的改变，生成宽度较窄的有尾力矩曲线，如图 31-19 所示。不过还必须能通过改变平尾安装角或升降舵偏度在大俯仰力矩系数范围内实现平衡。

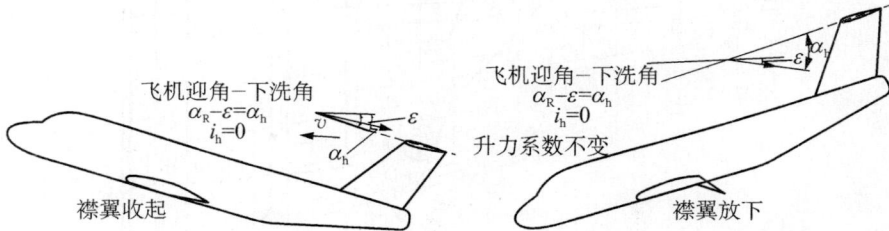

图 31-19　打开襟翼产生的尾翼流动状况变化

在结冰条件下尾翼仍需实现其功能。取决于云中的气象条件，飞行中在飞机上可能累积不同类型的冰。主要冰型有毛冰、具有各种各样形状的光冰和树冰三种。图 31-20 和图 31-21 对此举例加以说明。

情况	空速 /(km/h)	温度 /℃	液态水含量 LWC/(g/m³)	时间 /min
A	209	-8	L3	8
B	209	-2	L3	8
C	209	-26	L3	8
D	209	-8	L3	3
E	338	-8	L05	6.2
F	209	-18	L3	8

21 in(英寸)弦长0012翼型迎角4°

光冰

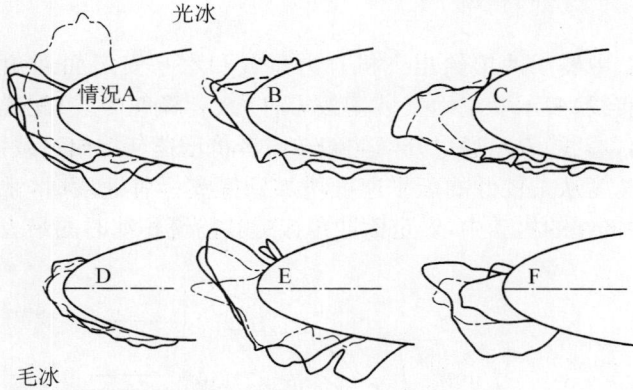

毛冰

云中水滴大小不同造成不同的冰型

图 31-20 冰 型 Ⅰ

来源: NASA TM 83556

情况	空速 /(km/h)	温度 /℃	液态水含量 LWC/(g/m³)	平均有效水滴 直径DVM/μm
A,B,C	209	-8	2.1	20
D,E,F	209	-26	1.0	12

21 in(英寸)弦长0012翼型

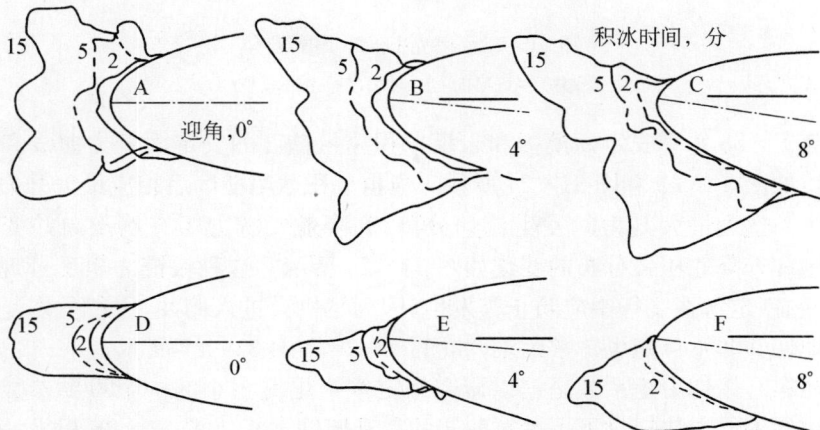

积冰时间和迎角对冰型的影响

图 31-21 冰 型 Ⅱ

来源: NASA TM 83556

对飞机部件特别是升力面上积冰必须极其慎重地加以研究。如果不打开防冰系统,飞行中在前缘形成毛冰和光冰。当含有一些水蒸气的暖空气接触到冰冷的飞机构件,例如停站过夜后,则形成树冰。所有各种积冰都降低升力面的最大升力,所以应该在起飞前用除冰液除去。

如图 31-11 所示,对水平安定面配平能力要求最高的是飞机处于前重心位置的着陆构型。在该状态需要很大的水平安定面负升力系数(以图 31-11 为例,$C_{Ltail} = -0.8$)。

在图 31-22 中展示两组给出飞机升力系数和水平安定面迎角之间关系的曲线。其中一组(实线)表示安定面安装角按零杆力(升降舵中立)配置时的水平安定面迎角。另一组(虚线)表示通过升降舵偏转或者将增速与法向过载系数 $n=0.5$ 推杆相结合,飞机速度从某较低的配平速度增加到襟翼标牌速度时,水平安定面迎角的变化。在这种极端的机动中,安定面迎角接近其前缘积冰时的最大迎角。

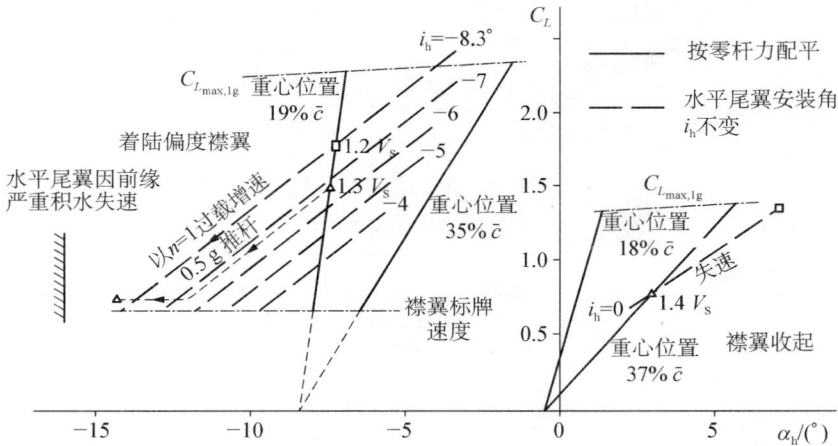

图 31-22 福克 F-28 尾翼迎角

来源:AGARD CP-160,Paper No.10

福克 F-28 水平安定面模拟和未模拟积冰粗糙度的安定面升力曲线和升降舵铰链力矩如图 31-23 和图 31-24 所示。模拟了积冰粗糙度后相应最大升力的迎角显著减小。达到最大升力时发生流动分离,升降舵铰链力矩突然换向并变得非常大。平尾和升降舵压强分布的变化如图 31-25 所示。这种铰链力矩反号现象也称为"升降舵锁定",在飞行中应防止其发生,因为飞机会进入俯冲,飞行员恢复对飞机的操纵即便并非不可能也非常困难,如图 31-26 和图 31-27 所示。

无尾零升俯仰力矩系数是据以研究确定水平尾翼大小的一个重要参数。供初步设计用的手册方法提供不了襟翼偏转的零升俯仰力矩。图 31-28 根据一些风洞模型和真实飞机的数据给出了因襟翼偏转无尾零升力矩系数的改变随零迎角襟翼偏转引起的升力系数增量变化的平均曲线,用以辅助初步设计。

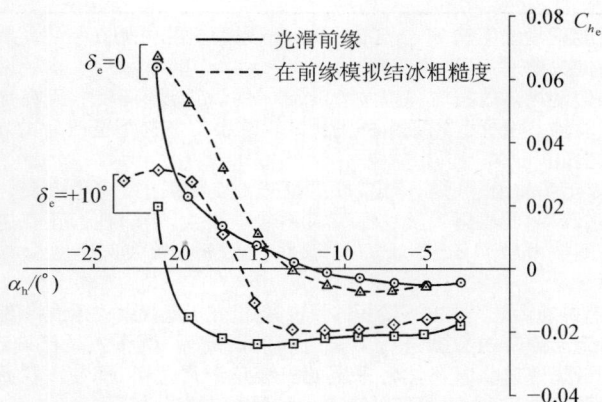

图 31-23 模拟积冰粗糙度对升降舵铰链力矩的影响

来源：AGARD CP-160，Paper No. 10

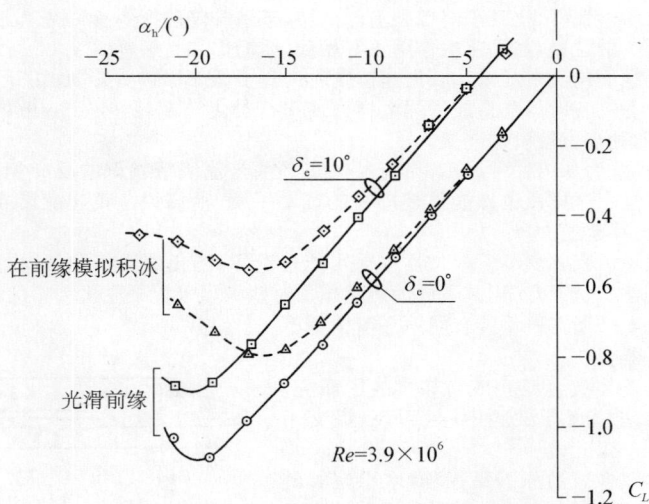

图 31-24 福克 F-28 平尾升力曲线，模拟积冰粗糙度的影响

来源：AGARD CP-160，Paper No. 10

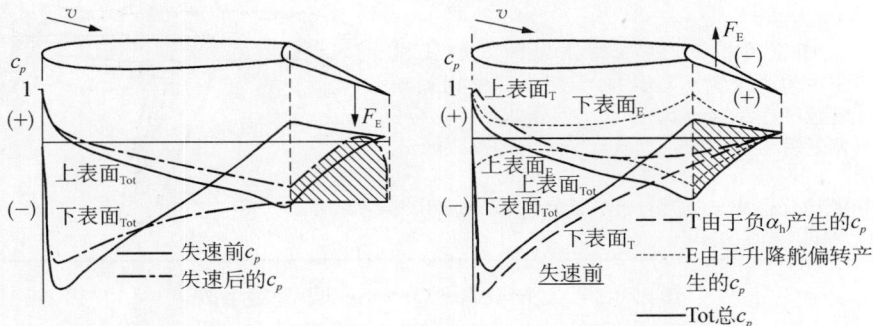

图 31-25 发生升降舵锁定前后水平尾翼上的压强分布

现已确定很可能正是法宇航 SN-600 Corvette 原型机的可调安装角尾翼造成了这架涡扇双发喷气公务机俯仰失衡进入不可控俯冲。

法宇航官员确信最终事故报告将澄清 Corvette 的设计没有问题，正在加速研制两架生产型飞机和两架份试验件。根据此先原型机飞行试验结果实施构型更改后的新型别计划在明年稍晚时进行飞行试验。

该机应在 1973 年底前通过适航审定，以保证于 1974 年初及时生产交付。三名来自法国民用飞机试验中心（CEV）的机组人员在原型机坠毁中丧生，当时他们正在进行高空失速试验（见《航空周刊与空间技术》4 月 12 日 p.53）。该机在高于正常失速速度约 20 kn 时俯仰失衡，进入急剧俯冲。

来自飞行员仅有的通话是其中之一简短的报告，他们在一起使劲也无法将飞机从俯冲中拉起。

在对飞行试验记录磁带的数据进行了长时间的研究后，调查人员已确定首次飞 Corvette 的飞行员在准备进行失速试验时显然将平尾的安装角调得过负，即使飞机抬头的姿态。没有安装限位器来限制平尾的行程，因为那部分飞行包线尚未充分拓展。

据一些官员说，所有平尾安装角可调的飞机都会遇到导致 Corvette 坠毁同样的问题。当调整飞机以进行一系列失速试验时，飞行员显然将其配置为最终使平尾和升降舵的操纵反逆的构型。

打开大展长襟翼，产生了相对向下（或使飞机抬头）的绕尾翼气流。在配置平尾偏度时飞行员显然像通常所做那样，松开了对驾驶盘的把持，于是升降舵操纵面顺着当地相对气流方向偏转到使飞机低头的位置，与平尾的作用正好相反，他们作如是解释。

所形成的操纵面构型在尚未达到失速速度时产生了低头纵向力矩，他们说，襟翼产生的偏转气流在升降舵上的气动压强造成的强大杆力使飞行员无法超控。Corvette 的飞控系统无伺服操纵，舵面与驾驶盘直接机械连接。

据一位官员称，为从俯冲中改出，飞行员其实必须与他们下意识的反应相反，将平尾调到使飞机低头的位置。这样做也许能重建尾翼的气动平衡，他们说。收起襟翼或许也有助于纠正操纵失衡，他们补充道。

法宇航的试飞员都知晓不设限位器平尾可能过配平，当拓展飞行包线时他们只在一定平尾偏度范围内操作。至于 CEV 试飞员为何超越了这些极限来配平飞机大概已不得而知。

项目官员称生产型飞机将装有使不平衡构型不可能出现的限位器。

法国事故调查委员会已完成对该事故的研究，并已向法宇航和法国飞行试验中心（CEV）提交了报告。

正式报告称该事故的原因是一种"水平尾翼的气动力异常"，而该问题在新的生产型飞机设计中已得到纠正。来自某渠道的说法是，所遇到的问题基本上是平尾失速，45°襟翼偏度和水平尾翼大的负安装角更使雪上加霜。该飞机在高于正常失速速度约 20 kn 时进入俯冲。

在生产型飞机上，通过按原先计划加长机身——主要为了减少气动阻力，与减小三个相关操纵面偏转范围相结合，消除了这个问题。

可调安装角平尾的行程从 +2° 到 -10° 减为 +2° 到 -8°。

升降舵行程从 +25° 到 -15° 减为 +25° 到 -10°。
襟翼偏度从 45° 减为 40°。

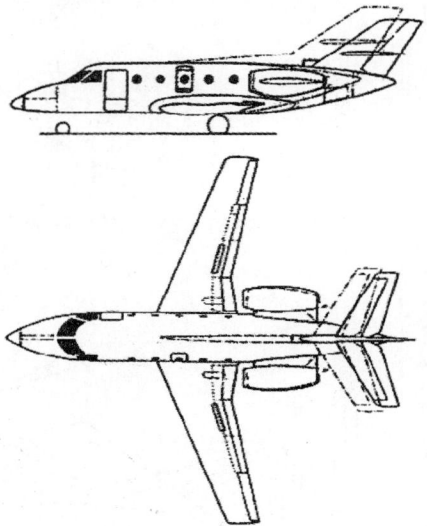

图 31-26 过配平造成 Corvette 飞机坠毁事故

来源：Aviation Week and Space Technology, May 31 and October 18, 1971

将可调水平安定面调到中立位置后,CAA 飞行员随即进行下一步操作,分级将安定面调至低头极限,检查依靠人工操纵升降舵能否配平(升降舵无配平调整片,原设计中的平衡调整片因被证明并无必要,已拆除)。正是从这里开始出毛病。飞行数据记录器显示,安定面一口气持续 7 秒钟从 0°偏转到低头 4.6°。这就需要克服 50 至 60 kg 过大的杆力来使飞机持平,不过吉尔做到了。安定面随后完全低头偏至 5°,杆力增加到 70 kg,飞行员仍然全凭肌肉的力量将飞机持平。记录器接着显示安定面又偏了 0.5°(超过设计极限)。此时升降舵杆力减小,飞机低头,速度开始增加。

到了这个时候,CAA 飞行员要贝克汉姆帮助他一起把驾驶杆往后拉。两位飞行员拉杆的力量合在一起达 150 kg(飞机正常飞行时杆力不超过 22 kg)。机头不断下沉,在低于地平面 30°时空速超过 V_{MO} 达 250 kn(道尼尔 228 的 V_{MO} 为 200 kn)。在 302 kn 速度,约 1500 ft 高度,负过载 $-1.8g$ 时,飞机开始解体。当飞机在一片森林中间撞地时,俯仰角为低头 75°,过载 $-3g$。

图 31-27　水平安定面误配平事故

来源:Interavia Letter No.9977,April 13,1982

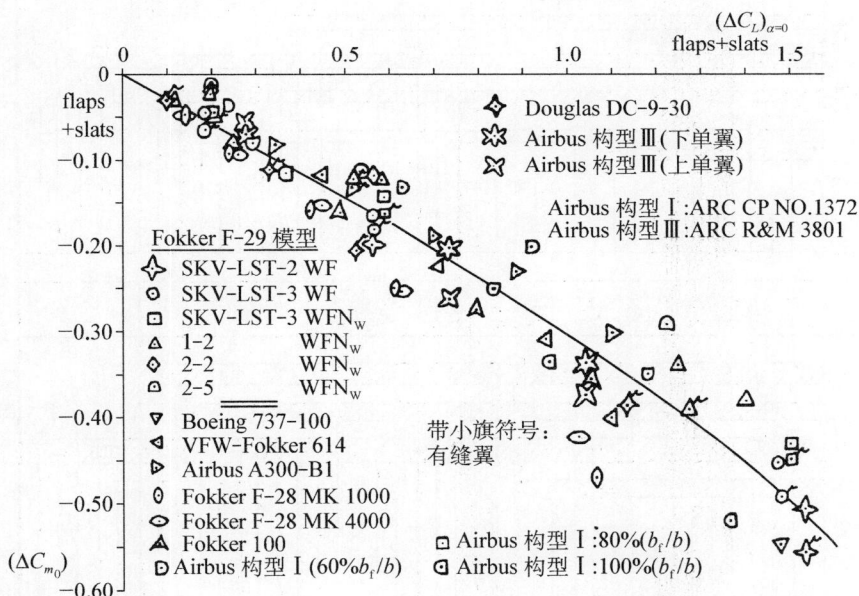

图 31-28　无尾零升力矩系数因缝翼和襟翼偏度的改变随零迎角缝翼和襟翼偏转
引起的升力系数增量的变化

来源:福克 Report H-O-83

在图 31-29 和图 31-30 中列出了许多喷气式和螺旋桨式运输类飞机水平尾翼的几何参数。大多数喷气式飞机,特别是采用可逆操纵系统的飞机,水平尾翼后掠角比机翼的大 5°~10°,以防止在 M_{MO} 和 M_D 之间出现操纵性问题。出于同样原因,尾翼翼型也要比机翼外侧翼型薄(1%~2%)t/c。在诸如波音 747 和 DC-10 这些采用不可逆操纵系统(通常 M_{MO} 和 M_D 更高)的飞机上,尾翼上允许出现跨声速流,其后掠角与机翼后掠角相同。

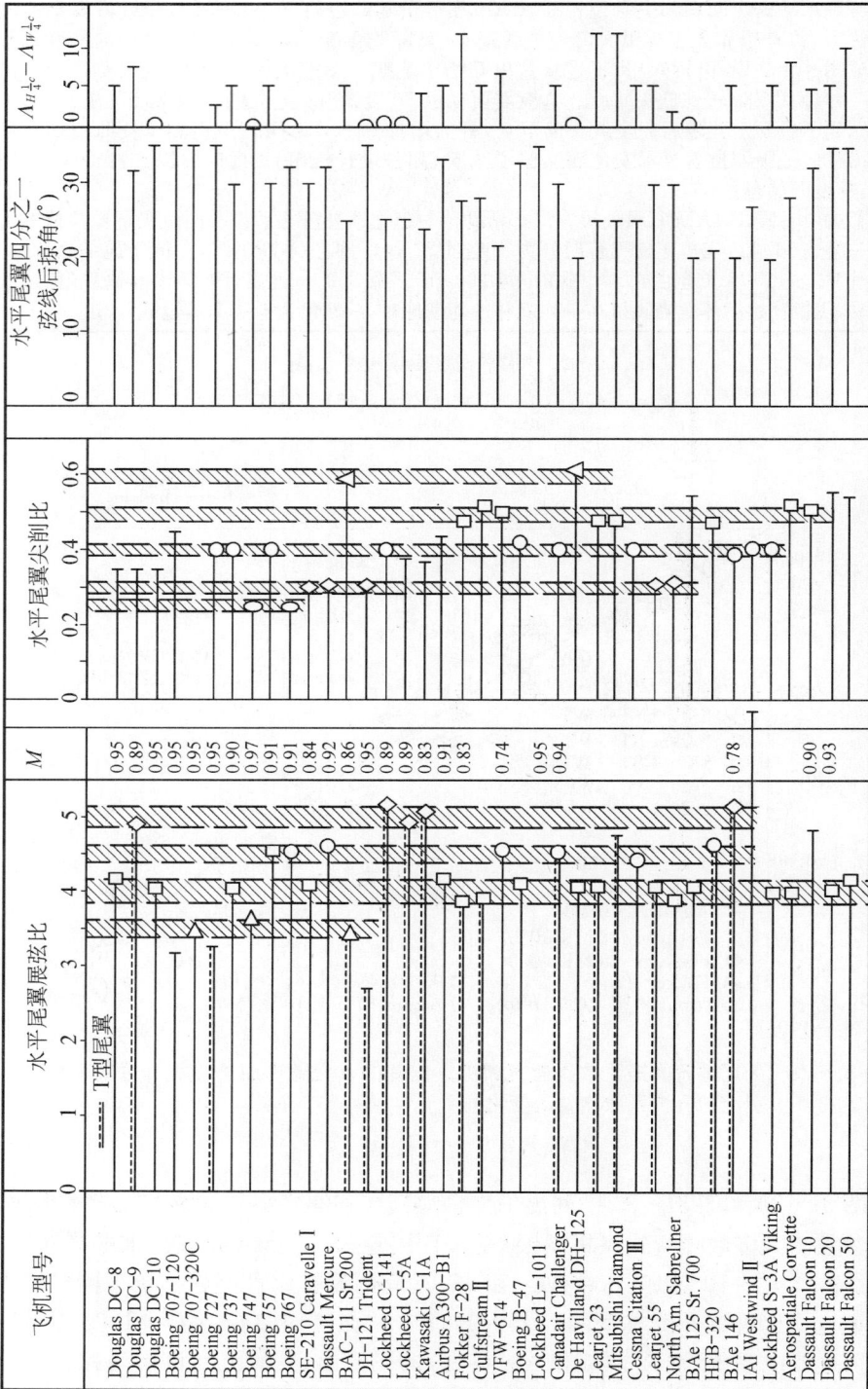

图 31-29　若干喷气式飞机的水平尾翼数据

水平尾翼展弦比　　T型尾翼　　M　　水平尾翼尖削比　　水平尾翼四分之一弦线后掠角(°)　　$\Lambda_{H\frac{c}{4}} - \Lambda_{W\frac{c}{4}}$

飞机型号	M
Douglas DC-8	0.95
Douglas DC-9	0.89
Douglas DC-10	0.95
Boeing 707-120	0.95
Boeing 707-320C	0.95
Boeing 727	0.90
Boeing 737	0.97
Boeing 747	0.91
Boeing 757	0.91
Boeing 767	0.84
SE-210 Caravelle I	0.92
Dassault Mercure	0.86
BAC-111 Sr.200	0.95
DH-121 Trident	0.89
Lockheed C-141	0.83
Lockheed C-5A	0.91
Kawasaki C-1A	0.83
Airbus A300-B1	
Fokker F-28	
Gulfstream II	0.74
VFW-614	
Boeing B-47	0.95
Lockheed L-1011	0.94
Canadair Challenger	
De Havilland DH-125	
Learjet 23	
Mitsubishi Diamond	
Cessna Citation III	
Learjet 55	
North Am. Sabreliner	
BAe 125 Sr. 700	
HFB-320	0.78
BAe 146	
IAI Westwind II	
Lockheed S-3A Viking	
Aerospatiale Corvette	
Dassault Falcon 10	0.90
Dassault Falcon 20	0.93
Dassault Falcon 50	

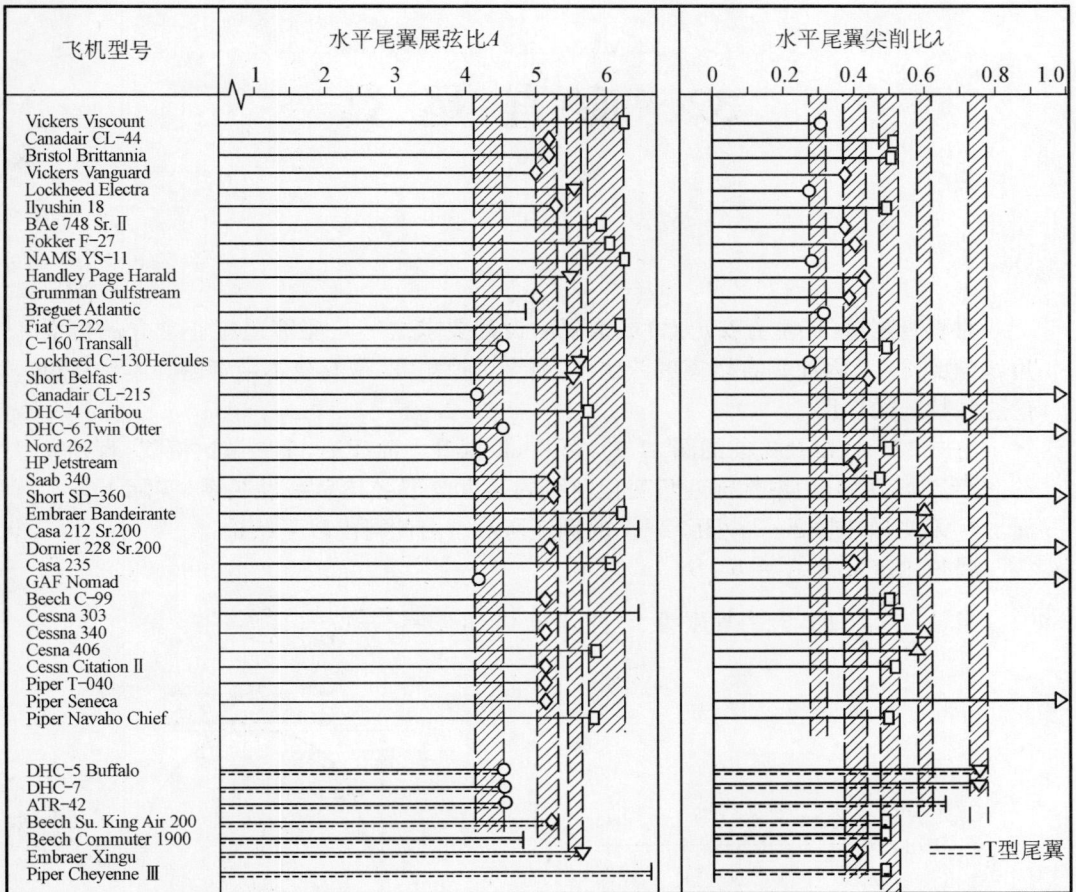

图 31-30　若干螺旋桨式飞机的水平尾翼数据

所见最大展弦比为：

螺旋桨飞机 $A_h = 6$

喷气式飞机 $A_h = 5$

32 垂 直 尾 翼

对垂直尾翼(或垂直安定面)最重要的设计要求之一是能够适应非常大的侧滑角 β,直到 25°。因此垂直尾翼展弦比小,前缘后掠角大,带有或不带背鳍。本章将讨论这些特征的作用。

由图 32-1(以及先前的图 31-1)可见,根据升力面理论,小展弦比机翼(直到大约 $A = 1.5$)的升力系数随迎角变化曲线的梯度与展弦比呈线性关系,实际上与平面形状无关,如图 32-2～图 32-5 的例证所示。由此得出以下结论:

展弦比定义为 $A = b^2/S$ (32-1)

当 $A < 1.5$ 时,升力梯度等于(图 32-1) $C_{L,\alpha} = \dfrac{\pi A}{2}\left(\dfrac{1}{\mathrm{rad}}\right)$

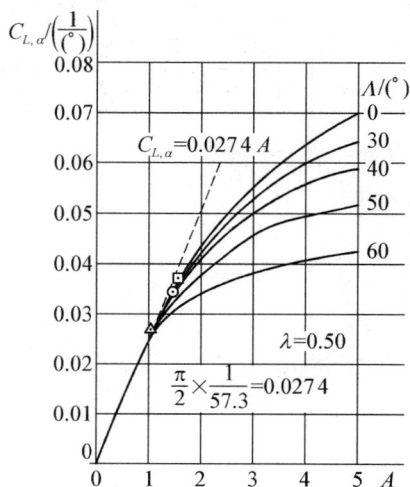

图 32-1 垂直尾翼翼面升力线斜率

来源:NACA TN2010,Rept. 1098

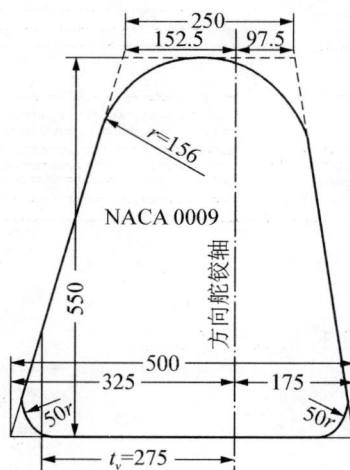

$A_v = 1.53 \quad C_{L,\alpha} = 0.037/\left(\dfrac{1}{(°)}\right)$

$\lambda = 0.50$

$R_e = 0.78 \times 10^6$

$C_{L_{\max}} = 0.75$

图 32-2 垂直尾翼升力线斜率(Ⅰ)

来源:Forschungsbericht FB 1519/3

或 $C_{L,\alpha} = \dfrac{\pi A}{2 \times 57.3} = 0.0274 A\left(\dfrac{1}{(^\circ)}\right)$　　　　　(32 - 2)

垂直尾翼上的升力(或侧力)可写为

$$L = C_{L,\alpha} V\alpha \frac{1}{2}\rho V^2 S_v$$　　　　　(32 - 3)

将后两个式子合并得到 $L = 0.0274 b_v^2 \alpha \dfrac{1}{2}\rho V^2$　　　　　(32 - 4)

给定垂直尾翼迎角,垂直尾翼上的侧力只与其高度有关,平面形状的影响则是次要的。

　　这就解释了为什么从航空时代早期到现在,垂直尾翼形状千变万化但在大多数情况下显然都有满意的特性。

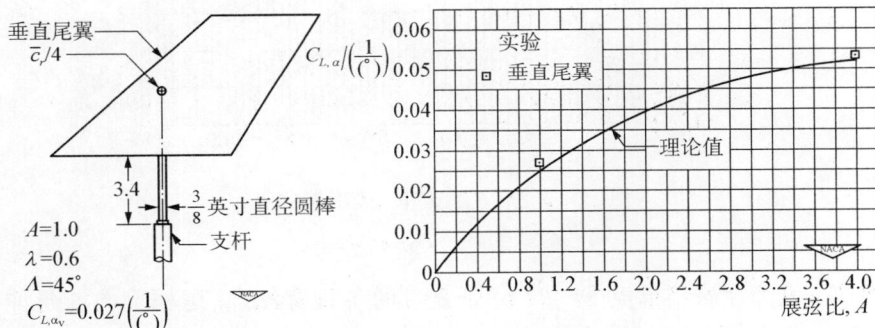

图 32 - 3　垂直尾翼升力线斜率(Ⅱ)

来源: NACA TN2010

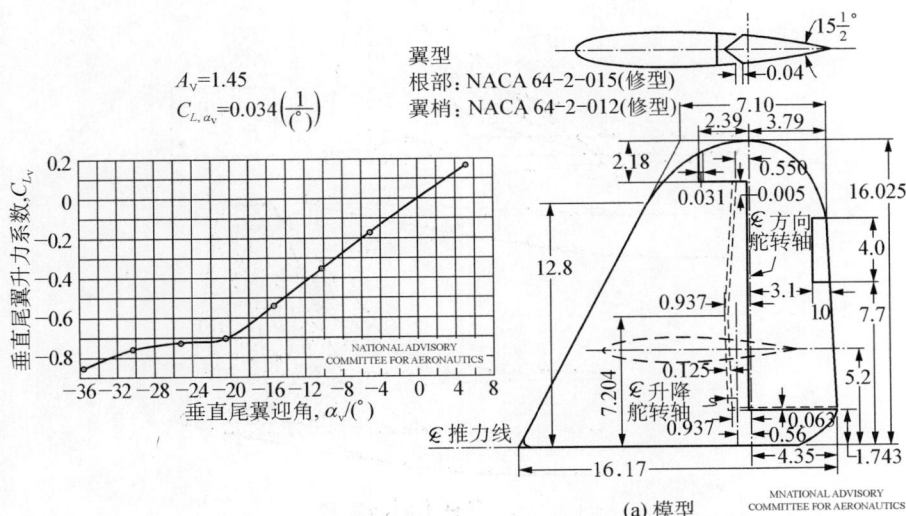

(a) 模型

图 32 - 4　垂直尾翼升力线斜率(Ⅲ)

来源: NACA TN1146

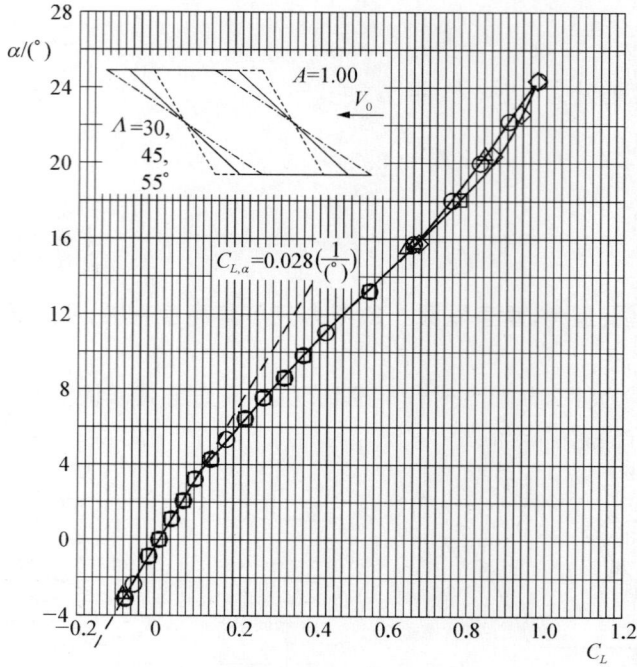

图 32 - 5　垂直尾翼升力线斜率(Ⅳ)

来源：NASA TN D - 8512

　　图 32 - 6 为在研制福克 F - 27 时研究过的各种背鳍(立尾根部向前延伸的面积)。这 11 种背鳍方案对飞机偏航力矩的影响(衡量其对立尾升力曲线影响的尺度)见图 32 - 7 和图 32 - 8。

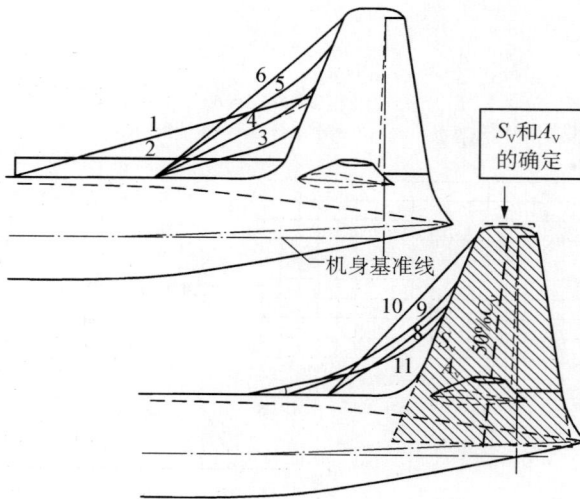

图 32 - 6　各种不同的背鳍

来源：NLL Report A - 1374

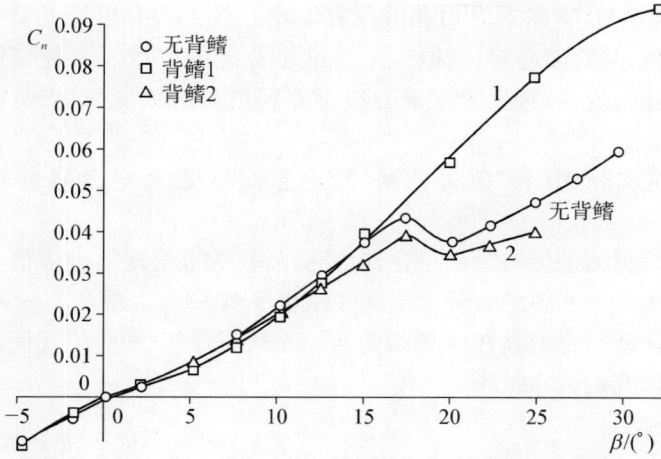

图 32-7 背鳍对偏航力矩系数的影响（Ⅰ）

来源：NLL Report A-1374

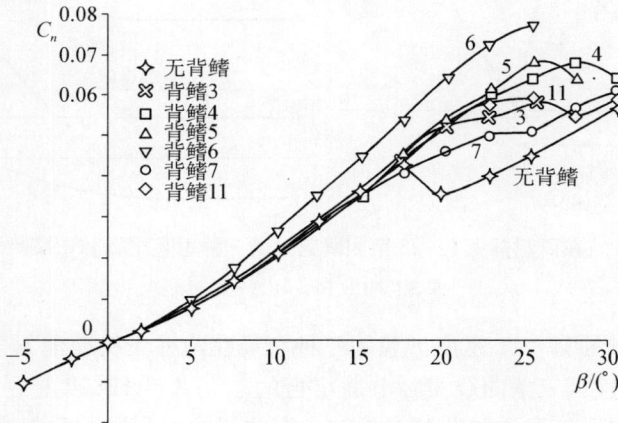

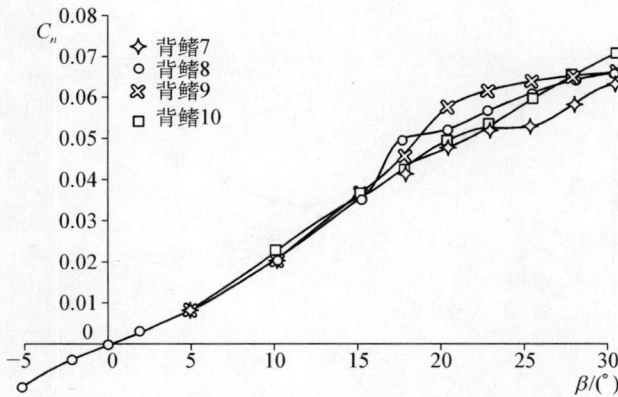

图 32-8 背鳍对偏航力矩系数的影响（Ⅱ）

来源：NLL Report A-1374

直到 15°侧滑角,背鳍对升力曲线没有影响。从 15°起,尽管无背鳍时升力差不多已达到最大值,从背鳍前缘生成的涡,改变了立尾的绕流。这种受控局部流动分离稳定了更外侧的流动,将完全流动分离推迟到更大的侧滑角,从而增大了最大升力和失速迎角。

F-27 飞机实际选用了 1 号背鳍,理由显而易见,6 号背鳍也可以作为候选对象。

除了略有后掠的前缘与背鳍结合外,充分后掠的垂直尾翼前缘也可以产生有利的侧滑特性。图 32-8 中的 6 号立尾已经验证了这一点。图 32-9～图 32-13 给出了进一步的例证。它们是在研制福克 F-28 期间,对三种前缘几何外形有差异的立尾布局进行研究的试验结果。

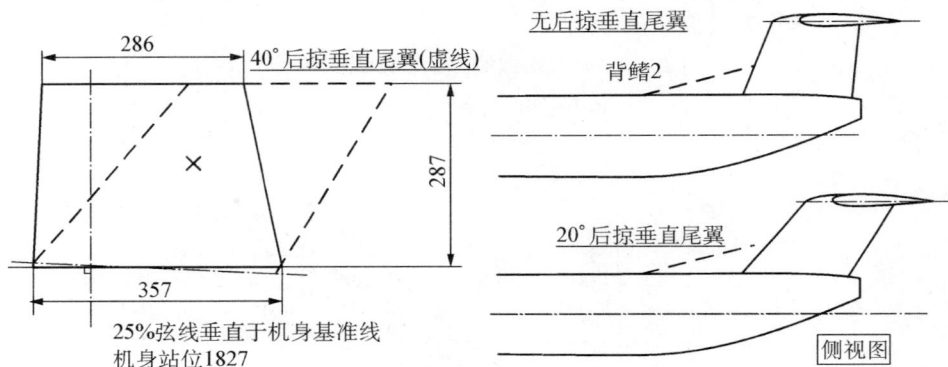

图 32-9　在研制福克 F-28 期间研究过的三种垂直尾翼和背鳍的侧视图

来源: NLR Report A-1582

图 32-10 和图 32-11 是所试验的三种布局在两种飞机迎角下偏航力矩随侧滑角的变化。在线性区三条曲线实际上是重合的。在 $\beta = 15°$ 以上更高的侧滑角,当迎角为零时,立尾后掠和添加背鳍对偏航力矩曲线的有利影响看起来差不多。

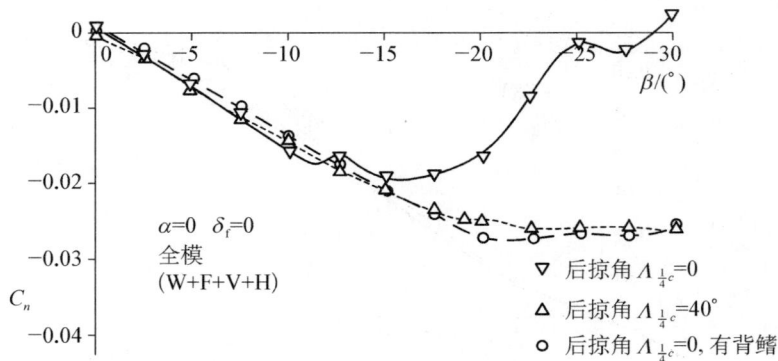

图 32-10　偏航力矩随侧滑角的变化

来源: NLR Report A-1582

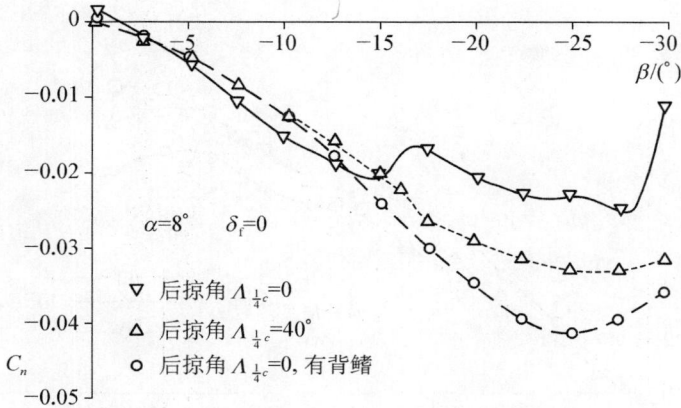

图 32 - 11　偏航力矩随侧滑角的变化

来源：NLR Report A - 1582

　　不过当飞机迎角增大到 8°时，带背鳍的小后掠立尾比大后掠立尾表现更好，尽管后者也优于不带背鳍的基本立尾。

　　在图 32 - 12 和图 32 - 13 中，尾翼对偏航力矩的贡献已转换为分别在有无水平尾翼情况下的垂直尾翼升力曲线。显然，背鳍或前缘大后掠同样也改善了尾翼的侧滑特性。

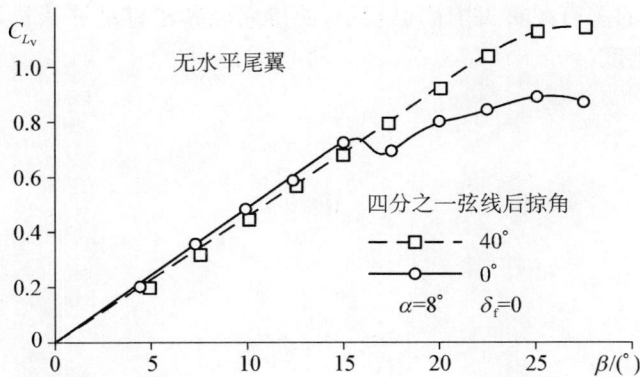

图 32 - 12　后掠角和水平尾翼对有侧滑垂直尾翼升力（侧力）的影响（a）

来源：NLR Report A - 1582

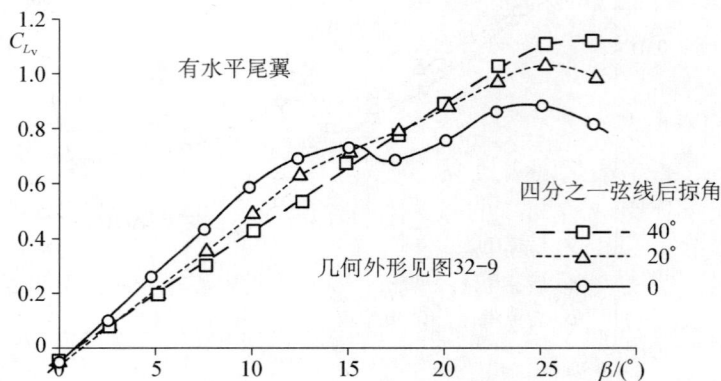

图 32-13　后掠角和水平尾翼对有侧滑垂直尾翼升力（侧力）的影响
（b）

来源：NLR Report A-1582

以上分析表明，就是在低速飞机上立尾后掠也可能有利。

图 32-14 和图 32-15 为各种飞机上垂直尾翼外形参数一览。注意所采用的最大展弦比为

低置尾翼　$A_v = 1.9$

T 型尾翼（在图 32-14 和 32-15 中以迭合虚实线表示）　$A_v = 1.5$

T 型尾翼飞机立尾展弦比较小，因为水平尾翼产生的端板效应提高了立尾的效率。同时，T 尾的垂直尾翼尖削比也较小，使得立尾翼梢有足够弦长，为支承水平尾翼提供空间和刚度。

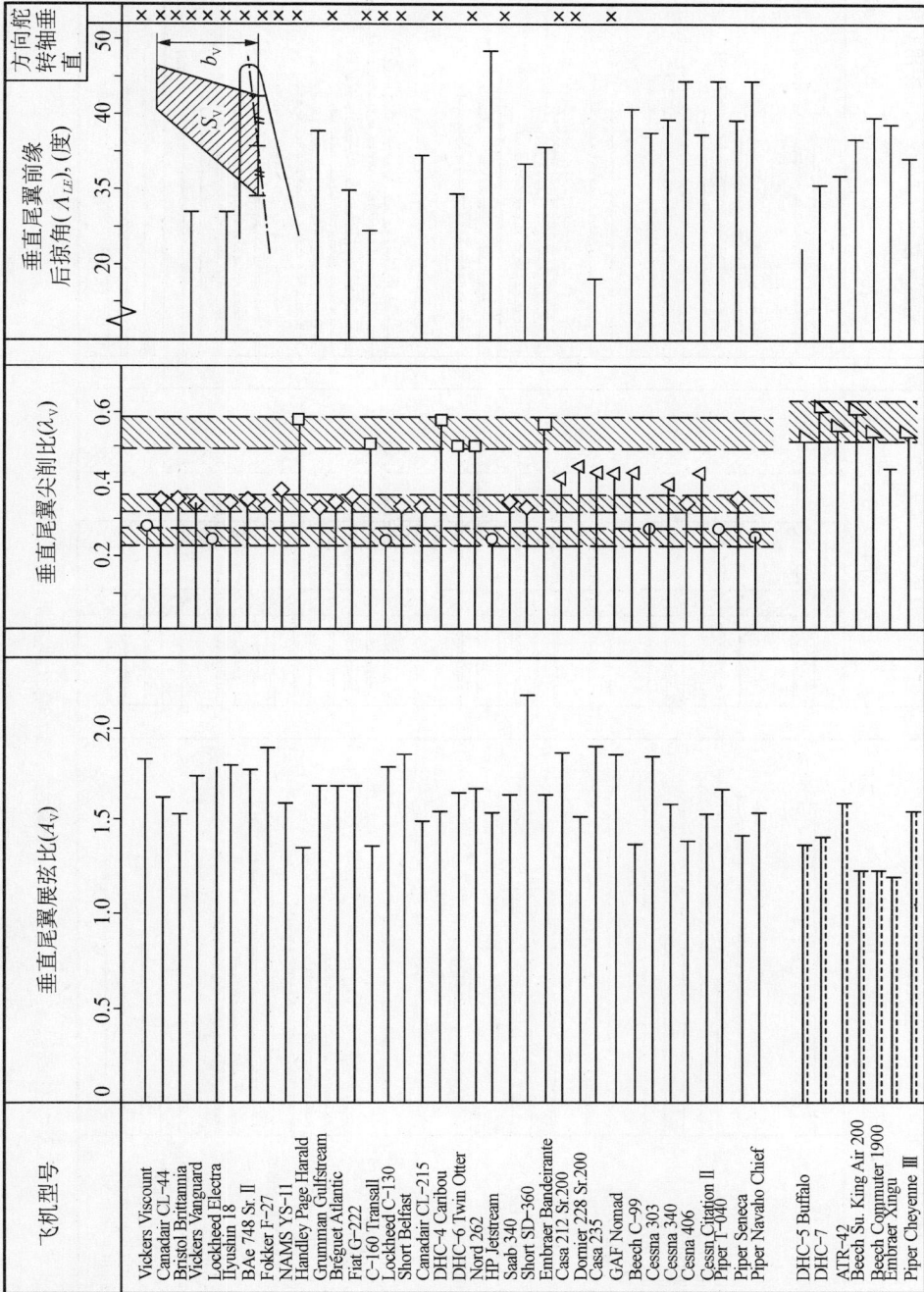

图 32－14　螺旋桨飞机垂直尾翼数据

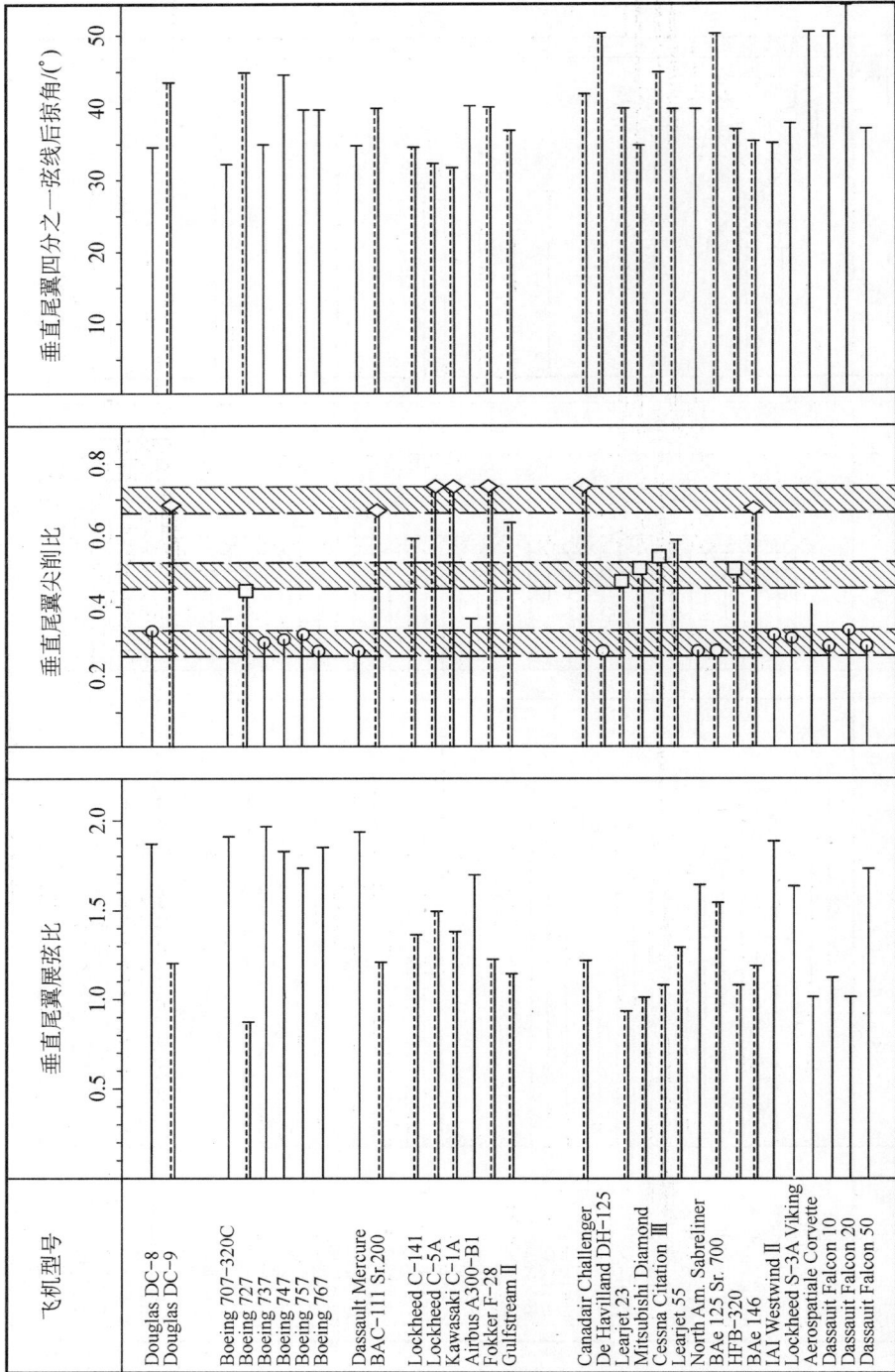

图 32-15　喷气式飞机垂直尾翼数据

33 操纵面设计

操纵面有三大功能：

（1）操纵面提供以零杆力或非零杆力实现定常平衡状态（配平）的手段。

（2）操纵面能够使飞机作直到最大滚转、俯仰和偏航速率的机动飞行。同时，应该能够作组合机动飞行，例如侧风着陆时反偏航。

（3）操纵面用于克服可能引起飞机偏离预定航迹的各种大小扰动例如突风（航迹跟踪）。

为了使操纵面偏转时得到的升力最大，操纵面面积比似乎越大越好。然而增大操纵面与主翼面的弦长比降低了升力（和铰链力矩）随操纵面偏度变化的线性。图33-1以T尾方向舵为例对此作了说明。

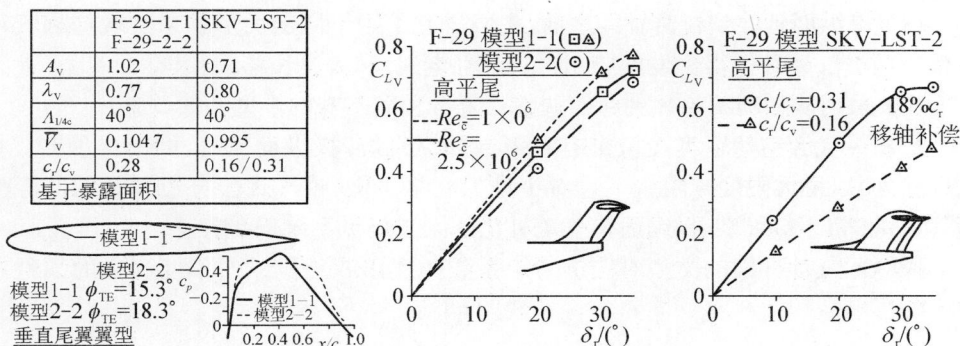

	F-29-1-1 F-29-2-2	SKV-LST-2
A_v	1.02	0.71
λ_v	0.77	0.80
$\Lambda_{1/4c}$	40°	40°
$\overline{V}_v$	0.104 7	0.995
c_r/c_v	0.28	0.16/0.31
基于暴露面积		

图 33-1 方向舵偏转产生的侧力（Ⅰ）

来源：福克 Report L-29-118，L-29-137，L-307-46

注意由于展弦比小，方向舵偏转引起的最大侧力系数不会高于 $C_{L_v}=0.8$，而且几乎完全与立尾形状无关。不值得将方向舵弦长与立尾弦长的比值增加到大大超过 $c_r/c_v=0.30$ 来增加最大升力。立尾升力（或侧力）曲线更多的例子如图 33-2 所示。

	Boeing 737	F-29-2-5
A_V	1.81	1.80
λ_V	0.302	0.337
$\Lambda_{1/4c}$	35°	35°
$\overline{V}_V$	0.089 1	0.090 6
C_f/C_V	0.25	0.25
基于暴露面积		

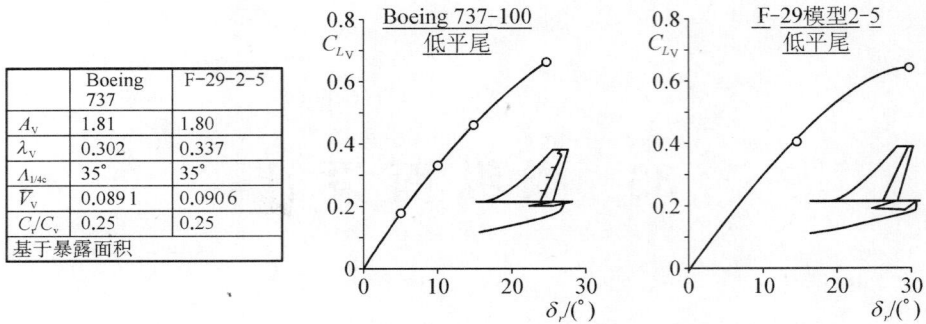

图 33-2　方向舵偏转产生的侧力（Ⅱ）

来源：福克 Report L-29-150

后掠翼后梁的根部是高承载结构元件。因此尽量增加梁的高度也许看来很诱人。但由此加大了翼型的后缘角会降低方向舵的气动效率，如图 33-1 所示。在这里必须作出折中。图 33-1 中模型 1-1 的方向舵在 $Re = 10^6$ 时的效率比在 $Re = 2.5 \times 10^6$ 时高，很可能是由于风洞模型方向舵的支架在获得高雷诺数所需的高动压下变形所致。

直到不可逆操纵系统得到广泛应用，在驾驶舱操纵器上获得满意的或者哪怕是可接受的杆力水平一直是对设计的一个严峻挑战。随着飞机重量和飞行速度的增加，将杆力控制在可接受的低水平成为气动设计的一大要点。

在这方面的进展有两个方向：

（1）操纵面延伸到铰链轴线之前，人们研究了用不同剖面形状来实现这种气动补偿。两类气动补偿得到发展应用：角补偿（老式）和大展长移轴补偿。

（2）采用从随动调整片到弹簧调整片复杂程度不等的小型补偿调整片。

最新一代大型运输类飞机带有不可逆操纵系统，操纵面无气动补偿（波音 737 系列除外）以最大限度减阻。不过对小型螺旋桨飞机、喷气式公务机和新的甚轻型喷气飞机（VLJ's）级别，操纵面带气动补偿的人工操纵系统仍受青睐。

操纵面气动补偿的类型对铰链力矩系数随迎角或随操纵面偏度变化的线性有很大的影响。

$$C_h = C_{h_0} + \frac{\partial C_h}{\partial \alpha}\alpha + \frac{\partial C_h}{\partial \delta}\delta \quad （在大偏度时很难成立）$$

铰链力矩关系的线性对方向舵特别重要，因为方向舵既可能朝迎风一侧（在单发失效飞行时）也可能朝背风一侧（作侧滑和侧风起降时）偏转至最大偏度。铰链力矩系数的非线性可能引起操纵力巨大的变化。

过大的移轴补偿也限制了操纵面的最大偏度。如果舵面补偿头部的前缘突出到翼剖面外廓之外会发生过补偿和操纵面锁定。

图 33-3 对此作了说明。图中所示的是两架第二次世界大战期间的英国四发

轰炸机，Handley Page 公司的哈利法克斯和 Avro 公司的兰开斯特（图 33 - 4）的方向舵铰链力矩系数。

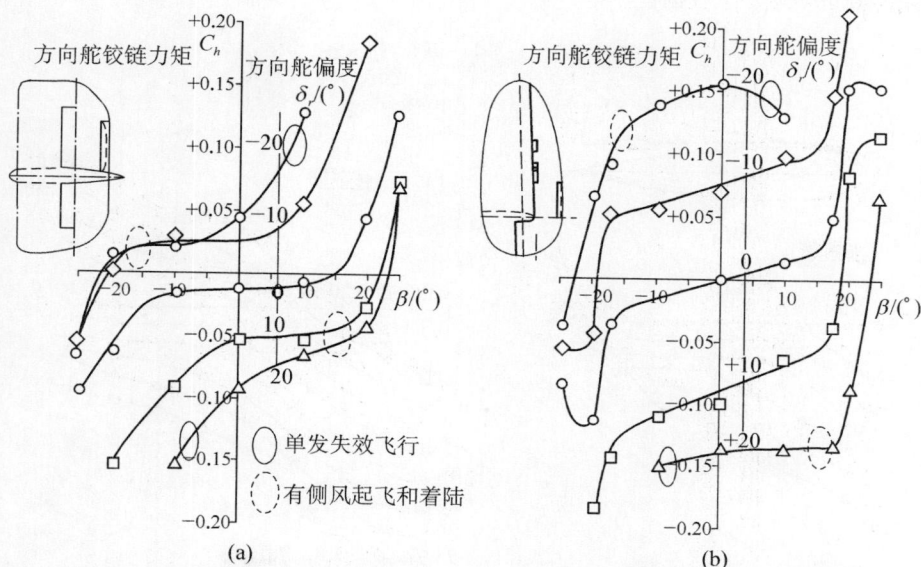

图 33 - 3　两种方向舵气动补偿在整个方向舵铰链力矩范围内的效果

(a) Handley Page 公司的哈利法克斯；(b) Avro 公司的兰开斯特

来源：ARC R&M 2479

两图中有代表性的单发失效飞行状态和侧风起降状态分别以实线椭圆和虚线椭圆标注。

装有大展长移轴补偿的哈利法克斯数据表明其铰链力矩系数曲线在大方向舵偏度有很强的非线性。这就导致在作规避侧滑机动时方向舵脚蹬力太小，造成许多起超过载事件。后来对哈利法克斯的方向舵进行了更改。

装有遮蔽式角补偿的兰开斯特没有这样的问题，其方向舵铰链力矩系数呈现相当正常的特性，因此方向舵脚蹬力较大足以防止超过载。

图 33 - 4　Avro 公司的兰开斯特轰炸机

来源：Ian Nightingale

两架飞机当侧滑角超过 $22°\sim24°$ 时都有可能出现导致方向舵锁定的铰链力矩突然反向。不过哈利法克斯飞机在不经意间发生这一问题的几率比兰开斯特大得多。

背鳍不仅增大了丧失操纵前可以达到的最大侧滑角，在边界层增厚和流动分离都产生影响时也增大了脚蹬力显著减小,最终发生方向舵锁定的侧滑角。

背鳍对铰链力矩特性的影响如图 33-5 所示。图中所列的是在研制福克 F-27 期间取得的风洞实验数据。

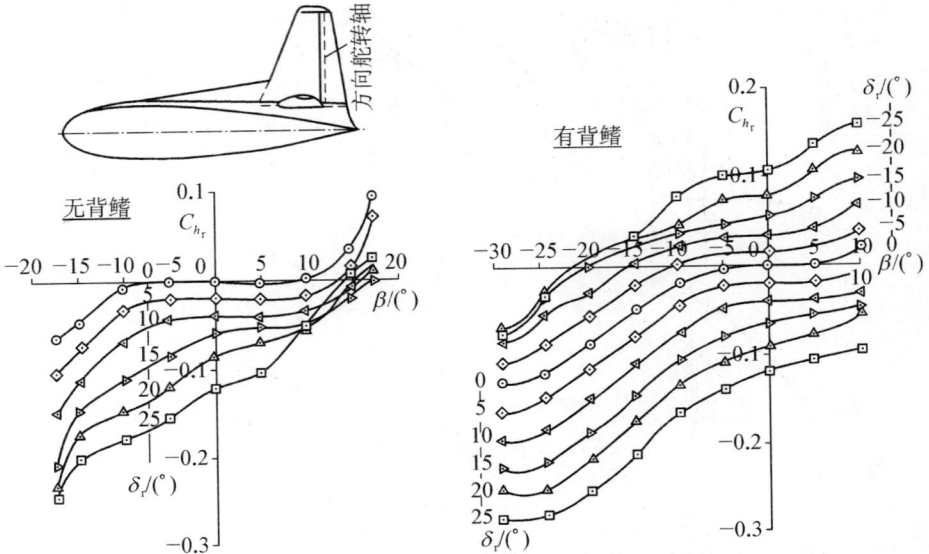

图 33-5 福克 F-27 背鳍对方向舵铰链力矩的影响

来源：NLL Report A-1394

在第 31 章中已讨论过升降舵的某些主要特性。同样,水平尾翼的迎角特性和操纵面偏度特性变化范围很大。特别在计及积冰影响时,该问题可能对选取升降舵主要设计参数有重大影响,并且也会影响到升降舵的杆力特性。

与操纵飞机姿态的升降舵和方向舵不同,副翼主要是一种速率操纵面。因此,要不是压缩性效应或气动弹性变形降低了最大滚转速率,副翼效率一直随速度线性增加。图 33-6 和图 33-7 对此作了说明。图中为福克 F-28 Mk1000 单独使用副翼作滚转机动时的最大滚转率。

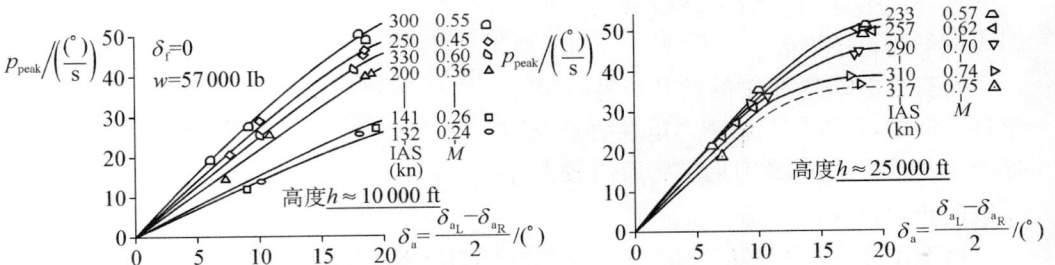

图 33-6 福克 F-28 单独使用副翼作滚转机动时最大滚转速率随副翼偏度的变化

来源：福克 Report V-28-75

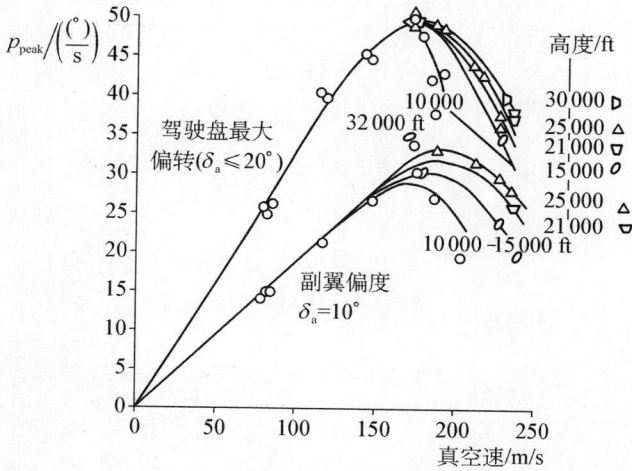

图 33-7 福克 F-28 Mk1000 单独使用副翼作滚转机动时最
大滚转速率随高度和真空速的变化

来源: 福克 Report V-28-75

图 33-8 表明由于气动弹性变形,副翼效率随马赫数和动压的增大而下降。图
中的数据用于将从飞行试验数据导出的副翼滚转力矩折算成等效刚性机翼的滚转
力矩。在图 33-9 中将这些数据与风洞实验数据作了对比。在高马赫数时两种来
源的副翼效率均显著降低。

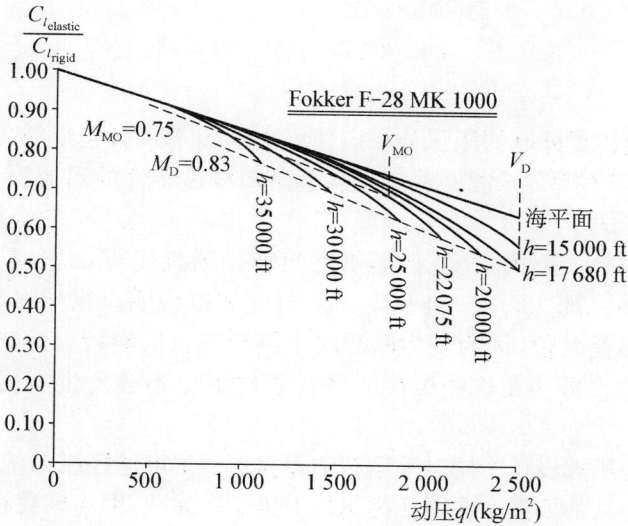

图 33-8 福克 F-28 Mk1000 机翼扭转变形对副翼效率
的影响

来源: 福克 Report V-28-75 和 X-28-392, issue 2

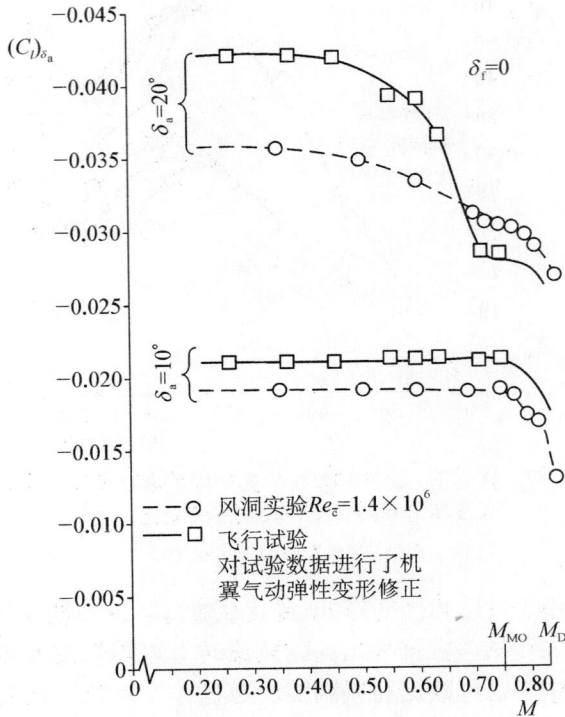

图 33 - 9   福克 F - 28 Mk1000 取自风洞和飞行试验的
副翼效率对比

来源：福克 Report V - 28 - 75

　　注意在高速机翼外侧的压强分布应使副翼偏转不致引起流动分离。忽视了这一要求，可能不得不为寻求能补救不良高速滚转操纵特性的涡流发生器方案，没完没了地进行飞行试验。

　　在高升力系数大副翼偏度，甚至借助滚转操纵扰流板，也会引起相当大的不利偏航航迹扰动。图 33 - 10～图 33 - 12 对此加以说明。纵然操纵面完全偏转，滚转速率也并不是常值，因为发生侧滑时由侧滑产生的滚转力矩与偏转副翼产生的滚转力矩反向。即使在这种极端的飞行条件下也不会发生立尾失速或者方向舵锁定。

　　如果在高速机翼设计中同时采用超临界翼型和不可逆操纵系统，后加载便成为现代机翼设计公认的要素。在前几代飞机上避免后加载，因为副翼在中立位置的铰链力矩有通过拉伸操纵钢索使副翼上飘的趋势。

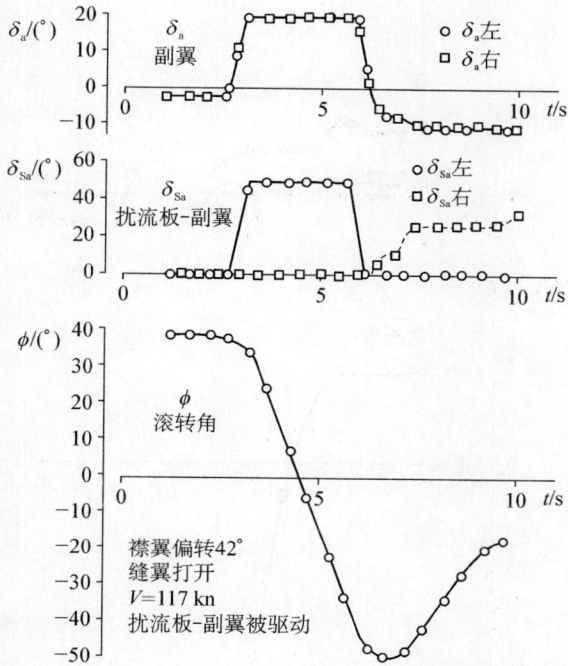

图 33 - 10   福克 F - 28 Mk6000 单独使用副翼作滚转机动(Ⅰ)

来源：福克 Report V - 28 - 75

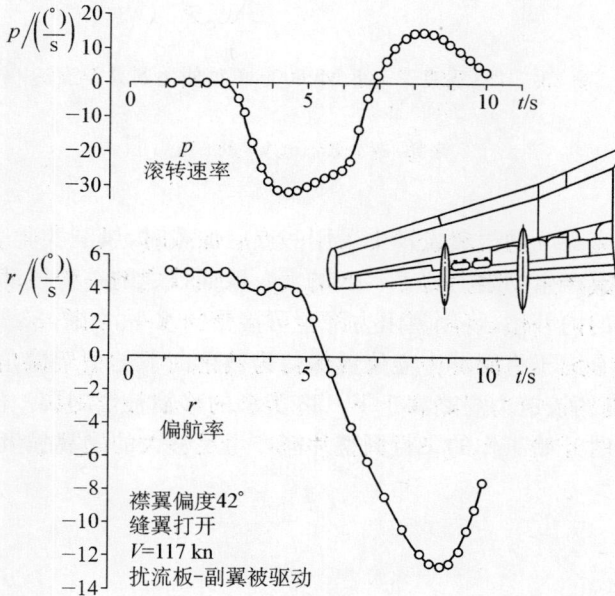

图 33 - 11   福克 F - 28 Mk6000 单独使用副翼作滚转机动(Ⅱ)

来源：福克 Report V - 28 - 75

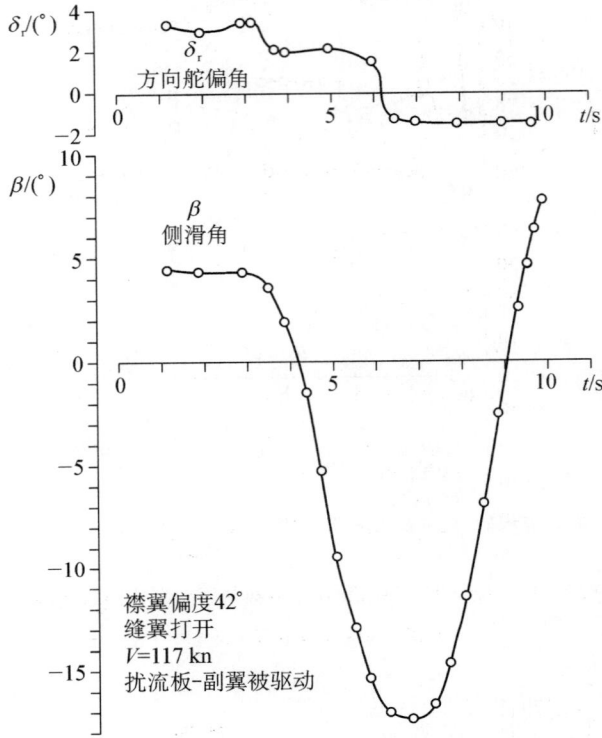

图 33-12　福克 F-28 Mk6000 单独使用副翼作滚转
机动(Ⅲ)

来源：福克 Report V-28-75

　　当决定在福克 100 的机翼设计中采用一点后加载时，风洞实验表明原来的带移轴补偿头部的副翼产生的阻力比 F-28 的大。取而代之的一种气动补偿，即防止通过副翼隙缝漏气的内补偿，将副翼阻力降至可接受的水平，如图 33-13 所示。沿内补偿板的压差也有助于将副翼中立位置保持为稍稍向下的型架偏角。图 33-14 表明，在大副翼偏度的铰链力矩略高于 F-28 类型的移轴补偿副翼。但在一套或两套液压系统都失效时开始工作的飞行调整片能产生足够大的副翼偏度，以便在应急状态飞行。

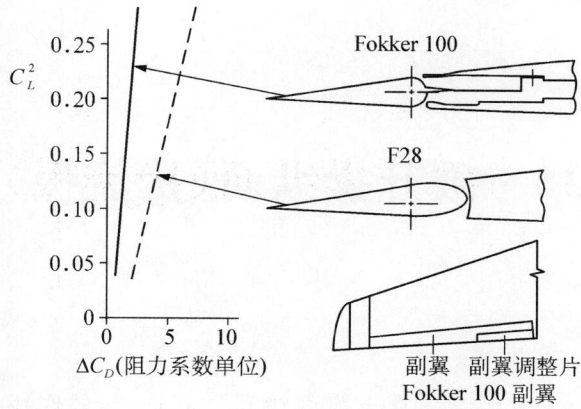

图 33-13　福克 F-28 和福克 100 的副翼几何形状和相应的副翼阻力

来源：ICAS-88，Paper 6.1.2

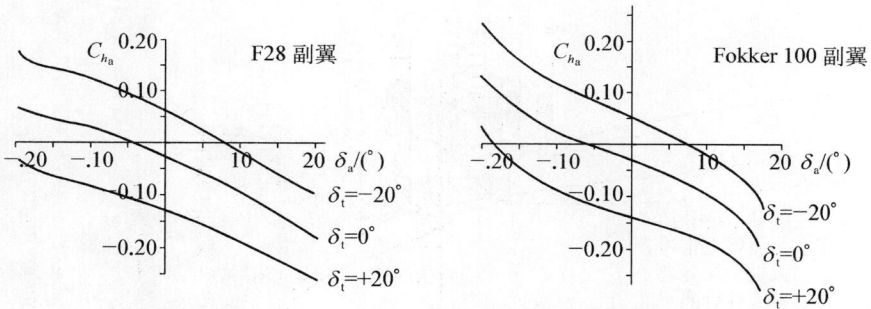

图 33-14　福克 F-28 和福克 100 的副翼铰链力矩

来源：ICAS-88，Paper 6.1.2

34 破升操纵面(扰流板)

扰流板除了通常安装在机翼上表面襟翼之前外,起的作用与开裂式襟翼差不多。

图 34-1 和图 34-2 描绘了襟翼打开和收起两种情况扰流板后的流谱。在后一情况加宽襟翼隙缝引起襟翼上表面的流动完全分离。

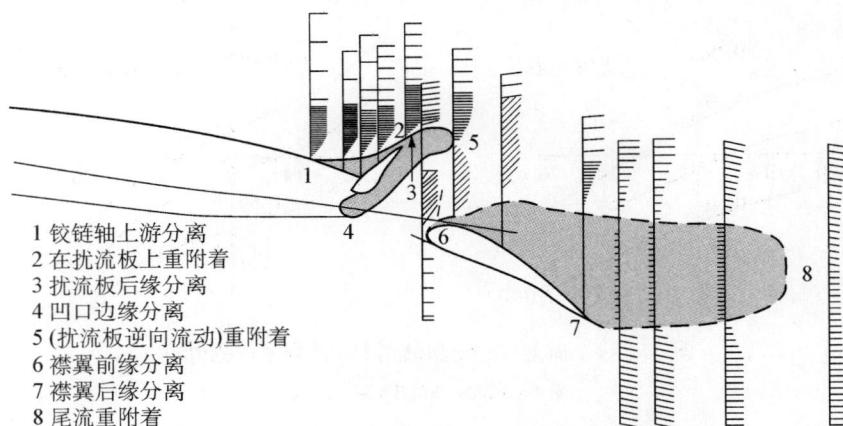

1 铰链轴上游分离
2 在扰流板上重附着
3 扰流板后缘分离
4 凹口边缘分离
5 (扰流板逆向流动)重附着
6 襟翼前缘分离
7 襟翼后缘分离
8 尾流重附着

图 34-1 襟翼下偏,扰流板打开的分离流流谱

来源:AIAA Paper No. 79-1873

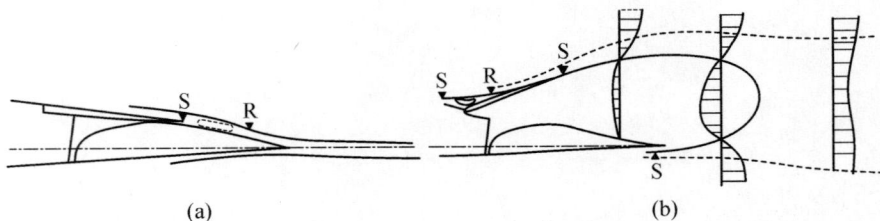

(a)　　　　　　　　(b)

图 34-2 扰流板小偏转(a)和大偏转(b)

S—分离　R—重附着

来源:AIAA Paper No. 79-1873

正如偏转襟翼和后缘操纵面一样,在翼剖面上上偏扰流板引起:

(1)**升力减小**。

(2)从翼剖面特性和飞机的特性两方面考虑,**俯仰力矩**发生**变化**。

(3)**阻力增加**。

在运输类飞机上采用扰流板实现三种功能:

(1)**滚转操纵**。

(2)在飞行中作为**减速板**。

(3)在着陆和取消起飞的地面减速滑跑中作为**破升器**。

与普通襟翼型操纵面相反,气动特性随偏度的增加远非线性变化,随迎角和襟翼偏度剧烈改变。

尤其在扰流板小偏度时,这种非线性可能导致在给定扰流板偏度翼剖面升力、阻力或者俯仰力矩有很大变化。这就使得扰流板用作机翼上的滚转操纵装置时,在同一偏度产生的滚转力矩也会相差很大。襟翼处于着陆位置时该现象最为严重,如图 34-3~图 34-5 所示。

图 34-6 展示了带上偏扰流板翼剖面的上表面压强分布。

实现扰流板上述三种操纵功能中的每一种,其实只需要所述的偏转扰流板产生的气动效应中的一两种。不幸的是其余效应并不能忽略不计,因此:

(1)通过偏转机翼一侧的扰流板进行滚转操纵也对全机总升力有影响。

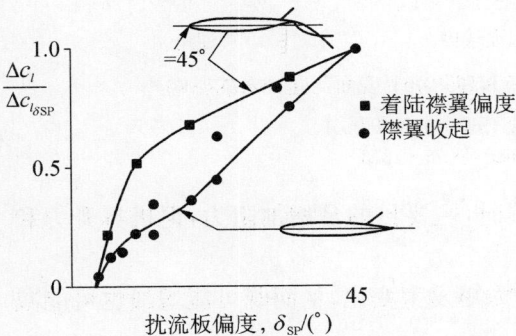

图 34-3 由扰流板引起的升力非线性变化,风洞实验结果

来源:AIAA Paper No. 79-1873

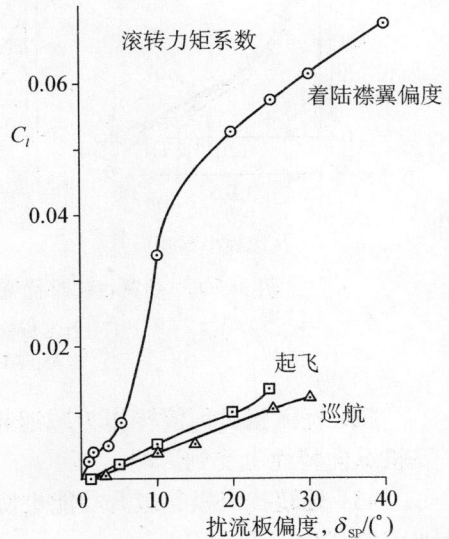

图 34-4 典型扰流板效率特性,风洞实验结果

来源:AIAA Paper No. 79-1873

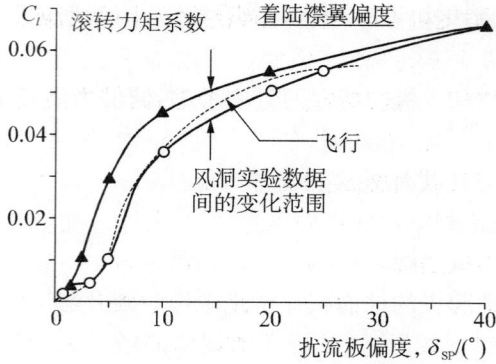

图 34-5 扰流板效率风洞和飞行试验结果对比

来源：AIAA Paper No. 79-1873

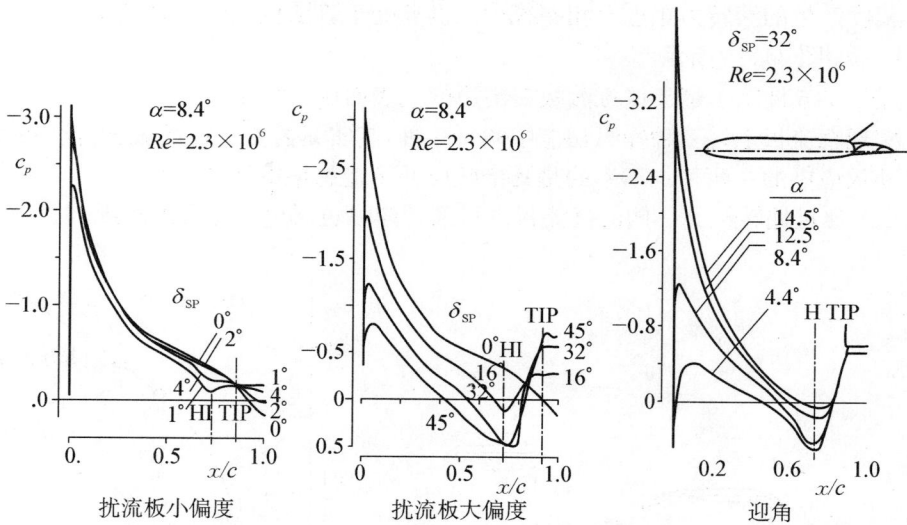

图 34-6 襟翼收起时扰流板偏转和迎角对上表面压强分布的影响

H—扰流板铰链轴线　TIP—扰流板顶端

来源：AIAA Paper No. 79-1873

（2）扰流板对称偏转作为减速板使用时，主要目的是增加阻力，但机翼升力和飞机纵向特性也受到影响。

（3）偏转扰流板起破升功能也使俯仰力矩发生变化，从而既可能增加也可能减小前轮载荷。

为应对这些不期而至的影响，经常需要将各种功能和驾驶盘力与各个扰流板偏度间高度非线性的关系进行复杂的搭配。

同样在许多情况下，由于功能多样化和非线性气动特性，有必要将扰流板分为独立的若干块。

在许多高速运输类飞机上,主滚转操纵装置是两副副翼。第一副布置在(内侧)翼吊发动机之后,在整个飞行包线内使用。第二副布置在起飞和着陆襟翼外侧,通常只在襟翼打开时工作。在大动压下后掠薄机翼的结构变形使外侧副翼效率大受损失甚至可能反效。由于这个原因,某些飞机例如空客 A330 或 A340 在高速飞行时将外副翼断开锁定,只有内副翼工作。

扰流板布置在全速副翼和低速副翼之间,以及全速副翼和机身之间。

图 34-7 和图 34-8 分别介绍了空客 A310 和波音 747 飞机上扰流板的分布。

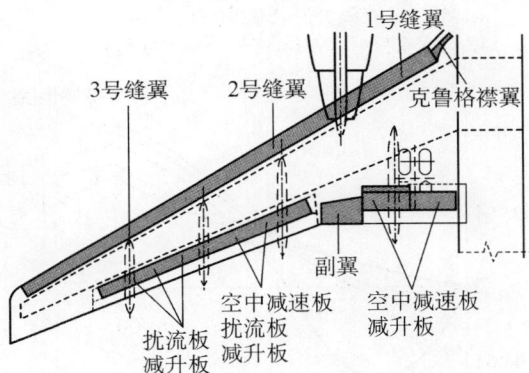

图 34-7　空客 A320 机翼布置

来源:Interavia

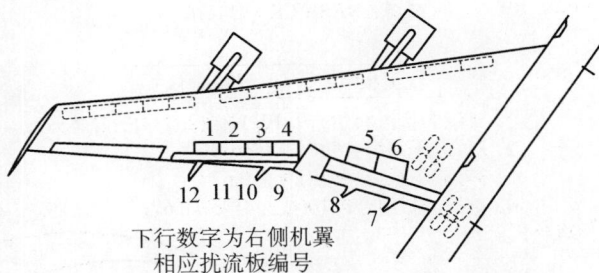

图 34-8　左侧①机翼上的扰流板

来源:NASA CR-1756

图 34-7 指出了空客 A310 扰流板的三种功能。在 A310 上取消了外副翼,部分高速滚转操纵功能由外侧扰流板实现。扰流板由于其铰链轴线更靠前,产生的机翼扭转变形比副翼小。

波音 747 某些扰流板的气动特性如图 34-9~图 34-15 所示。这些图线说明升力、阻力、俯仰力矩和滚转力矩之间的相互关系以及它们随扰流板偏度、副翼偏度、迎角、马赫数和动压(气动弹性效应)强烈的非线性变化。

①　原文有误。——译注

这就要求有复杂的程序来搭配驾驶盘偏转以及减速板和破升器的操纵与每块扰流板偏转之间的关系。这些搭配程序如图 34-13～图 34-15 所示。

实现这种搭配程序的混合装置是一种机械装置。由于对它的设计要求十分复杂，在较新的飞机操纵系统设计中首先应用数字化电子技术来实现这些功能。

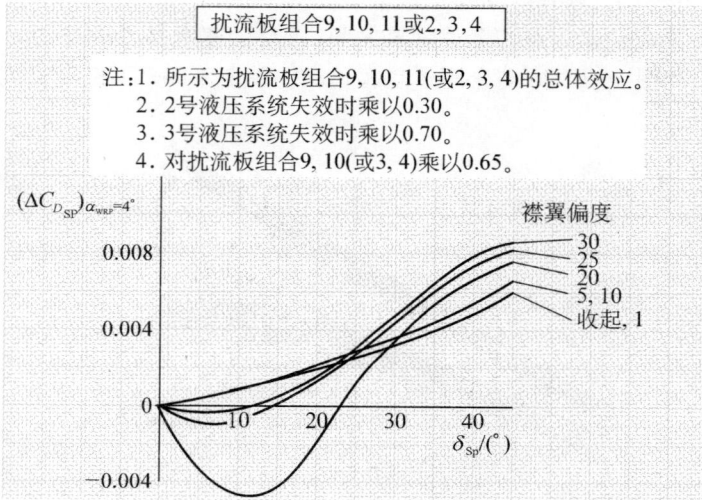

图 34-9　波音 747-100 在 4°迎角时襟翼和扰流板偏度对由于扰流板偏转低速阻力变化的影响

来源：NASA CR-114494

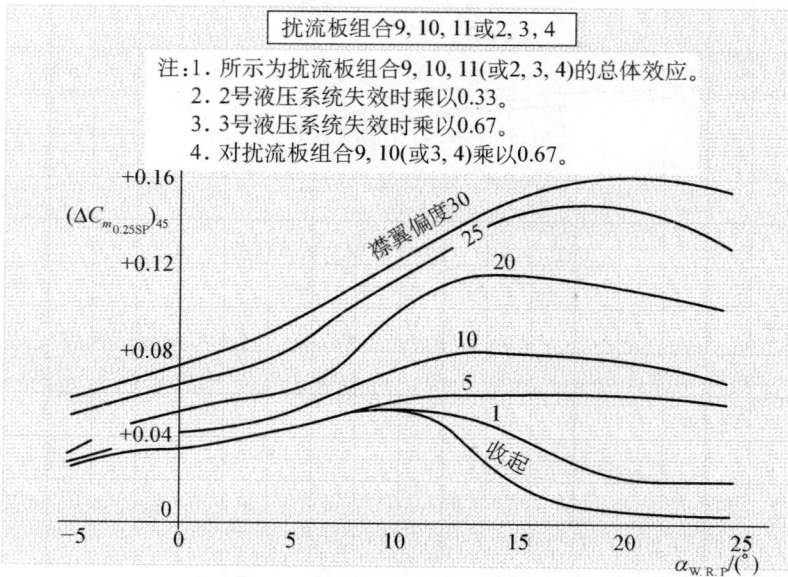

图 34-10　襟翼偏度和迎角对扰流板偏至 45°低速俯仰力矩变化的影响

来源：NASA CR-114494

$\alpha_{W.R.P}/(°)$

襟翼偏度　收起

$(\Delta C_{L_{SP}})_{45}$

扰流板组合9, 10, 11或2, 3, 4

注：1. 所示为扰流板组合9, 10, 11(或2, 3, 4)的总体效应。
　　2. 2号液压系统失效时乘以0.40。
　　3. 3号液压系统失效时乘以0.70。
　　4. 对扰流板组合9, 10(或3, 4)乘以0.70。

$\dfrac{(C_{L_{SP}})_M}{(C_{L_{SP}})_{M=0}}$

注：用于所有扰流板
　　用于所有襟翼偏度

$\alpha_{W.R.P}/(°)$

由于扰流板偏转马赫数对升力系数的影响

M_{MO}　M_D

马赫数 M

$\left(\dfrac{L_{ELASTIC}}{L_{RIGID}}\right)_{SP}$

40 000 ft
30 000 ft
20 000 ft
10 000 ft
海平面

由于扰流板偏转气动弹性
变形对升力系数的影响

扰流板组合9, 10, 11或2, 3, 4

注：用于所有襟翼偏度

马赫数 M

注：1. 用于所有扰流板。
　　2. 扰流板5, 6, 7和8
　　　 最大偏限于20°。

$(K_{\delta_{SP}})_L$　扰流板效率因子

襟翼偏度
收起, 1
5
10
20
25
30

$\delta_{SP}/(°)$

BOEING 747-100

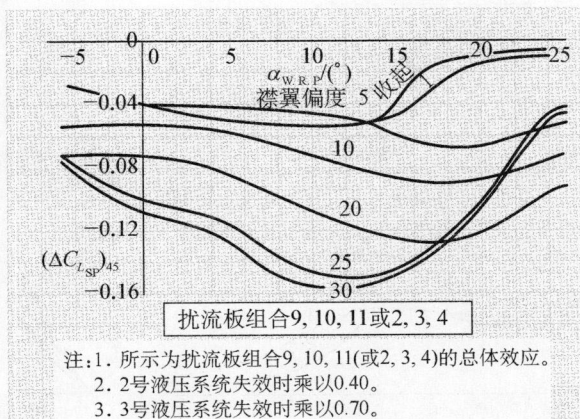

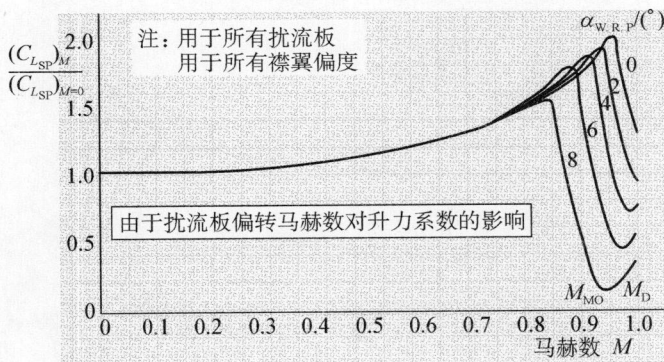

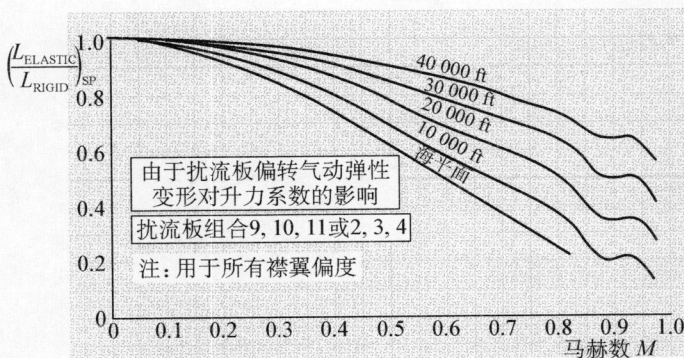

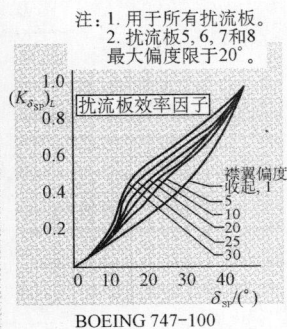

$$\Delta C_{L_{SP}} = \sum_{\substack{OPERATING \\ SPOILER, PANELS}} (K_{\delta_{SP}})_L \cdot (\Delta C_{L_{SP}})_{45} \cdot \frac{(C_{L_{SP}})_M}{(C_{L_{SP}})_{M=0}} \cdot \frac{L_E}{L_R}\bigg|_{SP}$$

图 34 - 11　波音 747 - 100 迎角、襟翼偏度、马赫数、动压和扰流板偏度对
　　　　　　由于扰流板偏转升力变化的影响

来源：NASA CR - 114494

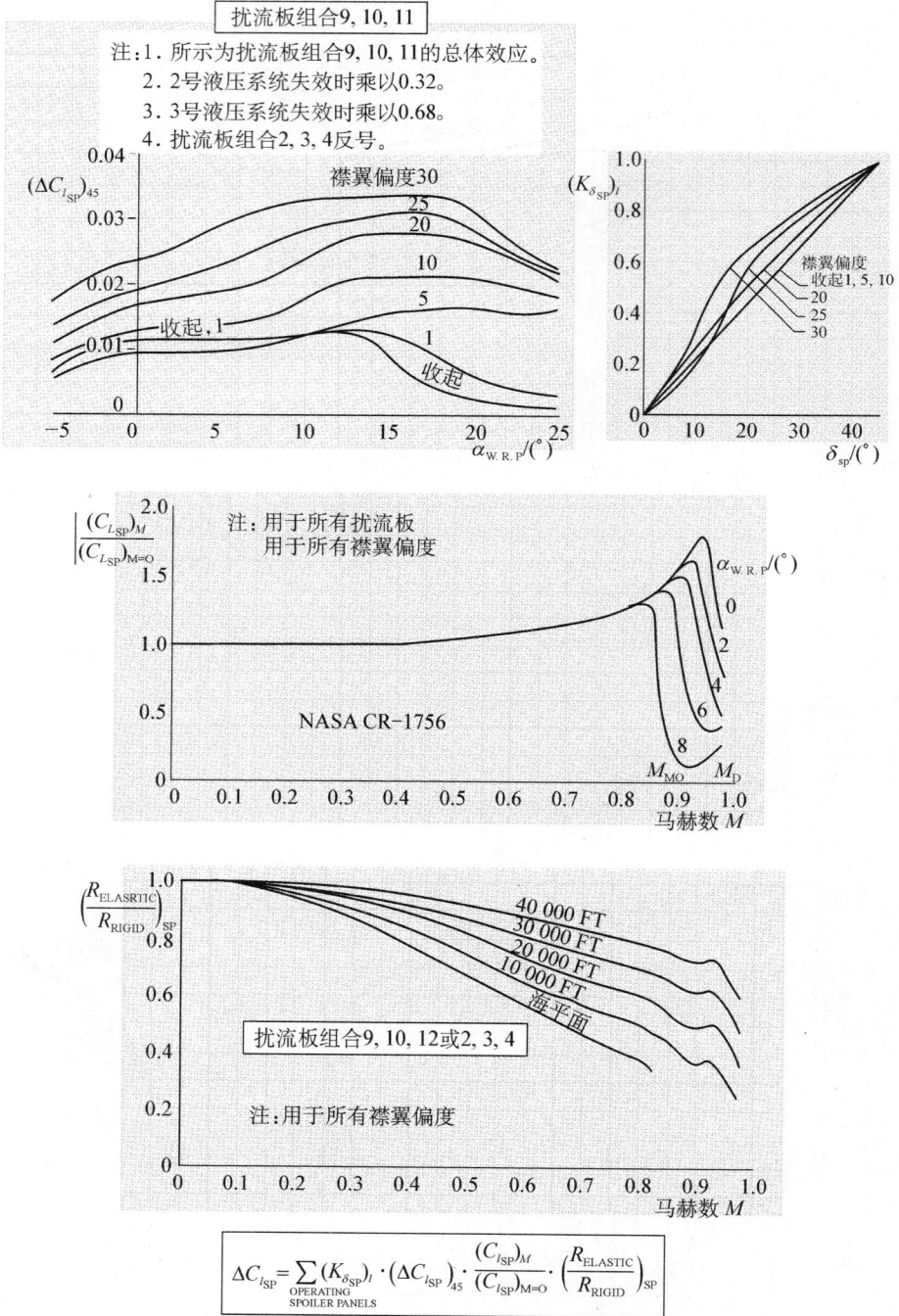

$$\Delta C_{l_{SP}} = \sum_{\substack{OPERATING \\ SPOILER\ PANELS}} (K_{\delta_{SP}})_i \cdot (\Delta C_{l_{SP}})_{45} \cdot \frac{(C_{l_{SP}})_M}{(C_{l_{SP}})_{M=O}} \cdot \left(\frac{R_{ELASTIC}}{R_{RIGID}}\right)_{SP}$$

图 34-12 波音 747-100 迎角、襟翼偏度、马赫数、动压和扰流板偏度对
由于扰流板偏转滚转力矩变化的影响

来源：NASA CR-114494

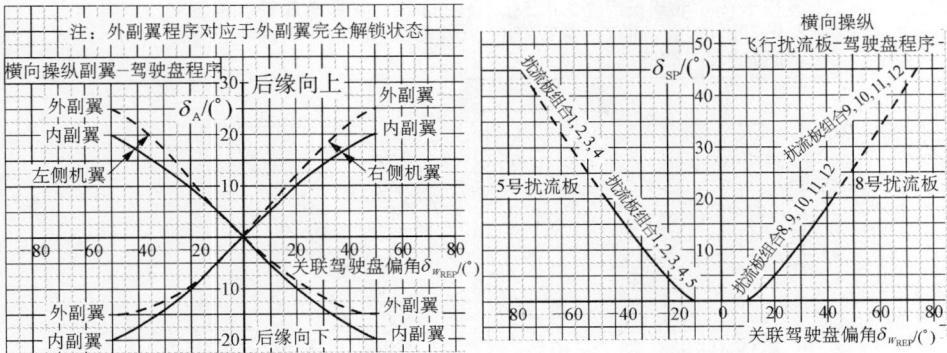

图 34-13 波音 747-100 驾驶盘和滚转操纵面的传动比

来源：NASA CR-114494

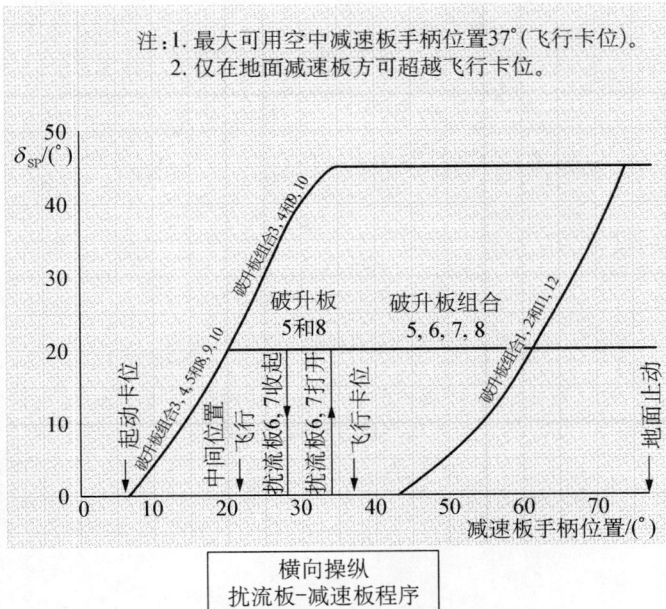

图 34-14 波音 747-100 减速板/破升器程序

来源：NASA CR-114494

减速板手柄位置 注:

对在地面止动位置的减速板使用飞行卡位的减速板组合3, 4, 5和8, 9, 10的曲线。对破升板1, 2使用破升板3, 4的曲线。

对破升板11, 12使用破升板9, 10的曲线。在所有驾驶盘偏度下破升板6和7保持20°偏转不变。

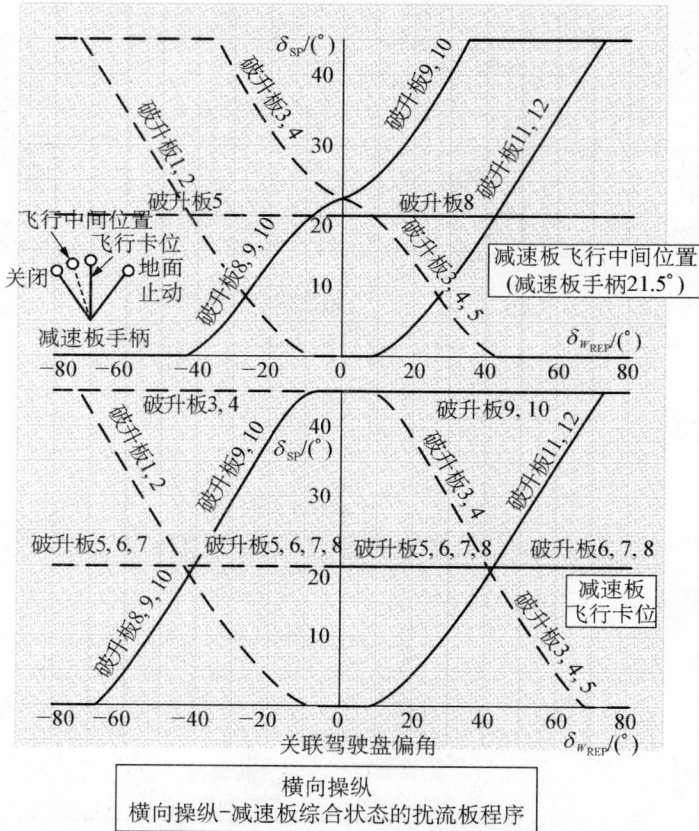

图 34-15 波音747-100 在综合进行滚转操纵和减速板/减升器操作时驾驶盘转角与扰流板偏度的关系

来源: NASA CR-114494

35 操纵面驱动

直到第二次世界大战爆发,几乎清一色由飞行员对驾驶杆或脚蹬施加操纵力,通过钢索或拉杆系统驱动飞机操纵面,使得主操纵面、操纵调整片(如该调整片为伺服调整片或飞行调整片)或者两者形成某种组合偏转。这就是**人工操纵系统**。由于其可靠以及设计制造比较简单(因此成本划算),今天小型、中低速飞机大多采用这种操纵系统。

对大型和/或高速飞机,人工操纵系统有下列缺点:

(1) 为防止杆力过大,不得不采用非常大的气动补偿,包括采用复杂的(弹簧)调整片系统。必须使铰链力矩系数 $C_{h\alpha}$ 和 $C_{h\delta}$ 的数值非常小而又不致发生过补偿。对所有飞机布局在整个飞行包线要实现这样的气动补偿极其困难。此外,为了在生产型飞机上做到气动特性一致,对生产标准和操纵系统安装调整过程的要求非常高。

(2) 计及静气动弹性变形效应,可能使操纵系统非常复杂。

(3) 为防止颤振需要安装很大的配重以实现静、动质量平衡。

为了解决这些问题,在第二次世界大战期间及战后初期发展了所谓**助力系统**。助力系统是人工操纵系统和液压操纵系统的结合。后者将飞行员的操纵力通过液压作动器(助力器)放大固定倍数。这样的系统是**完全可逆的**,即操纵面气动铰链力矩的所有(非线性)特性都被反馈给飞行员。采用该系统可以大大降低杆力水平,从而无需对气动补偿有苛刻要求。不过杆力依旧随飞机构型、马赫数或动压的不同而变化。福克 F - 28 和福克 100 在升降舵回路采用了助力系统。

在 1940 年代初,研发了**完全不可逆的液压操纵系统**。在这种系统中,以一个或多个液压作动器驱动操纵面。飞行员通过驾驶舱飞行操纵器操纵液压流量控制阀(从而控制作动器施加的力)。**飞行员感受到的杆力来自操纵系统中配备的所谓"人感机构"**。其中最简单的一种由弹簧箱组成,只能给飞行员驾驶杆位移反馈。

为了得到速度反馈,通常将自由流的动压馈入系统。这就产生了所谓"q反馈"。

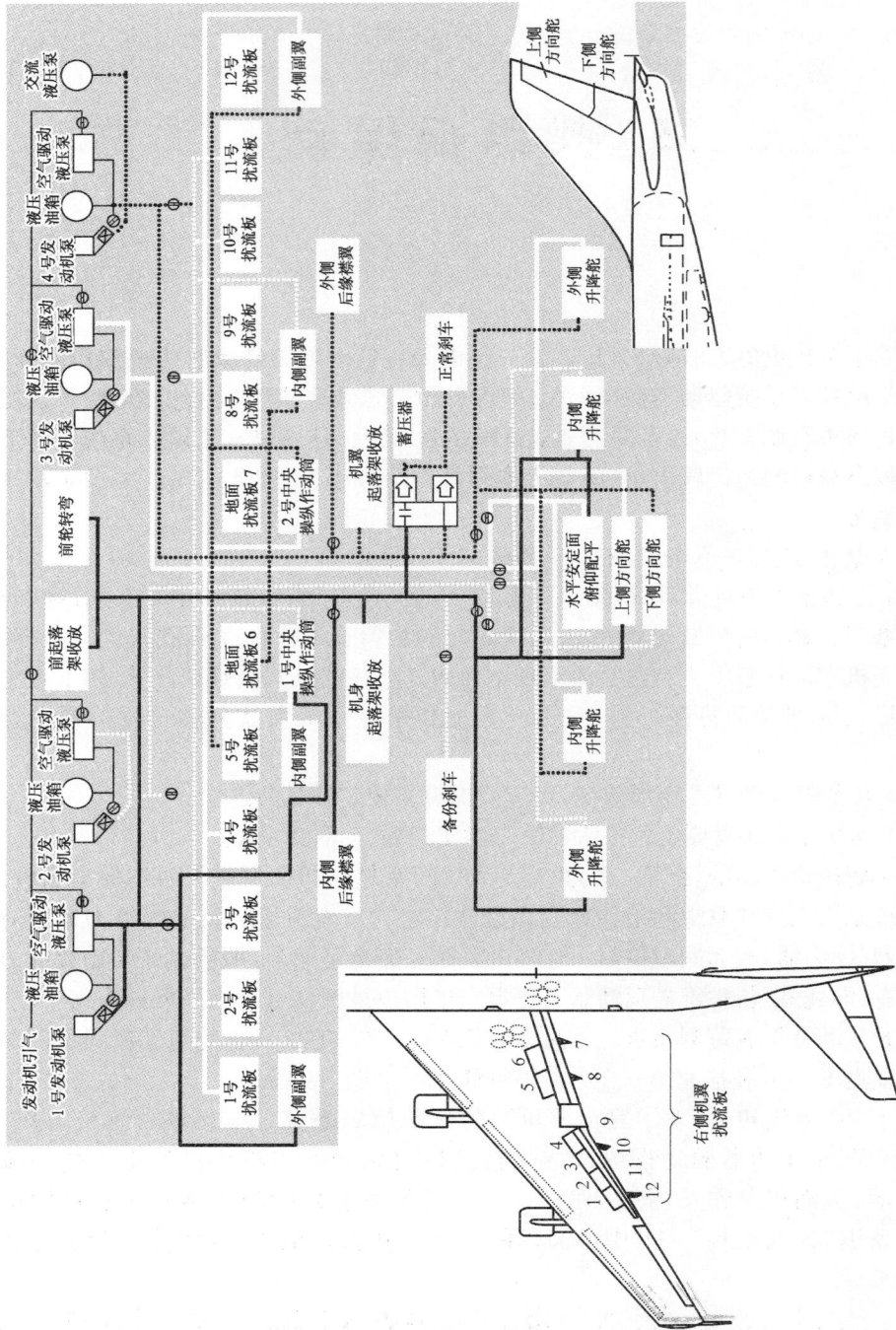

图 35-1 波音 747 液压飞控系统示意图

来源：Flight, December 12, 1968

人们认为液压系统不如人工系统可靠。一套系统的失效率一般是每 $10^3 \sim 10^4$ 飞行小时失效一次。因此,通常采用多套系统以免发生单一失效时飞行特性严重恶化。也可以将操纵面本身分为两块或多块,使操纵系统发生单一失效时飞行特性严重恶化的风险化为最小。

每一个这样的部件,部分或者完全由独立的系统驱动。作为例子,波音 747 的液压系统示意图如图 35-1 所示。

从图中可以看出,如果 3 号系统失效,4 号扰流板就打不开,但 2 号和 3 号扰流板仍然工作。这就解释了图 34-12 中放大系数 0.68 的意义。

也有可能将电驱动和液压驱动两种方式结合起来。图 35-2 表明在维克斯公司的 VC-10 上如何做到这一点。注意在该图的例子中,方向舵被分为三块,由复合系统驱动。整个方案有两套液压系统和两套电源系统。每套液压系统由带独立液压泵的两台发动机供能。每套电源系统由两个独立的发电机供电。在应急状态两套电源系统交联,于是单台发电机可向所有 11 个电驱动器供电。仍请注意空气冲压涡轮备份系统既可用于发电,也可向液压系统 B 供压。

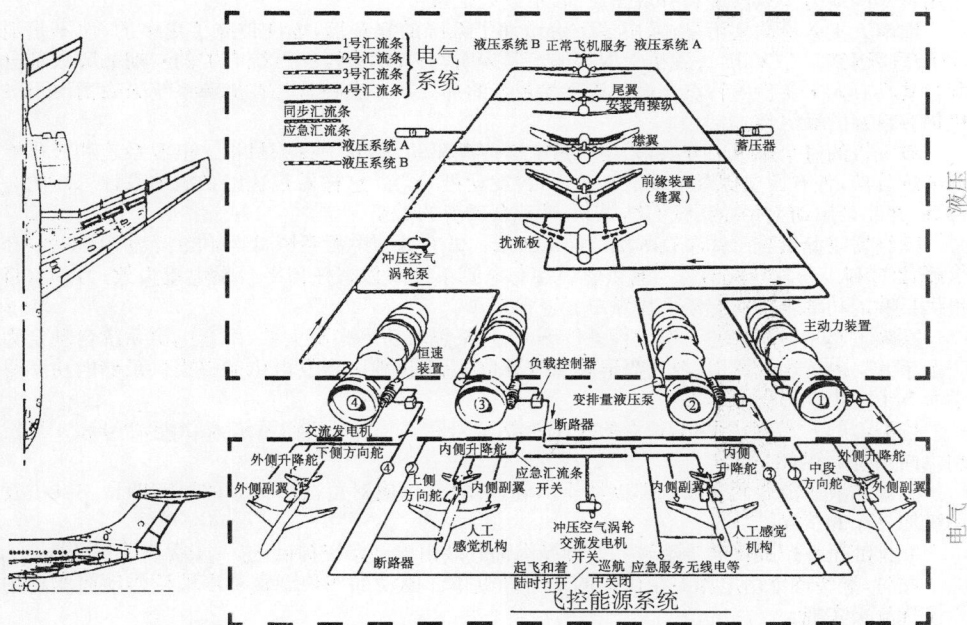

图 35-2　Vickers VC-10 飞控能源系统结构

来源:Aircraft Engineering, June 1962

在图 35-3 中复制了一篇文章中的一部分,比较详细地描述了 VC-10 飞控系统的设计思想。

VC10 设计思想的核心一直是强调安全。就飞控系统而言,强调安全还与要求在任何情况下都有足够操纵性和舒适飞行品质结合起来。这些品质本身对缓解飞行员疲劳以及由其引发判断错误或技术错误的倾向大有帮助。

首批需要解决的问题之一是究竟应该采用人工操纵系统还是动力操纵系统,或者实际上是带人工操纵备份的动力操纵系统。

根据许多人的观点,人工操纵系统有其诱人之处。它是过去几乎到处都得到应用并从中积累了大量经验的一类系统。它机械上不复杂,可靠,极少需要维修,是飞行员最熟悉的一类系统。另一方面,为实现操纵面质量平衡以防止颤振,需要增加 1000 磅左右额外的重量。为了使这么大的飞机的杆力仍保持在合理的范围内,还得非常细致地为操纵面添加气动补偿。这一来几乎必定导致飞行试验的拖延——以得出满意的操纵特性——还必须严格满足非常高的制造公差要求,以保证操纵特性有良好的重复性。

动力操纵系统乍看起来由于添加了液压作动筒及相关能源系统的重量似乎天生更重。但只要动力操纵单元做得充分刚硬,并在失效时能提供足够的阻尼,操纵面就无需质量平衡,可以省去近千磅重量。更详细的考察表明,这一点在很大程度上足以抵消动力操纵系统增加的重量。为了使动力操纵系统达到足够高的安全性标准,其中许多单元就必须是双重的或实际上是多重的,随之而来初始成本和维护要求也会显著高于人工系统。不过操纵面铰链力矩特性不再那样举足轻重,大量系统研制工作可以在地面台架上进行,节省了宝贵的飞行小时数。

针对人工系统和多种类型的动力操纵系统,既有涉及电动、液压的又有涉及混合动力系统的,列表分析上述的和其他优缺点。充分考虑到这种飞机可用的飞行研发时间有限,最终决定采用直接的动力操纵系统和分块操纵面,不设人工备份。

取消人工备份的理由是,采用该备份增加了系统的复杂性,也许带来了更多的,而不是消除了危险因素。在 Valiant 飞机上取得的经验表明,与其动力操纵系统有关的初期故障大部分源自其具有人工备份的特点。设计该飞控系统的部分基本思想就是在能源系统失效情况下飞机仍有良好的操纵性。

将飞机的每个操纵面分块,采用双重电液能源驱动,达到了这一目标。电源系统和液压能源系统分离,各有四个提取功率的来源,每台发动机一个。这样做是这些系统的设计思想的一部分,并非采用动力飞控系统的结果,尽管符合后者的需要。

操纵器能源系统总体布置如图 35-2 所示。共有两套电源系统,1 号和 3 号发动机向一套供能,2 号和 4 号发动机向另一套供能。每套电源系统中如有任何一台发电机失效,另一台将提供足够的功率维持所有动力操纵单元正常工作。

在除了起飞和着陆的一定飞行条件下,一旦某提取功率来源失效,两套电源系统自动合为一个系统。由于这个原因,在适当屏蔽非重要负载后,单独一台发电机能够提供足够的功率驱动所有十一个动力操纵单元。

按类似的方式,提供两套独立的液压能源,1 号和 2 号发动机向系统 A 供能,3 号和 4 号发动机向系统 B 供能。

电源和液压能源两种系统都以冲压涡轮作备份,以应对可能性极小的所有四台主推进发动机均停车的情况。

安排液压系统提供若干滚转和俯仰操纵而其余由电动系统提供,进一步提高了安全性。

此时,滚转操纵由电源系统供能的动力操纵单元驱动的四块副翼和由液压作动筒驱动的六段扰流板实现。

俯仰操纵由四块独立的升降舵及相关的电动系统动力操纵单元实现,而可调安装角配平水平尾翼(可用于飞机俯仰操纵)由两台液压马达驱动。方向舵分为三段,每段有各自的操纵单元。

驱动副翼、升降舵和方向舵的动力操纵单元均为由电动机、变排量液压泵和液压作动筒组成的配套单元。对这些单元和扰流板作动筒的操纵通过双套钢缆实现。

扰流板有双重功能,与副翼联合使用实现横向操纵,或者协同偏转起减速板功能。操纵回路中设有机械式"混合箱",使这两种功能能够结合起来。

（续）

> 该操纵系统设计为集成了自动驾驶要素并直接控制动力操纵单元的全集成系统。在关于自动着陆的文章中对此作了充分的描述。用于方向舵的偏航阻尼器也是如此。
>
> 尽可能避免采用人工增稳是设计目标。VC10这样的高空后掠翼飞机，这一点不能完全做到，在某些飞行条件下有荷兰滚特性恶化的固有趋势，需要放宽要求，做到无人工增稳飞机仍可驾驶，依靠偏航阻尼器获得舒适的飞行品质。
>
> 采用全动力操纵系统如同本例，驾驶员感受不到操纵面气动力的反馈。因此有必要采用双重人工感觉系统。该系统的每一半由一套电动机、液压泵和蓄压器以及一个副翼的、一个升降舵的和一个方向舵的操纵单元及感觉作动筒组成。操纵单元的作用是调节感觉作动筒的液压油压强使其随动压变化，对升降舵和副翼单元还使其亦随高度变化。给定速度高度时，感觉力与操纵面偏度成正比。三通道中每个通道的驾驶员感觉由一对作动筒提供。每对作动筒通过差动连杆与相应操纵线路相连。当人工感觉系统的某一半失效时，该连杆保证驾驶员的感觉不受影响。

图 35 - 3　Vickers VC - 10，飞控系统

来源：Aircraft Engineering，June 1962

将操纵面分块的另一个理由是化解无意中误动操纵面产生的风险：例如假定扰流板只有一块，无意中将其打开将引起不可接受的航迹扰动。这也是几乎没有一种民用客机采用全动平尾的理由之一。如果水平安定面或升降舵两者中有一个失效或脱落，另一个仍可操纵。

借助图 35 - 4～图 35 - 6 对其他飞机操纵面的驱动进行讨论。

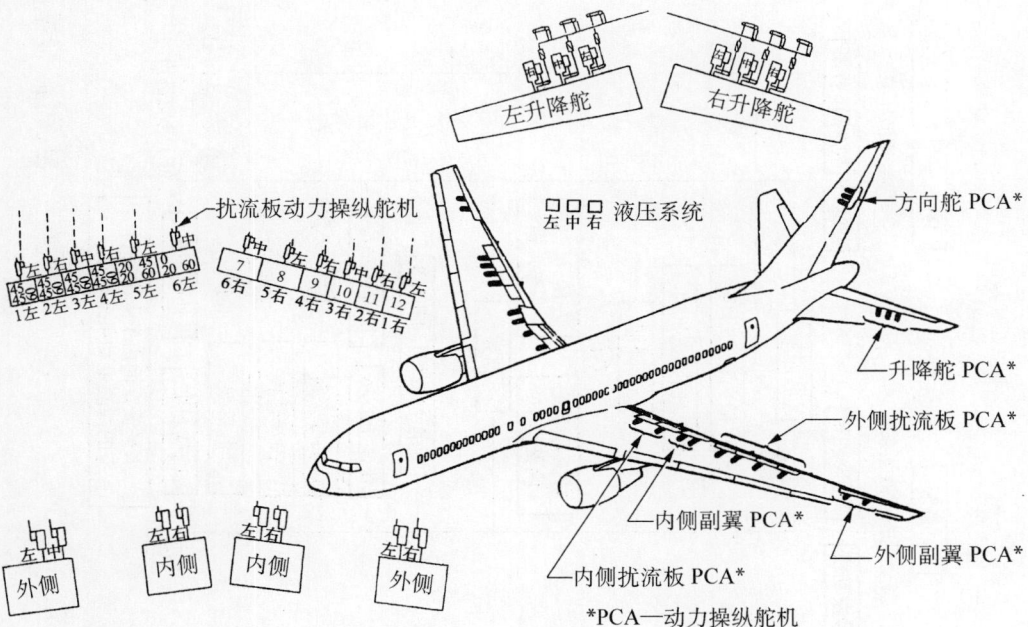

图 35 - 4　波音 767 操纵面的驱动

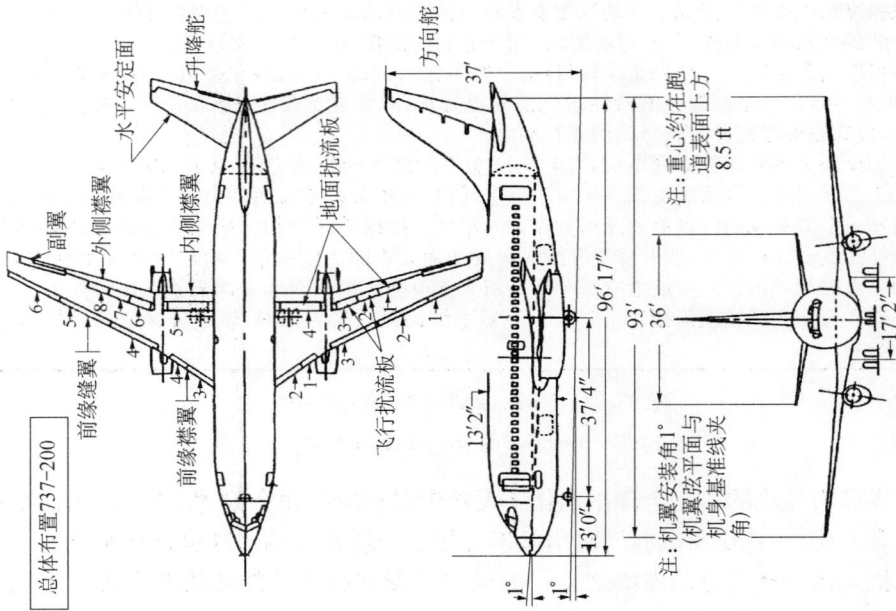

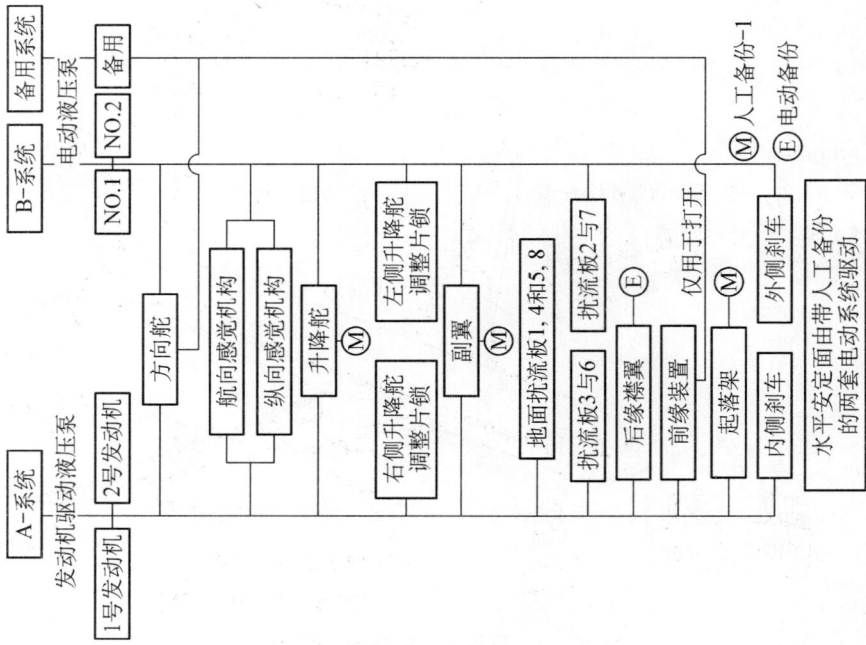

图 35 - 5　波音 737 - 200 操纵面的驱动

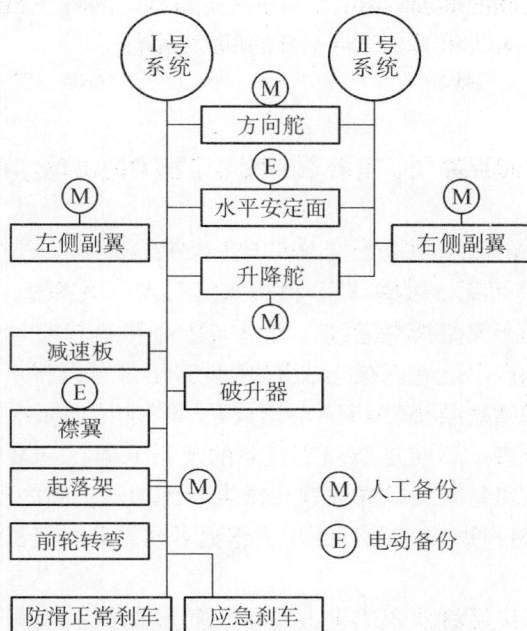

图 35 - 6　福克 F - 28 和福克 100 操纵面的驱动

波音 767 操纵面的驱动如图 35 - 4 所示。与波音 747 相比,系统结构可简化为三套液压系统。

图 35 - 5 为较小的波音 737 - 200 飞机操纵系统。最新的 737 型除了额外添加一块外翼扰流板外采用了同样的系统。波音 737 有两套液压系统以及第三套用于方向舵的辅助液压系统。水平安定面由两台电机驱动,但在应急状态可用驾驶舱配平转轮人工操纵。在两套液压系统失效时,升降舵和副翼均可人工操纵。此时正常状态锁定在中立位置的升降舵随动调整片进入工作状态。副翼上的随动调整片在所有使用模式都工作。

在图 35 - 6 中展示了福克 F - 28 和福克 100 的操纵系统框图。这两种飞机各有两套液压系统。水平安定面、升降舵和方向舵均由两套系统供压。水平安定面设有辅助电动系统作为第三种操纵模式。当两套液压系统都失效时,对升降舵和方向舵分别通过驾驶杆和脚蹬进行人工操纵。上述操纵系统均无调整片,只有移轴补偿。

每个副翼由单独的液压系统驱动。防上飘钢索将两侧副翼连接起来。当一套液压系统失效时,正常状态锁定在中立位置的飞行调整片解锁并随即由驾驶盘直接驱动。该副翼遂由飞行调整片产生的气动力和仍正常工作的另一套液压系统通过防上飘钢索共同驱动。当两套液压系统都失效时,两侧副翼均通过飞行调整片由驾驶舱直接操纵。

水平安定面、方向舵和副翼均由不可逆系统驱动。两种飞机的升降舵分别采用了助力比为 $B.R. = 4.0$ 和 $B.R. = 4.8$ 的助力系统。

电传操纵

前面讨论了经典操纵系统。随着数字化电子技术的出现,操纵系统也有了新的发展。

飞机主操纵系统的数字化电子技术("电传操纵")最早在超声速战斗机例如 F-16 上得到应用。当其可靠性被确认后,民用飞机引入了该系统。

电子技术早已用于飞机操纵系统。飞机制造商和运营商对复杂的自动驾驶仪和盲降系统非常熟悉。不过它们被当成是"附件",尽管可以将例如用于福克 100 的现代自动飞行控制和增稳系统(AFCAS)当成是"半"电传操纵系统。

电传操纵是一个表示不同复杂程度对象的泛指术语。其最简单的形式是电子化信号传递。它的意思是驾驶舱操纵器和操纵面作动器之间的所有机械联系被(不动的)电缆和相关设备所取代。飞行员几乎感觉不到差异。飞机直接根据飞行员的操纵输入动作。

然而完全电传操纵系统从根本上改变了飞行员操纵输入与飞机特性之间的关系。对飞行员而言,中间因素操纵面偏度不再值得关注。飞行员发出的指令不再是某操纵面偏度而是系统据其计算出所需操纵面偏度的某法向过载、俯仰或偏航速率。电传操纵技术还可以将各种使用安全限制,以远优于先前比较原始、粗糙的机械系统可能做到的方式,纳入操纵系统。

尽管粗看上去电传操纵技术可能纯属涉及系统设计的学问,其实它与气动设计直接相关。对诸如确定最大升力系数、在后重心位置的最小杆力-速度梯度、V_{MO}/M_{MO} 和 V_D/M_D 之间的关系、许用重心范围等等的适航要求都必须仔细检查和/或重新考虑。这就需要与适航当局进行广泛深入的讨论以达成各方都满意的专用条件。这些都可能在随后导致修改或新添通用适航要求。

第一种真正应用了电传操纵技术的民用运输类飞机是空客 A320。

图 35-7 和图 35-8 显示了各种控制律和操纵面驱动装置的布置。读者可参阅原始出版物了解对该系统更详细的描述。

空客 A330 和 A340 采用了与 A320 相同的系统。这三种飞机操纵特性高度的相似性使得飞行员取得三个型号交叉使用资格的改装过程非常短。

波音 777 标志民用运输类飞机电传操纵技术取得第二次发展。与其说它是技术进步,不如说它表明电传操纵如此新颖以致迄今人们对其基本原则尚未达成共识。

空客飞机采用侧杆实现俯仰和滚转操纵[①],主要以操纵力作为输入,伴随侧杆有

---

① 原文有误,已改正。——译注

限的运动,波音则采用基于计算机的反馈系统,偏转驾驶盘,推动驾驶杆,使飞行员得出操作常规操纵系统的印象。这使得操纵系统设计复杂化,只有未来能证明新一代飞行员是否认为这种办法比空客的好。

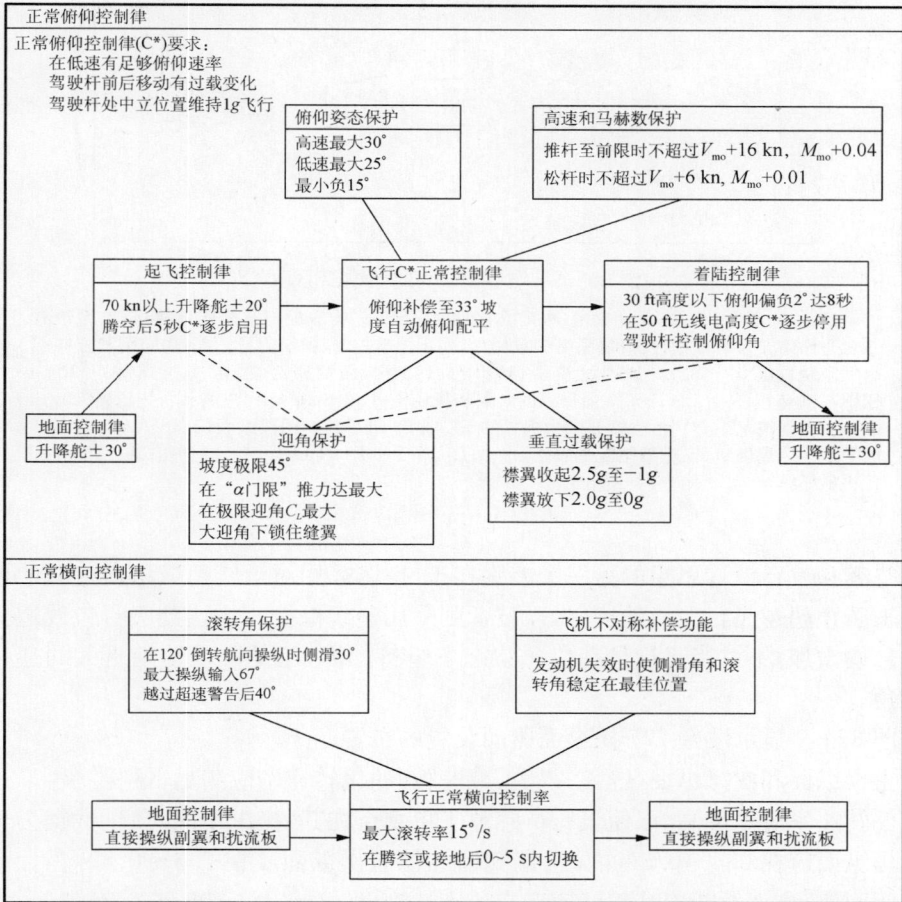

图 35 - 7   空客 A320 的电传操纵控制律

来源:Flight International,12 December 1987

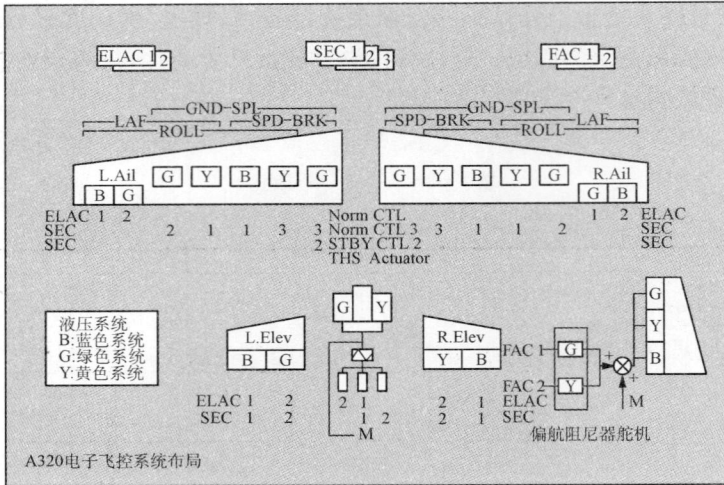

图 35-8 空客 A320 的操纵面驱动

ELAC—升降舵和副翼计算机(本系统有两台);SEC—扰流板与升降舵计算机(本系统有三台);FAC—飞行增稳计算机(系统中设两台,用于偏航控制、偏航阻尼、方向舵配平和方向舵行程限制);GND-SPL—地面扰流板(破升器);LAF—载荷减缓功能(突风减缓);SPD-BRK—减速板;ROLL—用于横向操纵的副翼和扰流板;LAil 和 RAil—左侧和右侧副翼;Norm CTL—正常情况下分别由后续数字为标号的 ELAC 和 SEC 控制的操纵面;THS Actuator—可配平水平尾翼舵机(三重平尾配直液压马达);L. Elev 和 R. Elev—左侧和右侧升降舵;M—直接机械操纵

来源:Interavia 1,1988

　　空客和波音设计思想的另一个差别在于:空客采用对滚转角或法向过载的硬性限制来防止超越飞行包线的边界,而波音则采用包线保护。在达到飞行包线边界时杆力急遽增加,不过当飞行员在应急状态下坚持操纵,还是可以达到更大的迎角或滚转角。

　　图 35-9 显示波音 777 操纵面驱动装置的布置。

　　主操纵面和次操纵面(缝翼、襟翼、减速板)的偏转速率应满足下列要求:

　　偏转速率应足够高,以使飞行员感觉飞机真正在其"操纵中"。典型数据为全偏滚转操纵面应在 0.4~0.5 s 内,全偏俯仰和偏航操纵面应在 0.6~0.8 s 内。对主操纵面而言,这就意味着其偏转速率应分别达到(50°~60°)/s 和(35°~45°)/s。

　　偏转速率应足够高,以补偿正常使用中出现的配平状态变化。升降舵,特别是水平安定面都要满足该要求。后者在低速飞行时需要大约 0.5°/s,在高速飞行时需要(0.15°~0.2°)/s 的配平速率。

　　不过水平安定面和襟翼的偏转速率又应该足够小,使得飞行员能够应付襟翼偏转或安定面的安装角改变引起的配平状态变化。这些配平状态的改变可能是有意的(如收放襟翼)或者因操作疏忽所致(如可配平安定面的"偏移")。

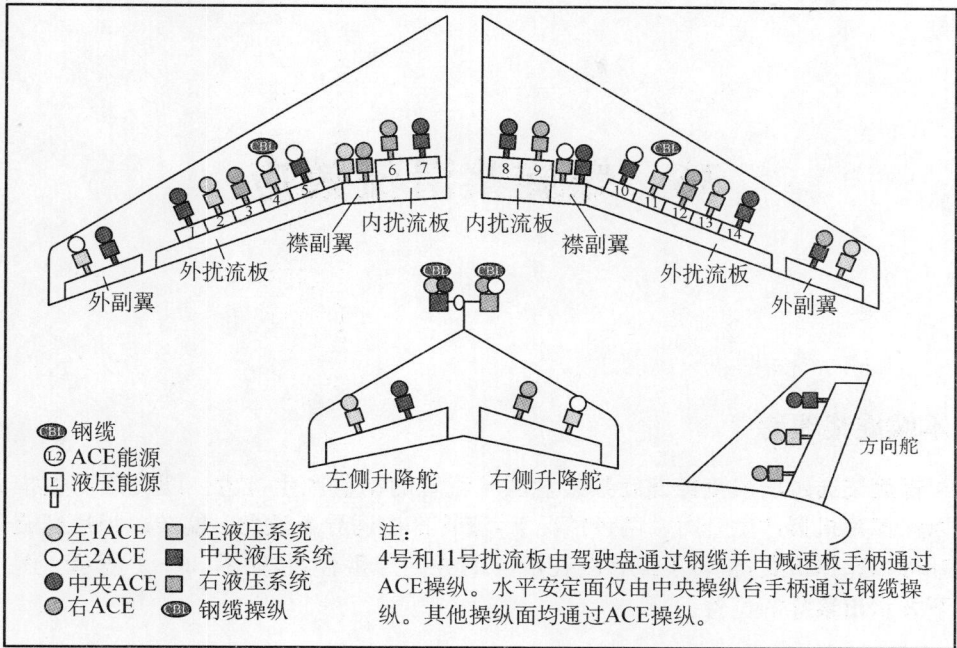

在 777 飞机上，作动筒控制电子装置（ACE）向每个飞行操纵面的液压作动筒提供操纵输入。

图 35 - 9　波音 777 的操纵面驱动

来源：Boeing Airliner October - December 1994

36　螺旋桨滑流效应

基本螺旋桨理论

螺旋桨通过增加流经螺旋桨桨盘区域流管的动量产生推力。螺旋桨产生推力可以比拟为机翼产生升力。两种情况下，流管都按诱导下洗角 ε 偏转。每片螺旋桨桨叶可以比作机翼，偏转了流管以在所需的方向产生合力，如图 36-1 所示。图中右下方示出桨叶的位置。

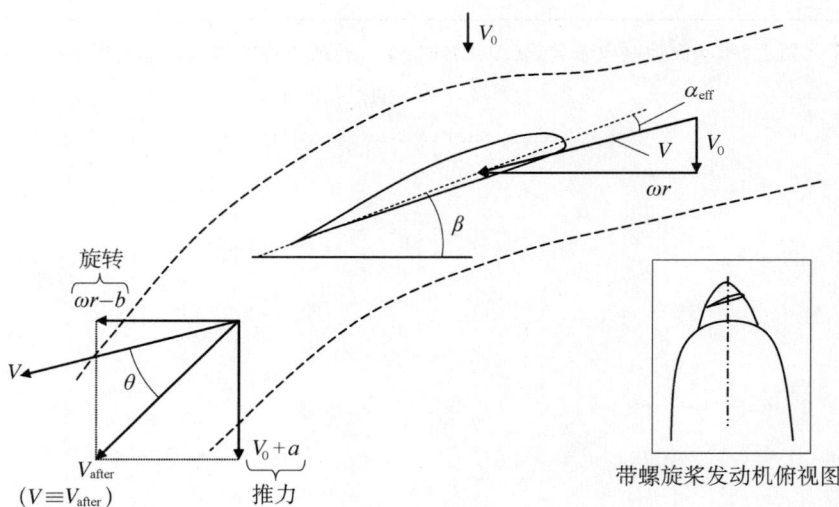

图 36-1　螺旋桨气流示意图

螺旋桨每个叶素的来流流管方向由前进速度 V_0 与该叶素径向速度 $v = \omega r$ 的矢量和确定，此处 ω 为螺旋桨旋转角速度，r 为叶素至螺旋桨转轴的距离。图 36-2 对叶素的概念作了说明。螺旋桨使叶素后方的流管偏转了诱导角 θ。这种偏转产生的并非诱导阻力而是由于**沿飞行方向**冲量的增加所致的诱导推力（沿飞行方向看，螺旋桨桨叶后流管较自由来流速度增大）。由于流过螺旋桨后气流转动或**旋转**了 θ 角，流动方向偏转了 θ 角（相对飞机体轴框架）。这样的旋转是一种能耗（同样沿飞行方向看），因此应该尽量减小。

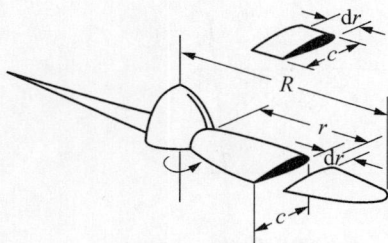

图 36-2 螺旋桨叶素
来源：福克 Report A-225

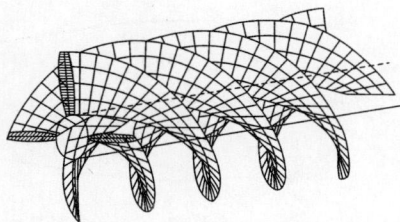

图 36-3 螺旋桨尾流螺旋面
来源：AGARD CP-366，Paper 5

以上图示的只是真实流动理论上的一种简化。在真实流动中，径向速度沿桨叶展向变化。由此可以解释螺旋桨叶片为何有强烈扭转。桨叶有限的展长和其他桨叶的流场产生的诱导速度可与三翼机或四翼机的机翼诱导速度相比。不过关于推力和旋转的一般结论依然成立。图 36-3 显示四叶螺旋桨后方的尾流螺旋面。

另一种显示螺旋桨叶素如何产生推力的方式如图 36-4 所示。虽然根据标准定义，螺旋桨叶素产生升力和阻力，令人感兴趣的参数还是推力和径向力。后者是衡量所需发动机功率的尺度。原则上应以使推力最大同时保持功率最小为目标。

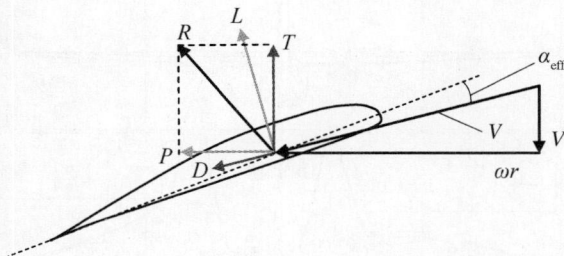

图 36-4 螺旋桨叶素产生的力

螺旋桨后方的流管称为**螺旋桨滑流**，其中轴向流动速度高于未受扰来流，同时存在旋转速度。

滑流效应

飞机位于螺旋桨之后并处于滑流之中的部件受滑流的影响表现为来流发生改变。此时来流不再是流线平行的均匀流，压强分布（以及随之升力、阻力和俯仰力矩）可能与这些部件处于滑流之外时有很大的不同。

根据动量理论，可以建立用一个加载盘代表螺旋桨的螺旋桨滑流简化模型。该模型不计滑流的旋转，假定轴向速度沿滑流剖面均布，考虑了滑流收缩。

机翼被滑流覆盖的部分比机翼上邻近的部分承受更高的动压，产生更大的升力。图 36 - 5 是对此的图解。

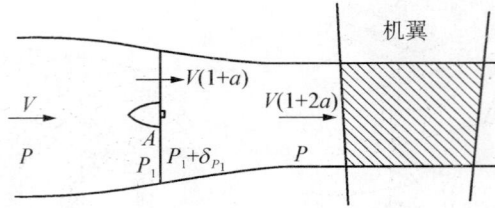

图 36 - 5 机翼被滑流覆盖部分平均动压的增加

来源：AGARD CP - 366，Paper 8

在实际流动中，机翼升力不仅受滑流中动压升高的影响，也受滑流旋转的影响。后者使机翼被滑流覆盖部分的当地迎角发生变化。在螺旋桨轴线的一侧气流向下运动，当地迎角减小。这就抵消了动压升高对这部分机翼升力的作用。在螺旋桨轴线的另一侧，滑流旋转使当地迎角增大，与增大的动压共同产生展向压强分布中的峰值。图 36 - 6 以福克 50 两种构型采用基于欧拉方程的程序算得的展向升力分布为例，对此加以说明。计算数据与从真实飞机十个机翼站位测得的压强导出的当地升力系数进行了对比。

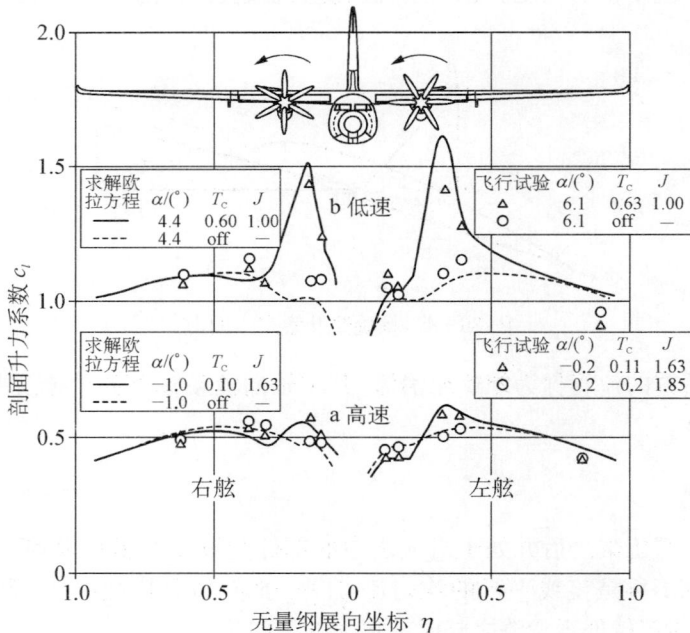

图 36 - 6 福克 50 展向升力分布理论和实验结果对比

c—翼剖面升力系数；α—迎角；T_c—单个螺旋桨拉力系数；J—螺旋桨进距比；off—发动机关车

来源：AIAA Paper 90 - 3084

图 36-7 介绍水平尾翼的展向动压分布。虽然数据取自 F-27 的风洞模型试验，螺旋桨旋转方向与福克 50 相同。滑流旋转造成滑流流管向右侧偏移。

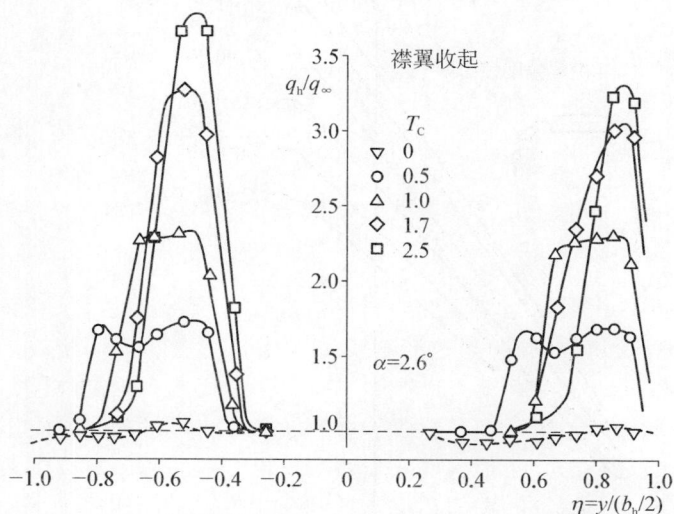

图 36-7 福克 F-27 水平尾翼处展向动压分布随推力系数的变化

q_h—平尾处的平均动压；T_c—单个螺旋桨拉力系数；η—沿翼展方向的机翼相对位置

来源：福克 Report L-27-190

本章中许多幅图表源于对福克 F-27 短距起降型的研究。在进行了详尽的风洞实验和短暂的飞行试验后取消了该型号的进一步研发，因为相对 F-27 基本型随性能提高带来的复杂性表明不值得继续投资。

C_T 定义为

$$C_T = \frac{T}{\frac{1}{2}\rho V^2 S} \qquad (36-1)$$

从图 36-8 可以得出结论，$C_{L,a}$ 随 C_T 线性增加（对略去螺旋桨法向力的所有 C_T 值，$\alpha = -23°$ 时 $C_L = 0$）。

因此

$$\frac{dC_L}{d\alpha} \approx \left(\frac{dC_L}{d\alpha}\right)_{C_T=0}(1+kC_T) \qquad (36-2)$$

式中，k 为常数。

影响螺旋桨飞机纵向稳定性的**三大动力效应**可以区分如下：

1）螺旋桨力效应

因功率=推力×速度或 $P = TV$，螺旋桨推力随飞行速度减小而增加（发动机功率基本不变）。这种推力增加可能降低稳定性，取决于推力线在飞机重心之下还是之上。在非常低的速度该效应特别重要，此时螺旋桨推力最大。

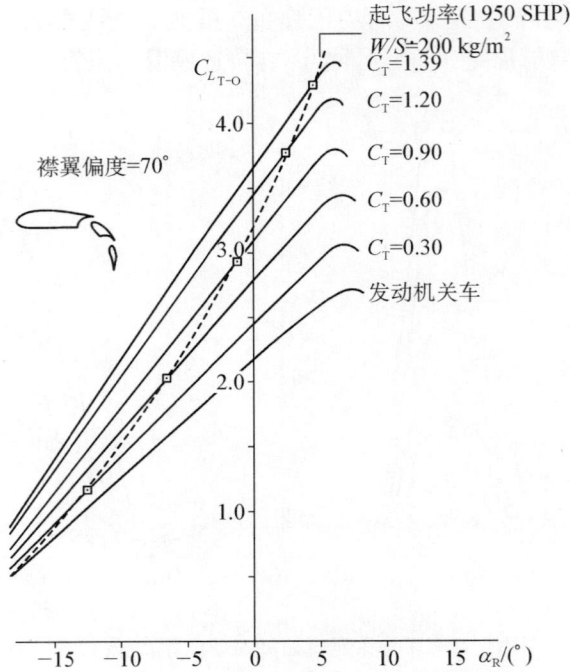

图 36 - 8　F - 27 STOL 无尾 $n = 1$ 升力曲线

$C_{L_{T-0}}$——无尾升力系数；α_R——相对于基准线的迎角；C_T——螺旋桨的拉力系数。

来源：AGARD CP - 160，Paper No. 10

螺旋桨在大有效迎角的法向力系数（c_{n_p}）相当大。由于法向力作用点一般在重心前，通常也起降低稳定性的作用。

2) 机翼升力、无尾俯仰力矩和下洗增加

滑流使机翼当地升力系数提高，增加了机翼后方的下洗——不限于滑流流管——遍及整个流场。因此尾翼（也包括 T 型尾翼）承受较大的下洗。这将减小尾翼对飞机纵向稳定性的贡献。

通常机翼升力增加，特别是放下襟翼时，会使无尾低头俯仰力矩增大。

3) 水平尾翼升力由于滑流动压升高的变化

水平尾翼如果部分或完全浸没在螺旋桨滑流中，会承受较高的动压。这将增大尾翼有效升力线斜率，加强尾翼对稳定性的贡献。

尾翼是否真正处于滑流中，取决于迎角、襟翼偏度和发动机功率等多个参数。

为了分析下洗对稳定性的影响，考虑如图 36 - 9 的情况。该图表明下洗角 ε 与升力系数 C_L 呈线性关系（料想之中）而且其斜率

$$\left(\frac{\mathrm{d}\varepsilon}{\mathrm{d}C_L}\right)_{C_T = 常数} \approx 常数 \qquad (36 - 3)$$

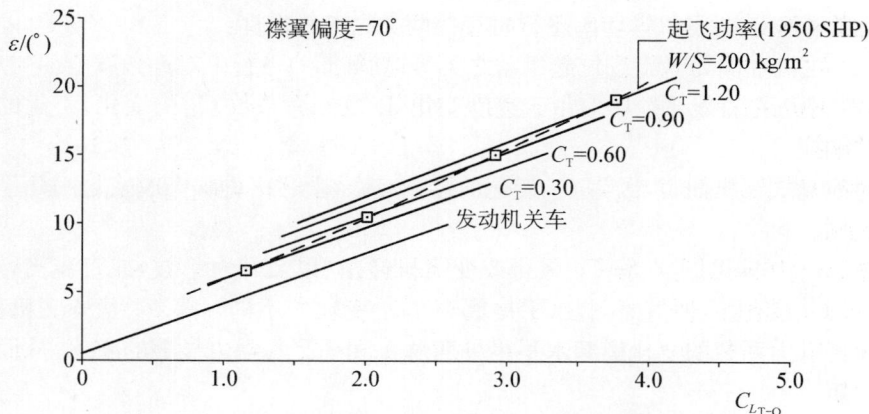

图 36-9　F-27 STOL 无尾构型下洗角随发动机功率与升力系数的变化

ε—下洗角

来源：AGARD CP-160，Paper No. 10

此外，ε-C_L 曲线随着 C_T 的增加仅略有平移。之所以发生这种平移，是因为随着 C_T 的增加，展向升力分布越来越偏离接近椭圆的形状。

图中虚线为等功率线，沿该线下式成立

$$C_T \propto \frac{1}{V^3} \text{①} \tag{36-4}$$

将式（36-1）代入 $P = TV$ 即得上式。因此，以恒定功率飞行而 C_L 增加（因作直线飞行空速减小）时，ε 要比从 C_T＝常数的 ε-C_L 曲线上查得的值高，跳到相应于更大推力的水平。

从图 36-8 的升力曲线可见类似的现象。

由于机翼升力线斜率 $C_{L,\alpha}$ 随 C_T 增加，见式（36-2），下洗梯度 $\dfrac{\mathrm{d}\varepsilon}{\mathrm{d}\alpha}$ 也随 C_T 增加。将其写为

$$\frac{\mathrm{d}\varepsilon}{\mathrm{d}\alpha} = \frac{\mathrm{d}\varepsilon}{\mathrm{d}C_L} \frac{\mathrm{d}C_L}{\mathrm{d}\alpha} \tag{36-5}$$

并将式（36-2）和式（36-3）代入，得到

$$\left(\frac{\mathrm{d}\varepsilon}{\mathrm{d}\alpha}\right)_{C_T=\text{常数}} = \frac{\mathrm{d}\varepsilon}{\mathrm{d}C_L} \left\{ \left(\frac{\mathrm{d}C_L}{\mathrm{d}\alpha}\right)_{C_T=0} (1 + kC_T) \right\} \tag{36-6}$$

式（36-6）实际上说明，等速、等功率（即 C_T＝常数）飞行时，选用的功率也就是推力愈大，**水平尾翼对飞机纵向安定性的贡献下降愈甚**。

当尾翼处于滑流之外时，该结论也适用。

---

① 原文有误，已改正。——译注

螺旋桨驱动的飞机等功率飞行时存在两类纵向稳定性：

（1）飞机在例如盘旋或拉起机动之类等速（等 C_T）飞行中对迎角改变的响应。

（2）飞机在直线飞行中对由于速度变化（以及推力系数 C_T 的变化）引起的迎角改变的响应。

对喷气式飞机而言，因为 C_T 变化的影响有限，上述两种状态改变之间几乎没有什么差别。

图 36-10 阐明了在等 C_T 飞行改变飞机迎角（以及升力系数）或直线飞行中速度（以及 C_T）变化两种情况下，水平尾翼迎角 α_h 变化的不同。等 C_T 状态飞机稳定，飞机无尾升力系数的变化引起水平尾翼迎角 α_h 和平尾气动力显著的变化，从而产生恢复力矩。

图中点画线表示当飞机发动机功率不变作直线飞行，由于速度变化引起飞机升力系数变化时 α_h 的变化曲线，在大约 $C_L = 3$ 处有最小值。在该最小值处，α_h-C_L 曲线的斜率为零。其物理意义是平尾对飞机稳定性的贡献可以忽略不计。此时平尾升力系数与飞机迎角无关。

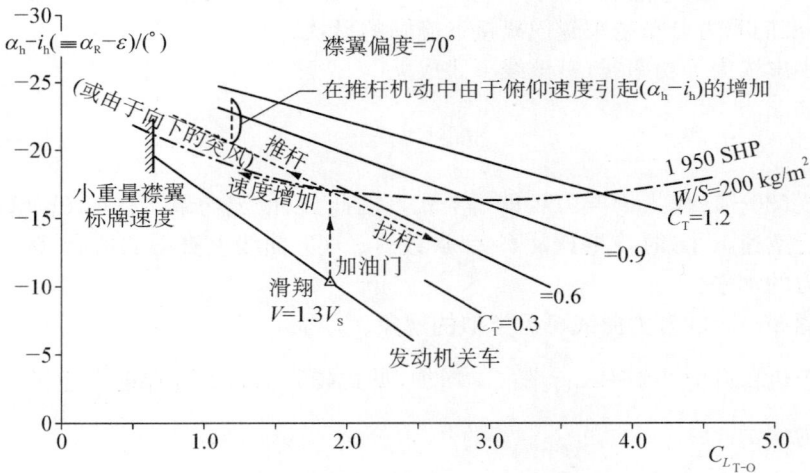

图 36-10　F-27 STOL 平尾迎角随无尾 C_L 的变化

α_h—平尾平均迎角；i_h—平尾（水平安定面）安装角；$C_{L_{T-O}}$—无尾升力系数

来源：AGARD CP-160，Paper No. 10

图 36-10 也显示了推杆机动时的平尾迎角。首先，将发动机功率调到最大，如允许飞机加速，α_h 将沿着标为"速度增加"的曲线变化。

加油门后推杆使飞机低头达到所需过载（$n < 1.0$），α_h 沿着标为"推杆"的曲线变化。

然而，由于飞机的俯仰运动，处于重心之后的尾翼发生了如图所示的负迎角额外增加的情况。

　　该机动飞行是在作为适航审定程序一部分的飞行试验中进行的,试验目的在于验证即使作这样的机动尾翼功能仍然正常。

　　在图 36-11 中展示了推力系数在一定范围内变化时飞机的无尾俯仰力矩。等推力系数 $C_{m_{30}}$-C_L 曲线的斜率几乎不受推力系数大小的影响。由于襟翼偏度大,螺旋桨滑流剧烈下偏,使得俯仰力矩曲线随推力系数的增大向更负的俯仰力矩方向平移。对较 $x=30\%$ 平均气动弦长更靠前的力矩参考点(或重心)而言,需要依靠平尾的升力来平衡的最大负俯仰力矩甚至更大。

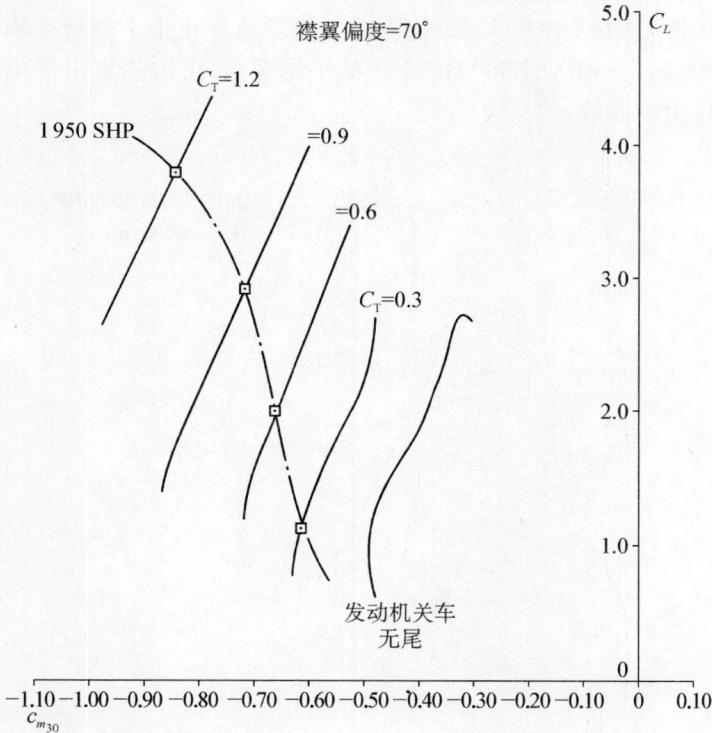

图 36-11　F-27 STOL 不同推力系数下的无尾 $C_{m_{30}}$-C_L 曲线

$C_{m_{3e}}$—力矩作用点位于 0.30$\bar{c}$ 时的俯仰力矩系数;C_L—升力系数

来源:AGARD CP-160,Paper No.10

　　图中用点画线绘制的曲线表示作等功率直线飞行时的无尾俯仰力矩曲线。
　　描述俯仰力矩平衡的方程为

$$C_m = 0 = C_{m_0} + \left(\frac{dC_L}{d\alpha}\right)_{\text{T-O}} (\alpha - \alpha_0) \frac{x_{c.g.} - \bar{x}_{a.c.}}{\bar{c}} - C_{L,\,a_h}(\alpha - \varepsilon + i_h) \frac{S_h l_h}{S_w \bar{c}} \frac{q_h}{q}$$

$$(36-7)$$

取 $\delta_e = 0$,且式中

$$\alpha_h = \alpha - \varepsilon + i_h = \alpha \left(1 - \frac{d\varepsilon}{d\alpha}\right) - \varepsilon_0 + i_h \quad 或 \quad \alpha_h - i_h = \alpha \left(1 - \frac{d\varepsilon}{d\alpha}\right) - \varepsilon_0$$

$$(36 - 8)$$

$\dfrac{d\varepsilon}{d\alpha}$ 由式(36 - 6)给出。

在图 36 - 12 中展示了风洞实验中测得的有尾俯仰力矩曲线,相应于平尾中立位置无动力飞行以及平尾分别以 $i_h = 0$ 和 $i_h = 5°$ 抬头两种偏度等功率(1 950 轴马力)飞行的情况。相应后一种平尾偏度的曲线差不多平行于图 36 - 11 中的无尾曲线。这与图 36 - 10 所示在很大 C_L 范围内平尾迎角变化很小的情况相符。根据已知的平尾升力线斜率和从图 36 - 10 查得的平尾迎角,可以估算出平尾偏度 $i_h = 0$ 时的有尾俯仰力矩曲线。

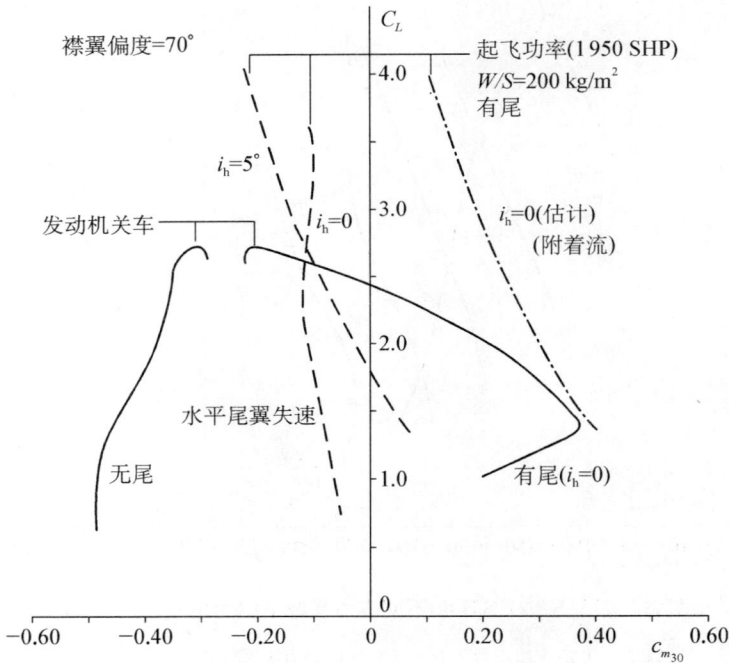

图 36 - 12　F - 27 STOL 的俯仰力矩与升力系数曲线

W—重量;S—机翼面积;i_h—平尾安装角

来源:AGARD CP - 160,Paper No. 10

估算和实验测得的俯仰力矩曲线之间的差异表明,风洞实验中平尾绕流在整个 C_L 范围内都有分离。

水平尾翼负失速

这是又一个水平尾翼负失速的例子。在带高效机翼襟翼的大功率螺旋桨飞机上,强烈的下洗能使平尾的负迎角非常大(在$-20°$量级),可导致平尾下表面流动分离。

在F-27短距起降构型原型机短暂的飞行试验中,飞机装有与襟翼交联的可调水平安定面。襟翼逐级打开时,水平安定面安装角从$-1°$变至$+4°$。与风洞实验模型不同,原型机水平安定面具有用于批生产飞机的负弯度前缘(图36-13)。但尽管如此,在逐渐推杆过程中升降舵杆力出现异常现象,警示接近平尾负迎角失速。这是导致该项目中止的另一个原因。

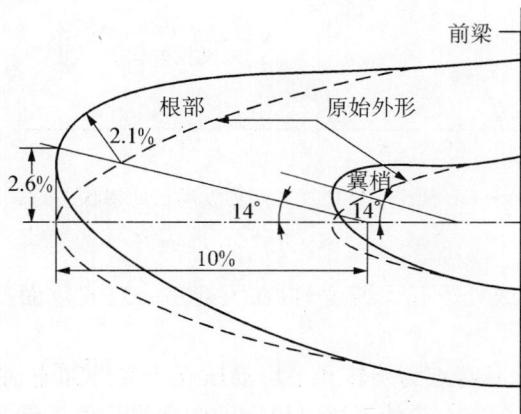

图36-13 福克F-27的负弯度前缘

来源:福克 Report L-27-88

尽管标准型F-27有最大偏度达$40°$的单缝襟翼,内襟翼偏转仅为外襟翼的2/3,以限制在极端飞行条件下平尾的最大负迎角。

如前所述,强烈的下洗并不局限于滑流流管,而是出现在整个流场,因为它主要由机翼产生的升力造成。因此,许多螺旋桨飞机采用T型尾翼,主要不是为了使尾翼处于螺旋桨滑流之外,而是要尽可能远离机翼尾流涡面。

在福克F-27短距起降型的风洞实验项目中,也对将平尾置于标准平尾位置上方3.6 m(全尺寸)处的尾翼构型进行了试验。

图36-14展示发动机恒定大功率状态在高低两种平尾位置风洞模型的水平安定面迎角随无尾升力系数的变化。

在小C_L值安定面迎角差不多与发动机功率及平尾位置无关。升力系数小,下洗也小。**平尾的大负迎角主要源自飞机的大负迎角**(见图36-8)。

不过在大C_L时,平尾迎角随功率和平尾位置的不同有显著差异,但平尾两种位置都在滑流以外。这种差异是由于低平尾位置离机翼的尾流涡面较近,于是受下洗的影响大得多。

以上分析表明,由于三种流动现象,水平尾翼的来流不同于未受扰流:

(1) **机翼和发动机短舱的尾流**,其特点为平均动压比未受扰流低。低置水平安

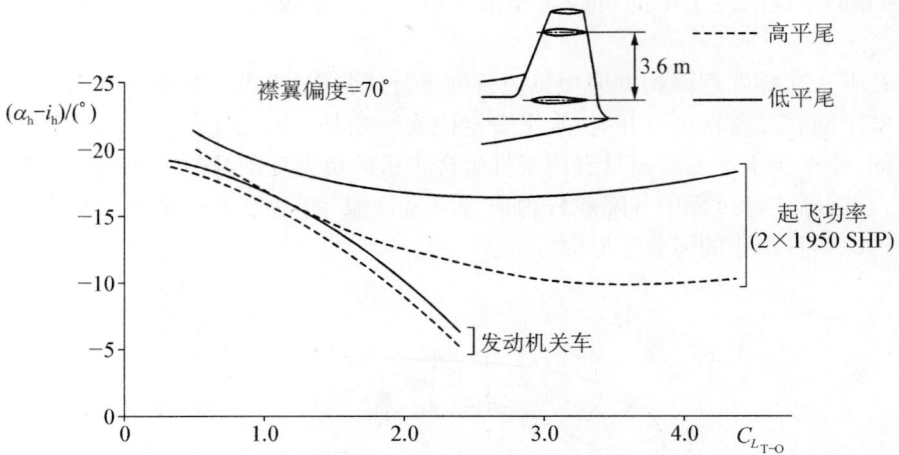

图 36 - 14　F - 27 STOL 两个平尾位置和两种发动机功率状态的 $C_L \sim (\alpha_h - i_h)$ 曲线

来源：AGARD CP - 160，Paper No. 10

定面布局当襟翼收起或处于起飞偏度时，在大迎角一旦安定面浸没在机翼尾流中，效率呈现衰减。

（2）**螺旋桨滑流**，其特点为旋转和平均动压高于其外部流动以及在滑流边界外部流动的流入。后者会进一步使平尾对稳定性和操纵性的贡献复杂化。

（3）**下洗**，机翼产生升力的直接后果，主要取决于升力系数，无论是否存在螺旋桨滑流。

螺旋桨滑流效应与飞机的飞行操纵品质密切相关。以下讨论福克 F27 的某些纵向操纵特性。

当飞行员移动操纵器时感受到的既有杆力又有杆位移。杆位移与速度的关系与握杆中性点直接相关。另一方面，松杆中性点取决于杆力与速度的关系。

图 36 - 15 为在前后两个重心位置改变发动机功率对松杆稳定性的影响。

在前重心位置发动机慢车状态杆力很大，真要注意在某些飞行状态使杆力不要超过适航规章规定的最大允许杆力。

加大发动机功率，杆力和杆力梯度减小。此时，其他适航要求成为限制因素：FAR/CS 25 规定在给定配平速度附近，平均杆力梯度至少应为 1/6（lb/kn）。特别在后重心位置仍需满足该项要求。

图 36 - 16 介绍杆位移特性。从该图中可见此时动力效应也可能非常明显：在大功率区飞机稳定性降低。起飞功率状态重心后限位置的握杆稳定性为负。

适航要求根本不提杆位移。所有对稳定性和机动性的要求仅述及杆力。通常握杆稳定性也决定了松杆稳定性。不过在 F - 27 的升降舵上采取了在所有飞行条件下都能确保杆力稳定性的措施。

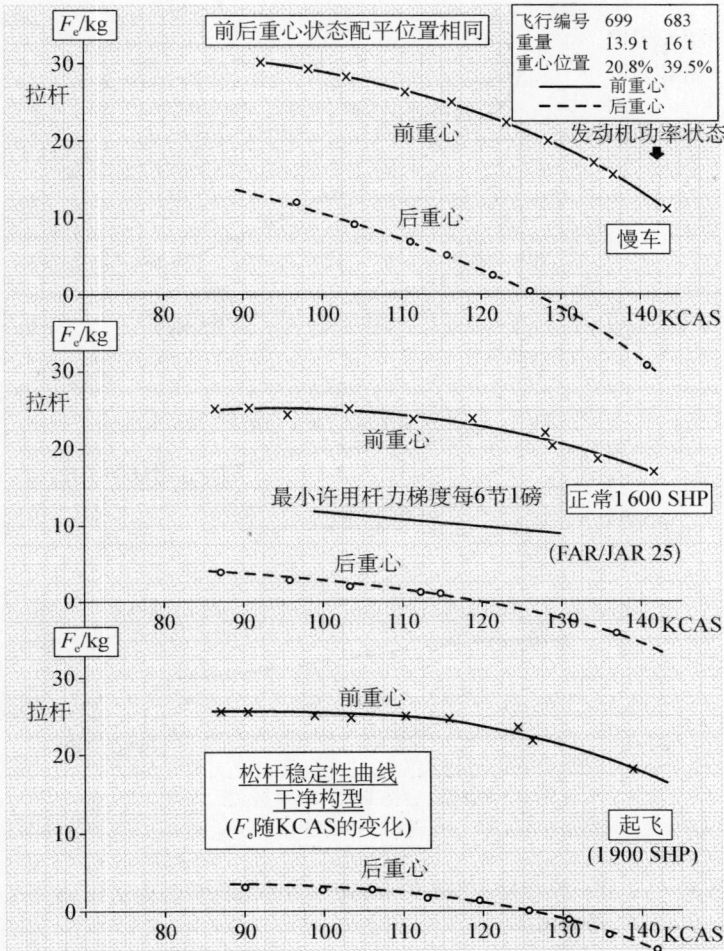

图 36‑15 F‑27 干净构型不同发动机功率状态杆力随空速的变化

F_e—升降舵杆力;KCAS—以 kn 为单位的校正空速;SHP—轴马力

来源:福克 Report V‑27‑49

F‑27 的升降舵装有三个后缘调整片。升降舵左半有内外两个调整片,升降舵右半只有外调整片。左侧内调整片是从驾驶舱调节的真正的配平调整片。两个外调整片有 5° 固定的后缘向上偏度。适当偏转配平调整片将飞机配平为零杆力时,油门不变速度减小会使浸没在螺旋桨滑流中的固定外调整片比配平调整片承受的动压高。由于外调整片的后缘固定上偏,升降舵下偏超过在新飞行条件下配平所需的偏度。飞行员必须施加拉杆力才能保持纵向平衡,从而体验到正松杆稳定性,尽管此时升降舵相对原始配平状态略有下偏。

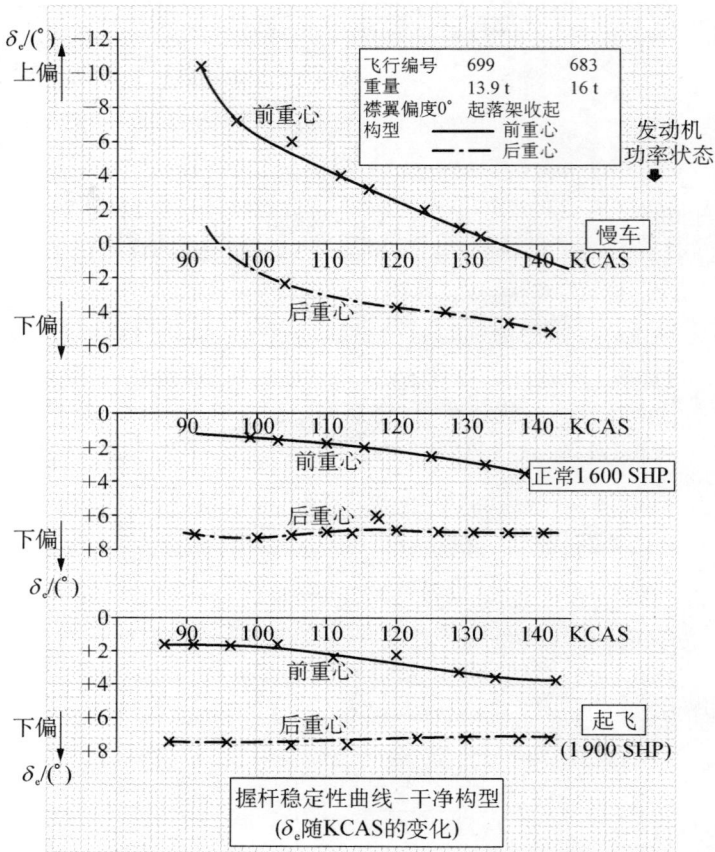

图 36-16　F-27 干净构型不同发动机功率状态升降舵偏度 δ_e 随空速的变化

来源：福克 Report V-27-49

襟翼偏转时，下洗最大的区域下移离开水平安定面。如图 36-17 和图 36-18 所示，稳定性得到改善。只有在最小空速最大功率状态和后重心位置，才靠该固定上偏调整片产生正松杆稳定性而握杆稳定性已无关紧要。

在重心前限位置和慢车状态，为达到小飞行速度需要大幅向上偏转升降舵，如图 36-17 所示。在最大升降舵偏度 $\delta_e = -25°$ 刚刚能达到相应最大升力的迎角。

纵向操纵系统设计真正成为挑战的另一个飞机项目例子是 Saab2000（图 36-19）。作为成功的 Saab340 的后继机，该机设计为以 360 kn，接近喷气式飞机的速度飞行。这就需要功率非常大的发动机。这些特点导致滑流效应非常强。鉴于 Saab340 的成功经验，原来设想采用人工操纵系统。初步飞行试验结果迫使整个操纵系统不得不重新设计，采用简化的电传操纵系统。这一更改使飞机推迟一年，直到 1994 年后半年才投入使用。

拉杆
F_e/kgf

30
20
10
0
-10
-20
-30

推杆

飞行编号：	699
重心位置：	20.1%
δ_f：	40°
起落架：	放下

○ － 慢车
× － 1 600 SHP.正常
□ － 起飞功率

80　90　100　110　120　130
KCAS

松杆稳定性曲线
着陆构型

拉杆
F_e/kgf

30
20
10
0
-10
-20

推杆

飞行编号：	698
重心位置：	39%
δ_f：	40°
起落架：	放下
重量：	35.700 lbs.

○ － 慢车
× － 1 600 SHP.正常
□ － 起飞功率

80　90　100　110　120　130
KCAS

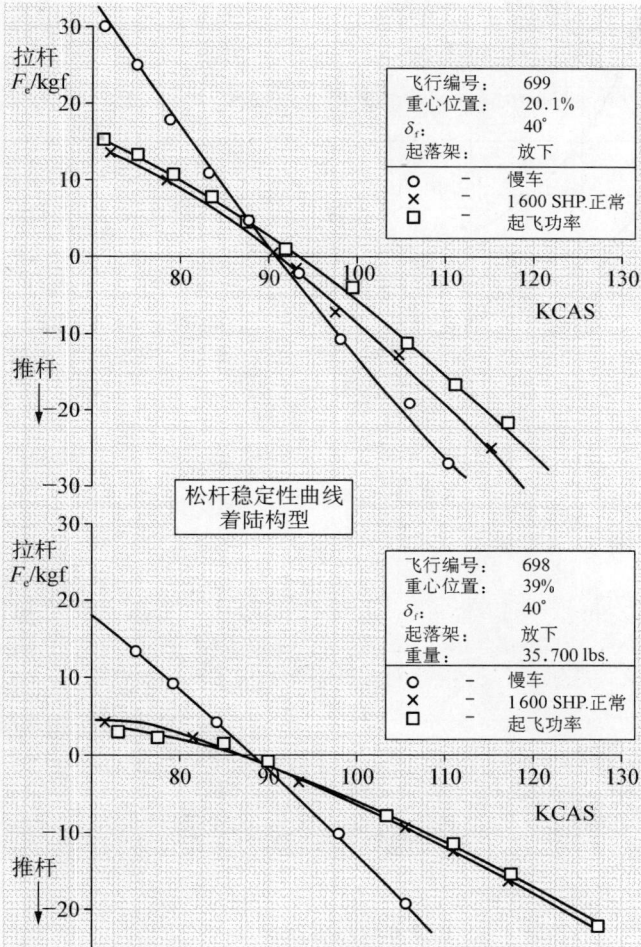

图 36 - 17　F - 27 着陆构型不同发动机功率状态杆力随空
速的变化

来源：福克 Report V - 27 - 49

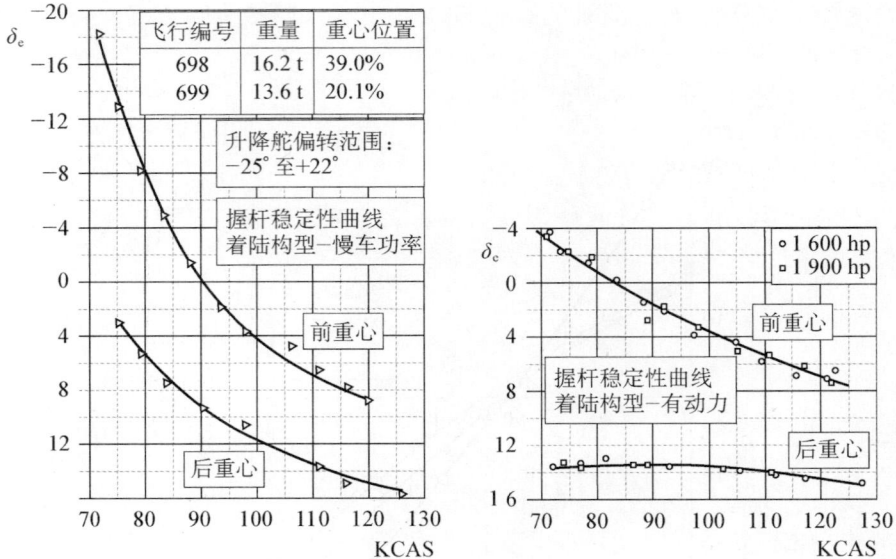

图 36 - 18　F - 27 着陆构型不同发动机功率状态升降舵偏度随空速的变化

来源：福克 Report V - 27 - 49

图 36 - 19　Saab 2000

来源：Christian Waser

航向稳定性和操纵性

　　螺旋桨滑流不仅影响水平尾翼绕流，也影响垂直尾翼绕流，从而影响到飞机的航向稳定性与操纵性。图 36 - 20 考虑构成机翼压强分布的各种分量，揭示在垂直尾翼上诱生横向流动的机理。图中显示了从后向前看，螺旋桨沿顺时针方向（"外侧向上"）旋转和反时针方向（"内侧向上"）旋转两种情况。

　　图 36 - 20 第 2 部分表示由于机翼浸没在滑流中机翼升力增加。第 3 部分表示滑流旋转使得在螺旋桨叶片向上运动一侧由于当地迎角变化产生很大的附加升力。所形成的局部大升力梯度在该点产生强后缘涡（第 4 部分）。这就进而在后缘涡面

上方的流场形成朝向该发动机的横向流动。从图中显而易见，带有离机身最近的后缘涡的"内侧向上"螺旋桨，在垂直尾翼上产生的横向流动最强。

再来考虑两个螺旋桨旋转方向相同（同向旋转螺旋桨，见诸大多数民用飞机）的双发螺旋桨飞机。如果"外侧向上"发动机失效，留下的"内侧向上"发动机的螺旋桨**在零侧滑角**产生的垂直尾翼上强烈横向流动，增大了工作发动机的直接偏航力矩。抵消该力矩需要方向舵大偏度。如果"内侧向上"发动机失效，需要的方向舵偏度小得多，因为工作发动机滑流产生的横向流动弱得多。由于这个原因，"外侧向上"发动机被称为**临界发动机**。

这些滑流效应对垂直尾翼所需尺寸有重大影响。飞行中临界发动机失效时，由于垂直尾翼区的横向流动，需要垂直尾翼和方向舵通过产生侧力形成的平衡偏航力矩要比螺旋桨静矩大得多，如图 36-21 所示。图中"计算值"曲线表示螺旋桨静矩（推力×力臂）。特别是装上了垂直尾翼

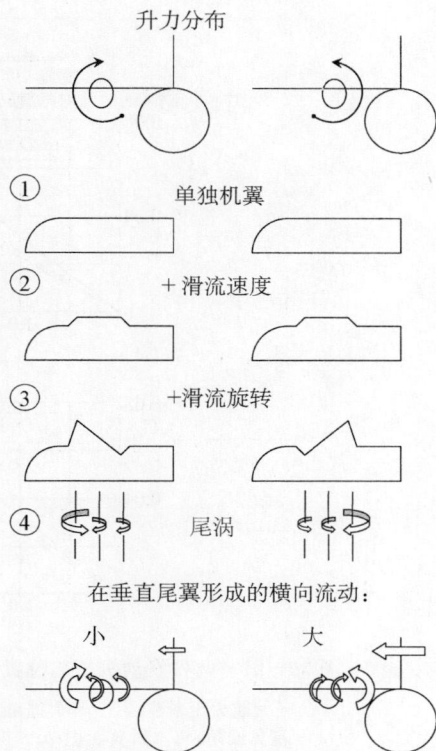

图 36-20 螺旋桨在垂直尾翼上诱导的横向流动

来源：NLL Report A-15088, 1962

时，测得的偏航力矩都比"计算值"大。零侧滑、工作的"内侧向上"发动机靠近机身时，偏航力矩试验值与相应计算值差别高达 50%。

在图 36-21 中对两种发动机展向位置螺旋桨分别顺、逆时针旋转进行了比较。**该构型将发动机外移并不产生更大的偏航力矩**。将螺旋桨外移有一定的优点：既降低舱内噪声又减缓垂直尾翼横向流动。但是如果一台发动机失效，其产生的附加升力丧失，必须为此补偿更大的滚转力矩。

在图 36-22 中举例说明了襟翼对偏航力矩的影响。飞机不装尾翼，真实偏航力矩与理论值相差无几。不过一旦将尾翼装上飞机，打开襟翼立显巨大差异。偏航力矩不但增大而且与螺旋桨位置无关，近乎不变。

示例均为上单翼布局。虽然下单翼布局发生的流动现象相仿，定量地看不如对上单翼布局那么重要，因为后缘涡面与垂直尾翼的距离较大。

很清楚，上单翼飞机的临界构型是有尾、襟翼打开的构型。显而易见靠近机身的襟翼翼梢涡被它在机身中的镜像涡"拉到"机身上方，如图 36-23 所示。于是襟翼翼梢涡寄居在立尾附近，产生强烈的横向流动，诱导出很大的偏航力矩。

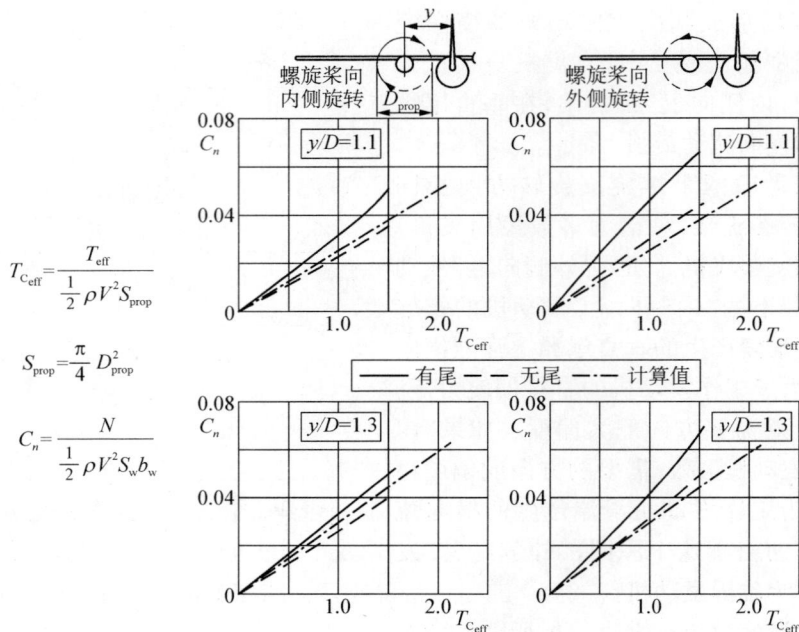

$$T_{C_{eff}} = \frac{T_{eff}}{\frac{1}{2}\rho V^2 S_{prop}}$$

$$S_{prop} = \frac{\pi}{4} D_{prop}^2$$

$$C_n = \frac{N}{\frac{1}{2}\rho V^2 S_w b_w}$$

图 36 - 21　两种发动机短舱位置螺旋桨分别顺、逆时钟旋转的 C_n - T_c 曲线

C_n—偏航力矩系数；T_c—单个螺旋桨拉力系数；D_{prop}—螺旋桨直径；S_{prop}—螺旋桨面积；δ_f—襟翼偏角；S_w—机翼面积；b_w—机翼翼展

来源：NLL Report A - 1508B, 1962

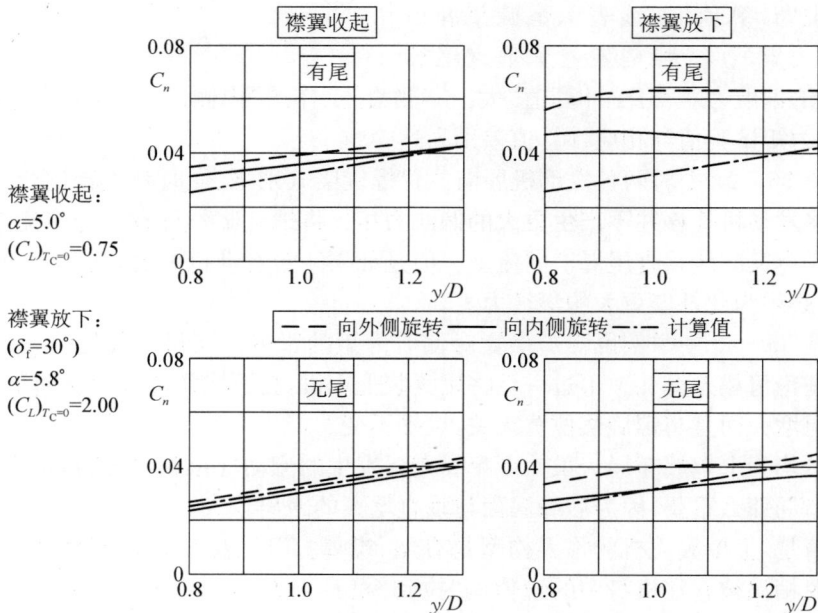

襟翼收起：
$\alpha = 5.0°$
$(C_L)_{T_C=0} = 0.75$

襟翼放下：
$(\delta_f = 30°)$
$\alpha = 5.8°$
$(C_L)_{T_C=0} = 2.00$

图 36 - 22　襟翼打开、收起，有尾、无尾的 C_n 随螺旋桨横向位置的变化

来源：NLL Report A - 1508B, 1962

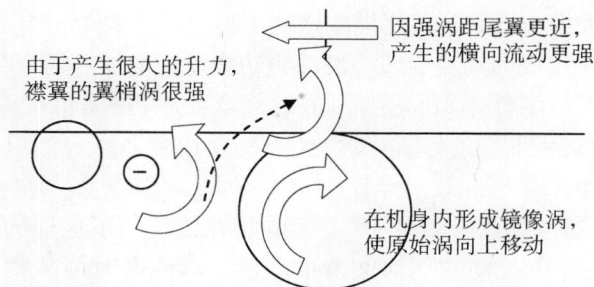

由于产生很大的升力，
襟翼的翼梢涡很强

因强涡距尾翼更近，
产生的横向流动更强

在机身内形成镜像涡，
使原始涡向上移动

图 36-23　襟翼翼梢涡移上机身示意图

在螺旋桨"内侧向上"、襟翼打开的极端情况下，具有模型采用的垂直尾翼的飞机偏航力矩可能大到根据螺旋桨静矩预期值的两倍，如图 36-22 右上方所示。

横向流动源于螺旋桨滑流，与垂直尾翼大小无关。这就意味着垂直尾翼越大，单发失效飞行产生的无侧滑偏航力矩也越大。为实现所需的最小操纵速度，必须仔细采取折中的办法考虑单发失效时工作的发动机以及偏航和方向舵偏转这两类产生偏航力矩的因素。只有这样才能确定所需的垂直尾翼大小。

横侧稳定性

由于螺旋桨滑流旋转及其所导致的不对称展向升力分布，即使在对称动力状态（见图 36-6）发动机开车也会产生滚转力矩。

有侧滑时如果俯视，滑流并不沿螺旋桨轴线流动而是移向下风处，如图36-24所示。这就使展向升力分布的峰值横移，产生附加滚转力矩抵消由于侧滑引起的基

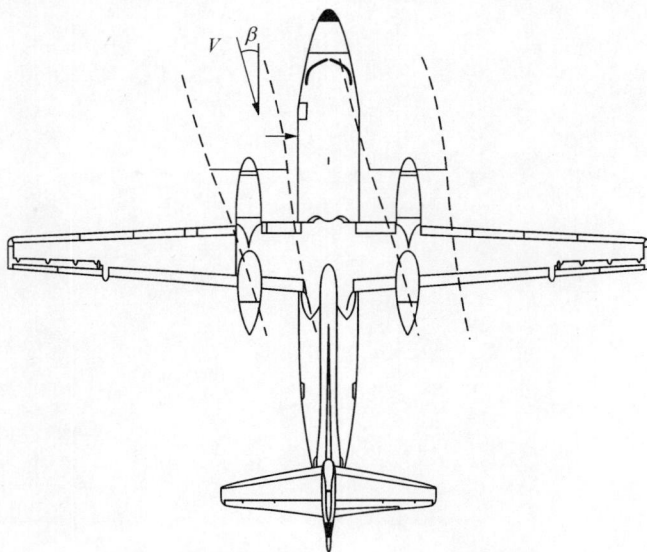

图 36-24　侧滑时的螺旋桨滑流

β—侧滑面

本滚转力矩。在大推力系数下可能导致横侧不稳定。

当福克 F - 27 发展为福克 50 时,发动机功率显著增加,风洞实验表明存在横侧不稳定性。这种不稳定性不可接受,因适航规章要求,在飞机带坡度、侧滑不断加大、飞行员松杆的某些飞行条件下,飞机必须呈现抬起迎风一侧机翼的趋势。要求具备正横侧稳定性。

在福克 50 上通过副翼采用带 45°上反的角补偿解决了这样的问题。角补偿本来对迎角就敏感,45°上反使它们对侧滑也敏感。有侧滑时迎风侧副翼会在松杆时下偏,抬起该侧机翼。为防止在结冰气象条件飞行时角补偿上积冰,采用了遮蔽式角补偿。

第 8 部分

37　发动机进气道

　　总的说来,发动机的发展一直是航空事业发展的主要推动力之一。正是莱特兄弟的发动机、螺旋桨以及他们对飞行操纵的理解使他们得以将奥克塔夫·夏努特的滑翔机变成实用的飞机。即使在今天,新型飞机(例如波音 787 和空客 A350)提高效率的一个重要方面仍然是推进系统。这表明在该领域的发展还远远没有到头。

　　以下各章探讨在推进系统设计中的各种气动问题——发动机进气道、排气系统和反推力装置。

进气道设计概要

　　如同大多数飞机部件一样,发动机进气道的设计需要作出折中。其内、外形设计一概如此,因为使发动机在整个飞行包线内最佳运行的设计要求互相之间存在矛盾。

　　图 37-1 表示亚声速发动机进气道的各种特性和进气道流动。请特别注意进入压气机的流管的三个主要横剖面面积:前方无穷远处的面积 A_∞、喉道面积 A_{TH} 和进口(在美国称为 hilite)面积 A_{HL}。

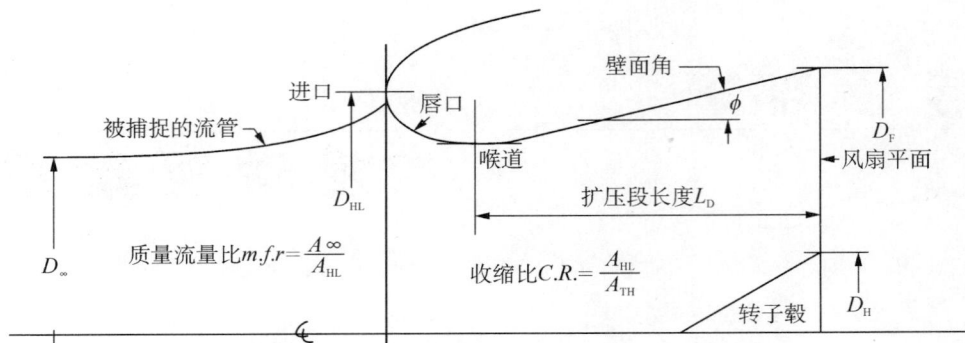

图 37 - 1　亚声速发动机进气道特性和进气道流动

来源:福克 Report L - 29 - 132

爬升和巡航高速使用状态的设计要求

对于巡航状态,设计工作的重点在于最大限度减小阻力。为达到该目标发动机外表面的表面流速应尽可能小。这就要求质量流量比(A_∞/A_{HL})在其他设计要求允许时尽可能接近 1,以便使驻点接近进口前缘。在这种飞行状态,进气道**外部**的表面流速是临界参数,如图 37 - 2 所示。这是确定进气道面积的设计要求之一。

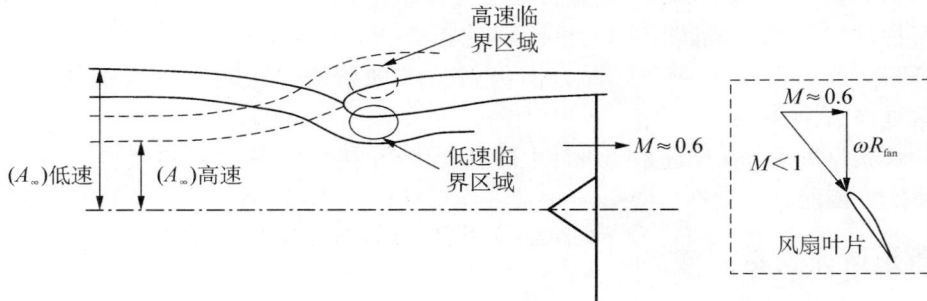

图 37 - 2　进气道高速和低速气流的临界区域

但是也要关注进气道**内部**的几何形状,因为最大速度出现在喉道区域附近。由于流向壁面的曲率,喉道区域的速度分布并不均匀。最大速度出现在壁面附近。为防止在进气道壁面出现强激波甚至在该点流动分离,经验表明平均喉道马赫数 M_{TH} 应为 $M_{TH} < 0.8$。喉道平均马赫数根据关于通过进气道质量流量的一元等熵流动关系计算。式(37 - 1)给出了对给定质量流量 $\dot{m}$,喉道面积 A_{TH} 与喉道平均马赫数 M_{TH} 之间的关系。

$$A_{TH} = \frac{\dot{m}\sqrt{T_T}}{P_T}\left[M_{TH}\left(1 + \frac{\gamma-1}{2}M_{TH}^2\right)^{\frac{\gamma+1}{2(1-\gamma)}}\sqrt{\frac{\gamma}{R}}\right]^{-1} \qquad (37 - 1)$$

式中:R 为普适气体常数,γ 为比热比。

图 37-3 表示喉道马赫数与相对质量流量比($\dot{m}/\dot{m}^*$)之间的理论关系。式中 $\dot{m}^*$ 为 $M_{TH} = 1$ 时的质量流量。注意在高喉道马赫数,质量流量的微小变化也对喉道马赫数有强烈的影响。

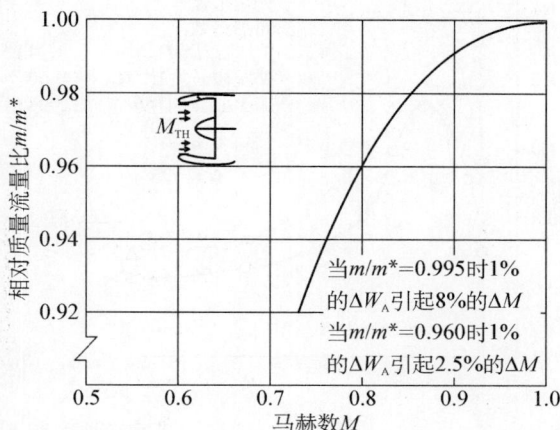

图 37-3　相对质量流量比与喉道马赫数的关系

ΔW_A—质量流量比的增量

来源:ASME Paper 69-GT-41

现代运输类飞机巡航速度接近 $M = 0.8$。当 $M_{TH} = 0.8$ 时,根据质量守恒定律 $(\rho VA)_\infty = (\rho VA)_{TH}$,质量流量比($A_\infty/A_{HL}$)等于收缩比 $C.R.$ 的倒数 $1/(A_{HL}/A_{TH})$,而驻点正如所望落在前缘。

图 37-4 绘出沿图 37-5 所述发动机短舱的上剖面的外部压强分布。取 $1/(A_{HL}/A_{TH}) = 0.743$,质量流量比($A_\infty/A_{HL}$) = 0.774 和自由流马赫数 $M = 0.75$,针对所需的质量流量正确地确定了进气道尺寸。不过在前缘还是有很小的超声速区。

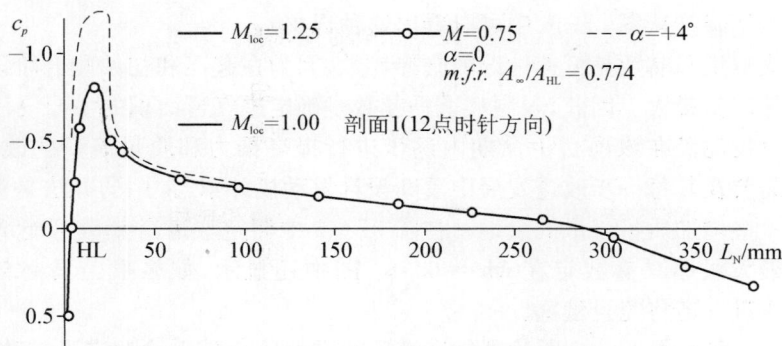

图 37-4　巡航状态沿发动机短舱上剖面的压强分布

$m.f.r.$—质量流量比;L_N—短舱上剖面的站位

来源:福克 Report L-29-174

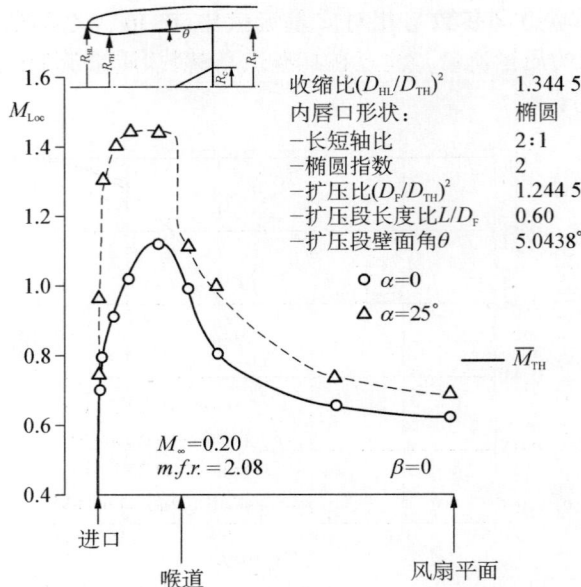

图 37-5   进气道下壁面的当地马赫数 M_{Loc} 分布

来源：福克 Report L-29-174

起飞和初始爬升阶段的设计要求

低速飞行时，质量流量比要大得多（$m.f.r. > 1.0$）。这将使最大表面流速发生在进气道内部接近喉道的区域（见图 37-2）。在图 37-5 中显示了福克/NLR 在 1982 年研究的一个进气道模型的进气道下壁面压强分布。当自由流马赫数 $M = 0.20$，喉道马赫数 $M_{TH} = 0.76$，迎角在 $\alpha = 0$ 和 $\alpha = 25°$ 之间时，峰值马赫数在 $M_{loc} = 1.12 \sim 1.44$ 之间变化。

如果突破了对喉道平均马赫数的这一限制，进气总压恢复以及与此相关的发动机效率大大下降。从图 37-6 中可以看出这种现象。

该最大喉道马赫数是低速情况的临界参数，因为在起飞和初始爬升阶段所需的发动机质量流量最大。因此，限制喉道马赫数是确定进气道面积的主要设计要求。

大部分发动机在该项目生命期内逐步进行提高推力和质量流量的改进发展。为了不致需要在其每一步改进发展中重新设计发动机外罩，常用的办法是设计进气道时留有一些增加质量流量的余地。在图 37-6 中假定喉道马赫数可能增加 3%，因此设计最大喉道马赫数定在 $M = 0.78$。图中还显示，如果喉道马赫数再加大 2.5%，那么进气道将完全雍塞。

图 37-7 显示图 37-5 所述进气道模型的进气压比随平均喉道马赫数的变化。注意下方标有 $(A_\infty/A_{HL})/(A_\infty/A_{HL})_{crit}$ 的刻度表达了与图 37-3 中一样的与喉道马赫数的关系，此处 $(A_\infty/A_{HL})_{crit}$ 是 $M_{TH} = 1.0$ 时的质量流量比。

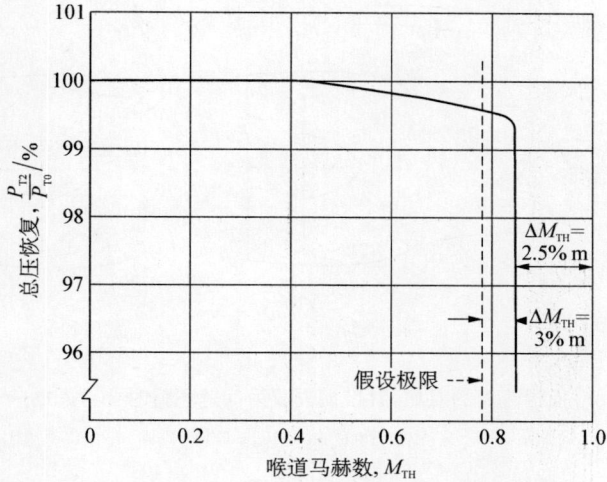

图 37-6　进气总压恢复与喉道马赫数的关系

来源：ASME Paper 69-GT-41

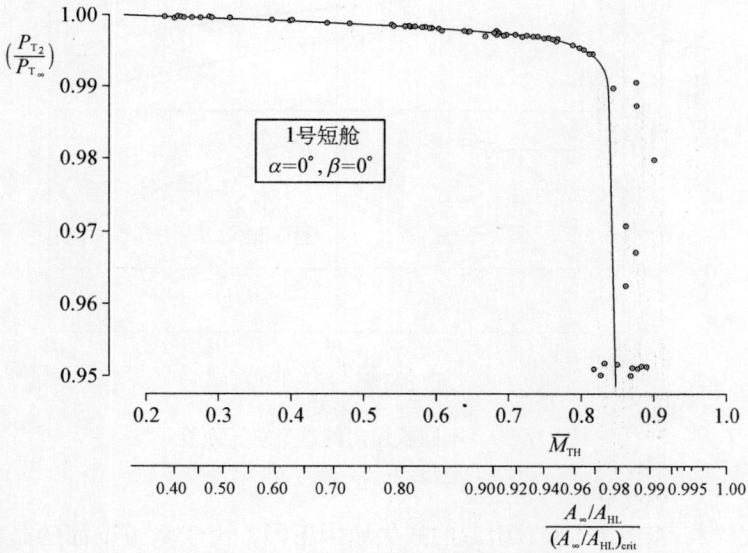

图 37-7　进气总压恢复与喉道马赫数及相对质量流量比的关系

P_{T_t}—压气机端面处的总压；P_{T_∞}—自由流总压

来源：福克 Report L-29-174

　　起飞和低速飞行状态引起总压损失的第二个原因是进气道唇口内部边界层增厚及分离，如图 37-8 所示。

　　图 37-9 展示了在静止自由流状态，进气道收缩比即进气道进口面积与喉道面积比（A_{HL}/A_{TH}）对进气总压恢复的影响。随着收缩比的下降，损失急遽上升。

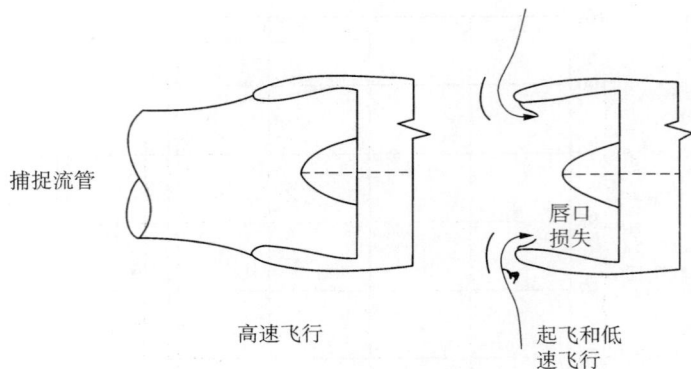

图 37 - 8　捕捉流管的对比,唇口损失成为低速飞行时要考虑的一个因素

来源:ASME Paper 69 - GT - 41

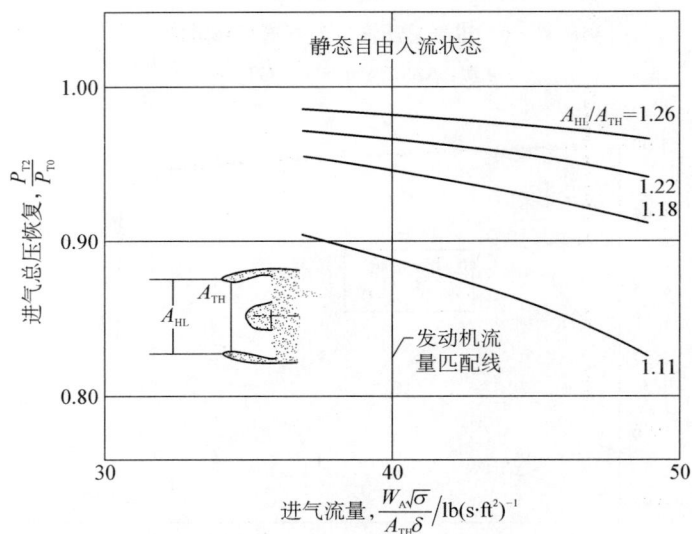

图 37 - 9　不同收缩比的进气总压恢复

来源:ASME Paper 69 - GT - 41

这些损失与高喉道马赫数引起的损失原因不同。由于喉道壁面的高曲率,收缩比越大,后一种损失越大。图 37 - 8 和图 37 - 9 涉及的现象是由于减小了前缘半径并降低前缘向外的弯度引起的。这可以比拟为翼剖面随着前缘半径和弯度减小发生失速。

如前所述,选择进气道面积时应该为适应最大流量的变化留有余地。无论对质量流量要求也许尚未冻结的在研新发动机,还是对进一步发展中的发动机,都应该如此。

图 37 - 10 展示了普惠公司为波音 747 设计的 JT9D 发动机在某研制阶段的爬升状态校正质量流量。在正常质量流量,喉道马赫数 $M_{TH} = 0.77$,一个安全的数值。但质量流量如增大 5%,喉道马赫数会达到有进气道壅塞风险的 $M_{TH} = 0.85$。

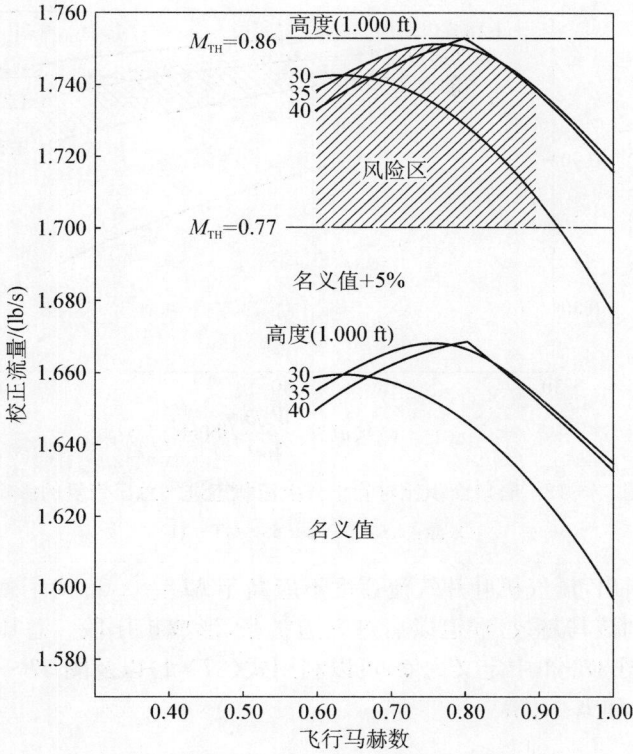

图 37 - 10　JT9D 爬升状态的校正流量

来源：ASME Paper 69 - GT - 41

　　为防止某些这样的损失，一些进气道具有如图 37 - 11 所示的特点，即所谓辅助通道。空气可以通过这种通道进入进气道并改善气流。图 37 - 12 表明，这样做虽然付出了增加机械复杂性的代价，效果颇为显著。

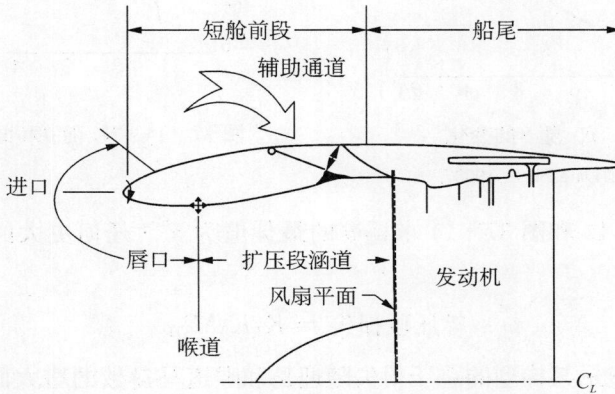

图 37 - 11　具有辅助通道的风扇外罩

来源：ASME Paper 69 - GT - 41

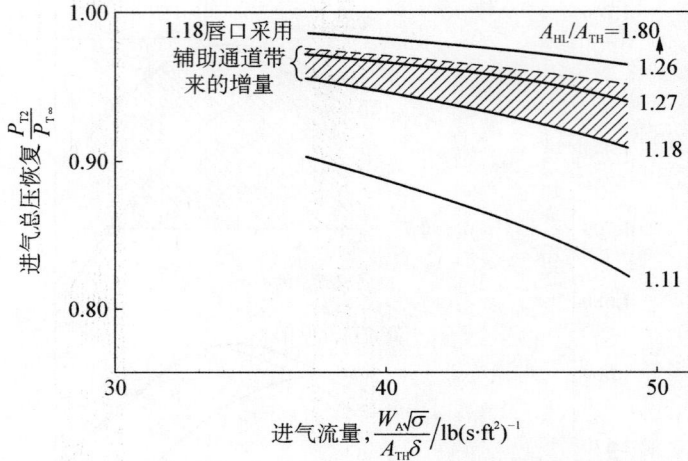

图 37-12 唇口面积比对静止自由流状态进气总压恢复的影响

来源：ASME Paper 69-GT-41

图 37-2 指出，压气机叶片气流速度不应高于 $M = 0.6$。为了使气流从在喉道处的速度减速到该马赫数，喉道以后进气道扩张，形成扩压段。总压损失最小的最佳扩散角 θ，在图 37-1 中定义为 Φ，可以利用式（37-1）以及图 37-13 和图 37-14 提供的系数 K_1 和 K_2 计算。

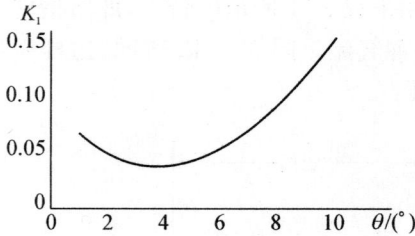

图 37-13 K_1 随 θ 的变化

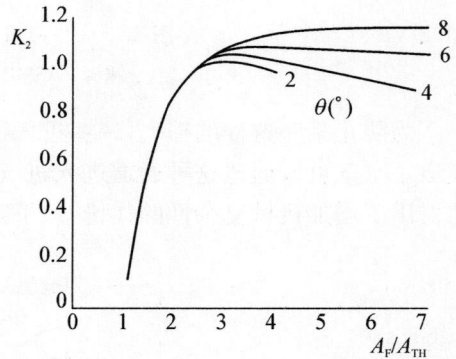

图 37-14 K_2 随 θ 和面积比的变化

来源：ESDU Data Sheet 80037

综合图 37-13 和图 37-14 求得 θ 的最佳值为 5°。任何更大的数值都会引起分离。

$$\text{扩压段损失} = K_1 K_2 M_{\text{TH}}^2$$

图 37-15 显示某构型的总压损失随迎角和喉道马赫数的增大而增加。注意由于在进气道内侧下壁形成的强激波，高喉道马赫数和大迎角下总压损失最大。图 37-5 也表明了这一点。

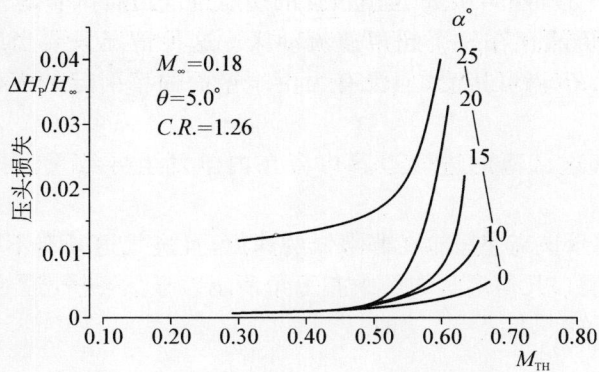

图 37-15 压头(＝总压)损失随 M_{TH} 和迎角 α 变化

来源：SAE Paper 660732

以近声速飞行

既然喷气发动机达到了所需的推力水平,人们曾进行过将巡航速度从目前运输类飞机使用的 $M = 0.80 \sim 0.85$ 大大提高一步的研究。

为了说明必须应对的挑战,列举了 1970～1971 年针对以 $M = 0.98$ 的巡航速度飞行的运输类飞机进行研究的一些结果。

图 37-16 对比了分别按 $M = 0.85$ 和 $M = 0.98$ 设计的发动机短舱,显示出两

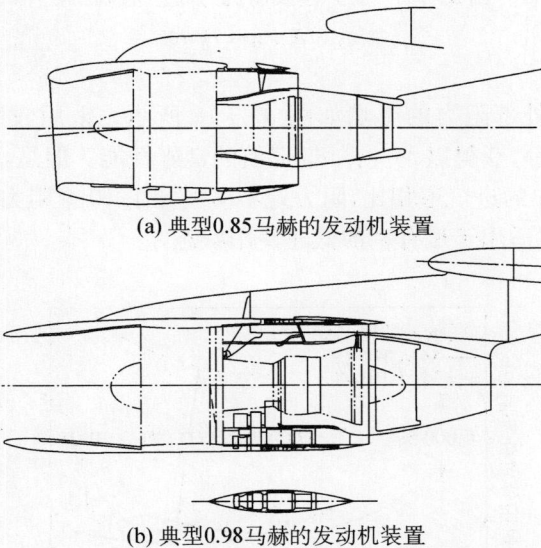

(a) 典型0.85马赫的发动机装置

(b) 典型0.98马赫的发动机装置

图 37-16 按 $M_{巡航} = 0.85(a)$ 和 $M_{巡航} = 0.98(b)$ 设计的发动机短舱

来源：SAE Paper 710762

者重大的差异。为以 $M = 0.98$ 巡航设计的短舱进气道唇口非常薄,但尽管如此在前缘后的上表面仍然存在一个超声速流动区。这种情况只要当地马赫数不超过 $M_{loc} = 1.15 \sim 1.20$ 尚可接受,但没有为由于壁面曲率引起的表面流速留下任何余地。

在起飞状态,这么薄的进气道唇口会在内侧发生导致重大推力损失的流动分离。

图 37 - 17 展示该高速短舱在非常低的速度,且进气道具有不同收缩比时的进气性能。进气道唇口几何形状如图中右下角所示。显然,进气道效率损失相当大,特别是当收缩比 $A_{HL}/A_{TH} = 1.1$ 时。

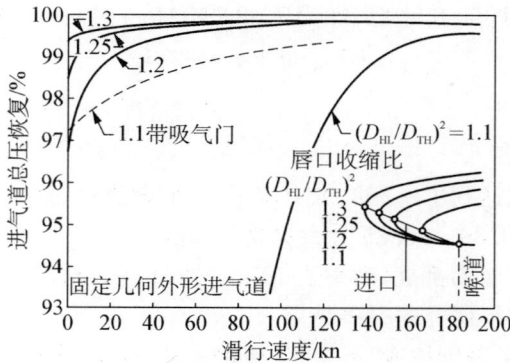

图 37 - 17　近声速发动机的低速进气性能

来源:SAE Paper 710762

收缩比对短舱外部阻力的影响如图 37 - 18 所示。采用收缩比 $C.R. = 1.25$(低速飞行特性良好),获得以 $M = 0.85$ 巡航的良好性能。但是,当 $M = 0.98$ 时,与收缩比 $C.R. = 1.1$ 的进气道相比,阻力差不多增加了 10 个阻力单位。不过前面已经指出,后者不怎么适用于最有利的低速使用状态。

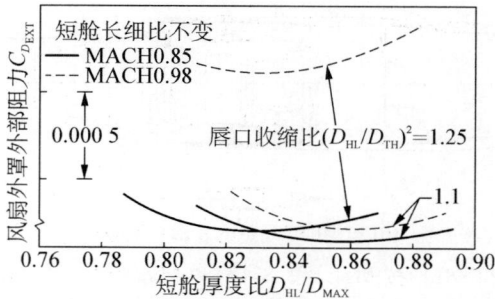

图 37 - 18　风扇外罩在各种厚度比的阻力

来源:SAE Paper 710762

一种可能的解决方案是采用吸气门（在图 37 - 11 中被称为辅助通道）。图 37 - 17 说明如何利用吸气门来改善收缩比 $C.R. = 1.1$ 的进气道的低速特性。

单发停车飞行

为了使运输类飞机在单发失效后最大限度地保持载重能力，应尽一切努力使这种飞行条件造成的附加阻力降至最低。

一台发动机在起飞时失效，飞机在接近 $1.2V_S$ 或 $1.13V_S$ 的速度开始初始爬升。此时飞机以高升力系数和大迎角飞行。

对翼吊发动机此时有两个附加阻力来源和一个可能的阻力来源：

（1）为平衡所产生的偏航力矩需要大方向舵偏度，导致来自垂直尾翼的附加阻力（**不对称阻力**）。

（2）失效发动机会产生**风车阻力**或**锁定转子阻力**。这是一种发动机本身的内部阻力。

（3）所造成的失效发动机低质量流量比会在进气道外表面产生更高的表面流速和更大的磨阻，并有可能产生一些波阻。与大迎角联系在一起，这种情况可能导致在发动机短舱下部内侧或上部外侧，产生附加阻力的流动分离。这里将这些阻力贡献的总和称为**前体阻力**。若加上质量流量比接近 1 时的基本外部阻力，这样的总阻力有时被称为**发动机外罩阻力**。

前两项阻力不可避免，但对前体阻力值得给予一些关注。前体阻力由两部分构成：溢流阻力和流动分离阻力。主要归于外部阻力一类的溢流阻力，分为附加阻力或进口前阻力以及前缘吸力损失两部分，并且与质量流量比密切相关。不存在激波或分离时，也产生溢流阻力。对溢流阻力进一步的分析请读者查阅有关推进系统集成的文献和诸如 ESDU Data Sheets 的设计资料。

为了减小巡航状态激波的强度，并防止发动机进气道在起飞时流动分离，人们尽可能使进气道与当地流动方向保持一致。由于翼吊发动机进气道处于机翼前方的上洗中（在第 25 章已有详尽讨论），进气道可能在大迎角工作。这种状况在带有功能强大的前缘装置和后缘装置的飞机上尤为突出。图 37 - 19 列举了波音 747 发动机进气道的设计使用包线。飞机大迎角和强上洗的结合需要进气道在高达 $\alpha = 30°$ 的当地迎角高效工作。

风车状态和转子锁定状态的发动机有代表性的质量流量比分别为 $m.f.r. = 0.30$ 和 0.15。图 37 - 20 介绍某发动机当 $m.f.r. = 0.34$，在 $\alpha = 0°$ 和 $\alpha = 20.6°$ 时的流管形状和驻点位置。在大迎角，上方的驻点移到了相当内侧的位置。这就产生了可与机翼吸力峰相比的前缘吸力峰。

另一方面，最大推力状态的工作发动机，在低速以大流量比（$m.f.r. = 2.0$ 左右）运行。这将使短舱下部外侧的驻点随着迎角的增加进一步后移，导致短舱下部内侧产生很大的局部速度，如图 37 - 5 所示。

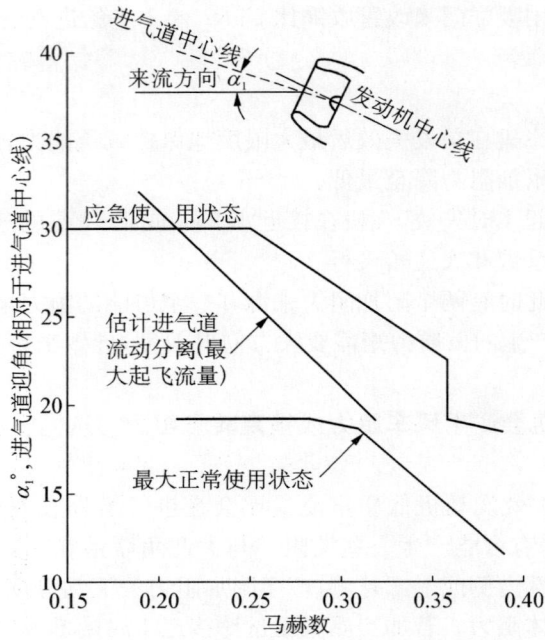

图 37 - 19　波音 747 进气道的飞行包线

来源：AIAA Paper 84 - 2487

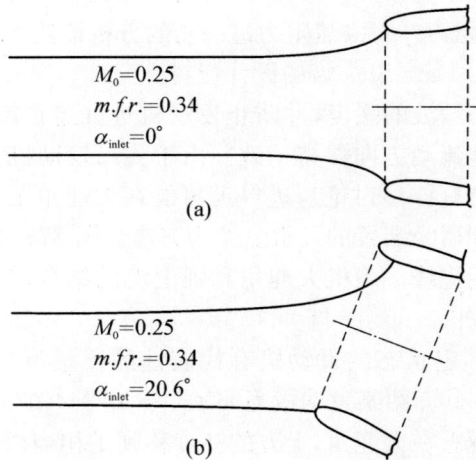

图 37 - 20　风车状态在零迎角(a)和接近分离的
迎角(b)的进气流场

来源：AIAA Paper 84 - 2487

图 37-21 展示了在进气道上唇口或下唇口可能产生的分离流动。为了使发动机进气道在巡航状态对准当地流动方向,在最大推力状态效率最高,大迎角低速飞行单发失效状态附加阻力最小,发动机进气道通常相对发动机中心线下垂 $3°\sim5°$(图 37-22)。

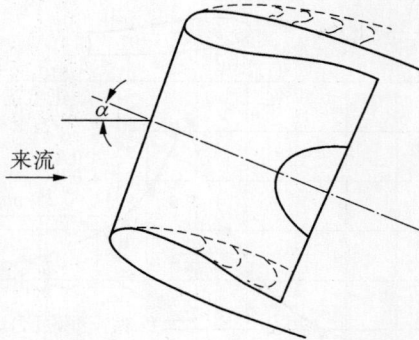

图 37-21 大迎角进气道上唇口和/或下唇口的流动分离

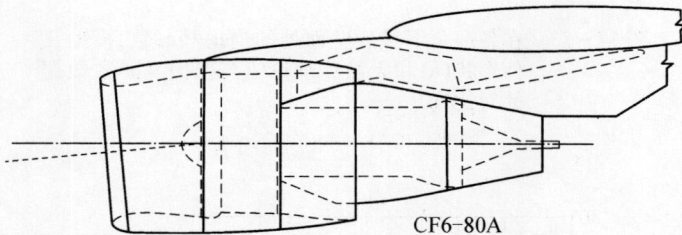

CF6-80A

图 37-22 发动机进气道下垂

图 37-23 为某进气道模型当 $M = 0.25, m.f.r. = 0.34$ 时,在四个迎角的上部内外侧马赫数分布。在最大迎角 $\alpha = 20.6°$,特定雷诺数下当地峰值马赫数 $M_{loc} = 1.05$。

图 37-24 表明,在上唇口外侧发生流动分离的最大进气迎角与雷诺数和马赫数密切相关。为得到大型飞机比较可靠的风洞实验数据,试验最好在接近 $Re = 10^7$(以短舱最大直径为参考长度)的雷诺数进行。

发动机进气道不仅必须能耐受大迎角,还必须能耐受大侧滑角,以便在强侧风状态能够工作而不发生发动机喘振。这也要求小心设计进气道唇口在进气道侧面的形状。

在上述讨论中,关注的焦点始终在于提供给发动机的内流和内、外流两方面的流动分离。

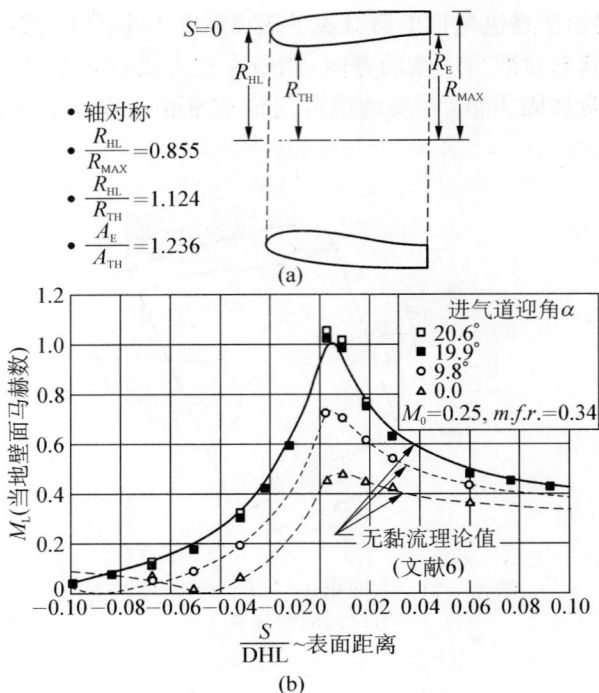

图 37-23 在各迎角下接近壁面处的当地马赫数:模型几何形状(a)和无黏流理论值与壁面马赫数数据的对比(b)

来源:ICAS-1984-1.10.1

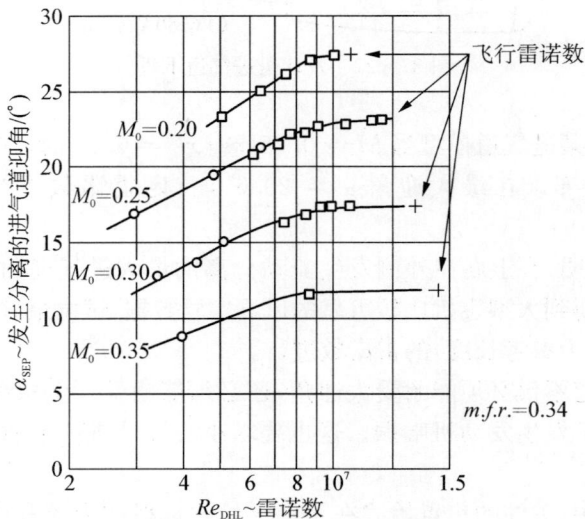

图 37-24 马赫数、雷诺数和迎角的关系

来源:ICAS-1984-1.10.1

但是如前所述,质量流量比的变化在小迎角,尤其是高马赫数时也影响发动机外罩的阻力。在图 37-25 中介绍了带有如图 37-5 所述进气道的某发动机阻力数据。数据来自在短舱出口位置沿圆周方向的总压测量(见图 37-27)。图 37-25 表明在低马赫数质量流量比对阻力没有什么影响。在这些状态,进气道唇口吸力损失最小。在高马赫数阻力显著增长。如果该短舱在 $M = 0.85$ 工作,单发失效,质量流量比降到 $m.f.r. = 0.40$,由于进气道唇口附近产生强激波,会使短舱阻力翻番(短舱按 $M = 0.75$ 至 0.77 设计)。

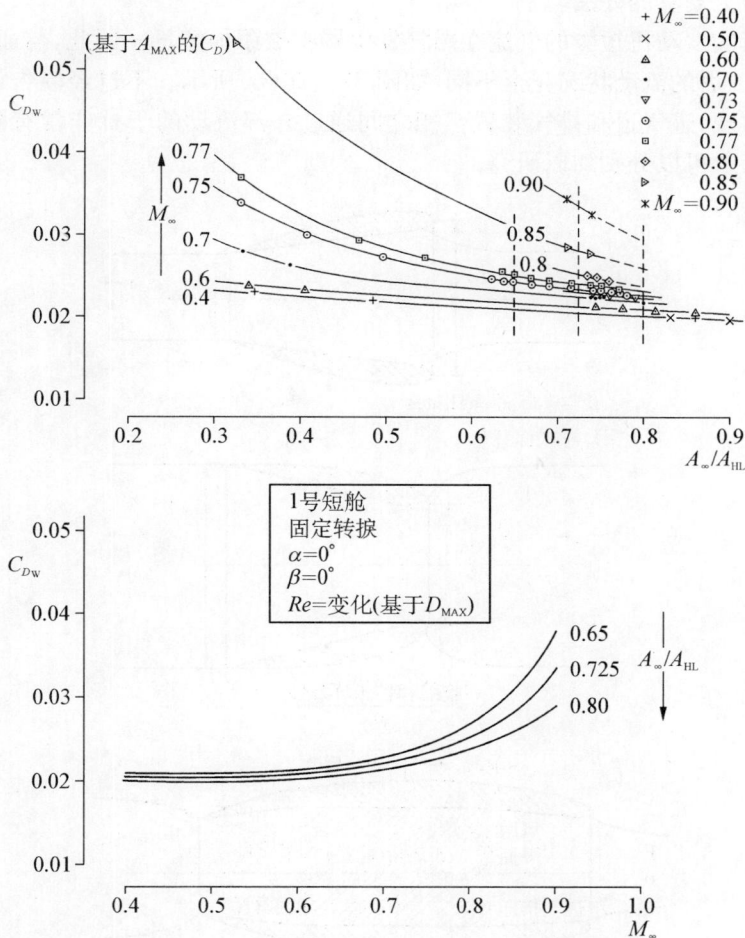

图 37-25 质量流量比和马赫数对发动机外罩阻力的影响

来源:福克 Report L-29-174

在涉及延程双发飞行(ETOPS)的日常使用飞行规划中,也必须考虑这种较高马赫数下的阻力增长。

以上解释了发动机进气道必须针对发动机和飞机两方面的设计要求进行仔细剪裁。

为了研究在飞机全机流场中发动机进气道的特性,可能需要进行具有不同质量流量比的通气发动机短舱试验。由于通气短舱不向气流添加或从中吸取能量(边界层效应除外),流经短舱流管的横截面积在短舱前方无穷远和后方无穷远处完全一样。因为短舱后缘尖锐,排出气流既没有膨胀也没有收缩,排气平面的静压与未受扰流相等。因此,进气道的质量流量比取决于唇口剖面与排气剖面的面积比。图37-26(a)是对此的图解。短舱后端与真实短舱的轮廓并不一致,所以对飞机全机的总实验数据要仔细分析。不过总的说来,这是对进气道进行部分设计和分析工作的一种经济上划算的办法。

流经真实发动机短舱的气流在燃气发生器中被添加能量。因此,与通气短舱相反,在短舱前后的流动状况完全不同,如图37-26(b)所示。不过经验告诉我们,除非短舱非常短,进气道和排气装置互相之间通过外部流动的干扰非常有限,对进气道和排气装置可以分别加以研究。

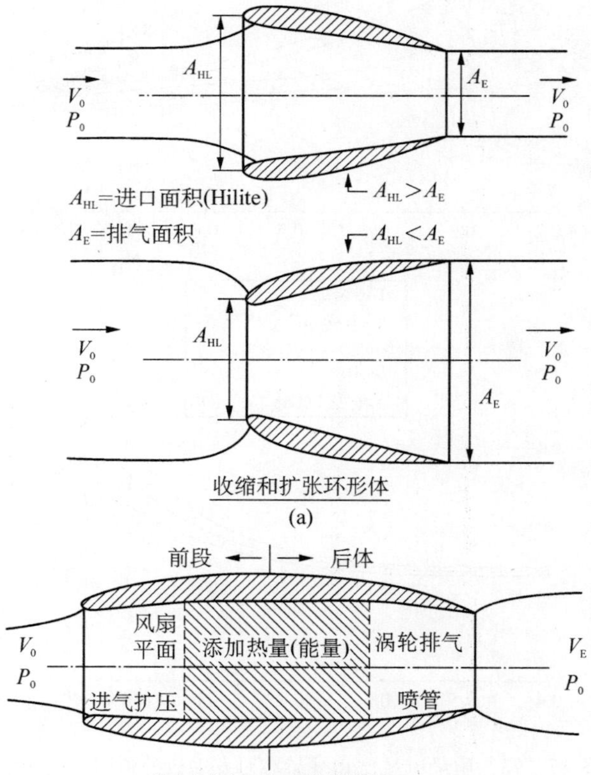

图 37-26 在风洞中进行发动机短舱研究的一些特点

(a)通气短舱质量流量比的变化;(b)通气短舱与真实发动机或涡轮动力模拟器(TPS)的差别

今天,涡轮动力模拟器,由外部气源供给的压缩空气驱动的微型喷气发动机,在世界上许多地方作为常规手段得到应用。它们模拟了接近真实动力装置进排气系统的流动状态。尽管如此,单独进行进气道试验的装置依然有用武之地,例如图37-27所示由 NLR 在荷兰研制的试验台。它们的运动零件有限,校准简单,因此便于对不同进气道布局一个接一个地快速进行试验,取得很高的成本效益。

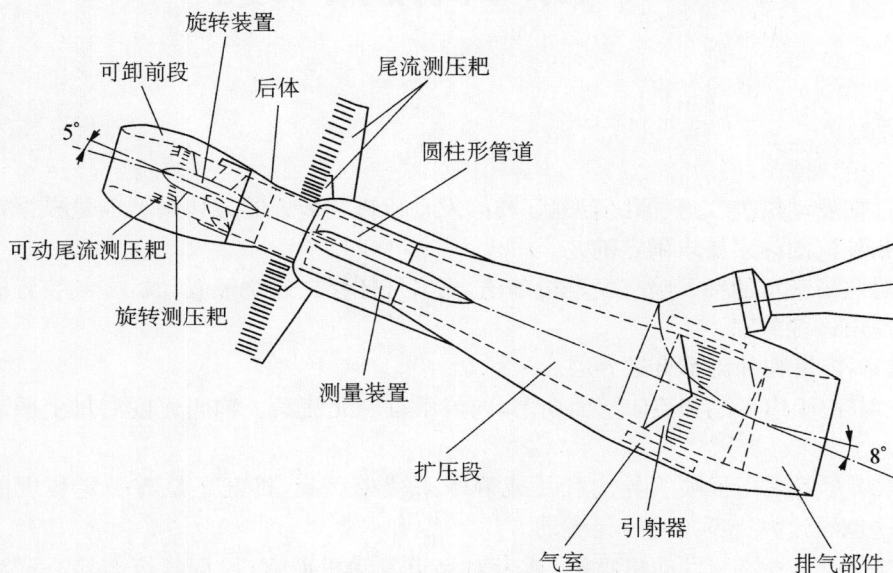

图 37-27　进行发动机进气道研究的风洞实验台

来源:福克 Report L-29-174

虽然基于一元流动和喉道平均马赫数对喷气式发动机进气道进行分析和设计的手段看起来似乎过时,它仍然是进行初始定尺寸研究可靠的出发点。

采用现代 CFD 方法使人们能够对发动机进气道的内流和外流、壁面压强分布以及相关边界层状况进行细致的研究。不过由于这样做通常需要进行大量的准备工作而且灵活性有限,在可行性研究和初步设计阶段,简单的方法还是得到应用。

38　发动机排气装置

正如发动机进气道的几何形状一样，发动机排气装置的最佳构型也是根据针对内流和外流的许多要求确定的。

对照最基本的一元喷气发动机理论，真实气体穿过或绕经发动机排气装置的流动表现出许多差别：

（1）内流和外流都有边界层。

（2）由于边界层和流向壁面曲率，内流不是一元流动。轴向速度沿每个横剖面变化。

（3）尽管采用了喷管导向叶片或静子来减少涡旋，排气还是有一定程度的旋转。这也导致内流不再是一元流动。

（4）由于外流与发动机喷流，或者对涵道发动机而言，风扇气流与核心气流之间在流动界面上发生气流混合。这导致外流和内流，风扇气流和核心气流之间发生能量交换。

排气效率系数

为了将上述效应综合起来，在标准的推进系统分析方法中采用**速度系数** C_V 和**质量流量系数**或者**排放系数** C_D。C_V 和 C_D 的定义见式（38-1）和式（38-2）。这些系数可被看成是对喷流膨胀到周围环境压强时的理想速度的修正以及对给定压比下通过给定排气面积的理想质量流量的修正。

$$C_V = \frac{V_\text{真实}}{V_\text{理想}} \qquad \text{式中} \qquad V_\text{真实} = \frac{F_\text{真实}}{\dot{m}_\text{真实} V_\text{理想}} \qquad (38-1)$$

$$C_D = \frac{\dot{m}_\text{真实}}{\dot{m}_\text{理想}} \qquad (38-2)$$

真实总推力与理想总推力之比是推力系数，如式（38-3）所示，等于 C_V 和 C_D 的乘积。

$$C_T = \frac{F_\text{真实}}{\dot{m}_\text{理想} V_\text{理想}} = \frac{F_\text{真实}}{F_\text{理想}} = C_V C_D \qquad (38-3)$$

对涡扇发动机：

$$C_T = \frac{(F_{真实})_{风扇+核心发动机}}{(F_{理想})_{风扇} + (F_{理想})_{核心发动机}} \qquad (38-4)$$

理想的质量流量和速度可以根据气体动力学理论计算。对于无壅塞喷管（喉道为亚声速流动，因此 $\gamma = 1.4$ 的冷气流 $p_0/p_T > 0.528$，$\gamma = 1.33$ 的热气流 $p_0/p_T > 0.479\,6$）：

$$V_{理想} = \sqrt{\frac{2\gamma RT_T}{\gamma-1}\Big[1 - \Big(\frac{p_T}{p_0}\Big)^{\frac{1-\gamma}{\gamma}}\Big]} \qquad (38-5)$$

$$\dot{m}_{理想} = A_e p_T \sqrt{\frac{2\gamma}{\gamma-1}\frac{1}{RT_T}\Big[\Big(\frac{p_0}{p_T}\Big)^{\frac{2}{\gamma}} - \Big(\frac{p_0}{p_T}\Big)^{\frac{\gamma+1}{\gamma}}\Big]} \qquad (38-6)$$

对于壅塞喷管（喉道 $M = 1$，因此 $p_0/p_T < 0.528$ 或 $p_T/p_0 > 1.89$）：

$$V_{理想} = \sqrt{\frac{2\gamma}{\gamma-1}RT_T} \qquad (38-7)$$

$$\dot{m}_{理想} = \Big(\frac{2}{\gamma+1}\Big)^{\frac{\gamma+1}{2(\gamma-1)}} A_e p_T \sqrt{\frac{\gamma}{RT_T}} \qquad (38-8)$$

式中，A_e 为排气面积。

可在试验台用文氏管**测量真实质量流量，理想推力可通过计算获得而真实推力可测得**或由壁面测压孔测量数据和总压靶测量结果导出。唯一不可能测量的量是**真实速度，但可利用其他量算得**。

随着高涵道比发动机（涵道比 5 及其以上）的应用，推力系数的重要性显著增加。

净推力为总推力与进气道动量阻力之差：

$$T = \dot{m}V_e - \dot{m}V_\infty \qquad (38-9)$$

质量流量越来越大与较小的平均排气速度两者结合在一起，使得**净推力变成相对于两个大量越来越小的差值**。

因此，在各种使用状态：起飞、爬升和巡航，都必须非常注意使排气效率系数尽可能接近 1.00。

环境压强效应

在壅塞流方程（38-7）和式（38-8）中并不存在压强 p_0。这意味着周围环境的压强对排气的流动状态根本没有任何影响。

不过只要流动无壅塞，周围环境压强确实会左右排气状态［见式（38-5）和式（38-6）］。飞机影响着邻近排气区域的当地压强，因此掌握飞机流场的影响十分重要。通常进行大比例风洞模型试验对其加以研究。

为确定发动机的真实效率,看起来似乎需要在整个使用包线内进行飞行试验。但是所需试验设备的范围广,准确度要求高,提供的数据又不比风洞实验结合真实发动机的高空试验台试验取得的结果更准确。利用高空试验台人们可以在发动机使用包线涵盖的环境压强、环境温度和飞行马赫数范围内测量发动机性能。图 38-1 为空客 A380 的发动机装在一架空客 A340 上在飞行中进行试验。由于成本高昂,只有采用新技术程度很高的发动机,才有必要进行飞行试验。例如用于福克 100 的罗罗公司苔式发动机就没有单独进行过发动机飞行试验。

图 38-1 装有 A380 发动机的空客 A340
来源:Jorge Abreu

图 38-2 显示收缩喷管壅塞流和无壅塞流的差异。如增加喷管压比,有效流动面积增大。注意就是在压比小于 1.89,喷管流动无壅塞时,损失也可能非常大。对多数发动机,喷管压比的量级为:起飞状态 1.5~2.0;$M = 0.80$ 巡航状态 2.5~3.0。收缩-扩散喷管可以在无壅塞状态增加推力,如图 38-3 所示。在民用运输类飞机上采用的(固定式)喷管,扩散比只有百分之几。

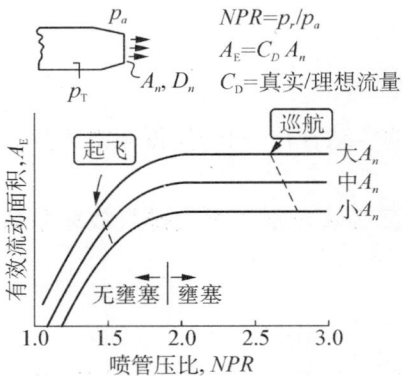

图 38-2 收缩喷管

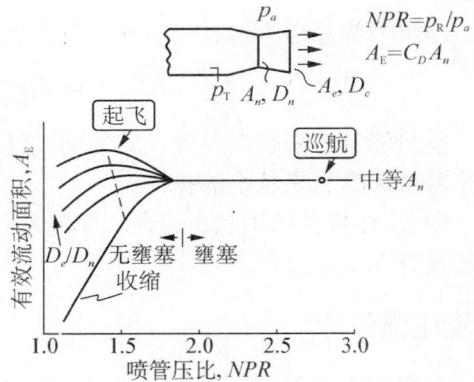

图 38-3 收缩-扩散喷管
Ae—排气口面积

图 38-4 是典型发动机喷流模拟器的剖面图。该模拟器有短外涵和核心发动机喷管,用于确定发动机喷管系数。图 38-5 表明总推力与理想推力的差异随飞行

马赫数和风扇喷管压比的变化。在这种试验中,核心机压比与风扇压比有固定不变的关系,随所模拟的发动机而定,量级是风扇压比的80%。随着压比的增加,主要由于排放系数加大,损失减小。注意排气压比发生变化的主要原因在于环境压强随高度下降。因此,如前所述,该喷管压比的量级在起飞状态较小,为 $NPR = 1.5 \sim 1.7$,而在巡航状态为 $NPR = 2.4 \sim 2.6$。

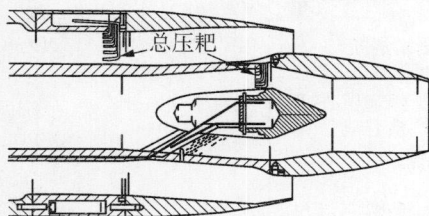

图 38-4 飞行马赫数和风扇喷管压比对
全发总推力的影响:模型示意图
来源:ICAS Paper No. 76-32

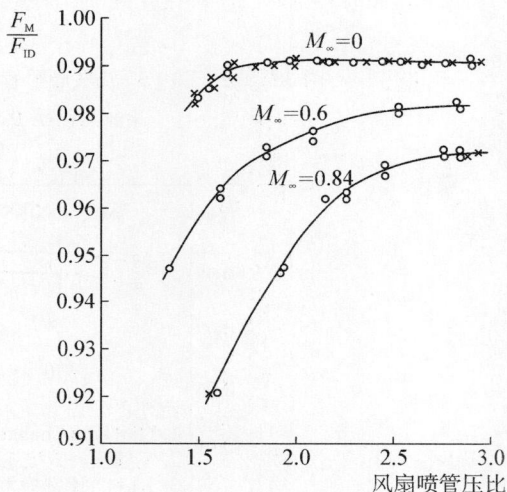

图 38-5 飞行马赫数和风扇喷管压比对全发总
推力的影响:典型试验结果
来源:ICAS Paper No. 76-32

通用电气 CF-6-50 的试验数据

通用电器 CF-6-50 发动机原来设计为风扇和核心机都装有反推力装置。因使用经验表明核心机的反推力可以省去,重新设计了核心机外罩,如图 38-6 所示。缩短核心机外罩降低了核心机喷管的压降,也减小了核心机外罩的磨阻。两个风洞模型上两种喷管的全发总推力系数 C_T 在 $M = 0$,$M = 0.25$ 起飞状态、$M = 0.6$ 等待状态和 $M = 0.82$ 巡航状态之间的差异如图 38-7 和图 38-8 所示。在图 38-9 中,就采用真实发动机对两种喷管构型在海平面静态试验台上进行试验得到的总推力进行了对比。数据表明,全机推力系数在整个使用包线范围内改善 $\Delta C_T = 0.0035 - 0.0050$。乍看这一改进似乎不大,但正如图 38-8 所指出,它相当于在巡航状态净推力增量 $\Delta F_N = 1\%$。

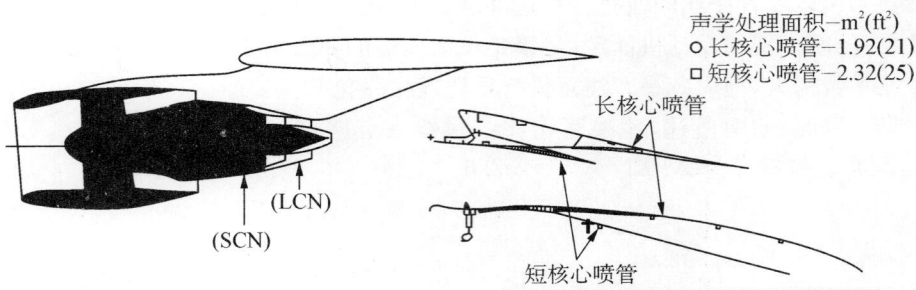

声学处理面积—m²(ft²)
○ 长核心喷管—1.92(21)
□ 短核心喷管—2.32(25)

图 38-6　CF6-50 长核心喷管(LCN)和短核心喷管(SCN)装置

来源：AIAA Paper No. 80-1196

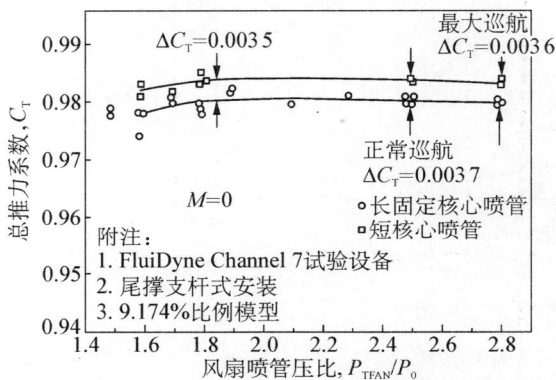

图 38-7　短外涵短舱缩比模型静态实验数据

来源：AIAA Paper No. 80-1196

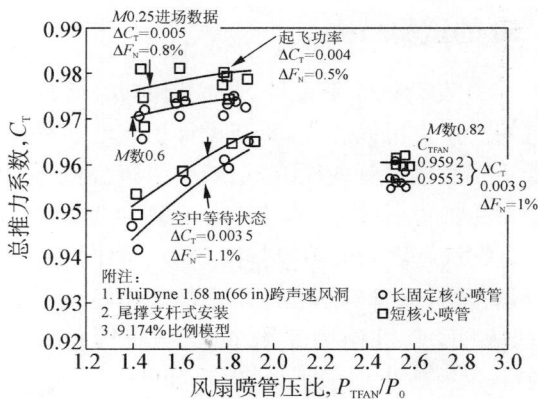

图 38-8　短外涵短舱缩比模型风洞实验数据

来源：AIAA Paper No. 80-1196

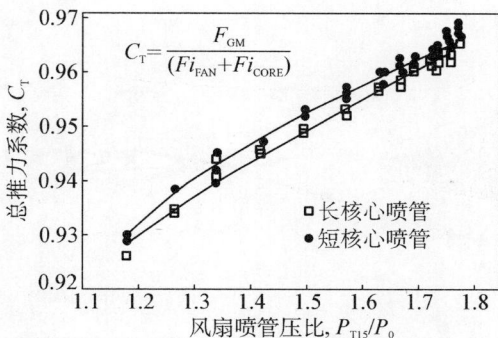

图 38-9 全发总推力系数,取自真实发动机试验
台数据

来源: AIAA Paper No. 80-1196

风扇与核心机流动干扰

以下各图介绍图 38-10 所示短舱在静止状态其风扇和核心机之间的流动干扰。包括和不计核心机气流的速度系数分别如图 38-11 所示。图 38-12 表明,如果核心机气流为亚临界状态$\left(\dfrac{p_T}{p_0}<1.89\right)$,风扇压比高于核心机压比,后者的排放系数随风扇压比的增加迅速恶化。

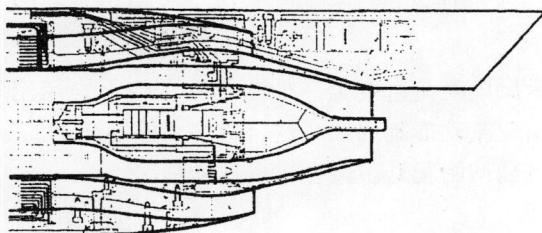

图 38-10 高涵道比发动机喷管

外涵:收缩喷管;核心机:收缩-扩散喷管(扩散比 1.5%)
来源: 福克 Report L-29-198

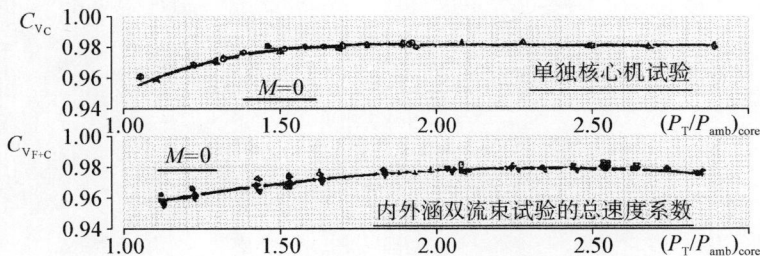

图 38-11 图 38-10 所示模型的速度系数

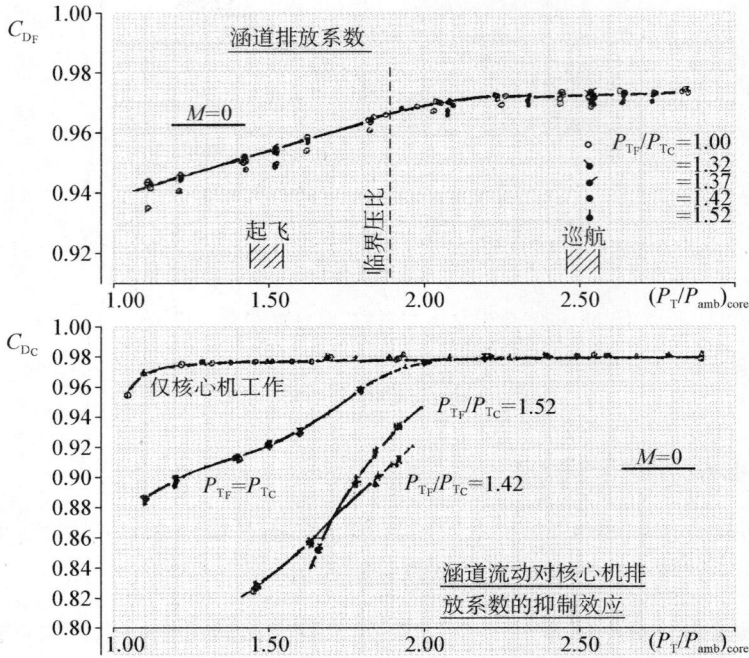

图 38 - 12　图 38 - 10 所示模型的排放系数

C_{D_F} —风扇排放系数；C_{D_C} —核心机排放系数；P_{T_F} —风扇总压；P_{T_C} —核心机总压

　　风扇压比高表示风扇喷流速度大。如图 38 - 13 所示，风扇气流偏向核心机喷流并且核心机气流出现流动抑制现象。这就减小了核心机的质量流量，继而排放系数恶化。特别在起飞和初始爬升阶段会出现这种情况。

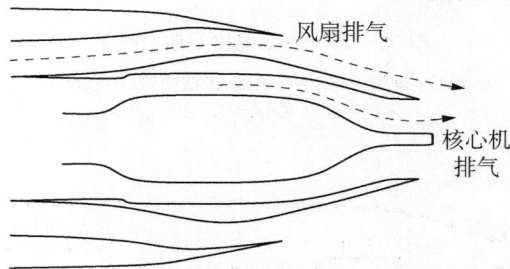

图 38 - 13　风扇和核心机流动干扰

来源：福克 Report L - 29 - 198

波音 767 试验数据

图 38-14～图 38-18 介绍为安装在波音 767 上的通用电气 CF-6 发动机确定最合适的排气构型进行研究取得的试验结果。

图 38-14 展示了所研究的四种不同的核心机喷管,两种为收缩型;两种为收缩-扩散型。风扇和核心机喷管两者的速度系数和排放系数如图 38-15～图 38-18 所示。这些试验数据清楚地表明,有些喷管在较低喷管压比而其他的喷管则在较高压比分别有较佳表现。这就是说,喷管性能何为最佳取决于相对而言场域性能和巡航性能哪个更重要。短程飞机一般更强调场域性能,因此喷管低压比下性能良好者可取。远程飞机则应选用在高压比有优异性能的喷管。

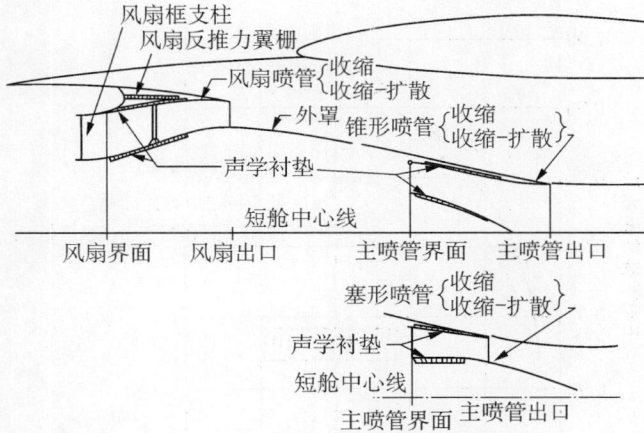

图 38-14　风扇和主喷管构型

来源:SAE Paper No. 800731

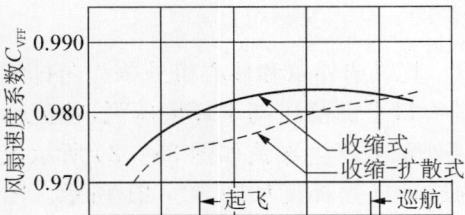

图 38-15　风扇喷管性能特征Ⅰ

来源:SAE Paper No. 800731

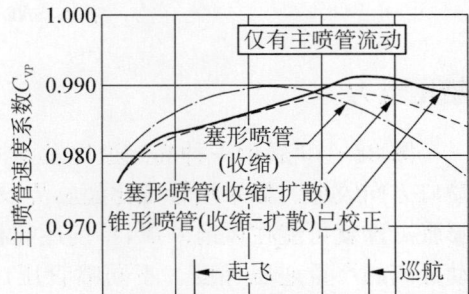

图 38-16　主喷管性能特征Ⅰ

来源:SAE Paper No. 800731

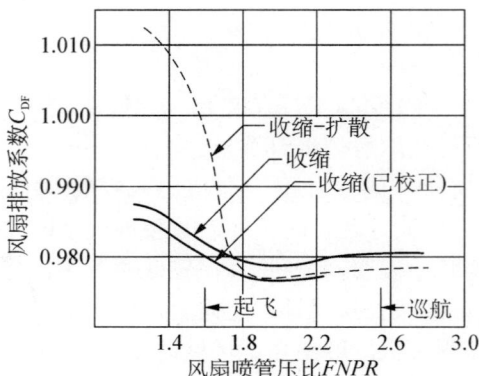

图 38-17 风扇喷管性能特征 Ⅱ
来源：SAE Paper No. 800731

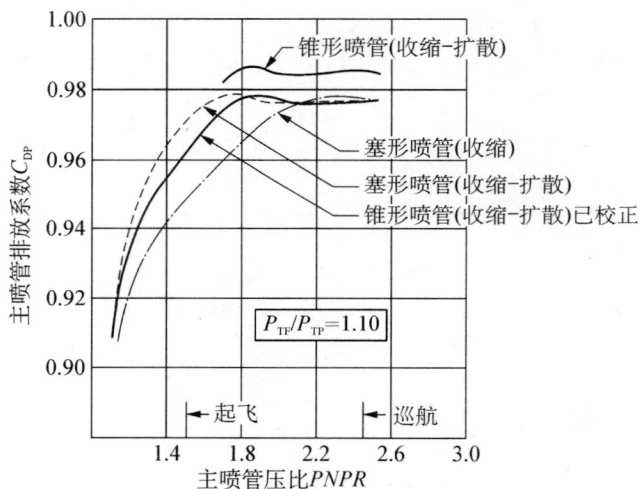

图 38-18 主喷管性能特征 Ⅱ
来源：SAE Paper No. 800731

船尾阻力

图 38-19 展示一种高涵道比发动机短舱。其风扇外罩和核心机外罩均向排气喷口方向收缩。如果喷管压比超临界，也就是喷口平面静压高于环境压强，喷流会膨胀。这就可能在风扇外罩，特别还有核心机外罩上产生导致如图 38-20 所示流动分离的严重逆压梯度。不同喷管压比下的这种压强梯度如图 38-21 所示。图 38-22 介绍该阻力随当地壁面曲率的变化，并表明当曲率半径非常小时，可能出现过大的阻力。这种阻力称为船尾阻力，因为发动机喷管的侧视图或俯视图很像动力游艇的船尾。高速飞行时风扇壅塞，产生压缩波。压缩波反弹成为膨胀波，反之亦然，导致如图 38-23 中绘出的钻石状激波。由于激波造成焓损失，阻力增加。

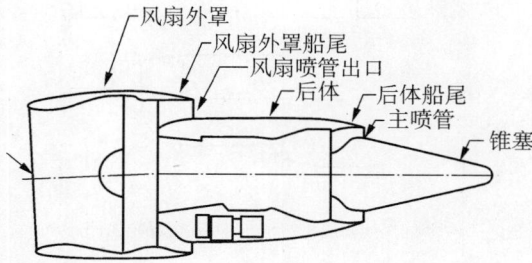

图 38 - 19　典型高涵道比发动机短舱

来源：AIAA Paper 81 - 1694

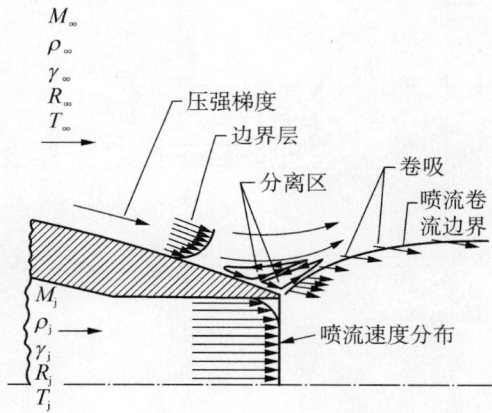

图 38 - 20　喷管后体流动示意图

来源：AIAA Paper 81 - 1694

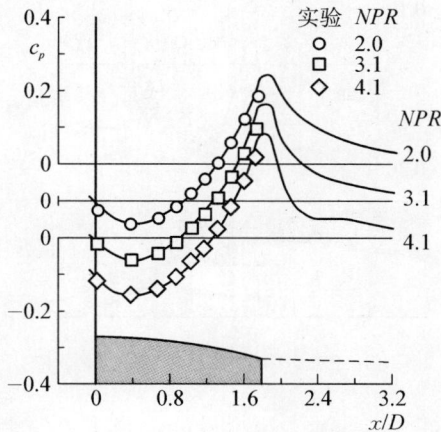

图 38 - 21　预测与实验的比较

来源：AIAA Paper 81 - 1694

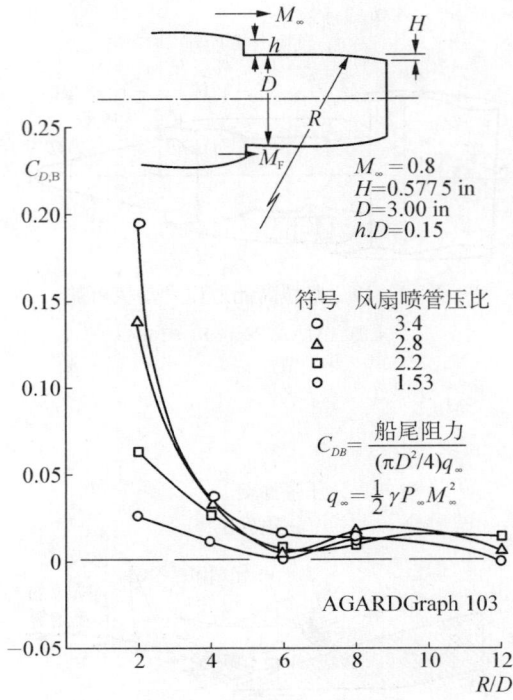

图 38-22　船尾阻力系数与曲率半径

来源：AGARD Graph 103

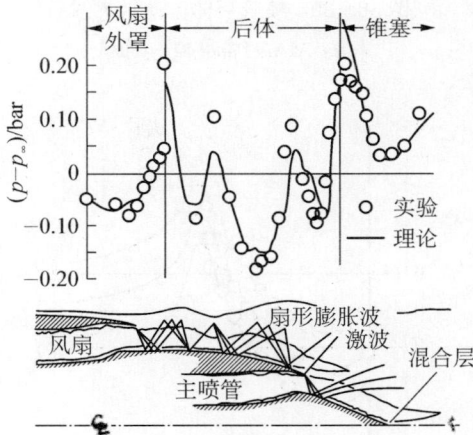

图 38-23　短舱后体外流的船尾效应

1 bar = 10^5 Pa

来源：AIAA Paper 81-1694

39　反 推 力 装 置

反推力装置的主要功能是缩短着陆后或中断起飞过程中的地面滑跑距离。反推力装置也被用来依靠推力反向倒滑出机库大门（"动力倒车"）。许多操作者用这种办法降低使用成本。在多数民用飞机上，反推力装置仅在地面使用。

目前使用的反推力装置有两种基本类型：

（1）铲斗式或靶式反推力装置。

（2）翼栅式反推力装置。

图 39-1 为波音 737 上的靶式反推力装置，波音 767 上的翼栅式反推力装置的翼栅叶片在图 39-2 中清晰可见。

图 39-1　靶式反推力装置
来源：Bruce Leibowitz

图 39-2　翼栅式反推力装置
来源：Ronald Slingerland

FAA 和 EASA 都不允许使用反推力装置来缩短被审定的在干跑道上的加速-停止或着陆距离，不过在某些条件下确实允许打开反推力来确定被审定的在湿跑道上所需的跑道长度。不过原则上反推力装置的主要作用还是缩短日常使用中在湿跑道和有冰雪覆盖跑道（图 39-4）的地面滑跑距离，减缓刹车磨损，提供更多的安全因素。

翼栅式和靶式反推力装置在三种特定条件下着陆地面滑跑使用效果

图 39-3 和表 39-1 分别给出了进行反推力计算，得出图 39-4 所示结果采用的阶跃函数和所作的假设条件。图中表明，在干跑道条件下（跑道-轮胎摩擦系数

$\mu = 0.53$），使用反推力缩短的地面滑跑距离非常有限（5％～8％，即至多 50 m）。在典型湿跑道条件下（$\mu = 0.25$），缩短的距离中规中矩（14％～19％，可达 200 m）。而在典型覆冰跑道条件下大见成效（24％～30％，或高达 540 m）。

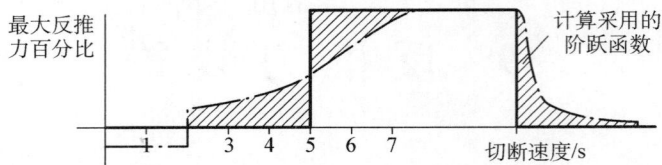

图 39 - 3　算得图 39 - 4 结果所用的反推力

来源：福克 Report PDI - 78 - 07

表 39 - 1　翼栅式和靶式反推力装置在三种特定条件下着陆地面滑跑使用效果

在计算中作下列假设：	
-翼栅式反推力装置效率	45％
-靶式反推力装置效率	40％
-主轮接地后的滞后时间	
减升板/刹车/选择反推力装置	1 s 以上
全部反推力	5 s 以上
-切断速度	50 kn

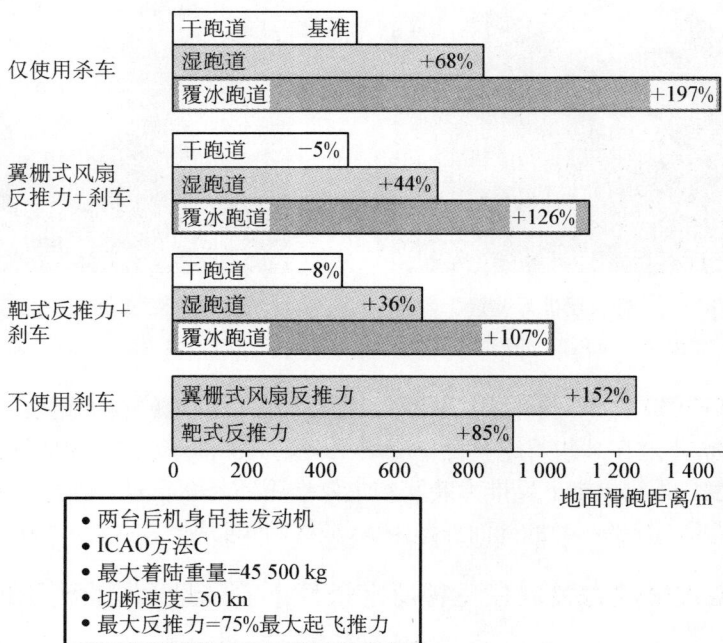

图 39 - 4　跑道条件对着陆地面滑跑距离的影响（海平面/ISA）

来源：福克 Report PDI - 78 - 07

　　对风扇和核心机独立排气(短外涵)的涵道风扇发动机而言,有无必要同时将风扇和核心机的气流反向成了问题。图 39 - 5 的图线说明仅使风扇气流反向时涵道比对总反推力的影响。尽管上述做法总效率不高(在该例中当 $BPR = 6$ 时,反推力装置效率 = 18%),几乎没有人将反推力装置用于核心机喷流,因为这样做增加重量、复杂性、磨损和维护成本。

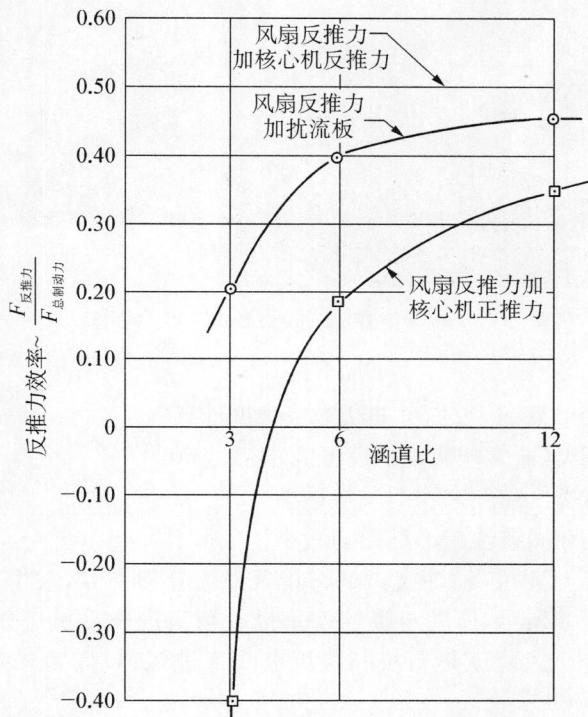

图 39 - 5　主反推力模式对反推力效率的影响,$(\eta_R)_{基本} = 50\%$

来源:AFAPL - TR - 72 - 109 Vol. Ⅱ

　　翼栅式反推力装置带有外部或内部翼栅导流片,分为抓斗门式和阻断门式,如图 39 - 6~图 39 - 10 所示。翼栅式反推力装置的优点是能够将排气更好地导向最佳方向,但是较重、较复杂,需要更多的维护。

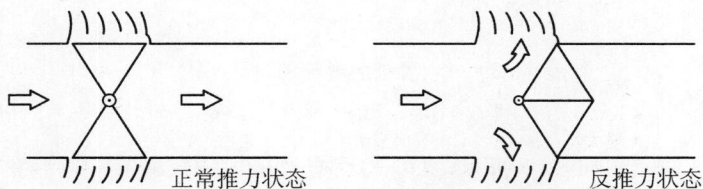

图 39 - 6　翼栅式反推力装置示意图

来源:福克 Report PDI - 78 - 07

图 39 - 7　波音 727 的翼栅式反推力装置

来源：Shell Aviation News No. 437，1976

在设计反推力装置时，人们可能认准三种设计目标：

（1）反推力最大（通常能实现的反推力不超过 50%）。

（2）吸入灼热排气和外来物的风险最小。

（3）对稳定性和操纵性的不利影响最小。

要求（2）和（3）与要求（1）冲突。越将排气气流导向前方，发生再吸入的可能性就越大。如图 39 - 8 所示，所谓再吸入就是排气被吸进发动机进气道，干扰发动机的正常工作。再一个风险就是石块和垃圾被吹入进气道，称为外来物吸入（FOI），造成外来物损伤（FOD）。

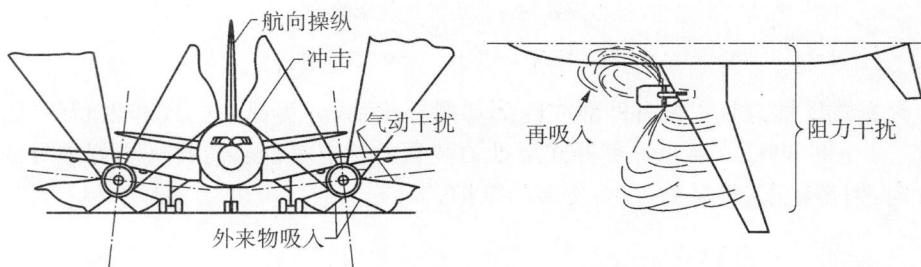

图 39 - 8　反推力卷流的设计考虑

来源：AIAA Paper No. 86 - 1536

如图 39 - 6～图 39 - 10 所示，翼栅式反推力装置的翼栅导向叶片的形状和朝向都可以变化，为分配反向气流的流量和方向提供了很大的自由度。

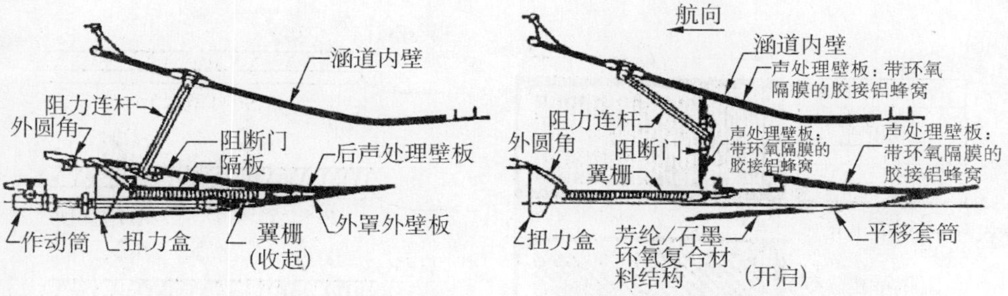

图 39 - 9 波音 767 GE CF - 6 涡扇发动机的风扇涵道反推力装置

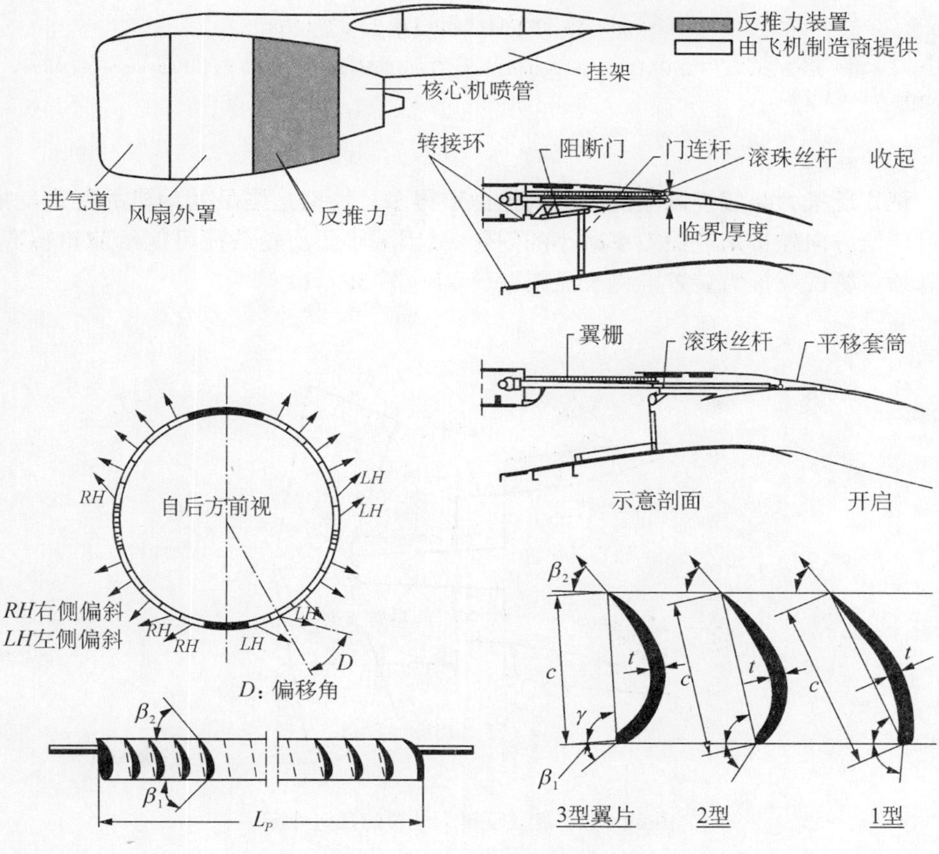

图 39 - 10 CFM56 的反推力装置(a)

来源：J. Renvier/SNECMA，4th Seminar on Gas Turbine Technology，Bangalore（India）

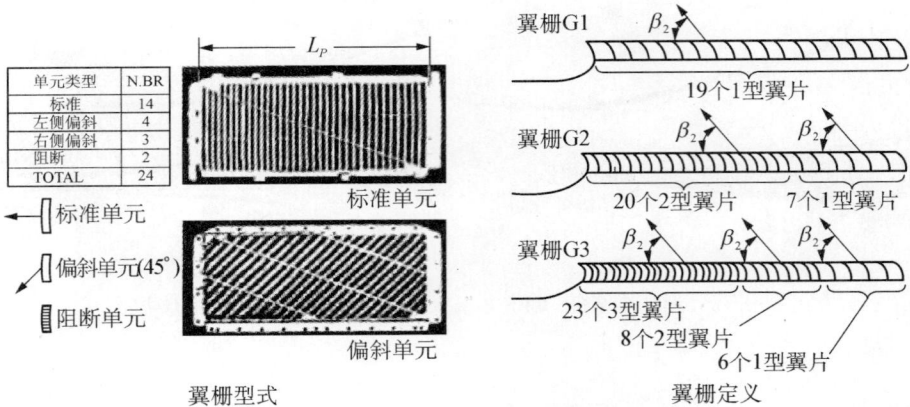

单元类型	N.BR
标准	14
左侧偏斜	4
右侧偏斜	3
阻断	2
TOTAL	24

→▯ 标准单元

↗▯ 偏斜单元(45°)

▮ 阻断单元

标准单元

偏斜单元

翼栅型式

翼栅G1

19个1型翼片

翼栅G2

20个2型翼片　7个1型翼片

翼栅G3

23个3型翼片
8个2型翼片
6个1型翼片

翼栅定义

图 39 - 10　CFM56 的反推力装置(b)

来源：J. Renvier/SNECMA，4th Seminar on Gas Turbine Technology，Bangalore（India），November 1979

　　靶式反推力装置控制喷流方向的能力小得多。特别是尾吊发动机的靶式反推，既可能给方向舵带来舵面效率减小的问题，又因减小了前轮载荷可能给前轮转弯造成麻烦。靶式反推力装置的例子见图 39 - 11～图 39 - 14。

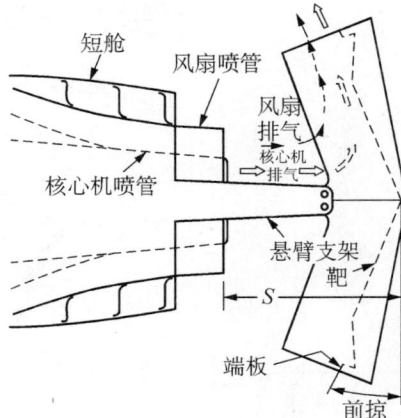

短舱

风扇喷管

风扇排气

核心机排气

核心机喷管

悬臂支架

靶

S

端板

前掠

图 39 - 11　靶式反推力装置的几何外形

来源：AiResearch TFE - 731

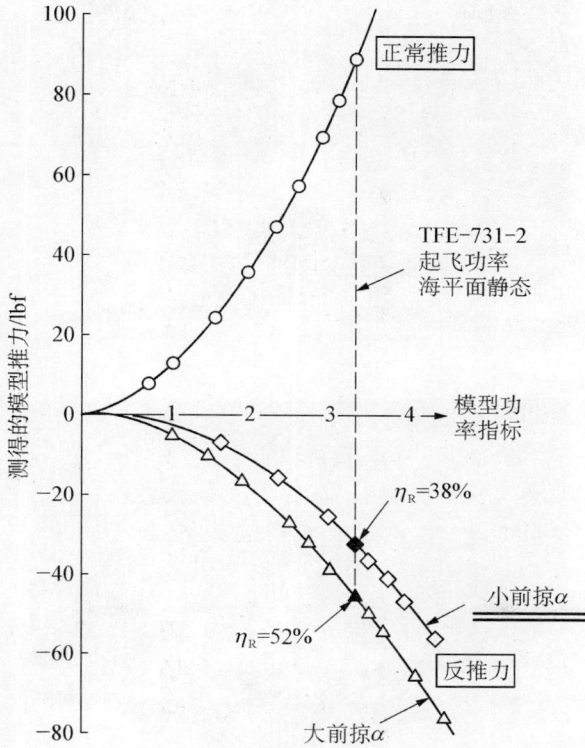

图 39-12 模型的反推力效率

来源：AiResearch TFE-731

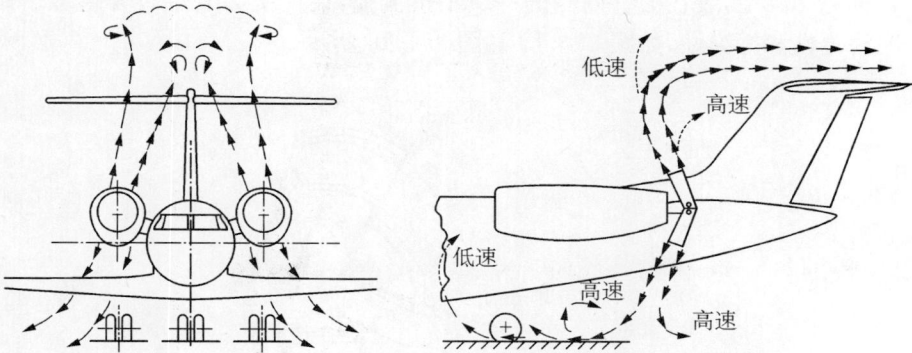

图 39-13 尾吊发动机的靶式反推力装置反推力卷流形状

来源：SAE Paper No. 750506

图 39-14　研究福克 100 反推力门"同步"对再吸入和航
向稳定性及操纵性影响的风洞模型实验

在福克 100 上，装在喷管内侧的一块小折流板，在反推力装置打开时显著改善
了航向稳定性和操纵性，如图 39-15 和图 39-16 所示。

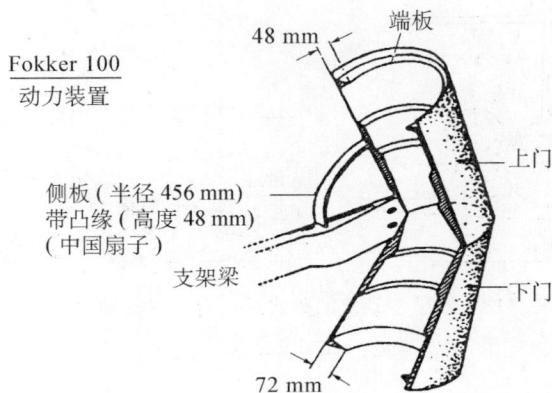

图 39-15　福克 100 反推力门布局

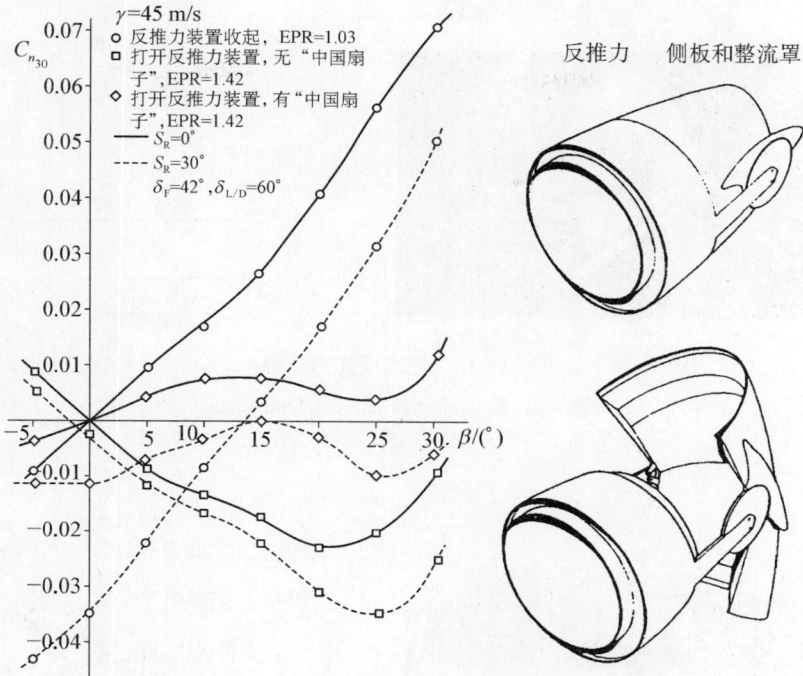

图 39－16　福克 100 反推力装置打开时"中国扇子"对航向稳定性和操纵性的影响

来源：ICAS－88－6.1.2

必须通过风洞实验和真实飞机试验两者来非常仔细地确定再吸入边界,落实安全的最小反推力装置使用速度(图 37－17～图 37－21)。

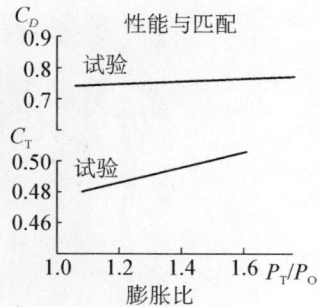

图 39－17　翼栅式反推力装置

来源：T. M. D. Sutton, Rolls Royce, Aircraft Enginering, March 1976

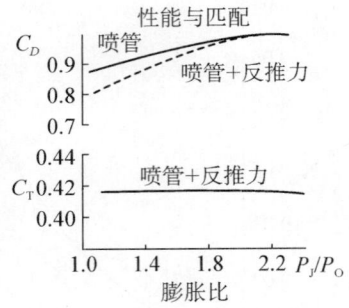

图 39 - 18　靶式反推力装置

来源：T. M. D. Sutton，Rolls Royce，Aircraft Enginering，March 1976

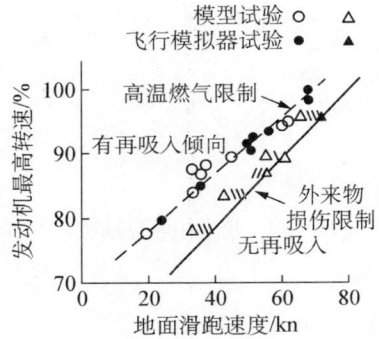

图 39 - 19　后机身吊挂发动机模型

图 39 - 20　洛克西德 L - 1011 翼下吊挂发动机模型

来源：T. M. D. Sutton，Rolls Royce，Aircraft Enginering，March 1976

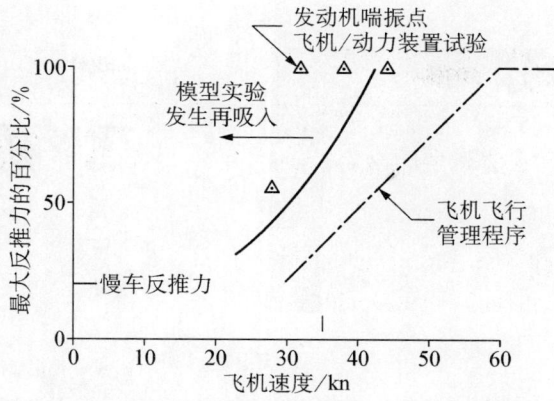

图 39 - 21　波音 767/GE CF - 6 吸入/喘振风洞模型和
全尺寸飞机实验结果的对比

来源：AIAA Paper No. 97 - 1921

第 9 部分

40　亚声速巡航阻力

许多与性能有关的设计参数决定了飞行包线的边界,例如最大升力系数和抖振边界。然而人们在日常使用中关心的是飞机阻力。

乍一看,目前我们掌握的有关边界层特性、减小流动分离区域和计算展向升力分布进而计算诱导阻力的知识,可以使准确预计阻力成为一项常规性工作。但是尽管百年航空实践极大地丰富了有关飞机设计的知识,准确估计阻力仍然是一大挑战。

挑战之所以依然存在,是因为辅助预计阻力的手段在 CFD 和风洞实验方面虽取得了长足的进展,客户要求和商业条件也已与时俱进。

客户特别是启动客户,要求性能担保详尽而所留余地很小,交付进度排得很紧。在性能担保中,阻力的地位举足轻重。投资人和制造商的管理层因财务责任重大,要求研制过程按计划顺利进行。时至今日,人们已不再手工制作原型样机,第一架飞机就在批生产用的型架上制造。由于对性能不满意需要对原型机作出改进,以往并不少见,对飞机公司取得持续的商业成功影响极大。所有这一切,使得准确预计阻力极其重要,特别是对中远程飞机。

在第 27 章中探讨了起飞和着陆构型的阻力。本章分析爬升和巡航构型的阻力。

干净构型的阻力由零升阻力、升致阻力、压缩性阻力和配平阻力构成。现代运输类飞机外形流线,由于大量使用 CFD 手段,最大限度减小了机体邻近部分的流动干扰。因此,将飞机划分为许多基本部件,分别分析每个部件的阻力,计算零升阻力的传统方法是合理的,当然这里指的是用在初步设计阶段。

每个部件的阻力由摩擦阻力、压差阻力和压缩性阻力构成。各个设计机构也考虑一些小附加阻力项目,例如机身上翘阻力、由于机翼扭转造成的阻力或根据以前的经验尚未计入的阻力等等。假定摩擦阻力等于与所考虑的部件特征长度相同的零压强梯度光滑平板的摩擦阻力。该部件的实际阻力与平板阻力的比值称为形状因子。这个形状因子表达了表面流速及其在物体上导致的压强梯度对摩擦阻力的影响以及边界层位移厚度对压差阻力的影响。顾名思义,形状因子取决于物体的几何形状。通过计算和风洞实验已经得出大量形状因子数据,可以在诸如 ESDU Data Sheets 或美国空军 Datcom 等标准数据库中查到。大部分设计机构都根据各自的经验开发了这类数据库自己的版本。

真实飞机的表面并不绝对光滑。其表面扰动成为附加阻力的来源,可以冠名分为两组:突出物和粗糙度。

突出物指飞机表面可以确定其自身阻力的零件,例如天线、仪表探头、外部铰链、闪光灯、操纵面隙缝等。这些独立零件有的一部分,有的完全处于边界层中,使得确定其阻力十分复杂。需要判断当地边界层状态以估算该突出物绕流的平均当地动压。

粗糙度是一个集合术语,用于表示小表面扰动,例如波纹度、制造中产生的隙缝和配合不当、未对准的检查口盖和销锁、铆钉以及类似的小突起。

约翰·尼古拉斯,一位德国研究人员,在 1932 年测量了流体以不同的速度,流经内壁均匀覆盖了不同颗粒大小砂子的管道时承受的阻力。他发现,对每种砂粒大小,阻力都服从光滑壁面全湍流边界层摩擦阻力定律,随雷诺数增加而下降,直至达到某雷诺数(速度)。但是超过该临界雷诺数时阻力略有增加,然后保持为常数,与给定砂粒大小有关。以后的研究者曾研究过其他形式分布粗糙度的影响,得出了类似的结果。

对此可作如下解释:

在低雷诺数,只要粗糙元素处于湍流边界层的层流亚层内,其附加阻力主要是摩擦阻力,不随雷诺数增加而变化。当达到该粗糙元素露出层流亚层的某雷诺数时,该元素开始形成产生压差阻力的尾流。随着雷诺数进一步增大,该元素更加突出到外边界层,压差阻力增大。

在飞机表面分布的粗糙元素大小不同。随雷诺数逐步增大,越来越多的粗糙元素突出到外边界层。所有这些微扰动引起压差阻力增加的总效应便使摩擦阻力发生了可觉察的变化。超过某给定雷诺数,随着雷诺数的增加,阻力不是减小而是取决于粗糙物平均高度保持不变,如图 40-1 所示。

因此,人们常将飞机部件的表面质量与尼古拉斯实验的表面粗糙度相比,以"等效砂粒粗糙度"表示。根据许多风洞实验和对飞行试验数据进行分析得出的结论,现代飞机的等效砂粒粗糙度在 0.0005~0.0020 in 或 0.012~0.050 mm 之间。

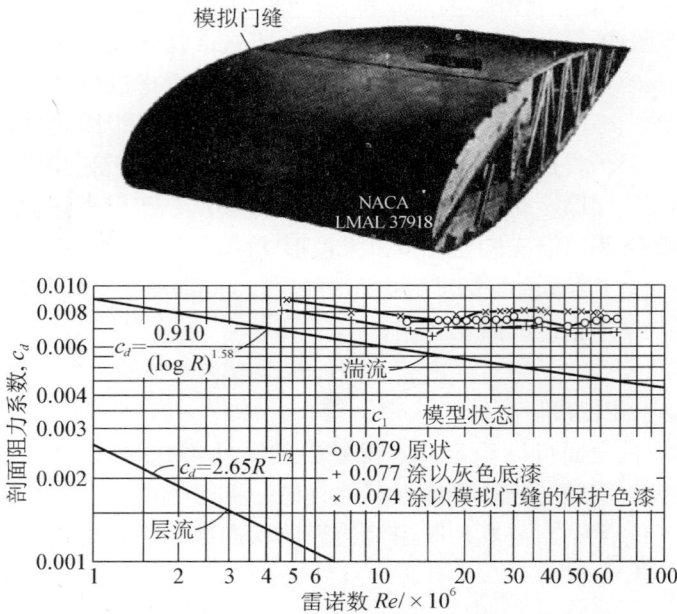

图 40-1　翼型为 NACA 23016 的实际结构风洞模型的阻力系数
随雷诺数的变化以及平板的层流和湍流表面摩擦系数

来源：NACA Report 824

最新一代运输类飞机的大部件用碳纤维复合材料制造，没有铆钉和与其联系在一起的波纹度。计算机辅助设计和制造的广泛应用，也改善了制造公差，使制造产生的隙缝比早几代飞机小得多。这就在预计阻力时有理由采用在 0.0004～0.0010 in 之间较小的等效砂粒尺寸。

分布粗糙度引起的阻力直接和边界层厚度与粗糙物平均等效砂粒高度之比有关。这意味着在特征长度 l 小、边界层薄的低雷诺数下，即使等效砂粒粗糙物高度 k_s 很小，也会产生附加阻力。"截止雷诺数"，**即当超过该值后摩擦阻力可当作常数的临界雷诺数**取决于比值 k_s/l，**即等效砂粒粗糙物相对高度**而不是 k_s。

由此得出结论，飞机在爬升和巡航状态的阻力系数，在多数情况下可以假定与雷诺数无关，因为截止雷诺数足够高。但阻力系数的具体数值取决于截止雷诺数，即实际上取决于飞机的大小，如图 40-2 所示。图 40-3 给出截止雷诺数随相对等效砂粒粗糙物高度的变化。

图 40-4 为 1974 年麦道公司 J. C. Callaghan 关于阻力预计的讲稿摘录，重申了上述内容。

图 40-5 为 1965 年波音公司 D. Gyorgyfalvy 关于分布粗糙度产生的阻力的文章摘录。

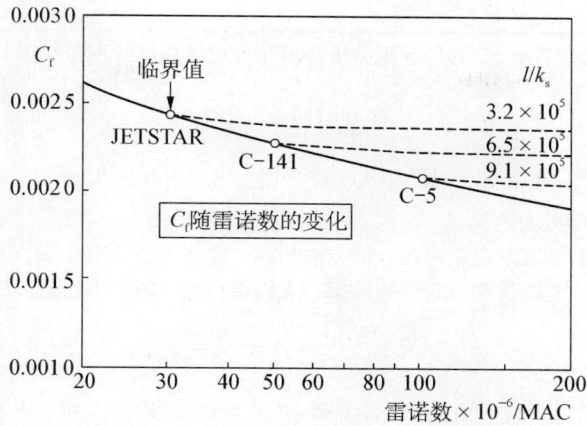

图 40-2 分布粗糙度对表面摩擦阻力的影响

来源：AGARD LS-37

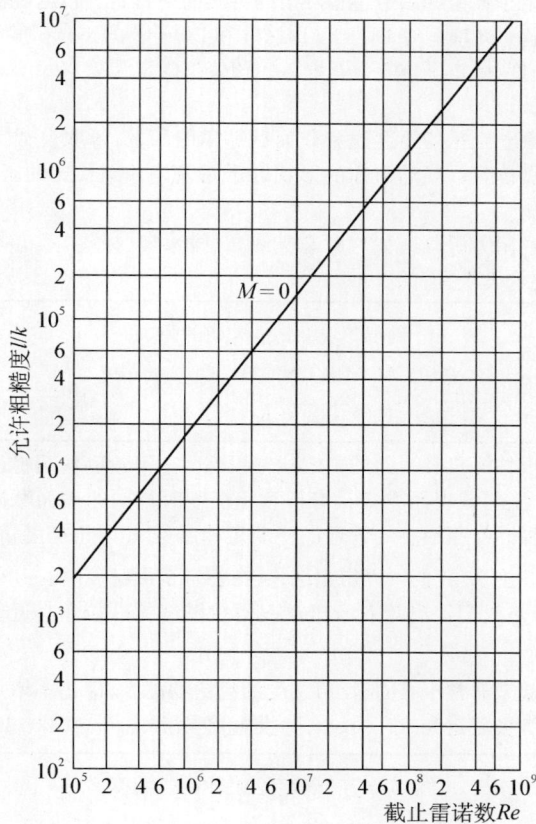

图 40-3 截止雷诺数随等效砂粒粗糙物相对高度的变化

来源：AFFDL-TR-73-146，Vol. Ⅰ，Ⅱ，Ⅲ

干净构型（增升装置收起）的低速阻力极线可用经典的抛物线型极线很好地近似表达

$$C_D = C_{D_0} + \frac{C_L^2}{\pi Ae} \tag{40-1}$$

式中：C_{D_0} 为零升阻力 $C_L^2/\pi Ae$ 为升致阻力。严格说来阻力极线并非抛物线，但在工程实践中这样近似表达还是说得过去的。

增升装置收起时的零升废阻可用经验方法估算。这些方法主要依靠在早先的运输类飞机研制项目中积累的风洞实验和飞行试验数据。飞机单独部件的基本当量废阻定义为

$$(C_{D_0})_{\text{comp}} = C_f K \frac{S_{\text{wet}}}{S_{\text{ref}}} \tag{40-2}$$

式中：C_f 为包含粗糙度效应的平板表面摩擦系数，K 为计及厚度、表面速度和压差阻力效应的形状因子，$S_{\text{wet}}/S_{\text{ref}}$ 为浸润面积与参考面积之比。

全湍流平板表面摩擦系数可通过各种渠道获取，且基于每个部件的特征长度。体（机身、短舱）的特征长度为全长，气动力面（机翼、尾翼和挂架）则为其暴露部分的平均气动弦长。粗糙度效应源自蒙皮上由于典型的制造过程产生的突出的铆钉、台阶、缝隙和鼓起等小突起。采用等效粗糙度来计及这一效应。令 DC-8，DC-9 和 DC-10 的飞行试验零升废阻与详细估算的废阻相等，反求粗糙度，确定了该等效粗糙度。该值已确定为 0.00095 in，并在飞行试验数据的准确度范围内为常数。

气动力面的形状因子是平均厚度比和该面后掠角的函数，可取自数据库或根据适当的二元或三元风洞实验数据确定。气动力体的形状因子是该体总细长比的函数，也可以取自数据库或适当的风洞数据。

其他附加的突出物阻力源自诸如灯罩和天线罩、排水架、探头、不可避免的错位、孔、空调系统等等，这些都是要求飞机具有的。

图 40-4　干净构型的阻力

来源：AGARD LS-67，1974，Lecture 2

根据这一结果可以估算机身表面的等效砂粒粗糙度。等效砂粒粗糙度定义为彼此以最小间隔分布在某表面，产生与该表面原来具有任意粗糙度时相同的表面摩擦力的砂粒大小。尼古拉斯确定了具有各种砂粒粗糙度的管道的壁面定律常数 B 与粗糙度雷诺数 $Re_{k_s} = k_s U/v_0$ 之间的关系。根据这一关系，我们可以得出结论，在特定于机身表面的 $B = 3 \sim 4$ 范围内，相应的 $Re_{k_s} = 14 \sim 9$。于是我们得出等效于机身表面粗糙度的砂粒大小近似为 $k_s = 0.0014 \sim 0.022$ in。

这个数值尽管看起来非常小，还是比可接受的粗糙物高度，即仍不增加阻力的粗糙元素的最大尺寸大好多倍。该极限定为 $R_{k_{\text{adm}}} = 4$，这大概相当于 $k_{\text{adm}} = 0.00056$ in。

图 40-5　确定等效砂粒粗糙度

来源：Journal of Aircraft，Nov.-Dec. 1965

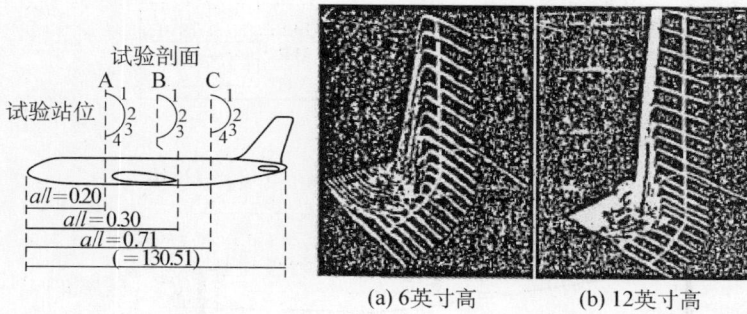

(a) 6英寸高　　　(b) 12英寸高

图 40-6　采用的边界层测压耙

来源：Journal of Aircraft，Nov.－Dec. 1965

　　图 40-7 亦为一段摘录，图 40-8～图 40-11 为取自 1968 年 ONERA 的 Ph. Poisson-Quinton 一篇文章的一些实验结果。

　　图 40-12 和图 40-13 说明波音 727 机翼在风洞和实际飞行试验中测得的翼剖面阻力之间的差异。

　　不同飞机的阻力可以通过以总浸润面积而不是机翼参考面积为参考面积的阻力系数来互相比较。等效表面摩擦阻力系数就是这样定义的。乘积 $C_{D_O} \cdot S_W$ 有时称为"废阻面积或等效平板面积"，将其比拟为垂直于来流 $C_D = 1.0$ 的平板阻力。

　　近来在美国和英国的大型超声速风洞中对平板进行了许多基础实验研究，以获得在非常高雷诺数下的摩擦系数。实验结果落在各种近似湍流理论给出的边界范围内，但问题仍在于这些计算是否适用于细长机翼。

　　为了寻求答案，我们的 NASA 同行筹办了在供试验用的北美 B-70 轰炸机上表面各个位置进行边界层测量的飞行试验项目。我们在法国 ONERA 与法国航空部和达索公司合作，用幻影 4 轰炸机进行了类似的试验。利用安装在机翼上表面位于前缘 17 ft 后的测压耙（26 个总静压管、1 个静温和 5 个驻点温度探头、1 个壁面温度探头）进行边界层测量获得的结果导出了飞行中的摩擦阻力系数。在图 40-10 中将以马赫数约为 0.85（$Re_d \approx 7 \times 10^6$）飞行得到的亚声速结果与湍流摩擦系数计算值（绝热平板）作了对比。如假设机翼表面等效砂粒粗糙度（$K \approx 0.002$ in），两者十分符合。我们还在同图中绘出了在低速风洞实验中用横向游动总静压管在 1/10 比例模型的机翼上类似位置测量边界层的一些结果。采用自然转捩时，实验结果与转捩边界层计算一致，而沿前缘设置粗糙带进行固定转捩，得到的实验结果与光滑平板的湍流计算相符。

图 40-7　粗糙度对真实飞机影响的飞行试验分析

来源：Journal of Aircraft，May-June 1968

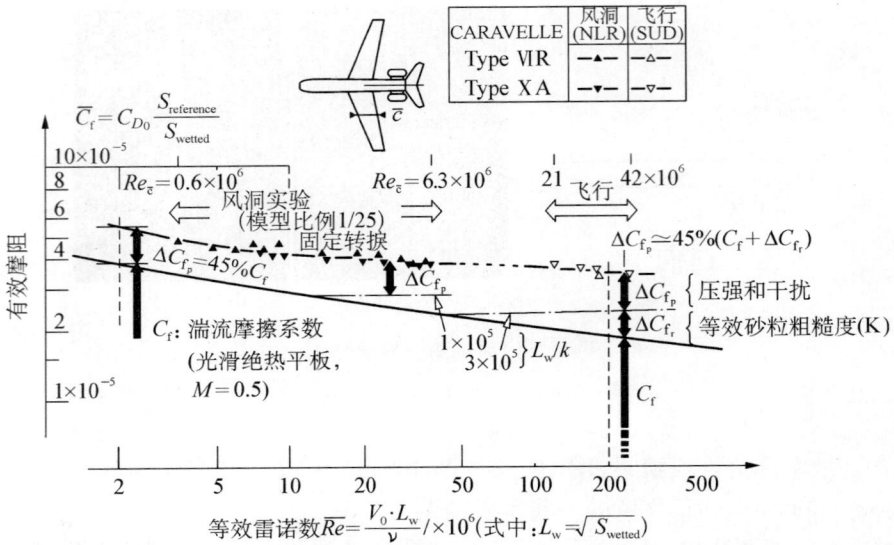

图 40-8 Caravelle 的两个型别最小阻力从风洞到飞行的相关性：有效摩阻随等效雷诺数的变化

来源：Journal of Aircraft，May-June 1968

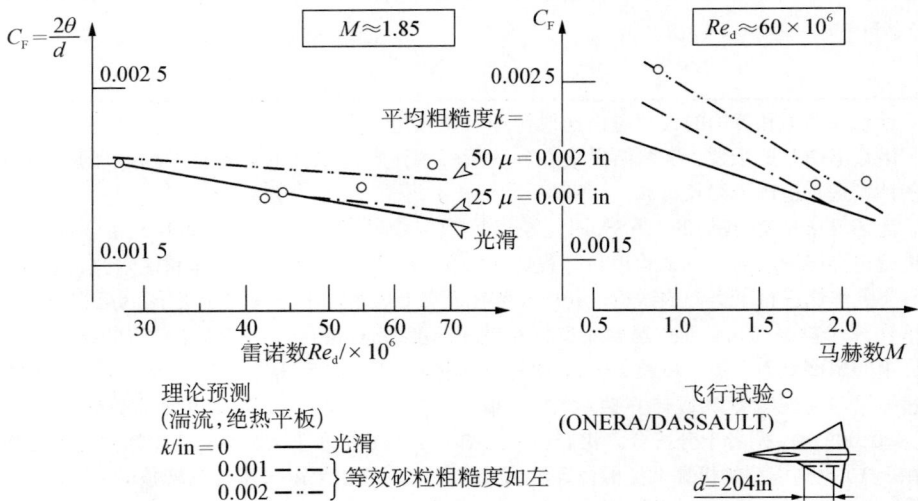

图 40-9 雷诺数和马赫数对平均摩擦阻力系数的影响

C_F——等效平板摩擦阻力系数

来源：Journal of Aircraft，May-June 1968

幻影Ⅳ轰炸机

$0.39\,b/2$

D

$60°$

$b/2$

d

总静压管

$t/c = 3.7\%$

y/δ

飞行
$M = 0.89$

1.0

0.5

0 0.1 0.2

$\dfrac{\rho u}{\rho_c u_c}\left(1 - \dfrac{u}{u_c}\right)$

动量厚度：$\theta = \displaystyle\int_0^\delta \dfrac{\rho u}{\rho_c u_c}\left(1 - \dfrac{u}{u_c}\right)\mathrm{d}y$

$\dfrac{\theta}{d} = \dfrac{C_F}{2}$

2×10^{-5}

1×10^{-5}

0.5×10^{-5}

0.2×10^{-5}

湍流

$Re_{TR} \sim 10^6$：转捩

层流

平板理论
$(M \sim 0)$

平均粗糙度 $k = 50\,\mu$
光滑 $(k = 0)$
$(M \sim 0.85)$

$V_0 = 90$　180　240　ft/s

$M_0 = 0.89$
0.82

10^6　　　　10^7　　　10^8　Re_d

转捩　自由 —▲—　　风洞　模型比例：1/10
　　　固定 —●—　ONERA S₂Ch

飞行 —○—
$d \simeq 17$ ft.

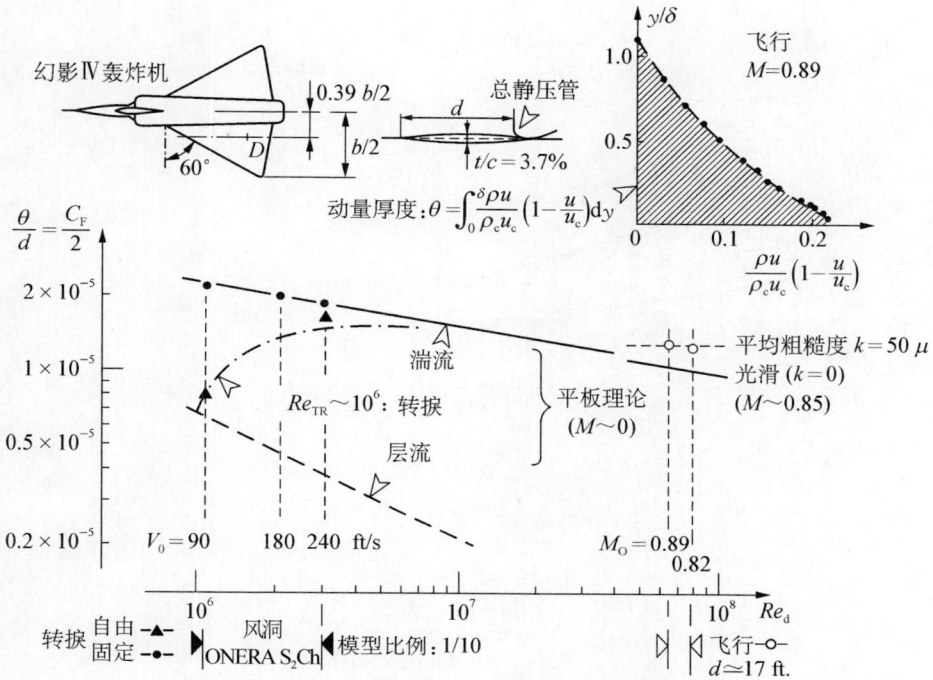

图 40-10　对幻影 4 轰炸机在飞行中和在风洞模型上进行边界层测量得到的平均摩擦
　　　　　阻力系数，亚声速实验：$0.1 < M < 0.9$

来源：Journal of Aircraft，May-June 1968

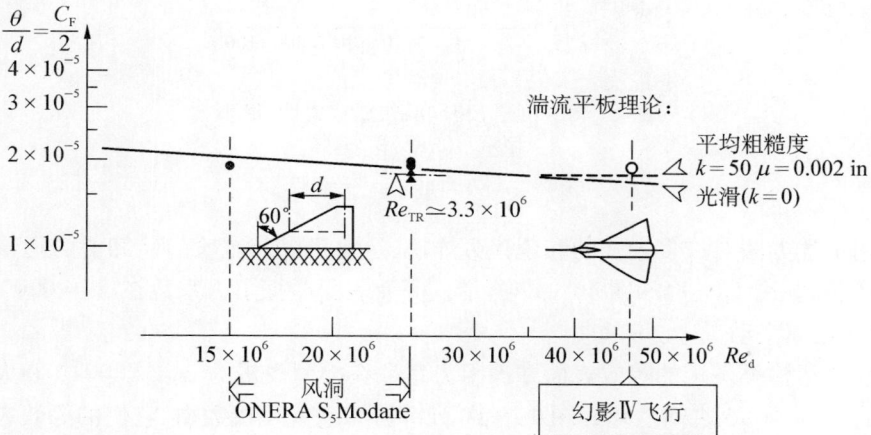

$\dfrac{\theta}{d} = \dfrac{C_F}{2}$

4×10^{-5}
3×10^{-5}
2×10^{-5}

1×10^{-5}

湍流平板理论：

平均粗糙度
$k = 50\,\mu = 0.002$ in
光滑 $(k = 0)$

$60°$　d

$Re_{TR} \simeq 3.3 \times 10^6$

15×10^6　20×10^6　30×10^6　40×10^6　50×10^6　Re_d

风洞
ONERA S₅Modane

幻影Ⅳ飞行

图 40-11　对幻影 4 轰炸机在飞行中和在风洞模型上进行边界层测量得到的平均摩
　　　　　擦阻力系数，超声速实验及与理论预测的对比：$M \sim 2.15$

来源：Journal of Aircraft，May-June 1968

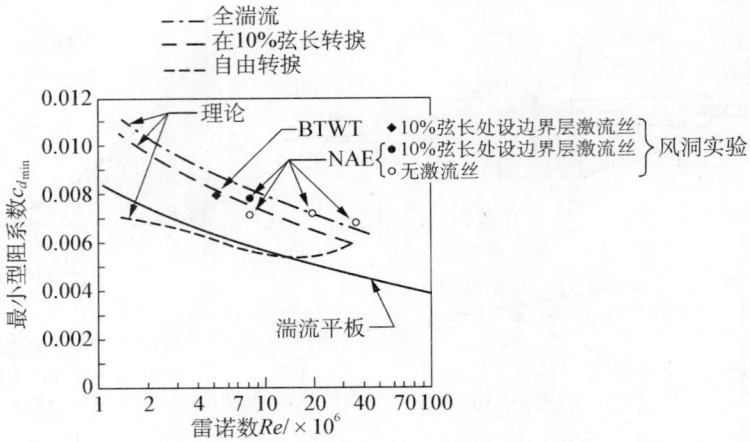

图 40 - 12　二元数据相关性（最小型阻）

来源：AIAA Paper No. 71 - 289

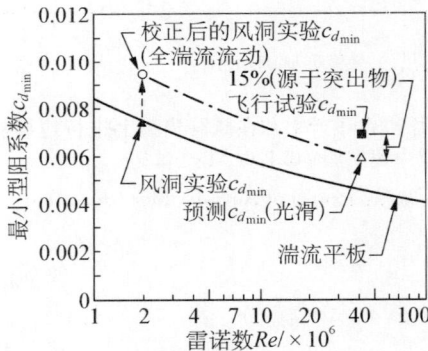

图 40 - 13　飞行和风洞数据相关性（最小
型阻），波音 727 机翼

来源：AIAA Paper No. 71 - 289

　　用上述办法对许多老式的和现代轰炸机、运输机以及尾舱门装卸货的运输机进行了比较，如图 40 - 14～图 40 - 17 所示。等效表面摩擦阻力系数在 $\bar{c}_f = 0.0020 \sim 0.0080$ 之间变动。

　　现代运输类飞机的等效表面摩擦阻力系数在小型飞机的 $\bar{c}_f = 0.0040$ 和大型飞机的 $\bar{c}_f = 0.0025$ 之间变化。图 40 - 16 列举许多老式飞机数据，它们的等效表面摩擦阻力系数比现代飞机大得多。这不仅说明第二次世界大战时期的突出物如炮塔的影响，也说明制造技术的重大进步使得飞机表面光滑得多，大大减小了表面摩擦阻力。

　　人们可能会得出这样的印象：平板全湍流边界层摩擦阻力和形状因子是教科书

和设计手册时常提到的非常确定的参数。然而用于阻力分析的所有数值资料都基于实验,在许多场合呈现出相当大的分散性。若干研究者都提出了湍流边界层的表面摩擦定律。图 40 - 18 介绍的各定律之间存在 4% 量级的差异。人们经常使用 von Kármán 和 Schoenherr 提出的曲线。图 40 - 19 说明该曲线依据的数据点散布的情况。

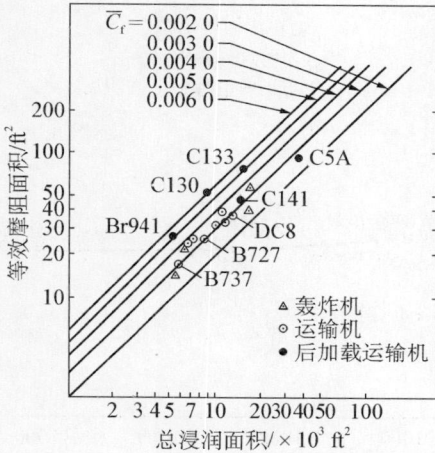

图 40 - 14 若干飞机型号的等效废阻面积
与表面摩擦阻力系数

来源:AGARD CP - 124 Lecture 1

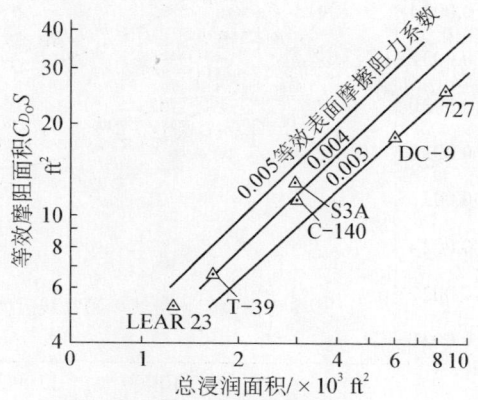

图 40 - 15 亚声速废阻面积($C_{D_0} S$)

来源:AIAA Paper No. 76 - 931

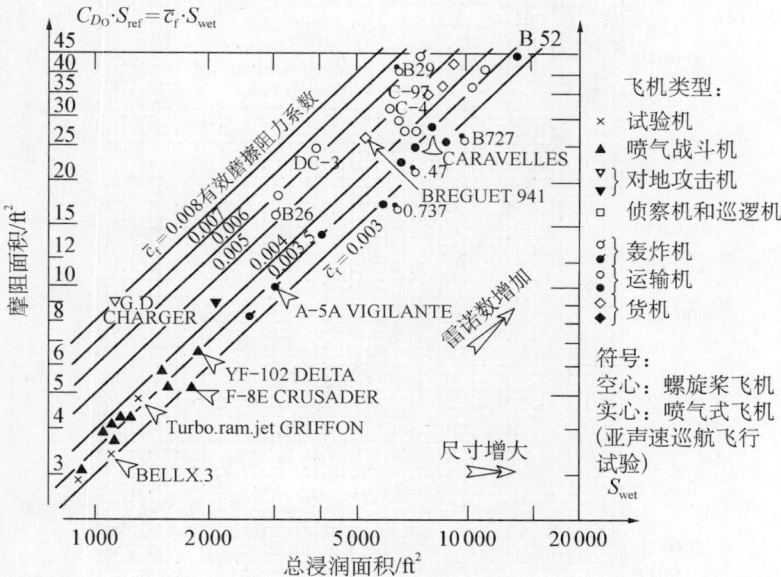

图 40 - 16 若干飞机型号的废阻面积与表面摩擦阻力系数

C_{D_0}—零升阻力系数;S_{ref}—参考面积;S_{wet}—浸润面积;$\overline{c}_f$—等效平板摩擦阻力系数

来源:Journal of Aircraft,May - June 1968

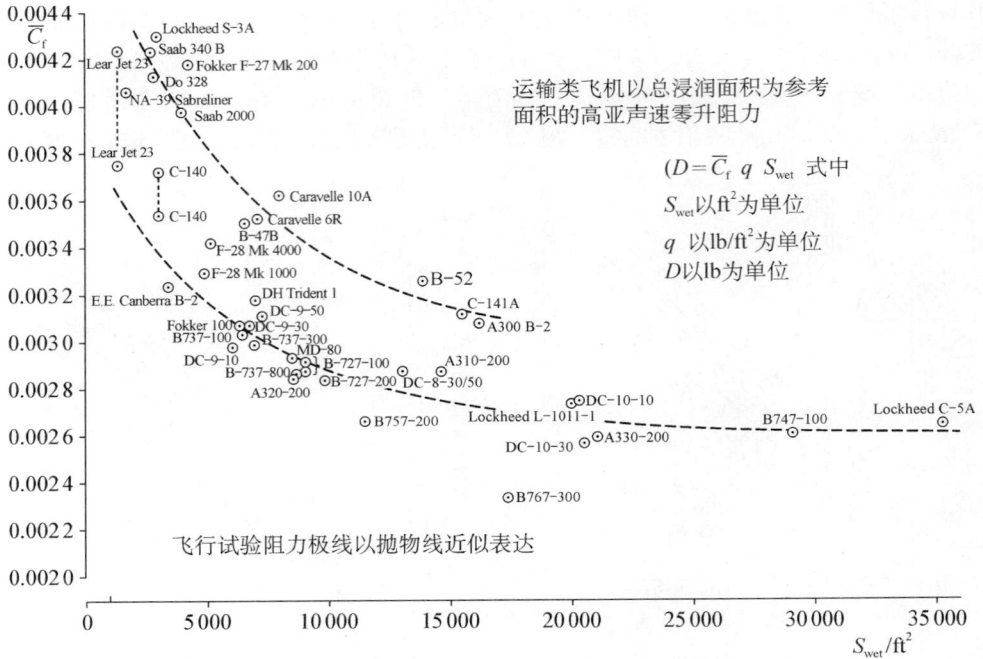

图 40-17　运输类飞机以总浸润面积为参考的高亚声速零升阻力

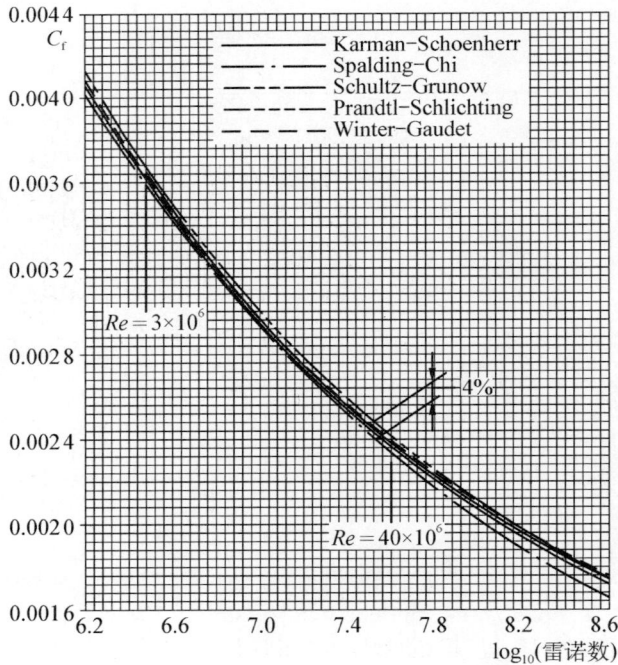

图 40-18　不可压湍流平板表面摩擦经验曲线的对比

来源：NASA CR-2333

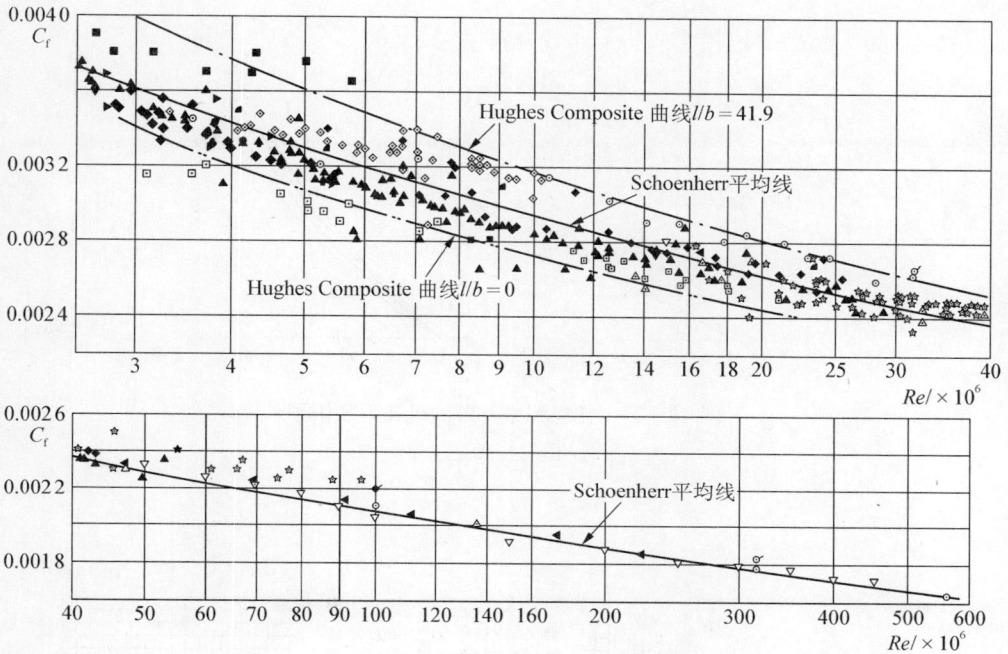

图 40-19 不可压流平板表面摩擦力实验研究一览

来源：NASA CR-2333

形状因子是物体真实阻力与相应平板阻力之比。真实阻力多半来自具备一般实验(不)准度的风洞实验。因此，弄清楚在确定该形状因子时采用什么样的平板阻力曲线非常重要。对通用数据库而言，这样做并非总有可能。出于这个原因，较大的设计机构都构建了自己的形状因子数据库并定期更新。图 40-20～图 40-24 给出了许多例翼型和旋成体的形状因子。图 40-22 得到人们关注，是因为它将采用无疑基于实验数据的洛克西德内部方法得到的估计阻力数据与(其他)风洞实验数据进行了比较。

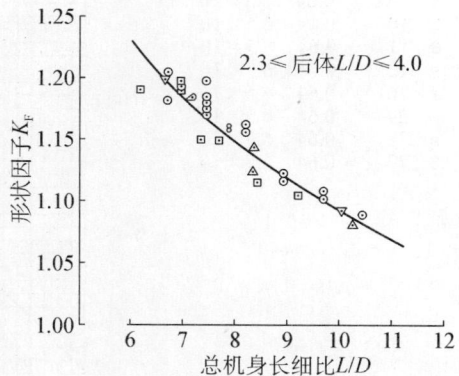

图 40-20 机身形状因子

来源：Douglas Paper 7026

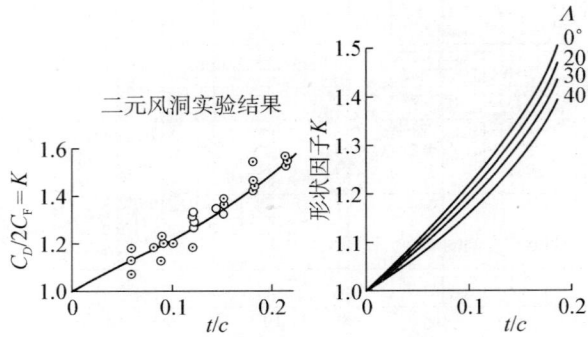

图 40 - 21　常规翼型外形的机翼形状因子

来源：Douglas Paper 7026

翼型	马赫数	雷诺数
⊙ 3	0.7	6.5×10^6
⊘ 3	0.64	3.6×10^6
△ 8	0.64	6.5×10^6
▲ 8	0.64	3.3×10^6
⊡ 10	0.64	6.5×10^6
◇ 11	0.64	6.5×10^6
▽ 12	0.64	6.5×10^6
◁ 26	0.64	6.5×10^6
◇ 29	0.64	6.5×10^6
◇ 32	0.64	6.5×10^6
▽ 27	0.64	6.5×10^6

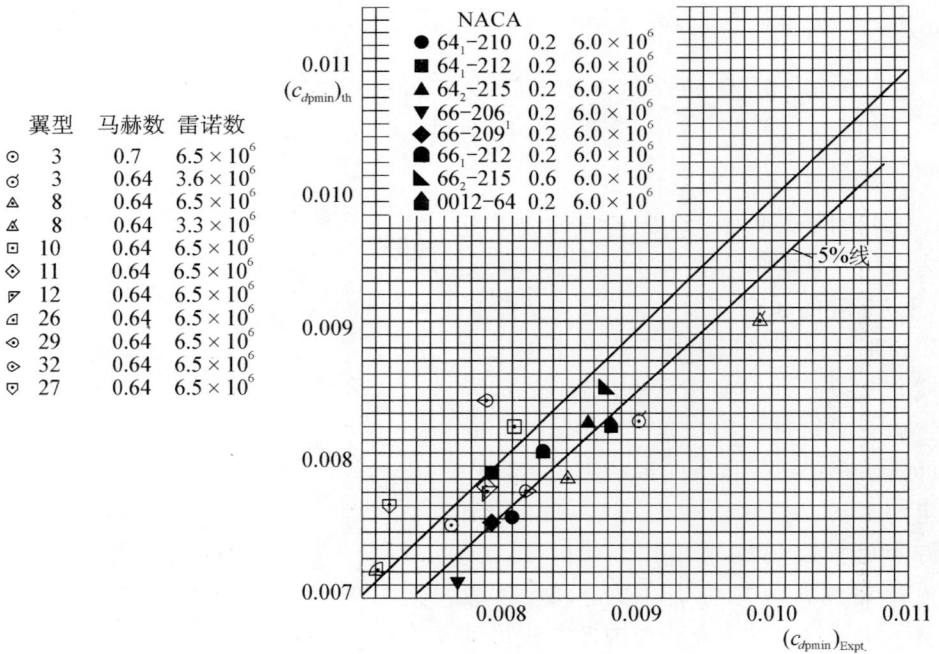

NACA		
● 64_1-210	0.2	6.0×10^6
■ 64_1-212	0.2	6.0×10^6
▲ 64_2-215	0.2	6.0×10^6
▼ 66-206	0.2	6.0×10^6
◆ 66-209^1	0.2	6.0×10^6
⬣ 66_1-212	0.2	6.0×10^6
◣ 66_2-215	0.6	6.0×10^6
◢ 0012-64	0.2	6.0×10^6

图 40 - 22　翼型最小型阻的相关性

来源：NASA CR - 2333

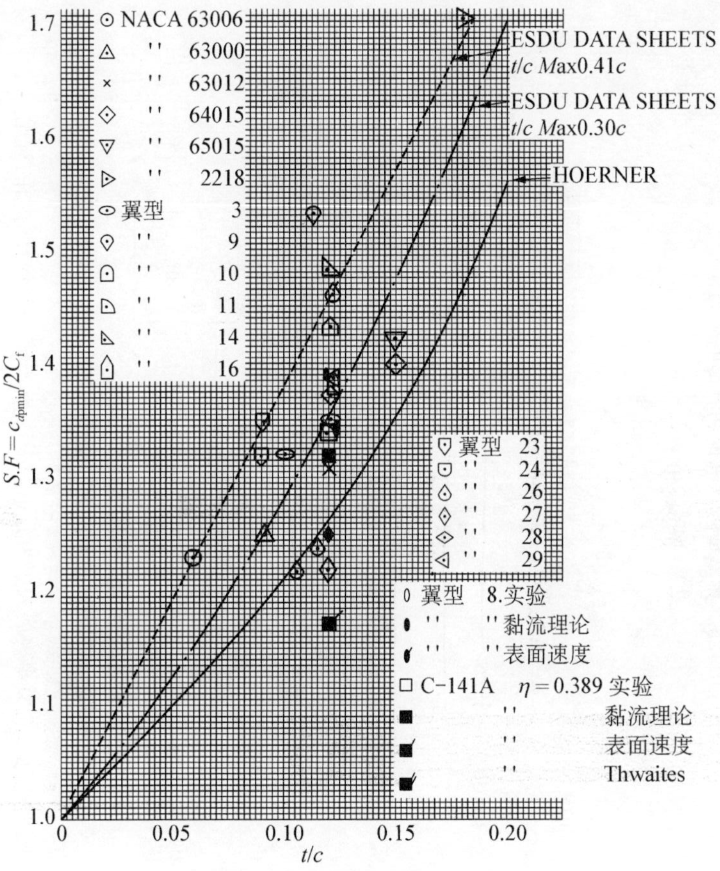

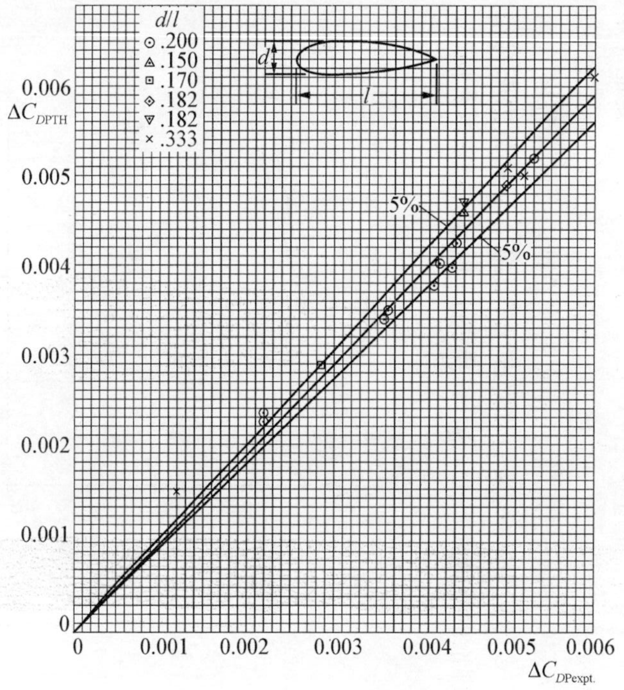

图 40 - 24 旋成体机身的型阻

来源: NASA CR - 2333, A. D. Young R&M 1874, 1939

图 40 - 23 翼型的形状因子

来源: NASA CR - 2333

　　尽管已有现代三元边界层计算方法,用这些方法不一定能比用以上讨论的简单传统方法更好地预计阻力。图 40 - 25 和图 40 - 26 对此作了说明。在图 40 - 25 中用现代边界层计算程序和标准的福克初步设计阻力预计程序分别计算超临界翼型 CAST 10 - 2 的阻力,并与实验数据进行了比较。实验数据来自洛克西德下吹式风洞。两条理论曲线彼此靠近,尽管差异很小,但与实验数据有偏差。

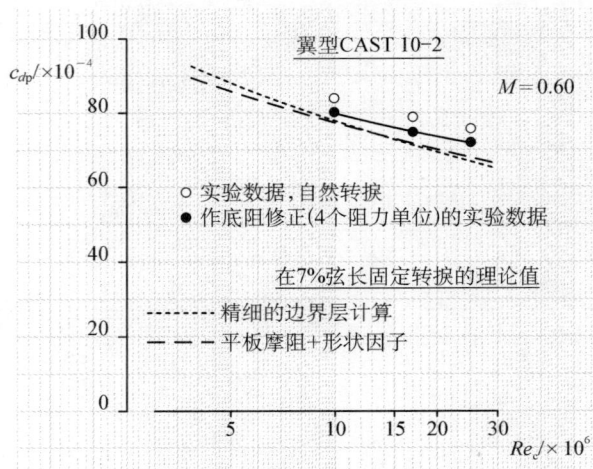

图 40 - 25　翼型型阻—理论和测得的阻力比较

来源：福克 Report A - 140

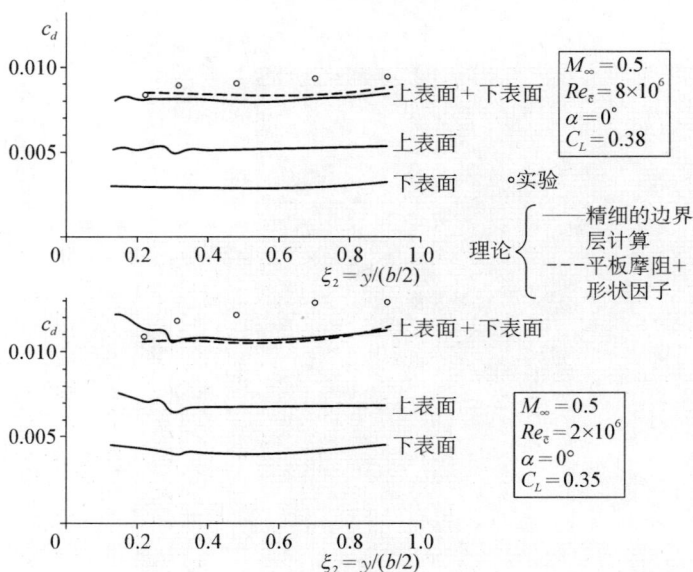

图 40 - 26　机翼半模展向阻力分布, $M_\infty = 0.5$ 实验和计算数据的对比

来源：福克 Report A - 140

图 40-26 为针对风洞半模的类似对比。同样,理论曲线彼此很接近,阻力实验值高于计算值,特别是在低雷诺数。

在图 40-27～图 40-30 中介绍了由三个设计机构估算的四种运输类飞机零升阻力的构成。虽然前面谈到的不确定性可能使人得出预计阻力准确性低得难以接受的印象,这些图中表现的却是另一番情景。得益于许多不确定性互相抵消,最终结果可以接受甚至令人满意。

如果所研究的构型有风洞实验数据,可以将模型的阻力作为出发点。这样做的好处在于形状因子不必估算,可以通过用标准方法计算模型阻力并调整不同模型部件的形状因子以再现测得的阻力来确定。因此,值得从单独机身或翼身组合体开始,逐个添加部件直至完整的构型来研究模型。但阻力测量必须高度准确。如果风洞和计算数据看来可靠,将其外插到全尺寸雷诺数并加上模型没有反映的零件如突出物以及粗糙度的影响产生的附加阻力,如图 40-31 和图 40-32 所示。

部件	Boeing				Fokker					
		光滑				光滑			粗糙 $k = 0.001$ in.	
	S_{wet} /m²	形状因子 λ	c_f /×10^{-4}	C_{D_p} /×10^{-4}	S_{wet} /m²	形状因子 λ	c_f /×10^{-4}	C_{D_p} /×10^{-4}	c_f /×10^{-4}	C_{D_p} /×10^{-4}
机翼	255.76	1.317	23.9	57.4	264.07	1.305	24.1	59.1	25.9	63.7
机身	425.59	1.064	17.3	55.8	435.30	1.049	17.7	57.8	17.7	57.5
垂直尾翼	38.55	1.150	22.5	7.1	68.21	1.163	22.2	12.5	23.5	13.2
中央短舱	51.10	1.410	20.6	10.6	14.10	1.179	23.4	2.7	25.0	2.9
水平尾翼	65.68	1.228	25.2	14.5	68.13	1.252	25.3	15.4	27.5	16.7
短舱	39.86	1.300	23.0	8.5	41.20	1.179	23.4	8.1	25.0	8.7
挂架	9.66	1.378	23.9	2.3	8.20	1.319	24.2	1.9	26.1	2.0
襟翼滑轨整流罩	9.75	1.000	25.4	1.8	8.80	1.028	23.8	1.5	25.6	1.7
总计	895.95			158.0	908.01			159.0		166.3

突出物,粗糙度,……	17.7	11.6
干扰阻力,未知阻力,……	4.8	3.6
配平阻力		1.0

$$C_{D_0} = 0.01805 \qquad C_{D_0} = 0.01825$$

飞行试验:$C_{D_0} = 0.01770$

$M = 0.70$; $Re = 6.5 \times 10^6$ /m; $S_{ref} = 140.3$ m²

图 40-27 估算的和从飞行试验导得的波音 727-200 亚声速零升阻力

部件			光滑 Re/m=6.0×10⁶		粗糙 k = 0.001 in.	
	S_{wet}/m^2	形状因子 λ	$c_f/\times10^{-4}$	$C_{D_p}/\times10^{-4}$	$c_f/\times10^{-4}$	$C_{D_p}/\times10^{-4}$
机翼	150.12	1.270	25.9	52.9	28.3	57.7
机身	301.64	1.056	18.8	64.1	19.0	64.6
短舱	46.18	1.226	25.3	15.3	27.1	16.4
挂架	5.68	1.217	24.3	1.8	27.1	2.0
边界层翼刀	1.48	1.000	31.6	0.5	34.0	0.6
襟翼滑轨整流罩	7.96	1.104	23.4	2.2	24.5	2.3
防激波体	0.48	1.126	23.0	0.1	23.0	0.1
垂直尾翼	31.56	1.201	25.2	10.2	27.1	11.0
水平尾翼	41.13	1.236	27.8	15.1	30.7	16.7
总计				162.2		171.5

突出物:与飞机大小有关　　　　　0.07×171.5　　　　　　12.0

　　　　与飞机大小无关　　　　$\Delta D/q = 0.40\ m^2$　　　　4.3

配平阻力　　　　　　　　　　　　　　　　　　　　　　　0

未计入阻力 2%(根据以往经验)　　　　　　　　　　　　3.8

　　　　　　　　　　　　　　　　　　　　　$C_{D_0}=0.01916$

$M = 0.50$；$S_{ref} = 93.5\ m^2$　　飞行试验：$C_{D_0} = 0.01880$

图 40-28　估算的和从飞行试验导得的福克 100 亚声速零升阻力

部件		粗糙，k = 0.001 in.		
	S_{wet}/m^2	形状因子 λ	$c_f/\times10^{-4}$	$C_{D_p}/\times10^{-4}$
中央翼	25.10	1.756	28.5	18.0
外翼	92.00	1.569	30.6	63.1
机身	178.50	1.064	19.8	53.7
短舱	34.88	1.347	27.3	18.4
垂直尾翼	30.64	1.389	32.2	19.6
水平尾翼	48.48	1.120	24.1	18.7
总计	409.59			191.4

突出物:操纵面隙缝　　　　　　　　　　　　　　　　　　12.6

突出物:发动机进排气装置　　　　　　　　　　　　　　　14.3

突出物:其他　　　　　　　　　　　　　　　　　　　　　6.4

在滑流中的突出物产生的附加阻力　　　　　　　　　　　2.1

配平阻力　　　　　　　　　　　　　　　　　　　　　　-2.3

以上未计入阻力 2%(根据以往经验)　　　　　　　　　　3.9

　　　　　　　　　　　　　　　　　　　　$C_{D_0} = 0.02284$

飞行试验(抛物线型阻力极线)：$C_{D_0} = 0.02330$

$M = 0.50$；$S_{ref} = 70.00\ m^2$

图 40-29　估算的和从飞行试验导得的福克 50 亚声速零升阻力

部件	S_{wet}/m^2	形状因子 λ	光滑 $Re_c = 12.0 \times 10^6$	
			$c_f/\times 10^{-4}$	$C_{D_p}/\times 10^{-4}$
机翼	70.18	1.344	28.9	68.1
机身	128.00	1.535	18.2	89.4
水平尾翼	18.06	1.270	29.8	17.0
垂直尾翼	22.12	1.271	27.3	19.2
背鳍	—	—	—	2.0
短舱	25.80	1.261	20.5	16.6
起落架整流罩				7.3
总计	264.16			219.6
干扰阻力				17.1
发动机进气装置				4.5
机翼、襟翼和操纵面隙缝				14.4
突出物				18.8
粗糙度				5.1
发动机涵道、空气冷却装置				15.9
以上未计入阻力(缓冲)				10.0

$$C_{D_0} = 0.03055$$

$0.3 < C_L < 0.7$ 时从飞行试验得到的抛物线型阻力极线

$$C_D = 0.0305 + 0.0308 C_L^2 \quad (e = 0.94)$$

$M = 0.20 \qquad S_{ref} = 40.0 \text{ m}^2$

图 40-30 估算的和从飞行试验导得的道尼尔 328 亚声速零升阻力

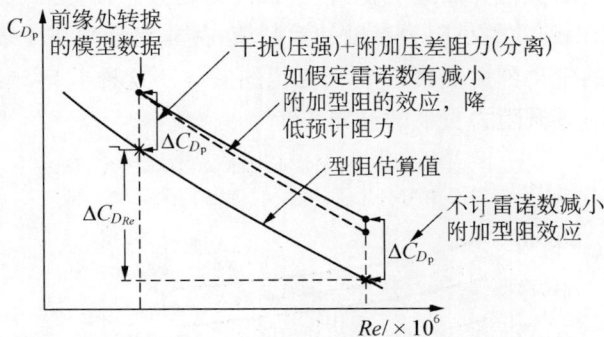

图 40-31 将模型数据外插到全尺寸

来源:AGARD LS-37,Paper No. 4,1969

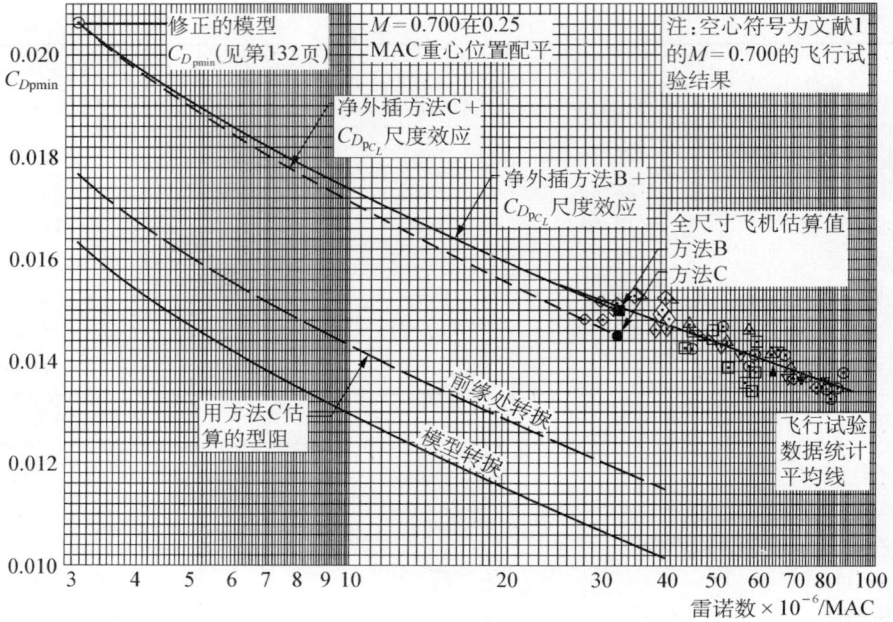

图 40-32　洛克西德 C-141 最小型阻的相关性

来源：NASA CR-2223

为了最准确地预计阻力，建议采用一切可用的数据，不断地对不同来源，既有计算的又有来自风洞实验的阻力数据进行对比分析并吸取以往项目取得的经验。

图 40-32 还有图 40-33～图 40-35 介绍了洛克西德 C-141 和 C-5A 以及格鲁曼 F-14 的最小阻力系数随雷诺数的变化。对这些飞机的全尺寸阻力数据进行非常详尽的分析得出结论，如果计及风洞模型与真实飞机之间所有的差异，阻力按照全湍流边界层的摩擦阻力曲线变化，直至最高雷诺数。洛克西德公司研究的结论是，在初步分析中得到的**最小阻力系数**的**常数值**，并非完全取决于表面粗糙度，而是取决于真实飞机的气动弹性变形随动压变化的差异。这种差异导致了展向升力分布以及机翼扭转对零升阻力贡献的差异。

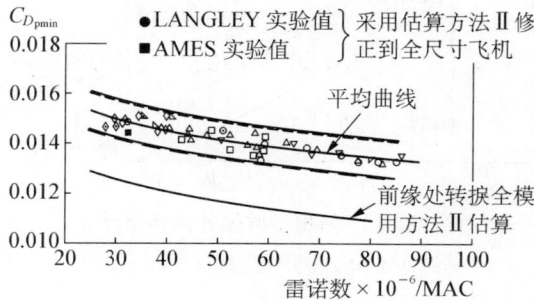

图 40-33　C-141 最小型阻的相关性

来源：AGARD CP-124 Lecture 1

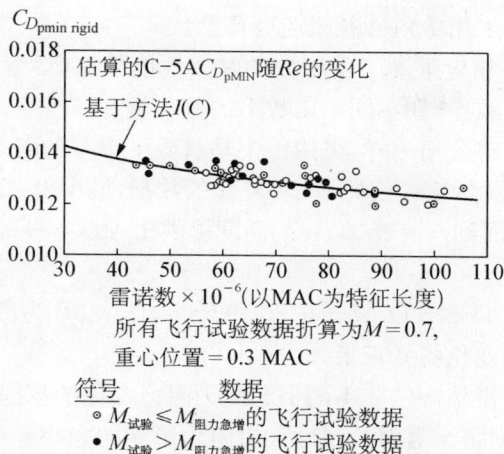

$C_{D_{\text{pmin rigid}}}$

估算的C–5A$C_{D_{\text{pMIN}}}$随Re的变化

基于方法$I(C)$

雷诺数$\times 10^{-6}$(以MAC为特征长度)

所有飞行试验数据折算为$M = 0.7$,
重心位置$= 0.3$ MAC

符号	数据
⊙	$M_{\text{试验}} \leqslant M_{\text{阻力急增}}$的飞行试验数据
●	$M_{\text{试验}} > M_{\text{阻力急增}}$的飞行试验数据

图 40 – 34　C – 5 等效刚体飞行试验型阻与根据
风洞数据估算的刚体值的相关性

来源:AGARD CP – 124 Lecture 1

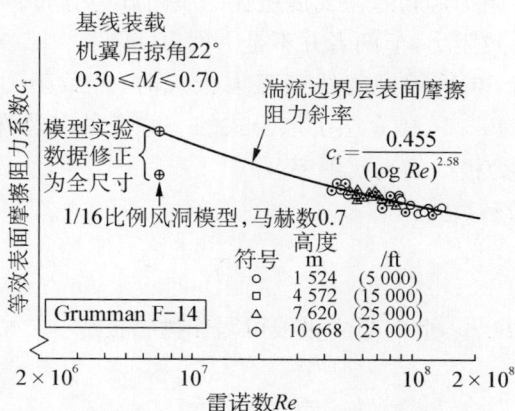

基线装载
机翼后掠角22°
$0.30 \leqslant M \leqslant 0.70$

湍流边界层表面摩擦
阻力斜率

$$c_{\text{f}} = \frac{0.455}{(\log Re)^{2.58}}$$

模型实验
数据修正
为全尺寸

等效表面摩擦阻力系数c_{f}

1/16比例风洞模型,马赫数0.7

符号	高度	
	m	/ft
○	1 524	(5 000)
□	4 572	(15 000)
△	7 620	(25 000)
◊	10 668	(25 000)

Grumman F-14

雷诺数Re

图 40 – 35　亚声速等效表面摩擦阻力

来源:AGARD CP – 124 Lecture 1

　　对民用运输类飞机在适航审定期间详细分析这种全尺寸最小阻力系数,代价之大使人难以负担,因为飞机必须交付使用而且性能资料必须可以提供。

　　因此,有些制造商将飞行试验数据压缩为每种马赫数下给定参考飞行条件的数据,并基于雷诺数的差异提供对不同飞行条件的修正量。其他制造商则采用每种马赫数下与重量和高度无关的单一阻力极线。

　　一波音公司将随高度变化的W/δ值作为参考条件。在性能资料中提供对不同W/δ值和温度的修正量。这些修正量在$\Delta C_D = \pm 0.000\,3$至$0.000\,5$之间。这就意味着在参考条件下的数据部分计入了雷诺数变化的影响。

　　一麦道公司直到MD – 11一直在每种马赫数下对所有飞行条件提供单一阻力

极线。麦道向来坚持采用等效砂粒粗糙度概念。

——空客公司提供相应某参考雷诺数的基本性能数据(尽管等 C_L 阻力随亚声速马赫数的增加而略有减小)和不同雷诺数下的修正量。

——福克公司与麦道公司一样,采用每个马赫数下单一的阻力极线。

——SAAB 公司提供参考高度 $h = 15000\,\mathrm{ft}$ 的数据,最小阻力随亚声速马赫数的增加而减小。对从海平面到 $h = 35000\,\mathrm{ft}$ 的高度提供在 $\Delta C_D = -0.0010 \sim +0.0012$ 之间的修正量。

——道尼尔公司对 Do328 以 $M = 0.20$ 和 $Re = 12 \times 10^6$ 为参考条件,提供不同飞行条件下基于雷诺数变化的修正量。

每个制造商都提供重心位置不同引起配平阻力变化的数据。

以上例子说明,就雷诺数对全尺寸飞机阻力影响的大小并没有一致的看法。这一点会在不同设计机构采用的初步设计方法上得到反映。

亚声速阻力可分为零升阻力、升致阻力和配平阻力。

升致阻力由两部分组成:升致型阻和诱导阻力。升致型阻包含摩擦阻力和压差阻力两个分量。诱导阻力源自有限翼展机翼的展向升力分布。这里必须指出,诱导阻力形成了一部分升致阻力,但两者并不是一回事。

为进行初步设计,当采用抛物线型阻力极线时,升致阻力可以表示为 $C_{D_l} = (P + Q/A)C_L^2$。在图 40-36 中介绍了该公式的一些变种以及许多现代和较早的飞机线化的 $C_D \sim C_L^2$ 阻力极线的真实斜率。

低于阻力发散马赫数时,当

$$C_D = 2C_{D_0} \tag{40-3}$$

达到最大升阻比 $(L/D)_{\max}$,此时阻力极线可写作抛物极线

$$C_D = C_{D_0} + \frac{C_L^2}{\pi A e} \tag{40-4}$$

由于展弦比可表示为

$$A = \frac{b^2}{S_{\mathrm{ref}}} \tag{40-5}$$

在 $(L/D)_{\max}$ 有

$$C_{D_0} = \frac{C_L^2}{\pi b^2 e} S_{\mathrm{ref}} \tag{40-6}$$

记

$$C_{D_0} S_{\mathrm{ref}} = \overline{c}_{\mathrm{f}} S_{\mathrm{wet}} \tag{40-7}$$

$$k = \frac{\overline{c}_{\mathrm{f}}}{0.0030} \tag{40-8}$$

符号	飞机型号	$S_{W_{ref}}/(m^2)$	A_{ref}	适用 C_L 范围
＊	Learjet 23	21.5	5.02	0.2—0.8
＊＊	Lockheed Jetstar	50.4	5.44	0—0.7
＋	DH 121 Trident 1	118.1	6.35	0.4—1.0
▽	DC-10-10	329.8	6.80	0.25—0.65
✕	Lockheed L-1011-1	321.1	6.95	0.25—0.6
▲	B 747-100	511.0	6.96	0.3—0.6
▼	F-28 MK 1000	76.4	7.27	0.2—0.8
◁	DC-10-30	338.8	7.50	0.25—0.65
◇	B 727-100	141.2	7.68	0.2—0.6
⬡	B 727-200	141.2	7.68	0.2—0.5
⬥	F-28 MK4000	79.0	7.97	0.2—0.8
⊠	F-28 MK6000	79.0	7.97	0.2—0.8
△	B-757-200	170.9	8.43	0.2—0.7
▷	A-300 B2	235.4	8.54	0.25—0.7
◊	Fokker 100	93.5	8.43	0.25—0.9
⬙	DC-9-30	93.0	8.71	0.2—0.8
⬦	DC-9-50	93.0	8.71	0.2—0.8
⊡	B-737-200 ADV	89.6	9.00	0.2—0.7
⊟	B-737-300	91.0	9.16	0.2—0.8
◻	DC-9-80	112.4	9.62	0.25—0.7
⬠	A-310-200	196.2	9.82	0.25—0.8
⋈	Fokker 50	70.0	12.0	0.25—1.0
△	Airbus A-320	108.7	10.58	0.3—0.9
⬡	B 767-300	276	8.20	0.1—0.5
◿	Dornier 328	40.0	11.00	0.3—0.9
▽	Saab 340 B	41.8	11.00	0.2—1.0
▷	Saab 2000	55.7	11.00	0.2—1.0
⬢	B 737-800	123.7	9.52	0.2—0.7
⬤	B777-300	424.4	8.75	0.2—0.7
⊞	A330-300	350.0	9.61	0.2—0.7

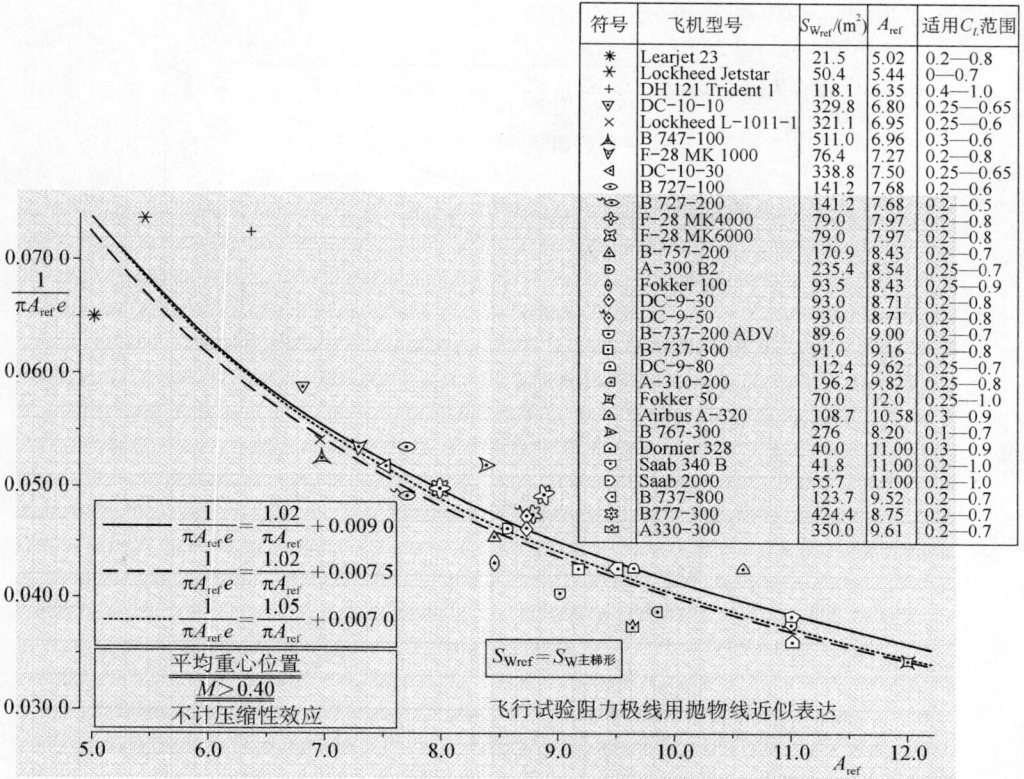

图 40-36 运输类飞机的高亚声速升致阻力系数

于是有
$$\frac{C_L^2}{\pi b^2 e}S_{ref}^2 = 0.003\,0kS_{wet} \tag{40-9}$$

以及
$$C_D S_{ref} = 2C_{D_0} S_{ref} = 0.006\,0kS_{wet} \tag{40-10}$$

由于
$$C_L S_{ref} = b\sqrt{0.003\,0\pi e}\sqrt{kS_{wet}} \tag{40-11}$$

因此当 $e = 1.0$ 时,有

$$\frac{C_L}{C_D} = \frac{\sqrt{0.003\,0\pi e}}{0.006\,0}\frac{b}{\sqrt{kS_{wet}}} = 16.18\frac{b}{\sqrt{kS_{wet}}} \tag{40-12}$$

图 40-37 展示了借助上面给出的公式,将许多现代运输类飞机和一些老式轰炸机型号的巡航飞行升阻比关联在一起的概貌。

注意在相应 $(ML/D)_{max}$ 的马赫数,添加了 15 个阻力单位以计及在设计巡航状态的初始阻力增长。

图 40-38 表达了在 1974 年人们认为首飞前估算升阻比可以达到的准确度。不清楚自那时以来该准确度是否有所提高。

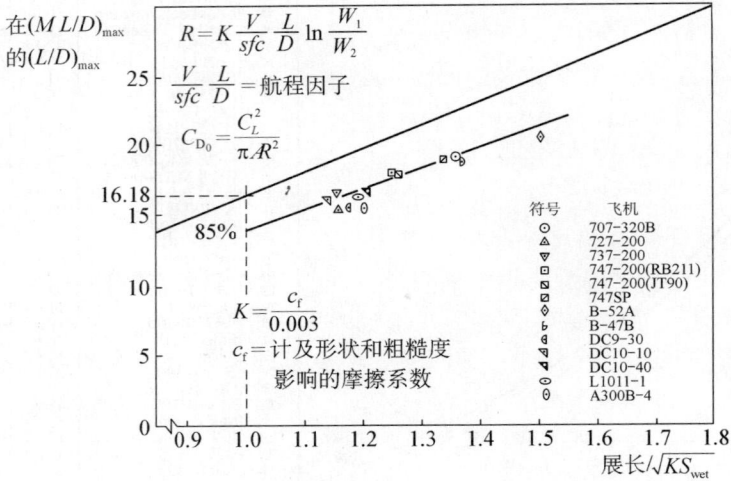

图 40-37 在 $(ML/D)_{max}$ 的气动效率

来源：AGARD R-712，Paper No. 6

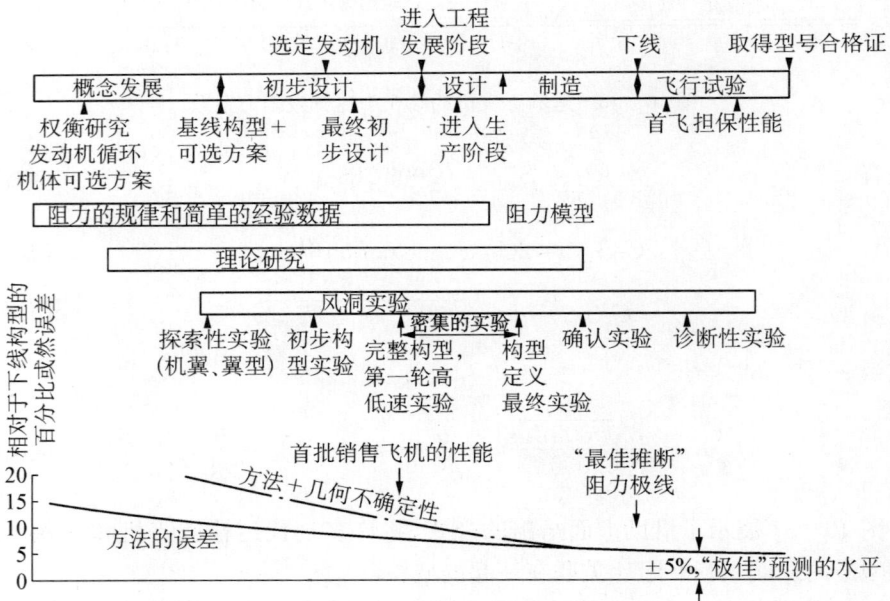

图 40-38 阻力-飞机研制进度

来源：AGARD LS-67，Paper No. 4

翼梢小翼

很久以来人们就知道,升力面装上了一个或两个端板,其升力线斜率增加而诱导阻力减小。在 T 型尾翼的立尾和带双立尾及方向舵的平尾上,可以观察到上述效应。

只有随着 CFD 方法的发展,人们才有可能对这些布局的绕流进行详尽得多的分析。众多可用以研究非平面升力面的计算机程序中的第一个,是由 Lundry 和 Giessing 在 1968 年左右开发的。

1970 年代两次石油危机后人们强烈关注如何减小现有飞机的阻力时,针对通称"翼梢小翼"的不同类型非平面翼梢延伸的几个研究项目得以实施。

理论和风洞实验都已表明,这样的翼梢小翼确实相对机翼不加改动减小了阻力。但当时人们不太清楚翼梢小翼的最佳形状和倾斜角以及与延伸机翼展长相比的优劣。

初步升力面计算表明,非平面翼梢小翼比平直的翼梢延伸增加的翼根弯矩小,不过对翼梢小翼在以下两个方面需加以关注:

——在机翼上表面和翼梢小翼内表面之间的内拐角处应该有如图 40-39 所示足够大的曲率半径,以防止在后缘附近当地表面流速过高和出现流动分离。图 40-40 和图 40-41 显示装有翼梢小翼的波音 747-200 经风洞实验确定的展向升力分布以及许多机翼和翼梢小翼站位上的弦向压强分布。注意紧邻翼梢小翼的机翼近后缘处表面流速的增加。

——由于机翼和翼梢小翼压强分布的相互干扰,翼梢小翼的有效性在很大程度上取决于其内撇角或外撇角。因此,翼梢小翼只能针对范围有限的升力系数优化,从而不是为改进巡航性能就是为改善场域性能设计。在其他使用条件下,甚至可能会增加阻力。

图 40-39　Learjet 28/29 连接机翼翼梢和翼梢小翼的最小干扰首选外形

来源:Flight International, February 10,1979

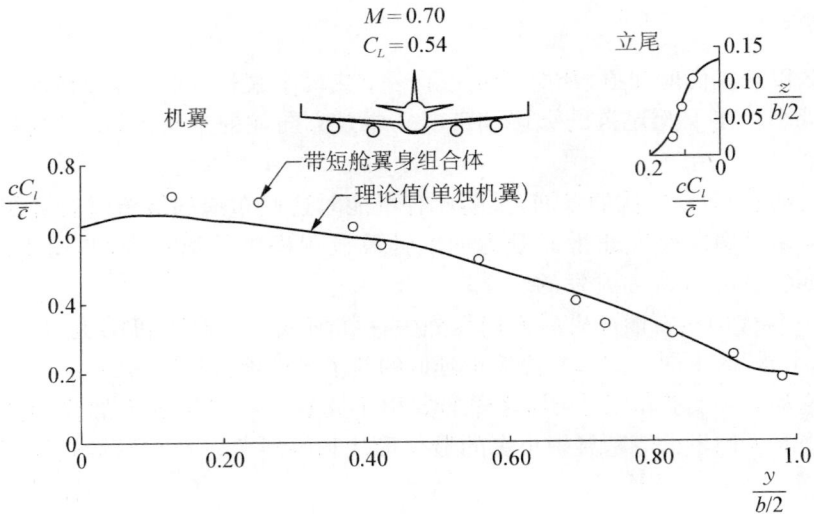

图 40-40 带翼梢小翼的波音 747-200 模型展向升力分布

来源：AIAA Paper No. 76-940

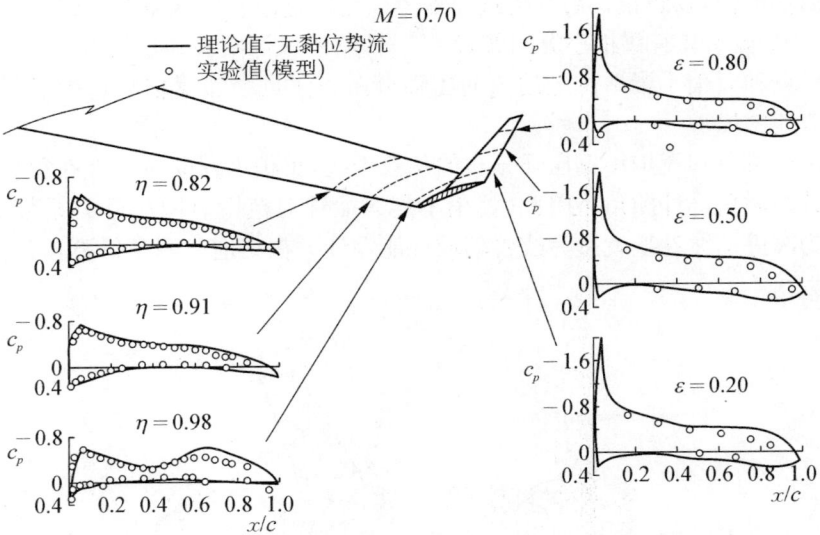

图 40-41 带翼梢小翼的波音 747-200 模型压强分布

来源：AIAA Paper No. 76-940

在比较不同形状的翼梢小翼时，不仅要考虑对诱导阻力理论上的影响，还要考虑附加的摩擦阻力。图 40-42 显示波音 747-200 添加翼梢小翼后，在前已述及的风洞实验中发现的小升力系数下阻力增加。

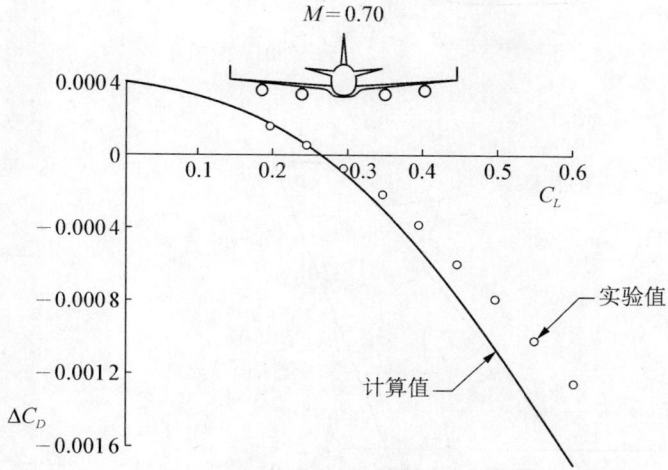

图 40-42 安装翼梢小翼后波音 747-200 模型阻力的变化

来源：AIAA Paper No. 76-940

图 40-43 和 40-44 介绍利用麦道 DC-10 风洞半模研究的机翼翼梢延伸和几种翼梢小翼的几何外形。

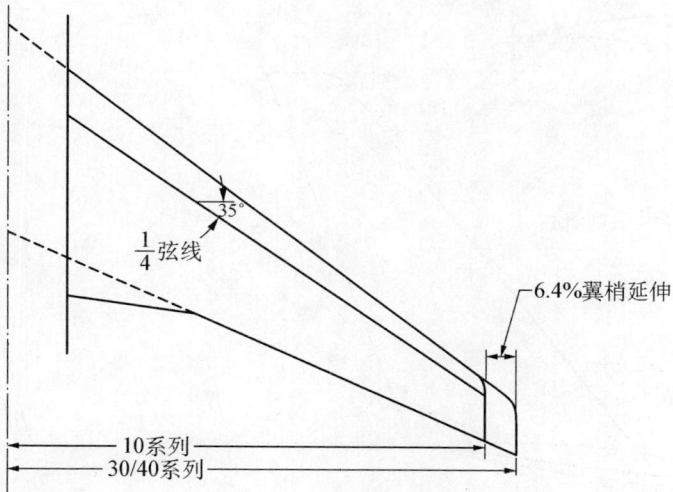

图 40-43 麦道 DC-10 的机翼翼梢延伸

来源：NASA CR-3119

0.15

钝后缘

外侧表面填充

剖面B—B

剖面A—A

外侧表面填充

h = 0

圆角

下翼梢小翼前移

0.51

A

h

15°

6°上反

36°

圆角

翼梢小翼A

翼梢小翼A1——翼梢小翼A + 下翼梢小翼前移0.51 cm(前缘截短修形融入机翼翼梢前缘) + 下翼梢小翼填入圆角

翼梢小翼A2——翼梢小翼A1 + 上翼梢小翼外侧表面填充

0.15(0.06)

外侧填充

剖面A—A

40°

圆角

h = 0

A

h

15°

6°上反

36°

圆角

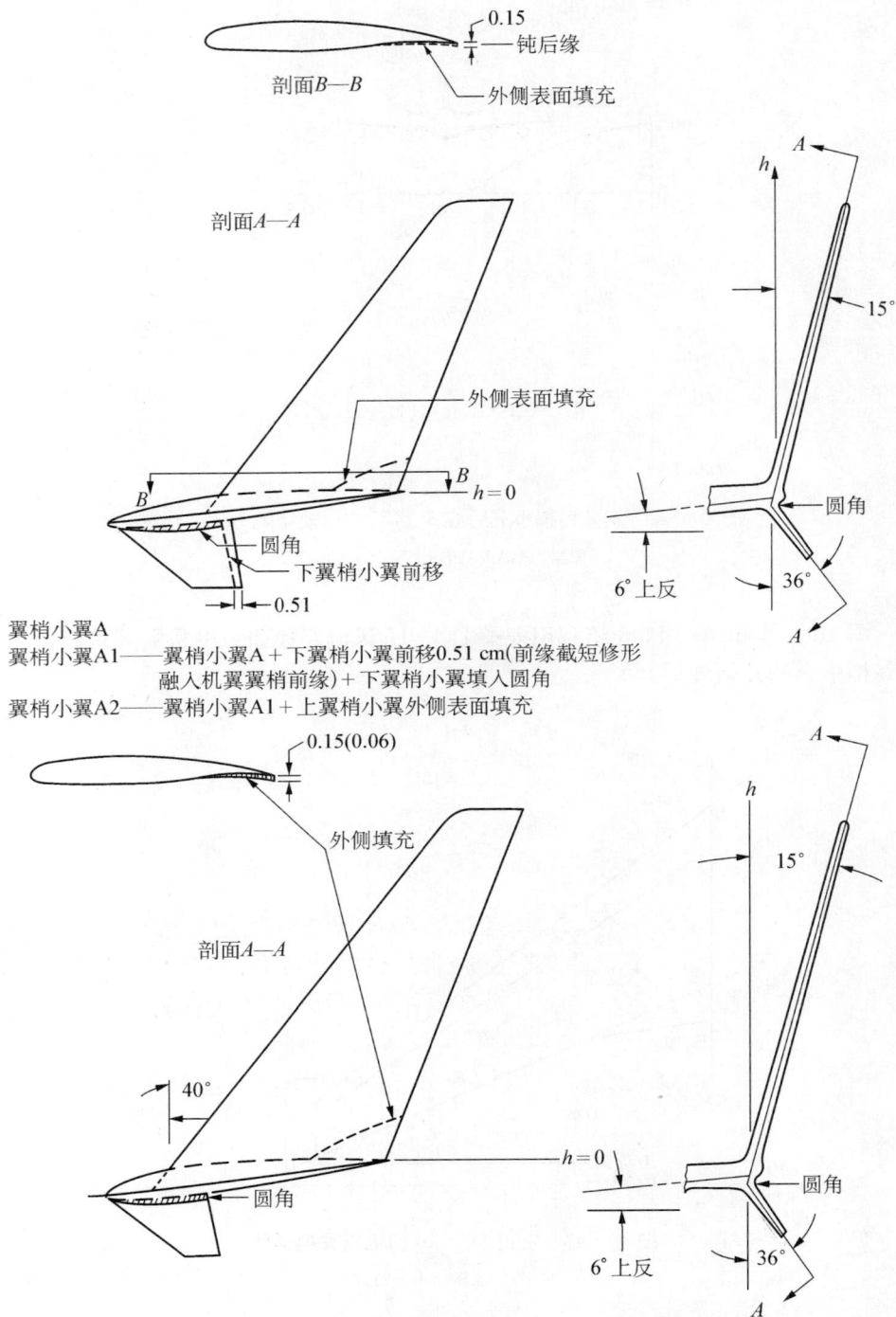

图40-44   用DC10风洞模型研究的不同翼梢小翼外形

来源：NASA CR-3119

图 40-45 显示,将 DC-10 机翼延伸翼梢导致的机翼根部弯矩增量比安装翼梢小翼时大。不过正如其他研究结果所表明,机翼根部弯矩的这种差异,对外侧机翼的展向升力分布很敏感,不同的机翼设计可能导致不同的翼梢装置优选结论。

○ DC-10 10系列最佳翼梢小翼A2
□ DC-10 30/40系列最佳翼梢小翼C
△ DC-10 10系列至30/40系列翼梢延伸

○ 风洞雷诺数
● 修正为飞行雷诺数

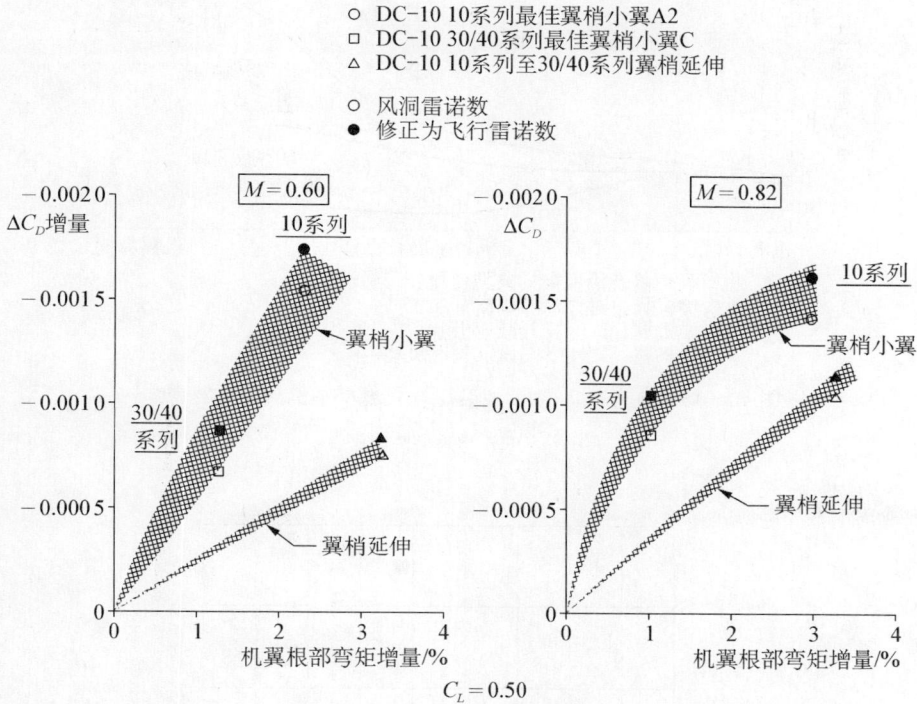

图 40-45 麦道 DC-10 机翼翼梢延伸和翼梢小翼对阻力和机翼根部弯矩的影响
来源:NASA CR-3119

进一步讲,机翼的强度(以及重量)并非总是取决于限制载荷状态机翼的总升力。尤其是外侧机翼的强度可能根据操纵面偏转或滚转机动工况的载荷确定。搭配这些载荷状态,由机翼翼梢装置造成的临界机翼弯矩增量可能减至最小。图 40-46 对此提供了例证。该图表明,将波音 737-800 的融合式翼梢小翼重新定向并在某些飞行条件下限制扰流板的偏度,使得安装翼梢小翼增加的机翼弯矩最小,因此结构改动最少。

在现有飞机上安装翼梢装置也需要检查对颤振边界和多项操稳特性的影响。所有这些因素都会以不同的方式使这种更改的诱人之处受到限制。这也解释了为什么飞机上采用的翼梢小翼外形五花八门。

当设计翼梢装置成为整个机翼设计的组成部分或者范围很大的机翼重新设计而不只是局部改装项目的组成部分时,应用翼梢装置会更加成功。图 40-47 以波音 767-400ER(以及 777-200LR 和 777-300ER)为例,说明此时首选的翼梢装置也可能是翼梢延伸,纵然外形很不一般。

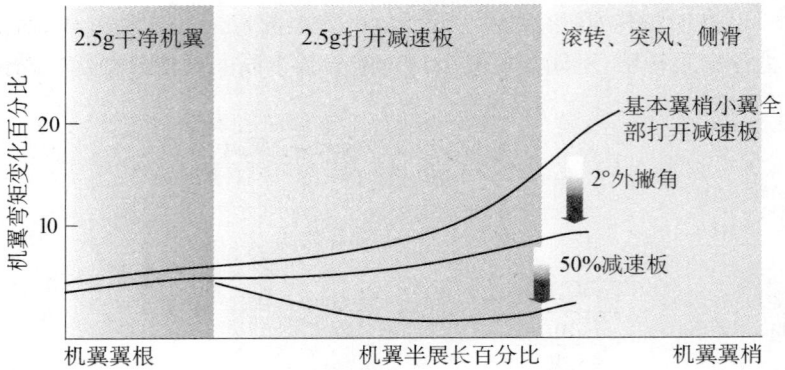

机翼设计状态沿展向的典型变化：
- 内侧机翼：对称2.5 g机动
- 中段机翼：2.5 g打开减速板
- 外侧机翼：滚转、突风或侧滑机动

图 40 - 46　波音 737 - 800 改装融合式翼梢小翼减缓机翼弯矩

来源：Aero Magazine No. 17

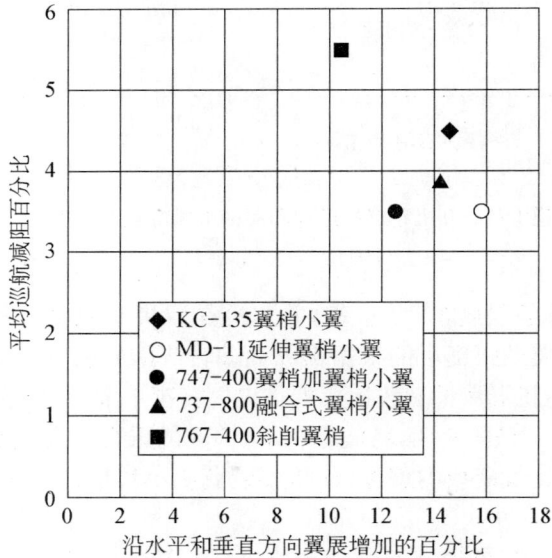

图 40 - 47　采用翼梢装置减小阻力

来源：Aero Magazine No. 17

最后，从在受限空间停机或作机动考虑认为有必要时，翼梢小翼还可用于限制机翼展长。后一考虑迫使麦道公司在 C - 17 上采用了翼梢小翼。

41　布雷盖航程公式

在本章中讨论布雷盖航程公式。该公式一开始是针对活塞发动机动力的螺旋桨飞机推导的。后来有人就喷气飞机导出了至今仍对许多分析非常有用的形式。

首先给出主要假设条件，随后推导该公式。

假设条件

—发动机比油耗 C_T 为常数
—以不变空速和马赫数巡航
—升阻比为常数

推导

巡航中经过一段时间间隔 Δt 后，因燃油消耗，重量的减量为

$$- \Delta W = - \Delta W_{\text{fuel}} = C_T T \Delta t = C_T \frac{D}{L} W \Delta t \qquad (41-1)$$

又由于

$$\Delta S = V \Delta t = a M \Delta t \qquad (41-2)$$

因此

$$- \Delta W = C_T \frac{D}{L} W \frac{\Delta S}{aM} \qquad (41-3)$$

且

$$\Delta S = - \frac{1}{C_T} a M \frac{L}{D} \frac{1}{W} \Delta W \qquad (41-4)$$

巡航航程可写为

$$R = \int_{\text{start}}^{\text{end}} \Delta S = \int_{\text{start}}^{\text{end}} \frac{1}{C_T} a M \frac{L}{D} \frac{1}{W} \Delta W \qquad (41-5)$$

求解积分得到布雷盖航程公式

$$R = \frac{aM}{C_T} \frac{L}{D} \ln \frac{W_{\text{start}}}{W_{\text{end}}} \qquad (41-6)$$

爬升

假设升阻比为常数也意味着升力系数为常数。不过因为燃油被消耗,飞机重量减小而马赫数又为常数,唯一可以变化的参数就是密度。因此飞机将作持续爬升巡航,如图 41-1 所示。

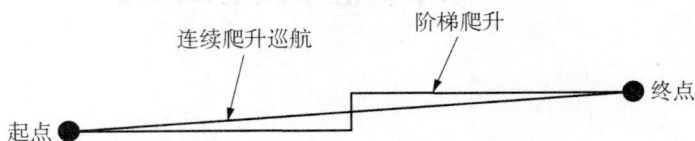

图 41-1 阶梯爬升

大部分飞机受空中交通管制的限制不会以这种方式飞行,而是如图 41-1 所示作阶梯爬升。布雷盖航程公式是很好的近似表达式,因为它差不多是阶梯爬升的平均。严格说来以上所述仅适用于在温度不变的对流层顶以上的高度飞行。

最大航程

为了使航程最远,不仅要使升阻比最大,还必须计及与马赫数相关的空速和比油耗。

在巡航中,推力等于阻力:

$$T = D \tag{41-7}$$

推动飞机所需的功率为

$$DV = TV \tag{41-8}$$

燃油流量等于比油耗乘以推力,即

$$m_{\text{fuel}} = \frac{C_T T}{g} \tag{41-9}$$

能量传递的总量等于燃油流量乘以总推进效率 η 和燃油的燃烧值 H:

$$E_{\text{delivered}} = \frac{C_T T}{g}\eta H \qquad \text{单位时间} \tag{41-10}$$

所需的能量和传递的能量必须相等:

$$TV = \frac{C_T T}{g}\eta H \tag{41-11}$$

从上式中消去推力并改写后得到

$$\frac{V}{C_T} = \frac{\eta H}{g} \tag{41-12}$$

将上式代入布雷盖公式

$$R = \frac{\eta H}{g} \frac{L}{D} \ln \frac{W_{start}}{W_{end}} \tag{41-13}$$

由于煤油的燃烧值为固定值,为达到最大航程要求下列项最大化

$$\left(\eta \frac{L}{D} \right)_{max} \Rightarrow R_{max} \tag{41-14}$$

附加燃油需求

使用布雷盖公式估算航程时,必须计入起飞、爬升和进场消耗的燃油等若干项附加的重量,备用燃油也必须包括在内。远程飞行的典型备用燃油量是起飞重量的4%~5%。

图 41-2 和图 41-3 为一架假想的 130 座级飞机在 500 和 1 700 n mile(海里)两种飞行距离的燃油消耗量。

其中较短航次所用的燃油差不多有一半消耗在仅为飞行总距离 20% 的爬升阶段。长度为 300 n mile 的航次,其巡航部分只占该航次总长的 30%,这也是从空中交通管制的观点看,如果飞机爬升到 35 000 ft 可接受的最短距离。

这说明布雷盖公式主要对中远程飞行才有意义。

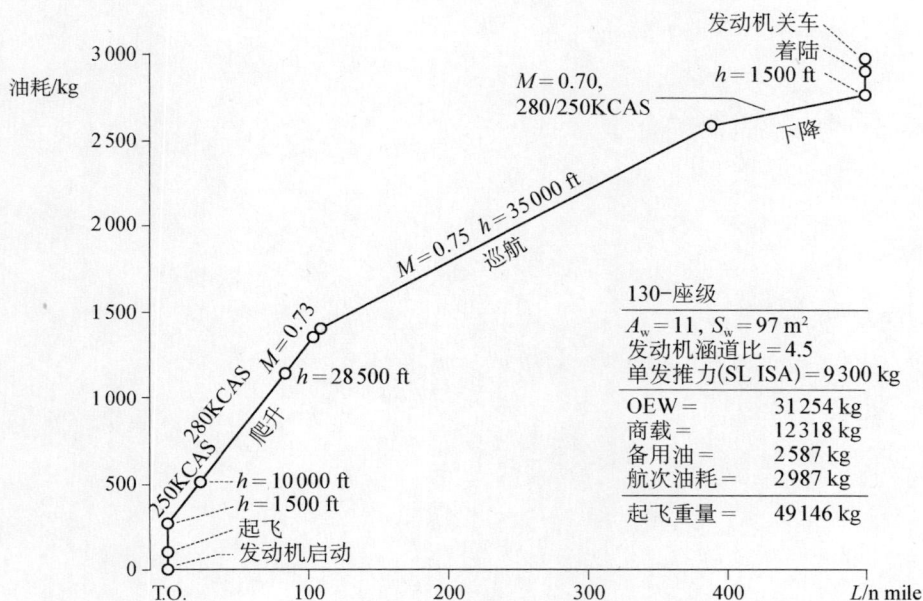

图 41-2 500 n mile 航次的油耗

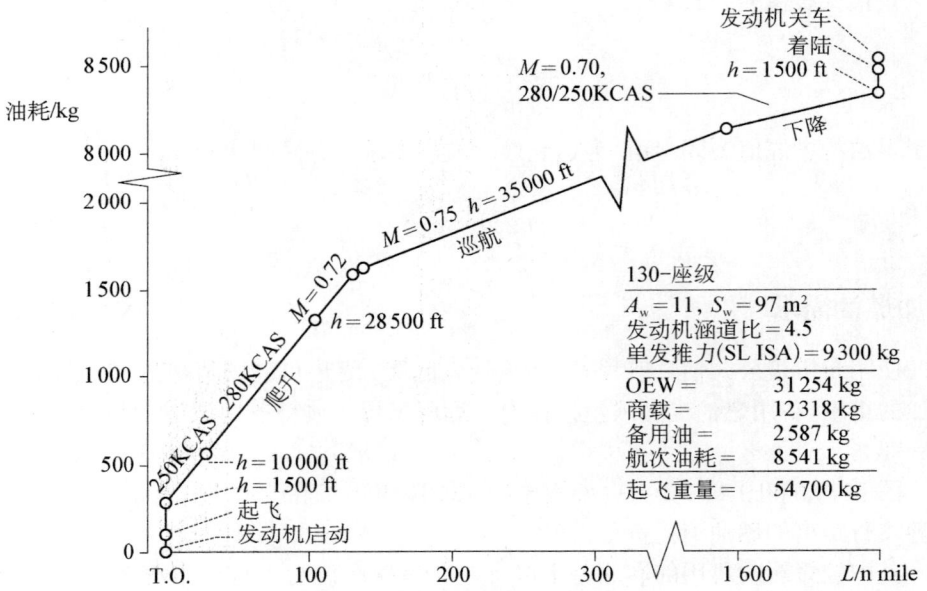

图 41-3　1700 n mile 航次的油耗

42 飞 机 重 量

在初步或初始设计阶段估算一架飞机的重量,是在新飞机项目的研制工作中最有挑战性的任务之一。有定期评审的严格重量控制和减重行动,是详细设计阶段标准的活动。然而,正是在设计过程的一开始,许多技术决策尚未作出的时候,低估最终飞机重量的风险最大。多数飞机从发出第一份型号设计技术要求到首飞的过程中,起飞重量都曾有过显著的增加。前面讨论过,波音747有严重的重量问题,从最初的概念设计到最终取得适航证,招致的重量增加达29%。空客A380也苦于重量问题,但此时超重约为1%~2%。对远程飞机而言,因商载仅为起飞重量的10%,这个数字仍然相当可观。

重量也可能以间接的方式增长。例如,当飞行试验表明飞机阻力大于预计值因而航程担保无法实现时,燃油重量就得增加。为此必然要详细复查强度计算,可能由于增加了最大起飞重量(MTOW),需要局部加强。

Canadair公司的挑战者号,一种中型喷气公务机,在研制初期的情况为这种重量增长过程的严重性提供了例证。

该型飞机1976年正式开始研制。1977年4月构型冻结时,带5名乘客和NBAA(美国全国公务机协会)规定备用燃油,以 $M = 0.8$ 巡航的担保航程为3 600 n mile。该机1980年秋以33 000 lb的MTOW取得型号合格证,但航程性能令人失望。

更换了新发动机的型别1983年3月通过适航审定,带NBAA规定备用燃油,以 $M = 0.74$ 巡航。但是MTOW增加到41 500 lb,而其标准构型的价格也从700万美元上涨到1 020万美元。

重量一步步增加,通常伴随着发动机功率或推力的提高,是一个飞机项目生命期内正常的发展历程。大多数航空公司需求的飞机载客量和最大航程持续增加。不过这一过程应是基于发展中的市场需求的受控过程,而不该源自初步设计的缺陷。

图42-1介绍若干运输类飞机系列多年来航程增大以及由此重量增加的情况。

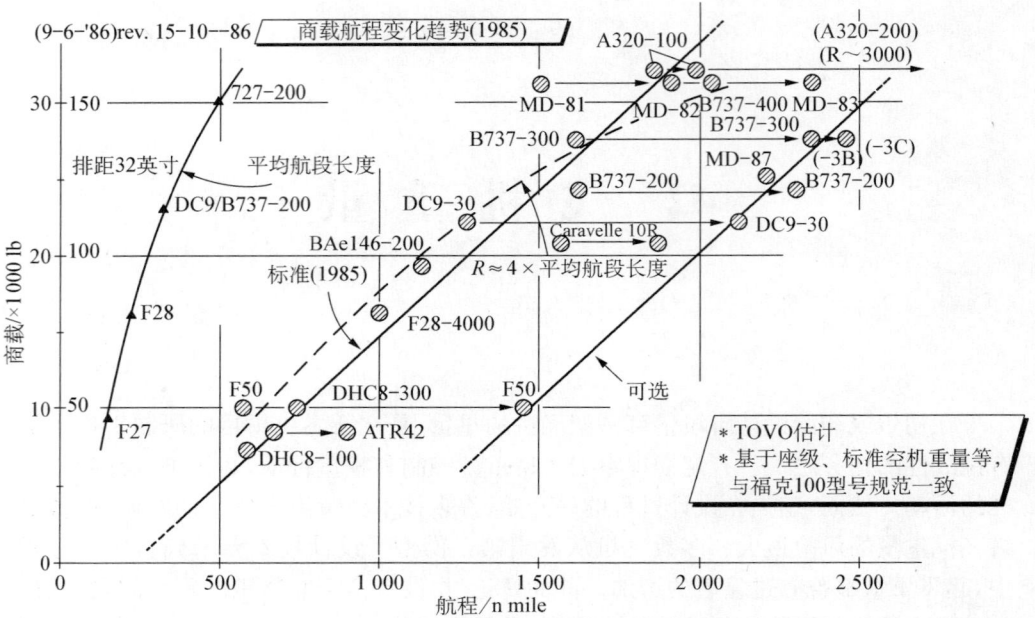

图 42 - 1 若干运输类飞机系列多年来航程的增加

重量的确定

考虑下列情况,可对飞机重量作出最初的估计:

起飞重量由使用空重、商载重量,起飞、爬升和下降的耗油重量,巡航耗油重量以及备用油重量相加构成。

$$W_{TO} = W_O + W_P + W_{fto\text{-}la} + W_{fcr} + W_{freserve} \qquad (42\text{-}1)$$

略去下降和着陆消耗的燃油,爬升到顶点时重量为

$$W_{TO} - W_{fto\text{-}la} \approx W_{TO} - W_{fto\text{-}cl} = W'_{TO} \qquad (42\text{-}2)$$

合并(42 - 1)和(42 - 2)得到

$$W'_{TO} = W_O + W_P + W_{fcr} \qquad (42\text{-}3)$$

布雷盖航程公式可写为

$$R = \frac{aM}{C_T} \frac{L}{D} \ln \frac{W'_{TO}}{W'_{TO} - W_{fcr}} \qquad (42\text{-}4)$$

或

$$\frac{RC_T}{aM \dfrac{L}{D}} = \ln \frac{W'_{TO}}{W'_{TO} - W_{fcr}} \qquad (42\text{-}5)$$

于是
$$-\frac{RC_{\mathrm{T}}}{aM\frac{L}{D}} = \ln\frac{W'_{\mathrm{TO}} - W_{\mathrm{fcr}}}{W'_{\mathrm{TO}}} \qquad (42-6)$$

以及
$$\mathrm{e}^{\frac{RC_{\mathrm{T}}}{aM\frac{L}{D}}} = 1 - \frac{W_{\mathrm{fcr}}}{W'_{\mathrm{TO}}} \qquad (42-7)$$

或
$$\boxed{\frac{W_{\mathrm{fcr}}}{W'_{\mathrm{TO}}} = 1 - \exp\left(-\frac{RC_{\mathrm{T}}}{aM\frac{L}{D}}\right)} \qquad (42-8)$$

式中航程 R、马赫数 M 和声速 a（＝高度）都是使用要求，而比油耗和升阻比相应于一定的技术水平。公式（42-8）表明，燃油重量与起飞重量之比仅随使用要求和技术水平变化，与空重无关。

公式（42-3）可改写为

$$1 = \frac{W_{\mathrm{O}}}{W'_{\mathrm{TO}}} + \frac{W_{\mathrm{P}}}{W'_{\mathrm{TO}}} + \frac{W_{\mathrm{fcr}}}{W'_{\mathrm{TO}}} \qquad (42-9)$$

商载是设计技术要求的一部分，这就是说它不是相对比例而是固定值。合并（42-8）和（42-9）两式，得到

$$1 - \frac{W_{\mathrm{fcr}}}{W'_{\mathrm{TO}}} = \exp\left(-\frac{RC_{\mathrm{T}}}{aM\frac{L}{D}}\right) \qquad (42-10)$$

该式可改写为

$$\boxed{W'_{\mathrm{TO}} = \frac{W_{\mathrm{P}}}{\exp\left(-\dfrac{RC_{\mathrm{T}}}{aM\dfrac{L}{D}}\right) - \dfrac{W_{\mathrm{O}}}{W'_{\mathrm{TO}}}}} \qquad (42-11)$$

方程（42-11）指出给定空重后如何确定起飞重量。该方程中有三个未知量：空重、起飞重量和燃油重量。为求解这些变量已讨论过两类方程：布雷盖航程方程以及重量和式。还缺少确定这些重量所需的第三个方程。在初步设计阶段通过进行详细的计算来确定飞机的空重几乎不可行。

在图 42-2 和图 42-3 中介绍了同类飞机的空重与起飞重量之间的关系。这些图表明，**一定类别的飞机**，其**空重所占比例**大约为常数，几乎与飞机大小无关，但**取决于航程**。远程飞机空重约占 45%，燃油约占 45%，剩下的 10% 为商载。短程飞机燃油所占比例大概在 20%～25% 之间，空重为 50%～60%，商载约占 25%～30%。

如果新设计没有同类的先例，那么这些简单的统计数据就对新飞机设计失去了意义。以上所述仅适用于常规布局，而且起飞重量远远超出现有重量等级大幅增加会导致错误的结果。

图 42-4 给出了据以绘出图 42-2 和图 42-3 的基本数据。为进行比较，假定所有飞机的客舱都按同一标准布置。这是一种简化，但不影响作出以上普遍的结论。

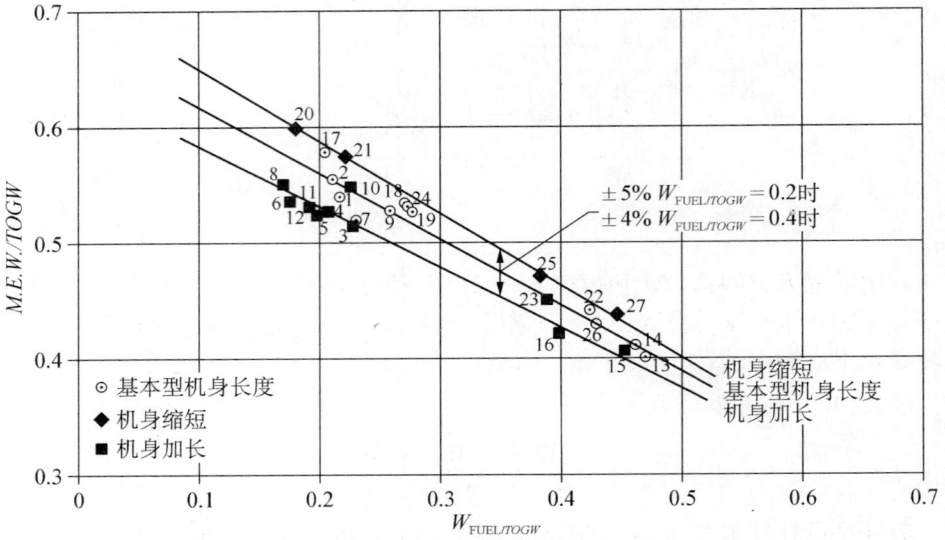

图 42-2　空重/起飞重量与燃油重量/起飞重量的关系

M.E.W.—制造空重;*TOGW*—起飞总重;W_{FUEL}—燃油重量

来源：S. A. W. E.　Journal

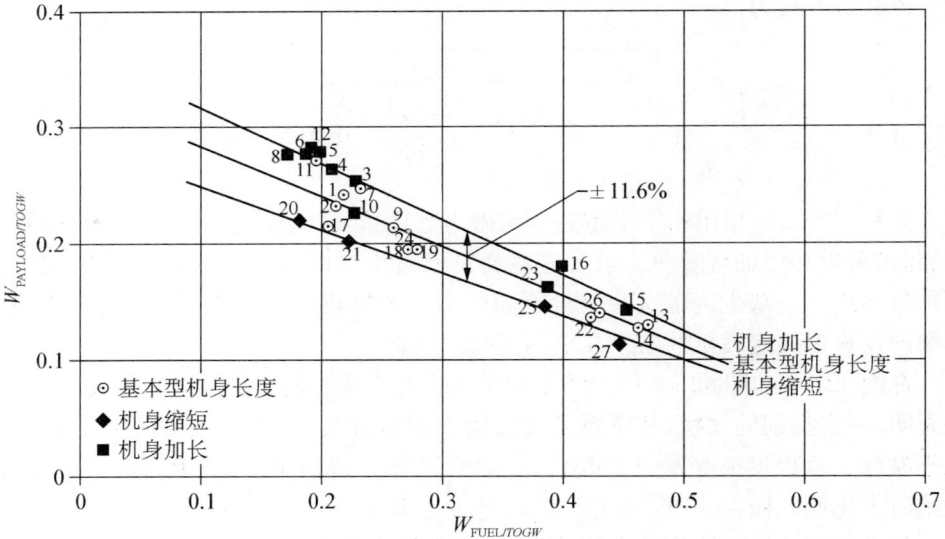

图 42-3　商载重量/起飞重量与燃油重量/起飞重量的关系

$W_{PAYLOAD}$—商载;*TOGW*—起飞总重;W_{FUEL}—燃油重量

来源：S. A. W. E.　Journal

型 号	M.E.W.	$W_{PAYLOAD}$	W_{FUEL}	TOGW	N_P	$\dfrac{M.E.W.}{TOGW}$	$\dfrac{W_{PAYLOAD}}{TOGW}$	$\dfrac{W_{FUEL}}{TOGW}$
1. F-28	33 505	15 000	13 495	62 000	60	0.540	0.242	0.218
2. DC-9-10	48 075	20 000	18 225	86 300	80	0.557	0.232	0.211
3. DC-9-30	55 930	27 500	24 570	108 000	110	0.518	0.255	0.228
4. DC-9-40	60 243	30 000	23 757	114 000	120	0.528	0.263	0.208
5. DC-9-50	63 314	33 750	23 936	121 000	135	0.523	0.279	0.198
6. DC-9-80*	75 064	38 750	26 186	140 000	155	0.536	0.277	0.187
7. DAC-111	51 762	24 750	23 138	99 650	99	0.519	0.248	0.232
8. 737-200	57 452	28 750	17 798	104 000	115	0.552	0.276	0.171
9. 727-100	84 850	34 500	41 650	161 000	138	0.527	0.214	0.259
10. 727-200	95 695	39 500	39 805	175 000	158	0.547	0.226	0.227
11. MERCURE 100	66 670	33 750	24 180	124 600	135	0.535	0.271	0.194
12. ASMR**	81 951	43 500	29 549	155 000	174	0.529	0.281	0.191
13. 707-320	125 176	40 500	146 324	312 000	162	0.401	0.130	0.469
14. DC-8-55	133 471	41 250	150 279	325 000	165	0.411	0.127	0.462
15. DC-8-62	136 065	47 250	151 685	335 000	189	0.406	0.141	0.453
16. DC-8-63	147 900	62 750	139 350	350 000	251	0.423	0.179	0.398
17. A300B2	180 800	67 250	63 950	312 000	269	0.579	0.216	0.205
18. A300B4	185 800	67 250	93 950	347 000	269	0.535	0.194	0.271
19. DC-10-10	226 750	83 750	119 500	430 000	335	0.527	0.195	0.278
20. DC-10-TWIN*	202 893	74 750	61 357	339 000	299	0.599	0.221	0.181
21. DC-X-200*	160 660	56 500	61 840	279 000	226	0.576	0.203	0.222
22. DC-10-40	249 000	77 000	239 000	565 000	308	0.441	0.136	0.423
23. DC-10-STRETCH*	265 880	95 500	228 620	590 000	382	0.451	0.162	0.387
24. L-1011-1	229 014	83 750	117 236	430 000	335	0.533	0.195	0.273
25. L-1011-500*	233 196	72 500	190 304	496 000	290	0.470	0.146	0.384
26. 747-200	333 567	108 750	332 683	775 000	435	0.430	0.140	0.429
27. 747-SP	290 300	75 000	294 700	660 000	300	0.440	0.114	0.447

M.E.W.＝制造空机重量(lb)
$W_{Payload}$＝使用项目＋商载＝250 lb/每位乘客　　　* 拟议中的飞机
W_{Fuel}＝燃油重量(lb)＝TOGW－MEW－商载　　　** 拟议中的 Mercure 100 的加长型
TOGW＝最大设计起飞重量(lb)
N_P＝乘客数,全经济级基本排距 34 in
每排座数＝每排 5 座(F-28,DC-9,BAC-111),每排 8 座(A300),每排 9 座(DC-10,L-1011),每排 10 座(747),每排 6 座(所有其他飞机)

图 42-4　图 42-2 和图 42-3 所用的重量数据

来源：S.A.W.E. Journal

增长因子

　　增长因子是作为特定重量组成部分与整个起飞重量各自的重量增量比值的一个指标。它提示空机总重对结构或设备乍看起来无关紧要的特定单元重量增加的敏感程度,尤其对远程飞机。增长因子表明起飞重量对商载重量、燃油重量或空重的增加有多敏感。这些重量因诸如油耗高于或升阻比低于预期值而产生变化。起飞重量出于强度的考虑被固定不变时,商载由此可能受到损失。

可以将式(42-3)改写成下列形式来确定关于商载的增长因子：

$$W'_{\text{TO}} = \frac{W_{\text{O}}}{W'_{\text{TO}}} W'_{\text{TO}} + \frac{W_{\text{fcr}}}{W'_{\text{TO}}} W'_{\text{TO}} + W_{\text{P}} \qquad (42-12)$$

或

$$W'_{\text{TO}} \left(1 - \frac{W_{\text{O}}}{W'_{\text{TO}}} - \frac{W_{\text{fcr}}}{W'_{\text{TO}}} \right) = W_{\text{P}} \qquad (42-13)$$

和

$$W'_{\text{TO}} = \frac{1}{1 - \dfrac{W_{\text{O}}}{W'_{\text{TO}}} - \dfrac{W_{\text{fcr}}}{W'_{\text{TO}}}} W_{\text{P}} \qquad (42-14)$$

根据所考虑飞机等级的经验数据

$$\frac{W_{\text{O}}}{W_{\text{TO}}} \approx 常数 \qquad (42-15)$$

因此

$$\frac{W_{\text{O}}}{W'_{\text{TO}}} \approx 常数 \qquad (42-16)$$

此外，升阻比不变时

$$\frac{W_{\text{fcr}}}{W'_{\text{TO}}} = 1 - \exp\left(- \frac{RC_{\text{T}}}{aM \dfrac{L}{D}} \right) = 常数 \qquad (42-17)$$

将式(42-3)和(42-14)合并导得增长因子：

$$\boxed{\frac{\mathrm{d}W_{\text{TO}}}{\mathrm{d}W_{\text{P}}} \approx \frac{\mathrm{d}W'_{\text{TO}}}{\mathrm{d}W_{\text{P}}} = \frac{W'_{\text{TO}}}{W_{\text{P}}}} \qquad (42-18)$$

对 $\dfrac{\mathrm{d}W_{\text{TO}}}{\mathrm{d}W_{\text{O}}}$ 和 $\dfrac{\mathrm{d}W_{\text{TO}}}{\mathrm{d}W_{\text{f, cr}}}$ 也可以推导出这样的表达式。

例 42-1

考虑与空客 A300 相当的某飞机下列作为设计技术要求一部分的特性：

$H > 36\,000\ \text{ft}\ (a = 295\ \text{m/s})$

$M = 0.80$

$C_{\text{T}} = 0.65\ \text{kg/(kg} \cdot \text{h)}$

$L/D = 18$

$W_{\text{P}} = 25\,000\ \text{kg}$（200 名乘客＋货物）

$R = 2\,778\ \text{km}$（1 500 n mile）

按若干空重比例算出了针对该技术要求的起飞重量、空重和燃油重量，如表 42-1 所示。计入在爬升顶点重量减小 3％，方程(42-11)改写为

$$W_{\text{TO}} = \frac{1}{0.97} \frac{W_{\text{P}}}{\exp\left(- \dfrac{RC_{\text{T}}}{aM \dfrac{L}{D}} \right) - \dfrac{W_{\text{O}}}{W_{\text{TO}}} \dfrac{1}{0.97}}$$

表 42-1 说明增加空重的影响。如空重比例增加 4%,起飞重量增加 5.8%而空重增加 10%。因其与空重无关,燃油重量与起飞重量增量相同。

表 42-1　例 42-1 的结果

W_O/W_{TO}	W_{TO}/kg	W_O/kg	W_f/kg
0.50	69 079	34 539	9 549
0.52(+4%)	73 112(+5.8%)	38 020(+10.0%)	10 094(+5.75%)
0.54(+8%)	77 654(+12.4%)	41 933(+21.4%)	10 720(+12.3%)

例 42-2

通过计算重量来说明减少商载对与例 42-1 相同的飞机的影响。除指定了空重比例并改变了商载以外,其他条件不变:

$$W_O/W_{TO} = 0.52$$
$$W_P = 15 000 \text{ kg}$$

为确定重量使用了公式(42-9)。结果为:

$$W_{TO} = 43 869 \text{ kg}$$
$$W_O = 22 812 \text{ kg}$$
$$W_f = 6 057 \text{ kg}$$

注意这只是一种不切实际的练习,因为商载是设计技术要求的一部分,不会有本例这样巨大的变化。

例 42-3

将空重增加 500 kg,比油耗增加 3%,升阻比降低 3%。这些变化在发动机和飞机的研制中很容易发生。其他条件与例 42-2 相同。

$$W_O = 23 312 \text{ kg} \qquad (= 22 812 + 500 \text{ kg})$$
$$C_T = 0.670 \text{ kg}/(\text{kg} \cdot \text{h}) \qquad (= 1.03 \times 0.65)$$
$$L/D = 17.48 \qquad (= 0.97 \times 18)$$

如最大起飞重量保持不变,商载减为 14 229 kg。这就意味着商载以及因此收入减少了 5%。

例 42-4

增大航程,其他参数与例 42-2 中相同: $R = 3 704 \text{ km}$ (2 000 n mile)
结果为:

$$W_{TO} = 48 592 \text{ kg}$$
$$W_O = 25 268 \text{ kg}$$
$$W_f = 8 324 \text{ kg}$$

例 42 - 5

将例 42 - 4 中得到的空重增加 500 kg，比油耗和升阻比按例 42 - 3 的处置更改。当起飞重量 $W_{TO} = 48\,592$ kg 时，例 42 - 4 所得的结果，商载和燃油重量，变为：

$$W_P = 14\,112 \text{ kg}$$
$$W_f = 8\,712 \text{ kg}$$

重量定义

图 42 - 5 纵览目前使用的不同重量定义。某些定义间呈现微妙的差异，例如"基本空重"与"基本使用空重"。[①] 第一个指飞机包含固定设备的空重。第二个定义还包括了可移动的设备。例如，厨房就是可移动的标准项目，但又是使用飞机所必需的。然而，这些厨房里装载的食品和饮料却是使用项目的一部分。注意，特别在作远程飞行时，食品和饮料可以成为整个飞机重量中可观的一部分。

机体结构	动力装置	机载系统和生活服务设备		使用项目	商载	燃油	主要组别
		固定设备	可拆除设备				
基本空机重量							
制造空重				载荷			
基本使用空机重量				有用载荷			特征重量
零油重量					燃油重量		
总重							

图 42 - 5 　重 量 定 义

商载航程图

商载航程图表示飞机在重量方面的商业使用包线。一个重要的使用特点是商载可以掉换成燃油而反之亦然，以取得一定的航程灵活性，只要油箱容积足够。通过减小商载（以及重量和阻力）在图 42 - 6 中 C 点以后少许增加的航程，只有在转场和定位飞行时才得到人们关注。

---

① 　此处原文与图 42 - 5 不一致，已改正。——译注

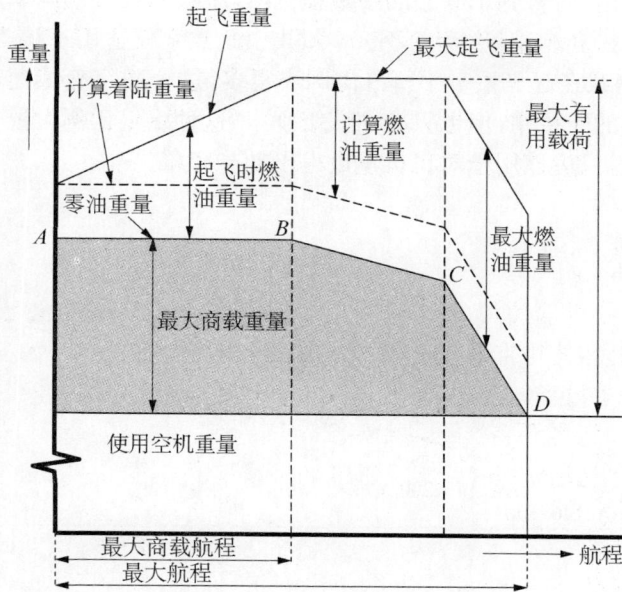

图 42-6　商 载 航 程 图

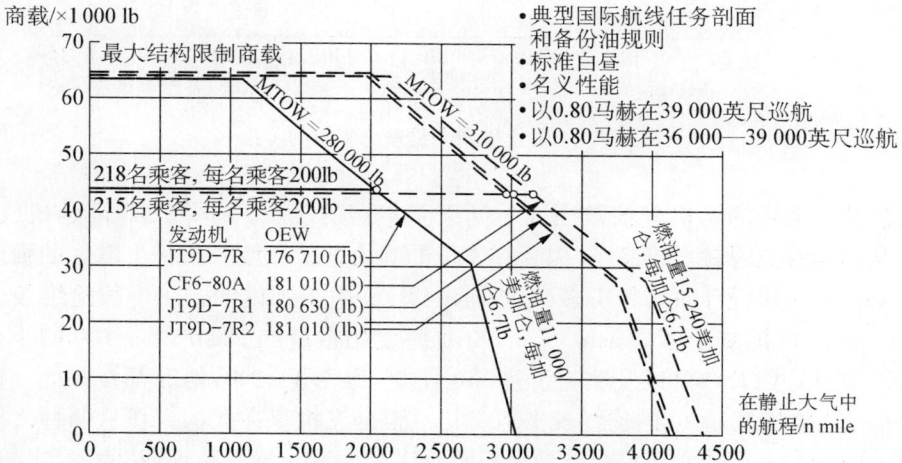

图 42-7　波音 767-200 的商载航程图

来源：Air et Cosmos No. 741，November 25，1978

简单重量估算方法适用的范围

采用简单方法估算重量与估算阻力一样，必须十分小心。这样的方法只应该用于研究趋势，同时要高度关注所涉及数字的有效范围。以下给出一些例子：

图 42-8 提出,对直到 150 座的中短程飞机,座数和最大松刹车重量[1]之间有线性关系。该最大松刹车重量约为每座 1 000 lb。此数字仅适用于该类飞机。以波音747 为例,由于商载在起飞重量中所占比例小得多,这个数字变成每座 1 700 lb。可以认为在某级别的飞机中,但也只有在该级别中,这种重量比例大致不变。图 42-8所示的这类数据,只应该用于对飞机重量得出初步印象。

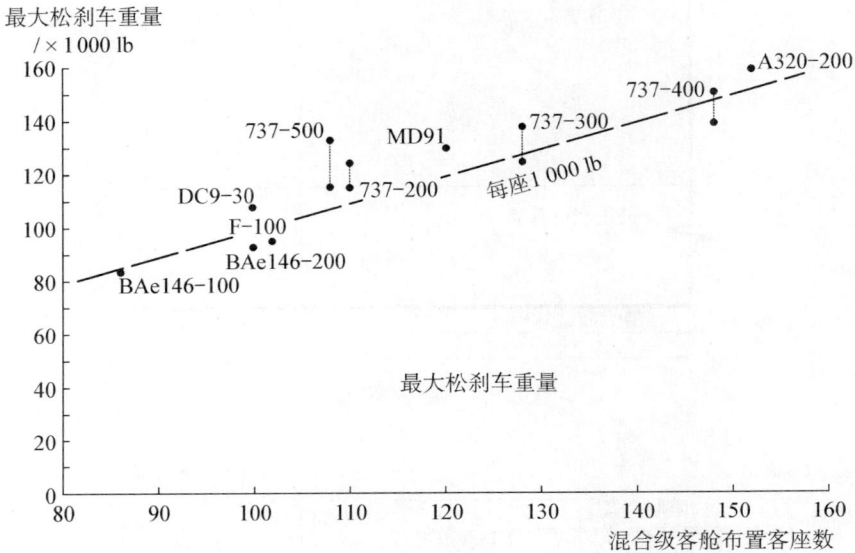

图 42-8 最大松刹车重量与座数的关系

加长和缩短的飞机应该被当成不同于基本型的飞机。如果飞机被延长或"加长",从结构观点看效率提高了,因为在飞机的静力试验和疲劳试验中掌握的强度分布比基本型飞机设计时详尽得多。这在图 42-9 中得到说明。图中德哈维兰公司Dash-8-100 的加长型,Dash-8-300 每座使用重量比 Dash-8-100 的小。从ATR-42 到 ATR-72 以及从英宇航 146-100 到 146-300,情况都是如此。福克F-28-4000 与 F-100 的连线较平坦。其原因是飞机存在代沟。在这两种飞机相隔的 20 年间,人们作出了许多导致飞机重得多的改变。然而减短或"缩短"飞机,造就了一架超重的飞机,因为仅将原机身去掉位于机翼前后的两段而已。注意在图42-2 中相应于"缩短"的一条线空重增加,"加长"则正好相反。

基本型飞机应该与基本型飞机相比,必须注意到不同代飞机之间的差异。

---

① 即最大起飞重量。——译注

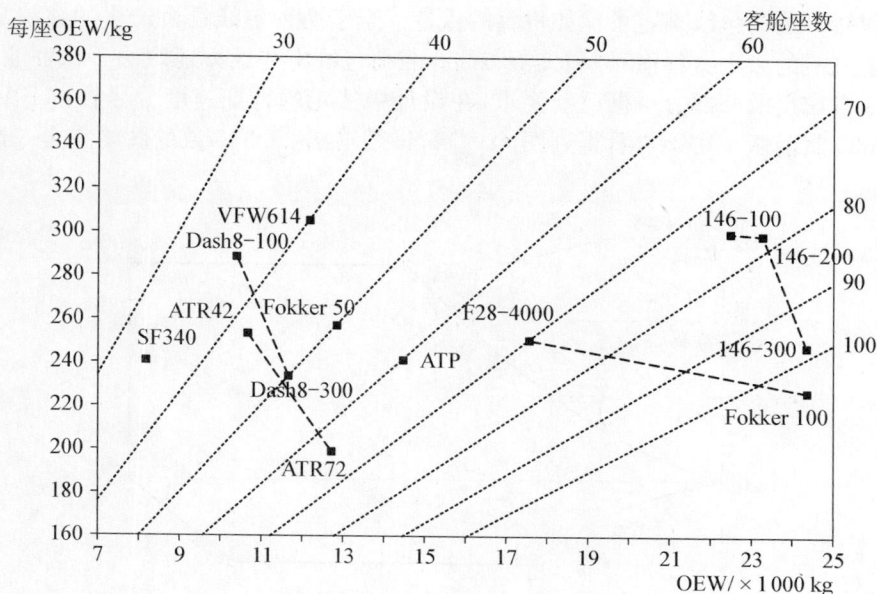

图 42-9　使用空重对比

OEW—使用空重

依靠更详细的计算来估计重量

一旦对基本飞机重量有了初步印象,重量估算过程的详细程度就升了一级。

从以上讨论显而易见,在重量估算中最费力的任务是确定制造空重(MEW)或使用空重(OEW)。之所以是最费力的任务,倒不是因为其复杂性,而是因为必须分析个个自身都有数值误差的大量要素。

在详细设计阶段,设计机构的重量部门主要忙于复杂的统计过程。对每个零件都要根据纸面的或数字化的生产图样小心翼翼地计算重量。与此同时,该部门还要发挥一旦在某处目标重量被突破时,向管理层提出警告的监视功能。

在初始设计阶段,尚不了解许多细节,估算重量需要洞察力和经验。一方面当然要尽可能多地收集重量数据以得出统计平均值。另一方面正如估算阻力一样,必须在封闭的系统里处理所有数据,防止重复统计或遗漏。因此,还是像在估算阻力时所做的那样,每个设计机构都根据内部经验,打造了自己的重量估算方法。通过将计算所得的重量分解与真实飞机详尽而可靠的重量分解进行对比,定期对这类方法进行核查和升级。

在这个阶段使用的方程和公式,当然针对的是机体大部件,具有半统计性质。按照在基本载荷假设下计算弯曲和扭转的基本方程计入参数影响的思路,建立重量方程,再采用共同的坐标系收集多种布局的真实重量数据,对其进行校准。

为了详细计算飞机重量,还需要如图 42-10 和 42-11 所示的机动载荷和突风载荷包线。这些包线确定了比如机翼的重量。至于两种包线哪个产生的载荷最大，取决于飞机的大小、飞行条件和飞机布局。载荷包线有些地方还取决于从商业和使用方面考虑以及一部分根据适航要求，在设计中选定的特征速度。尽管在 FAR 25 和 CS 25 目前版本中不再看得到图 42-11，该图与第 25.335 款的脉络完全一致。

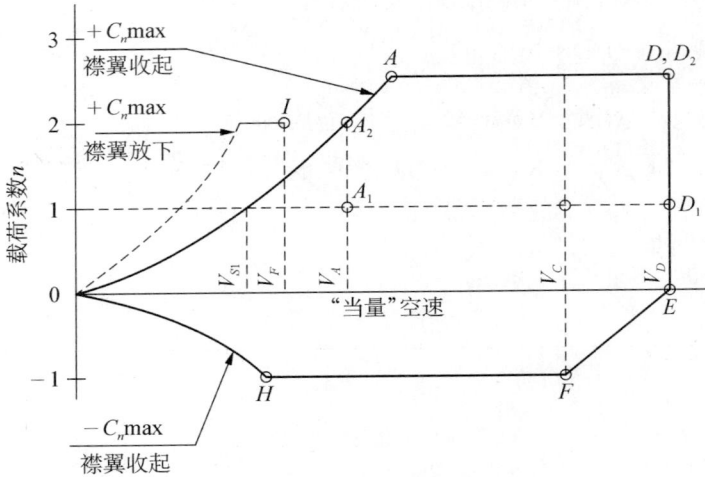

图 42-10 机 动 包 线

来源：FAR 25-335

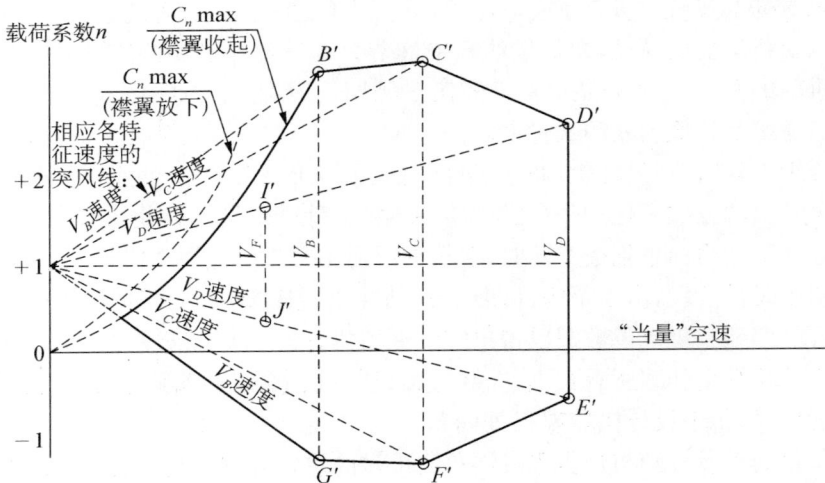

图 42-11 突 风 包 线

来源：早期版本的 FAR 25-335

图 42-12～图 42-15 展示四种不同飞机的飞行包线。根据重量-强度观点，下列量值决定了飞行包线的特征：

（1）最大使用速度 V_{MO}。

（2）最大使用马赫数 M_{MO}。

（3）最大俯冲速度 V_D。

（4）最大俯冲马赫数 M_D。

（5）在 V_{MO}/M_{MO} 跨接高度的最大动压。

（6）在 V_D/M_D 跨接高度的最大动压。

（7）最大高度（决定最大客舱压差和机身重量）。

（8）每种低速构型的最大速度（标牌速度）。

从使用的角度出发希望选择的使用速度尽可能高。但显而易见必须在使用要求和重量之间作出平衡。

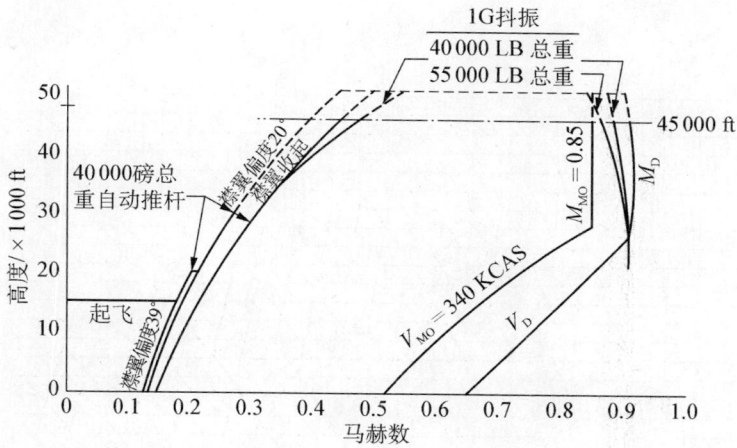

图 42-12　湾流Ⅳ的飞行包线

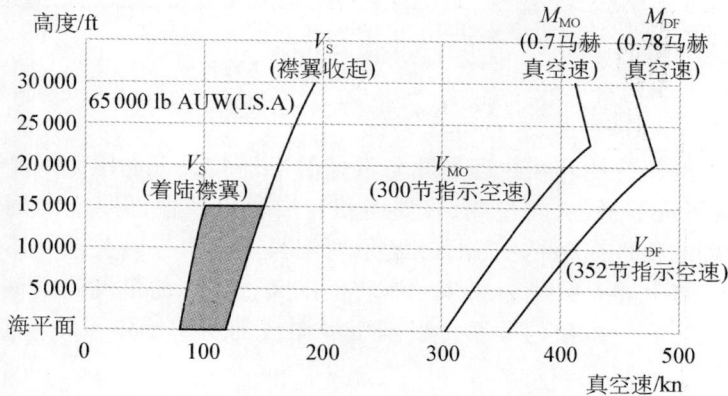

图 42-13　英国宇航 146-100 的飞行包线

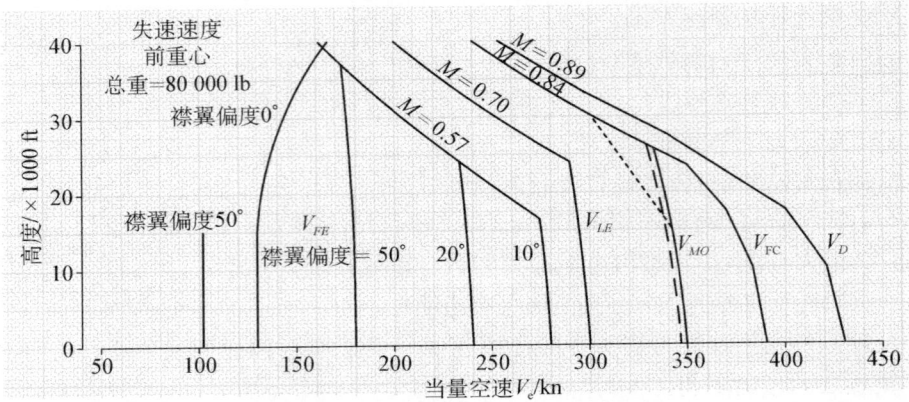

图 42-14　DC9-10 的飞行包线

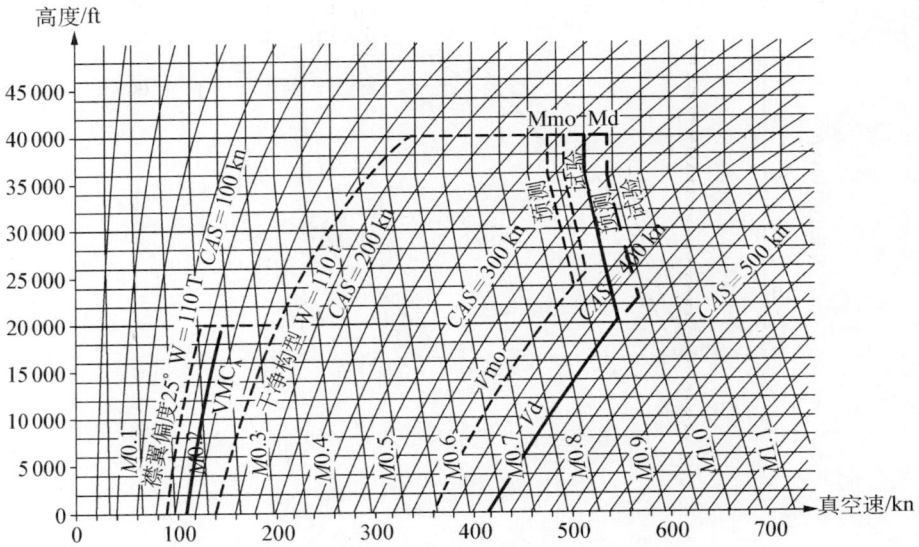

图 42-15　空客 A300 B2 的飞行包线

CAS—校正空速；TAS—真空速

　　以机翼为例部件的若干物理参数与重量的半经验关系如图 42-16 所示。所采用的参数：飞机重量、法向过载、机翼面积和展长以及根部厚度的倒数，显然表明该重量方程的物理模型是一端固支的承弯细长梁。由于该关系并不简单，定义了新的量 γ 来将上述参数化为一体。然后根据大量类似的机翼确定该 γ 值，并以双对数坐标绘出它与重量的关系。根据所得曲线的斜率确定了该重量方程中带零头的幂次。

　　在图 42-17 中介绍了三种不同类型飞机的机翼重量方程。可以看出所采用的参数与图 42-16 的重量方程中所用的相同，但组合形式复杂得多。

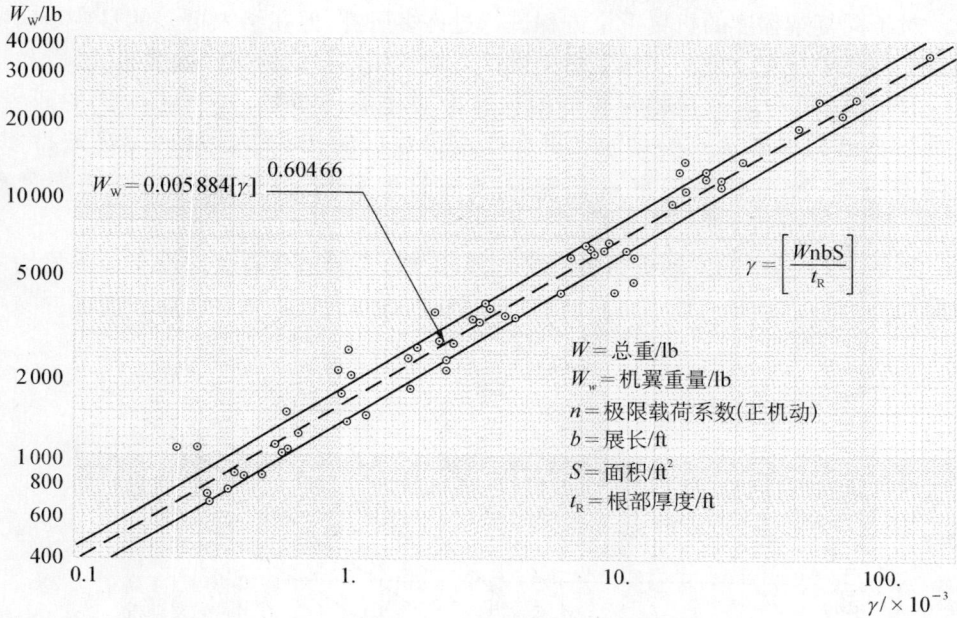

图 42－16 机翼重量预计

来源：Aerospace Vehicle Design Vol. 1. Aircraft Design，K. D. Wood

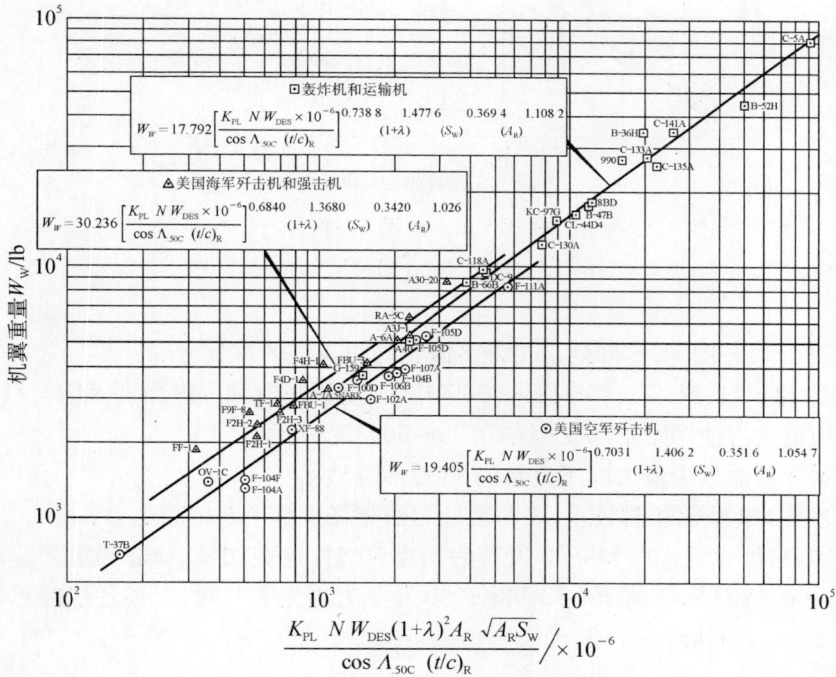

图 42－17 机翼重量与机翼根部弯曲应力参数的关系

来源：The derivation and application of analytical-statistical weight prediction techniques-R. S. St. John，1969

　　对不同复杂程度的机翼重量方程进行过许多研究,但在纳入更多的自变量时准确程度却几乎没有改进。实际上每个设计机构只相信自己的半经验关系式。

　　对机翼、机身以及在相对较低的程度上对尾翼的重量,进行了广泛的研究,重量估算已相当准确。但其他飞机部件重量数据的相关表达准确度还差得多。在许多场合,特定系统的重量是根据飞机的重量和/或简单的几何特征来确定的。

　　图 42-18 所示的发动机重量图线是其(近似)与涵道比有关的海平面静推力的函数。

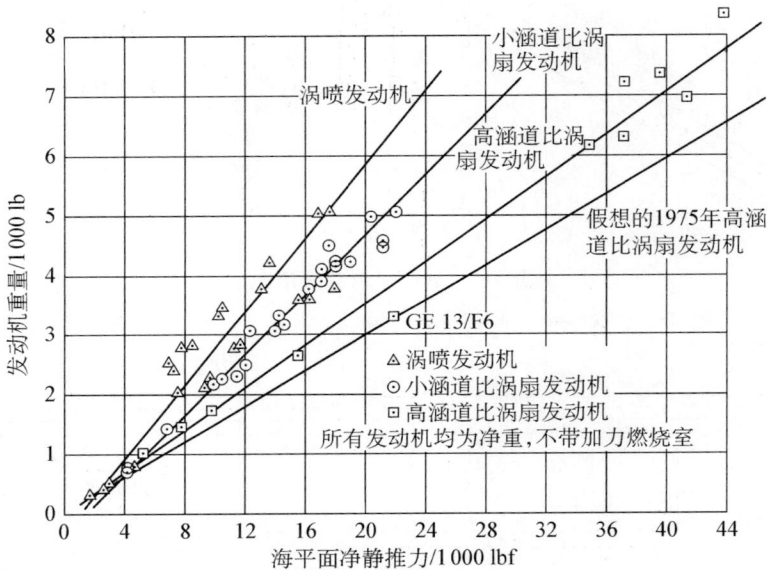

图 42-18　发动机净重

来源：NASA CR 2320

　　图 42-19～图 42-28 列出了许多涡轮动力飞机的重量分解。

　　在图 42-24、图 42-26～图 42-28 中,发动机短舱和操纵面列入结构组。

　　结构重量占使用空重的比例在 55%～60% 之间变动。

　　机翼重量通常为最大起飞重量的 11%,±10%。

　　空客 A320 系统相对较重,表明现代运输类飞机越来越依赖电力。

　　同样,当福克 F-27 Mk500 发展为福克 50 时,仪表、电气和电子组的总重量由 900 kg 升至 1203 kg。将 F-28 Mk 4000 发展为福克 100 时,上述各组的总重量由 797 kg 增为 1596 kg。

项　目	重量/lb(kg)
机翼	18 520　（8 401）
水平尾翼	1 930　（875）
垂直尾翼	2 220　（1 007）
机身	22 380　（10 152）
主起落架	6 520　（2 957）
前起落架	1 140　（517）
短舱和挂架	2 220　（1 007）
机体结构总计	54 930　（24 916）
发动机（JT8D-9）	9 680　（4 391）
发动机附件	270　（122）
发动机操纵系统	120　（54）
起动系统	150　（68）
燃油系统	1 210　（549）
反推力装置	1 580　（717）
发动机组别总计	13 010　（5 901）
仪表	830　（376）
操纵系统	2 970　（1 347）
液压系统	1 430　（649）
气动系统	—　　　—
电气系统和设备	2 420　（1 098）
电子设备	1 830　（830）
飞行供应品	890　（404）
载人设施	8 820　（4 001）
装货设施	1 090　（494）
应急设施	1 100　（499）
空调系统	1 710　（776）
防冰系统	490　（222）
辅助动力装置	850　（386）
固定设备总计	24 430　（11 081）
外部涂层	100　（45）
选装项	730　（331）
制造空机重量	93 200　（42 276）
标准项目和使用项目	5 800　（2 631）
使用空机重量	99 000　（44 906）
最大起飞重量	172 500　（78 245）

图 42-19　波音 727-200 飞机重量分解

来源：NASA CR 134800

	747 - 100	747 SP	重量变化
机翼	88 537 lb	76 100 lb	12 437 lb
水平尾翼	8 000 lb	8 000 lb	—
垂直尾翼	3 937 lb	5 420 lb	+1 483 lb
机身	70 684 lb	59 515 lb	—11 169 lb
主起落架	27 464 lb	25 650 lb	—1 814 lb
前起落架	3 180 lb	3 410 lb	+230 lb
短舱和挂架	10 444 lb	10 444 lb	—
动力装置	45 541 lb	44 244 lb	1 297 lb
系统和设备	35 162 lb	31 431 lb	3 731 lb
舱内服务设施与装饰	29 381 lb	24 743 lb	4 638 lb
上驾驶舱	2 670 lb	2 670 lb	—
使用项目	34 100 lb	23 373 lb	10 727 lb
使用空机重量	359 100 lb	315 000 lb	44 100 lb

图 42 - 20   747SP/747 - 100 重量对比

来源：Flight, September 20, 1973

	747 - 100	747 SP
滑行总重	738 000 lb	653 000 lb
着陆重量	564 000 lb	450 000 lb
零油重量	526 500 lb	410 000 lb
使用空机重量	359 100 lb	315 000 lb
发动机	JT9D - 7A	JT9D - 7A
推力	46 150 lbf	46 150 lbf
座数	385(=77 000 lb)	288(=57 600 lb)

图 42 - 21   747SP 的特征重量

来源：NASA CR 2320

	国内全经济级（32 in 排距）	国内全经济级（33/34 in 排距）	地区航线混合级	国际航线混合级
起飞重量	520 000 lb	520 000 lb	600 000 lb	* 710 000 lb
着陆重量	505 000 lb	505 000 lb	525 000 lb	564 000 lb
零油重量	475 000 lb	475 000 lb	485 000 lb	526 500 lb
使用空重	345 600 lb	344 600 lb	357 500 lb	363 700 lb
座数	537	500	461	382
动力装置	JT9D - 7（减额使用）	JT9D - 7（减额使用）	JT9D - 7（减额使用）	JT9D - 7（减额使用）
海平面静推力	43 500 lbf(净推力)	43 500 lbf(净推力)	43 500 lbf(净推力)	45 500 lbf(净推力)

日本航空公司 747SR 最初布置 498 座
* 可达 735 000 lb(747B 按 775 000 lb 审定)

图 42 - 22   747SR 的主要数据

来源：Flight, November 9, 1972

部件	DHC 5（民用）			DHC 6		DASH 7	
	重量/lb	41000 lb 总重的百分数	49200 lb 总重的百分数	重量/lb	总重百分数	重量/lb	总重百分数
机翼结构	4571	11.1	9.3	1212	9.7	4879	11.1
尾翼结构	1071	2.6	2.2	300	2.4	1427	3.2
机身结构	4952	12.1	10.1	1758	14.0	4608	10.5
起落架	1896	4.6	3.8	607	4.9	1713	3.9
短舱结构	1654	4.0	3.4	220	1.8	1841	4.2
飞控系统	424	1.0	0.9	144	1.2	704	1.6
发动机	2238	5.5	4.5	648	5.2	2386	5.4
螺旋桨	1568	3.8	3.2	269	2.2	1441	3.3
动力装置系统	1285	3.1	2.6	334	2.7	872	2.0
电气系统与设备	1008	2.5	2.0	355	2.8	1651	3.8
液压系统	454	1.2	0.9	44	0.4	492	1.1
结构临时性 航电-标准	48	0.1	0.1	14	0.1	154	0.4
航电-典型	532	1.3	1.1	190	1.5	639	1.5
仪表	145	0.4	0.3	70	0.6	212	0.5
除冰	230	0.6	0.5	163	1.3	176	0.4
空调/加热	363	0.9	0.7	104	0.8	550	1.2
机组座椅	125	0.3	0.3	52	0.4	119	0.3
乘客座椅	581	1.4	1.2	307	2.4	1018	2.3
驾驶舱设施	20	—	—	30	0.2	84	0.2
客舱设施	768	1.9	1.6	310	2.5	1077	2.4
行李舱/设施	—	—	—	—	—	84	0.2
氧气等杂项	165	0.4	0.3	—	—	104	0.2
厕所厨房	—	—	—	—	—	369	0.8
外部涂层	120	0.3	0.2	70	0.6	150	0.3
辅助动力装置	123	0.3	0.2	—	—	—	
制造差异	290	0.7	0.6	—	—	—	
死油	107	0.6	0.5	89	0.7	280	0.6
全部滑油	120						
标准基本重量	24868	60.6	50.5	7290	58.4	27030	61.4
飞行员,箱包 服务员,消耗品	560	1.4	1.1	470	3.7	470 180	1.5
使用空重	25418	62.0	51.6	7760	62.1	27880	62.9
乘客,每人20 lb	8800(44)	21.5		3800(19)	30.4	10000	22.7
零油重量	34218	83.5		11560	92.4	37680	85.6
满客任务燃油	6782	16.5		940	7.5	6320	14.4
总重	41000	100.0		12500	100.0	44000	100.0
最大总重	41000			12500		44000	
运输机	49200						
最大零油重量	40000			无限制		39000	
最大着陆重量	40000			12300		42000	
机翼面积	945 ft²			420 ft²		860 ft²	
最大翼载		43.4	52.1		29.8		51.2

图 42 - 23　三种加拿大德哈维兰公司的飞机重量一览

来源：AIAA Professional Studies Series—A Case Study on the De Havilland STOL Commuter Aircraft

ATR - 42		
项目	重量/kg	% MTOW
机翼	1565	9.69
机身	2587	
水平尾翼	220	
垂直尾翼	322	
起落架	534	
发动机短舱	366	
飞控系统	195	
结构	5788	35.84
整装发动机	1212	
发动机操纵系统	37	
发动机仪表	10	
燃油系统	89	
动力装置	1347	8.34
液压能源	91	
液压配送	50	
空调	287	
除冰	75	
防火	25	
驾驶舱设施	79	
自动飞行系统	26	
导航	164	
通讯	94	
发电	310	
配电	213	
系统	1414	8.76
内部设施	845	
氧气	31	
照明	90	
水系统	11	
设备	977	6.05
制造空机重量	9526	58.98
厨房	45	
乘客座椅	322	
其他标准项目	34	
标准项目	401	2.48
交付空重	9927	61.47
使用项目	326	2.02
使用空机重量	10253	63.49
最大起飞重量	16150	100

图 42 - 24　ATR - 42 重量分解

Airbus A320 - 200		
项目	重量/kg	% MTOW
机翼	8801	11.97
机身	8938	
水平尾翼	625	
垂直尾翼	463	
起落架	2275	
挂架	907	
结构	22009	29.94
整装发动机	6621	
引气系统	249	
发动机操纵系统	29	
发动机仪表	0	
燃油系统	299	
动力装置	7198	9.79
辅助动力装置	223	
液压能源	547	
液压配送	319	
空调	664	
防冰	30	
防火	85	
飞控系统	772	
仪表	71	
自动飞行系统	101	
导航	415	
通讯	186	
发电	343	
配电	1032	
系统	4788	11.96
内部设施	2431	
氧气	103	
照明	200	
水装置	79	
设备	977	6.05
制造空机重量	36808	50.08
标准项目和使用项目	3215	4.37
使用空机重量	40023	54.45
最大起飞重量	73500	100

图 42 - 25 空客 A320 - 200 重量分解

Fokker F - 28 Mk 4000		
项目	重量/kg	% MTOW
机翼组	3 419	10.32
水平尾翼组	414	
垂直尾翼组	322	
机身组	3 571	
起落架组	1 365	
操纵面组	633	
短舱组	379	
结构	10 103	30.49
动力装置	2 438	7.36
辅助动力装置组	172	
仪表组	151	
液压组	176	
电气组	483	
电子设备组	407	
空调与防冰组	506	
系统	1 895	5.72
设备	1 481	4.47
制造空重	15 917	48.03
厨房	149	
乘客座椅	798	
其他标准项目	178	
标准项目	1 125	3.39
交付空机重量	17 042	51.42
使用项目	505	1.52
使用空重	17 547	52.94
最大起飞重量(MTOW)	33 140	100

图 42 - 26　福克 F - 28 Mk 4000 重量分解

Fokker 100		
项目	重量/kg	% MTOW
机翼组	4 669	10.08
水平尾翼组	491	
垂直尾翼组	365	
机身组	4 758	
起落架组	1 459	
操纵面组	654	
短舱组	839	
结构	13 235	28.87
动力装置	4 182	9.12
辅助动力装置组	196	
仪表组	174	
液压组	233	
电气组	758	
电子设备组	664	
空调与防冰组	730	
系统	2 755	11.25
设备	2 009	4.38
制造空重	22 181	58.98
厨房	187	
乘客座椅	979	
电子设备	0	
其他标准项目	326	
标准项目	1 492	3.25
交付空机重量	23 673	51.63
使用项目	807	1.76
使用空重	24 480	53.39
最大起飞重量(MTOW)	45 850	100

图 42-27 福克 100 重量分解

Fokker 50		
项目	重量/kg	% MTOW
机翼组	2 083	10.00
水平尾翼组	269	
垂直尾翼组	260	
机身组	2 338	
起落架组	1 032	
操纵面组	232	
短舱组	420	
结构	6 634	31.86
动力装置	2 163	10.39
辅助动力装置组	0	
仪表组	137	
液压组	99	
电气组	571	
电子设备组	495	
空调组	297	
除冰组	143	
系统	1 742	8.37
设备	1 139	5.47
制造空重	11 678	56.53
厨房	59	
乘客座椅	478	
电子设备	0	
其他标准项目	152	
标准项目	689	3.30
交付空机重量	12 367	59.40
使用项目	370	1.78
使用空重	12 737	61.18
最大起飞重量(MTOW)	20 820	100

图 42 - 28　福克 50 重量分解

第 10 部分

安全性和适航规章

43　适航规章和设计准则

适航规章

适航规章描述为使适航当局确信某项设计达到了可接受的安全标准，该设计必须符合的最低要求。

在作者撰写本书的 2008 年夏季，为在西方世界营运谋求通过适航审定的任何最大起飞重量 $MTOW > 12500\,lb\,(5700\,kg)$ 的民用运输类飞机，都必须符合美国联邦航空条例 FAR25 第 25-120 号修正案和欧盟大型飞机适航标准 CS25 第 2 号修正案。

第一部适航规章于 1920 年代编制。起初每个航空工业占有一席之地的国家都推出了自己的适航规章。第二次世界大战以后，虽然多数国家形式上保留了本国的规章，除英国和法国以外，许多西方国家实际上采用了美国的适航规章。

适航规章与飞机和飞机系统的发展齐头并进演变至今。例如，二次大战结束不久民用飞机开始采用喷气发动机，这就意味着必须编制新的适航规章。为了保持一定的安全水平乃至有所提高，适航规章不断被修订和调整。飞机采用某新型系统有时造成可靠性水平暂时停滞不前甚至下降。通常这种情况很快得到改进。图 43-1 以燃气涡轮发动机空中停车率为例，解释了这样的发展过程。采用高涵道比涡扇发动机一开始空中停车率曾有所增加，但第二代发动机的可靠性得到了显著的提高。

作为适航要求和责任机构演变的例子，以下简要介绍美国相关发展概貌：

—1926 年商务部航空署成立，职司民用飞机适航审定，以航空通报 7 号颁发了有关（简单的）规定。

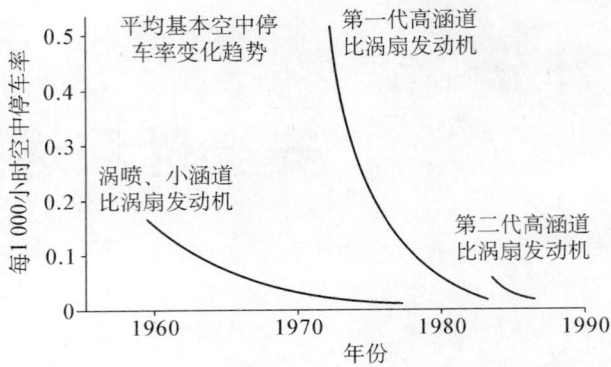

图 43 - 1　民用航空燃气涡轮发动机发展趋势

来源：Rolls-Royce/VSV，Delft，September 1985

——1934 年航空署更名为空中商务局。

——1938 年飞机适航机构脱离空中商务局，成为独立的民用航空局 Civil Aeronautics Authority(CAA)。

——1940 年原 CAA 分为两个独立的机构，其中 Civil Aeronautics Administration(新 CAA)负责飞机适航审定。该机构于 1942 年采用新的大型运输类飞机适航规章 CAR 4，作为新民用航空规章的一部分，该适航规章后来修订为 CAR 4A 和 CAR 4B。

——1958 年，由于喷气客机问世，创建了负责飞机适航审定的新机构联邦航空局。该机构采纳了适用于涡喷动力飞机的新规章——专用规章 SR 422，该规章后来修订为 SR 422A 和 SR 422B。

——1967 年作为新运输部组建工作的一部分，联邦航空局更名为运输部联邦航空局。

——1964 年 12 月 31 日联邦航空局 FAA(Federal Aviation Agency)完成将其航空规章重组为一套法规：联邦航空条例 FAR(Federal Aviation Regulations)。FAR 是一套内容广泛的法规，由下列各章组成：

第 1 章　A 分章　定义

　　　　　B 分章　程序规定

　　　　　C 分章　飞机

　　　　　D 分章　空勤人员

　　　　　E 分章　空域

　　　　　F 分章　空中交通和一般使用规定

　　　　　G 分章　适航审定和营运

　　　　　H 分章　学校

　　　　　I 分章　机场

J 分章　　导航设施

K 分章　管理条例

第 2，3，4，5 章有关经济性和空间运输。

FAR25 适用于大型运输类飞机的适航审定，基本上是 CAR4B 和 SR422B 的结合。

在欧洲发展过程略有不同。迫于国际合作飞机研制项目的需求压力，许多欧洲国家的适航当局于 1970 年开始执行一个合作项目，将各国适航规章统一为称作联合适航要求的实体。1987 年该项工作进展到建立正式的适航审定主体联合航空局 JAA(Joint Aviation Authority)并得到各成员国授权和承认的程度。JAA 系统制订了联合航空要求 JAR(Joint Aviation Requirements)，其中 JAR‑25 与 FAA FAR 25 相当。

FAA 与 JAA 双方进行了深入探讨后，后者采用 FAR 25 作为基本法规。两者在为数很少的科目中仍有差异，好在两套适航要求采用完全相同的条款编号系统，人们很容易看出这些差异。

欧盟于 2003 年建立了欧洲航空安全局 EASA(European Aviation Safety Agency)接替原欧洲联合航空局 JAA。联合航空要求(JAR)被全盘照搬采用，改称为适航审定标准 CS(Certification Specofication)，因此 JAR‑25 此时成为 CS‑25。目前所有欧盟成员国都执行适航审定标准 CS。

除了适用于大型运输类飞机($MTOW > 5\,700\,\text{kg}$)的 FAR 25 和 CS‑25 之外，与小型运输类飞机($MTOW < 5\,700\,\text{kg}$)气动设计有关的还有 FAR 23 和 CS‑23。

CS‑25(与 FAR 25 相当)中对大型运输类飞机的气动设计最重要的分部是：

B 分部——飞行

C 分部——结构

D 分部——设计与结构

F 分部——设备，以上指下列两文件中上述分部的内容

第一册——适航法规

第二册——可接受的符合性验证方法(AMC)。

B 分部——飞行包含以下各节：

总则，含下列各款：

CS 25.20　适用范围

CS 25.21　证明符合性的若干规定

CS 25.23　载重分布限制

CS 25.25　重量限制

CS 25.27　重心限制

CS 25.29　空重和相应的重心

CS 25.31　可卸配重

CS 25.33　螺旋桨转速和桨距限制

性能,含下列各款:

CS 25.101　总则

CS 25.103　失速速度

CS 25.105　起飞

CS 25.107　起飞速度

CS 25.109　加速—停止距离

CS 25.111　起飞航迹

CS 25.113　起飞距离和起飞滑跑距离

CS 25.115　起飞飞行航迹

CS 25.117　爬升:总则

CS 25.119　着陆爬升:全发工作

CS 25.121　爬升:单发停车

CS 25.123　航路飞行航迹

CS 25.125　着陆

操纵性和机动性,含下列各款:

CS 25.143　总则

CS 25.145　纵向操纵

CS 25.147　航向和横向操纵

CS 25.149　最小操纵速度

配平,含下款:

CS 25.161　配平

稳定性,含下列各款:

CS 25.171　总则

CS 25.173　纵向静稳定性

CS 25.175　纵向静稳定性的演示

CS 25.177　航向和横向静稳定性

CS 25.181　动稳定性

失速,含下列各款:

CS 25.201　失速演示

CS 25.203　失速特性

CS 25.207　失速警告

地面操纵特性,含下列各款:

CS 25.231　纵向稳定性和操纵性

CS 25.233　航向稳定性和操纵性

CS 25.235　滑行条件

CS 25.237 风速

其他飞行要求,含下列各款:

CS 25.251 振动和抖振

CS 25.253 高速特性

CS 25.255 失配平特性

在 C、D 和 F 分部中最重要的各款如下:

C 分部——结构下列各节中:

总则下列的各款:

CS 25.301 载荷

CS 25.303 安全系数

CS 25.305 强度和变形

CS 25.307 结构符合性的证明

飞行载荷下列的条款

CS 25.321 总则

飞行机动和突风情况下列的各款

CS 25.331 对称机动情况

CS 25.333 飞行机动包线

CS 25.335 设计空速

CS 25.337 限制机动载荷系数

CS 25.341 突风和湍流载荷

CS 25.343 设计燃油和滑油载重

CS 25.345 增升装置

CS 25.349 滚转情况

D 分部——设计与结构下列各节中:

操纵系统下列的条款

CS 25.671 总则

F 分部——设备下列各节中:

总则下列的条款

CS 25.1309 设备、系统及安装

专用条件

对任何新的型号合格证申请,适航当局如果认为其某些设计特性不在现有适航规章覆盖范围之内,有权制定针对该特定设计的新设计要求或适航符合性验证要求,称为**专用条件**。针对空客 A320 电传操纵系统的专用条件就是一个案例。

设计准则

适航规章之所以存在,首先为了保证可接受的安全水平,它们不是用来改善运输类飞机的经济性或使用性能。与此相反,设计准则是对其严格遵循就能达成满意设计效果的设计过程指导原则。因此,设计准则既涵盖了适航规章没有述及的设计方面的问题,又给**满意**的特性下了定义,而不像适航规章那样只规定了最低可接受的特性。设计准则是设计的目标,不一定完全达到。

从以上描述显而易见:

一设计准则纳入了相关**适航规章**的要求。

一设计准则纳入了该**设计机构**不必与其他设计者共享的原先**经验**。

多年来,适航规章不断被扩充和改进,结果是飞机的最低可接受特性和满意的特性之间的差距一直在缩小。

飞机工业界审慎地跟踪着这一进程。适航规章涉及的范围日益扩大,使得在各种各样的设计要求之间寻求面向市场有诱人之处的折中方案,任务越来越苛刻。另一方面,也不应该将适航规章单枪匹马用作设计准则。

适航规章和设计准则与本身含有气动设计要求的**性能指标**不应混为一谈。从性能指标出发,计及适航规章的要求,导得 C_{Lmax}、L/D、抖振边界等参数的设计值。不过与其认为适航规章是**商业意义上最优设计的促进因素**,不如说它更是一种**约束**。

制订性能指标完全是**设计师/制造商的职责**。

旨在保证安全性的适航规章与对飞机飞行品质的要求可以互相联系在一起。举个例子,"满意的"飞行品质特性和良好的稳定性减轻了飞行员的疲劳,使其有可能分配精力实际驾驶飞机、执行其他驾驶舱内任务并对飞机外部情况保持关注,这就增强了飞行的安全性。

由于飞机使用方式不同,军方认识上述问题要比民航运营商早得多。军方制订了对飞行品质的正式要求。这些要求后来被各个民用飞机制造商非正式地采用,作为指导原则。

军方,特别是美国军方,出于其对机动性和跟踪性能的关注,是将飞行品质量化的先锋。

最为详尽的一套飞行品质军用设计准则是:

美国军用标准 MIL－F－8785－C

民用飞机工业界长期以来一直采用该军标作为自己设计活动的指导原则。在 1960 年代,美国自动车工程师协会 SAE(American Society of Automotive Engineers)编制了一套运输类飞机设计准则:基于 MIL－F－8785 和民用适航规章 CAR 4B 的航空航天推荐准则(Aerospace Recommended Practice)ARP 842。1984 年该准则修订为:

航空航天推荐准则 ARP 842C

在该套飞行品质设计准则中也对**操纵系统失效**给予了关注。

后者的重要性日益突出,因为运输类飞机的使用强度越来越大而乘客(和营运商)指望飞机在飞行中发生单一失效时仍能完成飞行计划。这就反过来要求操纵系统设计成使得飞机在诸如夜间进场和暴风雨气象着陆等临界飞行条件下,能力几乎不受影响。

SAE ARP 842C 提出的项目可以按其有关内容来划分:

—极端飞行条件下的静平衡。

—机动性。

—跟踪。

这与本书第 33 章操纵面设计中关于飞行品质要求所述的内容是一致的。

44 有关起飞性能的适航规章

在第 43 章中解释了大型民用运输类飞机的适航规章。这些适航规章中很大部分内容是定义为取得可用以计算纳入正式飞行手册的起飞限制条件的基本数据所需进行的飞行试验。本章更详细地讨论有关起飞的适航审定要求。

进行适航审定试验是为了确定飞机所需的性能和飞行品质,以保证在日常商业使用中有满意的安全性水平。

美国的商业化航空起步比欧洲晚,但发展速度快得多。这在很大程度上是由于得到了美国政府的全力支持。

但与此同时公众关注飞行安全,使政府受到必须采取措施加强飞行安全的压力。这就使政府部门负有双重责任,一方面要促进民用航空的发展,另一方面要颁发和执行法规来加强飞行安全。

这种状况导致的结果是,无论考虑制定什么新法规,FAA 及其前身都必须与有关各方进行深入的沟通。在许多情况下要对现状进行详细研究,分析特定问题出现的概率以及如何才能实现改进。目前规章中量化要求的由来未必立即看得出来,但其中每一项都是详尽研究的成果。

虽然过去许多国家原来都有自己的适航规章,当今大部分国家都已采用前一章介绍过的 FAA 适航规章。

多年来人们一直认为在起飞期间发动机失效是造成事故最严重的原因之一。

理由有两方面:第一,起飞期间,发动机在其最临界的状态工作;第二,一旦发生单发停车,飞行员简直没有什么时间和空间来作出恰当的反应。

起飞性能适航审定的复杂性如图 44-1 所示。该图虽给出了详尽的全貌,没有介绍许多有待确定的重要特征速度,例如单发停车时的空中最小操纵速度(V_{MCA})和地面最小操纵速度(V_{MCG})。

为了尽量提高使用灵活性,运输类飞机在一系列起飞襟翼偏度进行适航审定。对每种襟翼偏度都要执行一整套自由飞行和场长性能试验程序。这就是适航审定大部分工作量花在起飞和初始爬升阶段的原因。

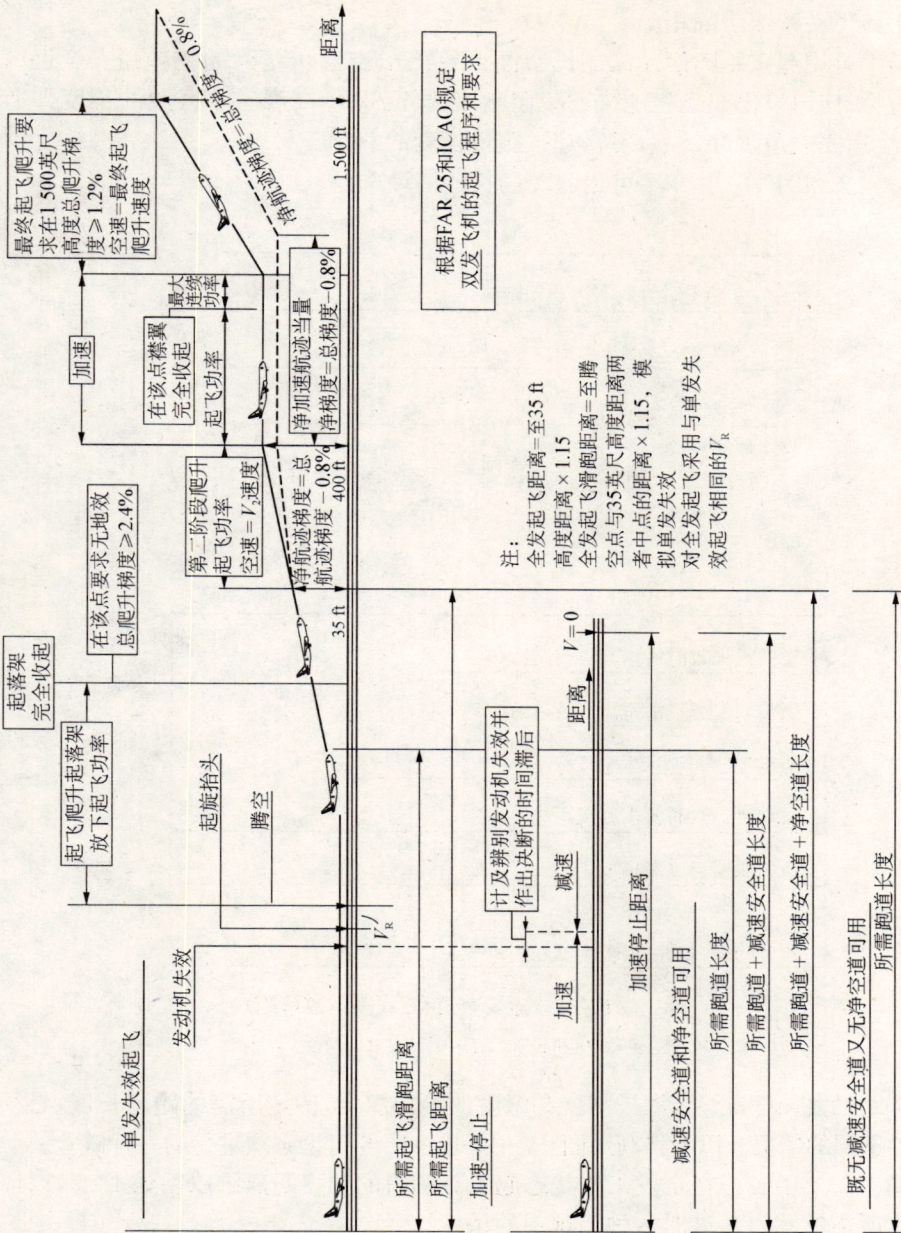

图 44-1 根据 FAR 25 和 ICAO 对双发飞机规定的起飞程序和要求

来源：讲稿"飞机设计"，Delft，1977(荷兰文)

　　跑道长度定义为跑道两头之间的距离。跑道表面具有按其等级承受最重的飞机正常着陆所需的足够强度。在空间容许时,某些跑道还有**减速安全道**,即超越跑道头而承载强度较低的延伸段。这些减速安全道不得用于着陆,但顾名思义可供飞机在中止起飞后减速至静止。

　　为增大可用起飞距离而无需加长沥青或混凝土跑道,可清除超越减速安全道区域的障碍物,使单发停车飞机能畅通无阻地爬升至 35 ft 高度。该区域的长度即**净空道**,与减速安全道加在一起,不得超过跑道长度的 50%。

　　图 44-2 和图 44-3 介绍可用起飞场长的两种选择。

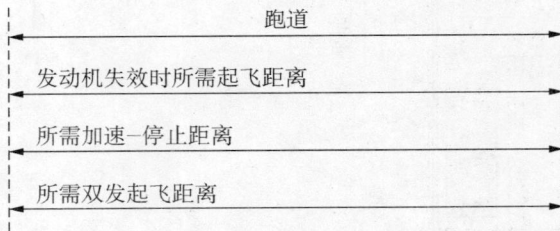

图 44-2　场长(既无减速安全道又无净空道可用时)

来源:讲稿"飞机设计",Delft,1977(荷兰文)

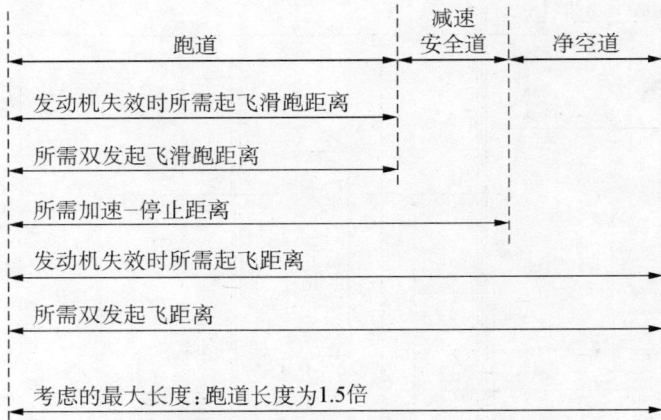

图 44-3　场长(有减速安全道和/或净空道可用)

来源:讲稿"飞机设计",Delft,1977(荷兰文)

　　为针对襟翼偏度、重量、海拔高度和温度的给定组合,确定所需的跑道长度,必须研究三种不同的情况。以下将利用图 44-4～图 44-6 讨论必须进行的三种试验。

　　在图 44-4 中考虑在全发工作状态起飞。测得的起飞距离乘以系数 1.15,以计及在确定所需的跑道长度时各种不理想的条件。

　　第二种试验是恰好达到起飞决断速度 V_1 前模拟单发停车进行的两项试验之一。在该试验中继续起飞。所需跑道长度此时为飞越假想的 35 ft 高障碍物时,飞机移动的距离,见图 44-5。

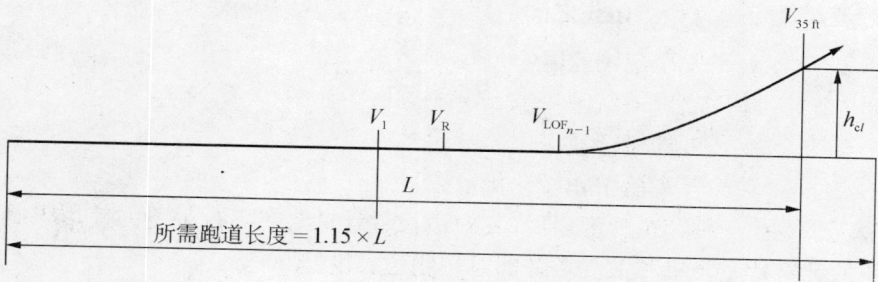

图 44 - 4　全发工作起飞

来源：讲稿"飞机设计"，Delft，1977(荷兰文)

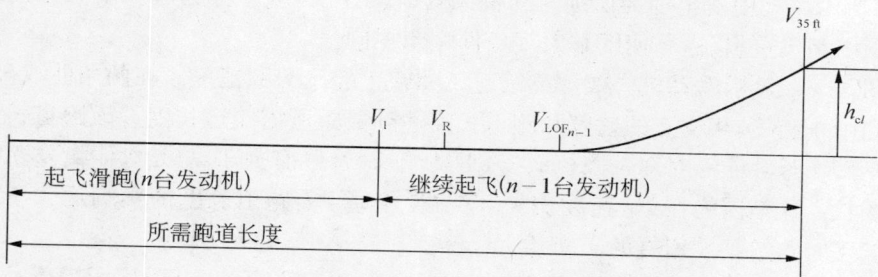

图 44 - 5　在 V_1 单发停车继续起飞

来源：讲稿"飞机设计"，Delft，1977(荷兰文)

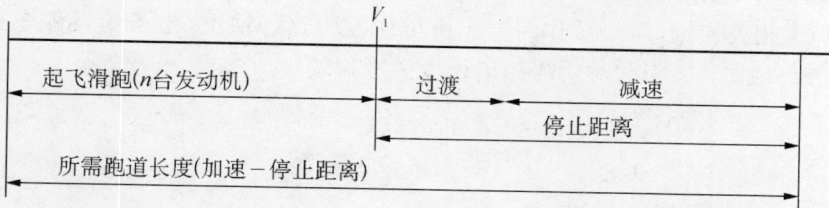

图 44 - 6　在 V_1 单发停车中止起飞

来源：讲稿"飞机设计"，Delft，1977(荷兰文)

　　最后，第三种试验按恰好在达到起飞决断速度 V_1 前模拟单发停车，但随即决定中止起飞并且用脚刹车的方式进行，如图 44 - 6 所示。

　　定义：

V_{EF}　　　临界发动机失效速度

V_1　　　起飞决断速度①

V_R　　　抬头速度

V_{LOF}　　腾空速度

---

①　原文有误，已改正。——译注

V_2 安全起飞速度

V_{2min} 最小安全起飞速度

h_{cl} 净空高度（35 ft ≈ 10.76 m）

n 安装发动机台数

$n-1$ 单发停车后工作发动机台数

确定了上述三种跑道长度之后,其中最长者就是要在飞行手册的使用限制章节中申明的针对特定飞机和大气条件的需用跑道长度。

如果在飞行试验中确定的两种发动机失效情况下起飞距离互有差异,通过适当改变起飞决断速度 V_1 来调整。做法是采用飞行试验数据进行计算,如图 44-7～图 44-9 所示。图中横坐标为识别发动机失效时的速度,纵坐标为起飞场长。注意在三幅图中起飞重量、襟翼偏度和大气条件完全相同。

图 44-7 显示发动机失效后继续起飞和中止起飞两种情况。在两条曲线(继续起飞和中止起飞)相交点的速度和跑道长度达到最短所需跑道长度。该跑道长度也称为**平衡场长**。注意对双发飞机而言,平衡场长(就目前所知)总是大于全发工作的起飞场长。这是因为在 V_1 速度丧失 50％ 推力对所需跑道长度的影响远大于全发工作起飞时跑道长度留有的 15％ 余量。

图 44-8 比较了发动机失效后继续起飞比中止起飞更为临界时,所讨论的三种情况下所需的跑道长度。

图 44-9 说明全发工作起飞所需跑道长度成为限制条件的情况。如上所述,双发飞机尚无相关先例,但三发和四发飞机可能发生这种情况,由于单发停车推力损失仅有 33％ 或 25％,因此对所需跑道长度的影响较小。

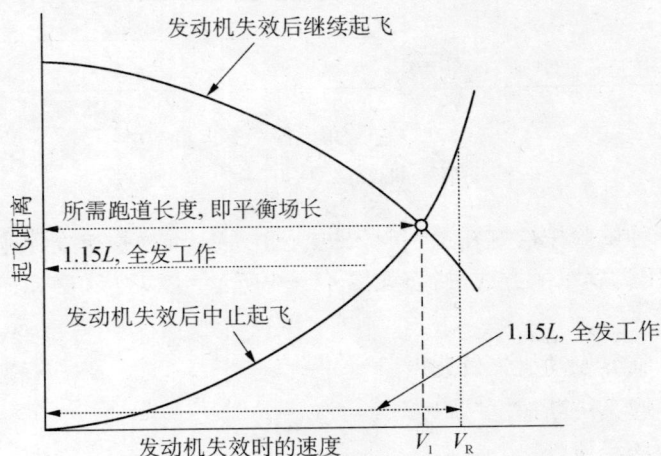

图 44-7   中止起飞为临界状态时的最短所需跑道长度(亦称为平衡场长)

来源：讲稿“飞机设计”，Delft，1977(荷兰文)

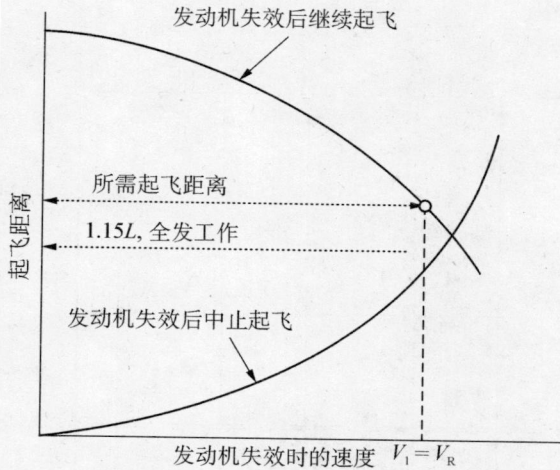

图 44-8　V_1 达最大值,继续起飞为临界状态时的最短
所需跑道长度

来源:讲稿"飞机设计",Delft,1977(荷兰文)

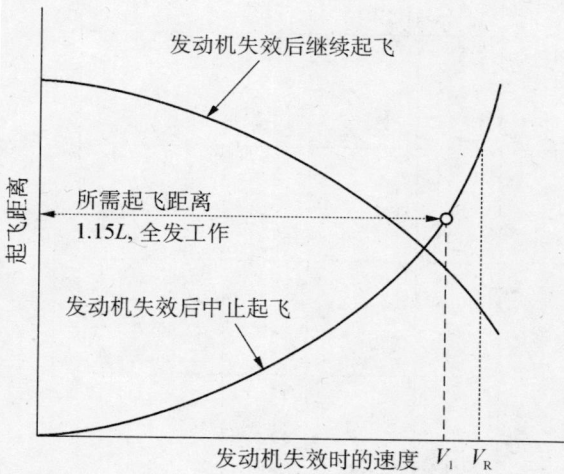

图 44-9　在调整后(使全发工作与中止起飞所需跑道长
度相同)的 V_1 的最短跑道长度

来源:讲稿"飞机设计",Delft,1977(荷兰文)

如果全发工作起飞场长决定了所需跑道长度,或许要把 V_1 调到更高的速度,以便一旦中止起飞,能充分利用可用跑道长度使飞机减速至静止。

以上举例说明了适航规章有关场域性能条款的复杂性。为了进一步对此加以说明,图 44-10 展示了福克公司前性能专家的一份备忘录。左侧各列解释相关飞行条件,而右侧则给出了飞机必须符合的爬升梯度要求。

对涡轮发动机民用运输类飞机爬升性能最重要的要求

类别	飞行阶段	飞机状态							爬升梯度要求			附注
		襟翼相应偏度	起落架	工作发动机的(功率)推力	失效发动机数	校正空速 CAS	高于跑道的高度	飞机重量	双发飞机/%	三发飞机/%	4发飞机/%	
起飞爬升梯度潜力	腾空 起飞	起飞	放下	起飞	1	V_{LOF}	0＋h_{uu} (ft) 无地效	在 V_{LOF} 时重量	≥0	≥0.3	≥0.5	所需爬升梯度限制
起飞航迹要素	起飞后爬升	起飞	收上	起飞	1	$V≥V_2^*$	h_{uu} 高 直至 400 ft	在 h_{uu} 高度的重量	≥2.4	≥2.7	≥3.0	
	起飞最终爬升阶段	巡航	收上	最大连续	1	$V≥$ 1.25V_s	$h_{cr}≥$ 1500 ft	在 h_{cr} 高度的重量	≥1.2	≥1.5	≥1.7	
进场爬升梯度潜力	"进场爬升"**	进场爬升	收上	起飞	1	$V≤$ 1.50V_s	0	着陆重量	≥2.1	≥2.4	≥2.7	着陆重量可用着陆跑道长度无关
	"着陆爬升"	着陆	放下	打开发动机 8 秒后可用(功率)推力	0	$V≤$ 1.3V_s	0	着陆重量	≥3.2	≥3.2	≥3.2	

V_{LOF}　腾空速度
V_2　安全起飞速度
V_s　失速速度
h_{uu}　高于跑道的高度，起落架收上
h_{cr}　在完成从起飞向巡航状态过渡瞬间的高度
*　对双发和三发涡桨飞机 $V_2≥$1.2V_s，不对工作发动机降低 V_s 的影响
**　襟翼偏度选为使 $V_s≤$ 着陆状态 V_s 的 1.10 倍

图 44 – 10　对涡轮发动机动力民用运输类飞机爬升性能最重要的要求

来源：联邦航空条例第 25 部，第 25.117 至 25.121 条

最小离地速度 V_{MU}

起飞性能并不仅仅取决于最大升力系数、升阻比、发动机特性和刹车性能。必须在适航审定飞行试验中获得的其他数据还有地面和空中的最小操纵速度以及最小离地速度（V_{MU}）。

最小离地速度是在所考虑的大气条件和飞机状态下，飞机能够在经审定的起飞距离内起飞的最小速度。

随着喷气运输类飞机的出现，人们不得不将该项参数纳入适航审定要求。螺旋桨飞机经审定的起飞性能基于在发动机慢车或零推力状态确定的最大升力系数。在起飞时螺旋桨滑流提供附加的升力并时常增大失速迎角，从而提前抬前轮不一定会引起不安全的情况。同时平直机翼由于失速前的局部流动分离造成的阻力增长也不显著。

然而在喷气式飞机上如果试图提前腾空，过度抬头无论在有地效失速前或失速时都可能导致大大增加阻力的机翼流动分离。这就造成了起飞滑跑和初始爬升加速度的损失。这种状况在第一架通过适航审定的民用喷气运输类飞机，德哈维兰 106 彗星号上发生过两次。在两起事件中飞机试图起飞，结果都冲出了跑道。

波音 707 的早期型别也存在过度抬头的风险，以致需要装上腹鳍来限制擦地角。仅带部分展长前缘襟翼的大后掠机翼，在地面附近甚至中等迎角下就开始发生后缘分离。这就造成在远未达到最大升力迎角时，腾空时迎角的少许变化就会造成阻力大起大落，如图 44 - 11 所示。

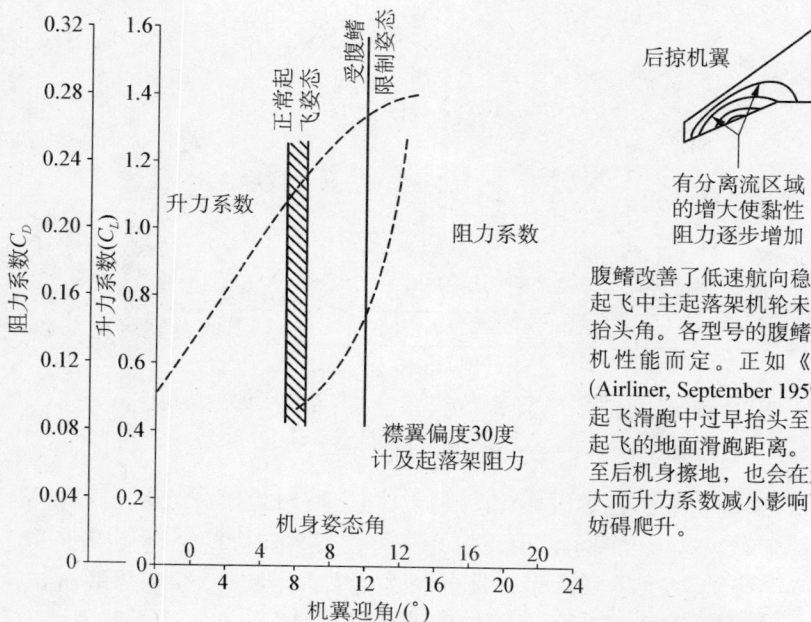

腹鳍改善了低速航向稳定性，也限制了起飞中主起落架机轮未离跑道时的最大抬头角。各型号的腹鳍大小不同，由飞机性能而定。正如《707起飞性能》（Airliner, September 1959）一文所述，在起飞滑跑中过早抬头至过大迎角会延长起飞的地面滑跑距离。同样，过度抬头至后机身擦地，也会在起飞后因阻力增大而升力系数减小影响飞机性能，立即妨碍爬升。

图 44 - 11　腹鳍对波音 707 擦地角的影响

来源：Boeing Airliner, July 1960

在现代飞机上 V_{MU} 可由三大因素确定：

（1）主起落架机轮仍未离地时机翼有地效失速。

（2）几何限制，因后机身擦跑道决定了有地效时的最大可用 C_L。

（3）升降舵有限的能力（飞机抬头过晚以致在达到有地效最大升力系数前，飞机由于其速度和加速度已经离地）。

图 44 - 12 为研制福克 100 过程中进行的一项风洞模型实验，在襟翼偏度 $\delta_f = 20°$ 时，自由大气和有地效两种情况下主起落架机轮刚刚接地时的升力曲线。图中也显示了在近地区的阻力极线。风洞雷诺数 $Re = 3.1 \times 10^6$，当 $\alpha_R = 10.3°$ 时，达到有地效最大升力系数。

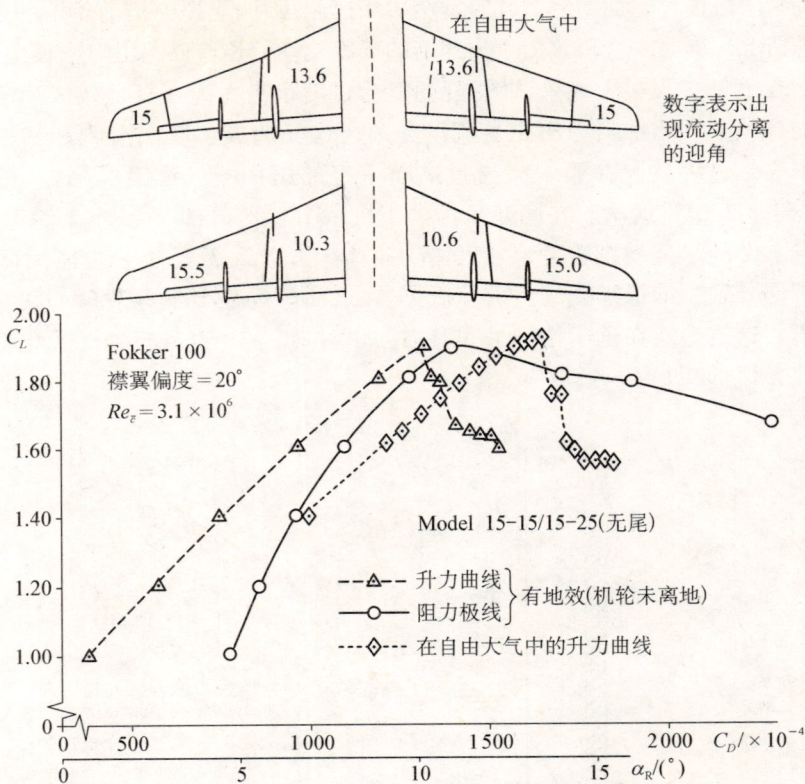

图 44 - 12　福克 100 风洞模型有地效和自由大气条件下的失速特性

来源：福克 Reports L - 28 - 400 和 L28 - 566

迎角增量 $\triangle \alpha_R = 0.5°$ 引起超过 60% 的阻力增长，此时流动状态从全附着流变为内侧机翼流动分离。这就说明了即使飞机完全可控，起飞时过度抬头也有危险。

在福克 100 飞行试验初期，实际情况是全尺寸飞机雷诺数下，达到擦地角 $\alpha_R = 10.3°$ 时仅在接近机翼后缘处观察到有限的流动分离，在所有起飞襟翼偏度决定飞机 V_{MU} 的都是几何限制。经检查升降舵能力恰好足以不影响 V_{MU}。

福克 F - 28 Mk 4000 情况有所不同。地面滑跑表明，在 $\alpha_R = 12.3°$ 至 $11.5°$时内侧机翼有流动分离，取决于襟翼偏度，如图 44 - 13 所示。由于擦地角达 15.7°，V_{MU} 显然取决于有地效机翼失速。通过逐步增加迎角，注意保持低于观察到的失速迎角半度来进行地面滑跑，记录腾空速度，确定了有地效最大升力系数。

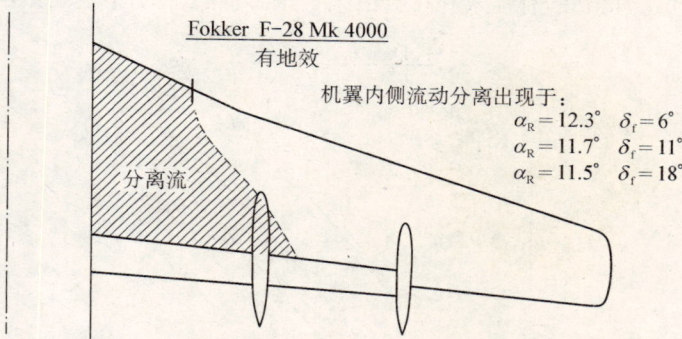

图 44 - 13　福克 F - 28 Mk 4000 有地效的失速特性

来源：福克 Reports H - 28.40 - 27.002

用这种办法获得并根据水平安定面安装角、升降舵偏度和发动机推力的垂直分量进行修正后相应于三种起飞襟翼偏度的升力曲线和 C_{Lmax} 及其与在自由大气条件下的相应曲线的对比如图 44 - 14 所示。

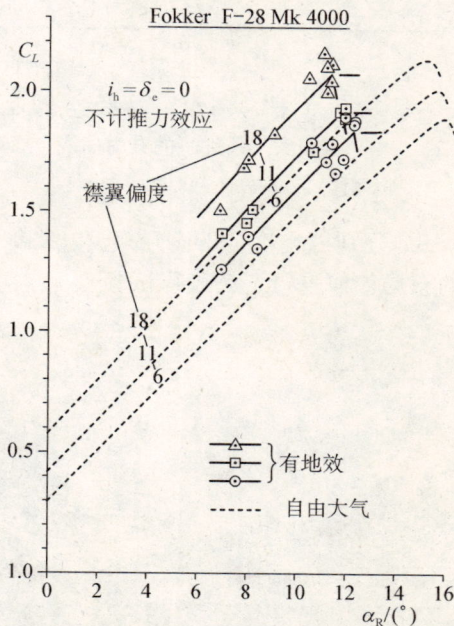

图 44 - 14　福克 F - 28 Mk 4000 有地效和在自
由大气条件下的升力曲线

来源：福克 Reports H - 28.40 - 27.002 和 V - 28 - 83

当研制配置缝翼的型号福克 F-28 Mk 6000 时，人们明白对该型号而言，决定 V_{MU} 的应该是几何限制。进行了与早一年在 F-28 Mk 4000 上进行的 V_{MU} 试验类似的飞行试验。由于尾部触及跑道时飞机可能会腾空，安装了用木质防磨块制成的尾部缓冲器。

通过飞行试验得到的有地效和在自由大气条件下的升力曲线如图 44-15 所示。

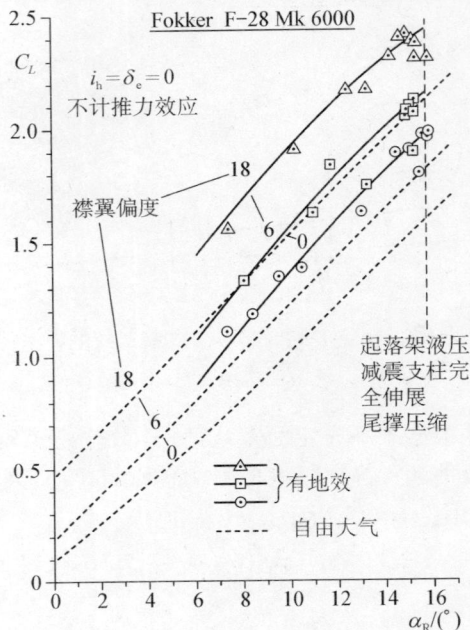

图 44-15　福克 F-28 Mk 6000 有地效和在
自由大气条件下的升力曲线

来源：福克 Reports H-28.60-27.002.2

图 44-16 和图 44-17 分别以空客 A340-600 和 A380 在擦地角状态起飞为例，说明对受几何限制的布局如何进行 V_{MU} 飞行试验。

图 44-16　空客 A340-600 的 V_{MU} 试验

来源：Yannick Delamarre

图 44 - 17   空客 A380 的 V_{MU} 试验

来源：空客公司

为取得适航证所需进行的有关性能的地面和飞行试验

（1）校准总静压系统：

—以静压拖管为低速参考基准

—以静压拖锥为高速参考基准

—在地面滑跑中校准

（2）校准迎角和机外大气温度传感器

（3）确定失速速度和失速特性

（4）确定单发失效最小操纵速度（V_{MCA} 和 V_{MCG}）

（5）确定起飞性能：

—最小离地速度（V_{MU}）

—抬头速度（V_R）

—腾空速度（V_{LOF}）

—发动机失效觉察时间

—飞越 35 ft 障碍跑道长度

—加速-停止距离

—在所确定的 V_R 前提早抬头的起飞性能

这些特性必须在下列条件下确定：

—全发工作

—单发失效（对双发飞机）

—飞机应能起飞的每种襟翼偏度

（6）飞越 50 ft 障碍的着陆性能（在所有着陆襟翼偏度）

（7）高马赫数抖振边界

（8）下列构型的爬升性能：

—起飞构型（起落架放下和收起）

—巡航构型

—进场构型

—着陆构型

（9）在高空试验台校准发动机

（10）确定进排气效率

注：虽然下列科目一般并非基本审定程序的一部分，关于场域性能的试验也在这些条件下实施：

—湿跑道

—覆盖湿雪的跑道

—受飞机一套刹车装置失效的影响

图 44 - 18   大型民用运输类飞机为取得适航证所需进行的有关性能的地面和飞行试验

　　最后,图 44-18 给出了需要进行的涉及飞机性能的地面和飞行试验目录,用以说明专为性能进行的评估和适航审定飞行试验项目的范围。

　　实施一种民用运输类飞机的整个适航审定飞行试验计划,需要进行的飞行次数和飞行时数(1500~3000 小时)都很多,并需在飞机上安装大量试验仪器设备。

45　民用航空飞行安全性

在前两章中解释了适航规章。制定这些适航规章并至今仍在将其发展完善，为的是确保航空达到和保持一定的安全性水平。如同对所有形式的人类活动一样，指望航空 100% 安全并不现实。与其他交通运输手段不同，唯有在航空领域，人们承认有风险（即使很勉强），分析故障率并且计算最大"可接受的"故障率。

安全性评估是航空必不可少的一部分，因为它既关系到乘客愿不愿意飞行，又关系到地面上众多居民能不能接受飞机飞越他们的上空。

为评估安全性，通常使用下列评判标准：

一每十亿座千米或座英里死于事故人数；

一每十亿座千米或座英里事故次数；

一每百万飞行小时死于事故人数；

一每百万飞行小时事故次数；

一每百万次飞行死于事故人数；

一每百万次飞行事故次数。

人们最常关注的焦点还是按飞行次数或飞行小时数统计的事故次数。

回过头来确定安全性水平是件比较容易的事。事先决定航空应该达到什么样的安全性水平就困难多了。这样做必须考虑到目前的技术水平、其他交通运输手段的安全性水平、空中交通的密度以及许多其他因素。尽管有诸多不确定性，安全性评估还是当前适航规章的基础。

采用历史数据，可以说明某些前面提到的因素。图 45-1 为 1980 年美国死于交通运输事故人数，表明死于航空运输事故的人数相对而言非常少。

第二次世界大战后最初几个年头，许多战斗机飞行员成为民航公司飞行员。维护标准和飞机质量水平也表现为脱胎于战争环境。这就造成了许多事故，不过由于建立了和平环境，权威性综述回顾也多了，在 1947 年至 1952 年之间更多飞行员专门接受了民航业务培训。这些在那些年的事故死亡率中得到反映，见图 45-2。

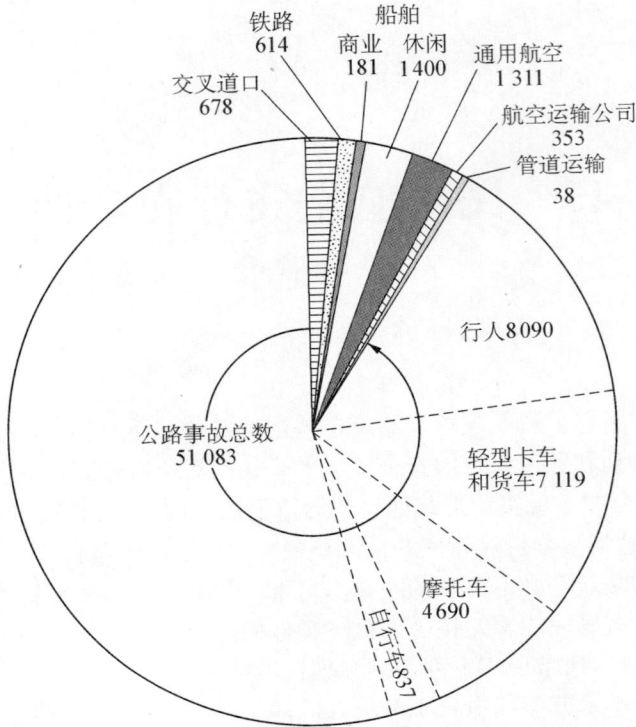

图 45 - 1　美国年度事故统计

来源：Aviation Daily，May 20,1980

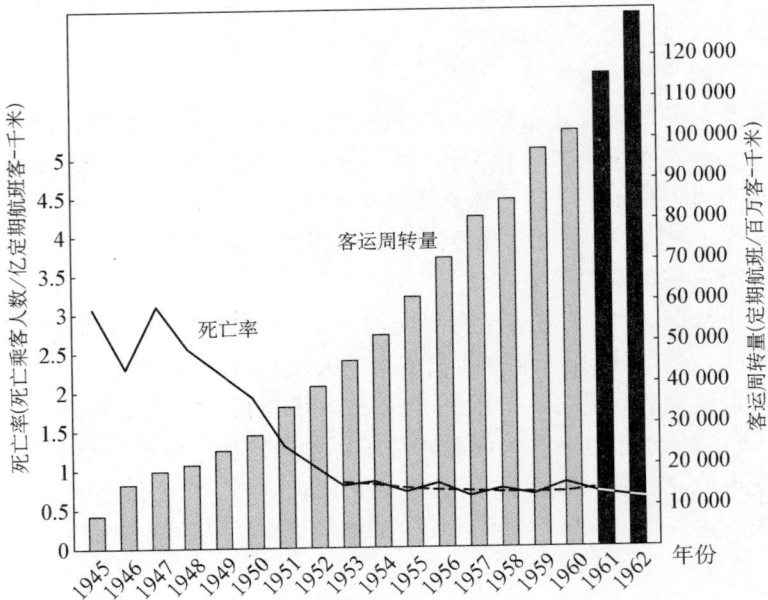

图 45 - 2　ICAO 世界安全性记录（1961 年和 1962 年为估计值）

来源：Flight International，May 30,1963

图 45 - 2 显示在 1953 至 1962 年间事故死亡率只有缓慢的降低,不过从图 45 - 3可见,从那年以后情况起了变化。该图表明飞行安全性上了一个台阶:采用喷气发动机。一开始飞行员们没有意识到,随着起飞和着陆速度增大加上螺旋桨滑流不复存在,绝对需要严格遵循规定的使用程序。

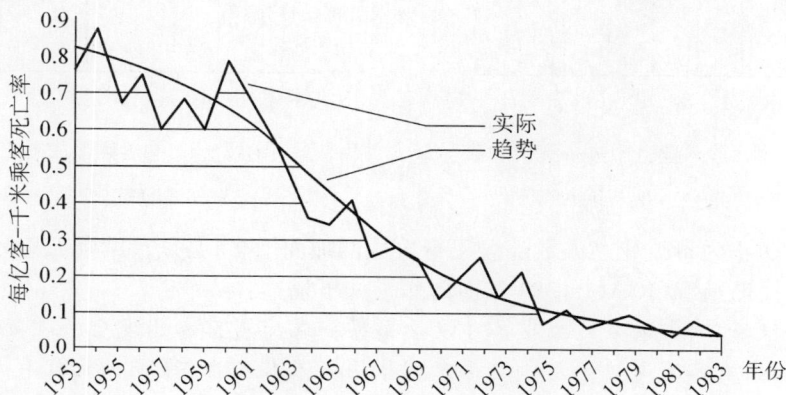

图 45 - 3 世界航空事故率

来源: Interavia 12/1984

为了教会飞行员"按照本本飞行",必须对飞行员进行新的培训并作程序上的改变。这样做最终提高了安全性水平。图 45 - 4 至图 45 - 7 也说明了这一发展过程。

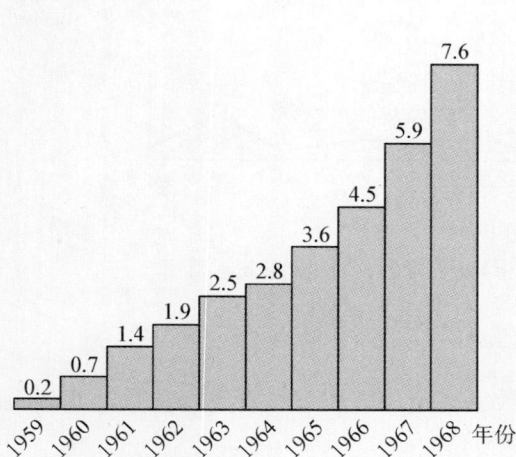

图 45 - 4 喷气客机每年飞行小时数(单位:百万)

来源: Flight International 6 January 1969

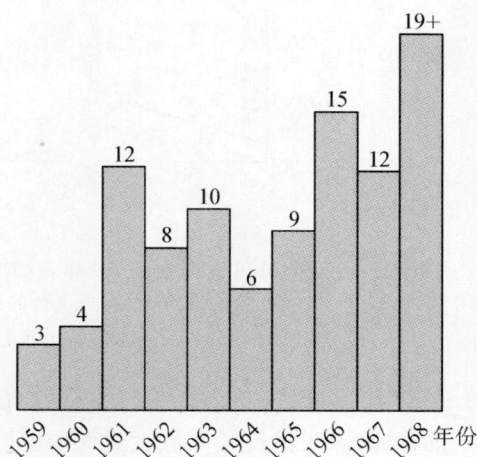

图 45 - 5 各种情况下失事飞机总数,1968 年的数字不包括以色列人 12 月 28 日在贝鲁特摧毁的飞机

来源: Flight International 6 January 1969

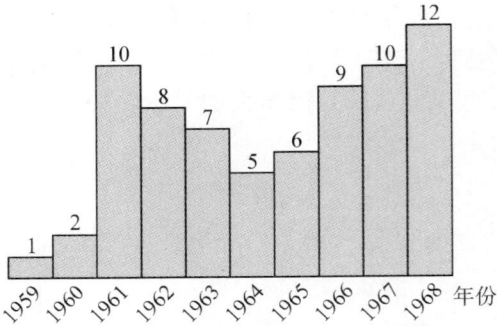

图 45-6　客运收入业务中失事飞机总数

来源：Flight International 6 January 1969

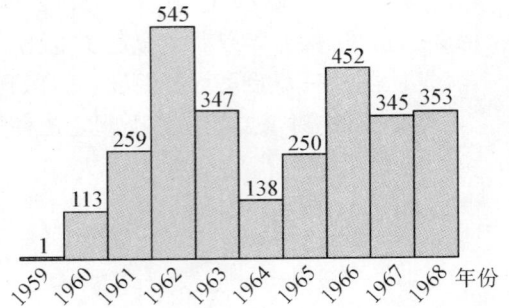

图 45-7　乘客因事故死亡人数

来源：Flight International 6 January 1969

为了防止因事故死亡人数随着飞行次数增加而增多，必须持续降低事故率。

国际民航组织（ICAO）1984 年对此作了如下描述：

道理很简单，如果今天工业界可以接受每一亿座英里客运发生一例死亡，那么在三十年内，当客运周转量大到这意味着每年一万人丧生，每隔一天就有大黑空难标题见报时，工业界或公众将一定不能接受。

图 45-8 说明在 1976～1986 这十年中，商业飞行安全性得到了缓慢的提高。

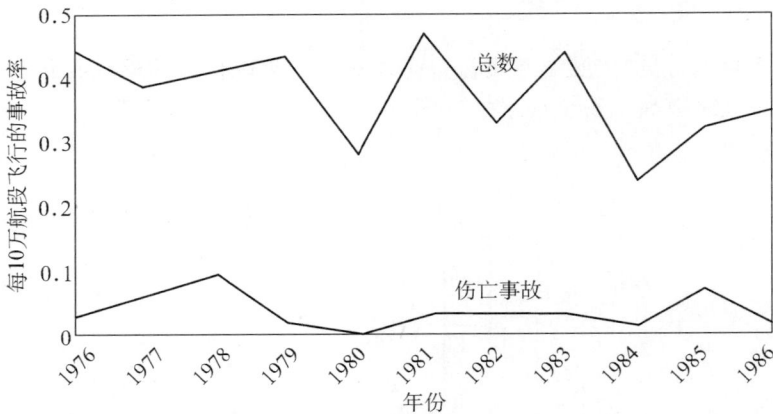

图 45-8　1976～1986 年美国按 14CFR121 要求运营的定期航班运营商
　　　　　每 10 万航段飞行的事故率

来源：Aviation Week & Space Technology，July 13,1987

图 45-9 为许多与飞行安全性有关的数字一览。请注意尽管飞行次数逐年增加，乘客因事故死亡人数大致保持不变。

1950 年至 1972 年间世界范围内民航乘客因事故死亡人数加在一起，22 年里总数为 18534 人。将这个数字与美国仅 1980 年一年死于公路运输事故便有 51083 人（见图 45-1）相比，尽管未提及运输的总里程，依据尚不完全充分，人们仍可以宣称，航空旅行是一种安全的运输手段。

年份	飞机事故数	死亡乘客数	死亡率		有乘客死亡事故数			
			亿客-千米	亿客-英里	亿千米飞行	亿英里飞行	10万飞行小时	10万起落
1950	27	551	1.97	3.15	1.88	3.02	0.54	
1951	20	443	1.27	2.01	1.23	1.99	0.35	
1952	21	386	0.97	1.54	1.18	1.90	0.34	
1953	28	356	0.77	1.25	1.44	2.32	0.43	
1954	28	443	0.85	1.36	1.36	2.19	0.42	
1955	26	407	0.67	1.07	1.14	1.82	0.36	
1956	27[②]	552	0.78	1.25	1.06	1.71	0.34	
1957	31	507	0.62	0.99	1.09	1.76	0.36	
1958	30	609	0.72	1.15	1.02	1.65	0.34	
1959	28	613	0.63	1.00	0.91	1.46	0.31	
1960	34[②]	873	0.80	1.29	1.09	1.76	0.40	0.52
1961	25	805	0.69	1.11	0.80	1.29	0.31	0.38
1962	29	778	0.60	0.97	0.90	1.44	0.37	0.44
1963	31	715	0.49	0.78	0.91	1.46	0.39	0.46
1964	25	616	0.36	0.58	0.68	1.09	0.30	0.35
1965	25	684	0.35	0.56	0.61	0.98	0.29	0.33
1966	31[②]	1001	0.44	0.70	0.69	1.12	0.33	0.40
1967	30	678	0.25	0.40	0.57	0.01	0.29	0.35
1968	35	912	0.29	0.47	0.58	0.94	0.32	0.38
1969	32	946	0.27	0.43	0.48	0.77	0.27	0.34
1970	27	680	0.18	0.28	0.38	0.62	0.22	0.28
	29[③]	779	0.17	0.27	—	—	—	—
1971	31	859	0.22	0.35	0.44	0.71	0.27	0.33
	33[③]	967	0.20	0.32	—	—	—	—
1972	39	1089	0.24	0.38	0.57	0.92	0.34	
	41[③]	1285	0.23	0.37				

注:① 1970、1971 和 1972 年数据包括前苏联
　　② 包括按一次事故统计的一次空中撞机
　　③ 包括前苏联
　　④ 1972 年的数字包括各按一次事故统计的三次撞机

图 45 - 9　1950～1972 年定期空中航班有乘客死亡事故

来源: Flight International, January 18, 1973

　　1959 年至 1978 年间总致命事故率已经下降,尽管由图 45 - 10 可见有些飞机型号的事故率比其他飞机高。该图再次说明,第一批喷气运输类飞机型号为学会如何使用喷气运输机付出了"学费"。不过使用环境也举足轻重。有些运营商在开始运营喷气式飞机时,其使用环境的变化比别人的大得多。

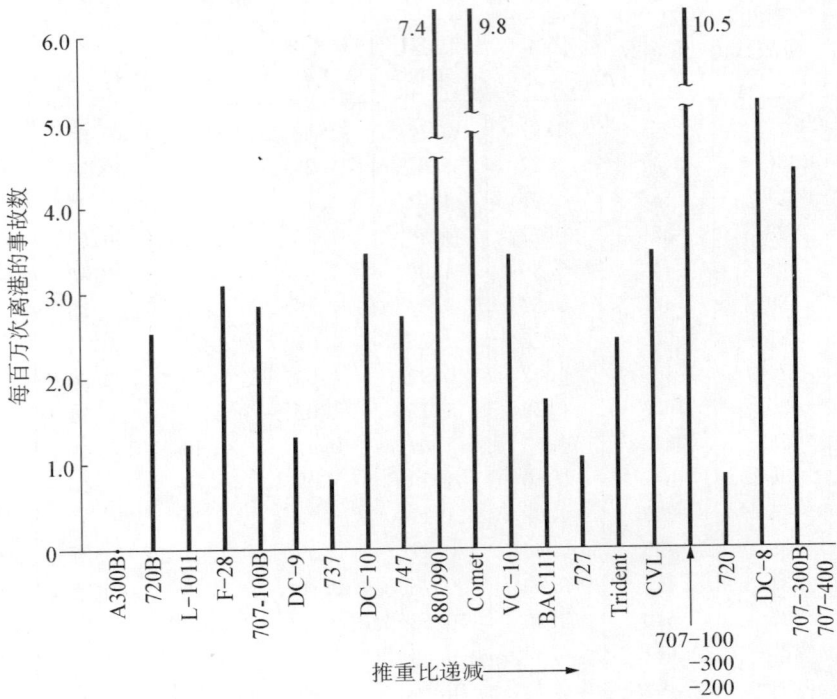

图 45 - 10　全球航空运输承运人 1959～1978 年所有运营中的机毁事故

来源：Boeing Airliner, July-Sept. 1980

最后，列出若干近年来的飞行安全性统计数据。

图 45 - 11 表明飞行次数正稳步增加，致命事故件数在微微下降中，如竖条所示。这意味着安全性水平近年来已有提高，在图 45 - 12 中得到确认。

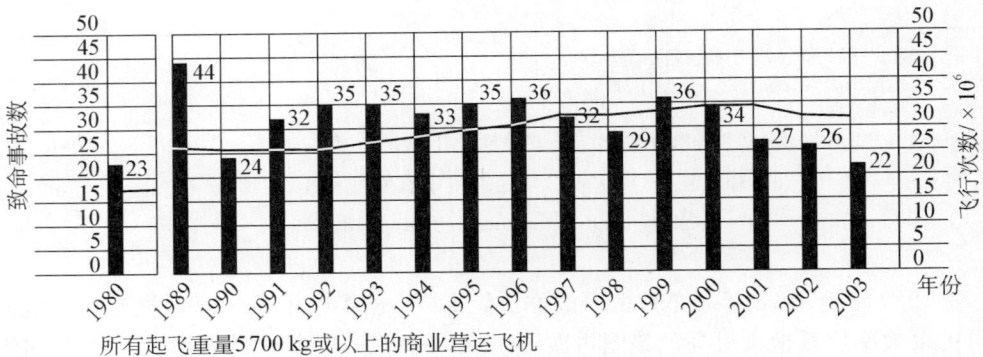

所有起飞重量 5 700 kg 或以上的商业营运飞机

图 45 - 11　1989～2003 年全球飞行与致命事故次数（仅限于 MTOW ＞ 5 700 kg 的飞机）

来源：Civil Aviation Safety Data, 1989 - 2003

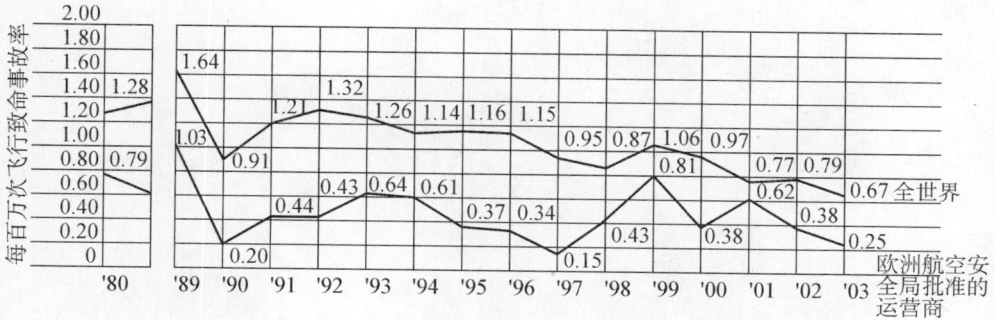

图 45 - 12　商业运营商的致命事故率

来源：Civil Aviation Safety Data，1989 - 2003

在图 45 - 13 中列出了美国执行 FAR 第 121 部和第 135 部规定的运营商最新的统计数据。

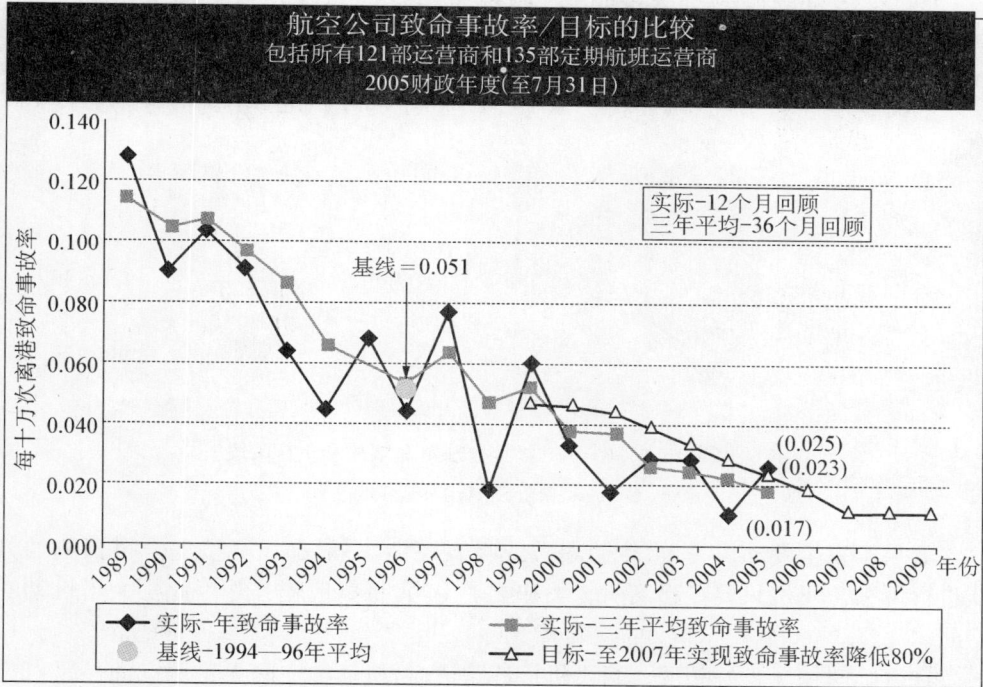

图 45 - 13　目前美国每十万次离港致命事故率 0.017 已优于 2005 年的每十万次离港 0.023 的目标

来源：Aviation Week & Space Technology，August 22 - 29，2005

我们也可以按地区来评价致命事故率。不仅受各运营商内部使用程序的影响，也与适航当局进行检查的力度有关，简言之，受政治和文化环境的影响，不同地区显然有重大差异。全球各大洲事故率一览如图 45 - 14 所示。

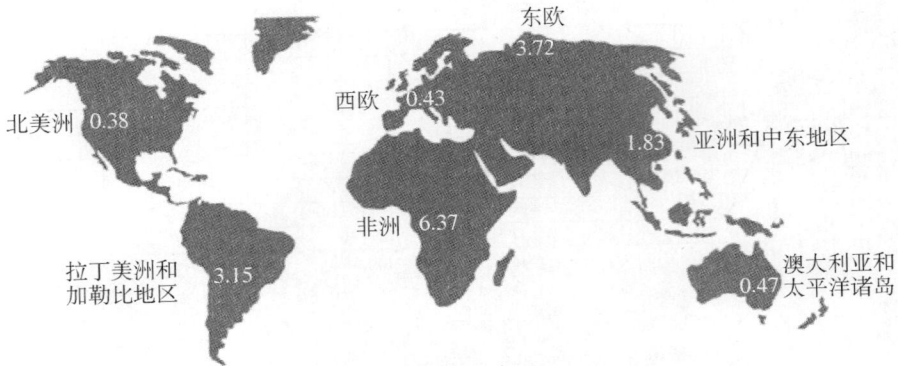

图 45 - 14　各地区当地运营商的致命事故率

来源：Civil Aviation Safety Data，1989 - 2003

图 45 - 15 显示发生致命事故的飞行阶段。从百分比看，着陆是发生事故最多的阶段。对此可作如下解释：

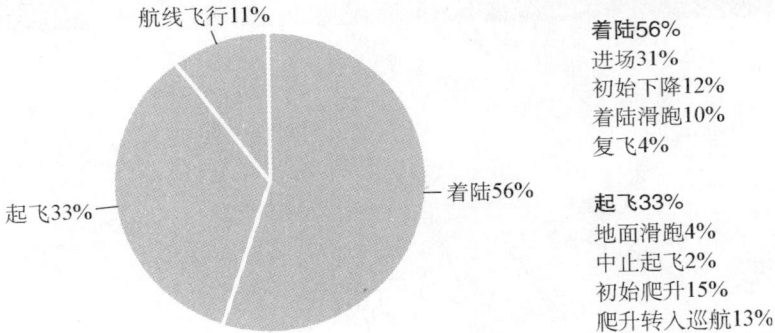

航线飞行11%
起飞33%
着陆56%

着陆56%
进场31%
初始下降12%
着陆滑跑10%
复飞4%

起飞33%
地面滑跑4%
中止起飞2%
初始爬升15%
爬升转入巡航13%

图 45 - 15　1989～2003 年全球致命事故和飞行阶段

来源：Civil Aviation Safety Data，1989 - 2003

如果不发生发动机失效、轮胎爆破或吸入飞鸟，一般起飞会按完全可预测的方式进行下去。飞机只要在起飞前装载和配平得当，将离地爬升并因此扩大了机动的空间。

在着陆时情况正好相反。当飞机接近跑道时，机动的空间无论照字面还是打比方都在减小。在山区能见度非常低、有暴风雨的不利仪表飞行气象条件（IMC）下进场，远比在高速中止起飞更常遇到。在这种五边进场环境，当跑道进入视界时，飞行员只有几秒钟时间来判断情况，决定继续着陆还是复飞。通常正是在这种情况下发生事故，不一定是飞机在跑道上接地之后，而是在不精确的进场中飞撞地面，即所谓可控飞行撞地（CFIT）。

有时人们试图将事故按类型分组,如图 45-16 所示。这样的统计只应被当成反映事故的特征。大部分事故并非只有一种起因,而是作为若干情况的叠加而发生。在该图中表明了导致该类事故最重要的事件。

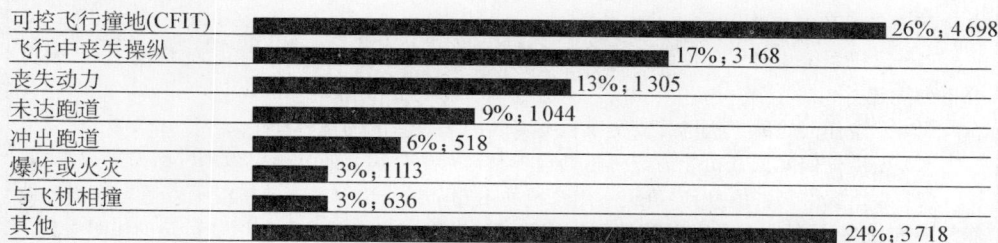

可控飞行撞地(CFIT)	26%;4698
飞行中丧失操纵	17%;3168
丧失动力	13%;1305
未达跑道	9%;1044
冲出跑道	6%;518
爆炸或火灾	3%;1113
与飞机相撞	3%;636
其他	24%;3718

图 45-16 1989~2003 年全球事故的类型和因事故死亡人数
(事故类型的百分比;机上死亡人数)
来源:Civil Aviation Safety Data, 1989-2003

注意每一类型事故发生的百分比与机上死亡人数之间并无关联。爆炸或火灾与着陆未达跑道或冲出跑道相比较少发生,但导致机上人员更大的伤亡。

图 45-17 表明在偶发事件链中导致致命事故的贡献因素。事故相对较多地与飞行员有关。人机工程研究可能会减小该因素的作用。对涉及维护和空中交通管制的事故也是如此。

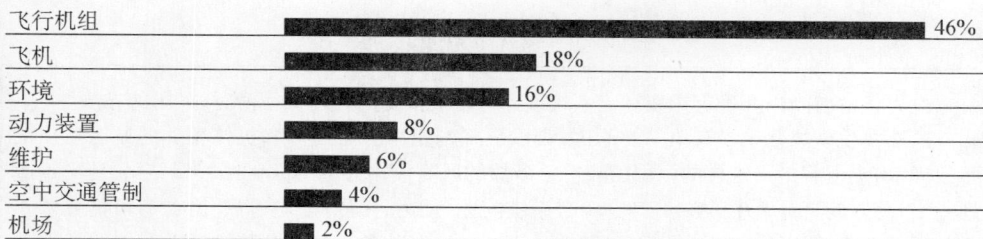

飞行机组	46%
飞机	18%
环境	16%
动力装置	8%
维护	6%
空中交通管制	4%
机场	2%

图 45-17 1989-2003 年全球致命事故的贡献因素
来源:Civil Aviation Safety Data, 1989-2003

适航规章中最苛刻的安全性要求之一是第 25.1309 款。该款规定灾难性的单一失效必须极不可能发生,即每飞行小时发生概率小于 10^{-9}。这个数字并未在规章的要求中提及,而是出现于其解释性材料 AMJ 25.1309 中。该项要求基于关键飞行系统的可靠性及其失效的概率和严重性。对这些关键系统的描述见图 45-18,图 45-19 给出了该要求的由来。

为以图表来描述不同的安全性水平,绘制了图 45-20。它将后果的严重性与事件的概率联系起来,并计及了应对该后果的飞机能力和机组人员能力。该图再次表明,引起灾难性后果的单一系统失效可接受的概率为 10^{-9},使该失效极不可能发生。

（a）凡本分章对其功能有要求的设备、系统及安装，其设计必须保证在各种可预期的运行条件下能完成预定功能。

（b）飞机系统与有关部件的设计，在单独考虑以及与其他系统一同考虑的情况下，必须符合下列规定：

（1）发生任何妨碍飞机继续安全飞行与着陆的失效情况的概率极小。

（2）发生任何降低飞机能力或机组处理不利运行条件能力的其他失效情况的概率很小。

（c）必须提供警告信息，向机组指出系统的不安全工作情况并能使机组采取适当的纠正动作。系统、控制器件和有关的监控与警告装置的设计必须尽量减少可能增加危险的机组失误。

（d）必须通过分析，必要时通过适当的地面、飞行或模拟器试验，来表明符合本条（b）的规定。这种分析必须考虑下列情况：

（1）可能的失效模式，包括外界原因造成的故障和损坏。

（2）多重失效和失效未被检测出的概率。

（3）在各个飞行阶段和各种运行条件下，对飞机和乘员造成的后果。

（4）对机组的警告信号，所需的纠正动作，以及对故障的检测能力。

图 45 - 18　第 25.1309 款—设备、系统及安装

来源：联邦航空条例第 25 部 25.1309

世界各适航当局在确定用以评定系统设计可否被接受的合理概率值时，采用的方法如下：

虽然发生事故几乎没有单一的原因，难以准确判定由于与使用和机体相关的原因造成的事故率，历史记载指出这样的原因酿成严重事故的风险大致为每飞行小时 1×10^{-6}。历史记载还指出，总数的百分之十，或 1×10^{-7} 源自系统问题（动力、操纵、航电等）。因此有可能要求飞机的系统造成事故的概率不大于 1×10^{-7}。不过这是一个难以实施的要求，因为只有将所有系统共同进行分析后才可能说该项要求是否得到满足。

此外，如该要求未被满足，很难决定应对哪个或哪些系统进行更改以满足要求。由于这个原因，人们决定随意假定一架飞机有一百个潜在失效状态可能对造成严重事故有重大影响。将容许的风险 10^{-7} 在这些状态中平均分摊，得出每种状态风险分配为 1×10^{-9}。因此各适航当局得出结论，已识别的与系统有关的灾难性失效状态可接受的风险上限为每飞行小时 1×10^{-9}，而对后果严重程度较低的失效状态可按与严重程度相反的尺度相对放宽。

图 45 - 19　10^{-9} 要求的由来

来源：SAE Paper No. 831406

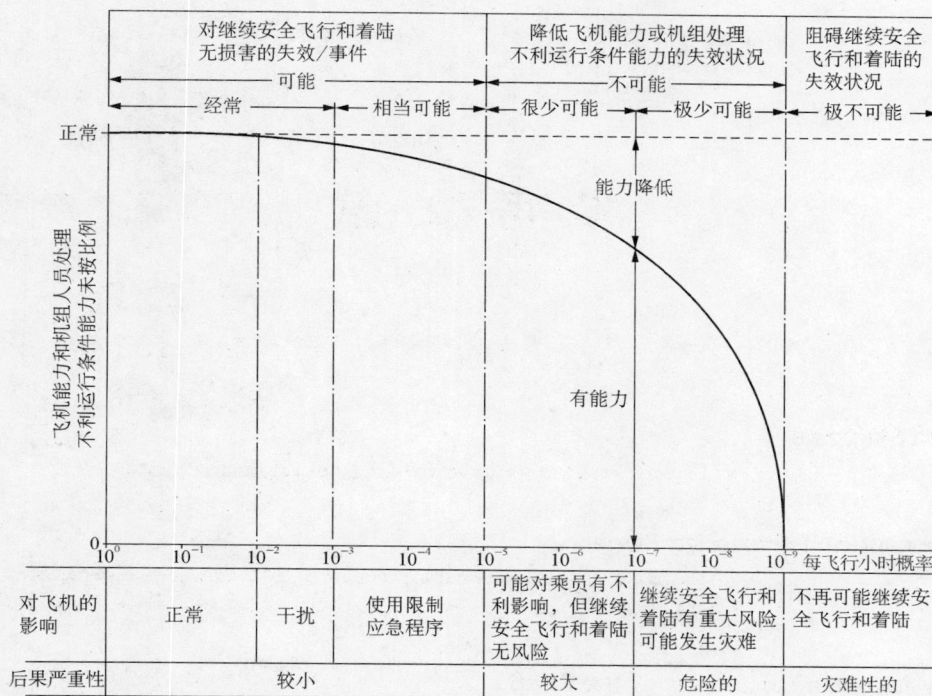

图 45－20 失效状况概率和严重性之间的关系

来源：SAE Paper No. 831406

适航规章的第 25.1309 款对改善飞机系统的完整性曾经起过非常重要的作用。但是在今天的民用航空环境下,安全性在严格意义上仅部分取决于技术设备的正常运行。在飞机中和在地面上都有许多设备,其功能在于帮助人类操作者监控其工作环境,并在一旦发生某些异常时毫不含糊地吸引其注意,指出如何纠正事态。特别在驾驶飞机并同时身为拥挤的空中交通系统一部分的复杂结合状态,要求飞行员和空中交通管制员都有最大限度的现状意识和互相理解。要取得飞行安全性的持续提高,努力满足这些要求极为重要。

参 考 文 献

Aero Magazine

No. 17   Blended winglets for improved airplane performance, 1st Q. 2002.

Aeronautical Engineering Review

——   Evans, R. E. , Operational aspects of the SAC transition to jets, November 1956.

The Aeronautical Journal of the RAeS.

——   Smith, J. P. , The development of the Trident series, November 1969.

The Aeronautical Quarterly

——   Küchemann, D. , The distribution of lift over the surface of swept wings, August, 1953.

——   Lock, R. C. , Fulker, J. L. , Design of supercritical aerofoils, November, 1974.

The Aeroplane and Astronautics

——   March 25, 1960.

Aeronautics and Astronautics

——   Goodmanson, L. T. , Gratzer, L. B. , Recent advances in aerodynamics for transport aircraft, December 1973.

L'Aeronautique et L'Astronautique

——   Airbus Industrie A 310. No. 91 - 1981 - 6, page 15.

——   Deque, R. , Puyplat, D. , De l' A300 à l' A310. No. 93 - 1982 - 2.

Aerospace

——   Back, R. F. , Wedderspoon, J. R. , The A320 wing - Designing for commercial success, January 1986.

AFFDL Reports

AFFDL - TR - 73   Methods for predicting the aerodynamic and stability and control - 146,
Vol. I , II , III. characteristics of STOL aircraft. (Douglas Aircraft
Co.), 1973.

AGARD Conference Proceedings

CP - 46   Aeroelastic effects from a flight mechanics standpoint.
Paper No. 17.
Schoernack, W. , Hässler, E. , Theoretical investigation of aeroelastic
influences on the lift distribution and the aerodynamic derivatives of swept
wings at symmetric and antisymmetric stationary flight conditions, 1969.

CP - 102   Fluid dynamics of aircraft stalling.
Paper No. 10.
Smith, A. M. O. , Aerodynamics of high-lift airfoil systems, 1972.
Paper No. 21.
Wimpress, J. K. , Predicting the low-speed stall characteristics of the
Boeing 747,1972.

CP - 124   Aerodynamic drag.
Paper No. 1.
Paterson, J. H. , MacWilkinson, D. G. , Blackerby, W. T. , A survey of
drag prediction techniques applicable to subsonic and transonic aircraft de-
sign, 1973.
Paper No. 24.
Rooney, E. C. , Development of techniques to measure in-flight drag of a
U. S. Navy fighter airplane and correlation of flight measured drag with
wind tunnel data, 1973.

CP - 143   V/STOL Aerodynamics.
Paper No. 13.
Ljungström, B. L. G. , Experimental high lift optimisation of multiple el-
ement airfoils, 1974.

CP - 150   Airframe/propulsion interference.
Paper No. 20.
Rohling, W. J. , The influence of nacelle afterbody shape on airplane
drag, 1974.

CP - 160   Take-off and Landing.
Paper No. 10.
Obert, E. , Low-speed stability and control characteristics of transport
aircraft with particular reference to tailplane design, 1974.

CP - 242   Performance prediction methods.
Paper No. 21.
Hopps, R. H. , Danforth, E. C. B. , Correlation of wind-tunnel and
flight-test data for the Lockheed L - 1011 Tri-Star airplane, 1977.

CP - 285   Subsonic/transonic configuration aerodynamics.
           Paper No. 11.
           Jupp, J. A. , Interference aspects of the A310 high speed wing configuration, 1980.

CP - 336   Aerodynamics and Acoustics of Propellers.
           Paper No. 5.
           occi, A. J. , Morrison, J. I. , A review of ARA research into propeller aerodynamic prediction methods.

CP - 339   Ground/flight test techniques and correlation.
           Paper No. 7.
           Mavriplis, F. , Comparison of prediction, wind tunnel and flighttest data for the Canadair Challenger turbofan aircraft, 1982.

CP - 348   Wind tunnels and testing techniques.
           Paper No. 22.
           Saiz, M. , Quemard, C. , Essais dans la soufflerie F1 de l' ONERA - Comparaison vol-soufflerie, 1983.

CP - 365   Improvement of aerodynamic performance through boundary layer control and high lift systems.
           Paper No. 3.
           Oskam, B. , Laan, D. J. , Volkers, D. F. , Recent advances in computational methods to solve the high-lift multi-component airfoil problem, 1984.
           Paper No. 9.
           Dillner, B. , May, F. W. , McMasters, J. H. , Aerodynamic issues in the design of high-lift systems for transport aircraft, 1984.

AGARD Lecture Series

LS - 37   High Reynolds number subsonic aerodynamics, Lecture series 16, 1969.
           Paper No. 1.
           Little Jr. , B. H. , Advantages and problems of large subsonic aircraft.
           Paper No. 4.
           Paterson, J. H. , scaling effects on drag prediction.
           Paper No. 6.
           Ryle, D. M. , High Reynolds number subsonic aerodynamics.

LS - 43   Assessment of lift augmentation devices.
           Paper No. 7.
           Gratzer, L. B. , Analysis of transport applications for high-lift schemes, 1970.

LS - 56   Aircraft performance - prediction methods and optimization.
           Paper No. 2.
           Williams, J. , Airfield performance prediction methods for transport and combat aircraft, 1972.

LS-67   Prediction methods for aircraft aerodynamic characteristics.
                       Paper No. 2.
                       Callaghan, J. G. , Aerodynamic prediction methods for aircraft at low
                       speeds with mechanical high lift devices, 1974.
                       Paper No. 4.
                       Bowes, G. M. , Aircraft lift and drag prediction and measurement, 1974.

AGARD Reports
R - 712   Special course on subsonic/transonic aerodynamic interference for air-
                       craft.
                       Paper 6.
                       Rettie, I. H. , Aerodynamic design for overall vehicle performance.
                       Paper 7
                       Rettie, I. H. , Interference problems in aircraft design. 1983.

AGARDographs (Advanced Guidance for Alliance R & D)
No. 103   Aerodynamics of power plant installation, 1965.

AIAA Papers
AIAA - 65 - 738   Shevell, R. S. , Schaufele, R. D. , Aerodynamic design features of the
                       DC - 9.
AIAA - 69 - 830   Bates, R. E. , Progress on the DC - 10 development program, 1969.
AIAA - 71 - 289   George-Falvy, D. , Scale effect studies of airfoil profile drag at high sub-
                       sonic speed, 1971. (Boeing 727)
AIAA - 72 - 188   Rubbert, P. E. , Saaris, G. R. , Review and evaluation of a three-dimen-
                       sional lifting potential flow analysis method for arbitrary configurations,
                       1972.
AIAA - 73 - 792   Burdges, K. P. , A synthesis of transonic, 2 - D airfoil technology, 1973.
AIAA - 73 - 778   O'Laughlin, B. D. , Graham, E. L. , S - 3A development tests, 1973.
AIAA - 74 - 939   Smith, A. M. O. , High-lift aerodynamics, 1974.
AIAA - 75 - 996   Axelson, J. A. , Estimation of transonic aircraft aerodynamics to high an-
                       gles of attack, 1975. Also in: Journal of aircraft, June 1977.
AIAA - 76 - 940   Ishimitsu, Kitchio, K. , Aerodynamic design and analysis of winglets, 1976.
AIAA - 79 - 0066   Blackerby, W. T. , Johnson, W. K. , Application of advanced technolo-
                       gies to improve C - 141 cruise performance, 1979.
AIAA - 79 - 1795   Sullivan, R. L. , The size and performance effects of high lift system tech-
                       nology on a modern twin engine jet transport, 1979.
AIAA - 79 - 1873   Mack, M. D. , Seetharam, H. C. , Kuhn, W. G. , Bright, J. T. , Aero-
                       dynamics of spoiler control devices, 1979.
AIAA - 80 - 1196   Dusa, D. J. , Hrach, F. J. , CF6 - 50 Short core exhaust nozzle, 1980.
AIAA - 81 - 1694   Putnam, L. E. , Mace, J. , A survey of aftbody flow prediction methods,
                       1981.

AIAA - 80 - 1391　　Yu, N. J. , Grid generation and transonic flow calculations for three-dimensional configurations, 1980.

AIAA - 83 - 1368　　Chen, A. W. , Tinoco, E. N. , PAN AIR Applications to aero-propulsion integration, 1983. Also in: Journal of Aircraft, March 1984.

AIAA - 83 - 1845　　Murillo, L. E. , McMasters, J. H. , A method for predicting low-speed aerodynamic characteristics of transport aircraft, 1983.

AIAA - 83 - 2060　　Rubbert, P. E. , Tinoco E. N. , Impact of computational methods on aircraft design, 1983.

AIAA - 84 - 0381　　Tinoco, E. N. , Chen, A. W. , Transonic CFD applications to engine/airframe integration, 1984.

AIAA - 84 - 0614　　Hallstaff, T. H. , Brune, G. W. , An investigation of civil transport aftbody drag using a three-dimensional wake survey method, 1984.

AIAA - 84 - 2487　　Motycka, D. L. , Welling, S. W. , Lewis -Smith, F. A. , Comparison of model and full scale inlet distortions for subsonic commercial transport inlets, 1984.

AIAA - 85 - 4067　　Shevell, R. S. , Aerodynamic bugs: Can CFD spray them away? 1985.

AIAA - 86 - 1536　　Jackson, J. , Development of the Boeing 767 thrust reverser, 1986.

AIAA - 86 - 1811　　Tinoco, E. N. , Ball, D. N. , Rice II, F. A. , PAN AIR Analysis of a transport high-lift configuration, 1986. Also in: Journal of aircraft, March 1987.

AIAA - 87 - 0454　　Yu, N. J. , Kusunose, K. , Chen, H. C. , Sommerfield, D. M. , Flow simulations for a complex airplane configuration using Euler equations, 1987.

AIAA - 87 - 1921　　与 Paper AIAA - 86 - 1536 相同

AIAA - 87 - 2928　　Field, G. G. , MD - 11 Design - Evolution, not revolution, 1987.

AIAA - 90 - 3084　　van den Borne, P. C. M. , van Hengst, J. , Investigation of propeller slipstream effects on the Fokker 50 through in-flight pressure measurements, 1990.

AIAA - 93 - 3140　　van Dam, C. P. , Vijgen, P. M. H. W. , Yip, L. P. , Potter, R. C. , Leading-edge transition and relaminarization phenomena on a subsonic high-lift system, 1993.

AIAA Professional study series

——　　Steiner, J. E. , et al. , Case study in aircraft design - The Boeing 727, 1978.

——　　Hiscocks, R. E. , A case study on the De Havilland STOL commuter aircraft.

Air et Cosmos

——　　Anon. , American et Delta commandent le B. 767, 25 novembre 1978.

——　　Anon. , A. 300 - 600: des résultats déjà très satisfaisants, 10 septembre 1983.

———   Anon. , L'A. 300 – 600 consomme moins et va plus loin, 24 mars 1984.

Aircraft engineering

———   Hay, J. A. , Vickers VC – 10, Part one – Aerodynamic design, June 1962.

———   Prior, B. J. , BAC One-Eleven – Aerodynamic design. , May 1963.

———   Sutton, J. M. D. , Thrust reverser design for airframe compatibility, 1976.

———   Smith, J. P. , Considerations in the design of large twin engined transport aircraft, October, 1969.

A. R. C. Current Papers

C. P. No. 1170   Simper, J. I. , Hutton, P. G. , Results of a series of wind tunnel model breakdown tests on the Trident 1 aircraft and a comparison with drag estimates and full scale flight data, 1971.

C. P. No. 1125   Taylor, C. R. , Hall, J. R. , Hayward, R. W. , Super VC – 10 cruise drag – A wind-tunnel investigation. Part I Experimental techniques, 1970.

A. R. C. Reports & Memoranda

R. & M. No. 1874   Young, A. D. , The calculation of the total and skin friction drags of bodies of revolution at zero incidence, 1939.

R. & M. No. 2479   Warren, C. H. E. , Kirk, J. A. , Wind-tunnel investigation of fin and rudder accidents on heavy bombers (Halifax and Lancaster).

R. & M. No. 2849   Pearcey, H. H. , Faber, M. E. , Detailed observations made at high incidences and at high subsonic Mach numbers on Goldstein 1442/1547 aerofoil, 1950.

R. & M. No. 2908   Küchemann, D. , Weber, J. , The subsonic flow past swept wings at zero lift without and with body, 1956.

R. & M. No. 3346   Lock, R. C. , An equivalence law relating three- and two-dimensional pressure distributions, 1962.

R. & M. No. 3608   Isaacs, D. , Wind tunnel measurements of the low-speed stalling characteristics of a model of the Hawker Siddeley Trident I C, 1968.

R. & M. No. 3707   Browne, G. C. , Bateman, T. E. B. , Pavitt, M. , Haines, A. B. , A comparison of wing pressure distributions measured in flight and on a windtunnel model of the Super VC – 10, 1972.

ASME Papers

ASME 69 – GT – 52   Saylor, J. M. , Hancock, J. P. , C – 5 engine inlet development, 1969.

Aviation Week (and Space Technology)

———   Anon. PanAm 707 dives 29000 ft, February 9, 1959.

———   Anon. CAB opens hearings on PanAm 707 Atlantic dive; crew testifies, March, 23, 1959.

—— Anon. Maker strives to regain SN – 600 pace, May 31,1971, page 221.

—— Anon. French start SN – 600 production, October 18,1971, page 17.

—— Anon. Giant jet's teething problems easing, February 28,1972.

—— Anon. Autopilot trim runaway. In article: Air Siam cancels acquisition plans for A – 300B4 transport, October 20,1975.

—— O'Lone, R. G. , Swissair orders improved 747 version, June 16,1980.

—— Proctor, P. , Boeing poised to offer stretched 747 versions, February 5, 1996.

—— Smith, B. A. , Boeing revamps 747X wing design, March 12,2001.

—— Fiorino, F. Safety in numbers, August 22 – 29,2005.

Boeing Airliner

—— Anon. , Flight improvement program, July 1960. (Boeing 707).

—— Bartley, G. , Model 777 primary flight control system, October – December 1994.

—— Arnold, H. , The new 737 – 600,– 700,– 800. January – March 1996.

Canadian Aeronautical Journal

—— Raymond, A. E. , A Philosophy of jet transport design. (Douglas DC – 8) October 1960.

Canadian Aeronautics and Space Journal

—— Bauer, A. B. , Smith, A. M. O. , Hess, J. L. , Potential flow and boundary layer theory as design tools in aerodynamics, February 1970.

—— Eggleston, B. , R & D in the evolution of the Dash 8, September 1984.

Douglas Flight Approach

—— Anon. , Flying the DC – 10 – An experience in performance, December 1971.

—— Anon. , Proving the numbers: the take-off regime, parts 1 & 2, April 1972.

—— Anon. , The DC – 10's high-lift wing, 1972.

Douglas Papers

Paper 7026　　Lynch, F. T. , Commercial transports – Aerodynamic design for cruise performance efficiency. – Transonic perspective symposium, February 1981.

—— Callaghan, J. G. , Oliver, W. R. , Development of an advanced-technology high-lift system for an energy-efficient transport, 1979.

Flight International

—— Anon. , The Super VC – 10,1 April 1965.

—— Harrison, N. , Boeing 747,12 December 1968.

—— Hirst, M. , Marsden, J. , Longhorns into service, 10 February 1979.

—— Hopkins, H. , The state of the art – Flight-test Airbus A320,12 December 1987.

—— Kingsley-Jones, M. , Have four engines, will travel far, 2 – 8 September 1998. (Airbus A340 – 500/- 600).

Fokker Reports

A – 140   Schoonveld, E. R. , An analysis of recent two-dimensional airfoil drag data, 1982.

A – 143   Volkers, D. F. , A method for buffet onset prediction, 1982.

A – 158   Obert, E. , A data compilation on the high-lift characteristics of modern single- and multi-component two-dimensional airfoil sections, 1985.

A – 166   Obert, E. , Drag due to flap extension on multi-component airfoil sections, 1985.

A – 173   Obert, E. , A procedure for the determination of trimmed drag polars for transport aircraft with flaps deflected, 1986.

A – 225   Jansen, M. H. E. , An evaluation of methods for the calculation of the flow around a propeller at angle of attack, Part A and B, 1991.

H – 0 – 83   Obert, E. , An analysis of the low-speed zero-lift pitching moment, aerodynamic centre position and downwash characteristics of tail-off transport aircraft configurations, 1991.

H – 28. 40 – 27. 001   Schuringa, Tj. , Stalling speed determination; flap settings 0, 6, 11, 18, 25 and 42 deg; Influence of landing gear position. (F – 28 Mk 4000), 1975.

H – 28. 40 – 27. 002   Obert, E. , Special performance items. Determination of VMU. (F – 28 Mk 4000), 1975.

H – 28. 60 – 27. 002. 2   Obert, E. , Special performance items. Determination of VMU. (F – 28 Mk 6000), 1974.

HX – 28 – S89 – 001   Boer, N. , Koch, T. , F – 28 Mk0100/ Rolls-Royce Tay Mk620 – 15. Performance Engineers Manual, 1989.

L – 27 – 204   Voogt, N. , Prediction of transonic drag development for the F – 27 root section, 1984.

L – 28 – 88   Bergmeyer, P. , Adaptation of the F – 27 longitudinal control for further development of the aircraft, 1959. (in Dutch).

L – 28 – 316   Voogt, N. , Assessment of transonic drag reduction resulting from an F – 28 wing leading edge reduction, 1983.

L – 28 – 341   Voogt, N. , Design computations for F – 28 wing modification W10, 1983.

L – 28 – 400   Boer. J. N. , Aerodynamic characteristics of an F – 28 Mk 0100 wind tunnel model, Model 15 – 15, 1984.

L – 28 – 448   Kuijvenhoven, J. L. , Numerical prediction of buffet onset for the Fokker

100,1987.

L – 28 – 566 van Rooy, L., Experimental investigation of aerodynamic characteristics of Fokker 100 and Fokker 70 configurations Model 15 – 25 in the HST wind tunnel, 1994.

L – 29 – 118 Hogenhuis, H, Willemse, W. H. A. R., Schoonveld, E., de Hay, L., van den Bovenkamp, N., Aerodynamic characteristics of a high-speed F – 29 windtunnel model – Model 1 – 1,1980.

L – 29 – 132 van Hengst, J., Nacelle design for the CFM56 – 3 engine, 1981.

L – 29 – 135 van den Bovenkamp, N., Hogenhuis, H., Warrink, B., Willemse, W., Aerodynamic characteristics of an HST model – Model 1 – 2,1981.

L – 29 – 137 Boer, J. N., van den Bovenkamp, N., Volkers, D. F., Aerodynamic characteristics of an HST model – Model 2 – 2,1981.

L – 29 – 150 Willemse, W. H. A. R., Boer, J. N., van den Bovenkamp, N., Schoonveld, E., Steeman, P., Aerodynamic characteristics of a high-speed F – 29 windtunnel model – Model 2 – 5,1981.

L – 29 – 152 Warrink, B., Wake drag analysis of a high-speed windtunnel halfmodel – Model SKV – 5½, 1981.

L – 29 – 174 de Hay, L., van Hengst, J., Results of wind tunnel tests on an F – 29 intake model, Model 9 – 1,1982.

L – 29 – 196 Boer, J. N., Aerodynamic characteristics of the two-dimensional HST-model, Model 12 – 1 fitted with high-lift devices, 1982.

L – 29 – 198 Hogenhuis, H., Static nozzle tests in the K. A. T. on exhaust model 14, 1982.

L – 29 – 202 Volkers, D. F., Boer, J. N., Aerodynamic characteristics of an F29/MDF – 100 halfmodel, Model 10 – 7, fitted with pressure taps on slats and flaps, 1983.

L – 307 – 39 Boer, J. N., Results of the low-speed investigation on the NLR 7703 Mod section with leading- and trailing-edge high-lift devices, 1978.

L – 307 – 46 Boer, J. N., Hogenhuis, H., Willemse, W. H. A. R., Aerodynamic characteristics of the low-speed model SKV – LST – 2,1979.

L – 307 – 97 Volkers, D. F., Results of the second low-speed investigation on the NLR 7703 Mod section with leading- and trailing-edge high-lift devices, 1980.

PDI 78 – 07 Clignett, P., The possible use of ground thrust reversers on the Super F – 28,1978.

V – 27 – 49 Martin Box, J., Bergmeijer, P., Results of flight handling tests on the Friendship F1 prototype with R. -R. Dart Mk 528 engines, 1959.

V – 28 – 75 Obert, E., Flight test analysis of roll characteristics of the Fokker F – 28 including a comparison between wind-tunnel- and flight-test-derived aileron control data, 1986.

V – 28 – 83 Obert, E., Flight test analysis of the lift and pitching moment characteristics of the Fokker F – 28 Mk 4000 and Mk 6000 including a comparison with windtunnel test data, 1996.

WT - P - 159   Broekhuizen, H. J. , van Garrel, A. , VTP - 4: The aerodynamic integration of a wing mounted engine, 1996.

ICAS Conference Proceedings

Paper No. 76 - 32   Seed, A. R. , Design techniques for high by-pass ratio powerplant nozzle systems, 1976.

1978, Paper B 2 - 01   da Dosta, A. L. , Application of computational aerodynamics methods to the design and analysis of transport aircraft, 1978.

1978, Paper B 3 - 01   Blackwell Jr. , J. A. , Scale effects on supercritical airfoils, 1978.

1980, Paper 12. 2   Lundry, J. L. , Recent advances in Boeing high-lift technology, 1980.

1984, Paper 1. 10. 1   Hoelmer, W. , Younghans, J. L. , Effect of Reynolds number on upper cowl flow separation, 1984.

1982, Paper 5. 7. 2   Nagel, A. L. , Aerodynamic research applications at Boeing, 1882.

1988, Paper 6. 1. 2   Obert, E. , The aerodynamic development of the Fokker 100,1988.

Interavia

——   Just, W. , Sahliger, K. , Aeroplane drag when approaching sonic speed. January, 1948.

——   Geddes, J. Ph. , Two years of 747 service, page 455, May 1972.

——   Boeing 747SP. Shorter, faster, farther, July 1975.

——   Lambert, M. , Airbus Industrie's heavenly twins - A310 and A300 - 600, November 1980.

——   Lambert, M. , A320 fly-by-wire nears certification, January 1988.

Jahrbuch der Deutsche Gesellschaft für Luft- und Raumfahrt DGLR

Jahrbuch 1973   Béteille, R. , Airbus A300,1973.

Journal of Aircraft

——   Kutney, J. T. , Piszkin, S. P. , Reduction of drag rise on the Convair 990 airplane, January - February 1964. AIso: AIAA - 63 - 276.

——   Gyorgyfalvy, D. , Effect of pressurization on airplane fuselage drag, November - December 1965.

——   Shevell, R. S. , Schaufele, R. D. , Aerodynamic design features of the DC - 9. November - December 1966.

——   Poisson-Quinton, Ph. , From wind tunnel to flight, the role of the laboratory in aerospace design, May - June 1968.

——   Shevell, R. S. , Aerodynamic anomalies: can CFD prevent or correct them? August 1986.

Journal of the Royal Aeronautical Society

——   Ward, J. W. , The behaviour and effects of laminar separation bubbles on aerofoils in incompressible flows, December 1963.

Küchemann, D. , Types of flow on swept wings, November 1953.

NACA Reports, Technical Notes and Research Memoranda

Report 824
Abbott, I. H. , von Doenhoff, A. E. , Summary of airfoil data, 1945. (also in Theory of wing sections, 1949,1959.)

Report 1091
Fischel, J. , Naeseth, R. L. , Hagerman, J. R. , O'Hare, W. M. , Effect of aspect ratio on the low-speed lateral control characteristics of untapered low-aspect-ratio wings equipped with a flap and with retractable ailerons, 1952.

Report 1098
Campbell, J. P. , Mckinney, M. O. , Summary of methods for calculating dynamic lateral stability and response and for estimating aerodynamic stability derivatives, 1952.

Report 1298
Skoog, R. B. , Analysis of the effects of aeroelasticity on static longitudinal stability and control of a swept-wing airplane, 1957.

RM A9E31
Hemenover, A. D. , Tests of the NACA 64 – 010 and 64A010 airfoil sections at high subsonic Mach numbers, 1949.

RM A50K28a
Demele, F. A. , Sutton, F. B. , The effects of increasing the leading-edge radius and adding forward camber on the aerodynamic characteristics of a wing with 35° of sweepback, 1951.

RM A52A10
Hunton, L. W. , Effects of finite span on the section characteristics of two 45° swept-back wings of aspect ratio 6,1952.

RM A52A31
Rolls, L. S. , Matteson, F. H. , Wing load distribution on a sweptwing airplane in flight at Mach numbers up to 1. 11, and comparison with theory, 1952.

RM A54L08
Sutton, F. B. , Dickson J. K. , The longitudinal characteristics at Mach numbers up to 0. 92 of several wing-fuselage-tail combinations having sweptback wings with NACA four-digit thickness distributions, 1955.

RM A55C08
Walker, H. J. , Maillard, W. C. , A correlation of airfoil section data with the aerodynamic loads measured on a 45° sweptback wing model at subsonic Mach numbers, 1955.

RM A55C23
Hunton, L. W. , A study of the application of airfoil section data to the estimation of the high-subsonic-speed characteristics of swept wings, 1955.

TN 1146
Purser, P. E. , Spear, M. F. , Tests to determine effects of slipstream rotation on the lateral stability characteristics of a single-engine low-wing aircraft model, 1946.

TN 2010
Brewer, J. D. , Lichtenstein, J. H. , Effect of horizontal tail on low-speed static lateral stability characteristics of a model having 45 degree swept-back wing and tail surfaces, 1950.

TN 2228
Kelly, J. A. , Effects of modifications to the leading-edge region on the stalling characteristics of the NACA 631 – 012 airfoil section, 1950.

TN 2288
Dods, J. B. Jr. , Estimation of low-speed lift and hinge-moment parame-

ters for full-span trailing-edge flaps on lifting surfaces with and without sweepback, 1951.

TN 3497 Dods, J. B. Jr., Tinling, B. E., Summary of results of a windtunnel investigation of nine related horizontal tails, 1955.

TN 3871 Maki, R. L., Hunton, L. W., An investigation at subsonic speeds of several modifications to the leading-edge region of the NACA 64A010 airfoil section designed to increase the maximum lift, 1956

NASA Contractor Reports

CR - 1218 Lundry, J. L., A numerical solution for the minimum induced drag, and the corresponding loading, of non planar wings, 1968.

CR - 1756 Hanke, C. R., The simulation of a large jet transport aircraft. Vol. I Mathematical model, 1971.

CR - 2320 Morris, R. L., Hanke, C. R., Pasley, L. H., Rohling, W. J., The influence of wing loading on turbofan powered STOL transports with and without externally blown flaps, 1973.

CR - 2333 McWilkinson, D. G., Blackerby, W. T., Paterson, J. H., Correlation of full scale drag predictions with flight measurements on the C - 141 aircraft - Phase II, wind tunnel test, analysis, and prediction techniques, 1974.

CR - 3119 Gilkey, R. D., Design and wind tunnel tests of winglets on a DC - 10 wing, 1979.

CR - 114494 Hanke, C. R., Nordwall, D. R., The simulation of a large jet transport aircraft. Vol. II Modeling data, 1970.

CR - 134800 Anon., Phase 2 program on ground test of refanned JT8D turbofan engines and nacelles for the 727 airplane. Volume 4. Airplane evaluation and analysis., 1975.

NASA Reports

CP - 3020 - Vol. I. Transonic symposium: Theory, application and experiment, Vol. I, Part I, page 79.

SP - 347, Pt. 2 Tinoco, E. N., Transonic CFD applications at Boeing, 1989. Aerodynamic analysis requiring advanced computers, Part 2, page 979, 1975.

TM 78566 Olson, L. E., McGowan, P. R., Guest, C. J., Leading edge slat optimization for maximum lift, 1979.

TM 78786 Montoya, L. C., Flechner, S. G., Jacobs, P. F., Effect of an alternate winglet on the pressure and spanwise load distributions of a first generation jet transport wing, 1978.

TM 83556 Olsen, W., Shaw, R., Newton, J., Ice shapes and the resulting drag increase for a NACA 0012 airfoil, 1984.

TM X - 1345 Blackwell, J. A., Jr., Brooks, E. N., Jr., Decker, J. P., Static aerodynamic characteristics of a model of a typical subsonic jet-transport airplane at Mach numbers from 0. 40 to 1. 20, 1967. (Boeing 720B)

TM X – 3293   Hicks, R. M. , Mendoza, J. P. , Bandettini, A. , Effects of forward contour modification on the aerodynamic characteristics of the NACA 641 – 212 airfoil section, 1975.

TM X – 3160   Beasley, W. D. , McGhee, R. J. , Experimental and theoretical low-speed aerodynamic characteristics of the NACA 651 – 213, a＝0. 50, airfoil.

TN D – 5971   Capone, F. J. , Longitudinal aerodynamic characteristics of a twin-turbofan subsonic transport with nacelles mounted under the wings, 1970. (B 737).

TN D – 7428   McGhee, R. J. , Beasley, W. D. , Low-speed aerodynamic characteristic of a 17 – percent thick airfoil section designed for general aviation applications, 1973.

TN D – 8512   Luckring, J. M. , Theoretical and experimental analysis of longitudinal and lateral aerodynamic characteristics of skewed wings at subsonic speeds to high angles of attack, 1977.

NLL Reports

A – 1374   F – 27: Investigation of an aircraft model, scale 1 : 15. Ⅳ. Fuselage drag, characteristics of different horizontal and vertical tail surfaces, flight characteristics in take-off, landing and cruise, 195"__". (In Dutch). ゛

A – 1394   van der V?. , C. B. , F – 27 tail surface model (1 : 9). Ⅱ. Investigation of the vertical tail surface, 1955. (In Dutch). ①

A – 1485   Mannée, J. , Windtunnel investigation of the slipstream effects on the stability and control characteristics of the complete F – 27 model with various configurations of the horizontal tail, 1960.

A – 1508 B   Mannée, J. , Windtunnel investigation of the influence of the aircraft configuration on the yawing and rolling moments of a twin-engined propeller driven aircraft with one engine inoperative, 1962.

NLR Reports

A. 1582   de Vries, O. , Low-speed windtunnel investigation on a complete model of the F – 28 on a scale 1 : 11. 58 (Model 8/4).

TR 69025 U   van den Berg, B. , Reynolds number and Mach number effects on the maximum lift and the stalling characteristics of wings at low speed, 1969.

TR 70084 C   Kho, Y. G. , Pot, P. J. , Two-dimensional low-speed windtunnel investigation on a Fokker F – 28 wing model with various types of slats, 1970.

TR 82044 C   Pot, P. J. , 2 – D low-speed wind-tunnel investigation of a supercritical airfoil NLR 7703 Mod with slat and flap (July / August 1978).

TR 82050 C   Pot, P. J. , 2 – D low-speed wind-tunnel investigation of a supercritical airfoil NLR 7703 Mod with slat and flap (April / May 1980).

---

① 原书作者名和发表年份有空缺不全。——译注

TR 82057 C	de Bruin, A. C. , The turbulent boundary layer on the SKV 5½ wind tunnel model, 1982.
TR 83059 C	Vogelaar, H. L. J. , Wind-tunnel investigation on the two-dimensional F - 29 model 12 - 1 airfoil section with various high lift devices at various Mach and Reynolds numbers, 1983.
TR 84010 C	Rohne, P. B. , van Zwieten, L. J. , Data report of an investigation on semi-span model in the high-speed wind tunnel HST, 1983.

Proceedings of the Royal Society London

——   Dykins, D. H. , Jupp, J. A. , McRae, D. M. , Application of aerodynamic research and development to civil aircraft wing design, A 416, page 43 to 62. 1988.

RAE Reports

No. Aero 2219	Küchemann, D. , Design of wing junction, fuselage and nacelles to obtain the full benefit of sweptback wings at high mach number, 1947.
No. Aero 2556	Bateman, T. E. B. , Lawrence, A. J. , Experimental investigation of the pressure distribution at the centre-section of a sweptback wing at high subsonic speeds, 1955. Also: ARC C. P. 367.
TR 68108	Isaacs, D. , Wind tunnel measurements of the low-speed stalling characteristics of a model of the Hawker Siddeley Trident I C, 1968.

SAE Papers

SAE 237 - A	Dunn, O. R. , Flight characteristics of the DC - 8. SAE National Aeronautic Meeting, Los Angeles, Cal. , October 10 - 14, 1960.
SAE S408	Harvey, S. T. , Norton, D. A. , Development of the model 727 airplane high lift system, April 21, 1964.
SAE 660733	Viall, W. S. , Aerodynamic considerations for engine inlet design for subsonic high-bypass fan engines, 1966.
SAE 670846	Schaufele, R. D. , Ebeling, A. W. , Aerodynamic design of the DC - 9 wing and high-lift system, 1967.
SAE 700828	Archer, D. D. , 747 flight test certification, 1970.
SAE 800731	Neal, B. , Aerodynamic development of the engine nacelle combination for the Boeing 767 airplane, 1980.

S. A. W. E. Journal

——   Marsh, D. P. , Quick mass properties estimating relationships for conceptual design. S. A. W. E. Journal.

SAWE Papers

Paper No. 810	St. John, R. S. , The derivation and application of analytical-statistical

weight prediction techniques, 1969.

Shell Aviation News

——   Olason, M. L. , Norton, D. A. , Aerodynamic design of Boeing's short
haul jet, nos. 343,344,1965.
Also in: AIAA Paper 65 - 739. (No numbers).
——   Kolb, S. P. , Developing a cascade thrust reverser, No. 437,1976.

Untersuchungen und Mitteilungen - Deutsche Luftfahrtforschung

UM Nr. 1167   Göthert, B. , Widerstandsanstieg bei Profilen im Bereich hoher Unter-
schallgeschwindigkeiten. Deutsche Versuchsanstalt für Luftfahrt E. V. ,
1944.

VSV Congress

——   Pickerell, D. J. , The next generation of aircraft, evolution or revolution?
Advanced turbofans, Delft, September 1985.

专著

Bridgeman, W. , The Lonely Sky, 1955.
Kuter, L. S. , The great gamble: The Boeing 747,1973.
Schlichting, H. & Truckenbrodt, E. , Aerodynamik des Flugzeuges, 1960.
Toorenbeek, E. , Synthesis of subsonic airplane design, 1976.
Wood, K. D. , Aerospace vehicle design, Vol. I , Aircraft design, 1966,1968.